U0188640

Vibration Control Technology of Power Plant Shafting

周 炎 / 编著

动力装置轴系振动控制技术

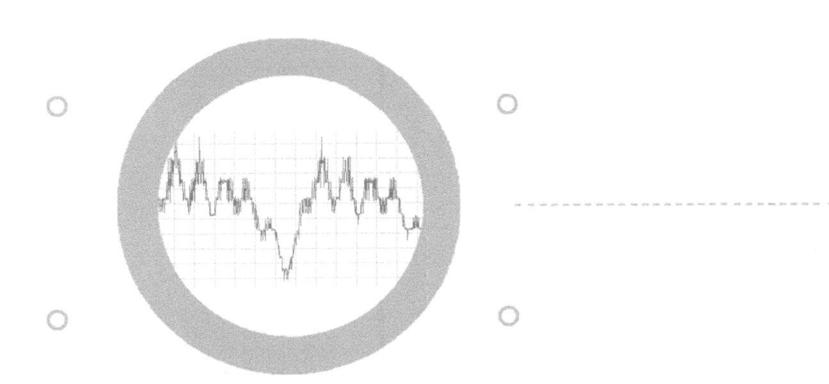

上海科学技术出版社

图书在版编目（CIP）数据

动力装置轴系振动控制技术 / 周炎编著. -- 上海 : 上海科学技术出版社, 2023.1（2024.11 重印）
ISBN 978-7-5478-5998-8

Ⅰ. ①动… Ⅱ. ①周… Ⅲ. ①动力装置－振动控制 Ⅳ. ①TK05

中国版本图书馆CIP数据核字(2022)第212637号

动力装置轴系振动控制技术

周　炎　编著

上海世纪出版(集团)有限公司
上海科学技术出版社 出版、发行
(上海市闵行区号景路 159 弄 A 座 9F-10F)
邮政编码 201101　　www.sstp.cn
上海新华印刷有限公司印刷
开本 787×1092　1/16　印张 21.75
字数：500 千字
2023 年 1 月第 1 版　2024 年 11 月第 2 次印刷
ISBN 978-7-5478-5998-8/U·140
定价：190.00 元

本书如有缺页、错装或坏损等严重质量问题，请向工厂联系调换

Synopsis

内容提要

本书全面、系统地论述了动力装置轴系振动控制技术,包括振动基础理论、轴系扭转振动、轴系纵向振动、轴系回旋振动及其耦合振动控制、轴系振动测试分析、轴系监测诊断与智能控制技术,及其在动力工程应用中的典型案例。

本书可供船舶内燃机及动力装置工程技术人员参考,可供汽车与工程车、机车、电力、钢铁等工程技术人员借鉴,也可以作为院校机械与动力专业的参考教材。

Foreword

序

轴系振动控制技术是内燃机以及动力装置轴系动力性能和可靠性、舒适性与隐蔽性的重要技术之一。本书主要反映了我国在消化引进柴油机、自主研发内燃机的过程中，形成的扭转振动、纵向振动、回旋振动以及耦合振动控制技术的成果，包括相应的计算方法、测试方法和控制方法。本书以基础理论结合工程应用为主，比较全面、系统地介绍了近年来动力装置轴系振动的最新成果，这对于从事动力装置的工程技术人员、教学与科研人员来说，是一本难得的、大有裨益的参考书。

动力装置轴系振动控制技术具有悠久的发展历史。面对新装置、新产品、新技术的迅速发展以及出现的新问题，技术不断推陈出新，以解决工程实际问题为总目标，理论、计算、试验及控制技术紧密结合，各尽其能、互为补充、相互印证。本书在编写和章节安排上充分体现了上述特点，用了大量篇幅介绍了扭转振动、纵向振动、回旋振动以及耦合振动控制技术的最新重要成果，最后一章选择了来自内燃机、动力系统、电力、工程车和新能源汽车的实际案例，很有代表性地说明了轴系振动控制技术的综合应用。

在“碳达峰”与“碳中和”的双碳背景下，动力装置的对象和要求也在不断改变，这将会进一步促进新型轴系振动控制技术的发展。

本书的出版，作者付出了巨大的精力，而且克服了各种困难。希望作者的辛勤劳动能使读者有所受益，愿本书的出版能促进该专业领域的研究工作进一步开展。

李国瑞
中国内燃机学会常务理事
中国造船学会常务理事
国际内燃机会议(CIMAC)常设委员会委员
2022年10月于上海

Preface

前　言

动力装置轴系振动技术是一项传统的技术，有着非常悠久的历史。自19世纪初工业革命技术的兴起，至19世纪末柴油机的问世，该技术极大地推动了船舶和整个工业的发展。随着动力装置轴系故障和问题的不断出现，轴系振动计算与测试的相关技术和解决方案应运而生，轴系振动控制技术逐步发展起来。动力装置轴系振动控制技术应用领域广泛，除了可以很好地解决船舶、汽车领域的动力装置轴系振动问题，还可以解决电力、机车、钢铁、石化等领域动力工程中的振动噪声问题。

本书是作者与科研团队在数十年以来轴系振动技术研究、解决实际问题的基础上加以归纳、总结和完善，并引进近年来相关发展的新技术编写而成的。全书共分为8章。第1章是振动基础理论，阐述了机械振动的基本概念，以及单自由度、多自由度、连续系统的振动基础理论。第2章是轴系扭转振动，介绍了数学解析计算方法，包括数学模型、激励力、阻尼、部件参数与系统响应计算，以及衡准、减振器设计及控制方法与设计流程。第3章是轴系纵向振动，介绍了计算方法、衡准、减振器设计及控制方法与设计流程。第4章是轴系回旋振动控制，介绍了计算方法、衡准和控制方法。第5章是轴系扭转-纵向耦合振动，介绍了计算方法、控制方法与设计流程。第6章是轴系振动测试分析，介绍了主要的测量方法、仪器与传感器标定、信号分析方法。第7章是动力装置轴系振动监测诊断与智能控制，介绍了轴系振动监测、故障诊断方法，以及智能优化控制方法。第8章是轴系振动控制技术在工程中的应用，介绍了在柴油机、动力系统、电力、工程车及新能源汽车等领域的动力装置轴系振动分析，以及一些典型故障及其解决方法。

本书由周炎负责全书的编写、统稿及审校工作，其中马永涛负责编写第1章部分内容，周文建、姜小荧负责编写第2章部分内容，姜小荧负责编写第3章部分内容，杨志刚负责编写第5章扭转-纵向耦合振动计算方法和第8章低速柴油机推进轴系等内容，胡宾负责编写第6章6.2.6节虚拟扭振测量，王慰慈负责编写第7章7.2节动力装置轴系振动监测与故障诊断，陈鹏负责编写第7章7.3节智能化动力装置轴系振动优化控制。

特别感谢赵信华教授的精心指导和大力支持，本书的很多内容反映了赵信华教授带领的团队长期以来孜孜不倦、匠心独运、持之以恒的研究成果，这些研究成果为我国柴油机动力装置轴系振动控制的发展做出了重要的贡献。

在本书的编写过程中，得到了万铮、蒋明涌、韩宵、林立忠、刘梦建等的热情帮助，特此致谢。

本书中收集了不少公开发表的论文、图书及资料，特别是陈之炎教授的论著和殷切教诲，以及傅志方教授的言传身教，还有上海交通大学振动冲击噪声研究所徐敏、严济宽、韩祖舜、沈荣瀛、史习智、华宏星等老师的教导，使作者得益匪浅。对这些资料的作者和老师一并表示感谢。

在本书的编写过程中，始终得到家人的鼓励、支持和帮助，在此表示衷心的感谢！

由于作者水平有限，书中难免存在错漏之处，敬请读者不吝指正。

周　炎

2022 年 10 月 20 日于上海

Contents

目　录

第1章　振动基础理论 …… 1

1.1　概述 …… 1
1.2　机械振动的基本概念 …… 1
1.2.1　简谐运动 …… 1
1.2.2　周期振动 …… 2
1.2.3　线性时不变系统 …… 3
1.2.4　运动方程 …… 3
1.3　单自由度系统 …… 3
1.3.1　运动方程 …… 3
1.3.2　单自由度系统自由振动 …… 4
1.3.3　单自由度系统强迫振动 …… 6
1.4　多自由度系统 …… 8
1.4.1　运动方程组 …… 8
1.4.2　多自由度系统自由振动 …… 9
1.4.3　多自由度系统强迫振动 …… 10
1.5　连续系统 …… 10

第2章　轴系扭转振动 …… 11

2.1　概述 …… 11
2.2　扭转振动计算模型 …… 12
2.2.1　质量弹性系统模型 …… 12
2.2.2　转动惯量计算 …… 13
2.2.3　扭转刚度计算 …… 19
2.2.4　变速系统转动惯量和扭转刚度的转换 …… 23
2.2.5　国际单位和工程单位的转化 …… 25
2.2.6　振幅、扭矩、应力等变量的换算 …… 25
2.3　扭转振动激励力 …… 27

2.3.1 内燃机气缸气体压力 …… 27
2.3.2 内燃机运动部件惯性力矩 …… 31
2.3.3 直列内燃机激励力矩的合成 …… 34
2.3.4 V型内燃机激励力矩的合成 …… 37
2.3.5 气缸不发火与故障时激励力矩 …… 40
2.3.6 各缸发火不均匀时激励力矩 …… 47
2.3.7 激励力矩简谐系数的表达式 …… 47
2.3.8 螺旋桨激励力矩 …… 48
2.4 扭转振动阻尼 …… 50
2.4.1 阻尼的一般描述 …… 50
2.4.2 内燃机阻尼 …… 51
2.4.3 扭振减振器阻尼 …… 51
2.4.4 弹性联轴器阻尼 …… 51
2.4.5 轴段滞后阻尼 …… 52
2.4.6 螺旋桨阻尼 …… 53
2.4.7 水力测功器阻尼 …… 54
2.4.8 发电机阻尼 …… 54
2.4.9 非线性阻尼部件 …… 55
2.5 扭转振动自由振动 …… 55
2.5.1 单分支质量弹性系统自由振动 Holzer 计算 …… 55
2.5.2 多分支质量弹性系统自由振动计算 …… 60
2.6 扭转振动强迫振动 …… 60
2.6.1 强迫振动方程 …… 61
2.6.2 强迫振动方程组求解——数学解析法 …… 65
2.6.3 扭转振动力矩及应力计算 …… 67
2.6.4 多谐次综合合成强迫振动计算 …… 68
2.6.5 部分气缸不发火或故障时扭振计算 …… 69
2.6.6 减振器与联轴器等部件的能量损失及振动扭矩 …… 69
2.6.7 柴油机双机并车轴系扭振计算 …… 71
2.6.8 冰区附加标志的船舶轴系及转速禁区快速通过的时域计算法 …… 76
2.7 扭转振动衡准 …… 79
2.7.1 船级社扭转振动衡准 …… 79
2.7.2 发动机曲轴许用扭振应力的确定 …… 81
2.8 扭振减振器设计 …… 86
2.8.1 卷簧扭振减振器 …… 86
2.8.2 板簧扭振减振器 …… 100
2.8.3 硅油扭振减振器 …… 110
2.8.4 扭振减振器的维保 …… 121

2.9 扭转振动控制方法 …… 121
2.9.1 扭转振动控制的主要方法 …… 121
2.9.2 配置扭振减振器 …… 122
2.9.3 安装弹性元件 …… 123
2.9.4 扭振(TV)限制线 …… 124
2.10 柴油机扭振设计流程 …… 124

第3章 轴系纵向振动 …… 126

3.1 概述 …… 126
3.2 纵向振动计算模型 …… 127
3.2.1 质量弹性系统模型 …… 127
3.2.2 质量计算 …… 127
3.2.3 纵向刚度计算 …… 129
3.3 纵向振动激励力 …… 133
3.3.1 柴油机曲轴纵向激励力 …… 133
3.3.2 柴油机往复运动部件惯性力产生的激励力 …… 135
3.3.3 柴油机运动部件离心惯性力产生的激励力 …… 136
3.3.4 柴油机往复运动部件重力产生的激励力 …… 136
3.3.5 螺旋桨纵向激励力 …… 136
3.3.6 螺旋桨阻尼 …… 137
3.4 纵向振动自由振动 …… 137
3.4.1 质量弹性系统自由振动运动方程 …… 137
3.4.2 Holzer 计算法 …… 138
3.5 纵向振动强迫振动 …… 140
3.5.1 强迫振动运动方程 …… 140
3.5.2 振动方程组求解 …… 141
3.5.3 时域计算法 …… 143
3.6 纵向振动衡准 …… 143
3.6.1 中国船级社纵向振动衡准 …… 143
3.6.2 柴油机曲轴纵向振动许用值的确定 …… 144
3.7 纵振阻尼减振器设计 …… 145
3.8 纵向振动控制方法 …… 147
3.8.1 调整频率 …… 147
3.8.2 减少输入系统的扭振能量 …… 147
3.8.3 避免扭振-纵振耦合振动 …… 147
3.8.4 配置纵振阻尼减振器 …… 147

3.9 柴油机纵振设计流程 …… 148

第4章 轴系回旋振动 …… 149

4.1 概述 …… 149
4.2 回旋振动的定义及若干概念 …… 150
4.2.1 直角坐标系 …… 150
4.2.2 单圆盘转轴系统的回旋振动 …… 151
4.2.3 螺旋桨的回旋效应 …… 153
4.3 回旋振动计算模型 …… 155
4.3.1 建模基本原则 …… 155
4.3.2 质量弹性系统模型 …… 156
4.3.3 有限元模型 …… 160
4.4 回旋振动激励力与阻尼 …… 160
4.4.1 螺旋桨激励力 …… 160
4.4.2 螺旋桨阻尼 …… 161
4.5 回旋振动自由振动 …… 161
4.5.1 回旋振动自由振动运动方程 …… 161
4.5.2 支承刚度相同时回旋振动固有频率与振型 …… 164
4.5.3 支承刚度不同时回旋振动固有频率与振型 …… 168
4.5.4 回旋振动自由振动简化计算方法 …… 170
4.5.5 回旋振动自由振动传递矩阵计算方法 …… 173
4.5.6 回旋振动固有频率的影响因素 …… 174
4.6 回旋振动强迫振动 …… 177
4.7 回旋振动衡准 …… 178
4.8 回旋振动控制方法 …… 178

第5章 轴系扭转-纵向耦合振动 …… 179

5.1 概述 …… 179
5.2 扭转-纵向耦合振动计算模型 …… 180
5.2.1 扭转-纵向耦合振动产生的机理 …… 180
5.2.2 扭转-纵向耦合振动计算模型 …… 182
5.2.3 柴油机曲轴耦合参数的确定 …… 187
5.3 扭转-纵向耦合振动激励力 …… 188
5.3.1 柴油机气缸气体压力产生的激励力 …… 188
5.3.2 运动部件重力产生的激振力 …… 189

5.3.3 运动部件往复惯性力产生的激励力 …… 190
5.3.4 螺旋桨在不均匀伴流场中运转时承受的交变推力和扭矩 …… 191
5.3.5 其他受功部件的激励力 …… 191
5.4 扭转-纵向耦合振动自由振动 …… 191
5.5 扭转-纵向耦合振动强迫振动 …… 192
5.6 扭转-纵向耦合振动控制方法 …… 195
5.6.1 扭转振动的控制方法 …… 195
5.6.2 纵向振动的控制方法 …… 195
5.7 柴油机轴系扭转-纵向耦合振动设计流程 …… 195

第6章 轴系振动测试分析 …… 196

6.1 概述 …… 196
6.2 扭转振动测量 …… 196
6.2.1 扭转振动测量方法 …… 196
6.2.2 机械式扭振测量 …… 197
6.2.3 模拟式扭振测量 …… 198
6.2.4 激光扭振测量 …… 200
6.2.5 无线扭振测量 …… 202
6.2.6 虚拟扭振测量 …… 203
6.2.7 通用扭振测量 …… 205
6.3 纵向振动测量 …… 207
6.3.1 纵向振动测量方法 …… 207
6.3.2 加速度纵振测量 …… 208
6.3.3 电涡流纵振测量 …… 214
6.4 回旋振动测量 …… 216
6.4.1 回旋振动测量方法 …… 216
6.4.2 回旋振动测量系统 …… 216
6.5 扭转-纵向耦合振动测量 …… 217
6.5.1 耦合振动测量方法 …… 217
6.5.2 耦合振动测量中的扭振测量方法 …… 218
6.5.3 耦合振动测量中的纵振测量方法 …… 218
6.5.4 耦合振动测量分析仪器 …… 219
6.5.5 扭转-纵向耦合振动测量时应注意的几个问题 …… 219
6.6 轴系振动测量仪器的标定 …… 220
6.6.1 扭转振动测量仪器的标定 …… 220
6.6.2 加速度测量仪器的标定 …… 227

6.6.3 电涡流位移测量仪器的标定 …… 228
6.7 轴系振动信号分析方法 …… 229
6.7.1 信号处理的概念 …… 229
6.7.2 振动信号采集与处理 …… 230
6.7.3 轴系振动频谱分析 …… 237

第7章 动力装置轴系监测诊断与智能控制 …… 245

7.1 概述 …… 245
7.2 动力装置轴系振动监测与故障诊断 …… 246
7.2.1 动力装置轴系振动监测报警 …… 246
7.2.2 动力装置轴系故障诊断系统 …… 251
7.3 智能化动力装置轴系振动优化控制 …… 253
7.3.1 柴油机气缸工作模型及验证 …… 254
7.3.2 扭振优化控制技术 …… 255
7.3.3 智能化内燃机装置轴系振动优化控制 …… 260

第8章 轴系振动控制技术在工程中的应用 …… 261

8.1 概述 …… 261
8.2 船舶低速柴油机推进轴系 …… 262
8.2.1 低速柴油机推进轴系扭转-纵向耦合振动测试案例 …… 262
8.2.2 TD600－2油轮扭转-纵向耦合振动 …… 265
8.3 船舶中高速柴油机推进轴系 …… 276
8.3.1 扭转振动计算与测试分析 …… 276
8.3.2 纵向振动计算与测试分析 …… 284
8.3.3 回旋振动计算与测试分析 …… 287
8.3.4 某船用柴油机曲轴断裂的振动故障分析 …… 289
8.4 船舶双机并车推进轴系 …… 291
8.4.1 双机并车轴系扭转振动的特点 …… 291
8.4.2 计算方法 …… 292
8.4.3 不均匀发火、并车相位角影响的计算结果 …… 292
8.4.4 列间发火间隔角对于双机并车轴系扭振特性的影响 …… 295
8.4.5 双机并车轴系扭振特性分析总结 …… 298
8.5 电机推进及功率分支系统 …… 299
8.6 变速齿轮箱装置 …… 300
8.6.1 减速齿轮箱试验台振动故障现象 …… 300

8.6.2 原试验台架轴系组成 …… 300
8.6.3 台架轴系扭振故障诊断 …… 301
8.6.4 改进方案扭振分析 …… 301
8.6.5 改进后台架轴系扭振测试结果 …… 302
8.6.6 齿轮箱试车轴系扭振分析结论 …… 303
8.7 发电机组扭振故障分析 …… 304
8.7.1 电厂柴油机曲轴断裂的振动故障分析 …… 304
8.7.2 发电机组联轴器断裂的故障分析 …… 305
8.7.3 电子调速器与动力装置轴系的耦合扭振控制 …… 306
8.8 工程车辆动力传动系统扭振故障分析 …… 307
8.8.1 某工程车动力传动系统弹性联轴器的故障分析 …… 307
8.8.2 某工程车动力传动系统连接轴故障分析 …… 312
8.9 扭振减振器匹配应用 …… 319
8.9.1 硅油扭振减振器应用案例 …… 319
8.9.2 卷簧扭振减振器应用实例 …… 320
8.9.3 板簧扭振减振器应用实例 …… 323
8.10 新能源车混合动力传动系统扭振控制 …… 324

结束语 …… 327

参考文献 …… 328

Chapter 1

第1章 振动基础理论

1.1 概述

轴系振动包含轴系扭转振动、轴系纵向振动、轴系回旋振动，以及相互之间的耦合振动。虽然轴系振动的运动方向各有不同，但是归纳简化后的运动方程式还是类似的，振动原理和遵循的规律还是相通的。

本章介绍机械振动的基本概念，以及单自由度系统、多自由度系统和连续系统的振动基础理论。在理解和掌握振动的基础理论后，可以渐进深入地领悟和认识轴系振动的计算、测试与控制技术。

1.2 机械振动的基本概念

机械振动是指物体或质点在其平衡位置附近所做的有规律的往复运动。以内燃机的曲轴为例，曲拐上的某个质点不但围绕气缸中心线做直线往复运动，还围绕轴线做扭转运动。

1.2.1 简谐运动

简谐运动是一种基本的振动形式，其质点的位移、速度和加速度的运动方程分别表示为

$$x(t)=A\sin(\omega t+\varphi)\quad (\mathrm{m}) \tag{1-1}$$

$$\dot{x}(t)=\omega A\cos(\omega t+\varphi)\quad (\mathrm{m/s}) \tag{1-2}$$

$$\ddot{x}(t)=-\omega^2 A\sin(\omega t+\varphi)\quad (\mathrm{m/s^2}) \tag{1-3}$$

其中

$$\omega=2\pi f=\frac{2\pi}{T} \tag{1-4}$$

式中 A——运动最大值，称为振幅、幅值或位移峰值(m)；

φ——初相位(rad)；

ω——圆频率(rad/s)；

f——频率(Hz)；

T——周期(s)。

对于简谐运动，位移有效值（又称均方根值）为

$$A_{rms}=A/\sqrt{2}\quad (m) \tag{1-5}$$

同理，速度有效值为 $\omega A/\sqrt{2}$（m/s），加速度有效值为 $\omega^2 A/\sqrt{2}$（m^2/s）。

简谐运动示意可以参见图 1－1，简谐运动随时间的波形可以看成绕中心圆的旋转运动在右视图的延展。

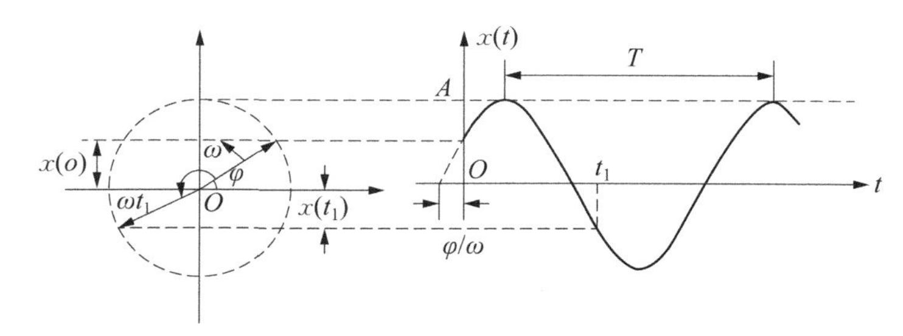

图 1－1　简谐运动

1.2.2　周期振动

周期振动，是指经过相同的时间间隔，运动量值重复再现的振动。可用下式表达：

$$x(t)=x(t+T) \tag{1-6}$$

式中　T——周期（s），$T=\dfrac{1}{f}=\dfrac{2\pi}{\omega}$。

在工程实践中，任何周期振动都可表示为一系列基本简谐运动的叠加，即

$$x(t)=a_0+\sum_{i=1}^{\infty}(a_i\cos i\omega t+b_i\sin i\omega t) \tag{1-7}$$

式中，$\cos i\omega t$ 与 $\sin i\omega t$ 为基本的简谐运动，a_i 与 b_i 为其系数。

式（1－7）的两边分别乘以 dt、$\cos(i\omega_0 t)dt$、$\sin(i\omega_0 t)dt$，并从 $t=0$ 积分到 $t=T$，可以得到

$$\begin{aligned} a_0&=\frac{1}{T}\int_0^T x(t)dt \\ a_i&=\frac{2}{T}\int_0^T x(t)\cos i\omega t\,dt \\ b_i&=\frac{2}{T}\int_0^T x(t)\sin i\omega t\,dt \end{aligned} \tag{1-8}$$

式（1－6）也可以表示为

$$x(t)=A_0+\sum_{i=1}^{\infty}A_i\sin(i\omega t+\phi_i) \tag{1-9}$$

其中

$$A_i=\sqrt{a_i^2+b_i^2},\ \phi_i=\arctan\frac{a_i}{b_i} \tag{1-10}$$

式中 A_0——静态分量，$A_0=a_0$；

A_i——系数；

ϕ_i——相位；

i——谐次。

以上把一个周期振动展开（或分解）成若干简谐振动的叠加，称为简谐分析。这是振动分析中常用的方法，即把时域信号转换为频域谱。

1.2.3 线性时不变系统

线性系统是指系统的输入和输出具有线性关系，满足叠加原理。

时不变系统是指系统的参数不随时间而变化。

动力装置轴系振动，通常都是在稳定位置附近的微幅振动，因此一般可以将动力装置轴系看作线性时不变系统。

1.2.4 运动方程

通常采用离散质量弹性系统建立轴系振动的运动微分方程。也可以采用传递矩阵法或有限元法建立运动微分方程，其中有限元法也是将连续系统分解成一系列微小的单元。

1.3 单自由度系统

1.3.1 运动方程

单自由度质量弹性系统，如图1-2所示。

往复运动的微分方程为

$$m\ddot{x}(t)+c\dot{x}(t)+kx(t)=f(t) \tag{1-11}$$

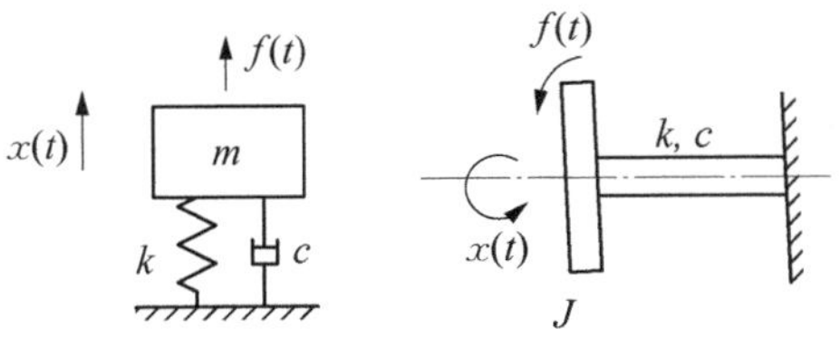

图1-2 单自由度质量弹性系统示意

式中 m——质量(kg)；

c——阻尼系数(N·s/m)；

k——刚度(N/m)；

$x(t)$——运动位移(m)；

$\dot{x}(t)$——运动速度(m/s)；

$\ddot{x}(t)$——运动加速度(m/s^2)；

$f(t)$——激励力(N)。

扭转运动的微分方程为

$$J\ddot{x}(t)+c\dot{x}(t)+kx(t)=f(t) \tag{1-12}$$

式中 J——转动惯量(kg·m^2)；

c——阻尼系数(N·m·s/rad);
k——扭转刚度(N·m/rad);
$x(t)$——运动角位移(rad);
$\dot{x}(t)$——运动角速度(rad/s);
$\ddot{x}(t)$——运动角加速度(rad/s²);
$f(t)$——激励力矩(N·m)。

1.3.2 单自由度系统自由振动

对于往复运动的单自由度系统自由振动,激励力 $f(t)=0$,将式(1-11)两边除以 m 后进行转换,得到

$$\ddot{x}(t)+2\zeta\omega_n\dot{x}(t)+\omega_n^2x(t)=0 \tag{1-13}$$

其中

$$\omega_n=\sqrt{\frac{k}{m}} \quad (\text{rad/s}) \tag{1-14}$$

$$\zeta=\frac{c}{c_c}=\frac{c}{2\sqrt{mk}} \tag{1-15}$$

$$c_c=2\sqrt{mk}=2m\omega_n \quad (\text{N}\cdot\text{s/m}) \tag{1-16}$$

式中 ω_n——无阻尼固有圆频率;
ζ——黏性阻尼比;
c_c——临界黏性阻尼系数。

设 $x(t)=Ae^{\alpha_1 t}+Be^{\alpha_2 t}$,经求解可得

$$\alpha_{1,2}=-\frac{c}{2m}\pm\sqrt{\left(\frac{c}{2m}\right)^2-\frac{k}{m}}=-\zeta\omega_n\pm\omega_n\sqrt{\zeta^2-1} \tag{1-17}$$

(1) 当 $\zeta>1$(过阻尼)时,有

$$x(t)=Ae^{(-\zeta+\sqrt{\zeta^2-1})\omega_n t}+Be^{(-\zeta-\sqrt{\zeta^2-1})\omega_n t} \tag{1-18}$$

(2) 当 $\zeta=1$(临界阻尼)时,有

$$x(t)=(A+B)e^{-\omega_n t} \tag{1-19}$$

(3) 当 $0<\zeta<1$(弱阻尼)时,有

$$\alpha_{1,2}=(-\zeta\pm j\sqrt{1-\zeta^2})\omega_n=-\zeta\omega_n\pm j\omega_d \tag{1-20}$$

阻尼固有圆频率为

$$\omega_d=\omega_n\sqrt{1-\zeta^2} \quad (\text{rad/s}) \tag{1-21}$$

因此运动方程变为

$$x(t)=(A\mathrm{e}^{\mathrm{j}\omega_{\mathrm{d}}t}+B\mathrm{e}^{-\mathrm{j}\omega_{\mathrm{d}}t})\mathrm{e}^{-\zeta\omega_{\mathrm{n}}t} \tag{1-22}$$

由欧拉(Euler)公式，上式可以表达为

$$x(t)=(A_1\cos\omega_{\mathrm{d}}t+A_2\sin\omega_{\mathrm{d}}t)\mathrm{e}^{-\zeta\omega_{\mathrm{n}}t} \tag{1-23}$$

对上式求导，得到

$$\dot{x}(t)=(-A_1\omega_{\mathrm{d}}\sin\omega_{\mathrm{d}}t+A_2\omega_{\mathrm{d}}\cos\omega_{\mathrm{d}}t)\mathrm{e}^{-\zeta\omega_{\mathrm{n}}t}-(A_1\cos\omega_{\mathrm{d}}t+A_2\sin\omega_{\mathrm{d}}t)\zeta\omega_{\mathrm{n}}\mathrm{e}^{-\zeta\omega_{\mathrm{n}}t} \tag{1-24}$$

当 $t=0$ 时，设 $x(t)=x_0$，$\dot{x}(t)=\dot{x}_0$，由式(1－23)和式(1－24)可知

$$x_0=x(t=0)=A_1$$

$$\dot{x}_0=\dot{x}(t=0)=A_2\omega_{\mathrm{d}}-A_1\zeta\omega_{\mathrm{n}}=A_2\omega_{\mathrm{d}}-x_0\zeta\omega_{\mathrm{n}}$$

得到 $A_2=\dfrac{\dot{x}_0+\zeta\omega_{\mathrm{n}}x_0}{\omega_{\mathrm{d}}}$。

因此，式(1－23)变为

$$\begin{aligned}x(t)&=\left(x_0\cos\omega_{\mathrm{d}}t+\frac{\dot{x}_0+\zeta\omega_{\mathrm{n}}x_0}{\omega_{\mathrm{d}}}\sin\omega_{\mathrm{d}}t\right)\mathrm{e}^{-\zeta\omega_{\mathrm{n}}t}\\&=C\mathrm{e}^{-\zeta\omega_{\mathrm{n}}t}\cos(\omega_{\mathrm{d}}t-\varphi)\end{aligned} \tag{1-25}$$

其中

$$C=\sqrt{x_0^2+\left(\frac{\dot{x}_0+\zeta\omega_{\mathrm{n}}x_0}{\omega_{\mathrm{d}}}\right)^2} \tag{1-26}$$

$$\phi=\arctan\frac{\dot{x}_0+\zeta\omega_{\mathrm{n}}x_0}{\omega_{\mathrm{d}}x_0} \tag{1-27}$$

当 $\zeta\geqslant1$ 时，系统运动按指数衰减，当阻尼比增加时，质量返回静平衡位置的速度放缓。

当 $\zeta<1$ 时，系统运动做自由衰减振动；根据振动幅值衰减的时域波形，可以计算振动频率和阻尼比。

三种不同阻尼情况下系统运动规律如图 1－3 所示。

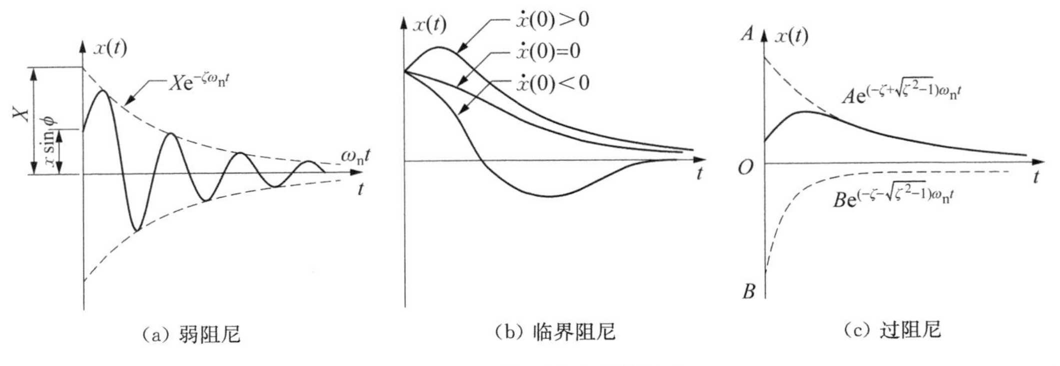

图 1－3　三种阻尼时系统运动

1.3.3 单自由度系统强迫振动

1.3.3.1 简谐激励下的单自由度系统强迫振动

设激励力为简谐复指数 $f(t)=Fe^{j\omega t}$，则运动方程式(1-11)变为

$$\ddot{x}(t)+2\zeta\omega_n\dot{x}(t)+\omega_n^2x(t)=\frac{F}{m}e^{j\omega t} \tag{1-28}$$

设 $x(t)=Ae^{j\omega t}$，代入上式求解得到复振幅：

$$A=\frac{A_{st}}{\left(1-\frac{\omega^2}{\omega_n^2}\right)+j2\zeta\frac{\omega}{\omega_n}} \tag{1-29}$$

式中 A_{st}——静振幅，$A_{st}=\frac{F}{k}$。

复频响应为复振幅与静振幅之比，即

$$\begin{aligned}H(\omega)&=\frac{A}{A_{st}}=\frac{1}{1-\frac{\omega^2}{\omega_n^2}+j2\zeta\frac{\omega}{\omega_n}}\\&=\frac{1}{\left(1-\frac{\omega^2}{\omega_n^2}\right)^2+\left(2\zeta\frac{\omega}{\omega_n}\right)^2}\left[\left(1-\frac{\omega^2}{\omega_n^2}\right)-j2\zeta\frac{\omega}{\omega_n}\right]=|H(\omega)|e^{-j\theta}\end{aligned} \tag{1-30}$$

其中

$$|H(\omega)|=\frac{1}{\sqrt{\left(1-\frac{\omega^2}{\omega_n^2}\right)^2+\left(2\zeta\frac{\omega}{\omega_n}\right)^2}} \tag{1-31}$$

$$\theta=\arctan\left(\frac{2\zeta\frac{\omega}{\omega_n}}{1-\frac{\omega^2}{\omega_n^2}}\right) \tag{1-32}$$

式中 $|H(\omega)|$——动力放大因子，即响应幅值与静幅值之比；

θ——相位角(rad)。

放大因子幅频特性与相频特性曲线如图 1-4 和图 1-5 所示。

1.3.3.2 非简谐激励下的单自由度系统强迫振动

任何复杂的周期性的非简谐激励力 $F(t)$，可以展开成傅里叶(Fourier)级数，即

$$F(t)=a_0+\sum_{i=1}^{\infty}(a_i\sin i\omega t+b_i\cos i\omega t) \tag{1-33}$$

式中，$F(t)$的周期 $T=\frac{2\pi}{\omega}$(单位为 s)。

通常内燃机轴系振动激励力的谐次范围为 1～24 或 0.5～12.0(对于二冲程或四冲程发动机)，如图 1-6 所示。

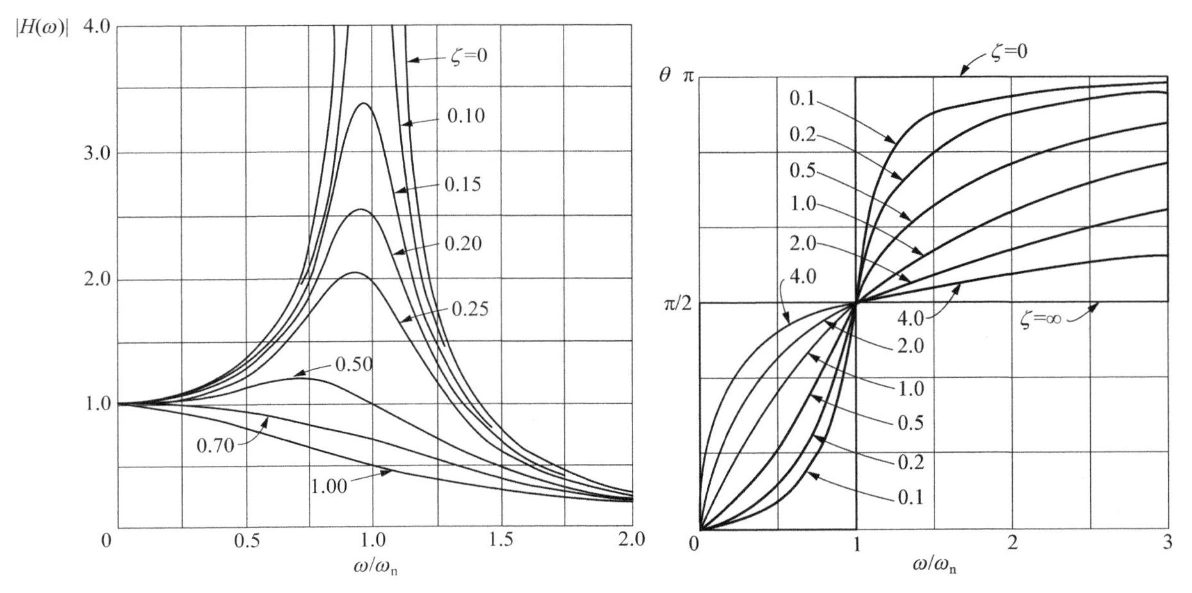

图 1－4　放大因子幅频特性曲线　　图 1－5　放大因子相频特性曲线

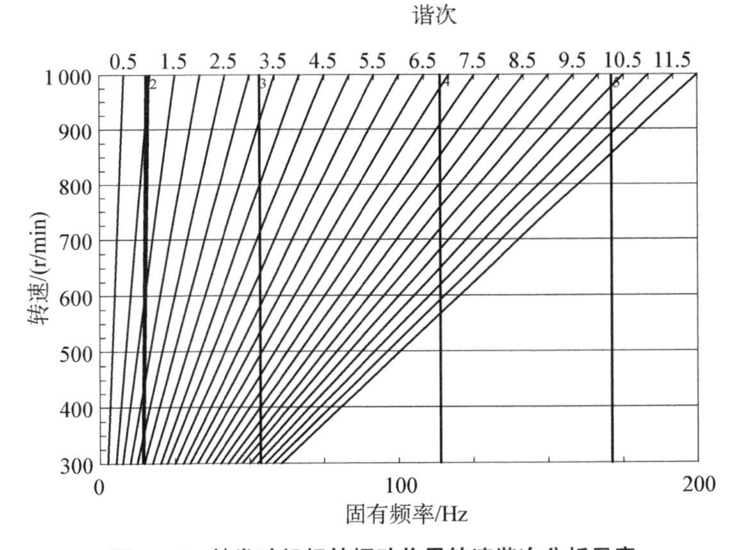

图 1－6　某发动机扭转振动临界转速谐次分析示意

1.3.3.3　瞬态激励下的单自由度系统强迫振动

当激励力在短时间内瞬态变化(如负荷突加、突卸,快速通过等工况),系统运动也会发生快速变化,三种典型的瞬态激励如图 1－7 所示。

采用杜哈梅(Duhamel)积分法,在 τ 时刻,激励力为 $F(\tau)\mathrm{d}\tau$,在 $t(t>\tau)$ 时刻,单自由度阻尼系统运动方程式(1－11)的位移响应为

$$x(t)=\frac{1}{m\omega_{\mathrm{d}}}\int_{0}^{t}F(\tau)\mathrm{e}^{-\zeta\omega_{\mathrm{n}}(t-\tau)}\sin\omega_{\mathrm{d}}(t-\tau)\mathrm{d}\tau \tag{1-34}$$

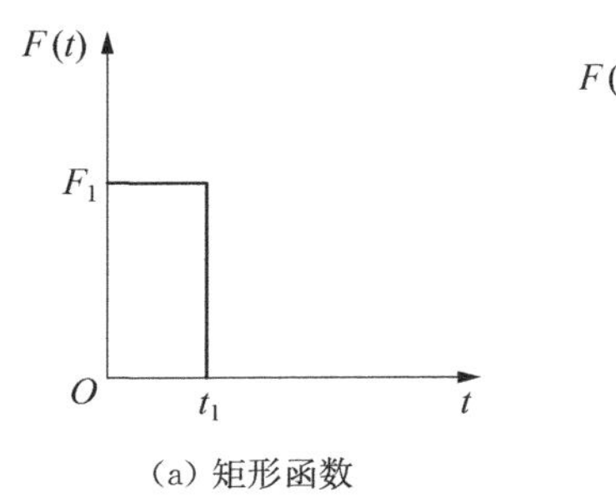

(a) 矩形函数

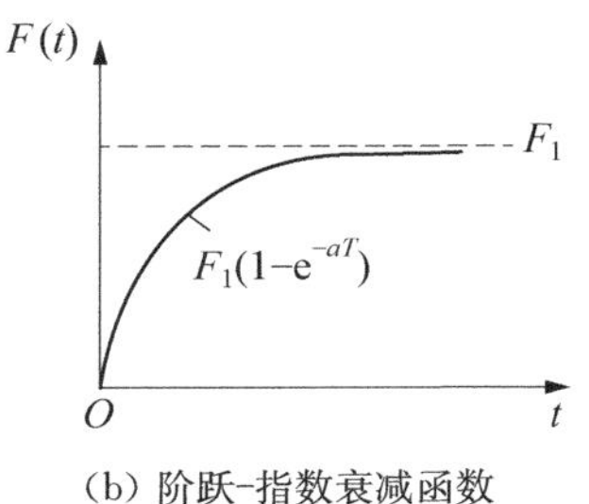

(b) 阶跃-指数衰减函数

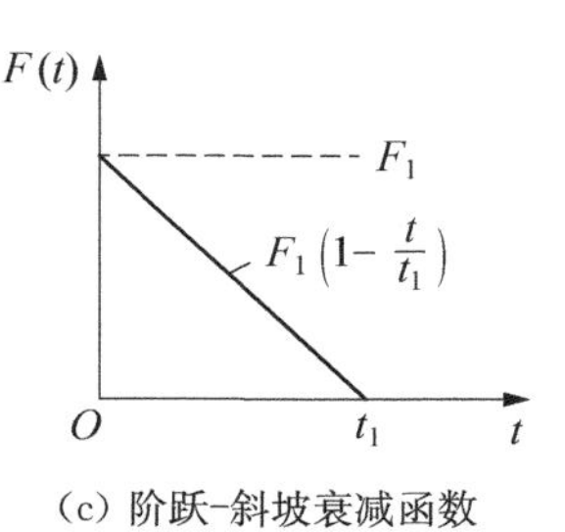

(c) 阶跃-斜坡衰减函数

图 1-7　瞬态激励力 ($t>\tau$)

其中
$$\zeta=\frac{c}{2\sqrt{mk}}=\frac{c}{2m\omega_{\mathrm{n}}},\ \omega_{\mathrm{d}}=\omega_{\mathrm{n}}\sqrt{1-\zeta^{2}}$$

式中　ζ——黏性阻尼比；

ω_{d}——阻尼固有圆频率。

当阻尼极小可以忽略时，单自由度系统的位移响应为

$$x(t)=\frac{1}{m\omega_{\mathrm{n}}}\int_{0}^{t}F(\tau)\sin\omega_{\mathrm{n}}(t-\tau)\mathrm{d}\tau \tag{1-35}$$

1.4　多自由度系统

1.4.1　运动方程组

有 n 个自由度的质量弹性系统，如图 1-8 所示。该系统的运动微分方程组为

图 1-8　多自由度质量弹性系统

$$\boldsymbol{M}\ddot{\boldsymbol{X}}+\boldsymbol{C}\dot{\boldsymbol{X}}+\boldsymbol{K}\boldsymbol{X}=\boldsymbol{F} \tag{1-36}$$

式中　$\boldsymbol{M}$—— 质量矩阵，$\boldsymbol{M}=\begin{pmatrix} m_1 & & & 0 \\ & m_2 & & \\ & & \ddots & \\ 0 & & & m_n \end{pmatrix}_{n\times n}$；

C—— 阻尼矩阵，$C=\begin{bmatrix} c_1+c_2 & -c_2 & & 0 \\ -c_2 & c_2+c_3 & & \\ & & \ddots & -c_n \\ 0 & & -c_n & c_n \end{bmatrix}_{n\times n}$；

K—— 刚度矩阵，$K=\begin{bmatrix} k_1+k_2 & -k_2 & & 0 \\ -k_2 & k_2+k_3 & & \\ & & \ddots & -k_n \\ 0 & & -k_n & k_n \end{bmatrix}_{n\times n}$；

X ——位移矩阵，$X=\begin{bmatrix} x_1(t) \\ x_2(t) \\ \vdots \\ x_n(t) \end{bmatrix}_{n\times 1}$；

$\dot{X}$ ——速度矩阵，$\dot{X}=\begin{bmatrix} \dot{x}_1(t) \\ \dot{x}_2(t) \\ \vdots \\ \dot{x}_n(t) \end{bmatrix}_{n\times 1}$；

$\ddot{X}$ ——加速度矩阵，$\ddot{X}=\begin{bmatrix} \ddot{x}_1(t) \\ \ddot{x}_2(t) \\ \vdots \\ \ddot{x}_n(t) \end{bmatrix}_{n\times 1}$；

F ——激励力矩阵，$F=\begin{bmatrix} f_1(t) \\ f_2(t) \\ \vdots \\ f_n(t) \end{bmatrix}_{n\times 1}$。

1.4.2　多自由度系统自由振动

无阻尼时，多自由度质量弹性系统自由振动运动方程为

$$M\ddot{X}+KX=0 \tag{1-37}$$

采用模态分析法（振型叠加法），对线性时不变系统，系统的任一点响应均可表示为各阶模态响应的线性组合。

设各阶模态向量矩阵为

$$\Psi=\begin{bmatrix} \phi_{11} & \phi_{12} & \cdots & \phi_{1n} \\ \phi_{21} & \phi_{22} & \cdots & \phi_{2n} \\ \vdots & \vdots & \ddots & \vdots \\ \phi_{n1} & \phi_{n1} & \cdots & \phi_{nn} \end{bmatrix}_{n\times n} \tag{1-38}$$

系统位移响应为

$$\boldsymbol{X}(\omega)=\boldsymbol{\Psi Q} \tag{1-39}$$

式中 $\boldsymbol{Q}$—— 模态加权系数，$\boldsymbol{Q}=[q_1(\omega), q_2(\omega), \cdots, q_n(\omega)]^{\mathrm{T}}$。

将式(1-39)代入式(1-37)，则

$$(\boldsymbol{K}-\omega^2 M)\boldsymbol{\Psi Q}=\boldsymbol{0} \tag{1-40}$$

无阻尼系统的各阶模态称为主模态或固有模态，各阶模态向量所张成的空间称为主空间，各阶主模态正交化(各阶矢量成 90°)。对式(1-40)左边乘以 $\boldsymbol{\Psi}^{\mathrm{T}}$，可得

$$\boldsymbol{\Psi}^{\mathrm{T}}(\boldsymbol{K}-\omega^2\boldsymbol{M})\boldsymbol{\Psi Q}=\boldsymbol{0} \tag{1-41}$$

进一步推导可得便于求解的非耦合方程组：

$$(\boldsymbol{K}_{\mathrm{r}}-\omega^2\boldsymbol{M}_{\mathrm{r}})\boldsymbol{Q}=\boldsymbol{0} \tag{1-42}$$

式中 $\boldsymbol{K}_{\mathrm{r}}$ ——模态刚度，$\boldsymbol{K}_{\mathrm{r}}=\boldsymbol{\Psi}^{\mathrm{T}}\boldsymbol{K}\boldsymbol{\Psi}$，为对角阵；

$\boldsymbol{M}_{\mathrm{r}}$ ——模态质量，$\boldsymbol{M}_{\mathrm{r}}=\boldsymbol{\Psi}^{\mathrm{T}}\boldsymbol{M}\boldsymbol{\Psi}$，为对角阵。

1.4.3 多自由度系统强迫振动

设激励力为简谐力，$\boldsymbol{F}=\overline{\boldsymbol{F}}\mathrm{e}^{\mathrm{j}\omega t}$。设位移为简谐位移，$\boldsymbol{X}=\overline{\boldsymbol{A}}\mathrm{e}^{\mathrm{j}\omega t}$，则多自由度质量弹性系统强迫振动运动方程式(1-36)转换为

$$[(\boldsymbol{K}-\omega^2\boldsymbol{M})+\mathrm{j}\omega\boldsymbol{C}]\overline{\boldsymbol{A}}=\overline{\boldsymbol{F}} \tag{1-43}$$

采用数学解析法把激励力和响应分解成若干谐次成分的合成，通过求解上述数学方程组，得到多自由度系统的各个质量与轴段的响应，包括位移、速度、加速度及振动扭矩、振动应力等。

1.5 连续系统

有限元法的基本原理是将连续结构离散化，把整个求算域离散成为有限个分段(子域)，每一分段内运用变分法，即利用使原问题的微分方程组退化到代数联立方程组，使问题归结为解线性方程组，由此得到数值解答。

采用有限元法可以将连续系统划分成有限个离散的板、梁、杆等多种单元和连接刚度单元、阻尼单元，施加激励力函数，通过对有限个单元做分片插值求解，以得到固有模态特性参数、振动响应等。

计算机技术的发展使有限元法得到了广泛的应用，可以用于具有复杂结构的连续系统的振动参数、自由振动、强迫振动的求解。

第2章 轴系扭转振动

2.1 概述

扭转振动是指轴系质量弹性系统相对于其旋转轴角振荡为特性的振动。在发动机、螺旋桨等的周期性激励扭矩作用下，轴系产生了周期性的扭转交变变形而形成了扭转振动。

1892年，德国狄塞尔(Diesel)发明了压燃式内燃机，其效率大大超过当时的蒸汽轮机，因而得到了广泛的应用。19世纪末到20世纪初，随着远洋航行船舶大型化，其轴系故障多有发生。自1916年德国盖格尔(Geiger)发明了机械惯性式扭振测量仪，1922年德国霍尔茨(Heinrich Holzer)提出了用于多转子轴系扭转振动分析的霍尔兹(Holzer)表法，柴油机动力装置轴系扭转振动的计算、测试、分析及控制技术逐步发展起来。

20世纪中后期，内燃机得到了快速的发展，种类日渐丰富，如燃烧压力提升、燃气发动机、节能减排等技术。瑞典首次将外燃式循环往复活塞的斯特林(Stirling)发动机用于潜艇，其不依赖空气动力系统，从而得到人们的关注，其中斯特林循环是斯特林(Robert Stirling)于18世纪发明的。

20世纪80年代以来，我国相继引进了多种类型的柴油机、燃气轮机、蒸汽轮机，以及高弹联轴器、减速齿轮箱、液力偶合器及调距螺旋桨等。车船种类和动力形式也越来越多，柴燃联合装置、多台柴油机并车装置、轴带电机(PTO/PTI)装置、油电混合动力相继出现，动力装置轴系及其扭振特性日趋复杂，多种故障问题不断出现，如齿轮箱敲齿、曲轴断裂、联轴器扭断、减振器失效等。这些故障问题也出现在电力、汽车、机车、钢铁、石化等领域。

21世纪以来，我国自主品牌车用/船用柴油机、天然气与双燃料发动机步入快速发展的轨道。随着造船和工业技术的迅速发展，动力装置轴系向着多样化、智能化的方向发展，车船的舒适性与可靠性要求越来越高；与此同时，计算机技术、控制技术、材料技术、测试技术等的不断发展，为轴系扭转振动控制提供了先进的手段。

因此，轴系扭转振动控制技术是一项比较传统的技术，在面临车船及其动力装置等技术快速发展需求之时，还是需要有新的发展的。

2.2 扭转振动计算模型

2.2.1 质量弹性系统模型

通常,轴系扭转振动计算采用离散的、集总参数的质量弹性系统模型。质量弹性系统模型主要由四部分组成:有转动惯量的质量、无转动惯量的扭转刚度、无转动惯量的质量阻尼和无扭转刚度的轴段阻尼。

为了使转化后的质量弹性系统模型能充分反映实际系统的扭振特性,一般有如下要求:①质量弹性系统的固有频率应与实际系统的固有频率基本相等;②质量弹性系统的振型应与实际系统的振型相似。

质量弹性系统参数转化的主要原则归纳如下:

(1) 发动机每一曲柄中心线作为单缸转动惯量的集中点,对于单轴多列式发动机,通常将同排的运动质量合并为一个集中质量。

(2) 以具有较大转动惯量的部件中心线作为集中质量的集中点,如飞轮、推力盘、螺旋桨、连接法兰、齿轮、轴承转子等。

(3) 齿轮箱各齿轮作为集中质量,在转化时需考虑减速比的影响,齿轮啮合处的扭转刚度,通常取质量弹性系统内各轴段的最大扭转刚度的30倍左右。

(4) 有弹性联轴器、气胎离合器、扭振减振器时,通常按主动件、从动件分为两个集中质量,弹性元件转动惯量的一半分别计入主动件、从动件的转动惯量,弹性元件的扭转刚度即为主动件、被动件之间的扭转刚度,并考虑轴段阻尼。对于具有多排弹性元件的部件,同理分成多个集中质量和扭转刚度,并考虑轴段阻尼。

(5) 硅油扭振减振器可以简化为一个质量,在最优阻尼时,其转动惯量取主动件转动惯量与0.5倍的惯性体转动惯量之和,考虑质量阻尼;或者分为两个集中质量,由弹性连接的主动体和惯性体,考虑扭转刚度和轴段阻尼。

(6) 对于每相邻集中质量之间连接轴的转动惯量,可把它的转动惯量平均分配到两端的集中质量(如连接法兰)上;以轴的扭转刚度作为这两个集中质量之间的扭转刚度。

(7) 在水中转动的质量,如螺旋桨、水力测功器转子、水泵转子等,在计算转动惯量时要考虑附连水的质量。

(8) 当系统中有液力偶合器时,以偶合器为分界面,可分成两个互相独立的扭振系统;也可以把前后系统串联起来,考虑液力偶合器的扭转刚度和轴段阻尼(可能具有非线性特性)。

(9) 对于膜片联轴器、干摩擦片式离合器等,合并时可以认为是刚性连接,作为一个集中质量来处理。

(10) 除了弹性连接以外,每个轴段的直径(外径、内径)取最小的截面模数相应的直径参数。发动机曲轴的最小直径,需考虑连杆销的外径与内径(通常比主轴颈要小)。

以某八缸柴油机试车台架轴系为例,转化后的质量弹性系统如图2-1所示,其中1—2轴段是扭振减振器弹性元件,第3~10质量为柴油机气缸,第11质量为曲轴传动轴,第12质量为柴油机飞轮,12—13轴段为高弹性联轴器,第14质量是水力测功器转子。

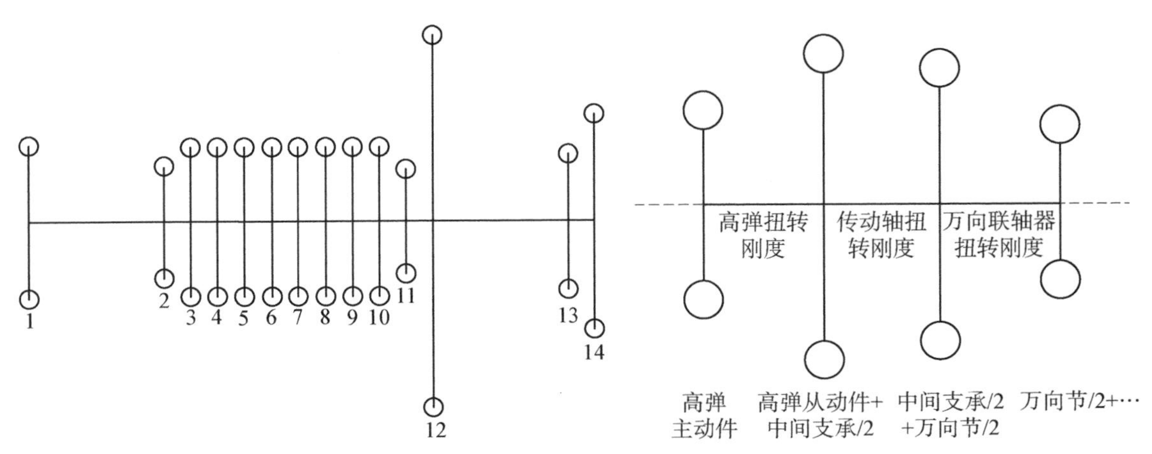

图 2-1　某八缸柴油机试车台架质量弹性系统　　**图 2-2　传动装置质量弹性系统**

对于由高弹性联轴器、中间支承、万向联轴器组成的传动装置，其质量弹性系统如图 2-2 所示。

2.2.2　转动惯量计算

物体绕旋转中心轴旋转的转动惯量为

$$I=\int_0^m r^2\mathrm{d}m=MR^2\quad(\mathrm{kg\cdot m^2})\tag{2-1}$$

式中　$\mathrm{d}m$ ——物体任一微元的质量(kg)；

r ——物体任一微元至旋转中心的距离(m)；

M ——物体总质量(kg)；

R ——物体对旋转中心的惯性半径(m)。

根据平行移轴定理，可以得到绕任一与重心轴平行的轴旋转的转动惯量：

$$I=I_0+MH^2\quad(\mathrm{kg\cdot m^2})\tag{2-2}$$

式中　I_0——物体绕重心轴旋转的转动惯量($\mathrm{kg\cdot m^2}$)；

H ——任一旋转轴与重心轴的平行距离(m)。

在工程中，某些旋转件，如飞轮、发电机转子的转动惯量，习惯上采用飞轮力矩表示，其转动惯量为

$$I=\frac{GD^2}{4}\quad(\mathrm{kg\cdot m^2})\tag{2-3}$$

式中　GD^2——飞轮力矩($\mathrm{kg\cdot m^2}$)。

2.2.2.1　规则物体的转动惯量

对于规则物体，有着规则的几何尺寸，可以按表 2-1 中列出的公式计算转动惯量，其中 I 为转动惯量($\mathrm{kg\cdot m^2}$)，ρ 为材料的密度($\mathrm{kg/m^3}$)。

表 2-1 规则物体的转动惯量计算公式汇总表

序号	名 称	图 形 (尺寸/m)	转动惯量(中心线 O-O) /(kg·m²)
1	圆柱体	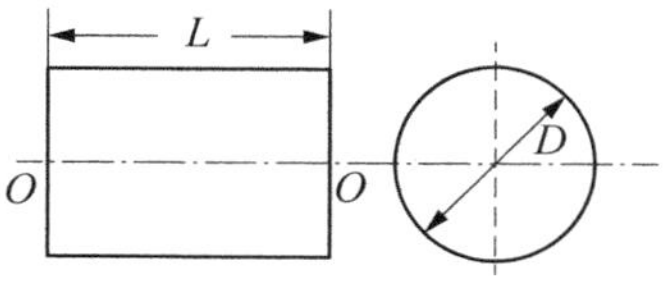 L, O, O, D	$I=\frac{\pi\rho}{32}LD^4$
2	圆筒	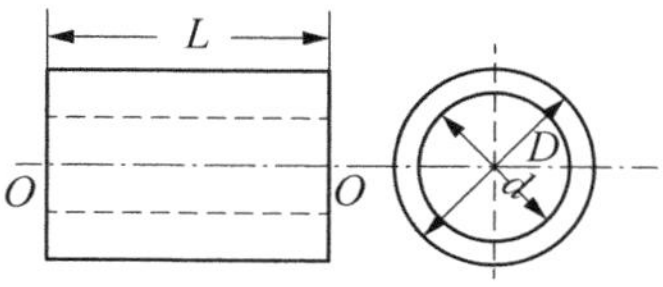 L, O, O, D, d	$I=\frac{\pi\rho}{32}L(D^4-d^4)$
3	圆锥	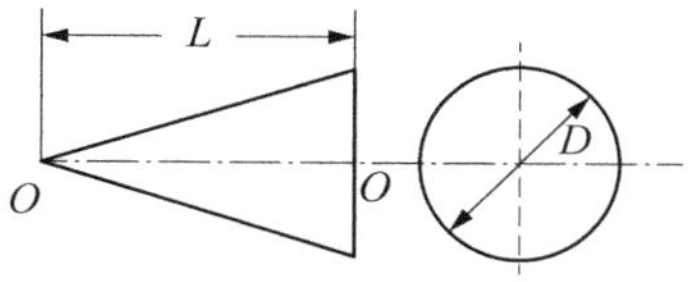 L, O, O, D	$I=\frac{\pi\rho}{160}LD^4$
4	矩形体	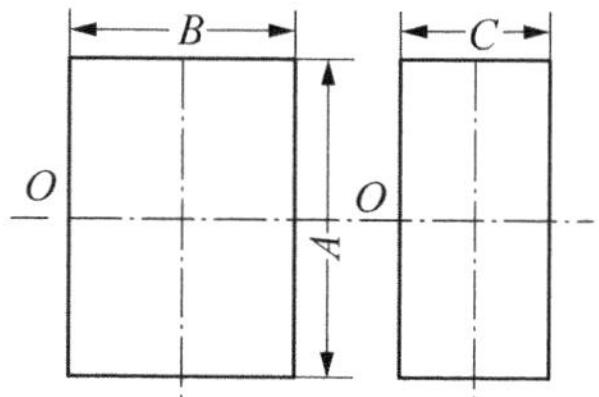 B, C, O, O, A	$I=\frac{\rho L}{12}AB(A^2+B^2)$
5	空心矩形体	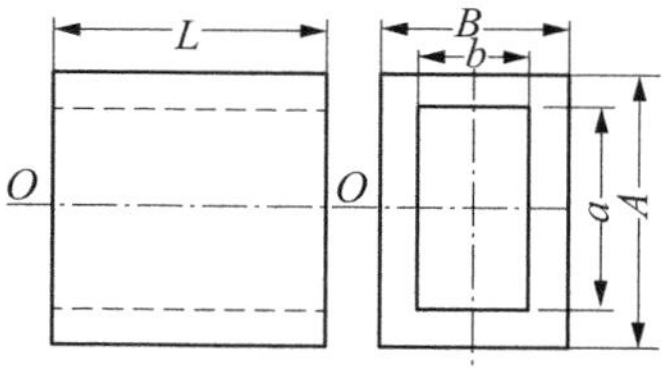 L, B, b, O, O, a, A	$I=\frac{\rho L}{12}[AB(A^2+B^2)-ab(a^2+b^2)]$
6	圆锥台	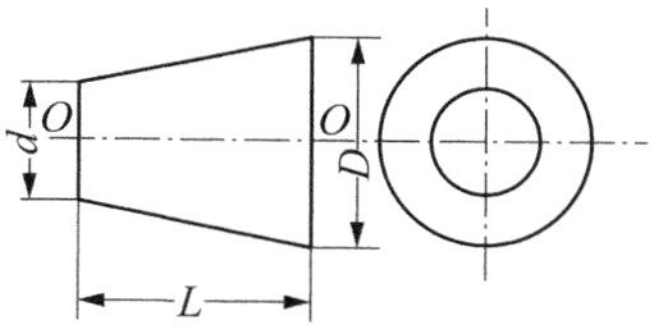 d, O, O, D, L	$I=\frac{\pi\rho}{160}L\frac{D^5-d^5}{D-d}$
7	圆棒	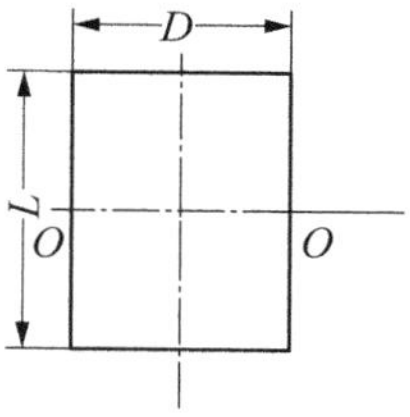 D, L, O, O	$I=\frac{\pi\rho}{192}LD^2(3D^2+4L^2)$

（续 表）

序号	名 称	图 形 (尺寸/m)	转动惯量(中心线 $O-O$) /(kg·m²)
8	抛物线体	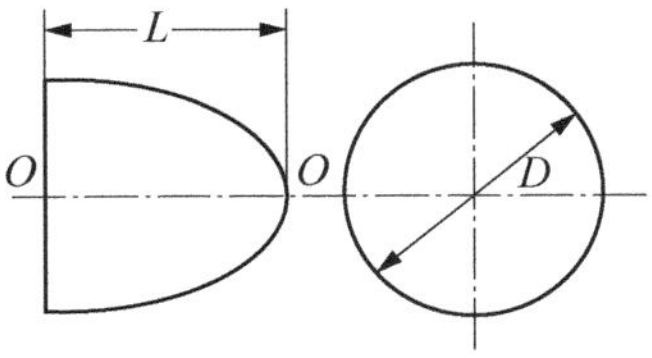 L, O, O, D	$I=\frac{\pi\rho}{96}LD^4$
9	圆环	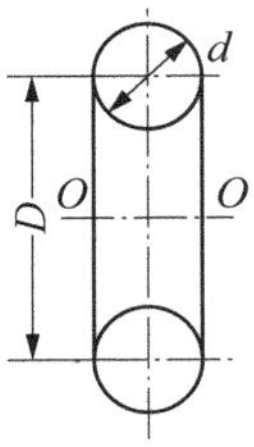 d, D, O, O	$I=\frac{\pi^2\rho}{16}Dd^2\left(D^2+\frac{3}{4}d^2\right)$

2.2.2.2 **内燃机单位气缸的转动惯量**

内燃机单位气缸由往复运动件(含活塞和活塞销、连杆)、单位曲柄(含主轴颈、曲柄销、曲柄臂、平衡重)组成。

1) 往复运动件的转动惯量

内燃机活塞、活塞销是做往复运动的，而连杆大端做回转运动，连杆小端做往复运动。做回转运动部分的转动惯量可以按平行移轴定理计算；对于做往复运动部分的转动惯量，可以按以下方法进行计算。

(1) 活塞、活塞销的转动惯量计算。活塞、活塞销转动惯量在上下死点时最大，在曲柄转角 90°和 270°时为零，计算时可以取其平均值。

活塞转动惯量为

$$I_{ps}=\frac{1}{2}G_{ps}R^2 \tag{2-4}$$

式中 G_{ps} ——活塞的质量(kg)；

R ——曲柄半径(m)。

活塞销转动惯量为

$$I_{px}=\frac{1}{2}G_{px}R^2 \tag{2-5}$$

式中 G_{px} ——活塞销的质量(kg)。

由上可见，往复运动件的转动惯量相当于一半的往复质量集中在曲柄销中心。

(2) 连杆转动惯量的计算。对于不同结构的连杆，回转运动和往复运动两部分质量的分配比例是不同的。当有现成连杆时，可用两端称重法直接得到回转与往复部分重量。一般可近似地认为连杆重量的 1/3～2/5 做往复运动，其余部分做回转运动。

连杆往复运动部分转动惯量为

$$I_{\mathrm{lp}}=\frac{1}{2}G_{\mathrm{lp}}R^2 \tag{2-6}$$

连杆回转运动部分转动惯量为

$$I_{\mathrm{lr}}=G_{\mathrm{lr}}R^2 \tag{2-7}$$

式中 G_{lp}——连杆往复运动部分质量(kg)，$G_{\mathrm{lp}}=(1/3\sim2/5)G_{\mathrm{l}}$；

G_{lr}——连杆回转运动部分质量(kg)，$G_{\mathrm{lr}}=(2/3\sim3/5)G_{\mathrm{l}}$；

G_{l}——连杆质量(kg)。

2) 单位曲柄的转动惯量

单位曲柄的转动惯量包括主轴颈、曲柄臂、曲柄销和平衡重的转动惯量，可以按照下述经验方法予以估算单位曲柄的转动惯量。

曲柄臂如图 2-3 所示，把曲柄臂以 C 为半径的内切圆以外部分，以曲轴中心线为中心，间隔为 $\mathrm{d}R$ 的圆弧划分成许多弧形小块。每一小块弧形体的转动惯量为

$$\mathrm{d}I_i=\rho\alpha_iR_i^3B_i\,\mathrm{d}R \tag{2-8}$$

式中 ρ——材料的密度(kg/m^3)；

α_i——每一小块圆弧的弧度(rad)；

R_i——每一小块圆弧的半径(m)；

B_i——每一小块圆弧的宽度(m)；

$\mathrm{d}R$——每一小块圆弧的径向厚度(m)。

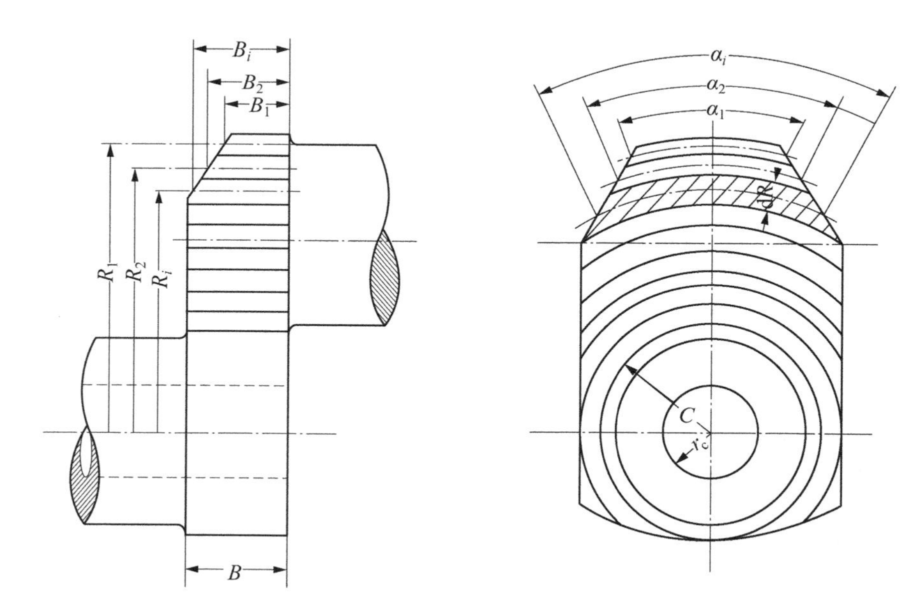

图 2-3 曲柄臂结构示意

则整个曲柄臂的转动惯量为

$$I_{\mathrm{b}}=\rho\left[\frac{\pi}{2}B(C^4-r_{\mathrm{c}}^4)+\sum_{i=1}^{n}\alpha_iB_iR_i^3\,\mathrm{d}R\right] \tag{2-9}$$

式中 C——曲柄臂内切圆半径(m)，相当于主轴颈半径；

B——曲柄臂宽度(m)；

r_c——内孔半径(m)。

因此，单位曲柄的转动惯量为

$$I_q = I_x + I_j + 2I_b + 2I_{bp} \quad (kg \cdot m^2) \tag{2-10}$$

式中 I_x——曲柄销转动惯量($kg \cdot m^2$)；

I_j——主轴颈转动惯量($kg \cdot m^2$)；

I_b——曲柄臂转动惯量($kg \cdot m^2$)；

I_{bp}——平衡重转动惯量($kg \cdot m^2$)。

3) 单位气缸的转动惯量

内燃机单缸转动惯量包括往复运动件(含活塞和活塞销、连杆)、单位曲柄(含主轴颈、曲柄销、曲柄臂、平衡重)的转动惯量。

内燃机单位气缸的转动惯量为

$$I = I_q + I_{ps} + I_{px} + I_{lp} + I_{lr} \tag{2-11}$$

式中 I_q——单位曲柄的转动惯量($kg \cdot m^2$)；

I_{ps}——活塞的转动惯量($kg \cdot m^2$)；

I_{px}——活塞销的转动惯量($kg \cdot m^2$)；

I_{lp}——连杆往复部分转动惯量($kg \cdot m^2$)；

I_{lr}——连杆回转部分转动惯量($kg \cdot m^2$)。

2.2.2.3 螺旋桨转动惯量

螺旋桨的桨毂可以看作规则的圆柱体，但是桨叶是空间扭曲的叶片，在设计阶段或缺乏详细资料时，可以按照下述经验公式进行估算。

(1) 当仅知道螺旋桨直径 D_p (m)和质量 G_p (kg)时，螺旋桨转动惯量可表示为

$$I_p = G_p(kD_p)^2 \tag{2-12}$$

式中 k——系数，整体桨，k 取 0.21；组合桨，k 取 0.19。

(2) 当仅知道螺旋桨直径 D_p 和桨叶部分转动惯量时，螺旋桨转动惯量可表示为

$$I_p = I_0 + Z_p I_1 \quad (kg \cdot m^2) \tag{2-13}$$

式中 I_0——螺旋桨轮毂转动惯量($kg \cdot m^2$)；

I_1——单片桨叶的转动惯量($kg \cdot m^2$)；

Z_p——桨叶数。

对于 Troost B 型桨，单片桨叶转动惯量为

$$I_1 = 0.025\,035 \rho D_p^3 A_{0.6} \quad (kg \cdot m^2) \tag{2-14}$$

式中 $A_{0.6}$——直径比 $0.6D_p$ 处桨叶截面积(m^2)。

对于有导流管的螺旋桨，单片桨叶的转动惯量为

$$I_1 = (0.016\,325A_1 + 0.025\,035A_{0.6})\rho D_{\mathrm{p}}^3 \quad (\mathrm{kg \cdot m^2}) \tag{2-15}$$

式中 A_1——桨叶叶梢处的截面积($\mathrm{m^2}$)。

上述公式计算出来的螺旋桨转动惯量，是在空气中的转动惯量。当螺旋桨在水中旋转，需要考虑附连水的转动惯量，一般是直接乘附水系数，取螺旋桨转动惯量的 1.25～1.30。

另一种附水转动惯量计算方法是用半理论、半经验公式估算。Lewis-Auslaender 计算附水转动惯量公式：

$$I_{\mathrm{pw}} = 0.02H^2 m_{\mathrm{pw}} \quad (\mathrm{kg \cdot m^2}) \tag{2-16}$$

式中 H——螺旋桨名义截面处的螺距(m)；

m_{pw}——螺旋桨附水质量(kg)。

$$m_{\mathrm{pw}} = \frac{0.21\rho D_{\mathrm{p}}^3 (MWR)^2 Z_{\mathrm{p}}}{\left[1 + \left(\frac{H}{D_{\mathrm{p}}}\right)^2\right](0.3 + MWR)} \tag{2-17}$$

式中 MWR——螺旋桨平均叶宽比。

Schwanecke 计算附水转动惯量公式：

$$I_{\mathrm{pw}} = 0.688\,9 \frac{\rho D_{\mathrm{p}}^5}{\pi Z_{\mathrm{p}}} \left(\frac{H}{D_{\mathrm{p}}}\right)^2 \left(\frac{A}{A_{\mathrm{p}}}\right)^2 \quad (\mathrm{kg \cdot m^2}) \tag{2-18}$$

式中 H/D_{p}——螺旋桨平均叶宽比；

A/A_{p}——螺旋桨盘面比。

如果考虑三维修正，可以乘以 Thomsen 的三维修正系数：

$$\alpha_{\mathrm{jp}} = \frac{1}{1.05 + \frac{9.6}{Z_{\mathrm{p}}}\left(\frac{A}{A_{\mathrm{p}}}\right)^2} \tag{2-19}$$

2.2.2.4 传动件的转动惯量

对于中间支承、万向联轴器等传动件，其转动惯量通常由生产厂提供，在建立质量弹性系统时可以把传动件的转动惯量分配到两端的集中质量上。

如果生产商能够提供图纸，可以通过三维建模或有限元分析计算软件计算得到，或者采应用理论计算公式(表 2-1)算出传动件的转动惯量。

2.2.2.5 转动惯量的有限元计算

随着计算技术的发展，内燃机各部件及螺旋桨等复杂形状的部件，可以通过三维实体造型或有限元建模方法计算得到精确的转动惯量。

对于曲轴单拐来说，根据曲轴图纸的实际尺寸做曲轴单拐的实体造型，如图 2-4 所示，两端主轴颈长度各取主轴颈长度的 1/2。采用三维

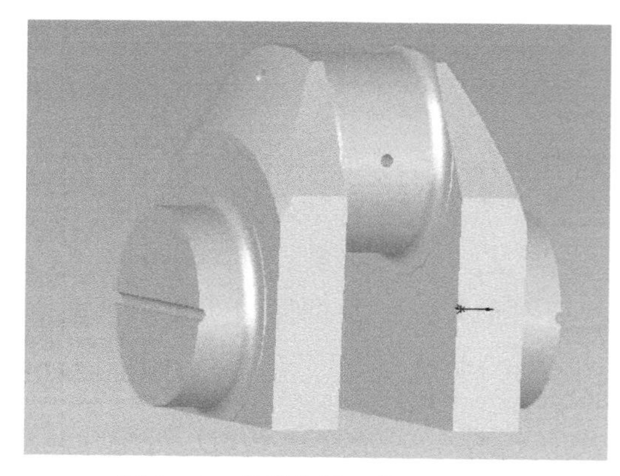

图 2-4 曲轴单拐三维实体造型

建模软件或有限元软件可以计算得到曲轴单拐的转动惯量。

2.2.3 扭转刚度计算

轴段扭转刚度，即单位扭转角度所需的扭矩。一般来说，轴系是由各种轴径和规则物体通过串联或并联的方式组合而成，即 n 个串联轴段的轴系扭转刚度为

$$k=1\Big/\left(\frac{1}{k_1}+\frac{1}{k_2}+\cdots+\frac{1}{k_n}\right)=1\Big/\sum_{i=1}^{n}(1/k_i)\quad (\mathrm{N\cdot m/rad}) \tag{2-20}$$

n 个并联轴段的轴系扭转刚度为

$$k=k_1+k_2+\cdots+k_n=\sum_{i=1}^{n}k_i\quad (\mathrm{N\cdot m/rad}) \tag{2-21}$$

2.2.3.1 规则轴段的扭转刚度

对于一等截面、长度为 L 的轴段，当一端固定，另一端受扭矩 M 作用时，此端产生扭转变形角度 θ，该轴段的扭转刚度为

$$k=\frac{M}{\theta}=\frac{GI_{\mathrm{p}}}{L}\quad (\mathrm{N\cdot m/rad}) \tag{2-22}$$

式中 G——轴段材料剪切弹性模量($\mathrm{N/m^2}$)，钢 $G=8.149\,33\times10^{10}\ \mathrm{N/m^2}$，球墨铸铁 $G=6.766\,59\times10^{10}\ \mathrm{N/m^2}$；

I_{p}——轴段截面极惯性矩($\mathrm{m^4}$)。

轴段柔度，即轴段扭转刚度的倒数，有

$$e=\frac{\theta}{M}=\frac{L}{GI_{\mathrm{p}}}\quad [\mathrm{rad/(N\cdot m)}] \tag{2-23}$$

等效长度，规定一个标准轴径 D_{e}，则轴径 D、长度 L 的轴段等效长度为

$$L_{\mathrm{e}}=\left(\frac{D_{\mathrm{e}}}{D}\right)^4 L \tag{2-24}$$

对于规则形状的轴段，其扭转刚度可查表 2-2 中列出的公式计算，其中 k 为扭转刚度($\mathrm{N\cdot m/rad}$)，G 为材料的弹性模量($\mathrm{N/m^2}$)。

表 2-2 规则轴段扭转刚度计算公式汇总表

序号	轴段名称	图形 (尺寸/m)	扭转刚度 /(N·m/rad)
1	实心圆轴	l, d	$k=\frac{\pi G}{32}\frac{d^4}{l}$

（续　表）

序号	轴段名称	图形（尺寸/m）	扭转刚度/(N·m/rad)
2	空心圆轴		$k=\frac{\pi G}{32}\frac{(D^4-d^4)}{l}$
3	实心锥形圆轴		$k=\frac{\pi G}{32}\cdot\frac{3}{q}\cdot\frac{D_2^4}{l}$ $q=\frac{D_2}{D_1}\left[1+\frac{D_2}{D_1}+\left(\frac{D_2}{D_1}\right)^2\right]$
4	实心锥形轴		$k=\frac{\pi G}{32}\cdot\frac{3}{q_1q_2}\cdot\frac{(D_2^4q_2-d_2^4q_1)}{l}$ $q_1=\frac{D_2}{D_1}\left[1+\frac{D_2}{D_1}+\left(\frac{D_2}{D_1}\right)^2\right]$ $q_2=\frac{d_2}{d_1}\left[1+\frac{d_2}{d_1}+\left(\frac{d_2}{d_1}\right)^2\right]$
5	直孔锥形轴		$k=\frac{\pi G}{32}\frac{(3D_2^4-qd^4)}{ql}$ $q=\frac{D_2}{D_1}\left[1+\frac{D_2}{D_1}+\left(\frac{D_2}{D_1}\right)^2\right]$
6	直轴锥形孔		$k=\frac{\pi G}{32}\frac{(qD^4-3d_2^4)}{ql}$ $q=\frac{d_2}{d_1}\left[1+\frac{d_2}{d_1}+\left(\frac{d_2}{d_1}\right)^2\right]$
7	偏心孔圆轴		$k=\frac{\pi G}{32}\frac{(D^4-d^4)}{ql}$ $q=1+\frac{16e^2d^2D^2}{(D^2-d^2)(D^4-d^4)}+\frac{384e^4d^4D^4}{(D^2-d^2)(D^4-d^4)}$

2.2.3.2 曲轴的扭转刚度

1) 曲轴扭转刚度经验计算公式

发动机曲轴的单位曲拐是不规则体，其扭转刚度可以采用以下经验公式计算(图 2-5)。

(1) 克·威尔逊(Ker Wilson)公式

$$k=\frac{\pi G}{32}\left[\frac{L_j+0.4D_j}{D_j^4-d_j^4}+\frac{L_c+0.4D_c}{D_c^4-d_c^4}+\frac{R-0.2(D_j+D_c)}{L_wB^3}\right]^{-1}\quad(\text{N}\cdot\text{m/rad})\quad(2-25)$$

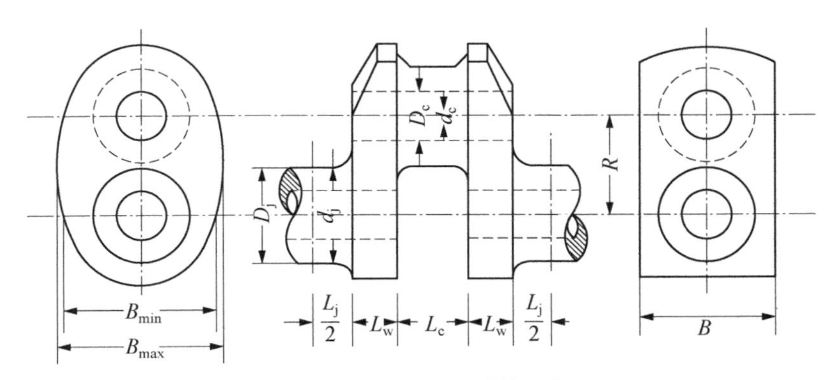

图2-5　曲拐刚度计算示意

(2) 西马年柯(Zimanenko)公式

$$k=\frac{\pi G}{32}\left(\frac{L_j+0.6L_w\dfrac{D_j}{L_j}}{D_j^4-d_j^4}+\frac{0.8L_c+0.2D_j\dfrac{B}{R}}{D_c^4-d_c^4}+\frac{R}{L_wB^3}\sqrt{\frac{R}{D_c}}\right)^{-1}\quad(\mathrm{N\cdot m/rad})$$

(2-26)

(3) 中国船级社(CCS)推荐公式

$$k=\frac{\pi G}{32}\left(\frac{L_j+0.7L_w}{D_j^4-d_j^4}+\frac{L_c+0.7L_w}{D_c^4-d_c^4}+\frac{bR}{L_wB_e^3}\right)^{-1}\quad(\mathrm{N\cdot m/rad})\qquad(2-27)$$

其中，大型低速柴油机　$B_e^3=\dfrac{B_{max}^3+B_{min}^3}{2}$

中高速柴油机　$B_e^3=\dfrac{2B_{max}^3B_{min}^3}{B_{max}^3+B_{min}^3}$

式中　b——系数，由主轴颈与曲柄销的重叠度ξ决定，当$\xi\geqslant0$时$b=0.8$；$\xi<0$时$b=0.7$。

2) 曲轴扭转刚度有限元法计算

根据曲轴设计图纸建立曲轴及单拐的有限元实体造型，如图2-6所示，两端主轴颈长度各取主轴颈长度的1/2。再对曲轴单拐的实体模型进行有限元分割。通常采用八节点三维块单元(六面体实体单元)将曲轴单拐离散为若干个单元和节点。此类单元的特点是：使用不协调的位移模式；每个节点具有三个平移自由度；各向材料特性相同；载荷可以为表面均布压力载荷、表面静水压力载荷、惯性载荷、热载荷。

加载及约束边界条件：曲轴单拐一端截面全固定约束，另一端施加力矩或一组切向力(如图2-6深色箭头所示)；在曲轴主轴径外表面(轴瓦安装部位)施加径向约束，可以是油膜刚度，或者主轴承支撑弹性约束，或者径向刚性约束。

在输入曲轴材料物理特性参数后，经过有限元计算，可以得到曲轴单拐的扭转变形数值(在施加扭矩的主轴颈端面)，变形图如图2-7所示。根据该变形可以求出在加载扭矩的情况下，曲轴单拐的扭转变形角度，从而可求出曲轴单拐扭转刚度的精确解。

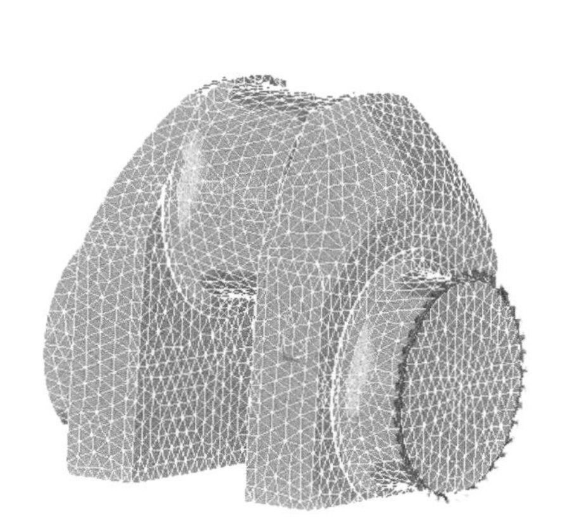

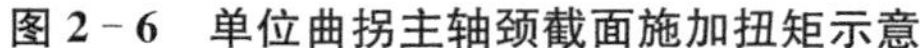

图 2-6 单位曲拐主轴颈截面施加扭矩示意

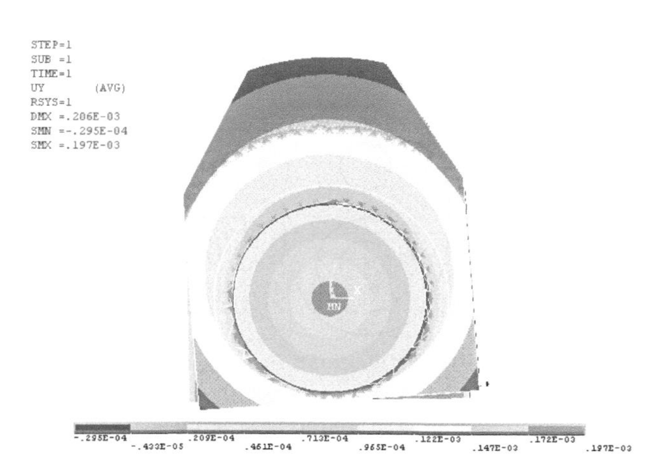

图 2-7 单拐扭转变形图

$$\text{曲轴单拐扭转刚度} = \text{施加扭矩}(\text{N} \cdot \text{m}) / \text{平均扭转变形角度}(\text{rad}) \quad (\text{N} \cdot \text{m/rad}) \tag{2-28}$$

曲轴有限元模型的正确性可以通过曲轴三维模态试验进行验证，通常计算模态频率与试验模态频率的误差应控制在10%以内。

图2-8是MWM TBD234V8柴油机曲轴模态试验及SAP5有限元计算模型，模态试验的激励方式可以采用力锤或激振器。

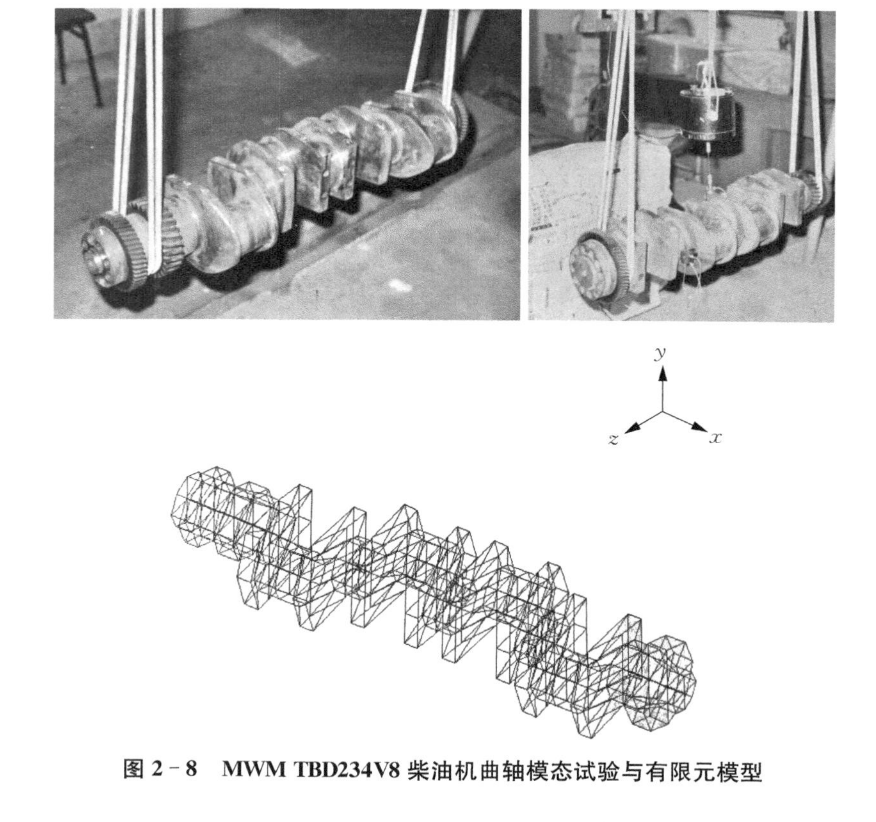

图 2-8 MWM TBD234V8 柴油机曲轴模态试验与有限元模型

2.2.3.3 弹性联轴器的扭转刚度

弹性联轴器把主动、从动部件分为两个或多个集中质量。扭转振动计算时，每相邻两质量之间连接弹簧的扭转刚度为这两个集中质量间的扭转刚度值。弹性元件的转动惯量则可一分为二分别计入主动、从动部件的转动惯量。

弹性联轴器的转动惯量、扭转刚度、阻尼系数、许用振动扭矩等参数通常是由制造厂商提供的。在制造厂商不能提供参数的情况下，可通过三维实体建模和有限元方法及经验公式进行计算。

1）盖斯林格联轴器的动态扭转刚度

盖斯林格(Geislinger)公司板簧型弹性联轴器的动态扭转刚度具有分段线性特点，如下式：

$$C_{\mathrm{Tdyn}}=C_{\mathrm{Tstat}}\left(1+0.37\frac{\omega}{\omega_0}\right),\ 0\leqslant\omega<\omega_0 \tag{2-29}$$

$$C_{\mathrm{Tdyn}}=C_{\mathrm{Tstat}}\left(1.1+0.27\frac{\omega}{\omega_0}\right),\ \omega\geqslant\omega_0 \tag{2-30}$$

式中 C_{Tdyn}——动态扭转刚度(N·m/rad)；
C_{Tstat}——静态扭转刚度(N·m/rad)；
ω——振动圆频率(rad/s)；
ω_0——特征圆频率(rad/s)。

2）橡胶联轴器的动态扭转刚度

对于橡胶弹性联轴器，应考虑其动态扭转刚度与静态扭转刚度的不同(动静比不等于1)及非线性特性。德国伏尔康(Vulkan)公司定义动态扭转刚度是在橡胶件表面温度30℃、振动频率10 Hz、交变振动扭矩是20%额定扭矩的情况下测量得到的。

2.2.3.4 传动件的扭转刚度

对于中间支承、万向联轴器等传动件的扭转刚度，通常由生产厂提供；如果生产厂能够提供图纸，可以采用三维建模或有限元分析软件计算得到，或者采用理论计算公式(表2-2)计算出轴段的扭转刚度。如果涉及几种形式的轴串联或并联在一起，则按串联或并联方式计算刚度[式(2-20)、式(2-21)]。

2.2.4 变速系统转动惯量和扭转刚度的转换

在传动轴系中有变速时，变速前后轴系的转速是不同的。在做轴系扭转振动计算时，需要将不同的转速转化成为具有同一转速的等效系统。一般以内燃机的转速为基准转速；在汽轮机推进系统中，多取螺旋桨为基准转速。转化的原则是转化前后系统和元件的动能和变形能必须相等。

如图2-9所示的变速系统，变速比为

$$i=\frac{n}{n'}=\frac{\omega}{\omega'}=\frac{\varphi}{\varphi'} \tag{2-31}$$

式中 n、ω、φ——变速前轴段的转速(r/min)、圆频率(rad/s)和角位移(rad)；

n'、ω'、φ'——变速后轴段的转速(r/min)、圆频率(rad/s)和角位移(rad)。

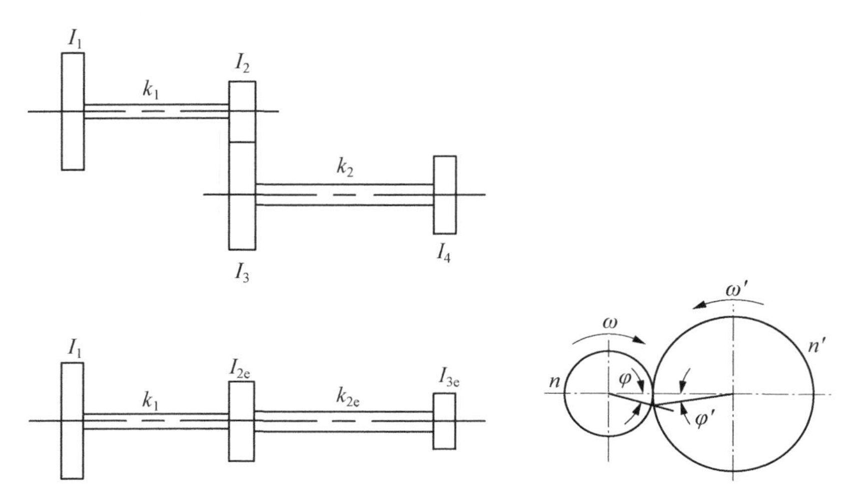

图 2-9　轴系速比转换示意
(I_2 和 I_3 为啮合齿轮)

以变速前的转速 n 为基准转速，则原系统的动能 E_k 和势能 E_p 分别为

$$E_k = \frac{1}{2}I_1\omega^2 + \frac{1}{2}I_2\omega^2 + \frac{1}{2}I_3\left(\frac{\omega}{i}\right)^2 + \frac{1}{2}I_4\left(\frac{\omega}{i}\right)^2 \tag{2-32}$$

$$E_p = \frac{1}{2}k_1\varphi_1^2 + \frac{1}{2}k_2\left(\frac{\varphi_2}{i}\right)^2 \tag{2-33}$$

式中　I_1、I_2、I_3、I_4——转动惯量($\mathrm{kg \cdot m^2}$)；
k_1、k_2——扭转刚度(N·m/rad)。

等效系统的动能 E_{ke} 和势能 E_{pe} 分别为

$$E_{ke} = \frac{1}{2}I_1\omega^2 + \frac{1}{2}I_{2e}\omega^2 + \frac{1}{2}I_{3e}\omega^2 \tag{2-34}$$

$$E_{pe} = \frac{1}{2}k_1\varphi_1^2 + \frac{1}{2}k_{2e}\varphi_2^2 \tag{2-35}$$

因此，变速后的等效系统中：

$$\begin{aligned} I_{2e} &= I_2 + I_3/i^2 \\ I_{3e} &= I_4/i^2 \\ k_{2e} &= k_2/i^2 \end{aligned} \tag{2-36}$$

式中　i——变速比，或称减速比。对于内燃机动力装置轴系来说，通常以内燃机转速为基准，对于减速齿轮后的轴系，减速比 i 大于 1。

上式表明，以 i 变速比变速的系统，其等效转动惯量和扭转刚度是原来转动惯量和刚度的 $1/i^2$ 倍。也就是说，相对于 $i=1$ 的基准轴系或质量，当某质量或轴段的转速降低时，等效转动惯量或扭转刚度在原来数值的基础上减少；当某质量或轴段的转速升高时，等效转动惯量或扭转刚度在原来数值的基础上增加。

2.2.5 国际单位和工程单位的转化

在扭振计算中，会遇到国际单位和工程单位两种计量单位，计算时可根据用户提供的数据进行计量单位的转化，转化关系汇总于表 2-3 。

表 2-3 国际单位和工程单位的转化表

名称	工程单位	转化系数	国际单位
转动惯量	kgf·cm/s^2	0.0981	kg·m^2
扭转刚度	kgf·cm/rad	0.0981	N·m/rad
阻尼	kgf·cm·s/rad	0.0981	N·m·s/rad
扭矩	kgf·cm	0.0981	N·m
应力	kgf/cm^2	0.0981	MPa(×10^6 N/m^2)

2.2.6 振幅、扭矩、应力等变量的换算

2.2.6.1 第 k 个质量的合成振幅

在计算转速 n_c 下，第 k 个质量各谐次的合成振幅为

$$\varphi_k(t)=\sum_{\upsilon}[\varphi_k(t)]_{\upsilon}=\sum_{\upsilon}A_k\sin(\upsilon\omega_c t+\theta_{\upsilon k})\quad(\text{rad})\tag{2-37}$$

式中 υ——谐次；

$[\varphi_k(t)]_{\upsilon}$——第 k 质量在指定转速第 υ 次振幅(rad)；

A_k——第 k 质量的扭振振幅(rad)；

ω_c——与计算转速 n_c(r/min)相应的圆频率(rad/s)，即 $\omega_c=\dfrac{\pi n_c}{30}$；

$\theta_{\upsilon k}$——第 k 质量第 υ 次振幅 $[\varphi_k(t)]_{\upsilon}$ 的相位角(rad)。

2.2.6.2 第 k—($k+1$) 轴段的振动扭矩

在计算转速 n_c 下，第 k—($k+1$) 轴段 υ 谐次的振动扭矩为

$$\begin{aligned}[U_{k,k+1}(t)]_{\upsilon}&=C_{k,k+1}\{[\varphi_k(t)]_{\upsilon}-[\varphi_{k+1}(t)]_{\upsilon}\}/i\\&=C_{k,k+1}[A_k\sin(\upsilon\omega_c t+\theta_{\upsilon,k})-A_{k+1}\sin(\upsilon\omega_c t+\theta_{\upsilon,k+1})]/i\\&=C_{k,k+1}[(A_k\sin\upsilon\omega_c t\cos\theta_{\upsilon,k}+A_k\cos\upsilon\omega_c t\sin\theta_{\upsilon,k})\\&\quad-(A_{k+1}\sin\upsilon\omega_c t\cos\theta_{\upsilon,k+1}+A_{k+1}\cos\upsilon\omega_c t\sin\theta_{\upsilon,k+1})]/i\\&=C_{k,k+1}[(A_k\cos\theta_{\upsilon,k}-A_{k+1}\cos\theta_{\upsilon,k+1})\sin\upsilon\omega_c t\\&\quad+(A_k\sin\theta_{\upsilon,k}-A_{k+1}\sin\theta_{\upsilon,k+1})\cos\upsilon\omega_c t]/i\quad(\text{N}\cdot\text{m})\end{aligned}\tag{2-38}$$

式中 $[\varphi_k(t)]_{\upsilon}$、$[\varphi_{k+1}(t)]_{\upsilon}$——第 k 质量、第 $k+1$ 质量在指定转速第 υ 次振幅(rad)；

A_k、A_{k+1} ——第 k 质量、第 $k+1$ 质量的扭振振幅(rad)；
$C_{k,k+1}$ ——第 k—$(k+1)$ 轴段扭转刚度(N·m/rad)；
$\theta_{\upsilon,k}$、$\theta_{\upsilon,k+1}$ ——$[\varphi_k(t)]_\upsilon$、$[\varphi_{k+1}(t)]_\upsilon$ 的相位角(rad)；
i——减速比。

令
$$A'_\upsilon \cos\theta'_\upsilon = A_k \cos\theta_{\upsilon,k} - A_{k+1}\cos\theta_{\upsilon,k+1} \tag{2-39}$$
$$A'_\upsilon \sin\theta'_\upsilon = A_k \sin\theta_{\upsilon,k} - A_{k+1}\sin\theta_{\upsilon,k+1} \tag{2-40}$$

将上两式代入式(2-38)，得

$$\begin{aligned}[U_{k,k+1}(t)]_\upsilon &= C_{k,k+1}(A'_\upsilon\cos\theta'_\upsilon \sin\upsilon\omega_c t + A'_\upsilon \sin\theta'_\upsilon \cos\upsilon\omega_c t)/i \\ &= C_{k,k+1}A'_\upsilon \sin(\upsilon\omega_c t + \theta'_\upsilon)/i \quad (\text{N}\cdot\text{m})\end{aligned} \tag{2-41}$$

其中
$$\theta'_\upsilon = \arctan\frac{A_k\sin\theta_{\upsilon,k} - A_{k+1}\sin\theta_{\upsilon,k+1}}{A_k\cos\theta_{\upsilon,k} - A_{k+1}\cos\theta_{\upsilon,k+1}} \quad (\text{rad}) \tag{2-42}$$
$$A'_\upsilon = \sqrt{A_k^2 + A_{k+1}^2 - 2A_kA_{k+1}\cos(\theta_{\upsilon,k} - \theta_{\upsilon,k+1})} \quad (\text{rad}) \tag{2-43}$$

在计算转速 n_c 下，第 k—$(k+1)$ 轴段各谐次的合成扭矩为

$$U_{k,k+1}(t) = \sum_\upsilon [U_{k,k+1}(t)]_\upsilon = \sum_\upsilon C_{k,k+1}A'_\upsilon \sin(\upsilon\omega_c t + \theta'_\upsilon)/i \quad (\text{N}\cdot\text{m}) \tag{2-44}$$

式中 A'_υ ——与 $[U_{k,k+1}(t)]_\upsilon$ 有关的扭振幅值(rad)；
θ'_υ ——与 $[U_{k,k+1}(t)]_\upsilon$ 有关的相位角(rad)。

2.2.6.3 第 k—$(k+1)$ 轴段的扭振应力

在计算转速 n_c 下，第 k—$(k+1)$ 轴段 υ 谐次的扭振应力为

$$[\tau_{k,k+1}(t)]_\upsilon = \frac{[U_{k,k+1}(t)]_\upsilon}{W_{k,k+1}} \quad (\text{MPa}) \tag{2-45}$$

式中 $W_{k,k+1}$—— 第 k—$(k+1)$ 轴段截面模数(cm^3)，即

$$W_{k,k+1} = \frac{\pi}{16}[d^3_{(k,k+1)} - d^3_{0(k,k+1)}] \tag{2-46}$$

式中 $d_{(k,k+1)}$、$d_{0(k,k+1)}$—— 第 k—$(k+1)$ 轴段的外径(cm)和内径(cm)。

在计算转速 n_c 下，第 k—$(k+1)$ 轴段各谐次的合成扭振应力为

$$\tau_{k,k+1} = \frac{[U_{k,k+1}(t)]_{\max} - [U_{k,k+1}(t)]_{\min}}{2W_{k,k+1}} \quad (\text{MPa}) \tag{2-47}$$

式中 $[U_{k,k+1}(t)]_{\max}$—— 第 k—$(k+1)$ 轴段在指定转速振动扭矩的最大值(N·m)；
$[U_{k,k+1}(t)]_{\min}$—— 第 k—$(k+1)$ 轴段在指定转速振动扭矩的最小值(N·m)。

2.2.6.4 发电机转子电角

交流发电机转子处的电角振幅为

$$\alpha_g = \frac{180}{\pi}P[\varphi_g(t)]_{\max} \quad (°) \tag{2-48}$$

式中　$[\varphi_g(t)]_{max}$——发电机转子处合成振幅最大值(rad)；

P——发电机电极对数。

2.2.6.5　发电机转子处的惯性力矩

发电机转子第 υ 谐次的惯性力矩为

$$[J_g]_\upsilon = I_g[\ddot{\varphi}_g(t)]_\upsilon = I_g \upsilon^2 \omega_c^2 A_g \sin(\upsilon\omega_c t + \theta_g) \quad (\mathrm{N \cdot m}) \tag{2-49}$$

式中　I_g——发电机转子转动惯量($\mathrm{kg \cdot m^2}$)；

$[\ddot{\varphi}_g(t)]_\upsilon$——发电机转子处 υ 谐次角加速度($\mathrm{rad/s^2}$)；

θ_g——发电机转子处第 υ 谐次振幅的相位角(rad)；

A_g——发电机转子处第 υ 谐次振幅的幅值(rad)；

ω_c——与计算转速 n_c(r/min)对应的圆频率(rad/s)。

发电机转子处的合成惯性力矩为

$$J_g = \sum_\upsilon [J_g]_\upsilon = \sum_\upsilon I_g \upsilon^2 \omega_c^2 A_g \sin(\upsilon\omega_c t + \theta_g) \quad (\mathrm{N \cdot m}) \tag{2-50}$$

式中　$[J_g]_\upsilon$——发电机转子处第 υ 谐次惯性力矩(N·m)。

2.3　扭转振动激励力

动力装置轴系扭转振动的激励力主要来自以下几方面：

(1) 内燃机气缸气体压力、运动部件惯性力与重力等产生的交变切向力和交变径向力。

(2) 螺旋桨、水泵或泵喷装置、水力测功器等叶片在流场中运转时产生的交变力矩。

(3) 齿轮箱齿轮啮合时产生的交变力矩。

(4) 轴系纵向振动等产生的耦合振动力矩。

(5) 轴系其他运动部件产生的交变力矩。

2.3.1　内燃机气缸气体压力

内燃机气缸的气体压力是随着曲柄转角做周期性变化，二冲程内燃机的循环周期为 2π (360°)，四冲程内燃机的循环周期为 4π (720°)。气体压力作用在活塞上并通过连杆作用在曲柄销上，该推力可以分解成垂直于曲柄的切向力和与曲柄方向一致的径向力，如图 2-10 所示。

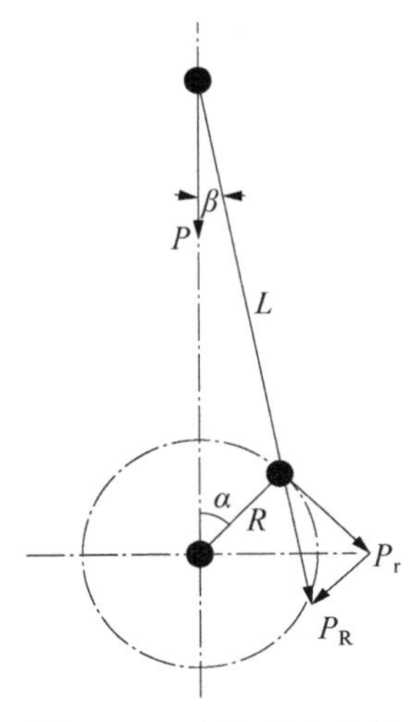

图 2-10　气缸压力分解

单位活塞面积气体压力 P 对曲柄销产生的切向力 P_T 可以表达并推导为

$$P_T = \frac{P}{\cos\beta}\sin(\alpha+\beta) = P\,\frac{\sin(\alpha+\beta)}{\cos\beta}$$

$$
\begin{aligned}
&= P\left(\sin\alpha + \frac{\lambda}{2}\sin 2\alpha/\cos\beta\right) \\
&= P\left(\sin\omega t + \frac{\lambda}{2}\sin 2\omega t/\sqrt{1-\lambda^2\sin^2\omega t}\right) \\
&\approx P\left(\sin\omega t + \frac{\lambda}{2}\sin 2\omega t\right)^{*} \quad (\mathrm{N/m^2})
\end{aligned} \tag{2-51}
$$

式中 P——单位活塞面积气体压力($\mathrm{N/m^2}$)；

α——曲柄转角(rad)，$\alpha=\omega t$；

β——连杆的摆角(rad)；

ω——曲轴角速度(rad/s)；

λ——曲柄连杆比，即曲柄半径 R 与连杆长度 L 之比，$\lambda=\dfrac{R}{L}=\dfrac{\sin\beta}{\sin\alpha}$。

通过曲柄销传递给曲轴的切向力矩为

$$
M_{\mathrm{T}} = \frac{\pi}{4}D^2 R P_{\mathrm{T}} \quad (\mathrm{N\cdot m}) \tag{2-52}
$$

式中 D——活塞直径(m)；

R——曲柄半径(m)；

P_{T}——单位气缸面积的切向力($\mathrm{N/m^2}$)。

内燃机稳定运转时，气缸内气体压力 P 随曲柄转角做周期性变化，那么 P_{T} 也可以认为是一个周期变化的函数，这样可以对 P_{T} 做简谐分析：

$$
P_{\mathrm{T}} = P_{\mathrm{T0}} + \sum_{\upsilon}^{m}(A_{\upsilon}\cos\upsilon\alpha + B_{\upsilon}\sin\upsilon\alpha) \quad (\mathrm{N/m^2}) \tag{2-53}
$$

式中 υ——谐次，对于四冲程内燃机，通常取 $\upsilon=0.5, 1.0, 1.5, \cdots, 12.0$，$m=12$；对于二冲程内燃机，通常取 $\upsilon=1, 2, 3, \cdots, 24$，$m=24$；

m——最大简谐次数；

P_{T0}——气缸内气体引起的平均切向力($\mathrm{N/m^2}$)；

A_{υ}、B_{υ}——υ 谐次切向力的余弦幅值与正弦幅值($\mathrm{N/m^2}$)。

$$
\begin{cases}
P_{\mathrm{T0}} = \dfrac{1}{T}\displaystyle\int_0^T P_{\mathrm{T}}\mathrm{d}\alpha \\
A_{\upsilon} = \dfrac{2}{T}\displaystyle\int_0^T P_{\mathrm{T}}\cos\upsilon\alpha\,\mathrm{d}\alpha \\
B_{\upsilon} = \dfrac{2}{T}\displaystyle\int_0^T P_{\mathrm{T}}\sin\upsilon\alpha\,\mathrm{d}\alpha
\end{cases} \tag{2-54}
$$

* 注：这里引用的三角函数转换关系为

$$
\begin{aligned}
&\sin(\alpha+\beta) = \sin\alpha\cos\beta + \cos\alpha\sin\beta \\
&\sin 2\alpha = 2\sin\alpha\cos\alpha \\
&\cos\beta = \sqrt{1-\sin^2\beta} = \sqrt{1-\lambda^2\sin^2\alpha} \\
&\sin\alpha\cos\beta = \frac{1}{2}[\sin(\alpha+\beta)+\sin(\alpha-\beta)]
\end{aligned}
$$

式中　T——周期，$T=\dfrac{2\pi}{\omega}$；

ω——圆频率，$\omega=\dfrac{\pi n}{30}$；

n——转速(r/min)。

曲柄转角 α 用 ωt 来代替，则

$$\begin{aligned} P_{\mathrm{T}} &= P_{\mathrm{T0}}+\sum_{\upsilon}(A_{\upsilon}\cos\upsilon\omega t+B_{\upsilon}\sin\upsilon\omega t) \\ &= P_{\mathrm{T0}}+\sum_{\upsilon}C_{\upsilon}\sin(\upsilon\omega t+\phi_{\upsilon}) \end{aligned} \tag{2-55}$$

式中　C_{υ}——第 υ 谐次激励力简谐系数($\mathrm{N/m^2}$)；

ϕ_{υ}——第 υ 谐次激励力相位角(rad)。

$$\begin{cases} C_{\upsilon}=\sqrt{A_{\upsilon}^2+B_{\upsilon}^2} \quad (\mathrm{N/m^2}) \\ \phi_{\upsilon}=\arctan\dfrac{A_{\upsilon}}{B_{\upsilon}} \quad (\mathrm{rad}) \end{cases} \tag{2-56}$$

1）通用柴油机激励力(中国船级社)

若在扭振计算中缺乏柴油机的激励力简谐系数值时，可以采用中国船级社(CCS)“船舶柴油机轴系扭转振动特性计算”指导性文件推荐的计算方法，υ 谐次的切向力(单位气缸面积)为

$$T_{\upsilon}=a_{\upsilon}p_{\mathrm{i}}+b_{\upsilon} \quad (\mathrm{MPa}) \tag{2-57}$$

式中　a_{υ}、b_{υ}——系数，由表2-4查得；

p_{i}——柴油机平均指示压力(MPa)。

对船舶推进用柴油机，平均指示压力为

$$p_{\mathrm{i}}=19.1\times10^3\,\frac{m_{\mathrm{s}}N_{\mathrm{e}}}{ZD^2Rn_{\mathrm{e}}}\left[\frac{1-\eta_{\mathrm{m}}}{\eta_{\mathrm{m}}}+\left(\frac{n_{\mathrm{c}}}{n_{\mathrm{e}}}\right)^2\right] \quad (\mathrm{MPa}) \tag{2-58}$$

对发电用柴油机，平均指示压力为

$$p_{\mathrm{i}}=19.1\times10^3\,\frac{m_{\mathrm{s}}N_{\mathrm{e}}}{ZD^2Rn_{\mathrm{c}}\eta_{\mathrm{m}}\eta_{\mathrm{g}}} \quad (\mathrm{MPa}) \tag{2-59}$$

式中　N_{e}——额定功率(kW)；

n_{e}——额定转速(r/min)；

Z——气缸数；

m_{s}——冲程数；

n_{c}——计算工况柴油机转速(r/min)；

D——活塞直径(cm)；

R——曲柄半径(cm)；

η_{m}——柴油机机械效率；

η_{g}——发电机效率。

表 2-4 气体压力系数(中国船级社推荐值)

谐次 υ	系数 a_υ	系数 b_υ	谐次 υ	系数 a_υ	系数 b_υ
0.5	0.316 25	0.061 27	8.5	0.009 63	0.010 29
1.0	0.307 05	0.133 58	9.0	0.008 75	0.008 33
1.5	0.268 75	0.156 86	9.5	0.008 20	0.006 83
2.0	0.211 25	0.145 83	10.0	0.007 70	0.005 44
2.5	0.172 50	0.128 68	10.5	0.007 13	0.004 41
3.0	0.140 00	0.110 29	11.0	0.006 50	0.003 55
3.5	0.110 50	0.093 14	11.5	0.006 00	0.002 82
4.0	0.085 00	0.075 98	12.0	0.005 50	0.002 21
4.5	0.067 50	0.058 82	12.5	0.005 10	0.001 82
5.0	0.048 50	0.049 02	13.0	0.004 70	0.001 42
5.5	0.034 50	0.039 70	13.5	0.004 40	0.001 17
6.0	0.026 25	0.033 09	14.0	0.004 10	0.000 91
6.5	0.020 75	0.025 98	14.5	0.003 80	0.000 75
7.0	0.016 75	0.020 47	15.0	0.003 60	0.000 58
7.5	0.014 33	0.015 98	15.5	0.003 40	0.000 48
8.0	0.011 38	0.012 63	16.0	0.003 20	0.000 37

2) 实测示功图拟合激励力

通过实测内燃机的各个负荷示功图(气体压力 $P_{\mathrm{T}i}$ -曲柄转角 α_i),将其在一个周期(二冲程、四冲程内燃机曲柄转角周期分别为 360°、720°)内分成 N 等份,拟合计算出相应的 $P_{\mathrm{T}i}-\alpha_i$ 对应值,然后用下面的公式分别算出 $P_{\mathrm{T}0}$、A_υ、B_υ 值

$$P_{\mathrm{T}0} \approx \frac{1}{N}\sum_{i=1}^{N} P_{\mathrm{T}i} \tag{2-60}$$

$$A_\upsilon \approx \frac{2}{N}\sum_{i=1}^{N} P_{\mathrm{T}i}\cos\left(\upsilon\,\frac{2\pi i}{N}\right) \tag{2-61}$$

$$B_\upsilon \approx \frac{2}{N}\sum_{i=1}^{N} P_{\mathrm{T}i}\sin\left(\upsilon\,\frac{2\pi i}{N}\right) \tag{2-62}$$

式中 υ——谐次;

N——示功图(气体压力-曲柄转角)的等分数。

然后通过式(2-56)转化成激励力的简谐系数 C_υ、相位角 φ_υ。

在内燃机设计阶段,采用各个负荷的计算气缸压力转角曲线图;在内燃机试验阶段,采用

各个负荷的实测气缸压力示功曲线图。一般需要四种负荷以上的气缸压力转角曲线图，由各组示功图数据（气体压力-曲柄转角）求得的 A_υ（余弦项）、B_υ（正弦项），再分别与各组平均指示压力 p_i 进行曲线拟合，分别得到 A_υ、B_υ 与 p_i 的拟合方程，以及各谐次激励力矩的简谐系数 C_υ 和相位角 ϕ_υ。

即针对某个 p_i (MPa)所对应的激励力系数为

$$A_\upsilon = A_{0\upsilon} + A_{1\upsilon} p_\mathrm{i} + A_{2\upsilon} p_\mathrm{i}^2 + \cdots + A_{m\upsilon} p_\mathrm{i}^m \qquad (2-63)$$
$$B_\upsilon = B_{0\upsilon} + B_{1\upsilon} p_\mathrm{i} + B_{2\upsilon} p_\mathrm{i}^2 + \cdots + B_{m\upsilon} p_\mathrm{i}^m$$

或

$$C_\upsilon = C_{0\upsilon} + C_{1\upsilon} p_\mathrm{i} + C_{2\upsilon} p_\mathrm{i}^2 + \cdots + C_{m\upsilon} p_\mathrm{i}^m \qquad (2-64)$$
$$\phi_\upsilon = \phi_{0\upsilon} + \phi_{1\upsilon} p_\mathrm{i} + \phi_{2\upsilon} p_\mathrm{i}^2 + \cdots + \phi_{m\upsilon} p_\mathrm{i}^m$$

式中 $A_{0\upsilon}$, $A_{1\upsilon}$, …, $A_{m\upsilon}$; $B_{0\upsilon}$, $B_{1\upsilon}$, …, $B_{m\upsilon}$; $C_{0\upsilon}$, $C_{1\upsilon}$, …, $C_{m\upsilon}$; $\phi_{0\upsilon}$, $\phi_{1\upsilon}$, …, $\phi_{m\upsilon}$ ——从 0 次幂到 m 次幂系数，一般取到 3 次幂即能满足计算要求，即 $m=3$。

气缸压力简谐分析流程如图 2-11 所示。

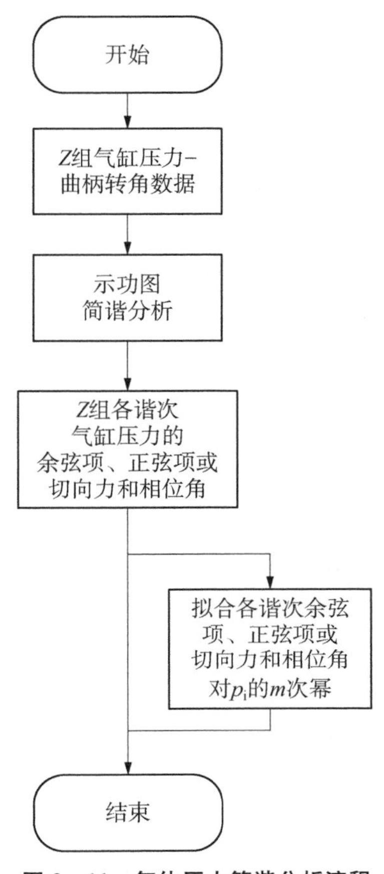

图 2-11 气体压力简谐分析流程

3）插值计算激励力

对于汽车等用途的发动机，其运行负荷按外特性或其他特性，发动机功率与转速不适于用式(2-63)或式(2-64)做多项式拟合。此时，可以把实测发动机 Z 组转速下气缸压力-曲柄转角曲线，按式(2-60)～式(2-62)进行激励力简谐分析。在进行某个计算转速 n_c(r/min)下强迫振动计算时，将该组气体指示压力 $p_\mathrm{i}-n_\mathrm{c}$ 与 Z 组气体指示压力 p_i-转速 n 曲线做比较，进行插值计算，以得出计算转速 n_c(r/min)下的激励力简谐系数。简谐分析流程参见图 2-11。

2.3.2 内燃机运动部件惯性力矩

内燃机中因重力而产生的激励力矩，除了低速大型内燃机由于运动部件重量大应予以考虑外，对于中、高速内燃机，这种激励力矩的影响可以忽略。运动部件的重力包括回转运动及往复运动两部分部件的重力，而运动部件的惯性力，则包括离心惯性力和往复惯性力。

2.3.2.1 回转运动部件重力所产生的激励力矩

由于重力而产生激励力矩的回转运动部件有曲柄、平衡重及连杆上的有关部分，即重心不在回转中心线上的回转运动部件，如图 2-12 所示。

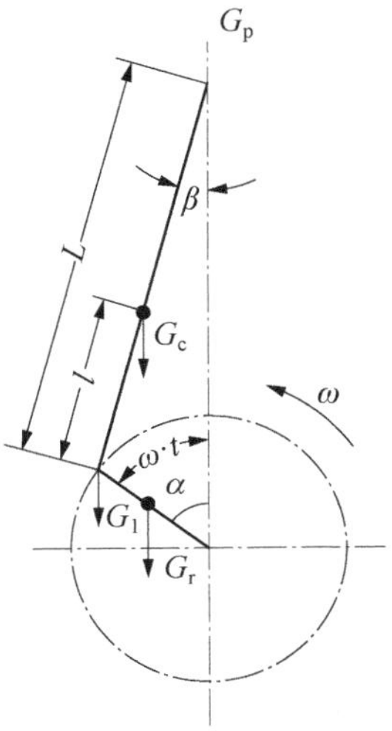

图 2-12 曲柄连杆机构重力分析

若将这些回转不平衡重量转化到曲柄销中心处，则总的回转不平衡质量为

$$m_1 = m_\mathrm{r} \frac{a}{R} + (1-\xi) m_\mathrm{c} \quad (\mathrm{kg}) \qquad (2-65)$$

式中 m_r——曲柄、平衡重等回转部件的合成质量(kg)；

m_c——连杆质量(kg)；

a——m_r 重心位置与曲柄回转中心的距离(m)；

ξ——连杆重心到曲柄销中心的距离与连杆长度的比值，即 $\xi=\frac{l}{L}$；

R——曲柄半径(m)。

由回转运动部件重力的作用而产生的激励力矩为

$$M_H=m_1 gR\sin\omega t \quad (\mathrm{N\cdot m}) \tag{2-66}$$

式中 g——重力加速度($\mathrm{m/s^2}$)，取 9.806 $\mathrm{m/s^2}$。

2.3.2.2 **往复运动部件重力产生的激励力矩**

往复运动部件包括活塞、活塞销及连杆的往复运动部分，其总质量为

$$m_2=m_p+\xi m_c \quad (\mathrm{kg}) \tag{2-67}$$

式中 m_p——纯粹做往复运动的部件(包括活塞、活塞销等)总质量(kg)；

m_c——连杆质量(kg)；

ξ——连杆重心到曲柄销中心的距离与连杆长度的比值。

参照气缸压力的切向分力的函数关系[式(2-53)]，由往复运动部件重力所产生的激励力矩为

$$M_W=m_2 g\frac{\sin(\alpha+\beta)}{\cos\beta}R \quad (\mathrm{N\cdot m}) \tag{2-68}$$

式中 R——曲柄半径(m)。

往复激励力矩一般只近似地取到 2.0 次简谐值，即

$$M_W\approx m_2 gR\left(\sin\omega t+\frac{\lambda}{2}\sin 2\omega t\right) \tag{2-69}$$

式中 λ——曲柄半径 R 与连杆长度 L 之比。

由回转、往复运动部件重力产生的总的激励力矩为

$$\begin{aligned} M_Z&=M_H+M_W=m_1 gR\sin\omega t+m_2 gR\left(\sin\omega t+\frac{\lambda}{2}\sin 2\omega t\right)\\ &=\left(m_r\frac{a}{R}+m_c+m_p\right)gR\sin\omega t+\frac{\lambda}{2}(m_p+\xi m_c)gR\sin 2\omega t \quad (\mathrm{N\cdot m}) \end{aligned} \tag{2-70}$$

因此，重力所产生的激励力矩可以认为是由 1.0 谐次与 2.0 谐次的简谐力矩所组成，其幅值分别为 $\left(m_r\frac{a}{R}+m_c+m_p\right)gR$ 和 $\frac{\lambda}{2}(m_p+\xi m_c)gR$，而初相角均等于零。

2.3.2.3 **运动部件的惯性力所产生的激励力矩**

运动部件的离心惯性力，在一定转速下其值大小不变，而且作用方向始终通过回转中心，因此它不会引起扭转振动。往复惯性力如同气缸内气体压力一样，通过连杆作用在曲柄销上，在曲轴上产生周期性变化的力矩，会引起轴系的扭振。

由往复运动部件所产生的往复惯性力(单位活塞面积)为

$$P_{\mathrm{I}}=-\frac{4}{\pi D^2}m_2\ddot{x}\quad(\mathrm{N/m^2})\tag{2-71}$$

而活塞的加速度为

$$\ddot{x}=R\omega^2(\cos\alpha+\lambda\cos 2\alpha)\quad(\mathrm{m/s^2})\tag{2-72}$$

因此,往复惯性力的切向力为

$$\begin{aligned}P_{\mathrm{IT}}&=P_{\mathrm{I}}\frac{\sin(\alpha+\beta)}{\cos\beta}\\&\approx P_{\mathrm{I}}\left(\sin\alpha+\frac{\lambda}{2}\sin 2\alpha\right)\\&\approx-\frac{4}{\pi D^2}m_2R\omega^2(\cos\alpha+\lambda\cos 2\alpha)\left(\sin\alpha+\frac{\lambda}{2}\sin 2\alpha\right)\\&=\frac{4}{\pi D^2}m_2R\omega^2\left(\frac{\lambda}{4}\sin\alpha-\frac{1}{2}\sin 2\alpha-\frac{3}{4}\lambda\sin 3\alpha-\frac{\lambda^2}{4}\sin 4\alpha\right)\quad(\mathrm{N/m^2})\end{aligned}\tag{2-73}$$

其中,运动部件往复惯性力所产生的简谐系数 S_υ,可以近似地看出由四个简谐次数所组成:$\upsilon=1.0,\ 2.0,\ 3.0,\ 4.0$,即

$$S_1=\frac{4}{\pi D^2}m_2\omega^2R\,\frac{\lambda}{4}\times10^{-6}\quad(\mathrm{MPa}),\text{相位角为 }0^\circ$$

$$S_2=\frac{4}{\pi D^2}m_2\omega^2R\,\frac{1}{2}\times10^{-6}\quad(\mathrm{MPa}),\text{相位角为 }180^\circ$$

$$S_3=\frac{4}{\pi D^2}m_2\omega^2R\,\frac{3\lambda}{4}\times10^{-6}\quad(\mathrm{MPa}),\text{相位角为 }180^\circ$$

$$S_4=\frac{4}{\pi D^2}m_2\omega^2R\,\frac{\lambda^2}{4}\times10^{-6}\quad(\mathrm{MPa}),\text{相位角为 }180^\circ$$

式中 R——曲柄半径(m);

D——活塞直径(m);

m_2——往复运动部件(包括活塞、活塞销及连杆)往复运动的总质量(kg);

λ——曲柄连杆比;

ω——圆频率(rad/s)。

往复惯性力矩为

$$M_{\mathrm{I}}=\frac{\pi D^2}{4}P_{\mathrm{IT}}R\quad(\mathrm{N\cdot m})\tag{2-74}$$

在扭转振动计算中,若同时考虑气体压力和惯性力的影响,则合成简谐切向力幅值为

$$C_{\upsilon合}=\sqrt{C_\upsilon^2+S_\upsilon^2+2C_\upsilon S_\upsilon\cos\phi_\upsilon}\quad(\mathrm{MPa})\tag{2-75}$$

式中 C_υ ——υ 次简谐系数(MPa)；

S_υ ——往复惯性力引起的 υ 次简谐切向力幅值(MPa)；

ϕ_υ ——气体压力引起的 υ 次简谐切向力相位角(rad)。

2.3.3 直列内燃机激励力矩的合成

为了便于求解，将内燃机扭转振动激励力矩表达为

$$M_{\mathrm{k}} = \sum_{\upsilon}^{q} M_{\mathrm{k}\upsilon} = \sum_{\upsilon}^{q} m_{\mathrm{k}\upsilon} \sin(\upsilon\omega_{\mathrm{c}} t + \varepsilon_\upsilon) \quad (\mathrm{N \cdot m}) \tag{2-76}$$

式中 ω_{c}——计算圆频率(rad/s)；

q——所需计算的总的简谐次数；

$M_{\mathrm{k}\upsilon}$——υ 谐次激励力矩矢量(N·m)；

$m_{\mathrm{k}\upsilon}$——υ 谐次激励力矩幅值(N·m)；

ε_υ——υ 谐次激励力矩总的相位角(rad)；

υ——简谐次数，通常 $\upsilon = 1, 2, 3, 4, \cdots, 24$(二冲程内燃机)，$\upsilon = 0.5, 1.0, 1.5, 2.0, \cdots, 12.0$(四冲程内燃机)。

2.3.3.1 υ 谐次激励力矩矢量

由式(2-76)可知，υ 谐次激励力矩矢量为

$$M_{\mathrm{k}\upsilon} = m_{\mathrm{k}\upsilon} \sin(\upsilon\omega_{\mathrm{c}} t + \varepsilon_\upsilon) \tag{2-77}$$

$$\varepsilon_\upsilon = \phi_\upsilon + \upsilon\delta_{\mathrm{i}} \tag{2-78}$$

式中 ε_υ——第 υ 谐次激励力矩总的相位角(rad)；

δ_{i}——由气缸发火间隔角产生的相位角(rad)；

ϕ_υ——第 υ 谐次激励力矩(由气缸气体压力引起)的相位角(rad)。

因此

$$\begin{aligned}
M_{\mathrm{k}\upsilon} &= m_{\mathrm{k}\upsilon} \sin(\upsilon\omega_{\mathrm{c}} t + \upsilon\delta_{\mathrm{i}} + \phi_\upsilon) \\
&= m_{\mathrm{k}\upsilon} \sin[(\upsilon\omega_{\mathrm{c}} t + \upsilon\delta_{\mathrm{i}}) + \phi_\upsilon] \\
&= m_{\mathrm{k}\upsilon} [(\sin\upsilon\omega_{\mathrm{c}} t \cos\upsilon\delta_{\mathrm{i}} + \cos\upsilon\omega_{\mathrm{c}} t \sin\upsilon\delta_{\mathrm{i}}) \cos\phi_\upsilon \\
&\quad + (\cos\upsilon\omega_{\mathrm{c}} t \cos\upsilon\delta_{\mathrm{i}} - \sin\upsilon\omega_{\mathrm{c}} t \sin\upsilon\delta_{\mathrm{i}}) \sin\phi_\upsilon] \\
&= m_{\mathrm{k}\upsilon} [(\cos\upsilon\delta_{\mathrm{i}} \cos\phi_\upsilon - \sin\upsilon\delta_{\mathrm{i}} \sin\phi_\upsilon) \sin\upsilon\omega_{\mathrm{c}} t \\
&\quad + (\sin\upsilon\delta_{\mathrm{i}} \cos\phi_\upsilon + \cos\upsilon\delta_{\mathrm{i}} \sin\phi_\upsilon) \cos\upsilon\omega_{\mathrm{c}} t] \\
&= (m_{\mathrm{k}\upsilon})_x \sin\upsilon\omega_{\mathrm{c}} t + (m_{\mathrm{k}\upsilon})_y \cos\upsilon\omega_{\mathrm{c}} t \quad (\mathrm{N \cdot m})
\end{aligned} \tag{2-79}$$

式中 $(m_{\mathrm{k}\upsilon})_x$ ——正弦项(N·m)，即

$$(m_{\mathrm{k}\upsilon})_x = m_{\mathrm{k}\upsilon} (\cos\upsilon\delta_{\mathrm{i}} \cos\phi_\upsilon - \sin\upsilon\delta_{\mathrm{i}} \sin\phi_\upsilon) \tag{2-80}$$

$(m_{\mathrm{k}\upsilon})_y$ ——余弦项(N·m)，即

$$(m_{\mathrm{k}\upsilon})_y = m_{\mathrm{k}\upsilon} (\sin\upsilon\delta_{\mathrm{i}} \cos\phi_\upsilon + \cos\upsilon\delta_{\mathrm{i}} \sin\phi_\upsilon) \tag{2-81}$$

ϕ_υ——第 υ 谐次激励力矩的相位角(rad)。

2.3.3.2　气体压力引起的激励力矩

由气体压力引起的第 υ 谐次激励力矩为

$$(M_{k\upsilon})' = (m_{k\upsilon})' \sin[\upsilon(\omega_c t + \delta_i) + \phi'_\upsilon] \quad (\text{N} \cdot \text{m}) \tag{2-82}$$

其中

$$(m_{k\upsilon})' = \frac{\pi}{4} D^2 R C_\upsilon \quad (\text{N} \cdot \text{m}) \tag{2-83}$$

且

$$\begin{cases} a_\upsilon = C_\upsilon \sin \phi'_\upsilon \\ b_\upsilon = C_\upsilon \cos \phi'_\upsilon \\ \phi'_\upsilon = \arctan(a_\upsilon / b_\upsilon) \\ C_\upsilon = \sqrt{a_\upsilon^2 + b_\upsilon^2} \end{cases} \tag{2-84}$$

式中　$(m_{k\upsilon})'$——气体压力引起的第 υ 谐次激励力矩 $(M_{k\upsilon})'$ 的幅值(N・m)；

D——活塞直径(cm)；

R——曲柄半径(cm)；

C_υ——第 υ 谐次简谐系数(MPa)；

a_υ——第 υ 谐次简谐系数余弦项(MPa)；

b_υ——第 υ 谐次简谐系数正弦项(MPa)；

ϕ'_υ——由气体压力引起的第 υ 次简谐激励力矩相位角(rad)；

δ_i——由气缸发火间隔角产生的相位角(rad)。

将式(2-84)代入式(2-82)可得

$$\begin{aligned} (M_{k\upsilon})' &= \frac{\pi}{4} D^2 R C_\upsilon [(\cos \upsilon\delta_i \cos \phi'_\upsilon - \sin \upsilon\delta_i \sin \phi'_\upsilon) \sin \upsilon\omega_c t \\ &\quad + (\sin \upsilon\delta_i \cos \phi'_\upsilon + \cos \upsilon\delta_i \sin \phi'_\upsilon) \cos \upsilon\omega_c t] \\ &= \frac{\pi}{4} D^2 R [(b_\upsilon \cos \upsilon\delta_i - a_\upsilon \sin \upsilon\delta_i) \sin \upsilon\omega_c t \\ &\quad + (b_\upsilon \sin \upsilon\delta_i + a_\upsilon \cos \upsilon\delta_i) \cos \upsilon\omega_c t] \\ &= (m_{k\upsilon})'_x \sin \upsilon\omega_c t + (m_{k\upsilon})'_y \cos \upsilon\omega_c t \end{aligned} \tag{2-85}$$

式中　$(m_{k\upsilon})'_x$——由气体压力引起的第 υ 谐次激励力矩的正弦项(N・m)，即

$$(m_{k\upsilon})'_x = \frac{\pi}{4} D^2 R (b_\upsilon \cos \upsilon\delta_i - a_\upsilon \sin \upsilon\delta_i) \tag{2-86}$$

$(m_{k\upsilon})'_y$——由气体压力引起的第 υ 谐次激励力矩的余弦项(N・m)，即

$$(m_{k\upsilon})'_y = \frac{\pi}{4} D^2 R (b_\upsilon \sin \upsilon\delta_i + a_\upsilon \cos \upsilon\delta_i) \tag{2-87}$$

2.3.3.3　往复部分惯性力引起的激励力矩

由往复部分惯性力引起的激励力矩合成

$$(M_{k\upsilon})''=\frac{\pi}{4}D^2R\,\frac{GRn_c^2}{D^2}d_\upsilon\sin[\upsilon(\omega_c t+\delta_i)+\phi''_\upsilon]\quad(\mathrm{N\cdot m})\tag{2-88}$$

式中 d_υ——由往复部分惯性力引起的激励力矩简谐系数(无量纲);
ϕ''_υ——与 d_υ 相应的相位角(rad);
R——曲柄半径(cm);
D——活塞直径(cm);
G——发动机往复部分质量(kg);
n_c——计算转速(r/min)。

引入式(2-73),可以采用下式近似计算四个谐次的 d_υ

$$\upsilon=1.0,\ d_\upsilon=\frac{\pi}{225}\cdot\frac{\lambda}{4}\times10^{-4}\approx3.4907\lambda\times10^{-7},\ \phi''_\upsilon=0^\circ$$

$$\upsilon=2.0,\ d_\upsilon=\frac{\pi}{225}\cdot\frac{1}{2}\times10^{-4}\approx6.9813\times10^{-7},\ \phi''_\upsilon=180^\circ$$

$$\upsilon=3.0,\ d_\upsilon=\frac{\pi}{225}\cdot\frac{3\lambda}{4}\times10^{-4}\approx10.4720\lambda\times10^{-7},\ \phi''_\upsilon=180^\circ$$

$$\upsilon=4.0,\ d_\upsilon=\frac{\pi}{225}\cdot\frac{\lambda^2}{4}\times10^{-4}\approx3.4907\lambda^2\times10^{-7},\ \phi''_\upsilon=180^\circ$$

对于 $\upsilon>4$ 的简谐次数,由往复惯性力引起的激励力矩可以忽略不计。
其中,λ 为曲柄连杆比,即

$$\lambda=R/L\tag{2-89}$$

式中 R——曲柄半径(cm);
L——连杆长度(cm)。

当 $\varphi''_\upsilon=0^\circ$ 或 180° 时,$\sin\varphi''_\upsilon=0$。因而

$$\begin{aligned}(M_{k\upsilon})''&=\frac{\pi}{4}D^2R\,\frac{GRn_c^2}{D^2}d_\upsilon\sin\upsilon(\omega_c t+\delta_i)\cos\phi''_\upsilon\\&=\frac{\pi}{4}D^2R\,\frac{GRn_c^2}{D^2}d_\upsilon\cos\phi''_\upsilon(\sin\upsilon\omega_c t\cos\upsilon\delta_i+\cos\upsilon\omega_c t\sin\upsilon\delta_i)\\&=(m_{k\upsilon})''_x\sin\upsilon\omega_c t+(m_{k\upsilon})''_y\cos\upsilon\omega_c t\quad(\mathrm{N\cdot m})\end{aligned}\tag{2-90}$$

式中 $(m_{k\upsilon})''_x$——往复部分惯性力引起的激励力矩的正弦项(N·m),即

$$(m_{k\upsilon})''_x=\frac{\pi}{4}D^2R\,\frac{GRn_c^2}{D^2}d_\upsilon\cos\phi''_\upsilon\cos\upsilon\delta_i\tag{2-91}$$

$(m_{k\upsilon})''_y$——往复部分惯性力引起的激励力矩的余弦项(N·m),即

$$(m_{k\upsilon})''_y=\frac{\pi}{4}D^2R\,\frac{GRn_c^2}{D^2}d_\upsilon\cos\phi''_\upsilon\sin\upsilon\delta_i\tag{2-92}$$

2.3.3.4 激励力矩合成

内燃机激励力矩有内燃机气体压力引起的激励力矩、往复部件惯性力引起的激励力矩。

对于中、高速内燃机，其运动部件重力引起的激励力矩暂不考虑。

对于谐次 $\upsilon=1, 2, 3, 4$ 这四个简谐系数，其激励力矩为气体压力和往复惯性力两者引起的激励力矩的合成，即

$$M_{k\upsilon}=M'_{k\upsilon}+M''_{k\upsilon}$$
$$=[(m_{k\upsilon})'_x+(m_{k\upsilon})''_x]\sin\upsilon\omega_c t+[(m_{k\upsilon})'_y+(m_{k\upsilon})''_y]\cos\upsilon\omega_c t \tag{2-93}$$

将式(2-86)、式(2-87)、式(2-91)、式(2-92)代入，得

$$M_{k\upsilon}=\frac{\pi}{4}D^2R\left[\left(b_\upsilon+\frac{GRn_c^2}{D^2}d_\upsilon\cos\phi''_\upsilon\right)\cos\upsilon\delta_i-a_\upsilon\sin\upsilon\delta_i\right]\sin\upsilon\omega_c t$$
$$+\frac{\pi}{4}D^2R\left[\left(b_\upsilon+\frac{GRn_c^2}{D^2}d_\upsilon\cos\phi''_\upsilon\right)\sin\upsilon\delta_i+a_\upsilon\cos\upsilon\delta_i\right]\cos\upsilon\omega_c t$$
$$=(m_{k\upsilon})_x\sin\upsilon\omega_c t+(m_{k\upsilon})_y\cos\upsilon\omega_c t\quad(\mathrm{N\cdot m}) \tag{2-94}$$

合成激励力矩的正弦项为

$$(m_{k\upsilon})_x=\frac{\pi}{4}D^2R\left[\left(b_\upsilon+\frac{GRn_c^2}{D^2}d_\upsilon\cos\phi''_\upsilon\right)\cos\upsilon\delta_i-a_\upsilon\sin\upsilon\delta_i\right]\quad(\mathrm{N\cdot m}) \tag{2-95}$$

合成激励力矩的余弦项为

$$(m_{k\upsilon})_y=\frac{\pi}{4}D^2R\left[\left(b_\upsilon+\frac{GRn_c^2}{D^2}d_\upsilon\cos\phi''_\upsilon\right)\sin\upsilon\delta_i+a_\upsilon\cos\upsilon\delta_i\right]\quad(\mathrm{N\cdot m}) \tag{2-96}$$

2.3.4 V型内燃机激励力矩的合成

对于V型发动机来说(主要指两排两个气缸简化为一个质量的情况)，其激励力矩应该是两列气缸激励力矩的合成。

2.3.4.1 V型内燃机气体压力引起的激励力矩合成

令

$$(C_\upsilon)_v=2C_\upsilon\cos\frac{\upsilon\gamma}{2} \tag{2-97}$$

式中 $(C_\upsilon)_v$——V型内燃机的气体压力简谐系数(MPa)；

γ——V型内燃机V型夹角(°)。

V型内燃机的简谐系数余弦项为

$$(a_\upsilon)_v=(C_\upsilon)_v\sin\left(\phi'_\upsilon-\frac{\upsilon\gamma}{2}\right)$$
$$=2C_\upsilon\cos\frac{\upsilon\gamma}{2}\left(\sin\phi'_\upsilon\cos\frac{\upsilon\gamma}{2}-\cos\phi'_\upsilon\sin\frac{\upsilon\gamma}{2}\right)$$
$$=2a_\upsilon\cos^2\frac{\upsilon\gamma}{2}-2b_\upsilon\sin\frac{\upsilon\gamma}{2}\cos\frac{\upsilon\gamma}{2}$$
$$=a_\upsilon(1+\cos\upsilon\gamma)-b_\upsilon\sin\upsilon\gamma\quad(\mathrm{MPa}) \tag{2-98}$$

V 型内燃机的简谐系数正弦项为

$$
\begin{aligned}
(b_\upsilon)_\mathrm{v} &= (C_\upsilon)_\mathrm{v}\cos\left(\phi'_\upsilon - \frac{\upsilon\gamma}{2}\right) \\
&= 2C_\upsilon\cos\frac{\upsilon\gamma}{2}\left(\cos\phi'_\upsilon\cos\frac{\upsilon\gamma}{2} + \sin\phi'_\upsilon\sin\frac{\upsilon\gamma}{2}\right) \\
&= 2b_\upsilon\cos^2\frac{\upsilon\gamma}{2} + 2a_\upsilon\sin\frac{\upsilon\gamma}{2}\cos\frac{\upsilon\gamma}{2} \\
&= b_\upsilon(1+\cos\upsilon\gamma) + a_\upsilon\sin\upsilon\gamma \quad (\mathrm{MPa})
\end{aligned} \tag{2-99}
$$

V 型内燃机气体压力引起的合成激励力矩为

$$
\begin{aligned}
(M_{k\upsilon})'_\mathrm{v} &= \frac{\pi}{4}D^2R(C_\upsilon)_\mathrm{v}\sin\left[\upsilon(\omega_\mathrm{c}t+\delta_\mathrm{i}) + \left(\phi'_\upsilon - \frac{\upsilon\gamma}{2}\right)\right] \\
&= \frac{\pi}{4}D^2R[(b_\upsilon)_\mathrm{v}\sin\upsilon(\omega_\mathrm{c}t+\delta_\mathrm{i}) + (a_\upsilon)_\mathrm{v}\cos\upsilon(\omega_\mathrm{c}t+\delta_\mathrm{i})] \\
&= \frac{\pi}{4}D^2R[(b_\upsilon)_\mathrm{v}\sin\upsilon\omega_\mathrm{c}t\cos\upsilon\delta_\mathrm{i} + (b_\upsilon)_\mathrm{v}\cos\upsilon\omega_\mathrm{c}t\sin\upsilon\delta_\mathrm{i} \\
&\quad + (a_\upsilon)_\mathrm{v}\cos\upsilon\omega_\mathrm{c}t\cos\upsilon\delta_\mathrm{i} - (a_\upsilon)_\mathrm{v}\sin\upsilon\omega_\mathrm{c}t\sin\upsilon\delta_\mathrm{i}] \\
&= \frac{\pi}{4}D^2R\{[(b_\upsilon)_\mathrm{v}\cos\upsilon\delta_\mathrm{i} - (a_\upsilon)_\mathrm{v}\sin\upsilon\delta_\mathrm{i}]\sin\upsilon\omega_\mathrm{c}t \\
&\quad + [(b_\upsilon)_\mathrm{v}\sin\upsilon\delta_\mathrm{i} + (a_\upsilon)_\mathrm{v}\cos\upsilon\delta_\mathrm{i}]\cos\upsilon\omega_\mathrm{c}t\} \\
&= (m_{k\upsilon})'_{x\mathrm{v}}\sin\upsilon\omega_\mathrm{c}t + (m_{k\upsilon})'_{y\mathrm{v}}\cos\upsilon\omega_\mathrm{c}t \quad (\mathrm{N\cdot m})
\end{aligned} \tag{2-100}
$$

其中，V 型内燃机气体压力引起的合成激励力矩的正弦项为

$$
\begin{aligned}
(m_{k\upsilon})'_{x\mathrm{v}} &= \frac{\pi}{4}D^2R[(b_\upsilon)_\mathrm{v}\cos\upsilon\delta_\mathrm{i} - (a_\upsilon)_\mathrm{v}\sin\upsilon\delta_\mathrm{i}] \\
&= \frac{\pi}{4}D^2R\{[b_\upsilon(1+\cos\upsilon\gamma) + a_\upsilon\sin\upsilon\gamma]\cos\upsilon\delta_\mathrm{i} \\
&\quad - [a_\upsilon(1+\cos\upsilon\gamma) - b_\upsilon\sin\upsilon\gamma]\sin\upsilon\delta_\mathrm{i}\} \\
&= \frac{\pi}{4}D^2R(b_\upsilon\cos\upsilon\delta_\mathrm{i} + b_\upsilon\cos\upsilon\gamma\cos\upsilon\delta_\mathrm{i} + a_\upsilon\sin\upsilon\gamma\cos\upsilon\delta_\mathrm{i} - a_\upsilon\sin\upsilon\delta_\mathrm{i} \\
&\quad - a_\upsilon\cos\upsilon\gamma\sin\upsilon\delta_\mathrm{i} + b_\upsilon\sin\upsilon\gamma\sin\upsilon\delta_\mathrm{i}) \\
&= \frac{\pi}{4}D^2R[b_\upsilon(\cos\upsilon\delta_\mathrm{i} + \cos\upsilon\delta_\mathrm{i}\cos\upsilon\gamma + \sin\upsilon\delta_\mathrm{i}\sin\upsilon\gamma) \\
&\quad - a_\upsilon(\sin\upsilon\delta_\mathrm{i} + \sin\upsilon\delta_\mathrm{i}\cos\upsilon\gamma - \cos\upsilon\delta_\mathrm{i}\sin\upsilon\gamma)] \quad (\mathrm{MPa})
\end{aligned} \tag{2-101}
$$

V 型内燃机气体压力引起的合成激励力矩的余弦项为

$$
\begin{aligned}
(m_{k\upsilon})'_{y\mathrm{v}} &= \frac{\pi}{4}D^2R[(b_\upsilon)_\mathrm{v}\sin\upsilon\delta_\mathrm{i} + (a_\upsilon)_\mathrm{v}\cos\upsilon\delta_\mathrm{i}] \\
&= \frac{\pi}{4}D^2R\{[b_\upsilon(1+\cos\upsilon\gamma) + a_\upsilon\sin\upsilon\gamma]\sin\upsilon\delta_\mathrm{i} \\
&\quad + [a_\upsilon(1+\cos\upsilon\gamma) - b_\upsilon\sin\upsilon\gamma]\cos\upsilon\delta_\mathrm{i}\}
\end{aligned}
$$

$$=\frac{\pi}{4}D^2R(b_\upsilon\sin\upsilon\delta_i+b_\upsilon\cos\upsilon\gamma\sin\upsilon\delta_i+a_\upsilon\sin\upsilon\gamma\sin\upsilon\delta_i+a_\upsilon\cos\upsilon\delta_i$$
$$+a_\upsilon\cos\upsilon\gamma\cos\upsilon\delta_i-b_\upsilon\sin\upsilon\gamma\cos\upsilon\delta_i)$$
$$=\frac{\pi}{4}D^2R[b_\upsilon(\sin\upsilon\delta_i+\sin\upsilon\delta_i\cos\upsilon\gamma-\cos\upsilon\delta_i\sin\upsilon\gamma)$$
$$+a_\upsilon(\cos\upsilon\delta_i+\cos\upsilon\delta_i\cos\upsilon\gamma+\sin\upsilon\delta_i\sin\upsilon\gamma)]\quad(\mathrm{N\cdot m})\qquad(2-102)$$

2.3.4.2　V型内燃机往复部分惯性力引起的激励力矩合成

V型内燃机由往复部分惯性力引起的激励力矩合成为

$$(M_{k\upsilon})''_v=\frac{\pi}{4}D^2R\frac{G_1Rn_c^2}{D^2}d_\upsilon\sin[\upsilon(\omega_ct+\delta_i)+\phi''_\upsilon]$$
$$+\frac{\pi}{4}D^2R\frac{G_2Rn_c^2}{D^2}d_\upsilon\sin[\upsilon(\omega_ct+\delta_i)-\upsilon\gamma+\phi''_\upsilon]$$
$$=\frac{\pi}{4}D^2R\frac{G_1Rn_c^2}{D^2}d_\upsilon\sin\upsilon(\omega_ct+\delta_i)\cos\phi''_\upsilon$$
$$+\frac{\pi}{4}D^2R\frac{G_2Rn_c^2}{D^2}d_\upsilon\sin\upsilon(\omega_ct+\delta_i-\gamma)\cos\phi''_\upsilon\quad(\mathrm{N\cdot m})\qquad(2-103)$$

式中　G_1、G_2——V型内燃机两列气缸往复部分重量(kg)；
d_υ——由往复部分惯性力引起的激励力矩简谐系数；
ϕ''_υ——与 d_υ 相应的相位角(rad)。

对于并列连杆V型发动机，有

$$G_1=G_2=G$$

且 $\phi''_\upsilon=0°$ 或 $180°$，则 $\sin\phi''_\upsilon=0$。

$$(M_{k\upsilon})''_v=\frac{\pi}{4}D^2R\frac{G_1Rn_c^2}{D^2}d_\upsilon\cos\phi''_\upsilon\Big[\sin\upsilon\omega_ct\cos\upsilon\delta_i+\cos\upsilon\omega_ct\sin\upsilon\delta_i$$
$$+\frac{G_2}{G_1}\sin\upsilon(\omega_ct+\delta_i)\cos\upsilon\gamma-\frac{G_2}{G_1}\cos\upsilon(\omega_ct+\delta_i)\sin\upsilon\gamma\Big]$$
$$=\frac{\pi}{4}D^2R\frac{G_1Rn_c^2}{D^2}d_\upsilon\cos\phi''_\upsilon\Big(\sin\upsilon\omega_ct\cos\upsilon\delta_i+\cos\upsilon\omega_ct\sin\upsilon\delta_i$$
$$+\frac{G_2}{G_1}\sin\upsilon\omega_ct\cos\upsilon\delta_i\cos\upsilon\gamma+\frac{G_2}{G_1}\cos\upsilon\omega_ct\sin\upsilon\delta_i\cos\upsilon\gamma$$
$$-\frac{G_2}{G_1}\cos\upsilon\omega_ct\cos\upsilon\delta_i\sin\upsilon\gamma+\frac{G_2}{G_1}\sin\upsilon\omega_ct\sin\upsilon\delta_i\sin\upsilon\gamma\Big)$$
$$=\frac{\pi}{4}D^2R\frac{G_1Rn_c^2}{D^2}d_\upsilon\cos\phi''_\upsilon\Big(\cos\upsilon\delta_i+\frac{G_2}{G_1}\cos\upsilon\delta_i\cos\upsilon\gamma+\frac{G_2}{G_1}\sin\upsilon\delta_i\sin\upsilon\gamma\Big)\sin\upsilon\omega_ct$$
$$+\frac{\pi}{4}D^2R\frac{G_1Rn_c^2}{D^2}d_\upsilon\cos\phi''_\upsilon\Big(\sin\upsilon\delta_i+\frac{G_2}{G_1}\sin\upsilon\delta_i\cos\upsilon\gamma-\frac{G_2}{G_1}\cos\upsilon\delta_i\sin\upsilon\gamma\Big)\cos\upsilon\omega_ct$$
$$=(m_{k\upsilon})''_{xv}\sin\upsilon\omega_ct+(m_{k\upsilon})''_{yv}\cos\upsilon\omega_ct\quad(\mathrm{N\cdot m})\qquad(2-104)$$

其中,V 型内燃机往复惯性力的合成激励力矩的正弦项为

$$(m_{k\upsilon})''_{xv}=\frac{\pi}{4}D^2R\,\frac{G_1Rn_c^2}{D^2}d_\upsilon\cos\phi''_\upsilon\left(\cos\upsilon\delta_i+\frac{G_2}{G_1}\cos\upsilon\delta_i\cos\upsilon\gamma+\frac{G_2}{G_1}\sin\upsilon\delta_i\sin\upsilon\gamma\right)\quad(\text{N}\cdot\text{m})\tag{2-105}$$

V 型内燃机往复惯性力的合成激励力矩的余弦项为

$$(m_{k\upsilon})''_{yv}=\frac{\pi}{4}D^2R\,\frac{G_1Rn_c^2}{D^2}d_\upsilon\cos\phi''_\upsilon\left(\sin\upsilon\delta_i+\frac{G_2}{G_1}\sin\upsilon\delta_i\cos\upsilon\gamma-\frac{G_2}{G_1}\cos\upsilon\delta_i\sin\upsilon\gamma\right)\quad(\text{N}\cdot\text{m})\tag{2-106}$$

2.3.4.3 V 型内燃机激励力矩合成

当谐次 $\upsilon=1,\ 2,\ 3,\ 4$ 时,V 型内燃机总的激励力矩是气缸压力和往复惯性力引起的激励力矩的合成,即

$$\begin{aligned}(M_{k\upsilon})_v&=(M_{k\upsilon})'_v+(M_{k\upsilon})''_v\\&=[(m_{k\upsilon})'_{xv}+(m_{k\upsilon})''_{xv}]\sin\upsilon\omega_c t+[(m_{k\upsilon})'_{yv}+(m_{k\upsilon})''_{yv}]\cos\upsilon\omega_c t\\&=(m_{k\upsilon})_{xv}\sin\upsilon\omega_c t+(m_{k\upsilon})_{yv}\cos\upsilon\omega_c t\quad(\text{N}\cdot\text{m})\end{aligned}\tag{2-107}$$

其中,V 型内燃机合成激励力矩的正弦项为

$$\begin{aligned}(m_{k\upsilon})_{xv}&=(m_{k\upsilon})'_{xv}+(m_{k\upsilon})''_{xv}\\&=\frac{\pi}{4}D^2R\Big[b_\upsilon(\cos\upsilon\delta_i+\cos\upsilon\delta_i\cos\upsilon\gamma+\sin\upsilon\delta_i\sin\upsilon\gamma)\\&\quad-a_\upsilon(\sin\upsilon\delta_i+\sin\upsilon\delta_i\cos\upsilon\gamma-\cos\upsilon\delta_i\sin\upsilon\gamma)\\&\quad+\frac{G_1Rn_c^2}{D^2}d_\upsilon\cos\phi''_\upsilon\left(\cos\upsilon\delta_i+\frac{G_2}{G_1}\cos\upsilon\delta_i\cos\upsilon\gamma+\frac{G_2}{G_1}\sin\upsilon\delta_i\sin\upsilon\gamma\right)\Big]\quad(\text{N}\cdot\text{m})\end{aligned}\tag{2-108}$$

V 型内燃机合成激励力矩的余弦项为

$$\begin{aligned}(m_{k\upsilon})_{yv}&=(m_{k\upsilon})'_{yv}+(m_{k\upsilon})''_{yv}\\&=\frac{\pi}{4}D^2R\Big[b_\upsilon(\sin\upsilon\delta_i+\sin\upsilon\delta_i\cos\upsilon\gamma-\cos\upsilon\delta_i\sin\upsilon\gamma)\\&\quad+a_\upsilon(\cos\upsilon\delta_i+\cos\upsilon\delta_i\cos\upsilon\gamma+\sin\upsilon\delta_i\sin\upsilon\gamma)\\&\quad+\frac{G_1Rn_c^2}{D^2}d_\upsilon\cos\phi''_\upsilon\left(\sin\upsilon\delta_i+\frac{G_2}{G_1}\sin\upsilon\delta_i\cos\upsilon\gamma-\frac{G_2}{G_1}\cos\upsilon\delta_i\sin\upsilon\gamma\right)\Big]\quad(\text{N}\cdot\text{m})\end{aligned}\tag{2-109}$$

2.3.5 气缸不发火与故障时激励力矩

通常情况下,停缸计算就是当系统中某一个或几个气缸停止喷油情况下的扭振计算。这时停止喷油气缸由气体压力引起的激励力矩简谐系数的正弦项为 $a_{\upsilon\text{mis}}$,余弦项为 $b_{\upsilon\text{mis}}$。其他气缸由气体压力引起的激励力矩简谐系数的正弦项为 a'_υ,余弦项为 b'_υ,而往复惯性力引起的

激励力矩不变。

2.3.5.1　直列发动机某一气缸停止喷油时激励力矩

停止喷油气缸由气体压力引起的激励力矩只需把式(2-85)~式(2-87)中的 a_υ、b_υ 换成 $a_{\upsilon\mathrm{mis}}$、$b_{\upsilon\mathrm{mis}}$ 即可。

$$\begin{aligned}(M_{\mathrm{k}\upsilon})'_{\mathrm{mis}} &= \frac{\pi}{4}D^2R[(b_{\upsilon\mathrm{mis}}\cos\upsilon\delta_{\mathrm{i}} - a_{\upsilon\mathrm{mis}}\sin\upsilon\delta_{\mathrm{i}})\sin\upsilon\omega_{\mathrm{c}}t + (b_{\upsilon\mathrm{mis}}\sin\upsilon\delta_{\mathrm{i}} + a_{\upsilon\mathrm{mis}}\cos\upsilon\delta_{\mathrm{i}})\cos\upsilon\omega_{\mathrm{c}}t] \\ &= (m_{\mathrm{k}\upsilon})'_{x\mathrm{mis}}\sin\upsilon\omega_{\mathrm{c}}t + (m_{\mathrm{k}\upsilon})'_{y\mathrm{mis}}\cos\upsilon\omega_{\mathrm{c}}t \quad (\mathrm{N\cdot m})\end{aligned} \tag{2-110}$$

其中，正弦项为

$$(m_{\mathrm{k}\upsilon})'_{x\mathrm{mis}} = \frac{\pi}{4}D^2R(b_{\upsilon\mathrm{mis}}\cos\upsilon\delta_{\mathrm{i}} - a_{\upsilon\mathrm{mis}}\sin\upsilon\delta_{\mathrm{i}}) \quad (\mathrm{N\cdot m}) \tag{2-111}$$

余弦项为

$$(m_{\mathrm{k}\upsilon})'_{y\mathrm{mis}} = \frac{\pi}{4}D^2R(b_{\upsilon\mathrm{mis}}\sin\upsilon\delta_{\mathrm{i}} + a_{\upsilon\mathrm{mis}}\cos\upsilon\delta_{\mathrm{i}}) \quad (\mathrm{N\cdot m}) \tag{2-112}$$

其他气缸由气体压力引起的激励力矩为

$$\begin{aligned}(\widetilde{M}_{\mathrm{k}\upsilon})' &= \frac{\pi}{4}D^2R[(b'_\upsilon\cos\upsilon\delta_{\mathrm{i}} - a'_\upsilon\sin\upsilon\delta_{\mathrm{i}})\sin\upsilon\omega_{\mathrm{c}}t + (b'_\upsilon\sin\upsilon\delta_{\mathrm{i}} + a'_\upsilon\cos\upsilon\delta_{\mathrm{i}})\cos\upsilon\omega_{\mathrm{c}}t] \\ &= (\widetilde{m}_{\mathrm{k}\upsilon})'_x\sin\upsilon\omega_{\mathrm{c}}t + (\widetilde{m}_{\mathrm{k}\upsilon})'_y\cos\upsilon\omega_{\mathrm{c}}t \quad (\mathrm{N\cdot m})\end{aligned} \tag{2-113}$$

其中，正弦项为

$$(\widetilde{m}_{\mathrm{k}\upsilon})'_x = \frac{\pi}{4}D^2R(b'_\upsilon\cos\upsilon\delta_{\mathrm{i}} - a'_\upsilon\sin\upsilon\delta_{\mathrm{i}}) \quad (\mathrm{N\cdot m}) \tag{2-114}$$

余弦项为

$$(\widetilde{m}_{\mathrm{k}\upsilon})'_y = \frac{\pi}{4}D^2R(b'_\upsilon\sin\upsilon\delta_{\mathrm{i}} + a'_\upsilon\cos\upsilon\delta_{\mathrm{i}}) \quad (\mathrm{N\cdot m}) \tag{2-115}$$

对于 $\upsilon=1,\ 2,\ 3,\ 4$ 这四个简谐系数，还要考虑由往复惯性力引起的激励力矩，此时这两部分激励力矩的合成如下：

对停止喷油的气缸：

$$(M_{\mathrm{k}\upsilon})_{\mathrm{mis}} = (M_{\mathrm{k}\upsilon})'_{\mathrm{mis}} + (M_{\mathrm{k}\upsilon})''$$

将式(2-110)~式(2-115)代入，得

$$\begin{aligned}(M_{\mathrm{k}\upsilon})_{\mathrm{mis}} &= [(m_{\mathrm{k}\upsilon})'_{x\mathrm{mis}} + (m_{\mathrm{k}\upsilon})''_x]\sin\upsilon\omega_{\mathrm{c}}t + [(m_{\mathrm{k}\upsilon})'_{y\mathrm{mis}} + (m_{\mathrm{k}\upsilon})''_y]\cos\upsilon\omega_{\mathrm{c}}t \\ &= (m_{\mathrm{k}\upsilon})_{x\mathrm{mis}}\sin\upsilon\omega_{\mathrm{c}}t + (m_{\mathrm{k}\upsilon})_{y\mathrm{mis}}\cos\upsilon\omega_{\mathrm{c}}t \quad (\mathrm{N\cdot m})\end{aligned} \tag{2-116}$$

其中，合成激励力矩的正弦项：

$$\begin{aligned}(m_{\mathrm{k}\upsilon})_{x\mathrm{mis}} &= (m_{\mathrm{k}\upsilon})'_{x\mathrm{mis}} + (m_{\mathrm{k}\upsilon})''_x \\ &= \frac{\pi}{4}D^2R\left[\left(b_{\upsilon\mathrm{mis}} + \frac{GRn_{\mathrm{c}}^2}{D^2}d_\upsilon\cos\phi''_\upsilon\right)\cos\upsilon\delta_{\mathrm{i}} - a_{\upsilon\mathrm{mis}}\sin\upsilon\delta_{\mathrm{i}}\right] \quad (\mathrm{N\cdot m})\end{aligned} \tag{2-117}$$

合成激励力矩的余弦项为

$$(m_{k\upsilon})_{ymis}=(m_{k\upsilon})'_{ymis}+(m_{k\upsilon})''_{y}$$
$$=\frac{\pi}{4}D^2R\left[\left(b_{\upsilon mis}+\frac{GRn_c^2}{D^2}d_\upsilon\cos\phi''_\upsilon\right)\sin\upsilon\delta_i+a_{\upsilon mis}\cos\upsilon\delta_i\right]\quad(\mathrm{N\cdot m})\tag{2-118}$$

对其他气缸：

$$(\widetilde{M}_{k\upsilon})=(\widetilde{M}_{k\upsilon})'+(M_{k\upsilon})''\quad(\mathrm{N\cdot m})\tag{2-119}$$

将式(2-110)～式(2-112)和式(2-90)～式(2-92)代入，得

$$\widetilde{M}_{k\upsilon}=[(\tilde{m}_{k\upsilon})'_x+(m_{k\upsilon})''_x]\sin\upsilon\omega_c t+[(\tilde{m}_{k\upsilon})'_y+(m_{k\upsilon})''_y]\cos\upsilon\omega_c t$$
$$=(\tilde{m}_{k\upsilon})_x\sin\upsilon\omega_c t+(\tilde{m}_{k\upsilon})_y\cos\upsilon\omega_c t\quad(\mathrm{N\cdot m})\tag{2-120}$$

其中，合成激励力矩的正弦项为

$$(\tilde{m}_{k\upsilon})_x=(\tilde{m}_{k\upsilon})'_x+(m_{k\upsilon})''_x$$
$$=\frac{\pi}{4}D^2R\left[\left(b'_\upsilon+\frac{GRn_c^2}{D^2}d_\upsilon\cos\phi''_\upsilon\right)\cos\upsilon\delta_i-a'_\upsilon\sin\upsilon\delta_i\right]\quad(\mathrm{N\cdot m})\tag{2-121}$$

合成激励力矩的余弦项为

$$(\tilde{m}_{k\upsilon})_y=(\tilde{m}_{k\upsilon})'_y+(m_{k\upsilon})''_y$$
$$=\frac{\pi}{4}D^2R\left[\left(b'_\upsilon+\frac{GRn_c^2}{D^2}d_\upsilon\cos\phi''_\upsilon\right)\sin\upsilon\delta_i+a'_\upsilon\cos\upsilon\delta_i\right]\quad(\mathrm{N\cdot m})\tag{2-122}$$

2.3.5.2 V型发动机同一排两个气缸同时停止喷油时激励力矩合成

对停止喷油气缸，将式(2-100)～式(2-102)及式(2-108)、式(2-109)中的 a_υ、b_υ 换成 $a_{\upsilon mis}$、$b_{\upsilon mis}$ 即可。

气体压力引起的激励力矩为

$$(M_{k\upsilon})'_{vmis}=(m_{k\upsilon})'_{xvmis}\sin\upsilon\omega_c t+(m_{k\upsilon})'_{yvmis}\cos\upsilon\omega_c t\quad(\mathrm{N\cdot m})\tag{2-123}$$

其中，合成激励力矩的正弦项为

$$(m_{k\upsilon})'_{xvmis}=\frac{\pi}{4}D^2R[b_{\upsilon mis}(\cos\upsilon\delta_i+\cos\upsilon\delta_i\cos\upsilon\gamma+\sin\upsilon\delta_i\sin\upsilon\gamma)$$
$$-a_{\upsilon mis}(\sin\upsilon\delta_i+\sin\upsilon\delta_i\cos\upsilon\gamma-\cos\upsilon\delta_i\sin\upsilon\gamma)]\quad(\mathrm{N\cdot m})\tag{2-124}$$

合成激励力矩的余弦项为

$$(m_{k\upsilon})'_{yvmis}=\frac{\pi}{4}D^2R[b_{\upsilon mis}(\sin\upsilon\delta_i+\sin\upsilon\delta_i\cos\upsilon\gamma-\cos\upsilon\delta_i\sin\upsilon\gamma)$$
$$+a_{\upsilon mis}(\cos\upsilon\delta_i+\cos\upsilon\delta_i\cos\upsilon\gamma+\sin\upsilon\delta_i\sin\upsilon\gamma)]\quad(\mathrm{N\cdot m})\tag{2-125}$$

对于 $\upsilon=1,2,3,4$ 这四个谐次，总的激励力矩是气缸压力和往复惯性力引起的激励力矩

的合成，即

$$(M_{k\upsilon})_{\text{vmis}} = [(m_{k\upsilon})'_{x\text{vmis}} + (m_{k\upsilon})''_{x\text{v}}]\sin\upsilon\omega_c t + [(m_{k\upsilon})'_{y\text{vmis}} + (m_{k\upsilon})''_{y\text{v}}]\cos\upsilon\omega_c t$$
$$= (m_{k\upsilon})_{x\text{vmis}}\sin\upsilon\omega_c t + (m_{k\upsilon})_{y\text{vmis}}\cos\upsilon\omega_c t \quad (\text{N}\cdot\text{m}) \tag{2-126}$$

其中，合成激励力矩的正弦项为

$$(m_{k\upsilon})_{x\text{vmis}} = (m_{k\upsilon})'_{x\text{vmis}} + (m_{k\upsilon})''_{x\text{v}}$$
$$= \frac{\pi}{4}D^2R\Big[b_{\upsilon\text{mis}}(\cos\upsilon\delta_i + \cos\upsilon\delta_i\cos\upsilon\gamma + \sin\upsilon\delta_i\sin\upsilon\gamma)$$
$$- a_{\upsilon\text{mis}}(\sin\upsilon\delta_i + \sin\upsilon\delta_i\cos\upsilon\gamma - \cos\upsilon\delta_i\sin\upsilon\gamma)$$
$$+ \frac{G_1Rn_c^2}{D^2}d_\upsilon\cos\phi''_\upsilon\left(\cos\upsilon\delta_i + \frac{G_2}{G_1}\cos\upsilon\delta_i\cos\upsilon\gamma + \frac{G_2}{G_1}\sin\upsilon\delta_i\sin\upsilon\gamma\right)\Big] \quad (\text{N}\cdot\text{m}) \tag{2-127}$$

合成激励力矩的余弦项为

$$(m_{k\upsilon})_{y\text{vmis}} = (m_{k\upsilon})'_{y\text{vmis}} + (m_{k\upsilon})''_{y\text{v}}$$
$$= \frac{\pi}{4}D^2R\Big[b_{\upsilon\text{mis}}(\sin\upsilon\delta_i + \sin\upsilon\delta_i\cos\upsilon\gamma - \cos\upsilon\delta_i\sin\upsilon\gamma)$$
$$+ a_{\upsilon\text{mis}}(\cos\upsilon\delta_i + \cos\upsilon\delta_i\cos\upsilon\gamma + \sin\upsilon\delta_i\sin\upsilon\gamma)$$
$$+ \frac{G_1Rn_c^2}{D^2}d_\upsilon\cos\phi''_\upsilon\left(\sin\upsilon\delta_i + \frac{G_2}{G_1}\sin\upsilon\delta_i\cos\upsilon\gamma - \frac{G_2}{G_1}\cos\upsilon\delta_i\sin\upsilon\gamma\right)\Big] \quad (\text{N}\cdot\text{m}) \tag{2-128}$$

对于其他气缸，只需将上述式中的 $a_{\upsilon\text{mis}}$、$b_{\upsilon\text{mis}}$ 换成 a'_υ、b'_υ 即可。

2.3.5.3　V型发动机同一排两个气缸只有一缸停止喷油时激励力矩

V型发动机同一排两个气缸，只有一个气缸停止喷油时，气体压力引起的激励力矩为

$$(M_{k\upsilon})'_{\text{vmis}} = \frac{\pi}{4}D^2RC'_\upsilon\sin[\upsilon(\omega_c t + \delta_i) + \phi'_\upsilon] + \frac{\pi}{4}D^2RC_{\upsilon\text{mis}}\sin[\upsilon(\omega_c t + \delta_i) + (\tilde{\phi}'_\upsilon - \upsilon\gamma)]$$
$$= \frac{\pi}{4}D^2RC'_\upsilon[\sin\upsilon(\omega_c t + \delta_i)\cos\phi'_\upsilon + \cos\upsilon(\omega_c t + \delta_i)\sin\phi'_\upsilon]$$
$$+ \frac{\pi}{4}D^2RC_{\upsilon\text{mis}}[\sin\upsilon(\omega_c t + \delta_i)\cos(\tilde{\phi}'_\upsilon - \upsilon\gamma) + \cos\upsilon(\omega_c t + \delta_i)\sin(\tilde{\phi}'_\upsilon - \upsilon\gamma)]$$
$$= \frac{\pi}{4}D^2RC'_\upsilon(\sin\upsilon\omega_c t\cos\upsilon\delta_i\cos\phi'_\upsilon + \cos\upsilon\omega_c t\sin\upsilon\delta_i\cos\phi'_\upsilon + \cos\upsilon\omega_c t\cos\upsilon\delta_i\sin\phi'_\upsilon$$
$$- \sin\upsilon\omega_c t\sin\upsilon\delta_i\sin\phi'_\upsilon) + \frac{\pi}{4}D^2RC_{\upsilon\text{mis}}(\sin\upsilon\omega_c t\cos\upsilon\delta_i\cos\tilde{\phi}'_\upsilon\cos\upsilon\gamma$$
$$+ \sin\upsilon\omega_c t\cos\upsilon\delta_i\sin\tilde{\phi}'_\upsilon\sin\upsilon\gamma + \cos\upsilon\omega_c t\sin\upsilon\delta_i\cos\tilde{\phi}'_\upsilon\cos\upsilon\gamma$$
$$+ \cos\upsilon\omega_c t\sin\upsilon\delta_i\sin\tilde{\phi}'_\upsilon\sin\upsilon\gamma + \cos\upsilon\omega_c t\cos\upsilon\delta_i\sin\tilde{\phi}'_\upsilon\cos\upsilon\gamma$$
$$- \cos\upsilon\omega_c t\cos\upsilon\delta_i\cos\tilde{\phi}'_\upsilon\sin\upsilon\gamma - \sin\upsilon\omega_c t\sin\upsilon\delta_i\sin\tilde{\phi}'_\upsilon\cos\upsilon\gamma$$
$$+ \sin\upsilon\omega_c t\sin\upsilon\delta_i\cos\tilde{\phi}'_\upsilon\sin\upsilon\gamma) \tag{2-129}$$

式中 C'_υ——V 型发动机两排气缸只有一缸不发火时 υ 谐次简谐系数(MPa)；

$\tilde{\phi}'_\upsilon$——V 型发动机两排气缸只有一缸不发火时 υ 谐次简谐系数 $C_{\upsilon mis}$ 的相位角(rad)。

因为

$$C'_\upsilon \cos\phi'_\upsilon = b'_\upsilon,\ C'_\upsilon \sin\phi'_\upsilon = a'_\upsilon$$

$$\text{令}\ C_{\upsilon mis}\cos\tilde{\phi}'_\upsilon = b_{\upsilon mis},\ C_{\upsilon mis}\sin\tilde{\phi}'_\upsilon = a_{\upsilon mis} \tag{2-130}$$

将式(2-130)代入式(2-129),经整理后得到气体压力引起的激励力矩：

$$\begin{aligned}(M_{k\upsilon})'_{vmis} =& \frac{\pi}{4}D^2R[b'_\upsilon\cos\upsilon\delta_i - a'_\upsilon\sin\upsilon\delta_i + b_{\upsilon mis}(\cos\upsilon\delta_i\cos\upsilon\gamma + \sin\upsilon\delta_i\sin\upsilon\gamma)\\ &+ a_{\upsilon mis}(\cos\upsilon\delta_i\sin\upsilon\gamma - \sin\upsilon\delta_i\cos\upsilon\gamma)]\sin\upsilon\omega_c t\\ &+ \frac{\pi}{4}D^2R[b'_\upsilon\sin\upsilon\delta_i + a'_\upsilon\cos\upsilon\delta_i + b_{\upsilon mis}(\sin\upsilon\delta_i\cos\upsilon\gamma - \cos\upsilon\delta_i\sin\upsilon\gamma)\\ &+ a_{\upsilon mis}(\sin\upsilon\delta_i\sin\upsilon\gamma + \cos\upsilon\delta_i\cos\upsilon\gamma)]\cos\upsilon\omega_c t\\ =& (m_{k\upsilon})'_{xvmis}\sin\upsilon\omega_c t + (m_{k\upsilon})'_{yvmis}\cos\upsilon\omega_c t \quad (\text{N}\cdot\text{m})\end{aligned} \tag{2-131}$$

其中,正弦项为

$$\begin{aligned}(m_{k\upsilon})'_{xvmis} =& \frac{\pi}{4}D^2R[b'_\upsilon\cos\upsilon\delta_i - a'_\upsilon\sin\upsilon\delta_i + b_{\upsilon mis}(\cos\upsilon\delta_i\cos\upsilon\gamma + \sin\upsilon\delta_i\sin\upsilon\gamma)\\ &+ a_{\upsilon mis}(\cos\upsilon\delta_i\sin\upsilon\gamma - \sin\upsilon\delta_i\cos\upsilon\gamma)] \quad (\text{N}\cdot\text{m})\end{aligned} \tag{2-132}$$

余弦项为

$$\begin{aligned}(m_{k\upsilon})'_{yvmis} =& \frac{\pi}{4}D^2R[b'_\upsilon\sin\upsilon\delta_i + a'_\upsilon\cos\upsilon\delta_i + b_{\upsilon mis}(\sin\upsilon\delta_i\cos\upsilon\gamma - \cos\upsilon\delta_i\sin\upsilon\gamma)\\ &+ a_{\upsilon mis}(\sin\upsilon\delta_i\sin\upsilon\gamma + \cos\upsilon\delta_i\cos\upsilon\gamma)] \quad (\text{N}\cdot\text{m})\end{aligned} \tag{2-133}$$

对于 $\upsilon=1,\ 2,\ 3,\ 4$ 这四个谐次,气缸压力和往复惯性力引起的激励力矩的合成激励力矩为

$$\begin{aligned}(M_{k\upsilon})_{vmis} &= (M_{k\upsilon})'_{vmis} + (M_{k\upsilon})''_{v}\\ &= [(m_{k\upsilon})'_{xvmis} + (m_{k\upsilon})''_{xv}]\sin\upsilon\omega_c t + [(m_{k\upsilon})'_{yvmis} + (m_{k\upsilon})''_{yv}]\cos\upsilon\omega_c t\\ &= (m_{k\upsilon})_{xvmis}\sin\upsilon\omega_c t + (m_{k\upsilon})_{yvmis}\cos\upsilon\omega_c t \quad (\text{N}\cdot\text{m})\end{aligned} \tag{2-134}$$

其中,合成激励力矩的正弦项为

$$\begin{aligned}(m_{k\upsilon})_{xvmis} =& (m_{k\upsilon})'_{xvmis} + (m_{k\upsilon})''_{xv}\\ =& \frac{\pi}{4}D^2R\Big[b'_\upsilon\cos\upsilon\delta_i - a'_\upsilon\sin\upsilon\delta_i + b_{\upsilon mis}(\cos\upsilon\delta_i\cos\upsilon\gamma + \sin\upsilon\delta_i\sin\upsilon\gamma)\\ &+ a_{\upsilon mis}(\cos\upsilon\delta_i\sin\upsilon\gamma - \sin\upsilon\delta_i\sin\upsilon\gamma) + \frac{G_1Rn_c^2}{D^2}d_\upsilon\cos\phi''_\upsilon\Big(\cos\upsilon\delta_i\\ &+ \frac{G_2}{G_1}\cos\upsilon\delta_i\cos\upsilon\gamma + \frac{G_2}{G_1}\sin\upsilon\delta_i\sin\upsilon\gamma\Big)\Big] \quad (\text{N}\cdot\text{m})\end{aligned} \tag{2-135}$$

合成激励力矩的余弦项为

$$
\begin{aligned}
(m_{k\upsilon})_{yvmis} &= (m_{k\upsilon})'_{yvmis} + (m_{k\upsilon})''_{yv} \\
&= \frac{\pi}{4}D^2R\Big[b'_\upsilon \sin\upsilon\delta_i + a'_\upsilon \cos\upsilon\delta_i + b_{\upsilon mis}(\sin\upsilon\delta_i\cos\upsilon\gamma - \cos\upsilon\delta_i\sin\upsilon\gamma) \\
&\quad + a_{\upsilon mis}(\sin\upsilon\delta_i\sin\upsilon\gamma + \cos\upsilon\delta_i\cos\upsilon\gamma) + \frac{G_1Rn_c^2}{D^2}d_\upsilon\cos\phi''_\upsilon\Big(\sin\upsilon\delta_i \\
&\quad + \frac{G_2}{G_1}\sin\upsilon\delta_i\cos\upsilon\gamma - \frac{G_2}{G_1}\cos\upsilon\delta_i\sin\upsilon\gamma\Big)\Big] \quad (\mathrm{N\cdot m}) \qquad (2-136)
\end{aligned}
$$

对于其他气缸，只需将式(2-100)～式(2-102)、式(2-108)、式(2-109)中的 a_υ、b_υ 换成 a'_υ、b'_υ 即可。

2.3.5.4　停缸对轴系扭振性能影响的判别式

在内燃机中，不同气缸停止喷油后对轴系扭振性能的影响并不相同。为了判别对扭振性能影响最大的气缸号，可以从相对振幅矢量和的计算分析中找出。

一缸不发火时平均有效压力：

$$P'_e = P_e\frac{S}{S-k} \quad (\mathrm{MPa}) \qquad (2-137)$$

式中　P_e——正常发火时内燃机平均有效压力(MPa)；

S——气缸总数；

k——不发火气缸数，一缸不发火时 $k=1$。

一缸不发火时相对振幅矢量和：

$$\left(\sum\vec{\alpha}\right)_{mis} = \sqrt{\left(\sum_{i=1}^{S}\beta_i\alpha_i\sin\upsilon\delta_i\right)^2 + \left(\sum_{i=1}^{S}\beta_i\alpha_i\cos\upsilon\delta_i\right)^2} \qquad (2-138)$$

式中　α_i——第 i 个气缸相对振幅；

β_i——与 $\left(\sum\vec{\alpha}\right)_{mis}$ 有关的系数。

对其他气缸 $\beta_i=1$，对不发火气缸：

$$\beta_i = \frac{C_{\upsilon mis}}{C'_\upsilon} = \frac{\sqrt{a_{\upsilon mis}^2 + b_{\upsilon mis}^2}}{\sqrt{a'^2_\upsilon + b'^2_\upsilon}} \qquad (2-139)$$

一缸不发火影响系数为

$$F = \frac{C'_\upsilon\left(\sum\vec{\alpha}\right)_{mis}}{C_\upsilon\sum\vec{\alpha}} = \frac{\left(\sum\vec{\alpha}\right)_{mis}\sqrt{a'^2_\upsilon + b'^2_\upsilon}}{\sum\vec{\alpha}\sqrt{a_\upsilon^2 + b_\upsilon^2}} \qquad (2-140)$$

式中　$\sum\vec{\alpha}$——相对振幅矢量和；

a_υ、b_υ——第 υ 谐次简谐系数的余弦项、正弦项(MPa)；

$a_{\upsilon mis}$、$b_{\upsilon mis}$——不发火气缸第 υ 谐次简谐系数 $C_{\upsilon mis}$ 的余弦项、正弦项(MPa)；

a'_υ、b'_υ——一缸不发火时其他气缸第 υ 谐次简谐系数 C'_υ 的余弦项、正弦项(MPa)。

内燃机各气缸中，一缸不发火影响系数 F 最大的那个气缸号就是对扭振性能影响最大的气缸。

2.3.5.5 双机并车装置各台发动机之间的相位角对扭振性能的影响

双机并车装置各台发动机之间的相位角是指两台发动机的第一缸喷油始点之间的相位角，这是一个随机函数，是随着系统中离合器脱开、合上而变化的。

与发动机曲柄端面图上曲柄数成整数倍的简谐次数一般称为主简谐，其他的简谐次数称为副简谐。对主简谐而言，两台发动机的相位角相同时，也就是第一缸喷油始点角度相同时，相对振幅矢量和最大，因而由气体压力引起的激励也最大。

对副简谐而言，当各缸激励相同时，相位角对扭振的影响可以忽略不计。而当各缸激励有差异、有停缸情况时，相位角不同，弹性联轴器和齿轮箱上的振动扭矩变化也很大。

找出最不利的相位角，以保证在这种情况下内燃机轴系也是安全可靠的。

计算步骤如下：

(1) 分析自由振动和强迫振动计算结果，选择系统中对扭振性能影响最大的简谐系数和振动形式。

(2) 根据停缸计算结果，选择两台发动机中对扭振性能影响最大的气缸号(停止喷油的气缸)。

(3) 指定有停止喷油气缸的那台发动机为第一台发动机。对第一台发动机，则有

$$\arctan \xi_1 = \frac{\sum_{i=1}^{S_1} \beta_i \alpha_i \sin \upsilon \delta_i}{\sum_{i=1}^{S_1} \beta_i \alpha_i \cos \upsilon \delta_i} \tag{2-141}$$

式中 ξ_1 ——第一台发动机的第一缸喷油始点相位角(°)；

S_1 ——第一台发动机的气缸数；

α_i ——第 i 个气缸相对振幅；

β_i—— 与$\left(\sum \vec{\alpha}\right)_{\text{mis}}$ 有关的系数。

当第二台发动机第一缸喷油始点与第一台发动机相同时，则有

$$\arctan \xi_2 = \frac{\sum_{i=1}^{S_2} \beta_i \alpha_i \sin \upsilon \delta_i}{\sum_{i=1}^{S_2} \beta_i \alpha_i \cos \upsilon \delta_i} \tag{2-142}$$

双机并车轴系两台发动机之间最不利的相位角为

$$\xi = \xi_2 - \xi_1 \quad (°) \tag{2-143}$$

式中 ξ_2 ——第二台发动机的第一缸喷油始点相位角(°)；

S_2 ——第二台发动机的气缸数；

α_i—— 第 i 个气缸相对振幅；

β_i—— 与$\left(\sum \vec{\alpha}\right)_{\text{mis}}$ 有关的系数。

计算时，应注意 ξ_1、ξ_2 所处的象限。

2.3.6　各缸发火不均匀时激励力矩

根据经验，由于制造误差、安装、异常磨损等情况，内燃机各气缸的激励力矩会有差异，对中、高速内燃机来说，要考虑有±10%的差异，当误差为+10%时，气缸压力引起的激励力矩简谐系数为 a_υ^+、b_υ^+；当误差为−10%时，气缸压力引起的激励力矩简谐系数为 a_υ^-、b_υ^-。

计算时可根据不同情况，把上述公式中的 a_υ、b_υ 换成 a_υ^+、b_υ^+ 或 a_υ^-、b_υ^- 即可。

2.3.7　激励力矩简谐系数的表达式

2.3.7.1　平均有效压力的表达式

发动机平均有效压力

$$P_e = A_6 n^3 + B_6 n^2 + C_6 n + D_6 \quad (\text{MPa}) \tag{2-144}$$

式中　A_6、B_6、C_6、D_6——与平均有效压力 P_e 有关的系数；
n——转速(r/min)。

当考虑不均匀发火有±10%的差异时

$$\begin{cases} P_e^+ = 1.1P_e \\ P_e^- = 0.9P_e \end{cases} \tag{2-145}$$

式中　P_e^+、P_e^-——考虑有+10%、−10%的差异时气缸平均有效压力(MPa)；
P_e——正常发火时内燃机平均有效压力(MPa)。

2.3.7.2　正常发火气缸激励力矩的简谐系数

正常发火气缸第 υ 谐次激励力矩简谐系数为

$$C_\upsilon = A_2 P_e^3 + B_2 P_e^2 + C_2 P_e + D_2 \quad (\text{MPa}) \tag{2-146}$$

式中　A_2、B_2、C_2、D_2——与 C_υ 有关的系数；
P_e——平均有效压力(MPa)。

正常发火气缸第 υ 谐次激励力矩简谐系数的相位角为

$$\phi_\upsilon = A_3 P_e^3 + B_3 P_e^2 + C_3 P_e + D_3 \quad (°) \tag{2-147}$$

式中　A_3、B_3、C_3、D_3——与 ϕ_υ 有关的系数。

正常发火气缸第 υ 谐次激励力矩简谐系数的余弦项：

$$a_\upsilon = A_4 P_e^3 + B_4 P_e^2 + C_4 P_e + D_4 \quad (\text{MPa}) \tag{2-148}$$

式中　A_4、B_4、C_4、D_4——与 a_υ 有关的系数。

正常发火气缸第 υ 谐次激励力矩简谐系数的正弦项：

$$b_\upsilon = A_5 P_e^3 + B_5 P_e^2 + C_5 P_e + D_5 \quad (\text{MPa}) \tag{2-149}$$

式中　A_5、B_5、C_5、D_5——与 b_υ 有关的系数。

2.3.7.3 有停止喷油气缸时激励力矩的简谐系数

停止喷油的气缸第 υ 谐次简谐系数余弦项

$$a_{\upsilon \mathrm{mis}}=C_7 P'_{\mathrm{e}}+D_4 \quad (\mathrm{MPa}) \tag{2-150}$$

式中　C_7、D_4—— 与 $a_{\upsilon \mathrm{mis}}$ 有关的系数。

停止喷油的气缸第 υ 谐次简谐系数正弦项

$$b_{\upsilon \mathrm{mis}}=C_8 P'_{\mathrm{e}}+D_5 \quad (\mathrm{MPa}) \tag{2-151}$$

式中　C_8、D_5—— 与 $b_{\upsilon \mathrm{mis}}$ 有关的系数。

其他气缸第 υ 谐次简谐系数余弦项

$$a'_{\upsilon}=A_4 P'^3_{\mathrm{e}}+B_4 P'^2_{\mathrm{e}}+C_4 P'_{\mathrm{e}}+D_4 \tag{2-152}$$

式中　A_4、B_4、C_4、D_4—— 与 a'_{υ} 有关的系数。

其他气缸第 υ 谐次简谐系数正弦项

$$b'_{\upsilon}=A_5 P'^3_{\mathrm{e}}+B_5 P'^2_{\mathrm{e}}+C_5 P'_{\mathrm{e}}+D_5 \tag{2-153}$$

式中　A_5、B_5、C_5、D_5—— 与 b'_{υ} 有关的系数。

2.3.7.4 考虑有±10%差异时激励力矩的简谐系数

当考虑有+10%差异时，第 υ 谐次简谐系数余弦项

$$a^+_{\upsilon}=A_4 P^{+3}_{\mathrm{e}}+B_4 P^{+2}_{\mathrm{e}}+C_4 P^+_{\mathrm{e}}+D_4 \quad (\mathrm{MPa}) \tag{2-154}$$

当考虑有+10%差异时，第 υ 谐次简谐系数正弦项

$$b^+_{\upsilon}=A_5 P^{+3}_{\mathrm{e}}+B_5 P^{+2}_{\mathrm{e}}+C_5 P^+_{\mathrm{e}}+D_5 \quad (\mathrm{MPa}) \tag{2-155}$$

当考虑有−10%差异时，第 υ 谐次简谐系数余弦项

$$a^-_{\upsilon}=A_4 P^{-3}_{\mathrm{e}}+B_4 P^{-2}_{\mathrm{e}}+C_4 P^-_{\mathrm{e}}+D_4 \quad (\mathrm{MPa}) \tag{2-156}$$

当考虑有−10%差异时，第 υ 谐次简谐系数正弦项

$$b^-_{\upsilon}=A_5 P^{-3}_{\mathrm{e}}+B_5 P^{-2}_{\mathrm{e}}+C_5 P^-_{\mathrm{e}}+D_5 \quad (\mathrm{MPa}) \tag{2-157}$$

2.3.8 螺旋桨激励力矩

螺旋桨激振是船舶轴系扭转振动的激振源之一。螺旋桨产生激振的主要原因有：

(1) 轴频激励。由于螺旋桨制造或安装误差导致机械不平衡或水动力不均匀引起的，其变化频率等于轴的旋转频率。

(2) 叶频激励。螺旋桨在三维不均匀伴流场中运转，每个桨叶在一周内的工作状态，随着当地伴流的不同而变化，从而导致桨叶上承受周期性变化的力，其中，切向阻力对轴系形成的周期性变化的反扭矩，即螺旋桨引起的扭振激励力矩。这种周期性的扭矩变化，会使轴系总的激励力矩增大或减小。螺旋桨激励力矩的变化基频为叶频，其高谐波的频率为倍叶频。

2.3.8.1 螺旋桨轴频激励

由于制造误差或安装误差，螺旋桨重心不在回转轴线上，或重心虽在轴线上，但各叶片重

心不在同一圆盘内，那么螺旋桨旋转时，将形成不平衡离心力矩。螺旋桨的这种机械不平衡可以通过静、动平衡试验予以控制。螺旋桨机械不平衡的影响一般比较小，只有在叶片出现破坏时才会产生较大的影响。

螺旋桨的轴频激励主要是水动力不均匀引起的。螺旋桨运转时，每个叶片上所受的力可以分解成轴向推力和切向阻尼力。如果螺旋桨盘面流场均匀，各叶片几何形状完全相同时，螺旋桨受到的总的推力与轴线重合，其切向阻力的合力为零。否则，每个叶片上受到的轴向推力和切向阻力不同，其合力将形成轴频激励。但一般船舶螺旋桨转速都比较低，而轴系基频比较高，故在工作转速范围内不太可能发生轴系轴频共振现象。

2.3.8.2　螺旋桨叶频激励

螺旋桨引起的激励力矩 M_{p} 可按螺旋桨轴回转角速度 ω_{p} 展开成傅里叶级数形式

$$M_{\mathrm{p}}=M_0+\sum_{k=1}^{\infty}M_{kZ_{\mathrm{p}}}\sin(kZ_{\mathrm{p}}\omega_{\mathrm{p}}t+\phi_{kZ_{\mathrm{p}}}) \tag{2-158}$$

式中　Z_{p}——螺旋桨叶片数；

$M_{kZ_{\mathrm{p}}}$——kZ_{p} 谐次激励力矩幅值(N·m)；

M_0——平均扭矩(N·m)；

$\phi_{kZ_{\mathrm{p}}}$——kZ_{p} 谐次激励力矩与桨叶重心线间的相位角(°)。

由于螺旋桨激振产生的根本原因是船尾伴流场的不均匀性，在伴流场已知的前提下，可以采用如下步骤来确定螺旋桨激励力矩幅值及相位角。

取半径为 $0.7R$（R 为螺旋桨半径）处伴流系数。在一个循环周期内(360°转角)进行简谐分析，得

$$\omega_{\mathrm{a}}=\omega_0+\sum_{v=1}^{\infty}(\omega_{v,\mathrm{c}}\cos v\omega_{\mathrm{p}}t+\omega_{v,\mathrm{s}}\sin v\omega_{\mathrm{p}}t) \tag{2-159}$$

式中　ω_0——平均伴流系数；

$\omega_{v,\mathrm{c}}$、$\omega_{v,\mathrm{s}}$——伴流系数 v 次简谐的正弦分量和余弦分量。

前进系数为

$$J_0=\frac{60v_{\mathrm{s}}}{n_{\mathrm{p}}D_{\mathrm{p}}}(1-\omega_0) \tag{2-160}$$

式中　v_{s}——船速(m/s)；

D_{p}——螺旋桨直径(m)；

n_{p}——螺旋桨转速(r/min)。

根据螺旋桨敞水特性曲线求得扭矩系数 K_{Q} 和 K'_{Q}。

螺旋桨激励力矩幅值和相位角为

$$M_{kZ_{\mathrm{p}}}=M_0\frac{K'_{\mathrm{Q}}}{K_{\mathrm{Q}}}\frac{J_0}{1-\omega_0}\sqrt{\omega_{kZ_{\mathrm{p,c}}}^2+\omega_{kZ_{\mathrm{p,s}}}^2} \tag{2-161}$$

$$\phi_{kZ_{\mathrm{p}}}=\arctan\left(\frac{\omega_{kZ_{\mathrm{p,s}}}}{\omega_{kZ_{\mathrm{p,c}}}}\right) \tag{2-162}$$

其中
$$M_0 = 9\,549.3\frac{N_p}{n_e}\left(\frac{n_p}{n_e}\right)^2 \tag{2-163}$$

式中　M_0——平均扭矩(N·m)；
N_p——额定功率(kW)；
n_e——螺旋桨额定转速(r/min)；
n_p——螺旋桨运转转速(r/min)；
K_Q——前进系数 J_0 时的扭矩系数，$K'_Q = -\left(\frac{dK_Q}{dJ}\right)_{J=J_0}$。

当缺乏伴流场等数据而无法按上述方法计算时，螺旋桨叶片次数的激励力矩幅值可用下式估算：

$$M_{Z_p} = \beta M_0$$

式中　β——经验系数，对偶数叶片桨，$\beta = 0.15 \sim 0.2$；对奇数叶片桨，$\beta = 0.03 \sim 0.07$；
M_0——平均扭矩(N·m)。

此时，相位角无法确定，可取 $\varphi_{Z_p} = 0$。

共振时，螺旋桨激振功为

$$W_p = \pi M_{kZ_p} a_p A_1 \quad (\text{N}\cdot\text{m}) \tag{2-164}$$

式中　$a_p A_1$——螺旋桨扭振振幅(rad)；
a_p——螺旋桨的相对振幅；
A_1——相对振幅为1的质量的扭振振幅(rad)。

2.4　扭转振动阻尼

2.4.1　阻尼的一般描述

在质量弹性系统的运动微分方程组中，阻尼起着阻碍扭振振幅增大的作用。根据作用部位及方式的不同分别称为质量阻尼及轴段阻尼，前者的作用以质量的角速度为函数，后者以相邻两质量的角速度差为函数。所有阻尼均以与角速度或角速度差呈线性或分段线性关系处理。

阻尼系数的表达方式有

(1)
$$\begin{cases}\chi = \dfrac{\psi}{2\pi}\\ \psi = 2\pi\chi\end{cases} \tag{2-165}$$

式中　χ——阻尼因子，指阻尼力矩幅值与弹性力矩幅值之比；
ψ——阻尼比，指一个周期内，阻尼能量与扭转能量之比。

(2) 第 k—$(k+1)$ 轴段的轴段阻尼系数为

$$D_{k,k+1} = \frac{\chi C_{k,k+1}}{\omega} = \frac{\psi C_{k,k+1}}{2\pi\omega} \quad (\text{N}\cdot\text{m}\cdot\text{s/rad}) \tag{2-166}$$

式中　$C_{k,k+1}$——第 k—($k+1$) 轴段的扭转刚度(N·m/rad)；
ω——圆频率(rad/s)。

2.4.2　内燃机阻尼

内燃机气缸及各单位曲柄的当量质量阻尼，缺乏数据时可以考虑按下式计算：

$$D_e = K_e \frac{\pi D^2}{4} R^2 \quad (\text{N} \cdot \text{m} \cdot \text{s/rad}) \tag{2-167}$$

式中　K_e——与发动机阻尼有关的系数，可取 0.001 33～0.004 14；
D——内燃机活塞直径(cm)；
R——曲柄半径(cm)。

2.4.3　扭振减振器阻尼

阻尼弹性减振器的阻尼系数可由减振器制造厂提供，也可由经验公式得到。

2.4.3.1　硅油扭振减振器阻尼

纯硅油式扭振减振器，其阻尼以质量阻尼形式考虑，阻尼系数可取为

$$D_d = \mu_d I_d \omega \quad (\text{N} \cdot \text{m} \cdot \text{s/rad}) \tag{2-168}$$

式中　μ_d——阻尼比(最佳调谐比时 $\mu_d = 0.5$)；
I_d——硅油扭振减振器的惯性轮转动惯量(kg·m²)；
ω——振动圆频率(rad/s)。

2.4.3.2　扭振减振器轴段阻尼

对于板簧、卷簧等形式扭振减振器或硅油型扭振减振器，可采取两个质量和相连的弹簧组成计算模型，考虑轴段阻尼系数。

对于盖斯林格板簧扭振减振器，其线性黏性阻尼(即轴段阻尼)为

$$D_{lg} = \frac{\chi C_D}{\upsilon \omega_c} \quad (\text{N} \cdot \text{m} \cdot \text{s/rad}) \tag{2-169}$$

式中　χ——无量纲阻尼因子，一般来说，无量纲阻尼因子为 0.2～0.5；
C_D——扭振减振器扭转刚度(N·m/rad)；
ω_c——计算圆频率(rad/s)；
υ——谐次。

2.4.4　弹性联轴器阻尼

2.4.4.1　盖斯林格联轴器阻尼

盖斯林格弹性联轴器(板簧式)的线性黏性阻尼(即轴段阻尼)为

$$D_{lg} = \frac{\chi C_{Tdyn}}{\upsilon \omega_c} \quad (\text{N} \cdot \text{m} \cdot \text{s/rad}) \tag{2-170}$$

式中　χ——无量纲阻尼因子，一般来说，无量纲阻尼因子为 0.2～0.5；

C_{Tdyn} ——动态扭转刚度(N·m/rad),其计算见式(2-29)、式(2-30);

ω_{c} ——计算圆频率(rad/s);

υ ——谐次。

当联轴器有压力滑油循环时,阻尼具有分段线性的特点,阻尼比 χ 为

$$\begin{cases}\omega \leqslant \omega_0, & \chi = 0.20 + 0.50\upsilon \dfrac{\omega_{\mathrm{c}}}{\omega_0} \\ \omega > \omega_0, & \chi = 0.7\end{cases} \tag{2-171}$$

式中 ω_{c} ——计算圆频率(rad/s), $\omega_{\mathrm{c}} = \dfrac{\pi n_{\mathrm{c}}}{30}$; (2-172)

ω_0 ——盖斯林格联轴器特征圆频率(rad/s)。

当联轴器无压力滑油循环,且 $T_{\mathrm{V}}/T_{\mathrm{KN}} = 0.3$ 时,阻尼比 χ 为

$$\begin{cases}\text{多簧片时}, & \chi = 0.058 + 0.13 \dfrac{T_{\mathrm{stat}}}{T_{\mathrm{KN}}} + 0.11\left(\dfrac{T_{\mathrm{stat}}}{T_{\mathrm{KN}}}\right)^2 \\ \text{双簧片时}, & \chi = 0.032 + 0.0069 \dfrac{T_{\mathrm{stat}}}{T_{\mathrm{KN}}} + 0.055\left(\dfrac{T_{\mathrm{stat}}}{T_{\mathrm{KN}}}\right)^2\end{cases} \tag{2-173}$$

式中 T_{stat} ——静态扭矩(kN·m);

T_{KN} ——额定扭矩(kN·m)。

2.4.4.2 气胎离合器或其他类型弹性联轴器阻尼

不同形式的弹性联轴器阻尼以轴段阻尼形式考虑,一般给出的阻尼系数的形式是 χ 或 ψ,可按式(2-165)计算。

弹性联轴器的轴段阻尼为

$$D_{\mathrm{L}} = \frac{\chi C_{\mathrm{L}}}{\omega} = \frac{\psi C_{\mathrm{L}}}{2\pi\omega} \quad (\mathrm{N \cdot m \cdot s/rad}) \tag{2-174}$$

式中 C_{L} ——弹性联轴器的扭转刚度(N·m/rad);

ψ——阻尼比;

χ——阻尼因子;

ω——圆频率(rad/s)。

2.4.5 轴段滞后阻尼

当系统中装有扭振减振器、盖斯林格联轴器、橡胶联轴器等大阻尼部件时,其他轴段的轴段阻尼可以忽略不计。

对于一般轴系,如果轴系较长时,可以考虑轴段阻尼。为便于计算,假定轴段阻尼是线性的,正比于轴段两端质量的相对角速度。

第 k—$(k+1)$ 轴段的滞后阻尼系数为

$$D_{\mathrm{s}} = \frac{0.01895 C_{k,\,k+1}}{\pi\omega} = 0.00605 \frac{C_{k,\,k+1}}{\upsilon\omega_{\mathrm{c}}} \quad (\mathrm{N \cdot m \cdot s/rad}) \tag{2-175}$$

式中 $C_{k,k+1}$——第 k—$(k+1)$ 轴段的扭转刚度(N·m/rad)；
υ——谐次；
ω——圆频率(rad/s)。

2.4.6 螺旋桨阻尼

螺旋桨阻尼系数(即质量阻尼)为

$$D_p = \frac{a(T_p)_c}{(n_p)_c} \quad (\text{N} \cdot \text{m} \cdot \text{s/rad}) \tag{2-176}$$

式中 $(T_p)_c$——与计算转速 n_c 相应的螺旋桨扭矩(N·m)；
$(n_p)_c$——与计算转速 n_c 相应的螺旋桨转速(r/min)；
a——与螺旋桨参数有关的系数，即

$$a = 5 \cdot \frac{A}{A_d} \cdot \frac{H}{D_j} \cdot \left[\frac{H/D_j + 0.5}{0.0066(A_g + 2A/A_d)(A/A_d + 1/2z_p)} + V\right] \tag{2-177}$$

其中

$$A_g = 3.3515 \times 10^{17} \frac{N_p}{n_p^3 D_j^3} \tag{2-178}$$

式中 D_j——螺旋桨直径(m)；
H/D_j——螺旋桨螺距比；
A/A_d——螺旋桨盘面比；
z_p——螺旋桨桨叶数；
A_g——力矩系数；
V——与桨叶数有关的系数，当 $z_p=4$ 时，$V=1$；当 $z_p=3$，5 时，$V=4/3$。

当 $a<19.5$ 时，取 $a=19.5$；当 $a>51$ 时，取 $a=51$。在缺乏螺旋桨资料时，可取 $a=30$。

设定螺旋桨吸收功率：

$$N_p = 0.985 N_e \quad (\text{kW}) \tag{2-179}$$

式中 N_e——发动机额定功率(kW)。

与发动机额定转速相应的螺旋桨转速为

$$n_p = n_H / i \quad (\text{r/min}) \tag{2-180}$$

式中 n_H——发动机额定转速(r/min)；
i——减速比。

与计算转速 n_c(r/min)相应的螺旋桨转速为

$$(n_p)_c = n_c / i \quad (\text{r/min}) \tag{2-181}$$

式中 i——减速比。

与计算转速 n_c 相应的螺旋桨扭矩为

$$(T_p)_c = 9\,550\frac{(N_p)_c}{(n_p)_c}\quad (\mathrm{N \cdot m}) \tag{2-182}$$

式中 $(N_p)_c$—— 与计算转速 n_c 相应的螺旋桨功率(kW);
N_p——螺旋桨额定功率(kW);
$(n_p)_c$——与计算转速 n_c 相应的螺旋桨转速(r/min);
n_p——螺旋桨额定转速(r/min)。

与计算转速 n_c 相应的螺旋桨功率为

$$(N_p)_c = N_p\left[\frac{(n_p)_c}{n_p}\right]^3\quad (\mathrm{kW}) \tag{2-183}$$

上式适用于螺旋桨功率与转速成三次方关系的轴系,对具有其他螺旋桨特性的轴系也可按式(2-182)计算。

在计算转速 n_c 时,发动机功率为

$$(N_e)_c = A_1 n_c^3 + B_1 n_c^2 + C_1 n_c + D_1 \tag{2-184}$$

式中 A_1、B_1、C_1、D_1—— 与$(N_e)_c$ 有关的系数。
则螺旋桨功率为

$$(N_p)_c = 0.985(N_e)_c = 0.985(A_1 n_c^3 + B_1 n_c^2 + C_1 n_c + D_1) \tag{2-185}$$

因此,螺旋桨阻尼系数为

$$D_p = 9\,550\frac{aN_p(n_p)_c}{n_p^3}\quad (\mathrm{N \cdot m \cdot s/rad}) \tag{2-186}$$

或

$$D_p = 9\,550\frac{a(N_p)_c}{(n_p)_c^2}\quad (\mathrm{N \cdot m \cdot s/rad}) \tag{2-187}$$

式中 $(N_p)_c$—— 与计算转速 n_c 相应的螺旋桨功率(kW);
N_p——螺旋桨额定功率(kW);
$(n_p)_c$——与计算转速 n_c 相应的螺旋桨转速(r/min);
n_p——螺旋桨额定转速(r/min)。

2.4.7 水力测功器阻尼

水力测功器阻尼计算可采用螺旋桨阻尼的公式[式(2-176)],式中 $a=5.5$。

2.4.8 发电机阻尼

在缺乏资料的情况下,交流发电机的阻尼可以忽略不计,而直流发电机的阻尼系数可按下式计算:

$$D_g = a_g\frac{T_g}{n_g}\quad (\mathrm{N \cdot m \cdot s/rad}) \tag{2-188}$$

其中

$$T_g = 9\,550\frac{(N_e)_c}{n_g} \quad (\text{N}\cdot\text{m}) \tag{2-189}$$

$$n_g = n_c/i \quad (\text{r/min}) \tag{2-190}$$

式中 a_g ——与发电机阻尼系数有关的系数，可取124～135；
T_g ——发电机轴扭矩(N·m)；
n_g ——发电机转速(r/min)；
i ——减速比；
$(N_e)_c$ ——与计算转速 n_c 相应的发电机功率(kW)。

不带负荷时电机的阻尼忽略不计。

2.4.9 非线性阻尼部件

联合动力系统中有液力偶合器、盖斯林格联轴器(板簧式)、扭振减振器(板簧、卷簧式)等大阻尼非线性部件。例如，液力偶合器阻尼具有非线性特性，其阻尼随转速、扭矩的不同呈现非线性变化特性。因此在计算中要对非线性阻尼进行分段线性化处理，然后采用插值法求出计算转速时的阻尼值。

2.5 扭转振动自由振动

2.5.1 单分支质量弹性系统自由振动 Holzer 计算

2.5.1.1 自由振动运动方程式

对于没有分支、具有 n 个质量的质量弹性系统，如图2-13a所示，其无阻尼自由运动方程式为

$$I_i\ddot{\varphi}_i + k_{i-1}(\varphi_i - \varphi_{i-1}) + k_i(\varphi_i - \varphi_{i+1}) = 0 \quad (i = 1, 2, \cdots, n) \tag{2-191}$$

式中 I_i ——第 i 个质量的转动惯量；
k_{i-1}、k_i ——质量 $i-1$ 与质量 i，质量 i 与质量 $i+1$ 之间的扭转刚度(N·m/rad)；
φ_{i-1}、φ_i、φ_{i+1} ——质量 $i-1$、质量 i、质量 $i+1$ 的角位移(rad)；
$\ddot{\varphi}_i$ ——质量 i 的角加速度(rad/s^2)。

对于有一个分支、具有 n 个质量的质量弹性系统，如图2-13b所示，在分支点(质量 i)处的无阻尼自由运动方程式为

$$I_i\ddot{\varphi}_i + k_{i-1}(\varphi_i - \varphi_{i-1}) + k_i(\varphi_i - \varphi_{i+1}) + k_m(\varphi_i - \varphi_{m+1}) = 0 \tag{2-192}$$

即

$$I_i\ddot{\varphi}_i + (k_{i-1} + k_i + k_m)\varphi_i - k_{i-1}\varphi_{i-1} - k_i\varphi_{i+1} - k_m\varphi_{m+1} = 0 \tag{2-193}$$

式中 I_i ——分支点质量的转动惯量(kg·m^2)；
k_{i-1}、k_i、k_m ——与分支点 i 相邻的三个质量之间的扭转刚度(N·m/rad)；

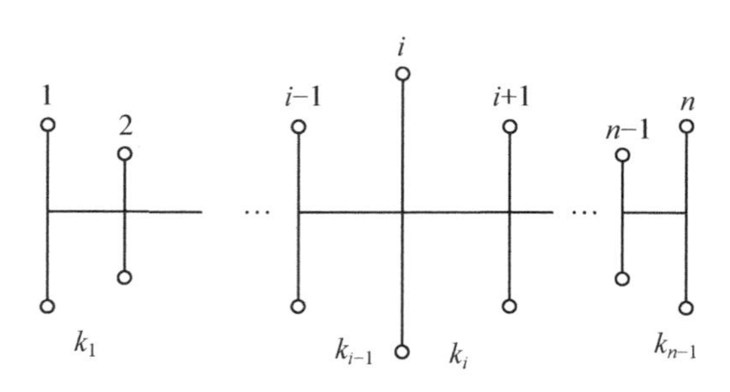

（a）无分支质量弹性系统

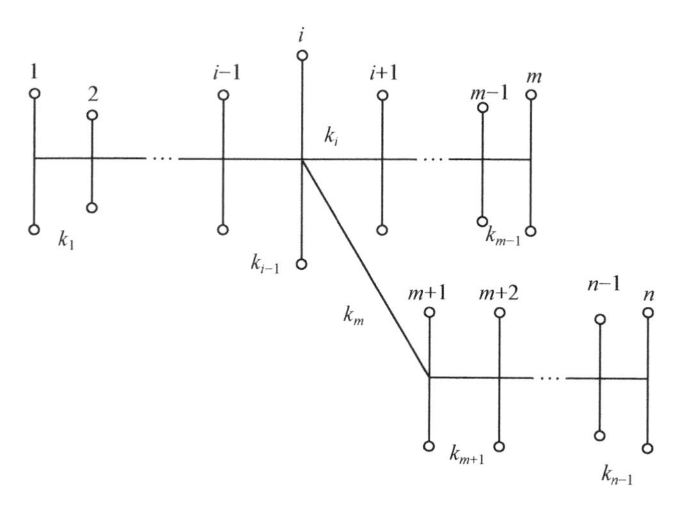

（b）有一个简单分支的质量弹性系统

图 2-13 质量弹性系统示意简图

φ_i、φ_{i-1}、φ_{i+1}、φ_m ——分支点 i 和与其相邻的三个质量的角位移(rad)；

$\ddot{\varphi}_i$ ——分支点 i 质量的角加速度(rad/s^2)。

用矩阵形式表示为

$$\boldsymbol{I}\ddot{\boldsymbol{\varphi}} + \boldsymbol{K}\boldsymbol{\varphi} = \boldsymbol{0} \tag{2-194}$$

式中 $\boldsymbol{I}$ ——转动惯量矩阵，为 n 阶对角矩阵，即

$$\boldsymbol{I} = \begin{bmatrix} I_1 & 0 & & & \boldsymbol{0} \\ 0 & I_2 & & & \\ & & \ddots & & \\ & & & I_{n-1} & 0 \\ \boldsymbol{0} & & & 0 & I_n \end{bmatrix}$$

$\boldsymbol{K}$—— 扭转刚度矩阵($n \times n$)，通常是稀疏带状矩阵，即

$$
\boldsymbol{K}=\left[\begin{array}{cccccccccc}
k_1 & -k_1 & & & & & & & & \mathbf{0} \\
-k_1 & k_1+k_2 & \ddots & & & & & & & \\
 & -k_2 & \ddots & -k_{i-2} & & & & & & \\
 & & \ddots & k_{i-2}+k_{i-1} & -k_{i-1} & & & & & \\
 & & & -k_{i-1} & k_{i-1}+k_i+k_m & -k_i & \cdots & -k_m & & \\
 & & & & -k_i & k_i+k_{i+1} & \ddots & \vdots & & \\
 & & & & \vdots & -k_{i+1} & \ddots & -k_m & & \\
 & & & & -k_m & & \ddots & k_m+k_{m+1} & \ddots & \\
 & & & & & & & -k_{m+1} & \ddots & -k_{n-1} \\
\mathbf{0} & & & & & & & & \ddots & k_{n-1}
\end{array}\right]
$$

$\boldsymbol{\varphi}$、$\ddot{\boldsymbol{\varphi}}$ ——角位移和角加速度阵列，即

$$\boldsymbol{\varphi}=\{\varphi_1 \quad \varphi_2 \quad \cdots \quad \varphi_i \quad \cdots \quad \varphi_m \quad \varphi_{m+1} \quad \cdots \quad \varphi_n\}^{\mathrm{T}}$$

$$\ddot{\boldsymbol{\varphi}}=\{\ddot{\varphi}_1 \quad \ddot{\varphi}_2 \quad \cdots \quad \ddot{\varphi}_i \quad \cdots \quad \ddot{\varphi}_m \quad \ddot{\varphi}_{m+1} \quad \cdots \quad \ddot{\varphi}_n\}^{\mathrm{T}}$$

设其解为：$\boldsymbol{\varphi}=\boldsymbol{A}\mathrm{e}^{\mathrm{j}\omega_{\mathrm{n}}t}$，代入原方程[式(2-194)]得

$$(\boldsymbol{K}-\omega_{\mathrm{n}}^2\boldsymbol{I})\boldsymbol{A}=\mathbf{0} \tag{2-195}$$

2.5.1.2　Holzer 计算法

Holzer(霍尔兹)法是轴系扭转振动固有频率和振型计算的传统方法，它是一种试凑法。它先假设一个试算频率，经不断试算与搜索，直至获得固有频率，同时获得振型。

对于单支系统，以角频率 ω 做简谐振动时候，令 $\varphi_i=A_i\sin\omega t\,(i=1,\ 2,\ \cdots,\ n)$，对于质量 1，有

$$k_1(A_2-A_1)=-I_1\omega^2A_1 \tag{2-196}$$

可得

$$A_2=A_1-\frac{I_1\omega^2A_1}{k_1} \tag{2-197}$$

对质量 2，有

$$k_2(A_3-A_2)-k_1(A_2-A_1)=-I_2\omega^2A_2 \tag{2-198}$$

可得

$$A_3=A_2-\frac{I_1\omega^2A_1+I_2\omega^2A_2}{k_2} \tag{2-199}$$

依次可得

$$A_{i+1}=A_i-\frac{\sum\limits_{j=1}^{i}I_j\omega^2A_j}{k_i} \tag{2-200}$$

当系统做自由振动时候，系统惯性力矩之和必然等于零，即

$$\sum_{i=1}^{n} I_i \omega^2 A_i = 0 \tag{2-201}$$

表 2-5 中第①和第⑥列是系统的转动惯量(kg·m²)和扭转刚度(N·m/rad)，为已知值；第②列为计算方便而设的一列；第③列为各质量点振幅相对于第 1 质量点(计算中为了减少变量数，使计算简便，常设 $A_1=1$，$A_i=A_i/A_1$)的相对振幅 A_i；第④列为各质量点的惯性力矩(N·m)；第⑤列为相应轴段弹性力矩(N·m)；第⑦列为轴段的扭转变形角(rad)；第⑧列为轴段截面模数(cm³)；第⑨列为轴段扭振应力(MPa)。

表 2-5 扭振自由振动 Holzer 计算表

序号	① 转动惯量	②	③ 相对振幅 ($A_1=1$)	④ 惯性力矩	⑤ 轴段弹性力矩	⑥ 扭转刚度	⑦ 轴段扭转变形角	⑧ 轴段截面模数	⑨ 轴段扭振应力 ($A_1=1$)
	I_i	$I_i\omega^2$	A_i	$I_i\omega^2 A_i$	$\sum I_i\omega^2 A_i$	k_i	$\sum I_i\omega^2 A_i/k_i$	W_i	$\sum I_i\omega^2 A_i/W_i$
1	I_1	$I_1\omega^2$	$A_1=1$	$I_1\omega^2$	$I_1\omega^2$	k_1	$I_1\omega^2/k_1$		
2	I_2	$I_2\omega^2$	$A_1-\dfrac{I_1\omega^2}{k_1}$	$I_2\omega^2 A_2$	$I_1\omega^2 A_1+I_2\omega^2 A_2$	k_2	$\dfrac{I_1\omega^2 A_1+I_2\omega^2 A_2}{k_2}$		
⋮	⋮	⋮	⋮	⋮	⋮	⋮	⋮		
$n-1$	I_{n-1}	$I_{n-1}\omega^2$	$A_{n-2}-\dfrac{\sum_{i=1}^{n-2} I_i\omega^2 A_i}{k_{n-2}}$	$I_{n-1}\omega^2 A_{n-1}$	$\sum_{i=1}^{n-1} I_i\omega^2 A_i$	k_{n-1}	$\dfrac{\sum_{i=1}^{n-1} I_i\omega^2 A_i}{k_{n-1}}$		
n	I_n	$I_n\omega^2$	$A_{n-1}-\dfrac{\sum_{i=1}^{n-1} I_i\omega^2 A_i}{k_{n-1}}$	$I_n\omega^2 A_n$	$\sum_{i=1}^{n} I_i\omega^2 A_i$				

2.5.1.3 计算频率的选取

采用 Holzer 法进行自由振动计算时，初始试算频率的选取及快速收敛到固有频率的方法比较重要。

通常将系统简化成双质量或三质量系统，以其固有频率作为初始试算值。

双质量系统固有频率为

$$\omega_n = \sqrt{\frac{I_1+I_2}{I_1 I_2} k_1} \quad (\text{rad/s}) \tag{2-202}$$

三质量系统固有频率为

$$\omega_{n1,2}=\frac{1}{2}\left(\frac{I_1+I_2}{I_1I_2}k_1+\frac{I_2+I_3}{I_2I_3}k_2\right)\mp\sqrt{\frac{1}{4}\left(\frac{I_1+I_2}{I_1I_2}k_1+\frac{I_2+I_3}{I_2I_3}k_2\right)^2-\frac{I_1+I_2+I_3}{I_1I_2I_3}k_1k_2}\quad(\text{rad/s})\qquad(2-203)$$

第一次试算后，接下来的计算频率可按照某一给定的频率增量 $\Delta\omega$ 等步长逐次计算，直到两次试算得到的剩余力矩为异号时，再用插值法逼近固有频率。

还可以采用变步长来搜索固有频率，常用的方法有牛顿(Newton)切线法，在 Holzer 计算公式中加递推公式。

牛顿切线法采用剩余力矩作为目标函数。初始试算频率 ω_0 的剩余力矩为

$$R(\omega_0^2)=\sum_{i=1}^{n}I_i\omega_0^2A_i\quad(\text{N}\cdot\text{m})\qquad(2-204)$$

在剩余力矩-圆频率 ω 曲线上通过点 P 作切线(图 2-14)，与横坐标表交于 ω_1，然后将 ω_1 作为第二次试算频率：

$$\omega_1=\sqrt{\omega_0^2-R(\omega_0^2)/R'(\omega_0^2)}\quad(\text{rad/s})\qquad(2-205)$$

式中　$R'(\omega_0^2)$—— 剩余力矩 $R(\omega_0^2)$ 的导数。

对剩余力矩 $R(\omega^2)$ 求导，有

$$R'(\omega^2)=\frac{\mathrm{d}R(\omega^2)}{\mathrm{d}\omega^2}=\frac{\mathrm{d}\sum_{i=1}^{n}I_i\omega^2A_i}{\mathrm{d}\omega^2}=\sum_{i=1}^{n}I_i\left(\omega^2\frac{\mathrm{d}A_i}{\mathrm{d}\omega^2}+A_i\right)\qquad(2-206)$$

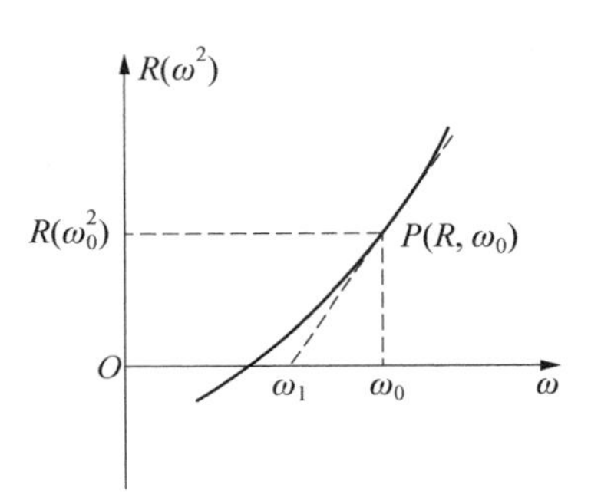

图 2-14　牛顿切线法

采用式(2-200)，对其求导，得到

$$\frac{\mathrm{d}A_i}{\mathrm{d}\omega^2}=\frac{\mathrm{d}A_{i-1}}{\mathrm{d}\omega^2}-\frac{1}{k_{i-1}}\sum_{j=1}^{i-1}I_j\left(\omega^2\frac{\mathrm{d}A_j}{\mathrm{d}\omega^2}+A_j\right)\qquad(2-207)$$

设 $A_1=1$，故 $\frac{\mathrm{d}A_1}{\mathrm{d}\omega^2}=0$。

将式(2-206)和式(2-207)代入式(2-205)，即可依次递推，计算出若干固有频率。这个方法逼近固有频率的速度较快，但也可能出现漏根情况，需要做漏根检查。

2.5.1.4　计算精度

固有频率的计算精度，实际中常用下面两个判别式进行评判：

$$\frac{2(\omega_b-\omega_a)}{\omega_a+\omega_b}\leqslant\varepsilon\qquad(2-208)$$

式中　ω_a、ω_b——具有异号剩余力矩的两相邻试算频率(rad/s)；

ε——给定的计算频率精度值，一般可取 0.001。

$$\frac{R(\omega^2)}{\sum_{i=1}^{n-1} I_i \omega^2 A_i} \leqslant \varepsilon \tag{2-209}$$

式中 $R(\omega^2)$——剩余力矩(N·m)；

$\sum_{i=1}^{n-1} I_i \omega^2 A_i$——系统第 $n-1$ 轴段弹性力矩(N·m)；

I_i——第 i 质量的转动惯量(kg·m²)；

ω——圆频率(rad/s)；

n——系统质量数。

2.5.2 多分支质量弹性系统自由振动计算

对于双机并车推进系统等多分支质量弹性系统的自由振动计算，与单分支的质量弹性系统的最大区别就是其系统复杂、质量数多、具有至少一个分支，因此其计算方法、计算过程都比较复杂，采用 Holzer 表进行自由振动计算时，应该特别关注如下两个特点：

(1) 分支系统分支点的力矩保持平衡，且只有一个相同的振幅。以图 2-13b 所示的有分支的质量弹性系统，首先从主支的自由端质量点振幅 $A_1=1$ 处算起，当算到分支点质量 i 处时有一振幅 A_i，$A_i=A_{i-1}-\dfrac{\sum_{j=1}^{i-1} I_j\omega^2 A_j}{k_{i-1}}$；其次从分支系统 $[i-(m+1)-\cdots-n]$ 的另一端算起，$A'_i=A_{m+1}-\dfrac{\sum_{j=m+1}^{n} I_j\omega^2 A_j}{k_m}$。由于分支点 i 处只有唯一的振幅，$A_i=A'_i$，由此可以计算 $m+1$ 到 n 质量的相对振幅；然后从质量 $i+1$ 向质量 m 递推，从而递推公式变为 $A_k=A_{k-1}-\dfrac{\sum_{j=1}^{i} I_j\omega^2 A_j+\sum_{j=m+1}^{n} I_j\omega^2 A_j+\sum_{j=i+1}^{k} I_j\omega^2 A_j}{k_{k-1}}$ $(k=i+1,\ i+2,\ \cdots,\ m)$。

以此类推，可以算出各质量的振幅及弹性力矩，带有分支的质量弹性系统自由振动就可以计算出来了。

(2) 分支系统的重根现象。当相同的两台发动机并车运行，或者有两个及以上的分支质量刚度分布相同时，振动形式多，而且有重根的现象。所谓重根，是指频率相同而振型不同(节点数不同)的现象，这是由于在双机系统中有对称的两个分支造成的，这是在双机并车轴系中才有的特性。

2.6 扭转振动强迫振动

在电子计算机普及以前，多质量系统的扭转振动强迫振动计算，通常采用能量法、放大系数法。建立在激励与响应的能量平衡的基础上，以重点考虑共振区的扭振负荷，但是在非共振区的响应误差较大。

在电子计算机快速发展后，多质量系统的扭转振动强迫振动计算，通常采用精确计算的数学解析法、系统矩阵法和传递矩阵法等。随着内燃机装置功率的不断增大，激振能量大大上升，大阻尼减振部件（如扭振减振器、高弹联轴器、液力偶合器等）的大量应用，对非共振区响应、快速通过、综合响应等问题的要求越来越高。对扭转振动运动方程组进行直接求解已是完全可行的了。扭转振动计算结果的精确程度取决于所采用的模型参数（转动惯量、扭转刚度、阻尼、激励力矩）的精确性及考虑非线性特性的分段线性化。

2.6.1　强迫振动方程

对于如图 2－15 所示的质量弹性系统的计算模型，主支系统质量号为 $1, \cdots, i, \cdots, H-1, H, H+1, \cdots, m-1, m$；分支系统质量号为 $m+1, m+2, \cdots, n-1, n$。其中，质量 $1, 2, \cdots, i$ 为内燃机气缸，质量 H 为分支点。

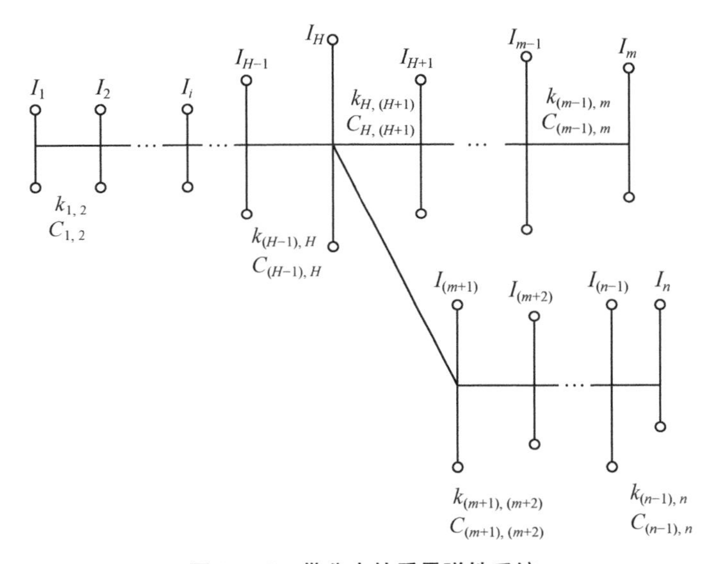

图 2－15　带分支的质量弹性系统

对于图 2－15 所示的质量弹性系统，各质量的强迫运动微分方程式有

质量 1：

$$I_1\ddot{\varphi}_1+D_{1,2}(\dot{\varphi}_1-\dot{\varphi}_2)+D_1\dot{\varphi}_1+C_{1,2}(\varphi_1-\varphi_2)=\sum_{\upsilon}M_{1\upsilon}\sin(\upsilon\omega t+\varepsilon_{1\upsilon}) \quad (2-210)$$

质量 i：

$$\begin{aligned}&I_i\ddot{\varphi}_i+D_{i-1,i}(\dot{\varphi}_i-\dot{\varphi}_{i-1})+D_{i,i+1}(\dot{\varphi}_i-\dot{\varphi}_{i+1})+D_i\dot{\varphi}_i\\&+C_{i-1,i}(\varphi_i-\varphi_{i-1})+C_{i,i+1}(\varphi_i-\varphi_{i+1})=\sum_{\upsilon}M_{i\upsilon}\sin(\upsilon\omega t+\varepsilon_{i\upsilon})\end{aligned} \quad (2-211)$$

质量 H：

$$\begin{aligned}&I_H\ddot{\varphi}_H+D_{H-1,H}(\dot{\varphi}_H-\dot{\varphi}_{H-1})+D_{H,H+1}(\dot{\varphi}_H-\dot{\varphi}_{H+1})+D_{H,m+1}(\dot{\varphi}_H-\dot{\varphi}_{m+1})+D_H\dot{\varphi}_H\\&+C_{H-1,H}(\varphi_H-\varphi_{H-1})+C_{H,H+1}(\varphi_H-\varphi_{H+1})+C_{H,m+1}(\varphi_H-\varphi_{m+1})=\sum_{\upsilon}M_{H\upsilon}\sin(\upsilon\omega t+\varepsilon_{H\upsilon})\end{aligned} \quad (2-212)$$

质量 m：

$$I_m\ddot{\varphi}_m + D_{m-1,m}(\dot{\varphi}_m - \dot{\varphi}_{m-1}) + D_m\dot{\varphi}_m + C_{m-1,m}(\varphi_m - \varphi_{m-1}) = \sum_{\upsilon} M_{m\upsilon}\sin(\upsilon\omega t + \varepsilon_{m\upsilon}) \quad (2-213)$$

质量 $m+1$：

$$\begin{aligned} &I_{m+1}\ddot{\varphi}_{m+1} + D_{H,m+1}(\dot{\varphi}_{m+1} - \dot{\varphi}_H) + D_{m+1,m+2}(\dot{\varphi}_{m+1} - \dot{\varphi}_{m+2}) + D_{m+1}\dot{\varphi}_{m+1} \\ &+ C_{H,m+1}(\varphi_{m+1} - \varphi_H) + C_{m+1,m+2}(\varphi_{m+1} - \varphi_{m+2}) = \sum_{\upsilon} M_{(m+1)\upsilon}\sin(\upsilon\omega t + \varepsilon_{(m+1)\upsilon}) \end{aligned} \quad (2-214)$$

质量 n：

$$I_n\ddot{\varphi}_n + D_{n-1,n}(\dot{\varphi}_n - \dot{\varphi}_{n-1}) + D_n\dot{\varphi}_n + C_{n-1,n}(\varphi_n - \varphi_{n-1}) = \sum_{\upsilon} M_{n\upsilon}\sin(\upsilon\omega t + \varepsilon_{n\upsilon}) \quad (2-215)$$

式中 I_1、I_i、I_H、I_{m-1}、I_m、I_{m+1}、I_n——质量 1、i、H、$m-1$、m、$m+1$、n 的转动惯量（$kg \cdot m^2$）；

$D_{H-1,H}$、$D_{H,H+1}$、$D_{H,m+1}$——与质量 H 相连的三个轴段的轴段阻尼（N·m·s/rad）；

D_1、D_i、D_H、D_m、D_{m+1}、D_n——质量 1、i、H、m、$m+1$、n 的质量阻尼（N·m·s/rad）；

$C_{H-1,H}$、$C_{H,H+1}$、$C_{H,m+1}$——与质量 H 相连的三个轴段的扭转刚度（N·m/rad）；

$\ddot{\varphi}_{H-1}$、$\ddot{\varphi}_H$、$\ddot{\varphi}_{H+1}$、$\ddot{\varphi}_{m+1}$——质量 $H-1$、H、$H+1$、$m+1$ 的角加速度（rad/s^2）；

$\dot{\varphi}_{H-1}$、$\dot{\varphi}_H$、$\dot{\varphi}_{H+1}$、$\dot{\varphi}_{m+1}$——质量 $H-1$、H、$H+1$、$m+1$ 的角速度（rad/s）；

φ_{H-1}、φ_H、φ_{H+1}、φ_{m+1}——质量 $H-1$、H、$H+1$、$m+1$ 的角位移（rad）；

$M_{i\upsilon}$——质量 i 的第 υ 谐次干扰力矩幅值（N·m）；

$\varepsilon_{i\upsilon}$——$M_{i\upsilon}$ 的初相位（°）。

为了便于用矩阵形式表达，将式(2-210)～式(2-215)整理后为

质量 1：

$$I_1\ddot{\varphi}_1 + (D_1 + D_{1,2})\dot{\varphi}_1 - D_{1,2}\dot{\varphi}_2 + C_{1,2}\varphi_1 - C_{1,2}\varphi_2 = \sum_{\upsilon} M_{1\upsilon}\sin(\upsilon\omega t + \varepsilon_{\upsilon}) \quad (2-216)$$

质量 i：

$$\begin{aligned} &I_i\ddot{\varphi}_i - D_{i-1,i}\dot{\varphi}_{i-1} + (D_i + D_{i-1,i} + D_{i,i+1})\dot{\varphi}_i - D_{i,i+1}\dot{\varphi}_{i+1} \\ &- C_{i-1,i}\varphi_{i-1} + (C_{i-1,i} + C_{i,i+1})\varphi_i - C_{i,i+1}\varphi_{i+1} = \sum_{\upsilon} M_{i\upsilon}\sin(\upsilon\omega t + \varepsilon_{\upsilon}) \end{aligned} \quad (2-217)$$

质量 H：

$$\begin{aligned} &I_H\ddot{\varphi}_H - D_{H-1,H}\dot{\varphi}_{H-1} + (D_H + D_{H-1,H} + D_{H,H+1} + D_{H,m+1})\dot{\varphi}_H - D_{H,H+1}\dot{\varphi}_{H+1} - D_{H,m+1}\dot{\varphi}_{m+1} \\ &- C_{H-1,H}\varphi_{H-1} + (C_{H-1,H} + C_{H,H+1} + C_{H,m+1})\varphi_H - C_{H,H+1}\varphi_{H+1} - C_{H,m+1}\varphi_{m+1} \\ &= \sum_{\upsilon} M_{H\upsilon}\sin(\upsilon\omega t + \varepsilon_{\upsilon}) \end{aligned} \quad (2-218)$$

质量 m：

$$I_m\ddot{\varphi}_m - D_{m-1,m}\dot{\varphi}_{m-1} + (D_m + D_{m-1,m})\dot{\varphi}_m - C_{m-1,m}\varphi_{m-1} + C_{m-1,m}\varphi_m = \sum_{\upsilon} M_{m\upsilon}\sin(\upsilon\omega t + \varepsilon_{\upsilon}) \quad (2-219)$$

质量 $m+1$：

$$
\begin{aligned}
&I_{m+1}\ddot{\varphi}_{m+1}-D_{H,\,m+1}\dot{\varphi}_{H}+(D_{m+1}+D_{H,\,m+1}+D_{m+1,\,m+2})\dot{\varphi}_{m+1}-D_{m+1,\,m+2}\dot{\varphi}_{m+2} \\
&-C_{H,\,m+1}\varphi_{H}+(C_{H,\,m+1}+C_{m+1,\,m+2})\varphi_{m+1}-C_{m+1,\,m+2}\varphi_{m+2}=\sum_{\upsilon}M_{(m+1)\upsilon}\sin(\upsilon\omega t+\varepsilon_{\upsilon})
\end{aligned}
\tag{2-220}
$$

质量 n：

$$
I_{n}\ddot{\varphi}_{n}-D_{n-1,\,n}\dot{\varphi}_{n-1}+(D_{n}+D_{n-1,\,n})\dot{\varphi}_{n}-C_{n-1,\,n}\varphi_{n-1}+C_{n-1,\,n}\varphi_{n}=\sum_{\upsilon}M_{n\upsilon}\sin(\upsilon\omega t+\varepsilon_{\upsilon})
\tag{2-221}
$$

对于图 2-15 所示的质量弹性系统，各集中质量的强迫振动运动方程组用矩阵形式为

$$
[\boldsymbol{I}]\{\ddot{\boldsymbol{\varphi}}\}+[\boldsymbol{D}]\{\dot{\boldsymbol{\varphi}}\}+[\boldsymbol{C}]\{\boldsymbol{\varphi}\}=\{\boldsymbol{M}\}
\tag{2-222}
$$

式中　$[\boldsymbol{I}]$—— 转动惯量矩阵（$n\times n$ 阶），为 n 阶对角矩阵，即

$$
[\boldsymbol{I}]=\begin{bmatrix}
I_1 & & & & & & & & & \mathbf{0} \\
 & I_2 & & & & & & & & \\
 & & \ddots & & & & & & & \\
 & & & I_{H-1} & & & & & & \\
 & & & & I_H & & & & & \\
 & & & & & I_{H+1} & & & & \\
 & & & & & & \ddots & & & \\
 & & & & & & & I_{m+1} & & \\
 & & & & & & & & \ddots & \\
\mathbf{0} & & & & & & & & & I_n
\end{bmatrix}
$$

$[\boldsymbol{D}]$—— 阻尼矩阵（$n\times n$ 阶），通常是稀疏带状阵，即

$$
[\boldsymbol{D}]=\begin{bmatrix}
D_1+D_{1,2} & -D_{1,2} & & & & & & & & \mathbf{0} \\
-D_{1,2} & \begin{matrix}D_2+D_{1,2}\\+D_{2,3}\end{matrix} & \ddots & & & & & & & \\
 & -D_{2,3} & \ddots & -D_{H-2,H-1} & & & & & & \\
 & & \ddots & \begin{matrix}D_{H-1}+D_{H-2,H-1}\\+D_{H-1,H}\end{matrix} & -D_{H-1,H} & & & & & \\
 & & & -D_{H-1,H} & \begin{matrix}D_H+D_{H-1,H}+\\D_{H,H+1}+D_{H,m+1}\end{matrix} & -D_{H,H+1} & \cdots & -D_{H,m+1} & & \\
 & & & & -D_{H,H+1} & \begin{matrix}D_{H+1}+D_{H,H+1}\\+D_{H+1,H+2}\end{matrix} & \ddots & \vdots & & \\
 & & & & \vdots & -D_{H+1,H+2} & \ddots & -D_{H,m+1} & & \\
 & & & & -D_{H,m+1} & & \ddots & \begin{matrix}D_{m+1}+D_{H,m+1}\\+D_{m+1,m+2}\end{matrix} & \ddots & \\
 & & & & & & & -D_{m+1,m+2} & \ddots & -D_{n-2,n-1} \\
\mathbf{0} & & & & & & & & \ddots & D_n+D_{n-1,n}
\end{bmatrix}
$$

$[\boldsymbol{C}]$—— 扭转刚度矩阵（$n\times n$ 阶），通常是稀疏带状阵，即

$$
[\boldsymbol{C}]=\begin{bmatrix}
C_{1,2} & -C_{1,2} & & & & & & & \boldsymbol{0} \\
-C_{1,2} & C_{1,2}+C_{2,3} & \ddots & & & & & & \\
 & -C_{2,3} & \ddots & -C_{H-2,H-1} & & & & & \\
 & & \ddots & \begin{matrix}C_{H-2,H-1}\\+C_{H-1,H}\end{matrix} & -C_{H-1,H} & & & & \\
 & & & -C_{H-1,H} & \begin{matrix}C_{H-1,H}+C_{H,H+1}\\+C_{H,m+1}\end{matrix} & -C_{H,H+1} & \cdots & -C_{H,m+1} & \\
 & & & & -C_{H,H+1} & \begin{matrix}C_{H,H+1}+\\C_{H+1,H+2}\end{matrix} & \ddots & \vdots & \\
 & & & & \vdots & -C_{H+1,H+2} & \ddots & -C_{H,m+1} & \\
 & & & & -C_{H,m+1} & & \ddots & \begin{matrix}C_{H,m+1}+\\C_{m+1,m+2}\end{matrix} & \ddots \\
 & & & & & & & -C_{m+1,m+2} & \ddots & -C_{n-2,n-1} \\
\boldsymbol{0} & & & & & & & & \ddots & C_{n-1,n}
\end{bmatrix}
$$

$\boldsymbol{\varphi}$、$\dot{\boldsymbol{\varphi}}$、$\ddot{\boldsymbol{\varphi}}$——角位移、角速度和角加速度阵列，即

$$\boldsymbol{\varphi}=\{\varphi_1 \quad \varphi_2 \quad \cdots \quad \varphi_{H-1} \quad \varphi_H \quad \varphi_{H+1} \quad \cdots \quad \varphi_{m+1} \quad \cdots \quad \varphi_n\}^{\mathrm{T}}$$

$$\dot{\boldsymbol{\varphi}}=\{\dot{\varphi}_1 \quad \dot{\varphi}_2 \quad \cdots \quad \dot{\varphi}_{H-1} \quad \dot{\varphi}_H \quad \dot{\varphi}_{H+1} \quad \cdots \quad \dot{\varphi}_{m+1} \quad \cdots \quad \dot{\varphi}_n\}^{\mathrm{T}}$$

$$\ddot{\boldsymbol{\varphi}}=\{\ddot{\varphi}_1 \quad \ddot{\varphi}_2 \quad \cdots \quad \ddot{\varphi}_{H-1} \quad \ddot{\varphi}_H \quad \ddot{\varphi}_{H+1} \quad \cdots \quad \ddot{\varphi}_{m+1} \quad \cdots \quad \ddot{\varphi}_n\}^{\mathrm{T}}$$

$\{\boldsymbol{M}\}$——激励力矩矩阵（$n\times n$ 阶），为 n 阶对角矩阵，即

$$\{\boldsymbol{M}\}=\begin{bmatrix} M_1 & & & \boldsymbol{0} \\ & M_2 & & \\ & & \ddots & \\ \boldsymbol{0} & & & M_n \end{bmatrix}$$

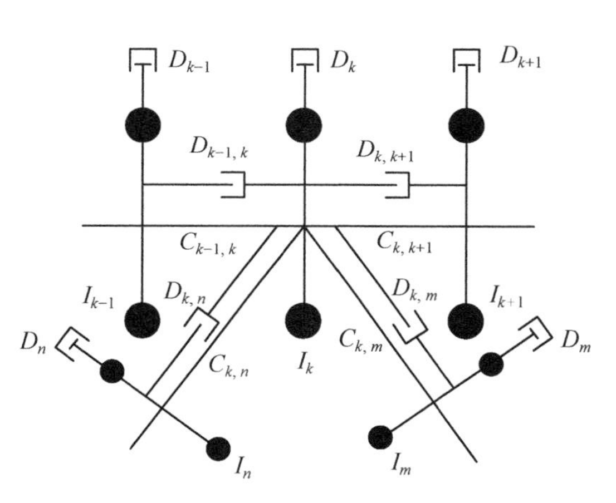

图 2-16　带多分支的质量弹性系统

对于图 2-16 所示的多分支系统，质量 k 的强迫运动微分方程式为

$$
\begin{aligned}
I_k\ddot{\varphi}_k &+ D_{k-1,k}(\dot{\varphi}_k-\dot{\varphi}_{k-1})+D_{k,k+1}(\dot{\varphi}_k-\dot{\varphi}_{k+1}) \\
&+ D_{k,m}(\dot{\varphi}_k-\dot{\varphi}_m)+D_{k,n}(\dot{\varphi}_k-\dot{\varphi}_n) \\
&+ D_k\dot{\varphi}_k+C_{k-1,k}(\varphi_k-\varphi_{k-1})+C_{k,k+1}(\varphi_k-\varphi_{k+1}) \\
&+ C_{k,m}(\varphi_k-\varphi_m)+C_{k,n}(\varphi_k-\varphi_n) \\
&= \sum_{\upsilon} M_{k\upsilon}\sin(\upsilon\omega t+\varepsilon_{k\upsilon})
\end{aligned}
\tag{2-223}
$$

上式整理后为

$$
\begin{aligned}
& I_k\ddot{\varphi}_k-D_{k-1,k}\dot{\varphi}_{k-1}+(D_{k-1,k}+D_{k,k+1}+D_{k,m}+D_{k,n}+D_k)\dot{\varphi}_k-D_{k,k+1}\dot{\varphi}_{k+1}-D_{k,m}\dot{\varphi}_m-D_{k,n}\dot{\varphi}_n \\
& -C_{k-1,k}\varphi_{k-1}+(C_{k-1,k}+C_{k,k+1}+C_{k,m}+C_{k,n})\varphi_k-C_{k,k+1}\varphi_{k+1}-C_{k,m}\varphi_m-C_{k,n}\varphi_n \\
& =\sum_{\upsilon} M_{k\upsilon}\sin(\upsilon\omega t+\varepsilon_{k\upsilon})
\end{aligned}
\tag{2-224}
$$

式中　I_k——质量 k 的转动惯量（$\mathrm{kg\cdot m^2}$）；

$D_{k-1,k}$、$D_{k,k+1}$、$D_{k,m}$、$D_{k,n}$——与质量 k 相连的四个轴段的轴段阻尼（N·m·s/rad）；

D_k—— 质量 k 的质量阻尼(N·m·s/rad)；
$C_{k-1,k}$、$C_{k,k+1}$、$C_{k,m}$、$C_{k,n}$—— 与质量 k 相连的四个轴段的扭转刚度(N·m/rad)；
$\ddot{\varphi}_k$—— 质量 k 的角加速度(rad/s^2)；
$\dot{\varphi}_{k-1}$、$\dot{\varphi}_k$、$\dot{\varphi}_{k+1}$、$\dot{\varphi}_m$、$\dot{\varphi}_n$—— 质量 $k-1$、k、$k+1$、m、n 的角速度(rad/s)；
φ_{k-1}、φ_k、φ_{k+1}、φ_m、φ_n—— 质量 $k-1$、k、$k+1$、m、n 的角位移(rad)；
$M_{k\upsilon}$—— 质量 k 的第 υ 谐次干扰力矩幅值(Nm)；
$\varepsilon_{k\upsilon}$——$M_{k\upsilon}$ 的初相位(°)。

2.6.2　强迫振动方程组求解——数学解析法

为了简化求解过程，做如下假设：

(1) 假设曲柄连杆机构中往复运动部件的等效转动惯量等于一半的往复质量集中在曲柄销中心线时所具有的转动惯量，忽略其随曲柄转角的变化。

(2) 假设轴段刚度是线性的。

(3) 假设质量阻尼与质量的角速度成正比，轴段阻尼与轴段的相对角速度成正比。

(4) 激励力矩是作用在曲柄半径上的简谐傅里叶级数。

强迫振动计算就是对于一个给定的计算转速 n_c 和一个选定的谐次 υ 求解上述矩阵，计算出系统每一个质量的扭振振幅，并由此推算出每一轴段的振动扭矩。

对同一转速下不同谐次进行计算，考虑到各谐次之间不同的相位进行合成，综合求解给定计算转速下的合成扭振振幅，并由此依次推算出个轴段的合成振动扭矩及应力。

对于强迫振动方程式(2-222)，其简谐 υ 的强迫振动运动方程组为

$$[\boldsymbol{I}]\{\ddot{\boldsymbol{\varphi}}_\upsilon\}+[\boldsymbol{D}]\{\dot{\boldsymbol{\varphi}}_\upsilon\}+[\boldsymbol{C}]\{\boldsymbol{\varphi}_\upsilon\}=\{\boldsymbol{M}_\upsilon(t)\} \tag{2-225}$$

式中　$[\boldsymbol{I}]$—— 转动惯量矩阵($n\times n$ 阶)；
$[\boldsymbol{D}]$—— 阻尼矩阵($n\times n$ 阶)；
$[\boldsymbol{C}]$—— 扭转刚度矩阵($n\times n$ 阶)；
$\{\ddot{\boldsymbol{\varphi}}_\upsilon\}$、$\{\dot{\boldsymbol{\varphi}}_\upsilon\}$、$\{\boldsymbol{\varphi}_\upsilon\}$——$\upsilon$ 谐次角加速度、角速度和角位移矢量($1\times n$ 阶)；
$\{\boldsymbol{M}_\upsilon(t)\}$——$\upsilon$ 谐次激励力矩矩阵($n\times n$ 阶)。

设质量 k 的扭振角位移为

$$\begin{aligned}\varphi_k(t)&=A_k\sin(\omega t+\theta_k)\\&=A_k\sin\omega t\cos\theta_k+A_k\cos\omega t\sin\theta_k\\&=A_{kx}\sin\omega t+A_{ky}\cos\omega t\quad(\text{rad})\end{aligned} \tag{2-226}$$

其中

$$\begin{cases}A_{kx}=A_k\cos\theta_k\\A_{ky}=A_k\sin\theta_k\\\theta_k=\arctan\dfrac{A_{ky}}{A_{kx}}\end{cases} \tag{2-227}$$

因此，质量 k 的角速度为

$$\begin{aligned}\dot{\varphi}_k(t) &= A_k\omega\cos(\omega t+\theta_k)\\ &= A_k\omega\cos\omega t\cos\theta_k - A_k\omega\sin\omega t\sin\theta_k\\ &= A_{kx}\omega\cos\omega t - A_{ky}\omega\sin\omega t \quad (\mathrm{rad/s})\end{aligned} \tag{2-228}$$

而质量 k 的角加速度为

$$\begin{aligned}\ddot{\varphi}_k(t) &= -A_k\omega^2\sin(\omega t+\theta_k)\\ &= -A_k\omega^2\sin\omega t\cos\theta_k - A_k\omega^2\cos\omega t\sin\theta_k\\ &= -\omega^2(A_{kx}\sin\omega t + A_{ky}\cos\omega t) \quad (\mathrm{rad/s^2})\end{aligned} \tag{2-229}$$

式中　ω ——圆频率(rad/s)，$\omega=\dfrac{\upsilon\pi n_c}{30}=\upsilon\omega_c$；

A_k—— 质量 k 的扭振角位移幅值(rad)；

A_{kx}、A_{ky}——A_k 的正弦项(rad)、余弦项(rad)。

对于式(2-225)简谐振动方程组的解：

$$\begin{aligned}\{\boldsymbol{\varphi}_\upsilon\} &= \{\boldsymbol{A}_\upsilon\sin(\upsilon\omega t+\theta_\upsilon)\}\\ &= \{A_{1\upsilon}\sin(\upsilon\omega t+\theta_{1\upsilon}),\ A_{2\upsilon}\sin(\upsilon\omega t+\theta_{2\upsilon}),\ \cdots,\ A_{i\upsilon}\sin(\upsilon\omega t+\theta_{i\upsilon}),\ \cdots,\ A_{n\upsilon}\sin(\upsilon\omega t+\theta_{n\upsilon})\}\\ &= \{\boldsymbol{a}_\upsilon\}\cos\upsilon\omega t + \{\boldsymbol{b}_\upsilon\}\sin\upsilon\omega t\end{aligned} \tag{2-230}$$

$$\{\dot{\boldsymbol{\varphi}}_\upsilon\} = \{\boldsymbol{b}_\upsilon\}\upsilon\omega\cos\upsilon\omega t - \{\boldsymbol{a}_\upsilon\}\upsilon\omega\sin\upsilon\omega t \tag{2-231}$$

$$\{\ddot{\boldsymbol{\varphi}}_\upsilon\} = -\{\boldsymbol{b}_\upsilon\}\upsilon^2\omega^2\sin\upsilon\omega t - \{\boldsymbol{a}_\upsilon\}\upsilon^2\omega^2\cos\upsilon\omega t \tag{2-232}$$

式中　$A_{i\upsilon}$—— 质量 i 的角位移振幅(rad)；

$\theta_{i\upsilon}$——$A_{i\upsilon}$ 的初相位(rad)；

$\{\boldsymbol{a}_\upsilon\}$—— 角位移余弦分量阵列($1\times n$ 阶)；

$\{\boldsymbol{b}_\upsilon\}$—— 角位移正弦分量阵列($1\times n$ 阶)

其中，$\{\boldsymbol{a}_\upsilon\}=\{A_{1\upsilon}\sin\theta_{1\upsilon},\ A_{2\upsilon}\sin\theta_{2\upsilon},\ \cdots,\ A_{i\upsilon}\sin\theta_{i\upsilon},\ \cdots,\ A_{n\upsilon}\sin\theta_{n\upsilon}\}^{\mathrm{T}}$

$=\{a_{1\upsilon},\ a_{2\upsilon},\ \cdots,\ a_{i\upsilon},\ \cdots,\ a_{n\upsilon}\}^{\mathrm{T}}$

$\{\boldsymbol{b}_\upsilon\}=\{A_{1\upsilon}\cos\theta_{1\upsilon},\ A_{2\upsilon}\cos\theta_{2\upsilon},\ \cdots,\ A_{i\upsilon}\cos\theta_{i\upsilon},\ \cdots,\ A_{n\upsilon}\cos\theta_{n\upsilon}\}^{\mathrm{T}}$

$=\{b_{1\upsilon},\ b_{2\upsilon},\ \cdots,\ b_{i\upsilon},\ \cdots,\ b_{n\upsilon}\}^{\mathrm{T}}$

$a_{i\upsilon}$、$b_{i\upsilon}$——$A_{i\upsilon}$ 的余弦分量和正弦分量。

简谐干扰力矩 $\{M_\upsilon(t)\}$ 也可表示为正弦和余弦分量：

$$\{\boldsymbol{M}_\upsilon\sin(\upsilon\omega t+\varepsilon_\upsilon)\} = \{\boldsymbol{M}_\upsilon\cos\varepsilon_\upsilon\}\sin\upsilon\omega t + \{\boldsymbol{M}_\upsilon\sin\varepsilon_\upsilon\}\cos\upsilon\omega t \tag{2-233}$$

将式(2-230)～式(2-233)代入式(2-225)并将等号两侧正弦和余弦分量分别归并成等式，则可得 $2n$ 个方程组成的矩阵表示式：

$$\left.\begin{aligned}[\boldsymbol{E}]\{\boldsymbol{a}_\upsilon\} + [\boldsymbol{F}]\{\boldsymbol{b}_\upsilon\} &= \{\boldsymbol{M}_\upsilon\cos\varepsilon_\upsilon\}\\ -[\boldsymbol{F}]\{\boldsymbol{a}_\upsilon\} + [\boldsymbol{E}]\{\boldsymbol{b}_\upsilon\} &= \{\boldsymbol{M}_\upsilon\sin\varepsilon_\upsilon\}\end{aligned}\right\} \tag{2-234}$$

其中

$$[\boldsymbol{E}] = [\boldsymbol{C}] - \upsilon^2\omega^2[\boldsymbol{I}] \tag{2-235}$$

$$[\boldsymbol{F}] = -\upsilon\omega[\boldsymbol{D}] \tag{2-236}$$

式中 [$\boldsymbol{E}$]、[$\boldsymbol{F}$]—— 矩阵($n \times n$ 阶)。

根据求解线性代数方程的数学方法可直接求解式(2-234)得 $\{\boldsymbol{a}_\upsilon\}$、$\{\boldsymbol{b}_\upsilon\}$ 值,对于轴系每一个质量,则有

$$\begin{cases} A_{i\upsilon} = \sqrt{a_{i\upsilon}^2 + b_{i\upsilon}^2} \\ \theta_{i\upsilon} = \arctan \dfrac{a_{i\upsilon}}{b_{i\upsilon}} \end{cases} \tag{2-237}$$

对于[$\boldsymbol{E}$]矩阵说明如下:

(1) 主对角线第 H 行、第 H 列的元素数值为质量 H 左右侧相连接的所有刚度之和,减去质量 H 的转动惯量 I_H 与 $(\upsilon\omega)^2$ 的乘积。

(2) 主对角线第 H 行、第 H 列的元素左侧有与质量 H 左连的刚度,右侧有与质量 H 右连的刚度,并冠以负号。

(3) 主对角线第 H 行、第 H 列的元素右侧有与主系统 H 质量相连的分支系统的刚度,该刚度位于以 H 为行号和以相连的 $m+1$ 分支质量为列号的交点处,并冠以负号。

对于[$\boldsymbol{F}$]矩阵说明如下:

(1) 主对角线第 H 行、第 H 列的元素数值为第 H 个质量的质量阻尼 C_H、左右侧相连接的所有轴段阻尼 $C_{H-1,H}$、$C_{H,H+1}$ 之和与 υ 谐次计算频率 $\upsilon\omega$ 的乘积,并冠以负号。

(2) 主对角线第 H 行、第 H 列的元素左侧有与质量 H 左连的轴段阻尼 $C_{H-1,H}$ 与 $\upsilon\omega$ 之乘积,右侧有与 H 质量右连的轴段阻尼 $C_{H,H+1}$ 与 $\upsilon\omega$ 之乘积。

(3) 主对角线第 H 行、第 H 列的元素右侧有与主系统质量 H 相连的分支系统的轴段阻尼 $C_{H,m+1}$ 与 $\upsilon\omega$ 之乘积,该刚度位于以 H 为行号和以相连的 $m+1$ 分支质量为列号的交点处。

2.6.3 扭转振动力矩及应力计算

强迫振动计算的目的是由计算的质量振幅求得各轴段的扭振应力,作为轴系扭振负荷评定的基本参数。

在扭转振动作用下,质量弹性系统除了承受平均扭转应力外,还有附加扭矩引起的附加扭转应力。附加扭转应力呈周期性变化,它可通过轴段两端质量点的相对角位移求得。忽略轴段阻尼时,第 υ 谐次第 k—$(k+1)$ 轴段的附加扭转力矩为

$$\begin{aligned} M_{(k,k+1)\upsilon} &= C_{k,k+1}[\varphi_{k\upsilon} - \varphi_{(k+1)\upsilon}]/i_{k,k+1} \\ &= \frac{C_{k,k+1}}{i_{k,k+1}} \sqrt{(a_{k\upsilon} - a_{(k+1)\upsilon})^2 + (b_{k\upsilon} - b_{(k+1)\upsilon})^2} \sin(\upsilon\omega t + \theta_{(k,k+1)\upsilon}) \quad (\mathrm{N \cdot m}) \end{aligned} \tag{2-238}$$

式中 $C_{k,k+1}$—— 第 k—$(k+1)$ 轴段的扭转刚度(N·m/rad);

$i_{k,k+1}$ ——第 k—$(k+1)$ 轴段的减速比;

$a_{k\upsilon}$、$b_{k\upsilon}$ ——质量 k 的 υ 谐次振幅的余弦分量和正弦分量(rad);

$a_{(k+1)\upsilon}$、$b_{(k+1)\upsilon}$—— 质量 $k+1$ 的 υ 谐次振幅的余弦分量和正弦分量(rad);

$\theta_{(k,k+1)\upsilon}$—— 第 υ 谐次第 k—$(k+1)$ 轴段两端扭角的相位差(rad),即

$$\theta_{(k,k+1)\upsilon} = \arctan \frac{a_{k\upsilon} - a_{(k+1)\upsilon}}{b_{k\upsilon} - b_{(k+1)\upsilon}} \tag{2-239}$$

则第 υ 谐次第 k—$(k+1)$ 轴段的附加扭转应力为

$$\tau_{(k,\,k+1)\upsilon}=\frac{M_{(k,\,k+1)\upsilon}}{W_{k,\,k+1}}=\frac{C_{k,\,k+1}[\varphi_{k\upsilon}-\varphi_{(k+1)\upsilon}]}{i_{k,\,k+1}W_{k,\,k+1}}$$

$$=\frac{C_{k,\,k+1}}{i_{k,\,k+1}W_{k,\,k+1}}\sqrt{(a_{k\upsilon}-a_{(k+1)\upsilon})^2+(b_{k\upsilon}-b_{(k+1)\upsilon})^2}\sin(\upsilon\omega t+\theta_{(k,\,k+1)\upsilon})\quad(\text{MPa})\tag{2-240}$$

式中 $W_{k,\,k+1}$—— 第 k—$(k+1)$ 轴段的截面模数(cm^3)；

$C_{k,\,k+1}$—— 第 k—$(k+1)$ 轴段的扭转刚度(N·m/rad)；

$i_{k,\,k+1}$—— 第 k—$(k+1)$ 轴段的减速比；

$a_{k\upsilon}$、$b_{k\upsilon}$—— 质量 k 的 υ 谐次振幅的余弦分量和正弦分量(rad)；

$a_{(k+1)\upsilon}$、$b_{(k+1)\upsilon}$—— 质量 $k+1$ 的 υ 谐次振幅的余弦分量和正弦分量(rad)；

$\theta_{(k,\,k+1)\upsilon}$—— 第 υ 谐次第 k—$(k+1)$ 轴段两端扭角的相位差(rad)。

附加扭转应力幅值为

$$|\tau_{(k,\,k+1)\upsilon}|=\left|\frac{M_{(k,\,k+1)\upsilon}}{W_{k,\,k+1}}\right|=\frac{|\max[M_{(k,\,k+1)\upsilon}]-\min[M_{(k,\,k+1)\upsilon}]|}{2W_{k,\,k+1}}$$

$$=\frac{|\max[\tau_{(k,\,k+1)\upsilon}]-\min[\tau_{(k,\,k+1)\upsilon}]|}{2}\quad(\text{MPa})\tag{2-241}$$

2.6.4 多谐次综合合成强迫振动计算

强迫振动计算分为分谐次强迫振动计算和多谐次综合合成强迫振动计算两类。前面所介绍的均为前者。多谐次综合合成强迫振动是指在转速 ω 下，所有 υ 谐次简谐激励力矩作用的综合振动响应。由式(2-226)可知，任意 k 质量的综合(合成)扭转振动角位移为

$$\varphi_k(t)=\sum_{\upsilon}A_{k\upsilon}\sin(\upsilon\omega t+\theta_{k\upsilon})\tag{2-242}$$

任意 k—$(k+1)$ 轴段上，任意 t 时间的综合(合成)附加扭矩为

$$M_{k,\,k+1}=\sum_{\upsilon}M_{(k,\,k+1)\upsilon}=\sum_{\upsilon}\frac{C_{k,\,k+1}}{i_{k,\,k+1}}[\varphi_k-\varphi_{k+1}]$$

$$=\sum_{\upsilon}\left\{\frac{C_{k,\,k+1}}{i_{k,\,k+1}}[A_{k\upsilon}\sin(\upsilon\omega t+\theta_{k\upsilon})-A_{(k+1)\upsilon}\sin(\upsilon\omega t+\theta_{(k+1)\upsilon})]\right\}\tag{2-243}$$

任意 k—$(k+1)$ 轴段上，任意 t 时间的综合(合成)瞬时扭振应力为

$$\tau_{k,\,k+1}=\sum_{\upsilon}\frac{M_{(k,\,k+1)\upsilon}}{W_{k,\,k+1}}=\sum_{\upsilon}\frac{C_{k,\,k+1}}{i_{k,\,k+1}W_{k,\,k+1}}[\varphi_k-\varphi_{k+1}]$$

$$=\sum_{\upsilon}\left\{\frac{C_{k,\,k+1}}{i_{k,\,k+1}W_{k,\,k+1}}[A_{k\upsilon}\sin(\upsilon\omega t+\theta_{k\upsilon})-A_{(k+1)\upsilon}\sin(\upsilon\omega t+\theta_{(k+1)\upsilon})]\right\}\tag{2-244}$$

式中 $W_{k,\,k+1}$—— 第 k—$(k+1)$ 轴段的截面模数(cm^3)；

$C_{k,\,k+1}$—— 第 k—$(k+1)$ 轴段的扭转刚度(N·m/rad)；

$i_{k,\,k+1}$——第 k—$(k+1)$ 轴段的减速比；

φ_k、φ_{k+1}——质量 k 和质量 $k+1$ 的角振幅(rad)；

$A_{k\upsilon}$、$A_{(k+1)\upsilon}$——质量 k 和质量 $k+1$ 的 υ 谐次振幅幅值(rad)；

$\theta_{k\upsilon}$、$\theta_{(k+1)\upsilon}$——质量 k 和质量 $k+1$ 的 υ 谐次振幅的相位角(rad)。

2.6.5　部分气缸不发火或故障时扭振计算

将不发火气缸的平均指示压力近似取为零，其他缸的平均指示压力 p_{imis} 为

$$p_{\mathrm{imis}}=\frac{Z}{Z-1}p_{\mathrm{i}} \tag{2-245}$$

式中　Z——气缸数；

p_{i}——相同转速下内燃机正常工作时各缸的平均指示压力(MPa)。

不发火气缸的激励力矩简谐系数 $C_{\upsilon g}=a'_{\upsilon}\times 0+b'_{\upsilon}=b'_{\upsilon}$。

其他气缸的简谐系数 $C_{\upsilon\mathrm{mis}}$ 为

$$C_{\upsilon\mathrm{mis}}=a'_{\upsilon}p_{\mathrm{imis}}+b'_{\upsilon} \tag{2-246}$$

在进行了质量弹性系统正常工况下振动响应计算，因此可利用单缸熄火影响系数 r 来计算熄火的振动响应。单缸熄火影响系数 r 为

$$r=\frac{C_{\upsilon\mathrm{mis}}\sum\alpha_{k\mathrm{mis}}}{C_{\upsilon}\sum\alpha_{k}} \tag{2-247}$$

式中　C_{υ}——正常发火时气缸激励力矩简谐系数(MPa)；

$C_{\upsilon\mathrm{mis}}$——部分气缸不发火时气缸激励力矩简谐系数(MPa)；

$\sum\alpha_k$——正常发火时相对振幅矢量和；

$\sum\alpha_{k\mathrm{mis}}$——部分气缸不发火时相对振幅矢量和。

υ 谐次扭转振动响应为

$$\begin{cases}(A_{k\upsilon})_{\mathrm{mis}}=rA_{k\upsilon}\\(\tau_{(k,\,k+1)\upsilon})_{\mathrm{mis}}=r\tau_{(k,\,k+1)\upsilon}\\(M_{(k,\,k+1)\upsilon})_{\mathrm{mis}}=rM_{(k,\,k+1)\upsilon}\end{cases} \tag{2-248}$$

式中　$A_{k\upsilon}$——正常工作时第 k 质量的 υ 谐次振幅(rad)；

$(A_{k\upsilon})_{\mathrm{mis}}$——部分气缸不发火时工况第 k 质量的 υ 谐次振幅(rad)；

$\tau_{(k,\,k+1)\upsilon}$——正常工作时第 k 质量的 υ 谐次轴段扭转应力(MPa)；

$(\tau_{(k,\,k+1)\upsilon})_{\mathrm{mis}}$——部分气缸不发火时工况第 k 质量的 υ 谐次轴段扭转应力(MPa)；

$M_{(k,\,k+1)\upsilon}$——正常工作时第 k 质量的 υ 谐次振动扭矩(N·m)；

$(M_{(k,\,k+1)\upsilon})_{\mathrm{mis}}$——部分气缸不发火时第 k 质量的 υ 谐次振动扭矩(N·m)。

2.6.6　减振器与联轴器等部件的能量损失及振动扭矩

对于橡胶、硅油或金属簧片等减振材料及元器件，由于扭转振动产生的交变扭角或振动扭

矩,造成减振部件、联轴器内部持续产生热量,因而需要进行相应的控制,不超过一定的限值。

2.6.6.1 伏尔康弹性联轴器和扭振减振器的能量损失

伏尔康(Vulkan)公司提供了弹性联轴器与硅油扭振减振器的能量损失的计算方法。对于弹性联轴器与扭振减振器持续散发的热量需要加以控制,以确保橡胶件的内部温度不超过110 ℃、硅油化合物的温度不超过150 ℃。

弹性联轴器或硅油减振器的 υ 谐次能量损失(散热量)为

$$\begin{aligned} P_{\mathrm{V}} &= \frac{1}{1\,000} \cdot \frac{\pi\psi}{4\pi^2+\psi^2} \cdot \frac{U_{c\upsilon}^2 \upsilon n_c}{C_{\mathrm{Tdyn}}} \cdot \frac{\pi}{30} \\ &= \frac{\pi^2}{30\,000} \cdot \frac{\psi}{4\pi^2+\psi^2} \cdot \frac{U_{c\upsilon}^2 \upsilon n_c}{C_{\mathrm{Tdyn}}} \\ &= \frac{\pi}{60\,000} \cdot \frac{\chi}{1+\chi^2} \cdot \frac{U_{c\upsilon}^2 \upsilon n_c}{C_{\mathrm{Tdyn}}} \quad (\mathrm{kW}) \end{aligned} \tag{2-249}$$

式中 $U_{c\upsilon}$——υ 谐次的振动扭矩(N·m);

ψ——相对阻尼系数,$\psi=2\pi\chi$;

χ——无量纲阻尼因子;

n_c——计算转速(r/min);

C_{Tdyn}——动态扭转刚度(N·m/rad)。

弹性联轴器或硅油减振器的合成能量损失为

$$P_{\mathrm{V}} = \frac{\pi}{60\,000}\sum_{\upsilon} \frac{\chi}{1+\chi^2} \cdot \frac{U_{c\upsilon}^2 \upsilon n_c}{C_{\mathrm{Tdyn}}} \quad (\mathrm{kW}) \tag{2-250}$$

式中 $U_{c\upsilon}$——υ 谐次的振动扭矩(N·m);

χ——无量纲阻尼因子;

n_c——计算转速(r/min);

C_{Tdyn}——动态扭转刚度(N·m/rad)。

2.6.6.2 盖斯林格扭振减振器的能量损失

盖斯林格弹性联轴器的合成能量损失(散热量)为

$$P_{\mathrm{V}} = \frac{\pi}{60} \cdot 10^{-3} \sum_{i} \frac{\chi}{1+\chi^2} \cdot \frac{T_i^2 i n}{C_{\mathrm{Tdyn}}} \quad (\mathrm{kW}) \tag{2-251}$$

式中 i——谐次;

n——转速(r/min);

T_i——i 谐次的振动扭矩(N·m);

χ——无量纲阻尼因子;

C_{Tdyn}——联轴器动态扭转刚度(N·m/rad)。

盖斯林格扭振减振器(簧片或硅油)的合成能量损失(散热量)为

$$P_{\mathrm{kW}} = \frac{\pi}{60} \cdot 10^{-3} \cdot \frac{\chi}{1+\chi^2} \cdot \frac{T^2 n}{C_{\mathrm{D}}} \quad (\mathrm{kW}) \tag{2-252}$$

式中 n——发动机转速(r/min)；

T——扭振减振器的总振动扭矩(N·m)；

χ——无量纲阻尼因子；

C_D——扭振减振器扭转刚度(N·m/rad)。

2.6.6.3 盖斯林格弹性联轴器弹性元件的振动扭矩

盖斯林格弹性联轴器的弹性元件传递的某谐次或合成的振动扭矩为

$$T_{el}=T_v\frac{C_{Tstat}}{C_{Tdyn}\sqrt{1+\chi^2}}\quad(\mathrm{N\cdot m})\tag{2-253}$$

式中 T_{el}——弹性振动扭矩(kN·m)；

T_v——联轴器的某谐次振动扭矩或总振动扭矩(N·m)；

C_{Tstat}——静态扭转刚度(N·m/rad)；

C_{Tdyn}——动态扭转刚度(N·m/rad)；

χ——无量纲阻尼因子。

2.6.7 柴油机双机并车轴系扭振计算

2.6.7.1 柴油机双机并车轴系的特点

随着船舶大型化和快速航行的发展，中高速柴油机双机并车动力装置得到越来越多的应用。双机并车轴系的主要特点有：

(1) 多分支。双机并车轴系是多分支的轴系，在轴系中具有多个分支点，每个分支点联结两个以上分支。为了一机多用，在轴系中还安置了功率分支装置(如 PTO)，使这类轴系的质量弹性系统趋于复杂。

(2) 运转工况多。一般双机并车轴系运行工况有：单机带螺旋桨、双机带螺旋桨、单机带螺旋桨同时带发电机、双机带螺旋桨同时带发电机、单机只带发电机五种运行工况，实际上就是五种不同的轴系。

(3) 计算内容多。双机并车轴系带有联轴器和齿轮箱，船级社规定除了计算正常发火工况外，还须计算一缸不发火和一缸故障两种状况。所谓一缸不发火，是指有一个气缸不发火但这个气缸有压缩过程，还有一定的激励力；而一缸故障则完全没有激励力，相当于气阀拆除的情况。当然不发火和有故障的缸号不同对扭振性的影响是不同的，在计算时还须找出影响最大的缸号。

其次，双机并车轴系中的螺旋桨都是可调桨，需要计算零螺距和满螺距两种情况。在计算时，满螺距和零螺距有三方面的区别：其一，满螺距时螺距大，螺旋桨的附水系数比零螺距大一些，也就是说，在计算时螺旋桨的转动惯量要大一些，轴系的固有频率和振型有所不同；其二，螺距大时螺旋桨吸收功率大，螺距小时螺旋桨吸收功率小，两种情况下柴油机发出的功率不同，气缸内的气体压力激励力矩也不同；其三，零螺距的螺旋桨阻尼也比满螺距小一些。

这样，扭振计算需要考虑正常发火、一缸不发火和一缸故障三种状况，以及零螺距、满螺距两种情况，计算工作量比较大。

(4) 轴系所含部件多。双机并车轴系包含有联轴器、离合器、齿轮箱、可调桨，部件扭振特性各异，有的部件刚度或阻尼具有非线性，都需要经过数学处理才能进行计算。

(5) 在运转范围内遇到的振型多。双机运行工况下的振型比单机运行工况多，而且有重根现象。所谓重根，是指频率相同而振型不同(节点数不同)的现象。这是由于双机并车轴系具有对称的两个分支造成的。

(6) 共振转速比较密集。双机并车轴系各主要谐次的共振转速，不但不同谐次的共振转速比较相近，同一谐次的共振转速也相对接近。

(7) 共振峰不明显。由于共振转速比较接近，两个相近的共振峰交叉在一起使扭振响应曲线比较平坦，与自由振动计算所得的共振转速不能清晰地一一对应。

(8) 并车相位角对轴系扭振响应有影响。双机并车轴系在运转时两台柴油机脱开又合上，两台柴油机之间的发火间隔角是随机变化的，造成轴系扭振响应的变化。因此有必要找出最不利的相位角，以确定轴系中任何部件可能产生的最大振动力矩，尤其是低谐次的扭振响应。

(9) 各缸发火不均匀的影响。柴油机各气缸爆发压力有所差异，各缸负荷不均匀，扭振激励力矩也有不同，对柴油机并车轴系扭转振动性能产生影响，尤其是低谐次的扭振响应。

对于双机并车轴系，在柴油机各缸发火不均匀的情况下，考虑不同并车相位角的影响，综合分析双机并车轴系的扭振特性。

2.6.7.2 双机并车轴系扭振计算

相对振幅矢量和 $\sum\vec{\alpha_k}$ 表示了干扰力矩对系统做功的大小和相位。影响 $\sum\vec{\alpha_k}$ 的因素主要有振幅、发火间隔角、并车相位、谐次、各缸不均匀发火系数等。从 $\sum\vec{\alpha_\upsilon}$ 的矢量组成来看，各缸发火不均匀、一缸不发火/故障、双机并车相位角对低谐次的 $\sum\vec{\alpha_k}$ 影响较大。因此从 $\sum\vec{\alpha_k}$ 着手，来研究发火不均匀及并车相位角对并车轴系振动负荷的影响。

1) 相对振幅矢量和 $\sum\vec{\alpha_k}$

从轴系的自由振动计算结果 Hozler 表中可知，各缸相对振幅之相位差为 0°或 180 °，并不存在矢量的问题。但各缸的干扰力矩与振幅之间的相位角却随曲轴转速及各缸相对第一缸的发火间隔角不同而不同，因此多缸机做的功应是各缸干扰力矩的矢量和。用相对振幅矢量和 $\sum\vec{\alpha_k}$ 表示激励力矩对系统做功的大小和相位。

假设曲轴以 Ω 转速旋转，第 k 气缸与第一缸的发火间隔角为 $\xi_{1,k}$，则第一气缸的 υ 次干扰力矩与上死点的角度为 $(\upsilon\Omega t+\Psi_\upsilon)$，而第一气缸的 υ 次干扰力矩与上死点的角度为 $[\upsilon(\Omega t+\xi_{1,k})+\Psi_\upsilon]$，这样第 k 气缸的 υ 次干扰力矩与第一缸的 υ 次干扰力矩间的相位角为

$$[\upsilon(\Omega t+\xi_{1,k})+\Psi_\upsilon]-(\upsilon\Omega t+\Psi_\upsilon)=\upsilon\xi_{1,k} \tag{2-254}$$

上式说明只要知道了每个气缸相对于第一气缸的发火间隔角 $\xi_{1,k}$，即知道了柴油机发火次序后就可以确定各缸的 υ 次干扰力矩与第一缸的 υ 次干扰力矩的相对位置。因此 $\xi_{1,k}$ 就表示了第 k 气缸的干扰力矩的矢量位置。

相对振幅矢量和为

$$\sum \vec{\alpha_k} = \sum_{k=1}^{Z} \alpha_k \sin \psi_k \tag{2-255}$$

式中　α_k ——各缸相对振幅；

ψ_k ——发火间隔角(°)；

Z ——气缸数。

$\sum \vec{\alpha_k}$ 也可用各缸表示力矩方向的相对振幅分矢量表示：

$$\begin{aligned}\sum \vec{\alpha_k} &= \sum \vec{\alpha_1} + \sum \vec{\alpha_2} + \cdots \\ &= \sqrt{\left(\sum_{k=1}^{Z} \alpha_k \sin \psi_k\right)^2 + \left(\sum_{k=1}^{Z} \alpha_k \cos \psi_k\right)^2}\end{aligned} \tag{2-256}$$

上式说明 $\sum \vec{\alpha_k}$ 的平方等于各缸相对振幅 α_k 在各缸干扰力矩方向上的水平投影的平方加上其在垂直投影的平方。

影响 $\sum \vec{\alpha_k}$ 的因素主要有振幅、发火间隔角、并车相位、谐次、各缸不均匀发火系数等。

2) 各缸发火不均匀排列寻优

柴油机气缸内的气体压力是随曲轴转角的周期性函数变化，可以展开成傅里叶级数形式，分别考虑各次简谐的作用，称为简谐分析。通过简谐分析，柴油机气体压力切向力所引起的激励力矩可用简谐系数来表示，简谐系数与柴油机的工况相对应，也就是可以表达为柴油机平均指示压力的函数，并可以有正常发火、一缸不发火及不均匀发火情况。

为了全面评价轴系的扭振特性，必须计算任何转速下所有谐次扭振响应的叠加，这样计算时需要的气体压力激励力矩简谐系数，不仅有幅值，而且有相位角，即每个谐次的激励力矩既有正弦分量，又有余弦分量。

气体压力激励力矩为

$$\begin{cases} M_{a\upsilon} = \dfrac{\pi}{4} D^2 R a_\upsilon \cos \upsilon\omega t \quad (\mathrm{N \cdot m}) \\ M_{b\upsilon} = \dfrac{\pi}{4} D^2 R b_\upsilon \sin \upsilon\omega t \quad (\mathrm{N \cdot m}) \end{cases} \tag{2-257}$$

式中　D ——活塞直径(cm)；

R ——曲柄半径(cm)；

a_υ —— 第 υ 谐次气体压力切向力激励简谐系数余弦项(MPa)；

b_υ —— 第 υ 谐次气体压力切向力激励简谐系数正弦项(MPa)。

平均指示压力为

$$p_\mathrm{i} = 1.91 \times 10^4 \frac{m N_\mathrm{H}}{S D^2 R n_\mathrm{H}} \left[\frac{1-\eta_\mathrm{m}}{\eta_\mathrm{m}} + \left(\frac{n_\mathrm{c}}{n_\mathrm{H}} \right)^2 \right] \quad (\mathrm{MPa}) \tag{2-258}$$

式中　N_H ——额定功率(kW)；

n_H ——额定转速(r/min)；

S ——气缸数；

m ——冲程数；
n_c ——计算工况柴油机转速(r/min)；
D ——活塞直径(cm)；
R ——曲柄半径(cm)；
η_m ——柴油机机械效率。

气体压力激励简谐系数与平均指示压力之间可用三次方曲线来表示：

$$\begin{cases} a_\upsilon = A_4 p_i^3 + B_4 p_i^2 + C_4 p_i + D_4 \\ b_\upsilon = A_5 p_i^3 + B_5 p_i^2 + C_5 p_i + D_5 \end{cases} \tag{2-259}$$

式中 p_i ——平均指示压力(MPa)；
a_υ ——第 υ 谐次气体压力切向力激励简谐系数余弦项(MPa)；
A_4、B_4、C_4、D_4—— 与 a_υ 有关的系数；
b_υ—— 第 υ 谐次气体压力切向力激励简谐系数正弦项(MPa)；
A_5、B_5、C_5、D_5—— 与 b_υ 有关的系数。

在一缸不发火情况下，由于不发火气缸的影响，比起正常发火情况是在相同计算转速 n_c 下的平均指示压力有所不同，可按下式计算：

$$(p_i)'_c = (p_i)_c \frac{S}{S-1} \quad (\text{MPa}) \tag{2-260}$$

式中 $(p_i)'_c$——有一缸不发火时，其他气缸在计算转速下的平均指示压力(MPa)；
$(p_i)_c$ ——气缸正常发火时，柴油机平均指示压力(MPa)。

对不发火气缸假设 $p_i=0$，此时其简谐系数为

$$a_{\upsilon \text{mis}} = D_4 \quad (\text{MPa}) \tag{2-261}$$

$$b_{\upsilon \text{mis}} = D_5 \quad (\text{MPa}) \tag{2-262}$$

在一缸故障情况下，由于故障气缸的影响，比起正常发火情况是在相同计算转速 n_c 下的平均指示压力可按下式计算：

$$(p_i)''_c = (p_i)_c \frac{S}{S-1} \quad (\text{MPa}) \tag{2-263}$$

式中 $(p_i)''_c$——有一缸故障时，其他气缸在计算转速下的平均指示压力(MPa)。

对于故障气缸，其简谐系数为

$$\begin{cases} a_{\upsilon \text{mis}} = 0 \\ b_{\upsilon \text{mis}} = 0 \end{cases} \tag{2-264}$$

在各缸发火不均匀时，在相同计算转速 n_c 下的平均指示压力为

$$(p_i)'''_c = E_x (p_i)_c \quad (\text{MPa}) \tag{2-265}$$

式中 $(p_i)'''_c$——发火不均匀时，在计算转速下气缸的平均指示压力(MPa)；
E_x ——各气缸的发火系数。

柴油机制造厂商认为，中高速柴油机要考虑±10%的发火差异（E_x=0.9 或 1.1），二冲程低速柴油机有±5%的发火差异（E_x=0.95 或 1.05）。

从 $\sum\vec{\alpha_v}$ 的矢量组成来看，各缸发火不均匀、一缸不发火/故障、双机并车相位角对低谐次的 $\sum\vec{\alpha_v}$ 影响较大，即二冲程柴油机的低谐次主要有 1、2、3 等，四冲程柴油机的低谐次主要有 0.5、1、1.5 等。

柴油机轴系中的联轴器、齿轮箱的振动负荷在各缸发火不均匀、一缸不发火/故障时变化最大。以四冲程六缸柴油机为例，在正常发火情况下 0.5 谐次 $\sum\vec{\alpha_v}=0$，在不均匀发火（±10%）、一缸不发火其余缸有±10%差异时 0.5 谐次 $\sum\vec{\alpha_v}\neq 0$，变化很大，如图 2-17 所示。

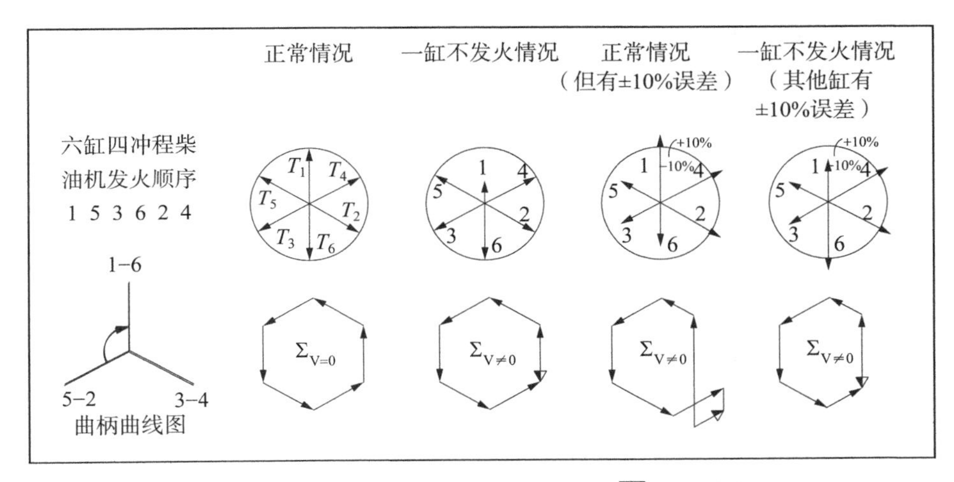

图 2-17　四冲程六缸柴油机 0.5 谐次 $\sum\vec{\alpha_k}$ 的变化

从柴油机曲柄排列、发火顺序及各谐次矢量图中可以看出，要使 $\sum\vec{\alpha_k}$ 最大，必然要让 $\frac{1}{2}Z$（Z 为气缸数）个气缸激励为+10%（或+5%）、其余气缸激励为−10%（或−5%），此时 $\sum\vec{\alpha_k}$ 将达到最大。因此在寻找扭振负荷最大的不均匀发火正负排列时，只要计算 $\frac{1}{2}Z$ 左右个正、$\frac{1}{2}Z$ 左右个负的排列即可，这样可以大大减少计算工作量。

在寻优计算时，以联轴器、齿轮箱的合成振动扭矩作为判据，找出在工作转速范围内，联轴器、齿轮箱的合成振动扭矩最大的正负不均匀发火排列方式及其转速。

3）并车相位角寻优

通常扭振计算均假设两台柴油机的 1# 气缸同时发火，两者之间的发火间隔角为 0°，即并车相位角为 0°。然而两台柴油机运行时，随着工况的不断变化，需要齿轮箱离合器经常并车或脱开，每次并车的相位角是随机变换的。因此在设计阶段，扭振计算有必要考虑不同的并车相位角的影响。

2.6.8 冰区附加标志的船舶轴系及转速禁区快速通过的时域计算法

2.6.8.1 时域计算法的引入

通常，柴油机轴系扭振计算采用基于周期稳态振动和频率谐次分析的数学解析法，取得很好的计算分析效果。但是对于船舶螺旋桨承受冰区附加载荷、柴油发电机组发生短路、振荡故障或载荷冲击、低速机快速通过转速禁区等情况，轴系在短时间里承受了随时间变化的非周期性冲击力矩作用，需要计算分析短时间内瞬态激励引起的扭转振动响应，从而必须在时域中求解轴系扭转振动微分运动方程组。

2.6.8.2 时域计算的龙格-库塔方法

龙格-库塔(Runge-Kutta)法是用于非线性常微分方程的解的重要的一类隐式或显式迭代法，由数学家卡尔·龙格(Carl Runge)和马丁·威尔海姆·库塔(Wilhelm Martin Kutta)于1900年左右发明。建立在泰勒级数法的基础上，利用复合函数实现常微分方程组的计算机仿真求解。

对于具有 n 个集中质量的扭振质量弹性系统，其运动微分方程组如下：

$$[\boldsymbol{J}]\{\ddot{\boldsymbol{\varphi}}\}+[\boldsymbol{C}]\{\dot{\boldsymbol{\varphi}}\}+[\boldsymbol{K}]\{\boldsymbol{\varphi}\}=\{\boldsymbol{T}\} \tag{2-266}$$

式中 $[\boldsymbol{J}]$——转动惯量矩阵；
$[\boldsymbol{K}]$——刚度矩阵；
$[\boldsymbol{C}]$——阻尼矩阵；
$\{\boldsymbol{\varphi}\}$——扭转角位移矩阵；
$\{\dot{\boldsymbol{\varphi}}\}$——扭转角速度矩阵；
$\{\ddot{\boldsymbol{\varphi}}\}$——扭转角加速度矩阵；
$\{\boldsymbol{T}\}$——激励力矩矩阵。

式(2-266)为二阶微分方程组，为了便于求解，现将上式转化为一阶微分方程组。设对偶变量：$\boldsymbol{p}=[\boldsymbol{J}]\{\dot{\boldsymbol{\varphi}}\}+\frac{[\boldsymbol{C}]}{2}\{\boldsymbol{\varphi}\}$，也可以写成：

$$\{\dot{\boldsymbol{\varphi}}\}=[\boldsymbol{J}]^{-1}\boldsymbol{p}-\frac{[\boldsymbol{J}]^{-1}[\boldsymbol{C}]}{2}\{\boldsymbol{\varphi}\} \tag{2-267}$$

上式代入式(2-266)后，得到

$$\dot{\boldsymbol{p}}=\left(-[\boldsymbol{K}]+\frac{[\boldsymbol{C}][\boldsymbol{J}]^{-1}[\boldsymbol{C}]}{4}\right)\{\boldsymbol{\varphi}\}-\frac{[\boldsymbol{C}][\boldsymbol{J}]^{-1}}{2}\boldsymbol{p}+\{\boldsymbol{T}\} \tag{2-268}$$

设 $\boldsymbol{q}=\{\boldsymbol{\varphi}\}$，将式(2-267)与式(2-268)转换成线性系统的一般形式，即

$$\begin{cases}\dot{\boldsymbol{q}}=\boldsymbol{A}\boldsymbol{q}+\boldsymbol{D}\boldsymbol{p}+\boldsymbol{r}_{\mathrm{q}}\\ \dot{\boldsymbol{p}}=\boldsymbol{B}\boldsymbol{q}+\boldsymbol{C}\boldsymbol{p}+\boldsymbol{r}_{\mathrm{p}}\end{cases} \tag{2-269}$$

其中

$$\boldsymbol{A}=-\frac{[\boldsymbol{J}]^{-1}[\boldsymbol{C}]}{2}$$

$$\boldsymbol{B}=-[\boldsymbol{K}]+\frac{[\boldsymbol{C}][\boldsymbol{J}]^{-1}[\boldsymbol{C}]}{4}$$

$$\boldsymbol{C}=-\frac{[\boldsymbol{C}][\boldsymbol{J}]^{-1}}{2}$$

$$\boldsymbol{D}=[\boldsymbol{J}]^{-1}$$

$$\boldsymbol{r}_{\mathrm{q}}=\boldsymbol{0}$$

$$\boldsymbol{r}_{\mathrm{p}}=\{\boldsymbol{T}\}$$

式(2-266)可以写成矩阵形式：

$$\dot{\boldsymbol{v}}=\boldsymbol{H}\cdot\boldsymbol{v}+\boldsymbol{F} \tag{2-270}$$

其中 $$\boldsymbol{H}=\begin{bmatrix}\boldsymbol{A} & \boldsymbol{D}\\ \boldsymbol{B} & \boldsymbol{C}\end{bmatrix},\ \boldsymbol{v}=\begin{bmatrix}\boldsymbol{\varphi}\\ \boldsymbol{p}\end{bmatrix},\ \boldsymbol{F}=\begin{bmatrix}\boldsymbol{0}\\ \boldsymbol{T}\end{bmatrix}$$

基于泰勒公式，对于 $Y'=F(t,\ Y)$，Y_n 的精确解为

$$Y(t_{i+1})=Y(t_i+h)=Y(t_i)+hY'(t_i)+\frac{h^2}{2!}Y''(t_i)+\frac{h^3}{3!}Y'''(t_i)+\cdots \tag{2-271}$$

式中 h——时间步长(s)。

由于高阶导数计算比较复杂，有时无法直接得到，所以一般只采用一阶导数计算

$$Y(t_{i+1})=Y(t_i+h)=Y(t_i)+hY'(t_i)+O(h^2) \tag{2-272}$$

这样做会产生较大的截断误差和不稳定性问题，因此用 $[t_i,\ t_{i+1}]$ 区间中解曲线邻域的一些已知点函数值的线性组合来代替 $F(t,\ Y)$的导数，即在一步内多计算几个点的斜率值，然后将其进行加权平均作为平均斜率，则可构造出更高精度的计算格式。一般地，一步计算中计算函数值的次数与采用算法的阶次相同，即采用四阶龙格-库塔法就需要在一步计算中计算四次函数值。

四阶龙格-库塔法是公认的计算速度和计算精度协调较好的选择，其形式为

$$Y_{i+1}=Y_i+h\sum_{r=1}^{s}c_rK_r \tag{2-273}$$

其中 $$K_r=f\left(t_i+\lambda_r h,\ Y_i+h\sum_{j=1}^{s}\mu_{rj}K_j\right),\ r=1,\ \cdots,\ s$$

对于四阶龙格-库塔法，$s=4$。

确定阶数后，通过泰勒公式展开，比较系数，确定待定系数 c_r、λ_r、μ_{rj}。因为待确定系数多于对比方程的个数，因此各阶龙格-库塔法都有多种算法。Matlab 软件的 ode45 和 ode23 函数分别采用了两种龙格-库塔法的经典公式。ode45 使用 Dormand-Prince 法，具有四阶精度，是 Matlab 默认推荐使用的方法。而 ode23 使用 Bogacki-Shampine 法，具有二阶精度，适用于较粗公差要求和中等刚度情况，计算时间比 ode45 短。

对于一个发动机轴系进行时域扭振分析，计算流程为

(1) 建立轴系质量弹性系统参数模型，即转动惯量矩阵 $[\boldsymbol{J}]_{n\times n}$、扭转刚度矩阵$[\boldsymbol{K}]_{n\times n}$、阻尼矩阵$[\boldsymbol{C}]_{n\times n}$。

(2) 确定式(2-270)中的矩阵 $\boldsymbol{H}$ 和列向量 $\boldsymbol{F}$。$[\boldsymbol{H}]_{2n\times 2n}$ 为常系数矩阵，由轴系转动惯量、扭转刚度、阻尼系数矩阵构建而成。$[\boldsymbol{F}]_{2n\times 1}$ 为随时间变化的列向量，即

$$[\boldsymbol{F}]=\begin{Bmatrix}\boldsymbol{0}\\ \boldsymbol{T}\end{Bmatrix}_{2n\times 1} \tag{2-274}$$

式中 $[\boldsymbol{T}]_{n\times 1}$——扭振激励力矩，包括：柴油机气缸内气体压力变化产生的力矩、运动部件重力与往复惯性力产生的力矩及其他类型的扭振激励力矩。

由柴油机示功图(气缸压力-曲柄转角曲线)，拟合得到柴油机激励力矩、螺旋桨受到的冰载荷激励力矩(图 2-18)、其他部件的激励力矩，从而组成扭振计算的激励力矩矩阵 $\{\boldsymbol{T}\}$。

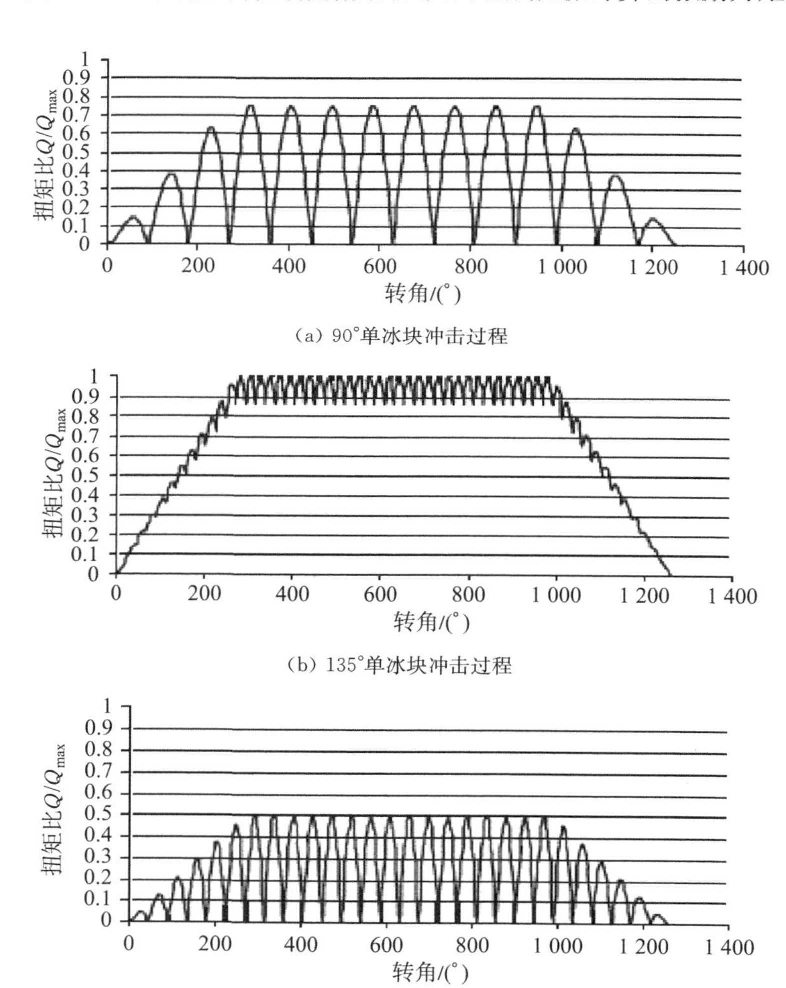

(a) 90°单冰块冲击过程

(b) 135°单冰块冲击过程

(c) 45°双冰块冲击过程

图 2-18 冰载荷对螺旋桨的激励力矩

(3) 设定积分运算的初值。在无法获得质量点初始值的情况下，可以先设定初始值

$\upsilon(0)=0$，进行一定时间的稳态激励力计算，使轴系达到稳定状态，得到各质量点稳态振动初值，再进行瞬态加载计算。

图 2-19 为某轴系 20 个周期的扭振计算结果，由图可见，轴系各质量点在 5 个周期后达到稳定。

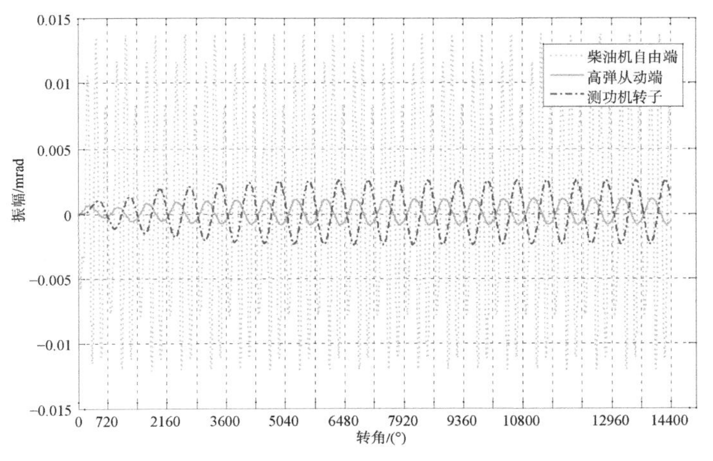

图 2-19　扭振振幅响应曲线

(4) 设定积分计算的时间段，进行积分计算。计算结果 υ 为 $m\times 2n$ 维矩阵，其中前 n 列为质量点的扭振振幅，可以通过振幅计算轴系部件的扭振应力、扭矩等。

2.7　扭转振动衡准

2.7.1　船级社扭转振动衡准

2.7.1.1　《钢制海船入级规范》(CCS,2018 年)关于扭转振动的主要规定

中国船级社(CCS)2018 年《钢制海船入级规范》第 3 篇，关于扭转振动的主要规定见表 2-6～表 2-9。

除轴材料为球墨铸铁外，当表 2-6 和表 2-9 中轴材料的抗拉强度大于 430 MPa 时，则扭振许用应力 τ' 可用下式计算

表 2-6　主推进柴油机曲轴扭振许用应力

运转工况	转速范围	扭振许用应力/MPa
持续运转	$0<r\leqslant 1.0$	$[\tau_c]=\pm[(52-0.031d)-(33.8-0.02d)r^2]$
超速运转	$1.0<r\leqslant 1.05$	$[\tau_c]=\pm[(18.1-0.0113d)+(87.3-0.052d)\sqrt{r-1}]$
瞬时运转	$0<r<0.8$	$[\tau_t]=\pm 2.0[\tau_c]$

注：$[\tau_c]$为持续运转扭振许用应力(MPa)；$[\tau_t]$为瞬时运转扭振许用应力(MPa)；d 为轴的基本直径(mm)；转速比 $r=n_c/n_e$，其中 n_c 为共振转速(r/min)，n_e 为额定转速(r/min)。

表 2-7　推力轴、中间轴、螺旋桨轴和尾管轴振许用应力

运转工况	转速范围	扭振许用应力/MPa
持续运转	$0 < r < 0.9$	$[\tau_c] = \pm C_W C_K C_D(3 - 2r^2)$
瞬时运转	$0.9 \leqslant r < 1.05$	$[\tau_c] = \pm 1.38 C_W C_K C_D$
超速运转	$0 < r \leqslant 0.8$	$[\tau_t] = \pm 1.7[\tau_c]/\sqrt{C_K}$

注：C_W 为材料系数，$C_W = (R_m + 160)/18$，其中 R_m 为轴材料的抗拉强度，当中间轴采用碳钢和锰钢时，如 $R_m > 600$ MPa 时，取 600 MPa；当中间轴采用合金钢时，如 $R_m > 800$ MPa 时，取 800 MPa。对螺旋桨轴和尾管轴，$R_m > 600$ MPa 时，取 600 MPa。C_K 为形状系数，见表 2-8；C_D 为尺度系数，$C_D = 0.35 + 0.93d^{-0.2}$。

表 2-8　形状系数 C_K

中间轴						推力轴		螺旋桨轴和尾管轴		
整体连接法兰	过盈套合联轴器	键槽（圆锥连接）	键槽（圆柱连接）	径向孔	纵向槽	在推力环两侧	在轴向轴承处滚柱轴承用作推力轴承	无键套合或法兰连接的螺旋桨轴	有键螺旋桨轴	适用于规定的螺旋桨轴长度以前的螺旋桨轴或尾管轴到尾尖舱舱壁部分的直径
1.0*	1.0*	0.6	0.45	0.50	0.30*	0.85	0.85	0.55	0.55	0.8

注：* 详见《钢制海船入级规范》第 3 篇轮机 12.2.3.3 部分。

表 2-9　发电用柴油机及主要用途的辅柴油机曲轴与传动轴，恒速运转的推进柴油机曲轴，扭振许用应力

运转工况	转速范围	扭振许用应力/MPa
持续运转	$0.95 \leqslant r \leqslant 1.05$	$[\tau_c] = \pm(21.59 - 0.0132d)$
瞬时运转	$0 < r < 0.95$	$[\tau_t] = \pm 5.5[\tau_c]$

$$\tau' = \frac{R_m + 184}{614}\tau \quad (\text{MPa}) \tag{2-275}$$

式中　R_m——轴材料的抗拉强度(MPa)，如 $R_m > 600$ MPa 时，取 600 MPa。

关于发电机：在额定工况下，交流发电机转子处的合成振幅应不大于 3.5°(电角)；施加在发电机转子处的振动惯性扭矩，在 0.95～1.10 范围内应不超过 $\pm 2M_e$（M_e 为额定转速时的平均扭矩），在 $r < 0.95$ 范围内应不超过 $\pm 6M_e$。

关于齿轮箱：齿轮啮合处的振动扭矩，在 $r = 0.95 \sim 1.05$ 范围，应不超过全负荷平均扭矩的 1/3；对无输出负荷的动力分支，齿轮啮合处的振动扭矩不超过全负荷平均扭矩的 20%。

关于柴油机：在常用转速范围内或特殊使用转速范围内不应产生危险的共振转速；在 $r = 0.8 \sim 1.05$ 范围内，合成应力不超过扭振许用应力(表 2-6)的 1.5 倍；可采用制造厂提供的扭振许用应力(或扭矩)值；曲轴扭振许用应力可按照国际船级社(IACS)统一要求计算，但应按《柴油机曲轴强度评定》的规定提交计算书。

2.7.1.2　《钢制内河船舶建造规范》(CCS，2016 年)关于扭转振动的主要规定

中国船级社(CCS)2016 年《钢制内河船舶建造规范》关于扭转振动的主要规定见表 2-10。

表 2-10　内河船舶柴油机曲轴、螺旋桨、轴系许用扭转应力

系统	轴型	运转工况	转速比值范围	扭振许用应力/MPa
柴油机推进系统	曲轴、螺旋桨轴	持续	$0 < r \leqslant 1.0$	$[\tau_c] = \pm[(51.5 - 0.044d) - (31.9 - 0.025d)r^2]$
		瞬时	$0 < r < 0.8$	$[\tau_t] = \pm 2.0[\tau_c]$
		超速	$1.0 < r \leqslant 1.15$	$[\tau_g] = \pm[(19.6 - 0.02d) + (82.6 - 0.064d)\sqrt{r-1}]$
	推力轴、中间轴	持续	$0 < r \leqslant 1.0$	$[\tau_c] = \pm[(72.6 - 0.04d) - (45.1 - 0.02d)r^2]$
		瞬时	$0 < r < 0.8$	$[\tau_t] = \pm 2.0[\tau_c]$
		超速	$1.0 < r \leqslant 1.15$	$[\tau_g] = \pm[(27.5 - 0.02d) + (116.2 - 0.05d)\sqrt{r-1}]$
柴油发电机系统	曲轴、传动轴	持续	$0.95 \leqslant r \leqslant 1.10$	$[\tau_c] = \pm(21.59 - 0.0132d)$
		瞬时	$0 < r < 0.95$	$[\tau_t] = \pm 5.5[\tau_c]$

注：$[\tau_c]$为持续运转扭振许用应力(MPa)；$[\tau_t]$为瞬时运转扭振许用应力(MPa)；$[\tau_g]$为超速运转扭振许用应力(MPa)；d 为轴的基本直径(mm)；转速比 $r = n_c/n_e$，其中 n_c 为共振转速(r/min)，n_e 为额定转速(r/min)。

曲轴材料为球墨铸铁外，当曲轴的抗拉强度大于 430 MPa 时，则扭振许用应力 τ' 可用下式计算：

$$\tau' = \frac{R_m + 157}{570}\tau \quad (\text{MPa}) \tag{2-276}$$

式中　R_m ——轴材料的抗拉强度(MPa)，如 $R_m > 600$ MPa 时，取 600 MPa。

关于发电机：在额定工况下，交流发电机转子处的合成振幅应不大于 3.5°(电角)；施加在发电机转子处的合成振动惯性扭矩，在 0.95～1.10 范围内应不超过 $\pm 2M_e$(M_e 为额定转速是的平均扭矩)，在 $r < 0.95$ 范围内应不超过 $\pm 6M_e$。

关于齿轮箱：齿轮啮合处的振动扭矩，在 $r = 0.95 \sim 1.05$ 范围，应不超过全负荷平均扭矩的 1/3；在其他转速范围内应不超过相应转速下的平均扭矩。

在 $r = 0.8 \sim 1.05$ 范围内，扭振的合成应力不超过扭振许用应力$[\tau_c]$的 1.5 倍(表 2-10)。

关于扭振测量分析：当实测与计算的固有频率的相对误差小于±5%时，可用实测振幅按计算振型推算系统各处的应力、扭矩，否则应对当量系统参数予以调整，重新计算。对轴系中有大阻尼(高阻尼联轴器、扭振减振器)部件或较复杂的系统，实测与计算的固有频率的相对误差可小于±8%；用实测振幅或应力按计算振型推算系统各处的应力、扭矩时，亦可调整有关阻尼参数，使测点处的计算振幅与实测振幅相一致，用强迫振动的计算结果来评价系统的扭振特性。

2.7.2　发动机曲轴许用扭振应力的确定

2.7.2.1　曲轴许用扭振应力的规范

中国船级社规定："曲轴扭振许用应力可按照国际船级社(IACS)统一要求计算，但应按《柴油机曲轴强度评定》的规定提交计算书。"DNV GL 船级社(挪威与德国劳氏船级社)规范中，也有相似的规定(*DNV GL Class Guidelines* 0037)。

对于我国自主开发的柴油机和气体发动机，其曲轴的许用扭振应力可以按照船级社的许用值计算公式，也可以按国际船级社(IACS)统一要求提供曲轴强度计算书及曲轴扭振许用应

力值的计算书。

中国船级社(CCS)《钢制海船入级规范》在"柴油机曲轴强度评定"中,提供了曲轴疲劳强度校核准则(IACS URM53)。柴油机曲轴疲劳校核准则(IACS URM53)是国际船级社(IACS)于1986年提出的,来源于国际内燃机学会(CIMAC)的通用计算方法,并被各船级社采纳,广泛应用于船舶柴油机曲轴设计。

2.7.2.2 计算原则

(1) 假定曲轴承受最大应力的区域是:①曲柄销与曲柄臂连接的过渡圆角处;②主轴颈与曲柄臂连接的过渡圆角处;③曲柄销油孔出口处。

(2) 如果主轴颈的直径不小于曲柄销直径,主轴颈油孔应采用和曲柄销油孔出口相同的加工方法,否则要进行单独的疲劳安全评估计算。

(3) 曲轴强度校核是依据最大应变能量强度理论,包括计算确定名义交变弯曲应力和名义交变扭转应力(均乘以相应的应力集中系数),并按此强度理论合成为一当量交变应力,然后与材料的疲劳强度比较,判断曲轴尺寸是否足够。

(4) 在满足曲轴合格系数不小于1.15的前提下,由承受的最大当量交变弯曲应力,倒推允许的最大当量交变扭转应力,即为曲轴许用扭振应力。

2.7.2.3 名义交变扭转应力

对于图2-20所示曲拐,名义交变弯曲应力σ_{BN}、名义交变压应力的σ_{QN}、曲柄销油孔出口

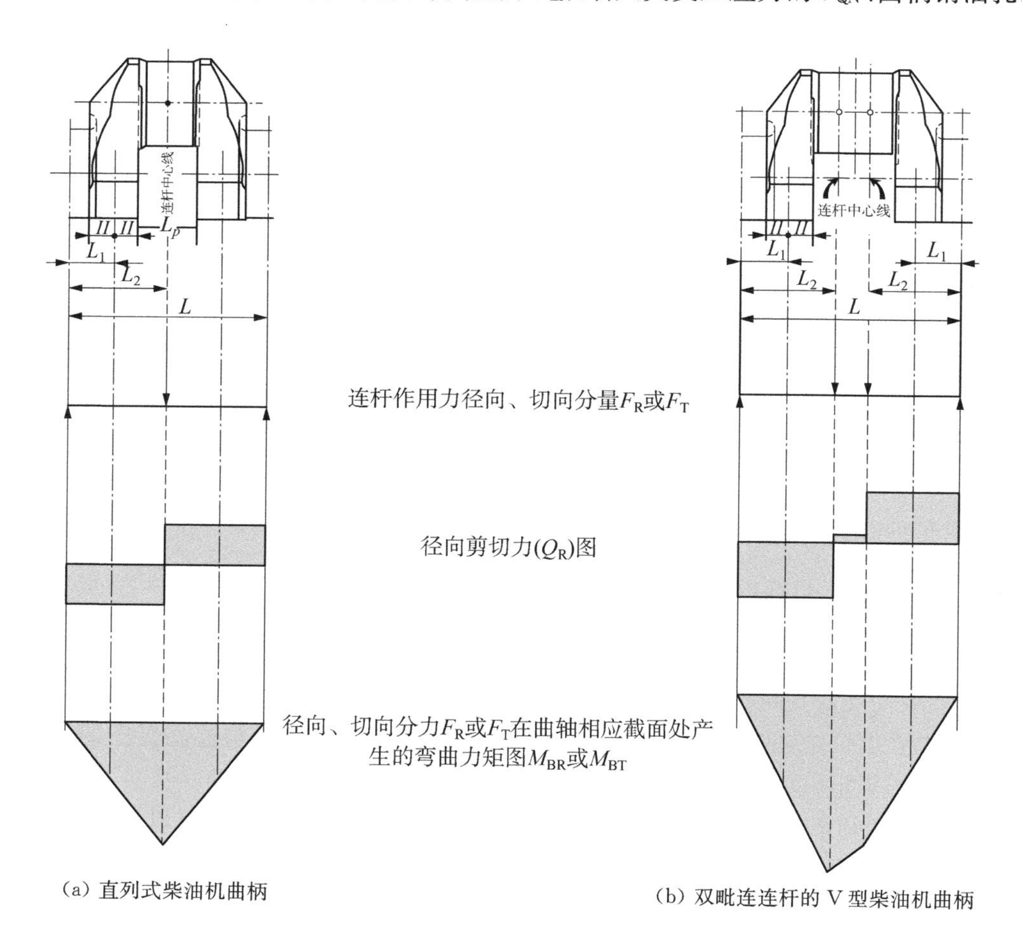

(a) 直列式柴油机曲柄

(b) 双毗连连杆的V型柴油机曲柄

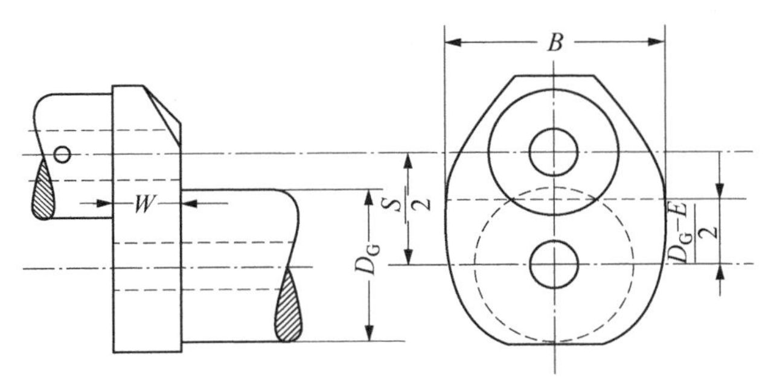

轴颈重叠的曲轴

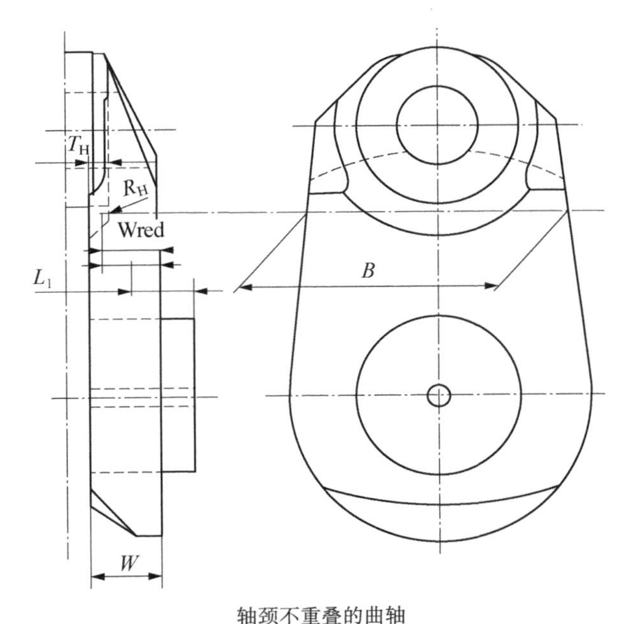

轴颈不重叠的曲轴

(c) 曲柄臂截面的参考面积

图 2-20　柴油机曲柄及受力分析

名义交变弯曲应力 σ_{BO}、应力集中系数，以及附加弯曲应力 σ_{add}、扭转交变应力 τ_N 的计算详见中国船级社《钢制海船入级规范》第3篇“曲轴疲劳强度校核(IACS)”。

其中，名义交变扭转应力的计算原则：在整个转速范围内，在系统的每一质量点，考虑一缸熄火等不良工况，求出合成扭矩的最大值和最小值(二冲程柴油机从1谐次至15谐次，四冲程柴油机从0.5谐次至12谐次)。

名义交变扭转应力

$$\tau_N = \pm \frac{\frac{1}{2}(M_{Tmax} - M_{Tmin})}{W_P} \times 10^3 \quad (MPa) \tag{2-277}$$

式中　W_P——极截面模量(mm³)，$W_P = \frac{\pi}{16}\left(\frac{D_P^4 - D_{BH}^4}{D_P}\right)$ 或 $W_P = \frac{\pi}{16}\left(\frac{D_G^4 - D_{BG}^4}{D_G}\right)$，$D_P$、

D_{BH}、D_G、D_{BG} 参见图 2-21；

M_{Tmax}、M_{Tmin}——扭矩的最大值与最小值(N·m)。

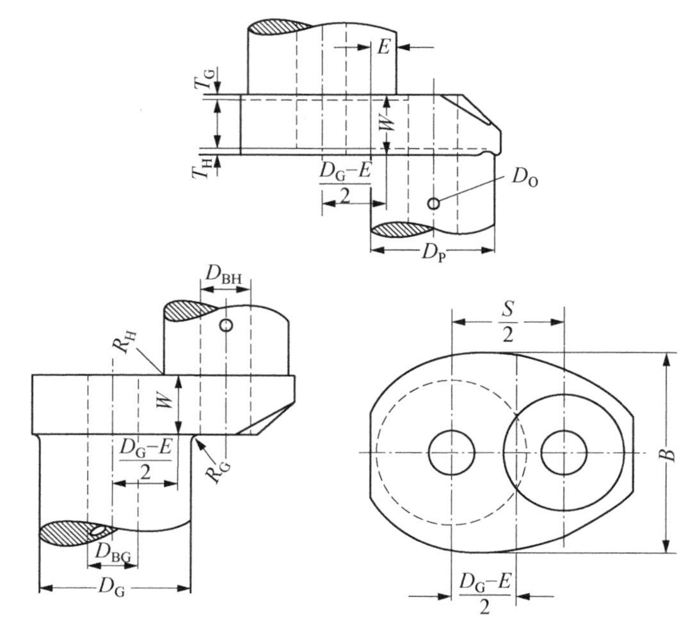

图 2-21 计算曲拐应力集中系数所需的尺寸

确定当量交变应力 σ_V 时，采用名义交变扭转应力 τ_N 得出的最大值，如有转速禁区(正常发火工况，转速禁区不应设在转速比 $r \geqslant 0.8$ 额定转速的范围)，则可取禁区外出现的名义交变扭转应力的最大值。

曲柄销圆角处交变扭转应力

$$\tau_H = \pm(\alpha_T \tau_N) \quad (\text{MPa}) \tag{2-278}$$

主轴颈圆角处交变扭振应力

$$\tau_G = \pm(\beta_T \tau_N) \quad (\text{MPa}) \tag{2-279}$$

曲柄销油孔出口处交变扭振应力

$$\tau_{TO} = \pm(\gamma_T \tau_N) \quad (\text{MPa}) \tag{2-280}$$

式中 α_T、β_T、γ_T——相应的应力集中系数。

2.7.2.4 当量交变应力 σ_V 的计算

在圆角处，当量交变应力 σ_V 的计算是采用最大应变能量强度理论，假定曲轴的最大交变弯曲应力和最大交变扭转应力同时在同一点发生。

曲柄销圆角

$$\sigma_V = \pm\sqrt{(\sigma_{BH} + \sigma_{add})^2 + 3\tau_H^2} \quad (\text{MPa}) \tag{2-281}$$

式中 σ_{BH}——曲柄销过渡圆角处交变弯曲应力(MPa)；

σ_{add}——附加弯曲应力(MPa)；
τ_H——曲柄销过渡圆角处交变扭转应力(MPa)。

主轴颈圆角

$$\sigma_V = \pm\sqrt{(\sigma_{BG}+\sigma_{add})^2+3\tau_G^2}\quad (MPa) \tag{2-282}$$

式中　σ_{BG}——主轴颈圆角处交变弯曲应力(MPa)；
σ_{add}——附加弯曲应力(MPa)；
τ_G——主轴颈圆角处交变扭转应力(MPa)。

曲柄销油孔出口

$$\sigma_V = \pm\frac{1}{3}\sigma_{BO}\left[1+2\sqrt{1+\frac{9}{4}\left(\frac{\sigma_{TO}}{\sigma_{BO}}\right)^2}\right]\quad (MPa) \tag{2-283}$$

式中　σ_{BO}——曲柄销油孔出口交变弯曲应力(MPa)；
σ_{TO}——曲柄销油孔出口交变扭转应力(MPa)。

2.7.2.5　许用疲劳强度 σ_{DW} 计算

曲柄销直径

$$\sigma_{DW} = \pm K(0.42R_m+39.3)\left(0.264+1.073D_P^{-0.2}+\frac{785-R_m}{4\,900}+\frac{196}{R_m}\sqrt{\frac{1}{R_x}}\right)\quad (MPa) \tag{2-284}$$

主轴颈直径

$$\sigma_{DW} = \pm K(0.42R_m+39.3)\left(0.264+1.073D_G^{-0.2}+\frac{785-R_m}{4\,900}+\frac{196}{R_m}\sqrt{\frac{1}{R_G}}\right)\quad (MPa) \tag{2-285}$$

式中　K——疲劳强度系数，$K=1.05$ 指连续纤维锻或镦锻曲轴，$K=1.0$ 指自由锻曲轴(没有连续的晶粒流)，$K=0.93$ 指铸钢曲轴(对于圆角经过冷轧处理)；
R_m——曲轴材料抗拉强度值(MPa)。

2.7.2.6　曲轴合格衡准

计算曲柄销圆角、主轴颈圆角和曲柄销油孔出口处的疲劳强度 σ_{DW} 与当量交变应力 σ_V 的比值，即合格系数 Q，其衡准式为

$$Q=\frac{\sigma_{DW}}{\sigma_V}\geqslant 1.15 \tag{2-286}$$

2.7.2.7　曲轴许用扭振应力的确定

在新设计柴油机的过程中，柴油机设计制造商会向船级社提交《柴油机曲轴强度计算报告》，按曲轴疲劳强度校核准则(IACS URM53)校核曲轴的疲劳强度合格系数 Q 是否满足合格衡准，即曲柄销圆角、主轴颈圆角和曲柄销油孔出口的疲劳强度与当量交变应力的比值。

由于曲轴材料的发展，高强度合金钢的抗拉强度的提升(超过 600 MPa)，通过合理、优化

的曲轴设计，通常曲轴疲劳强度合格系数大于1.15并有一定的裕度时，可以根据弯曲应力，适当调整扭振应力的许用值，以达到曲轴疲劳强度合格系数不小于1.15的要求。从而这个最大扭振应力值可以作为该型柴油机曲轴的许用扭振应力。

因此，在送审文件《柴油机曲轴强度计算报告》中，可以一并提出曲轴许用扭振应力的计算数值。经船级社审核通过后，该型柴油机曲轴的扭振许用应力也确定下来。

2.7.2.8 **典型柴油机曲轴许用扭振应力**

表2-11中列出了一些国际品牌典型柴油机曲轴许用扭振应力值及一些柴油机参数，表中的柴油机曲轴材料均是合金钢。

表2-11 国际品牌典型柴油机曲轴许用扭转应力值

柴油机公司	机型	曲轴许用扭转应力/MPa	曲轴材料抗拉强度/MPa	额定转速/(r/min)	曲柄销直径/mm
MAN	20/27	40	590～720	1 000	
MAN（原S.E.M.T.）	PC2-5	49（500 kgf/cm^2）	784（80 kgf/mm^2）	500	
	PA6			1 000	210
MTU	396	90（24 310 N·m）		1 800	105
	956	78.9（61 120 N·m）		1 500	158
DEUZ MWM	620	55		1 500	

2.8 扭振减振器设计

对于内燃机来说，扭振减振器主要有硅油、卷簧、板簧、橡胶等形式，其作用是确保发动机免受扭转振动的破坏。扭振减振器通常安装在发动机曲轴自由端，主要由内件(或壳体)、弹性元体(或黏滞液体)、惯性环(或外件、轮毂)等组成。

2.8.1 卷簧扭振减振器

2.8.1.1 **卷簧扭振减振器的应用**

卷簧扭振减振器对于柴油机动力装置轴系扭转振动控制来说，具有调频、衰减扭振振幅的功能，并具有阻尼大、运行可靠、寿命长、排列组合灵活等优点。随着柴油机单缸功率不断提高，轴系日益复杂化，扭振性能恶化，卷簧扭振减振器已在国外中高速柴油机上广泛使用，如MTU、MAN、WARTSILA、原MAK、皮尔斯蒂克(Pielstick)等公司柴油机，国内主要有潍柴、淄柴、中车等公司柴油机。

2.8.1.2 **卷簧扭振减振器最佳参数的确定**

1) 卷簧扭振减振器结构

卷簧扭振减振器由内件、外件、卷簧组、限制块和两侧挡板等零件组成。内件与柴油机曲轴自由端刚性联结；外件通过卷簧组与内件弹性联结，使之能在一定范围内相对于内件运动，如图 2-22 所示。限制块的作用是保护卷簧组免受过大的负荷，并把卷簧固定在半径方向；两侧挡板固定在外件上，并随外件运动，可以防止卷簧组及限制块脱出；两侧挡板与外件之间有小的侧向间隙，允许少量润滑油泄漏；内件有油路与柴油机曲轴润滑系统相通，通过润滑油来润滑、散热和产生阻尼。

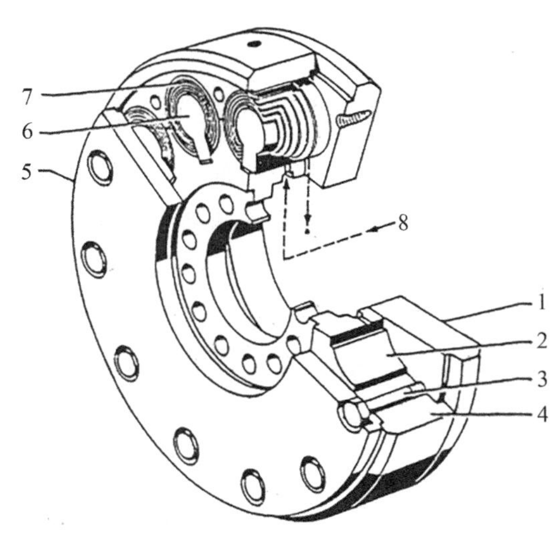

图 2-22 卷簧扭振减振器组成示意

1—内盖板；2—主动体；3—螺拴；4—惯性体；5—外盖板；6—限位块；7—卷簧元件组；8—润滑油

2）卷簧扭振减振器数学模型

从理论计算的角度，正确的设计并确定减振器的主要参数值是优化设计的关键。理论和实践都表明，卷簧扭振减振器的减振性能，主要取决于正确、合理地选定其中的三个主要参数，即转动惯量 J_d、扭转刚度 k_d 及阻尼系数 C_d。

由于柴油机轴系是一个非常复杂的振动系统，要分析卷簧式扭振减振器各主要参数的变化对轴系扭振性能的影响是非常困难的，所以将原系统简化成双扭摆模型来分析（图 2-23）。将卷簧扭振减振器作为阻尼弹性减振器来分析。

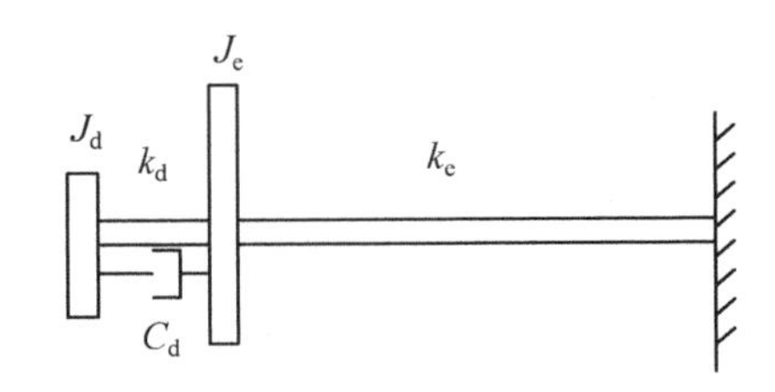

图 2-23 双扭摆模型
（考虑扭转刚度与阻尼系数）

双扭摆系统的运动方程组为

$$\begin{cases} J_d\ddot{\varphi}_d + c_d(\dot{\varphi}_d - \dot{\varphi}_e) + k_d(\varphi_d - \varphi_e) = 0 \\ J_e\ddot{\varphi}_e + c_d(\dot{\varphi}_e - \dot{\varphi}_d) + k_d(\varphi_e - \varphi_d) + k_e\varphi_e = M_e e^{j\omega t} \end{cases} \tag{2-287}$$

式中　J_d——扭振减振器惯性圆环的转动惯量（$kg \cdot m^2$）；

J_e——发动机等效转动惯量（$kg \cdot m^2$）；

c_d——扭振减振器阻尼系数（$N \cdot m \cdot s/rad$）；

k_d——减振器惯性元件与主动件间连接的扭转刚度（$N \cdot m/rad$）；

k_e——发动机等效扭转刚度（$N \cdot m/rad$）；

M_e——发动机等效激励力矩幅值（$N \cdot m$）；

ω——激励力矩圆频率（rad/s）；

φ_d、$\dot{\varphi}_d$、$\ddot{\varphi}_d$——扭转减振器外件的角位移（rad）、角速度（rad/s）和角加速度（rad/s^2）；

$\ddot{\varphi}_e$、$\dot{\varphi}_e$、φ_e——柴油机轴系当量集中质量的角位移（rad）、角速度（rad/s）和角加速度（rad/s^2）。

$$\begin{cases} J_e = \sum_{i=1}^{n} J_i \alpha_i^2 \\ k_e = \omega_n^2 J_e \end{cases} \tag{2-288}$$

式中 ω_n——发动机曲轴的固有圆频率(rad/s)；

J_i——发动机轴系第 i 个质量的转动惯量($kg \cdot m^2$)；

α_i——与 ω_n 相对应的固有振型中第 i 个质量的相对振幅；

n——气缸数量。

设方程的解为 $\begin{cases} \varphi_d = A_d e^{j(\omega t + \varepsilon_d)} \\ \varphi_e = A_e e^{j(\omega t + \varepsilon_e)} \end{cases}$，代入式(2-287)，可以得到

$$\begin{cases} A_d = \dfrac{M_e \sqrt{k_d^2 + \omega^2 C_d}}{|\Delta|} \\ A_e = \dfrac{M_e \sqrt{(k_d - \omega^2 J_d)^2 + \omega^2 C_d^2}}{|\Delta|} \\ \Delta A = \dfrac{M_e \omega^2 J_d}{|\Delta|} \end{cases} \tag{2-289}$$

其中$|\Delta| = \sqrt{[J_d J_e \omega^4 - (J_d k_d + J_d k_e + J_e k_d)\omega^2 + k_e k_d]^2 + \omega^2 C_d^2 [k_d - (J_d + J_e)\omega^2]^2}$

式中 A_d——扭振减振器惯性环或外件的扭振角位移(rad)；

A_e——扭振减振器内件(曲轴自由端)的扭振角位移(rad)；

ΔA——扭振减振器内件、外件之间的相对角位移(rad)。

为了说明阻尼减振器的减振特性，首先讨论两种特殊情况下 A_e 的变化曲线。

(1) 当减振器阻尼为零，即 $c_d = 0$ 时，系统变为一无阻尼双扭摆系统，曲轴自由端振幅 $A_e = \dfrac{M_e (k_d - \omega^2 J_d)}{J_d J_e \omega^4 - (J_d k_d + J_d k_e + J_e k_d)\omega^2 + k_e k_d}$，$A_e$ 有两种情况：

$$\begin{cases} A_e = \infty，共振频率\ \omega_{n1}，\omega_{n1} = \sqrt{\dfrac{(J_d k_d + J_d k_e + J_e k_d) \pm \sqrt{(J_d k_d + J_d k_e + J_e k_d)^2 - 4 J_d J_e k_e k_d}}{2 J_d J_e}} \\ \qquad = \sqrt{\dfrac{\dfrac{k_d + k_e}{J_e} + \dfrac{k_d}{J_d} \pm \sqrt{\left(\dfrac{k_d + k_e}{J_e} + \dfrac{k_d}{J_d}\right)^2 - 4 \dfrac{k_d k_e}{J_d J_e}}}{2}} \\ A_e = 0，反共振频率\ \omega_{an} = \sqrt{\dfrac{k_d}{J_d}} \end{cases} \tag{2-290}$$

(2) 当减振器阻尼为无穷大，即 $c_d = \infty$ 时，减振器惯性元件与主动件连接在一起，系统变为一无阻尼单摆系统，其转动惯量为 J_d 与 J_e 之和，其固有频率 ω_n 介于 ω_{n1} 与 ω_{n2} 之间，即

$$\omega_n = \sqrt{\frac{k_e}{J_d + J_e}} \quad (rad/s) \tag{2-291}$$

当 $c_d=0$ 与 $c_d=\infty$ 时，A_e 的共振曲线如图 2-24 中虚线和点画线所示，两根共振曲线相交于 P、Q 两点；当减振器阻尼 $\infty>c_d>0$ 变化时，所有共振曲线都通过 P、Q 两点。该两点的频率及其幅值如下：

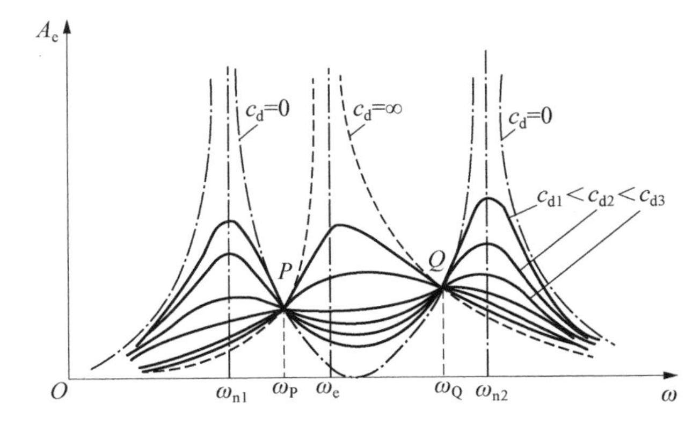

图 2-24 双扭摆模型的振幅—圆频率曲线

$$\begin{cases} \omega_P^2+\omega_Q^2=\dfrac{2}{\mu+2}[(\mu+1)\omega_d^2+\omega_e^2] \\ \omega_P^2\omega_Q^2=\dfrac{2}{\mu+2}\omega_d^2\omega_e^2 \\ A_{eP}=\dfrac{M_e}{k_e-\omega_P^2(J_d+J_e)} \\ A_{eQ}=\dfrac{M_e}{k_e-\omega_Q^2(J_d+J_e)} \end{cases} \tag{2-292}$$

式中 μ——惯量比，$\mu=\dfrac{J_d}{J_e}$；

J_d——扭振减振器惯性体的转动惯量($kg\cdot m^2$)；

J_e——发动机等效转动惯量($kg\cdot m^2$)；

ω_e——发动机曲轴的固有圆频率(rad/s)，$\omega_e=\sqrt{\dfrac{k_e}{J_e}}$。

如果适当选择阻尼值 c_d，使系统的共振曲线两个峰恰恰在 P、Q 两点上，该阻尼无疑是最佳阻尼值。分析 P、Q 两点频率和幅值大小随系统参数的变化规律：

如果保持惯量比 μ 不变，则由式(2-289)可见，ω_n 的大小不变，即 $c_d=\infty$ 时的共振曲线位置不变；如改变 k_d 值(即 ω_d 值)的大小，则 ω_{n1}、ω_{n2} 也将相应变化，$c_d=0$ 时的共振曲线将左右移动：当 k_d 增大时，ω_{n1}、ω_{n2} 都将增大，共振曲线将向右移动，特征点 P 幅值增大，而特征点 Q 幅值减小；反之，则 P 点幅值减小，Q 点幅值增大。

如果保持 ω_d 不变，惯量比 $\mu(\mu=J_d/J_e)$ 越大时，ω_{n1} 与 ω_{n2} 的距离越大，特征点 P、Q 的幅值将减小；反之，则 P、Q 点的幅值将增大。

由此可见，P、Q 两点的位置与惯量比 μ 和频率 ω_d 有关。

P、Q 两点的频率方程式(2-290)改为

$$\omega^4-\frac{2}{\mu+2}[(\mu+1)\omega_d^2+\omega_e^2]\omega^2+\frac{2}{\mu+2}\omega_d^2\omega_e^2=0 \tag{2-293}$$

定义 ω_d/ω_e 为定调比，有三种情况要讨论(图 2-25)：

(1) 定调比 $\omega_d/\omega_e=1$，式(2-293)变为

$$\omega^4-2\omega_e^2\omega^2+\frac{2}{\mu+2}\omega_e^4=0 \tag{2-294}$$

此时特征点 P、Q 的频率域幅值为

$$\begin{cases}\omega_{\mathrm{P}}^2=\omega_{\mathrm{e}}^2\left(1-\sqrt{\dfrac{\mu}{\mu+2}}\right)\\ \omega_{\mathrm{Q}}^2=\omega_{\mathrm{e}}^2\left(1+\sqrt{\dfrac{\mu}{\mu+2}}\right)\\ A_{\mathrm{eP}}=\dfrac{M_{\mathrm{e}}}{k_{\mathrm{e}}}\cdot\dfrac{1}{-\mu+(\mu+1)\sqrt{\mu/(\mu+2)}}\\ A_{\mathrm{eQ}}=\dfrac{M_{\mathrm{e}}}{k_{\mathrm{e}}}\cdot\dfrac{1}{-\mu-(\mu+1)\sqrt{\mu/(\mu+2)}}\end{cases}\tag{2-295}$$

可见,P 点的幅值比 Q 点的幅值大。

(2) 当定调比 $\omega_{\mathrm{d}}/\omega_{\mathrm{e}}=\dfrac{1}{1+\mu}$,称为最佳定调比,这时,$P$ 点与 Q 点的幅值相等,幅值与频率为

$$\begin{cases}|A_{\mathrm{eP}}|=|A_{\mathrm{eQ}}|=\dfrac{M_{\mathrm{e}}}{k_{\mathrm{e}}}\sqrt{\dfrac{\mu+2}{\mu}}\\ \omega_{\mathrm{P}}^2=\dfrac{\omega_{\mathrm{e}}^2}{\mu+1}\left(1-\sqrt{\dfrac{\mu}{\mu+2}}\right)\\ \omega_{\mathrm{Q}}^2=\dfrac{\omega_{\mathrm{e}}^2}{\mu+1}\left(1+\sqrt{\dfrac{\mu}{\mu+2}}\right)\end{cases}\tag{2-296}$$

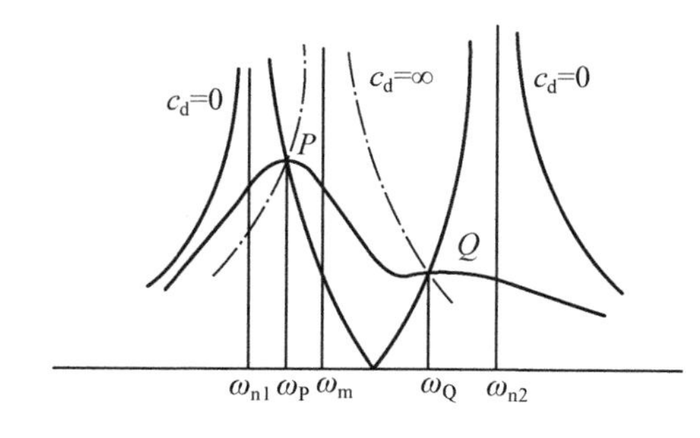

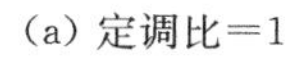
(a) 定调比=1

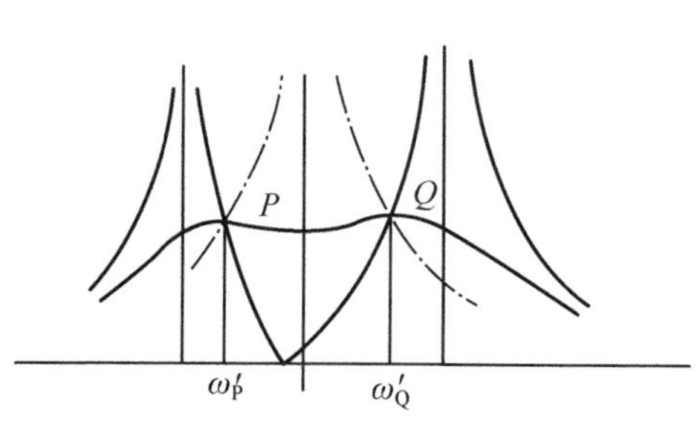

(b) 定调比 $=\dfrac{1}{1+\mu}$

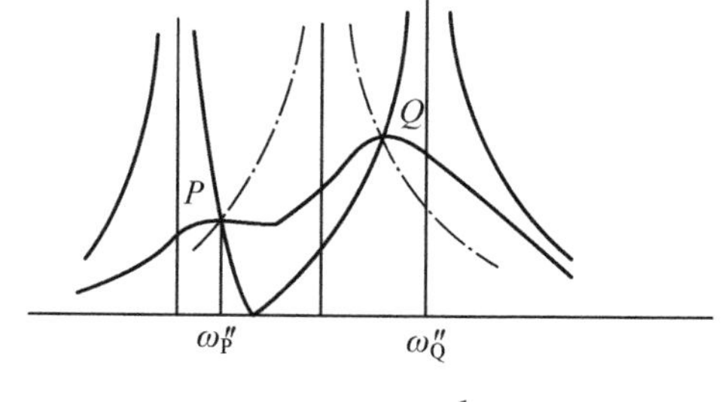

(c) 定调比 $<\dfrac{1}{1+\mu}$

图 2-25 三种定调比 $\omega_{\mathrm{d}}/\omega_{\mathrm{e}}$ 下最佳阻尼比时的共振曲线

当减振器的惯量比 μ 与定调比 ω_d/ω_e 确定后，特征点 P、Q 的位置及幅值也都可确定。为求最佳阻尼比，可将式(2-289)中 A_e 式对 ω^2 求偏导，得出：

定调比 $\omega_d/\omega_e=1$ 时，最佳阻尼比为

$$\xi_P=\sqrt{\frac{\mu(\mu+3)\left(1+\sqrt{\frac{\mu}{\mu+2}}\right)}{8(\mu+1)}} \tag{2-297}$$

最佳定调比时，最佳阻尼比为

$$\xi_P=\sqrt{\frac{3\mu}{8(\mu+1)^3}} \tag{2-298}$$

在最佳定调比时，特征点 P、Q 的高度相同，ω_P 与 ω_Q 间共振曲线变化平缓。在扭振实测中找不出明显的共振峰，较难确定共振转速的位置。

(3) 定调比 $\omega_d/\omega_e<\frac{1}{1+\mu}$，这时 $C_d=0$ 的共振曲线将左移，P 点的幅值将小于 Q 点的幅值。

3) 卷簧扭振减振器最佳参数的确定

(1) 确定减振器的转动惯量 J_d。由双扭摆模型分析可知，减振器转动惯量 J_d 越大，ω_{n1} 与 ω_{n2} 之间的距离也越大。这对在减振区安全工作是有利的，但设计时必须考虑实际结构的可能性及与之匹配的减振器扭转刚度 k_d 的合理性。一般可取减振器转动惯量：

$$J_d=(0.1\sim0.3)J_e\quad(\text{kg}\cdot\text{m}^2) \tag{2-299}$$

(2) 确定定调比 ω_d/ω_e。扭振减振器设计并不是在任何时候都要取最佳定调比，这要看所需的定调的共振点位置，即原系统成问题的临界转速的位置。如果该临界转速处于工作转速的中段，则宜取最佳定调比，使在减振区内获得峰值较小而又平缓变化的振动幅值；如果该临界转速靠近低速区，ω_P 有可能位于最低稳定转速以下时，则可取较大的定调比，以获得较低的 A_{eQ} 幅值；反之，如果该临界转速靠近高速区，ω_Q 位于最高转速以上时，则可取较小的定调比，以获得较低的 A_{eP} 幅值。

如图 2-26 所示，当临界转速高于额定转速时，可以取较小定调比，且扭振减振器阻尼系

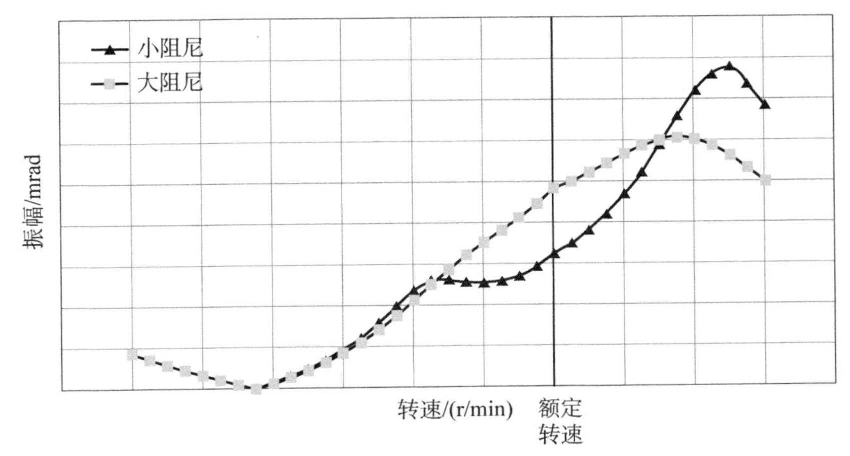

图 2-26　当临界转速大于额定转速(定调比 ω_d/ω_e 较小)时扭振减振器阻尼的选择

数也可以选择略小的数值，从而在扭振减振器阻尼小的时候，发动机接近额定运转转速范围内振幅较小。

(3) 确定减振器扭转刚度 k_d。由 J_d 与定调比计算，即

$$k_d = J_d \omega_d^2 \quad (\mathrm{N \cdot m/rad}) \tag{2-300}$$

(4) 确定 P 点、Q 点的幅值 A_{eP}、A_{eQ}。按双扭摆模型计算特征点 P、Q 的幅值 A_{eP}、A_{eQ}。如未达到预定要求，可改变 J_d 与定调比予以调整。

(5) 确定阻尼系数 C_d。在最佳定调比下，按最佳阻尼比 ξ_P 确定减振器阻尼系数：

$$C_d = 2J_d \omega_e \xi_P \quad (\mathrm{N \cdot m \cdot s/rad}) \tag{2-301}$$

2.8.1.3 卷簧扭振减振器参数计算

1) 卷簧扭振减振器转动惯量计算

扭振计算是建立在把整个轴系简化成由无质量的扭转弹性元件连接的离散的集中质量组成的当量系统这一计算模型基础上的，在进行当量系统转化时，一般把卷簧扭振减振器转化为弹性连接的两个集中质量，如图 2-27 所示。

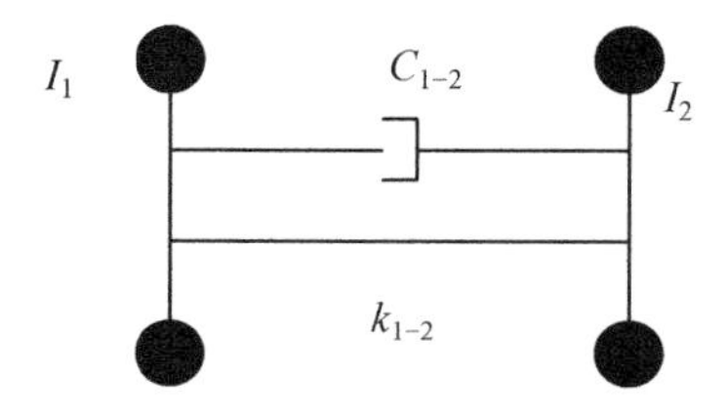

图 2-27 扭振减振器的当量转化

一般把扭振减振器转化为弹性连接的两个集中质量，当量惯量转化方法如下：

(1) 外件的转动惯量计入转动惯量 I_1。

(2) 内件的转动惯量计入转动惯量 I_2。

(3) 由于两侧挡板固定在外件上，其转动惯量计入转动惯量 I_1。

(4) 由于金属簧片组、限制块和内孔相互的间隙较小，可以按实心圆柱体或实际质量计算其转动惯量，并以扭振减振器的节圆为界，分摊计入转动惯量 I_1 和转动惯量 I_2。

2) 卷簧扭振减振器扭转刚度计算

(1) 卷簧片受力分析。减振器的扭转刚度主要取决于卷簧组的弹性参数，而卷簧组由若干卷簧片组成，其弹性参数的研究应从卷簧片开始。图 2-28 所示为卷簧片的受力分析图。

由于第 m 个卷簧片的厚度 t_m 相对于平均半径 r_m 来说是非常小的，故可以应用简单梁理论来进行分析。假定扭振减振器的刚度在变形范围内是线性的，并且扭振减振器的切向力作用在卷簧组的节圆上。

由图 2-28 可知，沿卷簧片距 O_z 点 S 处的弯矩 M_s 为

$$M_s = P_m r_m \sin\delta \quad (\mathrm{N \cdot m}) \tag{2-302}$$

其最大值 M_m 在 O 点处，即 $\delta = \pi/2$，因此

$$M_m = P_m r_m \quad (\mathrm{N \cdot m}) \tag{2-303}$$

第 m 片卷簧的弯曲截面模数为

$$Z_m = \frac{bt_m^2}{6} \quad (\mathrm{m^3}) \tag{2-304}$$

第 m 片卷簧的最大弯曲应力为

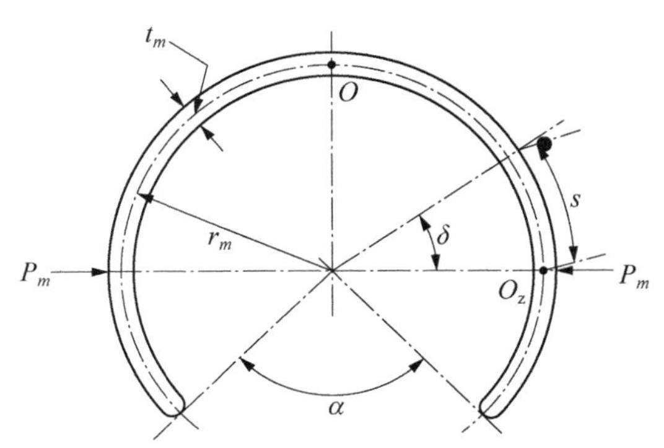

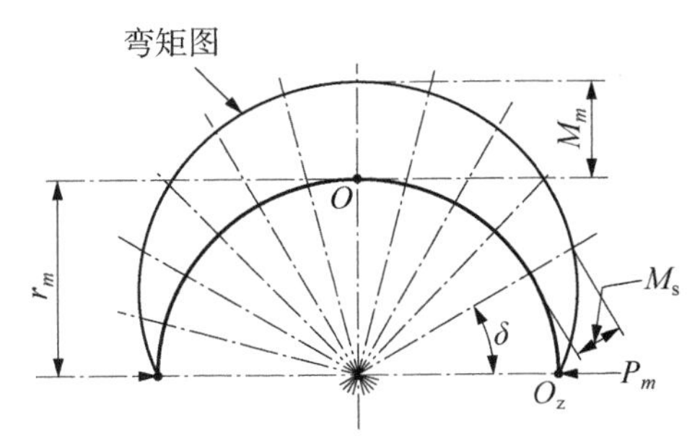

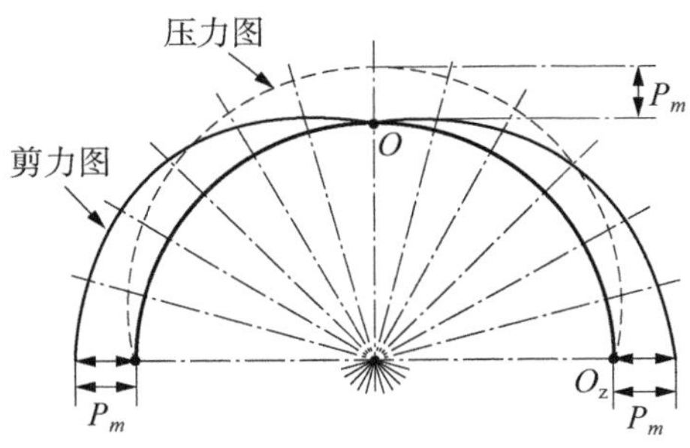

图 2－28　卷簧片的受力分析图

t_m—第 m 片卷簧的厚度(m)；y—所有卷簧片在节圆处的共同切向变形(m)；P_m—第 m 片卷簧在节圆处的切向力(N)；s—沿着卷簧离 P_m 点的距离(m)；δ—对应距离 s 的角度(rad)；r_m—第 m 片卷簧的平均半径(m)

$$f_{bm}=\frac{M_m}{Z_m}=\frac{6P_m r_m}{bt_m^2}\quad (\mathrm{N/m^2}) \tag{2-305}$$

Z_m——第 m 片卷簧的弯曲截面模数($\mathrm{m^3}$)。

第 m 片卷簧的惯性矩为

$$I_m=\frac{bt_m^3}{12}\quad (\mathrm{m^4}) \tag{2-306}$$

第 m 片卷簧的恢复力矩为

$$W_m=\frac{1}{2E\cdot I_m}\int_0^{\pi r_m} M_s^2 \mathrm{d}s=\frac{P_m^2 r_m^2}{2E\cdot I_m}\int_0^{\pi r_m}\sin^2\delta\cdot \mathrm{d}s\quad (\mathrm{N\cdot m}) \tag{2-307}$$

由于 $s=r_m\delta$，因此

$$W_m=\frac{P_m^2 r_m^2}{2EI_m}\int_0^{\pi}\sin^2\delta\cdot r_m \mathrm{d}\delta=\frac{\pi P_m^2 r_m^3}{4EI_m}=\frac{3\pi P_m^2 r_m^3}{Ebt_m^3}\quad (\mathrm{N\cdot m}) \tag{2-308}$$

但是

$$W_m=\frac{1}{2}P_m y\quad (\mathrm{N\cdot m}) \tag{2-309}$$

式中　y——所有卷簧片在节圆处的共同切向变形(m)，即

$$y=\frac{2W_m}{P_m}\quad (\mathrm{m}) \tag{2-310}$$

将式(2-308)带入上式,得出

$$y=\frac{6\pi P_m r_m^3}{Ebt_m^3}\quad(\mathrm{m})\tag{2-311}$$

$$P_m=\frac{Ebt_m^3}{6\pi r_m^3}y\quad(\mathrm{N})\tag{2-312}$$

则卷簧在节圆处的切向刚度为

$$k_{sm}=\frac{P_m}{y}=\frac{Ebt_m^3}{6\pi r_m^3}\quad(\mathrm{N/m})\tag{2-313}$$

将式(2-312)代入式(2-305),则卷簧的最大弯曲应力为

$$f_{bm}=\frac{Et_m}{\pi r_m^2}y\quad(\mathrm{N/m^2})\tag{2-314}$$

假设卷簧组内所有的卷簧片在节圆上的切向变形相同,则对于具有 n 片卷簧的卷簧组,总的切向力为

$$\sum_{m=1}^{n}P_m=P_1+P_2+\cdots+P_n=\frac{yEb}{6\pi}\left(\frac{t_1^3}{r_1^3}+\frac{t_2^3}{r_2^3}+\cdots+\frac{t_n^3}{r_n^3}\right)\quad(\mathrm{N})\tag{2-315}$$

平均切向力为

$$\bar{P}=\frac{\sum_{m=1}^{n}P_m}{n}\quad(\mathrm{N})\tag{2-316}$$

卷簧组总的弯曲应力为

$$\sum_{m=1}^{n}f_{bm}=f_{b1}+f_{b2}+\cdots+f_{bn}=\frac{yE}{\pi}\left(\frac{t_1}{r_1^2}+\frac{t_2}{r_2^2}+\cdots+\frac{t_n}{r_n^2}\right)\quad(\mathrm{N/m^2})\tag{2-317}$$

平均弯曲应力为

$$\overline{f_b}=\frac{1}{n}\sum_{m=1}^{n}f_{bm}\quad(\mathrm{N/m^2})\tag{2-318}$$

卷簧组在节圆处的切向刚度(弹簧常数)为

$$k_s=\frac{\sum_{m=1}^{n}P_m}{y}=\frac{Eb}{6\pi}\left(\frac{t_1^3}{r_1^3}+\frac{t_2^3}{r_2^3}+\cdots+\frac{t_n^3}{r_n^3}\right)\quad(\mathrm{N/m})\tag{2-319}$$

式中 b——卷簧片宽度(m),假设所有簧片宽度相同;
n——每个卷簧组簧片数;
t——每个卷簧组内簧片径向总厚度(m);
t_m——第 m 片卷簧的厚度(m);
r_m——第 m 片卷簧的平均半径(m);

P_m——第 m 片卷簧在节圆上的切向力(N)。

(2) 卷簧扭振减振器的扭转刚度计算。对于具有 i 组 z 列卷簧组节圆直径为 D_0 的扭振减振器，其内、外件之间传递扭矩为

$$Q_0 = \frac{izD_0}{2}\sum_{m=1}^{n} P_m = \frac{yizD_0Eb}{12\pi}\left(\frac{t_1^3}{r_1^3} + \frac{t_2^3}{r_2^3} + \cdots + \frac{t_n^3}{r_n^3}\right) \quad (\mathrm{N \cdot m}) \tag{2-320}$$

角变形量为

$$\theta = \frac{2y}{D_0} \quad (\mathrm{rad}) \tag{2-321}$$

将式(2-320)除以式(2-321)，则卷簧扭振减振器的静态扭转刚度为

$$C_0 = \frac{Q_0}{\theta} = \frac{izD_0^2Eb}{24\pi}\left(\frac{t_1^3}{r_1^3} + \frac{t_2^3}{r_2^3} + \cdots + \frac{t_n^3}{r_n^3}\right) \quad (\mathrm{N \cdot m/rad}) \tag{2-322}$$

式中　D_0——减振器内、外件间节圆直径(m)；

b——卷簧片宽度(m)；

z——卷簧组列数；

i——每列卷簧组数；

n——每个卷簧组簧片数；

t_m——第 m 片卷簧的厚度(m)；

r_m——第 m 片卷簧的平均半径(m)；

E——卷簧材料的弹性模量(MPa)。

将式(2-319)带入上式，卷簧扭振减振器的静态扭转刚度也可以表达为

$$C_0 = iz\left(\frac{D_0}{2}\right)^2 k_s \quad (\mathrm{N \cdot m/rad}) \tag{2-323}$$

式中　D_0——减振器内、外件间节圆直径(m)；

z——卷簧组列数；

i——每列卷簧组数；

k_s——单个卷簧组的刚度(N/m)。

3) 阻尼系数计算

阻尼系数的大小与惯性体的转动惯量、扭转振动的振幅大小、卷簧片的质量、间隙、滑油油温、黏度等一系列因素有关，机理复杂，很难以用简化的计算模型来描述，一般可以凭经验和试验所积累的数据来估计，并通过试验或测量反算来验证和调整。

阻尼计算也可以采用经典流体力学缝隙流公式或流体仿真软件计算，并通过试验数据验证。

2.8.1.4　卷簧扭振减振器试验

1) 卷簧元件组静刚度试验

卷簧元件组的静态试验装置如图 2-29 所示。试验工具体由上固定板、滑动板和下固定板所组成。试验时，把工具体紧固在试验室导轨上，卷簧元件组和限制块安装在滑动板和下固

定板之间的半圆内,半圆尺寸和相对应的扭振减振器上的半圆尺寸完全相同。滑动板上有一吊环,通过 S2t 型力传感器与悬挂在支架上的手动葫芦连接。在加载和卸载时所施加力的数值通过与力传感器相连的 MCW-04 微电脑扭矩功率仪直接读出。在拉力作用下,滑动板的位移通过与千分表连接的 KG-101 型显数长度仪直接读出。把试验数据输入计算机,由打印机输出力-位移曲线图(图 2-30)。

图 2-29 卷簧元件组静刚度试验装置

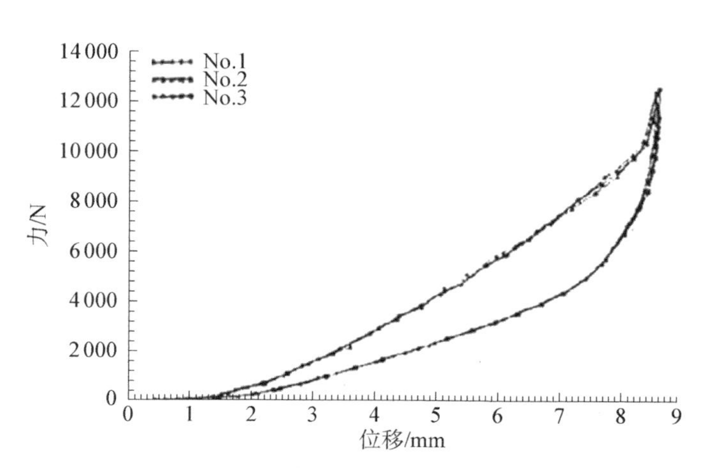

图 2-30 卷簧元件组典型力-位移曲线

试验时所记录的数据可绘制成力-位移曲线,根据力-位移曲线的直线部分数据,用最小二乘法进行拟合,算出每次试验的力-位移曲线在加载和卸载时斜率的平均值,即卷簧元件组的弹簧常数,量纲为 N/mm,然后算出多次重复试验的平均值,作为该卷簧元件组的弹簧常数。

2) 卷簧扭振减振器动态特性试验

动态试验方法主要有阶跃松弛法和激振法两种试验方法,如图 2-31 和图 2-32 所示。

图 2-31 扭振减振器动态特性试验(阶跃松弛法)

图 2-32 扭振减振器动态特性试验(激振法)

对于扭振减振器动态试验系统，其运动方程为

$$J_d\ddot{\varphi}(t)+C_d\dot{\varphi}(t)+K_d\varphi(t)=0 \tag{2-324}$$

式中　$\varphi(t)$、$\dot{\varphi}(t)$、$\ddot{\varphi}(t)$——扭振减振器外件的角位移(rad)、角速度(rad/s)、角加速度(rad/s^2)；

J_d——扭振减振器外件(惯性环)的转动惯量($kg\cdot m^2$)；

C_d——扭振减振器的阻尼系数(N·m·s/rad)；

k_d——扭振减振器的动态扭转刚度(N·m/rad)。

上式转换为

$$\ddot{\varphi}(t)+2\zeta\omega_n C_d\dot{\varphi}(t)+\omega_n^2\varphi(t)=0 \tag{2-325}$$

式中，固有圆频率 $\omega_n=\sqrt{\dfrac{K_d}{J_d}}$ (rad/s)，阻尼比 $\zeta=\dfrac{C_d}{2J_d\omega_n}$。

当小阻尼时，$0<\zeta<1$，设式(2-325)的解为

$$\varphi(t)=Ae^{-\zeta\omega_n t}\cos(\omega_d t-\phi) \tag{2-326}$$

式中，有阻尼圆频率为

$$\omega_d=\omega_n\sqrt{1-\zeta^2}\quad(\text{rad/s}) \tag{2-327}$$

常数 A 与相位角 ϕ 取决于初始条件。

对于图 2-33 所示振动衰减波形，在相距一个周期 $T=\dfrac{2\pi}{\omega_d}$ 的两个时刻 t_1 和 t_2，其位移分别为 $\varphi(t_1)$ 和 $\varphi(t_2)$，引入式(2-326)得到

$$\frac{\varphi(t_1)}{\varphi(t_2)}=\frac{Ae^{-\zeta\omega_n t_1}\cos(\omega_d t_1-\phi)}{Ae^{-\zeta\omega_n t_2}\cos(\omega_d t_2-\phi)} \tag{2-328}$$

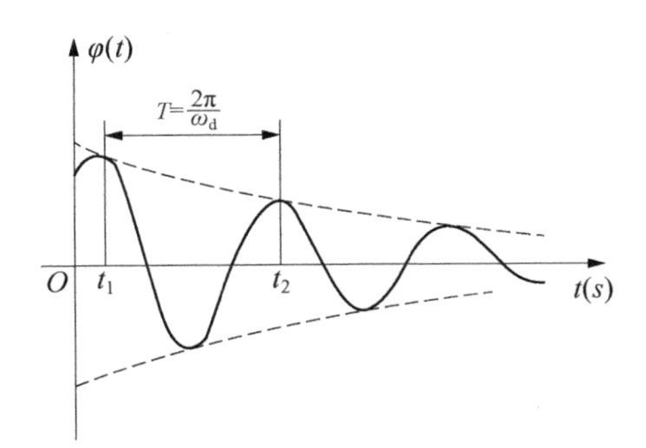

图 2-33　自由衰减振动曲线

因为 $t_2=t_1+T=t_1+2\pi/\omega_d$，所以 $\cos(\omega_d t_1-\phi)=\cos(\omega_d t_2-\phi)$，则上式简化为

$$\frac{\varphi(t_1)}{\varphi(t_2)}=\frac{Ae^{-\zeta\omega_n t_1}}{Ae^{-\zeta\omega_n t_2}}=e^{-\xi\omega_n T} \tag{2-329}$$

对数衰减率为

$$\delta=\ln\frac{\varphi(t_1)}{\varphi(t_2)}=\zeta\omega_n T=2\pi\zeta/\sqrt{1-\zeta^2} \tag{2-330}$$

阻尼比为

$$\zeta=\delta/\sqrt{(2\pi)^2+\delta^2}\cong\delta/(2\pi) \tag{2-331}$$

衰减常数为

$$\alpha=\frac{\ln\dfrac{\varphi(t_1)}{\varphi(t_2)}}{t_2-t_1}=\delta/T=\zeta\omega_n \tag{2-332}$$

因此,扭振减振器阻尼系数为

$$C_d=2J_d\zeta\omega_n=2J_d\alpha \quad (\mathrm{N\cdot m\cdot s/rad}) \tag{2-333}$$

由此可见,只要读出相邻一个周期上的两点 φ 和 t 值,即可得到阻尼系数,并可根据衰减波形的情况,取若干个波形数值,进行平均处理。

另外,对测得的振动信号进行频谱分析,可得出振动频率 f(Hz),由于阻尼系数 ζ 很小,所以动态扭转刚度可用下式表达:

$$k_d=J_d\omega_n^2=J_d\omega_d^2/(1-\zeta^2)\cong J_d\omega_d^2=J_d(2\pi f)^2 \quad (\mathrm{N\cdot m/rad}) \tag{2-334}$$

(1) 阶跃松弛法。阶跃松弛法就是沿扭振减振器的外圈切线方向预先施加一个力,然后突然撤去此力,即剪断铁丝的方法,如此便产生了一个阶跃激励力,在此阶跃激励下,扭振减振器做自由衰减运动,用加速度计测出振动信号,记录、分析、处理后,就可得到扭振减振器的动态刚度和阻尼系数。阶跃松弛法试验框图和试验数据分别如图 2-34 和图 2-35 所示。

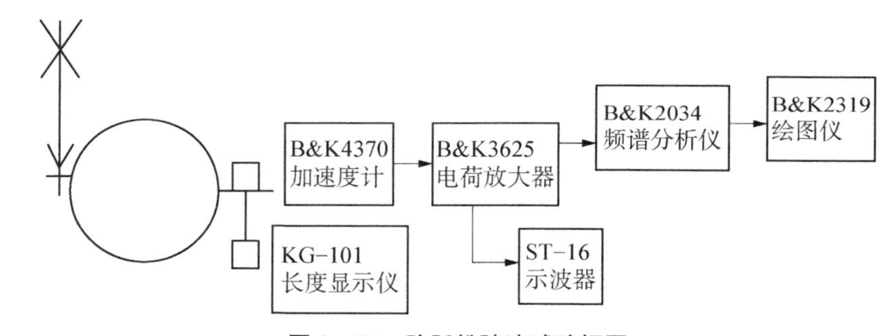

图 2-34 阶跃松弛法试验框图

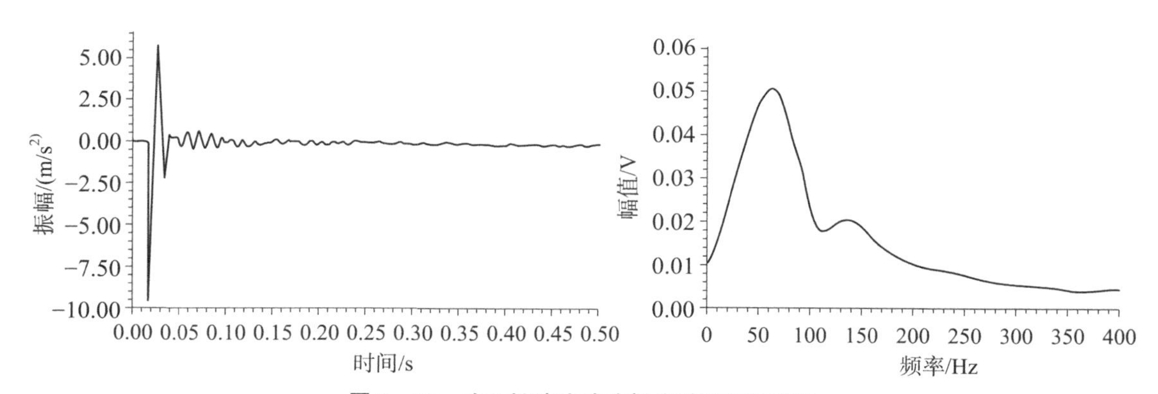

图 2-35 阶跃松弛法试验部分时域和频域图

(2) 激振法。激振法是用激振器沿扭振减振器外缘切向施加动态激振力,用加速度计测量外圈的振动信号。力信号和加速度响应信号分两路经过电荷放大器后输入 B&K3550 频谱分析仪，然后作传递函数或自谱计算获得外圈的振动频率，计算出动态刚度与阻尼系数。做试验时，力的数值不变，而施加力的频率按一定步长改变，记录扭振减振器的振动响应。可以看到在某一频率下振动响应达到最大，说明引起共振，这就是扭摆系统的固有频率。试验框图如图 2－36 所示。

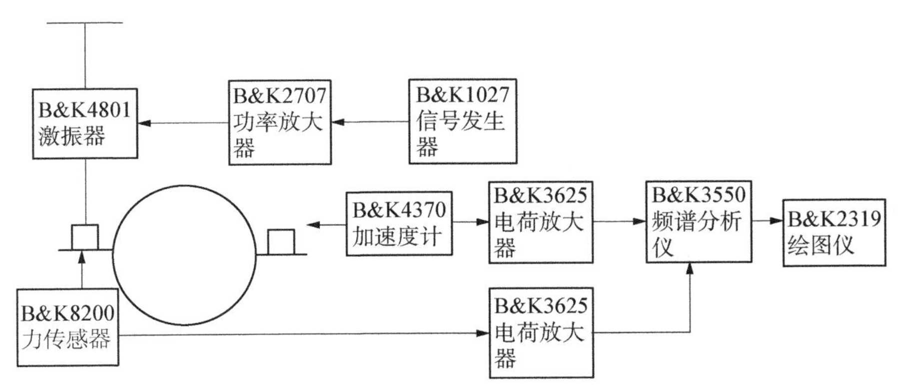

图 2－36　激振法试验框图

2.8.1.5　卷簧扭振减振器设计

通常，卷簧扭振减振器的设计过程有：

1）进行扭振减振器最佳参数的确定

采用双扭摆模型得出的计算方法，先后计算确定减振器的转动惯量、定调比、最佳阻尼系数及扭转刚度，再以此参数对多质量弹性系统轴系进行扭转振动计算，验证并调整设计参数，确定在最佳扭转振动情况下的扭振减振器参数。

2）扭振减振器参数计算和结构设计

扭振减振器的结构设计是结合参数计算，反复优化的过程。经过大量试验结果得到卷簧扭振减振器的动态刚度一般为静态刚度的 3 倍左右。根据最佳转动惯量和扭转刚度的要求，运用减振器结构优化设计计算程序进行结构设计，包括外形尺寸，卷簧元件组设计或选型，确定卷簧元件组的数量和排列方式等。

3）扭振减振器试验验证和调整

扭振减振器的计算模型和方法得到了试验的验证，但由于制造上的偏差和其他不确定的因素，以及阻尼系数只能凭经验估计等原因，还是需要对新设计的减振器进行卷簧元件组试验、减振器整体静态与动态试验，验证减振器的参数是否达到最佳参数的要求，如果偏差较大，可对减振器进行结构调整，保证减振器装机前的性能参数。

对于卷簧元件组可以设计若干种大小规格不等的型号，按照其尺寸计算出弹簧常数，并对其做静刚度试验验证。设计时根据扭转刚度的要求可灵活组合，如制造好的减振器刚度需调整，可采用更换卷簧元件组的方法。

4）柴油机台架扭振实测并反算调整

对装有扭振减振器的柴油机轴系进行扭转振动的测量，得出扭转振动的固有频率和主要谐次的振幅，结合扭转振动计算，反算出减振器的实际动态扭转刚度和阻尼系数。如果出现与最佳参数差异较大的情况，还可对减振器的结构进行适当调整，保证设计制造出的卷簧扭振减振器的装机性能达到或接近设计最佳值。

2.8.2 板簧扭振减振器

2.8.2.1 板簧扭振减振器的应用

板簧扭振减振器又称“弹性阻尼簧片扭振减振器”或“簧片滑油型扭振减振器”，采用钢弹簧板片（简称板簧）起到调频作用，采用液力油起到阻尼作用，广泛应用于大功率中高速四冲程柴油机和二冲程低速柴油机，以达到控制柴油机轴系扭转振动的目的。如 MTU、MAN、WARTSILA、WinGD 等公司柴油机，国内主要有广柴、潍柴、淄柴、中车等柴油机公司柴油机。

2.8.2.2 板簧扭振减振器最佳参数的确定

1）板簧扭振减振器结构

板簧扭振减振器由内部构件、外部构件、板簧组件、侧板、O 形密封圈等零件组成，如图 2-37 所示。花键轴及固定在其上的零件为内部构件（又称主动件或内件）。中间块、侧板、紧固圈、法兰、主螺栓等为外部构件（又称被动件或外件）。外部构件和内部构件通过多组板簧组件连接，构成一个质量弹性系统。外件和内件及板簧组件之间的腔体中充满滑油，并通过滑油流动间隙环槽互相连接。当内件和外件发生相对运动时，簧片交变弯曲，油腔形状发生变化，滑油在油腔之间来回流动产生阻尼，达到减振效果。因此板簧扭振减振器的减振特性参数有外件、内件的转动惯量、外件与内件之间的扭转刚度、阻尼系数等。

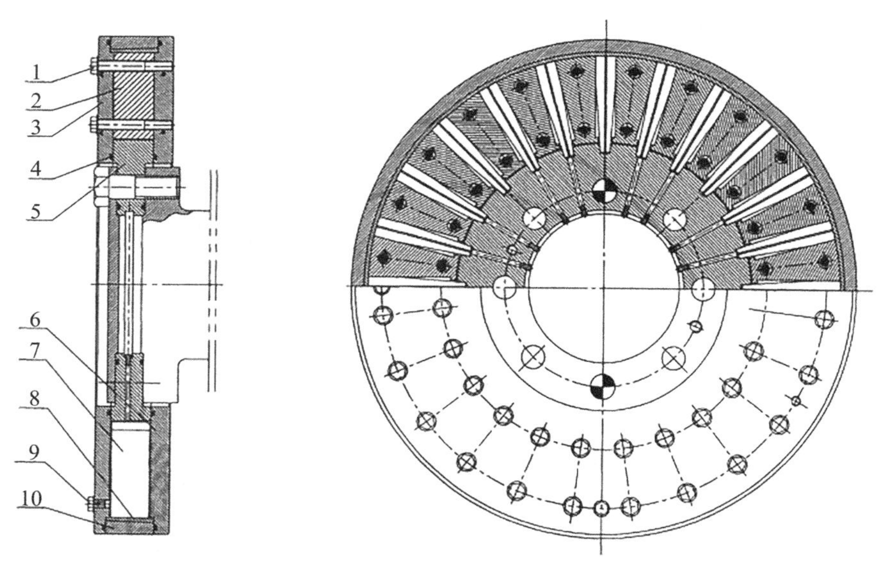

图 2-37 板簧扭振减振器结构

1—主螺栓；2—中间块；3—侧板；4—O 形密封圈；5—花键轴；
6—侧板；7—板簧组件；8—中间圈；9—放气螺栓；10—紧固圈

板簧扭振减振器的作用是使其减振特性参数与柴油机轴系扭振特性相匹配，在给定的安装空间和重量要求等限制条件下，达到控制柴油机扭振响应的最佳效果，确保柴油机轴系安全运行。

2）板簧扭振减振器数学模型

板簧扭振减振器的数学模型和作用机理与卷簧扭振减振器基本相同。采用图2－23所示的双扭摆模型和式(2－287)所示的运动方程组进行分析。

（1）确定扭振减振器的惯量比。由双扭摆模型分析可知，扭振减振器外件转动惯量 J_d 越大，则由于加装扭振减振器引入系统的两共振频率 ω_{n1} 与 ω_{n2} 之间的距离也越大。这对安全工作是有利的，但设计时必须考虑空间限制及与之匹配的减振器刚度的合理性。一般可取

$$\mu = J_d / J_e = 0.1 \sim 0.3 \tag{2-335}$$

式中　J_d——扭振减振器外件的转动惯量(kg·m²)；

J_e——发动机等效转动惯量(kg·m²)；

μ——惯量比。盖斯林格公司认为：对于二冲程柴油机，建议 $\mu = 0.05 \sim 0.25$；对于四冲程柴油机，建议 $\mu = 0.1 \sim 0.5$。

（2）确定扭振减振器的定调比 ω_d/ω_e。如2.9.1.2建立的阻尼弹性减振器数学模型及特性分析，板簧扭振减振器的主要参数，扭转刚度 k_d、转动惯量 J_d、阻尼系数 C_d 的各自影响可以参见图2－38，其中图a是原柴油机轴系的共振曲线，图b与图c分别对应于扭转刚度 k_d 的变小、变大的影响趋势，图d与图e分别对应转动惯量 J_d 的变大、变小的影响趋势，图f～图h分别对应于阻尼系数 C_d 的最小、最大、最佳阻尼的影响趋势。

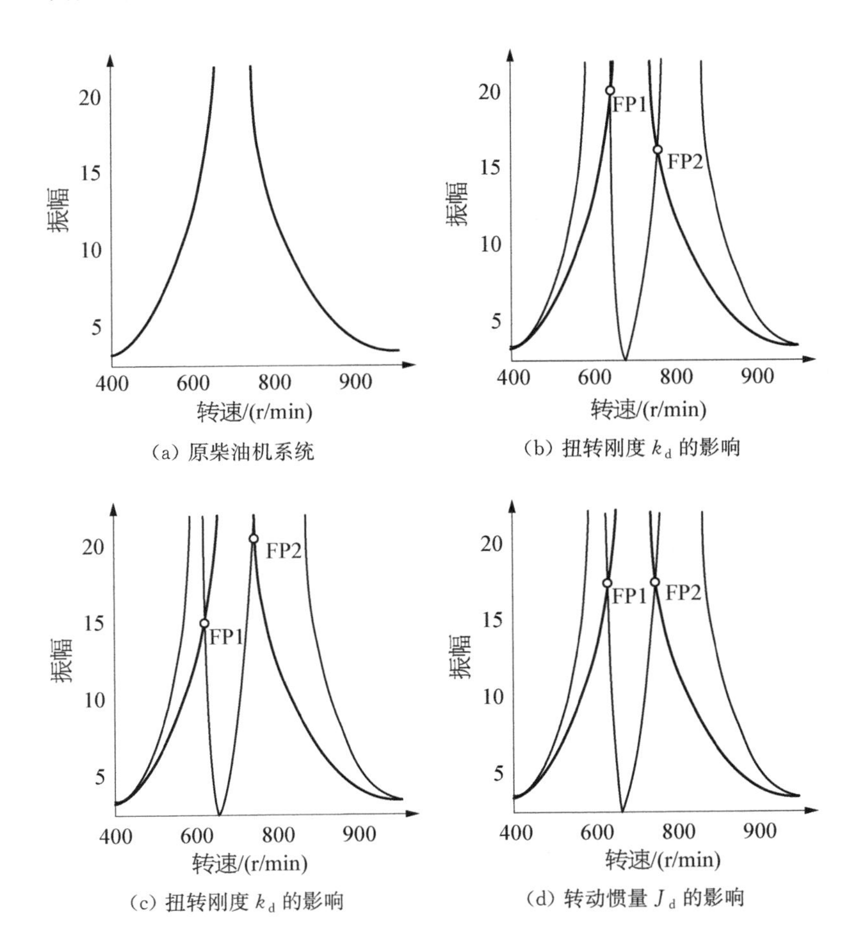

(a) 原柴油机系统

(b) 扭转刚度 k_d 的影响

(c) 扭转刚度 k_d 的影响

(d) 转动惯量 J_d 的影响

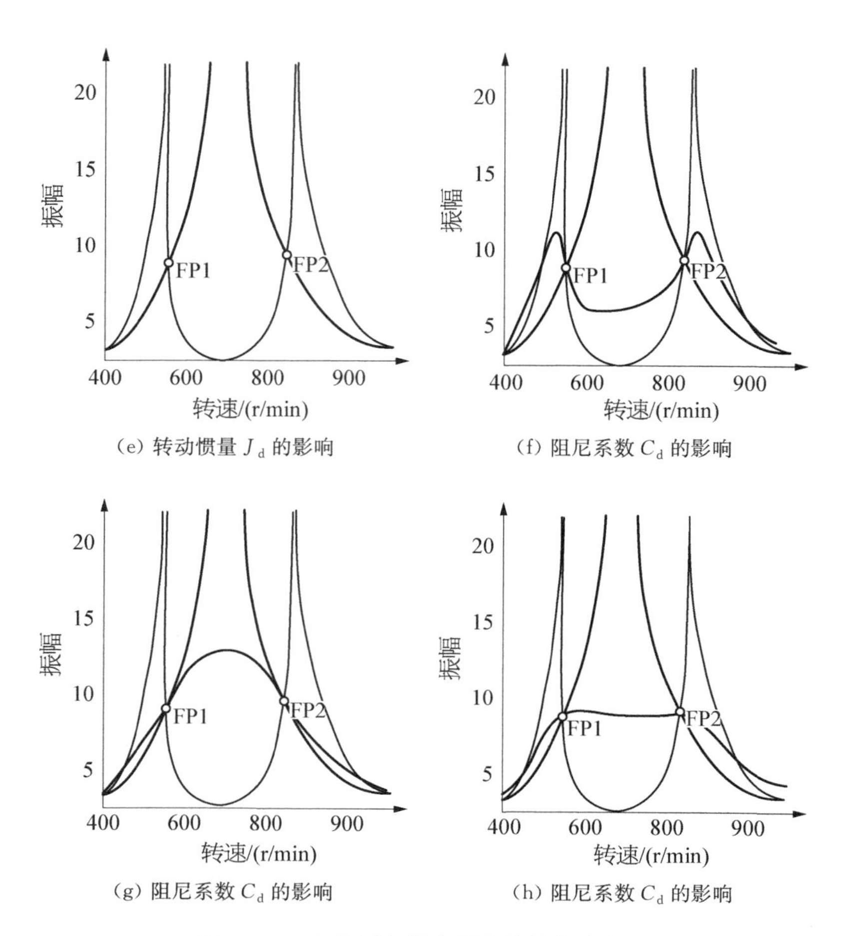

(e) 转动惯量 J_d 的影响

(f) 阻尼系数 C_d 的影响

(g) 阻尼系数 C_d 的影响

(h) 阻尼系数 C_d 的影响

图 2-38　扭振减振器主要参数的影响分析

当扭振减振器阻尼为零 ($C_d=0$, $\xi=0$) 时,共振发生在系统的两个无阻尼共振频率 ω_{n1} 和 ω_{n2} 处。当阻尼比为无穷大 ($\xi=\infty$) 时,扭振减振器和柴油机的两个转动惯量被固结在一起,系统变成一个转动惯量为 (J_d+J_e)、扭转刚度为 K_e 的单自由度扭摆模型,共振发生在 $\omega_n\left(\omega_n=\sqrt{\dfrac{k_e}{J_d+J_e}}=\dfrac{\omega_e}{\sqrt{\mu+1}}\right)$ 处。

由图 2-39 可见,无论阻尼大小如何,所有响应曲线都经过 A 和 B 两点。对式(2-295)分析可知,当扭振减振器的自振频率 ω_d 符合式(2-336)时,A 和 B 两点幅值相等,减振效果最好,此时 ω_d/ω_e 称为最佳定调比。

$$\frac{\omega_d}{\omega_e}=\frac{1}{1+\mu} \tag{2-336}$$

式中　ω_e——柴油机固有圆频率(rad/s), $\omega_e=\sqrt{\dfrac{k_e}{J_e}}$;

ω_d——扭振减振器固有圆频率(rad/s), $\omega_d=\sqrt{\dfrac{k_d}{J_d}}$。

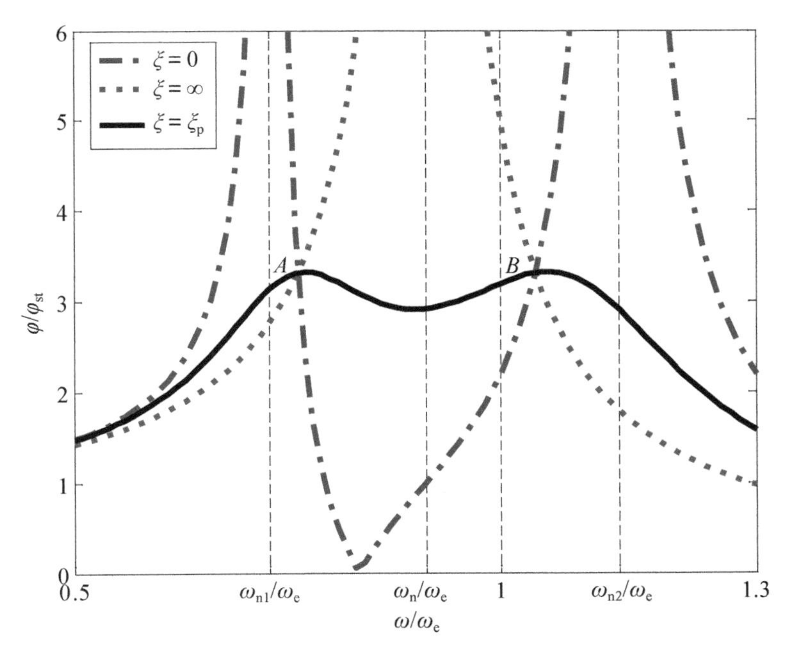

图 2-39　扭振减振器的扭振控制效果(基于双扭摆模型)

由 ω_d 确定扭振减振器的扭转刚度,计算公式见式(2-334),即

$$k_d = J_d\omega_d^2 \quad (\mathrm{kg \cdot m^2})$$

(3) 确定扭振减振器的阻尼比。当 $\xi_p = \sqrt{\dfrac{3\mu}{8(1+\mu)^3}}$ 时,称为最佳阻尼比。此时响应曲线在 A、B 两点处的切线近似为水平直线。

扭振减振器的阻尼系数,由式(2-301),可知

$$C_d = 2J_d\omega_e\xi_p \quad (\mathrm{N \cdot m \cdot s/rad})$$

2.8.2.3　板簧扭振减振器参数计算研究

1) 板簧扭振减振器转动惯量计算

如图 2-37 所示,分别将扭振减振器的外件、内件、簧片组、侧板、中间块等零部件的转动惯量转化为弹性连接的两个质量。

2) 板簧扭振减振器扭转刚度计算

(1) 板簧受力分析。扭振减振器的扭转刚度主要取决于板簧元件组的弹性参数,通常板簧元件组由两片板簧及当中的铜垫片组成,其弹性参数的确定可以从板簧元件组的受力分析开始。

在图 2-40 所示坐标系下,簧片 1 的弯矩为

$$M_1(x) = \begin{cases} F(L-S) + (F-F_C)(S-x) & x \in [0,\ S] \\ F(L-x) & x \in [S,\ L] \end{cases} \tag{2-337}$$

式中　F——作用力(N);

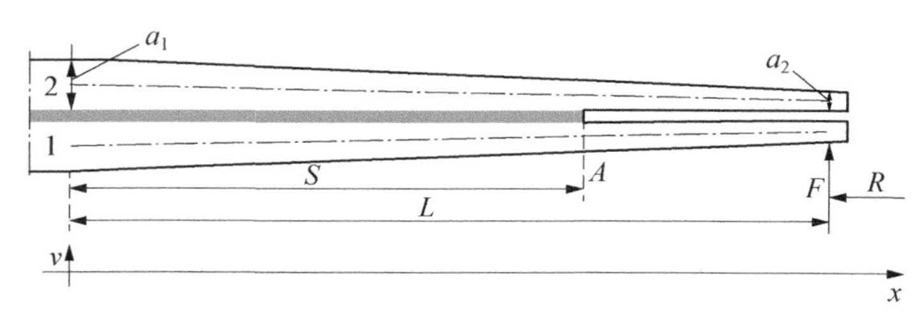

图 2-40 板簧元件组受力及坐标系

R—板簧弯曲部分最小半径(m)；L—板簧有效弯曲长度(m)；b—簧片宽度(m)；a_1、a_2—有效长度两段的高度(m)；S—铜垫片所在弯曲部分的长度(m)；F_C—A 处两簧片相互作用力；$h(x)$—x 处簧片高度，$h(x)=a_1+kx$，其中 $k=\dfrac{a_2-a_1}{L}$

L——作用力 F 的距离(m)；

F_C——铜垫片末端两簧片的相互作用力(N)；

S——铜垫片的长度(m)。

簧片 2 的弯矩为

$$M_2(x)=\begin{cases}F_C(S-x) & x\in[0,\ S]\\ 0 & x\in[S,\ L]\end{cases} \tag{2-338}$$

基于欧拉-伯努利(Bernoulli-Euler)梁的基尔霍夫(Kirchhoff)假设*，两个簧片的弯曲力矩为

$$M_1(x)=EI\frac{\mathrm{d}^2v_1}{\mathrm{d}x^2} \tag{2-339}$$

$$M_2(x)=EI\frac{\mathrm{d}^2v_2}{\mathrm{d}x^2} \tag{2-340}$$

式中 E——弹性模量(MPa)；

I——截面惯性矩(m^4)；

v_1——簧片 1 的挠度(m)；

v_2——簧片 2 的挠度(m)。

即

$$EI\frac{\mathrm{d}^2v_1}{\mathrm{d}x^2}=\begin{cases}F(L-x)-F_C(S-x) & x\in[0,\ S]\\ F(L-x) & x\in[S,\ L]\end{cases} \tag{2-341}$$

$$EI\frac{\mathrm{d}^2v_2}{\mathrm{d}x^2}=\begin{cases}F_C(S-x) & x\in[0,\ S]\\ 0 & x\in[S,\ L]\end{cases} \tag{2-342}$$

注：* 基尔霍夫假设，忽略了剪切变形和转动惯量，认为初始垂直于中性轴的截平面在变形时仍保持为平面垂直于中性轴，即截面的转动等于挠度曲线切线的斜率。适用于梁的高度远小于跨度情况下。

其中，截面惯性矩为 $$I(x)=\frac{bh^3(x)}{12}=\frac{b(a_1-kx)^3}{12}\quad (\mathrm{m}^4) \tag{2-343}$$

将式(2-343)代入式(2-341)和式(2-342)，得

$$\frac{\mathrm{d}^2 v_1}{\mathrm{d}x^2}=\begin{cases}\dfrac{12[F(L-x)-F_C(S-x)]}{Eb(a_1-kx)^3} & x\in[0,\ S]\\[2ex] \dfrac{12F(L-x)}{Eb(a_1-kx)^3} & x\in[S,\ L]\end{cases} \tag{2-344}$$

$$\frac{\mathrm{d}^2 v_2}{\mathrm{d}x^2}=\begin{cases}\dfrac{12F_C(S-x)}{Eb(a_1-kx)^3} & x\in[0,\ S]\\[2ex] 0 & x\in[S,\ L]\end{cases} \tag{2-345}$$

已知的边界条件为

$$\left.\frac{\mathrm{d}v_1}{\mathrm{d}x}\right|_{x=0}=\left.\frac{\mathrm{d}v_2}{\mathrm{d}x}\right|_{x=0}=0 \tag{2-346}$$

对式(2-344)和式(2-345)积分一次得到

$$\frac{\mathrm{d}v_1}{\mathrm{d}x}=\begin{cases}\mathrm{d}v_{11}(x) & x\in[0,\ S]\\ \mathrm{d}v_{12}(x) & x\in[S,\ L]\end{cases} \tag{2-347}$$

$$\frac{\mathrm{d}v_2}{\mathrm{d}x}=\begin{cases}\mathrm{d}v_{21}(x) & x\in[0,\ S]\\ \mathrm{d}v_{22}(x) & x\in[S,\ L]\end{cases} \tag{2-348}$$

其中
$$\begin{aligned}\mathrm{d}v_{11}(x)&=\int_0^x\frac{12[F(L-t)-F_C(S-t)]}{Eb(a_1-kt)^3}\mathrm{d}t\\ &=\frac{6x(-Fa_1x+F_Ca_1+2FLa_1+FLkx-2F_CSa_1-F_CSkx)}{Eb(a_1+kx)^2a_1^2}\end{aligned}$$

$$\begin{aligned}\mathrm{d}v_{12}(x)&=\int_0^S\frac{12[F(L-t)-F_C(S-t)]}{Eb(a_1-kt)^3}\mathrm{d}t+\int_S^x\frac{12F(L-t)}{Eb(a_1-kt)^3}\mathrm{d}t\\ &=\frac{6S(-Fa_1S-F_CSa_1+2FLa_1+FLkS-F_CS^2k)}{Eb(a_1+Sk)^2a_1^2}\\ &\quad-\frac{6F(-a_1S^2-2kxS^2+2La_1S+LkS^2+a_1x^2+2Skx^2-2La_1x-Lkx^2)}{Eb(a_1+kx)^2(a_1^2+Sk)^2}\end{aligned}$$

$$\mathrm{d}v_{21}(x)=\int_0^x\frac{12F_C(S-t)}{Eb(a_1-kt)^3}\mathrm{d}t=\frac{6F_Cx(-a_1x+2Sa_1+Skx)}{Eb(a_1+kx)^2a_1^2}$$

$$\mathrm{d}v_{22}(x)=\int_0^S\frac{12F_C(S-t)}{Eb(a_1-kt)^3}\mathrm{d}t+\int_S^x 0\mathrm{d}t=\frac{6F_CS^2}{a_1^2(a_1+Sk)bE}$$

考虑到边界条件

$$v_1\big|_{x=0}=v_2\big|_{x=0}=0 \tag{2-349}$$

对式(2－347)和式(2－348)再积分一次，得到两簧片的挠度函数：

$$v_1=\begin{cases}v_{11}(x) & x\in[0,\ S]\\ v_{12}(x) & x\in[S,\ L]\end{cases} \tag{2-350}$$

$$v_2=\begin{cases}v_{21}(x) & x\in[0,\ S]\\ v_{22}(x) & x\in[S,\ L]\end{cases} \tag{2-351}$$

其中 $v_{11}(x)=\int_0^x \mathrm{d}v_{11}(t)\mathrm{d}t$

$$\begin{aligned}&=6[-2a_1^2Fkx+2a_1^2F_Ckx-Fa_1k^2x^2+F_Ca_1k^2x^2+FLk^3x^2-F_CSk^3x^2\\&+2\ln(a_1+kx)Fa_1^2kx-2\ln(a_1+kx)F_Ca_1^2kx-2\ln(a_1+kx)F_Ca_1^3\\&+2\ln(a_1+kx)Fa_1^3-2\ln(a_1)Fa_1^2kx+2\ln(a_1)F_Ca_1^2kx-2\ln(a_1)Fa_1^3\\&+2\ln(a_1)F_Ca_1^3]/[a_1^2Ebk^3(a_1+kx)]\end{aligned}$$

$$\begin{aligned}v_{12}(x)&=\int_0^S \mathrm{d}v_{11}(t)\mathrm{d}t+\int_S^x \mathrm{d}v_{12}(t)\mathrm{d}t\\&=6[2Sk^2F\ln(a_1+kx)a_1^2x-2\ln(a_1)Fa_1^2Sk^2x+2\ln(a_1)F_Ca_1^2Sk^2x\\&-2Sk^2\ln(a_1+Sk)F_Ca_1^2x+x^2FLa_1k^3+Sx^2FLk^4-Sk^3x^2Fa_1\\&+2F\ln(a_1+kx)a_1^3Sk+2kF\ln(a_1+kx)a_1^3x-2FxSa_1^2k^2+2a_1^2F_CSk^2x\\&-2\ln(a_1+Sk)F_Ca_1^3Sk-2\ln(a_1)Fa_1^3kx-2\ln(a_1)Fa_1^3Sk\\&+2\ln(a_1)F_Ca_1^3kx+2\ln(a_1)F_Ca_1^3Sk-2k\ln(a_1+Sk)F_Ca_1^3x-k^2Fx^2a_1^2\\&-S^2x^2F_Ck^4+F_Ca_1^2S^2k^2-2Fa_1^3xk+2a_1^3F_CSk-2\ln(a_1)Fa_1^4\\&+2\ln(a_1)F_Ca_1^4+2\ln(a_1+kx)Fa_1^4-2\ln(a_1+Sk)F_Ca_1^4]/[(a_1+kx)k^3a_1^2(a_1+Sk)bE]\end{aligned}$$

$$\begin{aligned}v_{21}(x)&=\int_0^x \mathrm{d}v_{21}(t)\mathrm{d}t\\&=6F_C[-2kxa_1^2-a_1k^2x^2+Sk^3x^2+2\ln(a_1+kx)a_1^3+2\ln(a_1+kx)a_1^2kx\\&-2\ln(a_1)a_1^3-2\ln(a_1)a_1^2kx]/[a_1^2Ebk^3(a_1+kx)]\end{aligned}$$

$$\begin{aligned}v_{22}(x)&=\int_0^S \mathrm{d}v_{21}(t)\mathrm{d}t+\int_S^x \mathrm{d}v_{22}(t)\mathrm{d}t\\&=-6F_C[-2\ln(a_1+Sk)a_1^3-2\ln(a_1+Sk)a_1^2kS+2a_1^2Sk+a_1S^2k^2+2\ln(a_1)a_1^3\\&+2\ln(a_1)a_1^2Sk-k^3xS^2]/[a_1^2k^3(a_1+Sk)bE]\end{aligned}$$

由于两簧片在 A 处挠度相同，则

$$v_{11}(S)-v_{21}(S)=0 \tag{2-352}$$

从而可以确定出两簧片之间的相互作用力：

$$\begin{aligned}F_C=\frac{1}{2}F&[-2a_1^2Sk-a_1S^2k^2+Lk^3S^2+2\ln(a_1+Sk)a_1^2kS+2\ln(a_1+Sk)a_1^3\\&-2\ln(a_1)a_1^2Sk-2\ln(a_1)a_1^3]/[-2a_1^2Sk-a_1S^2k^2+S^3k^3\\&+2\ln(a_1+Sk)a_1^3+2\ln(a_1+Sk)a_1^2kS-2\ln(a_1)a_1^3-2\ln(a_1)a_1^2Sk]\end{aligned} \tag{2-353}$$

由挠度公式可以计算出簧片1的末端挠度为

$$\begin{aligned} v_{\mathrm{L}} = 6[&L^2SFk^3 + L^2Fa_1k^2 - LS^2F_{\mathrm{C}}k^3 - 2LSFa_1k^2 - 2LFa_1^2k + a_1S^2F_{\mathrm{C}}k^2 \\ &+ 2kSF\ln(a_1 + kL)a_1^2 - 2kS\ln(a_1 + Sk)F_{\mathrm{C}}a_1^2 + 2ka_1^2F_{\mathrm{C}}S \\ &- 2k\ln(a_1)Fa_1^2S + 2k\ln(a_1)F_{\mathrm{C}}a_1^2S + 2\ln(a_1)F_{\mathrm{C}}a_1^3 + 2F\ln(a_1 + kL)a_1^3 \\ &- 2\ln(a_1)Fa_1^3 - 2\ln(a_1 + Sk)F_{\mathrm{C}}a_1^3]/[Eb(a_1 + Sk)a_1^2k^3] \end{aligned} \tag{2-354}$$

根据式(2-348)和式(2-349)，可以得出两簧片的弯曲应力：

$$\sigma_1(x) = \frac{M_1(x)}{W(x)} = \begin{cases} \dfrac{F(L-x) - F_{\mathrm{C}}(S-x)}{W(x)} & x \in [0,\ S] \\ \dfrac{F(L-x)}{W(x)} & x \in [S,\ L] \end{cases} \tag{2-355}$$

$$\sigma_2 = \frac{M_2(x)}{W(x)} = \begin{cases} \dfrac{F_{\mathrm{C}}(S-x)}{W(x)} & x \in [0,\ S] \\ 0 & x \in [S,\ L] \end{cases} \tag{2-356}$$

式中 $W(x)$——抗弯截面模量(m^3)，$W(x) = \dfrac{1}{6}bh(x)^2$。

(2) 板簧扭振减振器扭转刚度计算。扭振减振器总扭矩为

$$M_z = nFR \quad (\mathrm{N \cdot m}) \tag{2-357}$$

式中 n——扭振减振器周向板簧的组数(每组两片)。

扭转角度为

$$\theta = \frac{v_{\mathrm{L}}}{R} \quad (\mathrm{rad}) \tag{2-358}$$

因此，扭振减振器扭转刚度为

$$k_{\mathrm{d}} = \frac{M_z}{\theta} = \frac{nR^2F}{v_{\mathrm{L}}} \quad (\mathrm{N \cdot m/rad}) \tag{2-359}$$

式中 R——板簧弯曲部分最小半径(m)；

F——作用力(N)；

n——扭振减振器周向板簧的组数(每组两片)；

v_{L}——板簧末端的挠度(m)。

(3) 阻尼系数计算。扭振减振器的阻尼形成机理较为复杂，一般凭经验和试验所积累的数据来估算，并通过减振器性能测试装置及发动机扭振测试反算来验证和确定。

板簧扭振减振器在柴油机工作过程中，内、外部构件在轴系扭转振动作用下会产生相对转动，其阻尼系数主要来源于：①簧片一侧的油腔被压缩，另一侧的油腔被扩张，由于体积变化，油腔之间产生压力差；②滑油通过盖板上浅槽间隙在相邻的油腔之间流动，该间隙可调节；③中间块与花键轴间的间隙在相邻的油腔之间流动。如图2-41所示，簧片组件中间的油腔被压缩，簧片组件与中间块之间的油腔被扩张，图中箭头表示滑油流动的路径及方向。

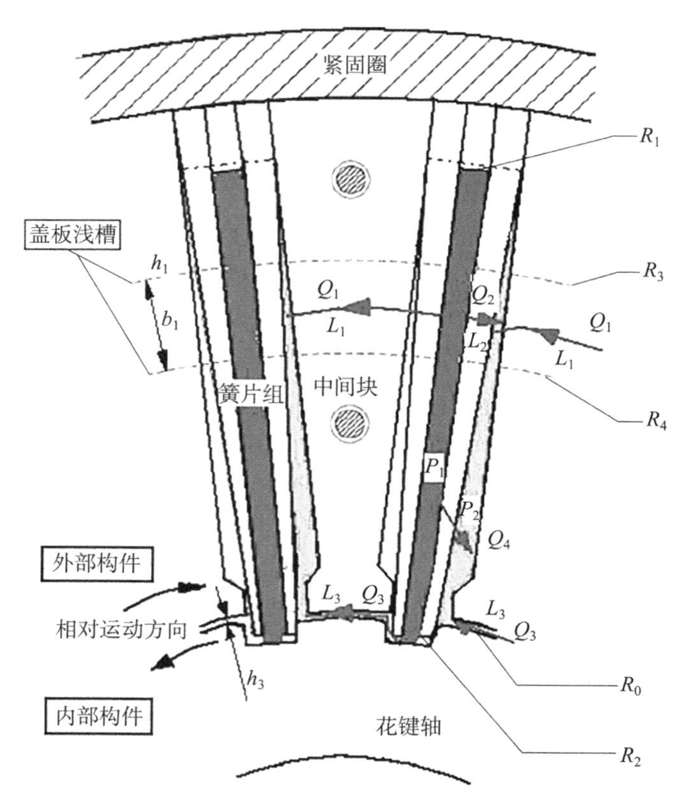

图 2-41 板簧扭振减振器内部滑油流动示意

阻尼计算方法可以采用工程流体力学的缝隙流理论公式或流体仿真软件来进行计算，并通过试验数据验证。

(4) 有限元法计算。采用有限元法计算簧片变形，然后再换算成减振器的扭转刚度，比较准确，且方便实用，如图 2-42 所示。

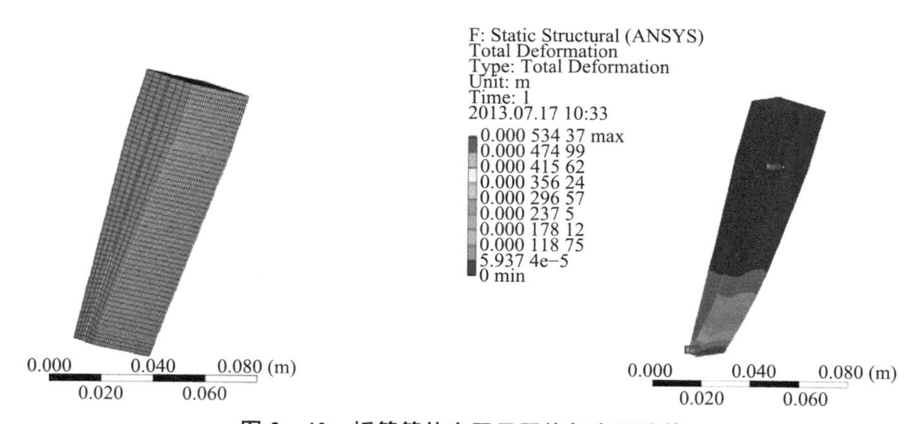

图 2-42 板簧簧片有限元网络与变形计算

扭转刚度计算步骤如下：①建立簧片变形区域的面几何模型；②选择平面应变问题的四边形单元进行分析；③簧片较厚一侧固定；④较薄一侧，与簧片垂直方向施加单位位移；⑤划分较密的网格，进行有限元分析，如图 2－38 与图 2－40 所示；⑥从计算结果中获取板簧较薄一侧的总约束反力；⑦应用此约束反力，并考虑到簧片宽度和簧片组数，最终可计算出绕扭振减振器回转中心的扭矩；⑧簧片薄边单位横向位移的变形，相当于扭振减振器产生的扭转角度（rad）；⑨最终计算出扭振减振器的扭转刚度（N·m/rad）。

2.8.2.4　板簧扭振减振器试验

1）板簧元件静刚度与可靠性试验

板簧扭振减振器的核心零部件是金属簧片，在工作中不断承受交变的拉力和压力，其刚度参数及疲劳寿命直接关系到扭振减振器的性能和可靠性。

在新型产品设计及产品检验过程中，需要进行试制簧片样品的静刚度试验，采用与减振器安装条件相当的试验夹具，两组板簧元件对称安装，在动态试验机上做出力-位移曲线，多次试验后取平均值。

在模拟实际工作频率和振幅的条件下，长时间连续试验，以考核簧片的疲劳强度与可靠性，如图 2－43 所示。

图 2－43　板簧簧片静刚度及可靠性试验机

2）板簧扭振减振器静刚度试验

参照 2.8.1.4，开展板簧扭振减振器整体静刚度试验，得到扭矩与扭转角度的曲线，多次试验后取平均值，以检验设计计算方法及产品质量。

3）板簧扭振减振器动态特性试验

参照 2.8.1.4，采用阶跃松弛法或激振法，开展板簧扭振减振器的动态特性试验或检验，得到实际的动刚度、阻尼系数，以检验设计计算方法及产品质量。

2.8.2.5　板簧扭振减振器设计

通常，板簧扭振减振器的设计过程有：

1）进行扭振减振器最佳参数的确定

采用双扭摆模型得出的计算方法，先后计算确定减振器的转动惯量、定调比、最佳阻尼系数及扭转刚度，再以此参数对多质量弹性系统轴系进行扭转振动计算，验证并调整设计参数，确定在最佳扭转振动情况下的扭振减振器参数。

进行柴油机轴系扭振计算，在柴油机扭振应力满足要求的情况下，需要校核簧片元件的振动扭矩或应力是否满足要求、校核扭振减振器的发热量和散热功率是否满足要求。

2）扭振减振器参数计算和结构设计

扭振减振器的结构设计是结合参数计算，反复优化的过程。根据最佳转动惯量和扭转刚度的要求，进行结构设计，包括外形尺寸、板簧元件设计，并确定板簧元件的数量、簧片有效长度、簧片宽度、油槽间隙等。

3）扭振减振器试验验证和调整

扭振减振器的计算模型和方法得到了试验的验证，但由于制造上的偏差和其他不确定的因素，以及阻尼系数计算误差等原因，还是需要对新设计的扭振减振器进行板簧元件试验、减振器整体静、动态试验，验证减振器的参数是否达到最佳参数的要求，如果偏差较大，可对减振器进行结构调整，以确保减振器的性能参数的准确性。

板簧元件及其连接的尺寸可以做调整，以满足减振器扭转刚度的任一参数要求，并对其做静刚度试验验证。

4）柴油机台架扭振实测并反算调整

对装有扭振减振器的柴油机轴系进行扭转振动的测量，得出振动的固有频率和主要谐次的振幅，结合扭转振动计算，反算出减振器的实际动态扭转刚度和阻尼系数，如果出现与最佳参数差异较大的情况，还可对减振器的结构进行适当调整，保证设计制造出的板簧扭振减振器的装机性能达到或接近设计最佳值。

2.8.3 硅油扭振减振器

2.8.3.1 硅油扭振减振器的应用

硅油扭振减振器具有调频、阻尼减振的功能，并具有成本低、安装便捷等优点，广泛应用于商用车发动机、船舶四冲程中高速柴油机与二冲程低速柴油机、往复式压缩机组及凸轮轴等领域，其中低速大型柴油机的硅油扭振减振器直径可达 4 m，而商用车发动机配置的硅油扭振减振器直径小到 200 mm，如 MAN、CUMMIS、Deuz、三菱、洋马等公司柴油机，国内主要有潍柴、玉柴、淄柴、河柴等公司柴油机。

2.8.3.2 硅油扭振减振器最佳参数的确定

1）硅油扭振减振器结构

硅油扭振减振器的结构如图 2－44 和图 2－45 所示，主要由壳体、密封盖板、惯性圆环、衬

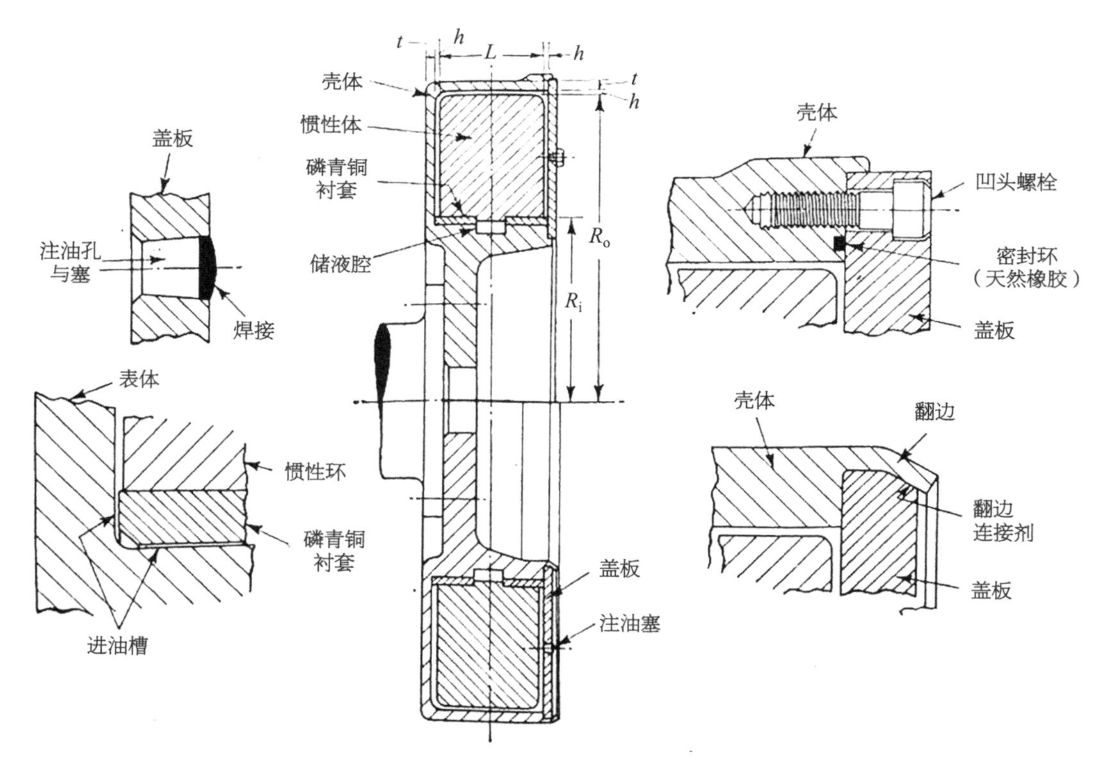

图 2－44 硅油扭振减振器典型结构示意（原 Holset）

套、注油螺塞等组成,有整体焊接、盖板密封两种封装方式。在惯性圆环和壳体之间留有很小的间隙(0.3～0.5 mm),充满一定黏度的硅油。扭振减振器安装在柴油机曲轴自由端,其壳体与惯性圆环之间产生相对运动,从而使硅油的黏性阻尼做功,消耗系统的扭振能量,达到减振的目的。

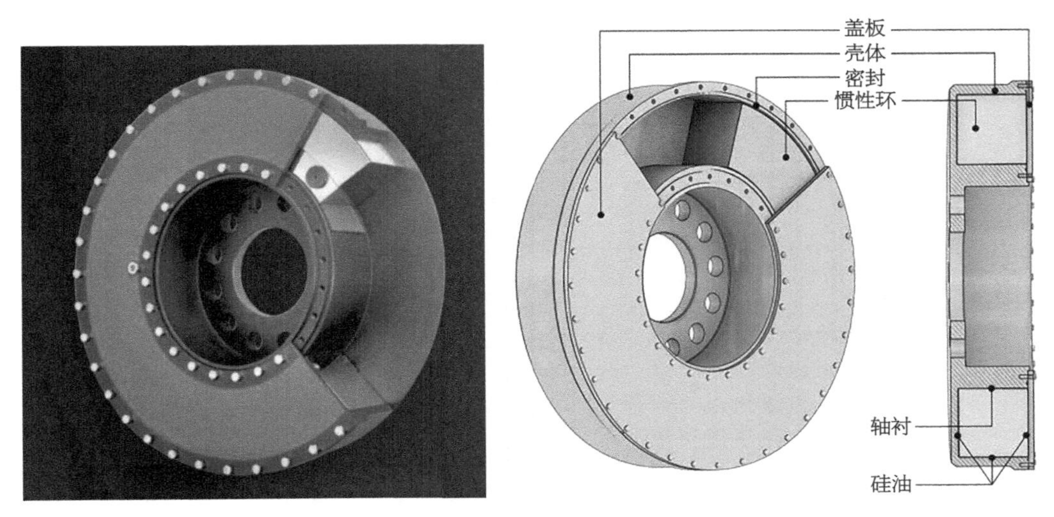

图 2-45 盖斯林格公司硅油扭振减振器

二甲基硅油是一种无色透明的合成高分子材料,有多种不同的黏度,具有良好的化学稳定性、优异的电绝缘性和耐高低温性;闪点高、凝固点低,并可在－50～＋200 ℃下长期使用;黏温系数小、压缩率大,是一种应用广泛的阻尼材料。

盖斯林格公司 Vdamp XT 型硅油扭振减振器如图 2-46 所示,为了延长工作寿命,在惯性圆环中留有额外的新硅油,具有两倍的硅油容量。当正常工作硅油经检测失效后,可以用惯性圆环储腔中的新硅油快速更换(约需 24 h)。

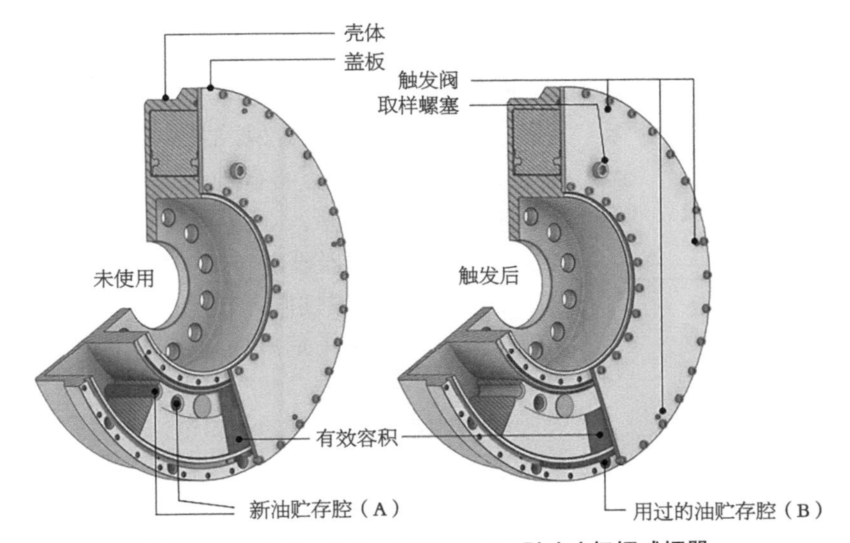

图 2-46 盖斯林格公司 Vdamp XT 型硅油扭振减振器

图 2-47 是盖斯林格公司用于四冲程发动机的 Vdamp 与 Vdamp XT 硅油减振器、二冲程发动机 Vdamp 硅油减振器的安装示意图。

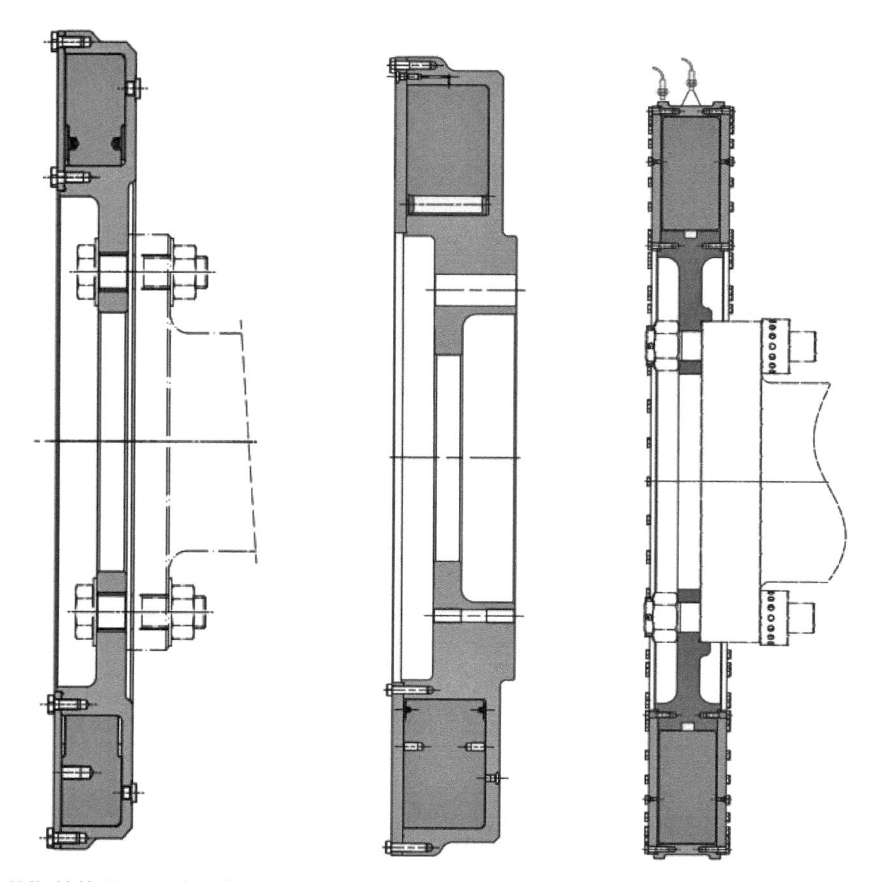

图 2-47 盖斯林格公司四冲程发动机 Vdamp 与 Vdamp XT 硅油减振器、二冲程发动机 Vdamp 硅油减振器

2) 硅油扭振减振器数学模型

硅油扭振减振器的主要参数有惯性圆环转动惯量、阻尼系数及扭转刚度。此外，影响硅油扭振减振器性能的参数还有结构间隙、硅油黏度、散热面积等。

为了便于分析扭振减振器各主要参数对于柴油机轴系扭振性能的影响，可以将硅油扭振减振器和柴油机简化成双扭摆模型进行分析。

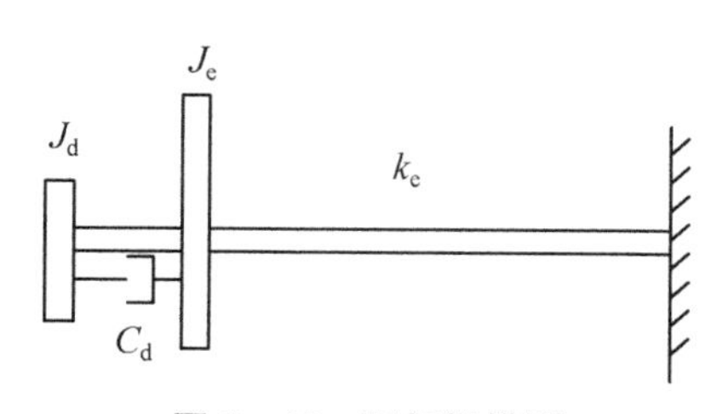

图 2-48 双扭摆模型（考虑扭振减振器阻尼系数）

(1) 阻尼减振器模型。如果忽略硅油扭振减振器中的扭转刚度，仅考虑惯性圆环转动惯量、阻尼系数，此时硅油扭振减振器简化为阻尼减振器，带硅油扭振减振器的柴油机简化为双扭摆模型，如图 2-48 所示。

该双扭摆系统的运动方程组为

$$\begin{cases} J_d\ddot{\varphi}_d + C_d(\dot{\varphi}_d - \dot{\varphi}_e) = 0 \\ J_e\ddot{\varphi}_e + C_d(\dot{\varphi}_e - \dot{\varphi}_d) + k_e\varphi_e = M_e e^{j\omega t} \end{cases} \tag{2-360}$$

式中　J_d——扭振减振器惯性圆环的转动惯量($kg \cdot m^2$)；

J_e——发动机等效转动惯量($kg \cdot m^2$)；

C_d——扭振减振器阻尼系数($N \cdot m \cdot s/rad$)；

k_e——发动机等效扭转刚度($N \cdot m/rad$)；

M_e——发动机等效激励力矩幅值($N \cdot m$)；

ω——激励力矩圆频率(rad/s)；

φ_d、$\dot{\varphi}_d$、$\ddot{\varphi}_d$——扭转减振器惯性圆环的角位移(rad)、角速度(rad/s)和角加速度(rad/s^2)；

φ_e、$\dot{\varphi}_e$、$\ddot{\varphi}_e$——柴油机轴系当量集中质量的角位移(rad)、角速度(rad/s)和角加速度(rad/s^2)。

J_e 和 k_e 的计算公式见式(2-288)。

设运动方程组的解为 $\varphi_d = A_d e^{j(\omega t+\varepsilon_d)}$，$\varphi_e = A_e e^{j(\omega t+\varepsilon_e)}$，并代入上式，得到

$$\begin{cases} A_d = M_e\sqrt{\dfrac{\omega^2 C_d^2}{(J_eJ_d\omega^4 - J_dk_e\omega^2)^2 + \omega^2C_d^2[k_e - \omega^2(J_e + J_d)]^2}} \\ A_e = \sqrt{\dfrac{(-\omega^2J_d)^2 + \omega^2C_d^2}{(J_eJ_d\omega^4 - J_dk_e\omega^2)^2 + \omega^2C_d^2[k_e - \omega^2(J_e + J_d)]^2}} \\ \Delta A = A_e - A_d = \dfrac{M_e\omega^2J_d}{\sqrt{(J_eJ_d\omega^4 - J_dk_e\omega^2)^2 + \omega^2C_d^2[k_e - \omega^2(J_e + J_d)]^2}} \end{cases} \tag{2-361}$$

为了说明安装阻尼减振器后的柴油机系统减振特性，首先讨论两种特殊情况下 A_e 的变化曲线，如图 2-49 所示。

当 $C_d = 0$，减振器壳体与惯性圆环之间的阻尼为零时，系统变为一无阻尼双扭摆系统，式(2-361)中的 A_e 简化为

$$A_e = \frac{M_e}{J_e\omega^2 - k_e} \quad \text{(rad)} \tag{2-362}$$

系统的固有频率 $\omega_{n(C_d=0)}$ 等于原系统固有频率 ω_n。

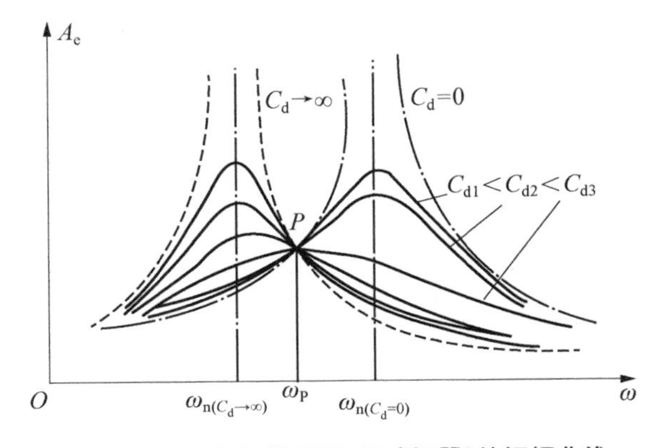

图 2-49　双扭摆模型(阻尼减振器)的振幅曲线

当 $C_d \to \infty$，减振器壳体与惯性圆环之间的阻尼为无穷大时，相当于惯性圆环与壳体刚性相连，系统变为一单扭摆，扭摆的转动惯量为 J_d 与 J_e 之和，其固有频率 $\omega_{n(C_d\to\infty)}$ 小于原系统固有频率 ω_n，即

$$\omega_{n(C_d\to\infty)} = \sqrt{\frac{k_e}{J_d + J_e}} \quad \text{(rad/s)} \tag{2-363}$$

在这两种情况下，系统振幅 A_e 随着激振频率 ω 的变化曲线如图 2-49 中两条虚线所示，其交点为 P，各种阻尼值时 A_e 的共振曲线均通过它。

P 点的频率为

$$\omega_P = \omega_n \sqrt{\frac{2}{\mu + 2}} \quad (\text{rad/s}) \tag{2-364}$$

式中　μ——惯量比，$\mu = J_d / J_e$。

P 点的幅值为

$$A_{eP} = \frac{M_e}{k_e} \cdot \frac{\mu + 2}{\mu} = A_{st} \frac{\mu + 2}{\mu} \quad (\text{rad}) \tag{2-365}$$

式中　A_{st}——不加扭振减振器时原柴油机系统的静振幅(rad)，$A_{st} = \frac{M_e}{k_e}$。

以 P 点幅值 A_{eP} 为峰值的共振曲线所对应的阻尼必定是最佳阻尼值，所消耗的能量最大。在 $\omega = \omega_P$ 时使 A_e 共振曲线的斜率为零，即 $\left.\frac{\partial A_e}{\partial \omega^2}\right|_{\omega=\omega_P} = 0$，可以求出最佳阻尼系数：

$$C_P = \frac{2\omega_n J_d}{\sqrt{2(\mu + 1)(\mu + 2)}} \quad (\text{N} \cdot \text{m} \cdot \text{s/rad}) \tag{2-366}$$

最佳阻尼比为

$$\zeta_P = \frac{C_P}{2\omega_n J_d} = \frac{1}{\sqrt{2(\mu + 1)(\mu + 2)}} \tag{2-367}$$

最佳阻尼时，加装减振器的柴油机系统固有频率为

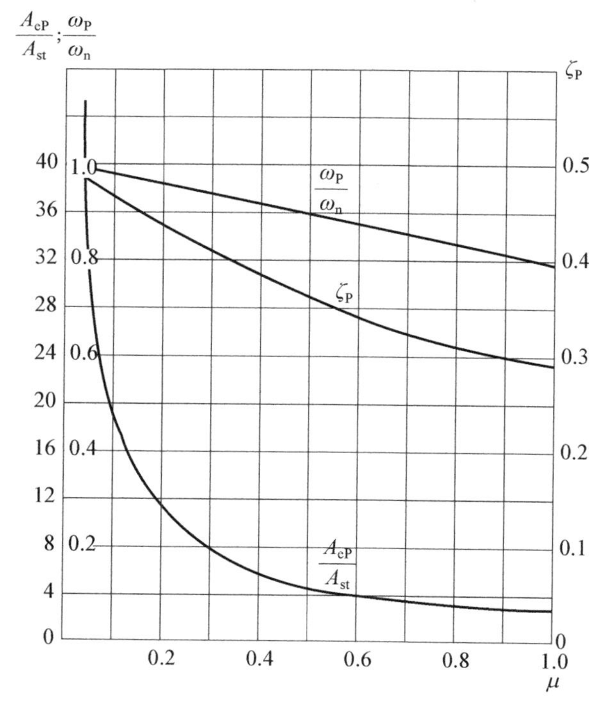

图 2-50　硅油减振器特性关系曲线

$$\omega_P = \sqrt{\frac{2}{\mu + 2}\omega_n^2} = \sqrt{\frac{2}{\left(\frac{J_d}{J_e} + 2\right)} \cdot \frac{k_e}{J_e}} = \sqrt{\frac{k_e}{J_e + \frac{J_d}{2}}} \quad (\text{rad/s}) \tag{2-368}$$

此时，即相当于将减振器惯性圆环转动惯量的一半加在原系统后的系统固有频率。因此，在实际计算带硅油扭振减振器的柴油机轴系时，通常将惯性圆环转动惯量的一半加在减振器壳体上(见 2.2.2)。

从式(2-366)～式(2-368)可见，放大系数 A_{eP}/A_{st}、频率比 ω_P/ω_n、最佳阻尼比 ζ_P 等参数均只与惯量比 μ 有关，相关特性曲线如图 2-50 所示。

由图可见，惯性圆环的转动惯量 J_d 越大，即惯量比 μ 越大，两个共振频率 ω_P 与

ω_n 相隔越远，P 点的幅值也越低。因此，在确保最佳阻尼条件下，硅油扭振减振器的关键参数是惯性圆环的转动惯量 J_d。

当把硅油扭振减振器简化为阻尼减振器时，通常将硅油扭振减振器简化成一个整体，在最佳阻尼效果时，其等效转动惯量为

$$I_e = I_w + \frac{1}{2} I_d \quad (\mathrm{kg \cdot m^2}) \tag{2-369}$$

式中　I_w——壳体转动惯量（$\mathrm{kg \cdot m^2}$）；

I_d——惯性圆环转动惯量（$\mathrm{kg \cdot m^2}$）。

阻尼系数与振动频率成正比，即

$$C_d = \mu_d I_d \omega \quad (\mathrm{N \cdot m \cdot s}) \tag{2-370}$$

式中　μ_d——阻尼比，通常 $\mu_d = 0.2 \sim 1.0$，最佳阻尼比时 $\mu_d = 0.5$；

ω——振动圆频率（rad/s）；

I_d——扭振减振器惯性圆环的转动惯量（$\mathrm{kg \cdot m^2}$）。

（2）阻尼弹性减振器模型。考虑硅油扭振减振器中的惯性圆环转动惯量、阻尼系数影响的同时，研究扭转刚度的影响，此时硅油扭振减振器简化为阻尼弹性减振器，带硅油扭振减振器的柴油机简化为双扭摆模型（与卷簧或板簧扭振减振器的计算模型相似），相关参数及特性分析可以参见 2.8.1.2。

按 Deuz MWM 柴油机资料，硅油扭振减振器主动件和惯性圆环之间的扭转刚度可以认为

$$k_d = k_0 F^{E_c} \tag{2-371}$$

式中　k_0——扭转刚度常数（N·m/rad）；

E_c——扭转刚度指数；

F——振动频率，$F = \frac{\upsilon n}{60}$（Hz）；

υ——简谐系数；

n——柴油机转速（r/min）。

扭振减振器阻尼系数为

$$C_d = C_0 F^{E_r} \quad (\mathrm{N \cdot m \cdot s/rad}) \tag{2-372}$$

式中　C_0——阻尼常数（N·m·s/rad）；

E_r——阻尼指数；

F——振动频率，$F = \frac{\upsilon n}{60}$（Hz）；

υ——简谐系数；

n——柴油机转速（r/min）。

2.8.3.3　硅油扭振减振器参数计算

1）阻尼系数

对于图 2-51 所示的硅油扭振减振器，当相距 δ、间隙充满硅油的两平面产生相对运动

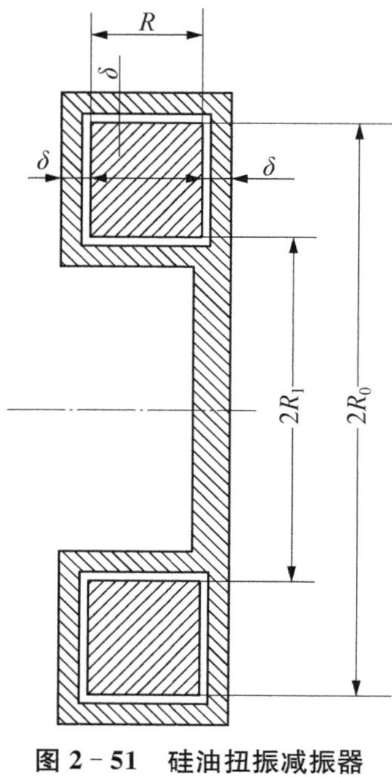

图 2-51 硅油扭振减振器结构尺寸

时，单位面积硅油产生的剪力为

$$q = 980\rho\nu\frac{V}{\delta} \quad (\text{N/m}^2) \tag{2-373}$$

式中 ρ——硅油密度(kg/m^3)，一般可取为 1 000 kg/m^3；
ν——硅油运动黏度(m^2/s)；
V——两平面的相对速度(m/s)；
δ——两平面的间距(m)。

因而，扭振减振器径向间隙中硅油产生的径向阻尼力矩为

$$\begin{aligned} M_{\text{cn}} &= M_{\text{cn0}} + M_{\text{cn1}} = qF_{\text{n}}R_0 + qF'_{\text{n}}R_1 \\ &= 980\rho\nu_{\text{n0}}\frac{R_0\omega\Delta A_{\text{ed}}}{\delta}\cdot 2\pi R_0 BR_0 \\ &\quad + 980\rho\nu_{\text{n1}}\frac{R_1\omega\Delta A_{\text{ed}}}{\delta}\cdot 2\pi R_1 B\cdot R_1 \\ &= 1\,960\pi\rho\omega\cdot\Delta A_{\text{ed}}(\nu_{\text{n0}}R_0^3 + \nu_{\text{n1}}R_1^3)B/\delta \quad (\text{N}\cdot\text{m}) \end{aligned} \tag{2-374}$$

扭振减振器侧向间隙中硅油产生的侧向阻尼力矩为

$$\begin{aligned} M_{\text{ct}} &= 2\sum q_i\Delta F_i R_i = 4\times 980\rho\frac{\pi\omega\Delta A_{\text{ed}}}{\delta}\int_{R_1}^{R_0}\nu_{\text{t}}R^3\,\text{d}R \\ &= 3\,920\frac{\pi\rho\omega\Delta A_{\text{ed}}}{\delta}\int_{R_1}^{R_0}\nu_{\text{t}}R^3\,\text{d}R \quad (\text{N}\cdot\text{m}) \end{aligned} \tag{2-375}$$

式中 ν_{n0}、ν_{n1}——减振器惯性圆环外径、内径的硅油径向运动黏度(m^2/s)；
M_{cn0}、M_{cn1}——减振器惯性圆环外径、内径的径向阻尼力矩(N·m)；
ν_{t}——硅油侧向运动黏度(m^2/s)；
ω——振动圆频率(rad/s)；
ΔA_{ed}——扭振减振器壳体与惯性圆环的相对振幅(rad)；
ρ——硅油密度(kg/m^3)；
q——单位面积硅油产生的剪力(N/m^2)；
R_0——惯性圆环的外径(m)；
R_1——惯性圆环的内径(m)；
R——半径变量(m)，$R_1 \leqslant R \leqslant R_0$；
B——惯性圆环的宽度(m)；
δ——硅油间隙(m)。

减振器硅油的侧向运动黏度为

$$\nu_{\text{t}} = \nu_0\left(\frac{10}{V/\delta}\right)^n = \nu_0\left(\frac{10\delta}{\omega R\Delta A_{\text{ed}}}\right)^n \quad (\text{m}^2/\text{s}) \tag{2-376}$$

式中 ν_0——硅油名义黏度(m^2/s)；

V——外壳侧面与惯性环侧面之间的相对速度(m/s)；

δ——外壳侧面与惯性环侧面之间的间距(m)；

R——半径变量(m)，$R_1 \leqslant R \leqslant R_0$；

n——系数，当 $V/\delta < 700$ 时，$n = 0.158$；当 $700 < V/\delta < 1\,000$ 时，$n = 0.434$。

减振器惯性圆环外径、内径的硅油径向运动黏度分别为

$$\nu_{n0} = \nu_0 \left(\frac{10}{V/\delta}\right)^n = \nu_0 \left(\frac{10\delta}{\omega R_0 \Delta A_{ed}}\right)^n \quad (\mathrm{m^2/s}) \tag{2-377}$$

$$\nu_{n1} = \nu_0 \left(\frac{10}{V/\delta}\right)^n = \nu_0 \left(\frac{10\delta}{\omega R_1 \Delta A_{ed}}\right)^n \quad (\mathrm{m^2/s}) \tag{2-378}$$

其相互关系为

$$\nu_{n1} = \nu_{n0} \left(\frac{R_0}{R_1}\right)^n \quad (\mathrm{m^2/s}) \tag{2-379}$$

因此，径向阻尼力矩[式(2-374)]表达为

$$M_{cn} = 1\,960\pi\rho\omega \cdot \Delta A_{ed} \cdot \nu_{n0} \left[R_0^3 + \left(\frac{R_0}{R_1}\right)^n R_1^3\right] B/\delta \quad (\mathrm{N \cdot m}) \tag{2-380}$$

当 $R = R_0$ 时，该处的侧向运动黏度与该处的径向运动黏度相等，即

$$\upsilon_t = \upsilon_0 \left(\frac{10\delta}{\omega R_0 \Delta A_{ed}}\right)^n = \upsilon_{n0} \quad (\mathrm{m^2/s}) \tag{2-381}$$

将式(2-376)带入式(2-377)，积分后得到侧向阻尼力矩：

$$M_{ct} = 3\,920 \frac{\rho\pi\omega\Delta A_{ed}}{(4-n)\delta} \nu_{n0} R_0^4 \left[1 - \left(\frac{R_1}{R_0}\right)^{4-n}\right] \quad (\mathrm{N \cdot m}) \tag{2-382}$$

总的阻尼力矩为

$$M_c = M_{cn} + M_{ct} = c_p \omega \Delta A_{ed} \quad (\mathrm{N \cdot m}) \tag{2-383}$$

阻尼系数为

$$c_p = c_n + c_t = c_{n0} + c_{n1} + c_t = c_{n0}\left(1 + \frac{c_{n1}}{c_{n0}} + \frac{c_t}{c_{n0}}\right) \quad (\mathrm{N \cdot m \cdot s/rad}) \tag{2-384}$$

式中　c_{n0}、c_{n1}——惯性圆环外径、内径的径向阻尼系数(N·m·s/rad)；

c_{n0}——径向阻尼系数(N·m·s/rad)，$c_n = c_{n0} + c_{n1}$；

c_t——侧向阻尼系数(N·m·s/rad)。

由于 $M_{cn} = c_n \omega \Delta A_{ed}$，$M_{ct} = c_t \omega \Delta A_{ed}$，所以

$$\begin{cases} c_{n0} = 1\,960\pi\rho\nu_{n0} R_0^3 B/\delta \\ c_{n1} = 1\,960\pi\rho\nu_{n0} \left(\dfrac{R_0}{R_1}\right)^n R_0^3 B/\delta \\ c_n = c_{n0} + c_{n1} = 1\,960\pi\rho\nu_{n0} \left[R_0^3 + \left(\dfrac{R_0}{R_1}\right)^n R_0^3\right] B/\delta \end{cases} \tag{2-385}$$

$$c_t = 3\,920\frac{\pi\rho\nu_{n0}}{(4-n)\delta}R_0^4\left[1-\left(\frac{R_1}{R_0}\right)^{4-n}\right] \quad (\text{N}\cdot\text{m}\cdot\text{s/rad}) \tag{2-386}$$

从而

$$\frac{c_t}{c_n} = \frac{4}{4-n}\cdot\frac{\left[1-\left(\frac{R_1}{R_0}\right)^{4-n}\right]}{\left[1+\left(\frac{R_1}{R_0}\right)^{3-n}\right]}\frac{R_0}{2B} = \eta_R\frac{R_0}{2B} \tag{2-387}$$

式中 η_R——阻尼修正系数，即

$$\eta_R = \frac{4}{4-n}\cdot\frac{\left[1-\left(\frac{R_1}{R_0}\right)^{4-n}\right]}{\left[1+\left(\frac{R_1}{R_0}\right)^{3-n}\right]} \tag{2-388}$$

当 $R_0 \gg R_1$ 时，阻尼修正系数为

$$\eta_R \cong \frac{4}{4-n} \tag{2-389}$$

因此，扭振减振器阻尼系数为

$$c_p = \frac{1\,960\pi\rho\nu_{n0}R_0^3B}{\delta}\left[1+\left(\frac{R_0}{R_1}\right)^n+\eta_R\frac{R_0}{2B}\right] \quad (\text{N}\cdot\text{m}\cdot\text{s/rad}) \tag{2-390}$$

式中 ν_{n0}——减振惯性圆环外径的硅油径向运动黏度(m^2/s)；
ρ——硅油密度(kg/m^3)；
R_0——惯性圆环的外径(m)；
R_1——惯性圆环的内径(m)；
B——惯性圆环的宽度(m)；
δ——硅油间隙(m)。
η_R——阻尼修正系数；
n——系数。

2) 硅油黏度计算

硅油的名义黏度是在剪切率很低、25 ℃下测得的黏度。当温度高于 25 ℃、剪切率较大时测得的硅油黏度为有效黏度。硅油的有效黏度随温度的升高或剪切率增大而降低。

如图 2-52 所示，在硅油实际工作温度及剪切率情况下，其温度修正系数 η_t 和剪切率修正系数 η_v 可以差值求出。一般来说，当硅油扭振减振器安装在柴油机曲轴箱内，硅油的工作温度可取为 75 ℃，安装在外部时可取为 45 ℃。

硅油的有效运动黏度

$$v_n = \eta_t\eta_\nu v_0 \quad (\text{m}^2/\text{s}) \tag{2-391}$$

式中 η_t——温度修正系数(%)；

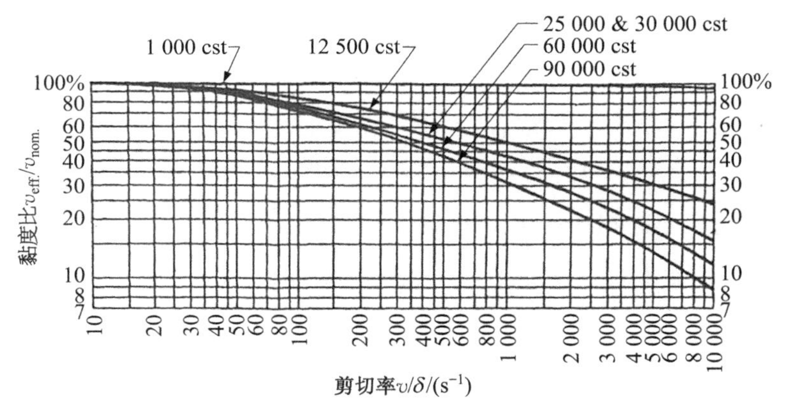

(a) 硅油运动黏度随剪切率 V/δ 的 η_v 变化曲线

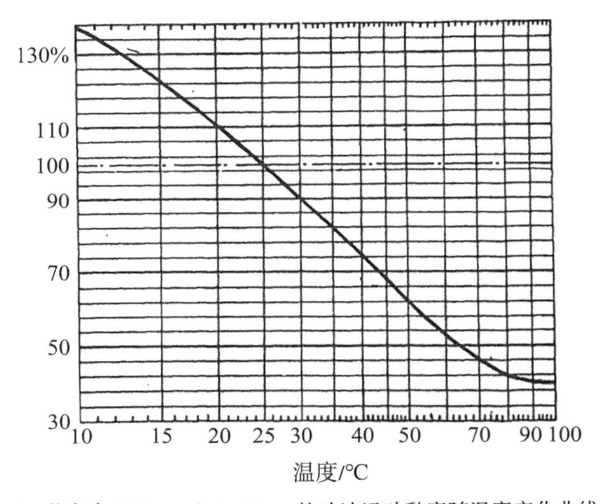

(b) 黏度为 12 500～200 000 cst 的硅油运动黏度随温度变化曲线

图 2－52 硅油黏度的剪切率修正系数 η_v 与温度修正系数 η_t 曲线

η_v ——剪切率修正系数(%)；

v_0 ——硅油名义黏度(m^2/s)，1 cst(mm^2/s，厘斯)$=10^{-6}$ m^2/s。

3) 硅油扭振减振器可靠性核算

硅油扭振减振器的可靠性重要指标是控制外表面的散热功率，以确保硅油的工作温度在许可范围内。因此，需要计算硅油扭振减振器的散热功率和工作温度，以确保其工作的可靠性。

硅油扭振减振器在一个振动循环里吸收的阻尼功为

$$W_d = \pi C_d \omega (\Delta A_{ed})^2 \quad (N \cdot m) \tag{2-392}$$

式中 C_d ——扭振减振器阻尼系数($N \cdot m \cdot s/rad$)；

ω ——振动圆频率(rad/s)；

ΔA_{ed} ——扭振减振器壳体与惯性圆环的相对振幅(rad)。

通常硅油扭振减振器是按最佳阻尼参数设计的，因此

$$\Delta A_{ed} = \sqrt{\frac{1+\mu}{2+\mu}} A_{eP} \quad (rad)$$

$$\omega = \omega_P = \omega_n \sqrt{\frac{2}{\mu + 2}} \quad (\text{rad/s})$$

$$C_d = C_P = \frac{2J_d\omega_n}{\sqrt{2(\mu+1)(\mu+2)}} = \frac{J_d\omega_P}{\sqrt{\mu+1}} \quad (\text{N}\cdot\text{m}\cdot\text{s/rad})$$

式中 A_{eP} ——最佳阻尼时扭振减振器壳体的振幅(rad)；

μ ——惯量比，$\mu = J_d/J_e$；

J_e ——发动机当量转动惯量($\text{kg}\cdot\text{m}^2$)，$J_e = \sum_{i=1}^{n} J_i\alpha_i^2$；

α_i ——相应振型的相对振幅。

在一个振动周期中，扭振减振器消耗的最大能量为

$$W_d = \frac{\sqrt{\mu+1}}{\mu+2}\pi J_d\omega_P^2 A_{eP}^2 \quad (\text{N}\cdot\text{m}) \tag{2-393}$$

因此，硅油扭振减振器产生的散热功率为

$$N_d = 0.001W_d\frac{\omega_P}{2\pi} = 0.001\frac{\sqrt{\mu+1}}{\mu+2}J_d\omega_P^3 A_{eP}^2 \quad (\text{kW}) \tag{2-394}$$

硅油扭振减振器产生的各谐次及合成散热量，也可以采用式(2-249)、式(2-250)计算。

硅油扭振减振器可靠性校核指标是扭振减振器外表面每平方米最大允许散热功率不大于6.4 kW/m²，即

$$\frac{N_d}{S} \leqslant 6.4 \quad \text{kW/m}^2 \tag{2-395}$$

式中 S——扭振减振器壳体外表面的面积(m^2)，即 S=壳体侧面面积+壳体外圆面面积+壳体内孔外表面面积；

N_d ——硅油扭振减振器的散热功率(kW)。

为了确保硅油扭振减振器的热负荷及温升的安全性，可以在减振器外表面加装散热片。图2-53是奥地利盖斯林格公司和德国H&W公司(Hasse Wrede)生产的硅油减振器图片，采用了外表散热结构，以提高散热效果。

图2-53 增加散热面积的硅油扭振减振器外表结构

2.8.3.4 硅油扭振减振器设计

通常，硅油扭振减振器的设计过程有：

1）进行扭振减振器最佳参数的确定

采用双扭摆模型得出的计算方法，先后计算确定减振器的转动惯量、定调比、最佳阻尼系数及扭转刚度，再以此参数对多质量弹性系统轴系进行扭转振动计算，验证并调整设计参数，确定在最佳扭转振动情况下的扭振减振器参数。

2）扭振减振器参数计算和结构设计

扭振减振器的结构设计是结合参数计算，反复优化的过程。根据最佳转动惯量和扭转刚度、阻尼系数的要求，运用减振器结构优化设计计算程序进行结构设计，包括外形及惯性圆环尺寸，硅油黏度选型，散热片等。

3）扭振减振器试验验证和调整

扭振减振器的计算模型和方法得到了试验的验证，但由于制造上的偏差和其他不确定的因素，以及阻尼系数只能凭经验估计等原因，还是需要对新设计的减振器进行减振器试验，验证减振器的参数是否达到最佳参数的要求，如果偏差较大，可对减振器进行结构调整，保证减振器装机前的性能参数。

4）柴油机台架扭振实测并反算调整

对装有扭振减振器的柴油机轴系进行扭转振动的测量，得出振动的固有频率和主要谐次的振幅，结合扭转振动计算，反算出减振器的实际动态扭转刚度和阻尼系数，如果出现与最佳参数差异较大的情况，还可对减振器的结构进行适当调整，保证设计制造出的硅油扭振减振器的装机性能达到或接近设计最佳值。

2.8.4 扭振减振器的维保

扭振减振器的工作寿命是有限的，需定期检查、检修与维护，必要时更换硅油或弹性元件等。

硅油扭振减振器的减振作用会随着时间的推移而削弱。装在汽车上的硅油扭振减振器的极限使用期大约在行驶 500 000 km 之后；电站、机车、船用柴油机的硅油扭振减振器，柴油机转速大于 600 r/min 时工作时间为 15 000～20 000 h；转速低于 600 r/min 时工作时间为 30 000～50 000 h。康明斯柴油机使用和维修手册上规定，扭振减振器每隔 6 000 h 就必须进行检查，24 000 h 就得更换。我国航道局从荷兰进口的挖泥船上安装有 Holset 公司生产的硅油扭振减振器，其寿命约为 60 000 h。

板簧与卷簧扭振减振器长时间运行后，板簧或卷簧元件会发生磨损，甚至断裂，应该按柴油机检修周期进行定期的检查和维护。

2.9 扭转振动控制方法

2.9.1 扭转振动控制的主要方法

控制轴系扭转振动的方法主要有调频、减振、隔离等方法。

1）调频减振法

配置扭振减振器、弹性联轴器等，改变柴油机系统的自振频率，将系统原来临界转速移到工作转速范围以外；利用扭振减振器、弹性联轴器的阻尼消耗发动机及轴系的扭振能量，以减少扭振振幅、扭矩和应力，进而减小输入动力系统轴系的扭振能量。

2）调频回避法

通过调整转动惯量和扭转刚度，如调整飞轮转动惯量、轴径、长度，来调整系统的固有频率，将有害的共振转速移到常用转速以外；设置转速禁区，不允许系统在该转速下持续运转，但可以快速通过。

3）安装大阻尼部件减振法

安装高弹性联轴器、液力偶合器等，主要是减少或隔离柴油机扭振负荷向后传动轴系的传递，降低齿轮箱、发电机、螺旋桨、传动轴系的扭振负荷。

4）减少输入系统的振动能量

（1）柴油机和螺旋桨是轴系扭振主要的激励源。

（2）减小柴油机输入系统的扭振能量，可以通过改变柴油机发火顺序、V型机列间发火间隔角等，可以减少相对振幅矢量 $\sum \vec{\alpha_k}$，从而降低输入系统的扭振能量，同时，也降低了由扭振的耦合产生的纵向振动的响应。

（3）减小螺旋桨激励力的方法是优化螺旋桨及桨叶的设计，改善船尾部伴流分布，防止空泡的产生。

（4）调整曲轴与螺旋桨的相对夹角，有可能使柴油机和螺旋桨的激励力矩（叶频或倍叶频）产生的振动彼此抵消一部分，使轴系总体振动响应下降。

5）扭振（TV）限制线

对于复杂的动力系统轴系，如双机并车轴系，根据需要，可以设置扭振运行限值曲线，即扭振（TV）限制线，可以从动力系统运行工况角度来达到控制柴油机及设备扭振负荷的目的，保证安全可靠运行。

2.9.2 配置扭振减振器

随着船用柴油机的发展，扭振减振器已经成为一台具有先进指标的发动机不可缺少的部件，可以确保发动机装置具有最佳的扭转振动特性，以及长期安全运行的可靠性。

扭振减振器的工作原理主要表现在两个方面，首先是它的调频作用，其次是耗散系统扭振能量，减小扭振振幅的作用。

目前大功率发动机常用的扭振减振器主要有：

1）硅油扭振减振器

硅油扭振减振器是阻尼减振器，主要以吸收系统扭振能量、减小系统扭振能量为主，从而达到减振的目的。硅油扭振减振器广泛应用于各种类型的柴油机。

2）卷簧扭振减振器

卷簧扭振减振器是动力减振器和阻尼减振器的综合体，既有共振式减振器的调频性能，又有阻尼减振器的减振作用。卷簧扭振减振器主要应用于中速和高速柴油机。

3）板簧扭振减振器

板簧扭振减振器也是动力减振器和阻尼减振器的综合体，既有共振式减振器的调频性能，又有阻尼减振器的减振作用。与卷簧扭振减振器相比，板簧扭振减振器的调频和阻尼范围更大，广泛应用于各种类型的柴油机。

主要类型扭振减振器的主要性能对比汇总于表2-12，以便于扭振减振器的选型和使用。

表2-12　主要类型扭振减振器选型及性能对比表

序号	类型	主要功能	材料/元件	安装条件	使用寿命	定期检测/检查	维修措施	应用领域	成本
1	硅油扭振减振器	调频，阻尼	二甲基硅油	需要良好的散热条件	1.5万～2万h（转速>600 r/min）；3万～5万h（转速<600 r/min）	结合发动机修理期间，检查减振器外表温度；硅油黏度、颜色等	更换硅油	低速/中速/高速发动机及凸轮轴、压缩机等	成本较低
2	卷簧扭振减振器	调频，阻尼	卷簧元件	与曲轴润滑油相连	大于等于发动机中修或大修时间	结合发动机检修期间，打开盖板，检查卷簧元件是否磨损、断裂；润滑是否充分	拆解或更换元件，清洗，涂油脂	中速/高速大功率发动机	成本适中
3	板簧扭振减振器	调频，阻尼	板簧元件	与曲轴润滑油相连	大于等于发动机中修或大修时间	结合发动机检修期间，打开盖板，检查板簧元件是否磨损、断裂；润滑是否充分	拆解或更换元件，清洗，涂油脂	低速/中速/高速大功率发动机	成本略高

2.9.3　安装弹性元件

所谓安装弹性元件，是指在动力系统传动轴系中，安转刚度非常小的弹性元件来达到减振的目的。这类元件一般是指高弹性联轴器、液力偶合器等。这类弹性元件主要在轴系扭转振动方面的贡献是：降低扭转振动的振幅和应力，吸收脉冲扭矩。

由于弹性联轴器的刚度远远小于轴系的平均扭转刚度，可以大幅度降低系统的固有频率，使系统的临界转速也相应降低，达到避振的目的。

当柴油机不均匀输出扭矩时，就会使减速齿轮之间产生冲击力，从而造成齿的折损、齿面点蚀、机舱甚至船体噪声加大。当柴油机与传动齿轮刚性连接时，输出扭矩的交变部分几乎没有衰减地传到了传动齿轮，造成齿轮间的冲击。如果在齿轮和柴油机之间装有高弹性联轴器，使系统之间的冲击系数大大减低，从而缓和冲击；由于联轴器还有阻尼的存在，可以降低系统通过临界转速时候的冲击。

此外，高弹性联轴器除了减振作用，还有降低轴系的纵、横向振动；吸收螺旋桨传来的冲击;隔离固体结构噪声;补偿装配中一定的不对中;绝缘电流等优点。液力偶合器除了在扭振控制方面贡献比较大外,其主要功能就是起到离合器的作用(接排/脱排)。

2.9.4 扭振(TV)限制线

船舶在航行时,复杂动力系统按某些工况运行时(尤其按负荷限制线超工况运行时),可能会出现轴系扭振超标现象。虽然在某些运行工况,低于柴油机本身的负荷限制,但会出现扭振超标的情况,因此在这些工况下确定一个以扭振载荷特性为依据的限制线,称为扭振(TV)限制线,以确保双机并车动力系统的最全面的安全运行。

图 2-54 给出了某船双机并车动力系统的主机扭振限制线及负荷限制线、推进限制线的曲线图。从图中可以看出,当船舶按照负荷限制线运行时,在 700～900 r/min 转速范围,动力系统很可能会出现扭振问题。扭振限制线给双机并车动力系统运行工况的设计提出很有价值的参考和安全保障(详见第 7.3 节)。

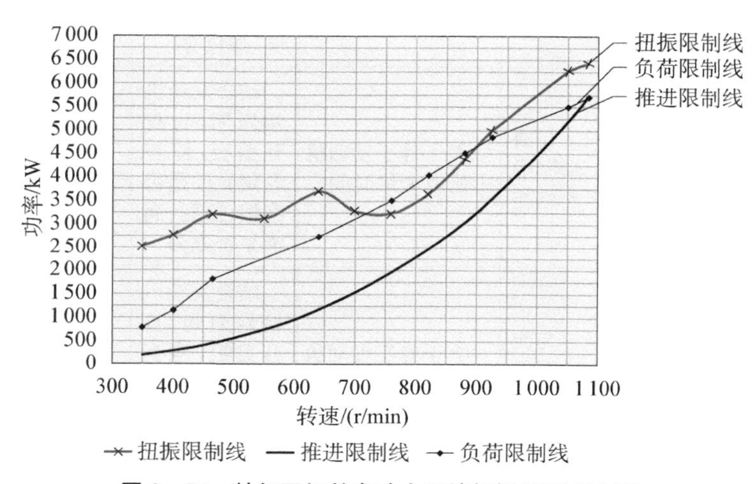

图 2-54 某船双机并车动力系统扭振(TV)限制线

2.10 柴油机扭振设计流程

对于自主研发柴油机或发动机来说,扭振减振器匹配设计、扭振计算和优化设计、扭振测试分析、扭振特性评估,包括曲轴扭振许用应力评判,是必不可少的工作。

在设计阶段,可以采用气缸理论压力曲线,进行激励力矩简谐分析,开展扭振计算分析;在样机台架试验阶段,可以采用实测的不同负荷气缸压力曲线数据,进行实际激励力矩简谐分析,并开展扭振测试分析。

在丰富的仿真计算手段和经验积累的基础上,发动机扭振设计可以尽可能确保一次成功。如果实际测试效果不够理想,可以进行优化设计修改,并最后通过扭振特性的评估,满足现行规范的要求和使用要求。

图 2-55 所示是柴油机扭振设计的流程,以供参考。

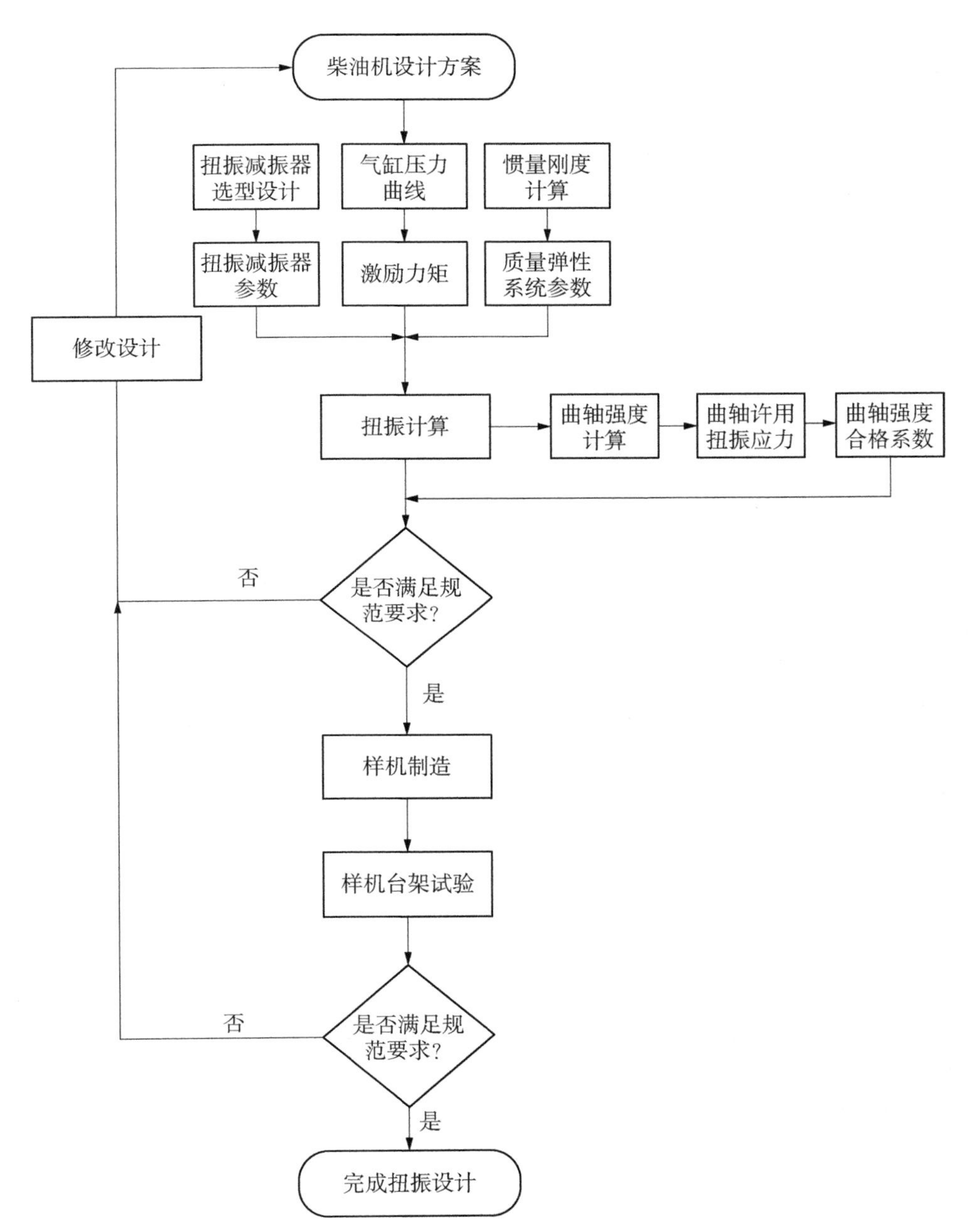

图 2-55　柴油机扭振设计流程

第3章 轴系纵向振动

3.1 概述

纵向振动是指以轴系沿轴线方向振荡为特性的振动。在发动机、螺旋桨等产生的周期性轴向激励力作用下，轴系产生了沿轴线方向的周期性变形，形成了纵向振动。

针对不同的原动机研究对象，轴系纵向振动有不同的研究侧重点。

早期的时候，船舶推进轴系纵向振动的研究主要是针对大功率汽轮机动力装置进行的，其原因在于汽轮机的推进功率较大，螺旋桨在船尾不均匀伴流场下工作，形成一个较大的交变纵向激励力，从而造成推进轴系纵向振动。

随着柴油机逐步用作大型船舶的主机，其功率及强载度逐步增大，缸径和行程加大，气缸数也有增多，由柴油机气体压力激励引起的有害的纵向振动临界转速有可能落入柴油机运转转速范围内。

近年来，近海及远洋船舶普遍采用缸数较少的二冲程低速柴油机，尤其是长冲程和超长冲程柴油机在大型远洋船舶中得到了广泛的应用。随着柴油机冲程的增加，一方面，曲轴的纵向刚度变得相对小了，纵向振动固有频率有所下降，有可能落在柴油机运行范围内，使轴系的纵向振动问题不容忽视；另一方面，在大型船舶推进轴系的纵向振动实测过程中发现，往往纵向振动共振转速并不发生在纯纵向振动计算的频率上，却与轴系的扭振共振转速接近并且振幅很大，说明在这类轴系中存在扭转-纵向的耦合振动，其激励力矩主要是柴油机气体压力切向力引起的。因此，柴油机轴系的扭转-纵向的耦合振动研究成为一个新的轴系振动问题。柴油机曲轴自由端的纵向振幅需要控制在允许的范围内，以保证柴油机轴系的运行安全。

对于中、高速柴油机、燃气轮机、蒸汽轮机动力装置轴系来说，这些原动机轴系通常有足够的纵向刚度，不大可能存在扭振与纵振的耦合振动。对于这类推进轴系，主要研究螺旋桨的交变推力引起的纵向振动，计算对象是从螺旋桨到推力轴承之间的轴系。推力轴承通常位于减速齿轮箱内，或单独布置。研究的主要目的是评估推力轴承处的纵向振幅和推力，避免因推力轴承纵向振动引起船体的强迫振动，乃至共振。

纵向振动可以导致柴油机曲轴弯曲疲劳破坏、推力轴承松动、尾轴管的早期磨损、传动齿轮的磨损和破坏等；严重的纵向振动，可导致柴油机机架振动，并通过基座引起船体或上层建筑的纵向振动；或者通过推力轴承引起双层底、船体和上层建筑的纵向振动。

虽然纵向振动与扭转振动的参数和运动方向有所不同，但是在数学模型、计算方法、分析方法上还是非常相似的。从研究的广度及经验和技术资料的积累来看，轴系纵向振动控制技术尚未达到扭转振动控制技术的水平，还需要进一步的深入研究和发展。

3.2 纵向振动计算模型

3.2.1 质量弹性系统模型

通常，轴系纵向振动计算采用离散的、集中参数的质量弹性系统模型。质量弹性系统模型主要由四种参数来描述：质量、纵向刚度、质量阻尼、轴段阻尼。

纵向振动质量弹性系统参数转化的主要原则如下：

(1) 发动机各缸曲柄两端主轴颈的中点作为质量集中点。

(2) 以具有较大质量的部件重心或几何中心作为集中质量的集中点，如飞轮、推力盘、螺旋桨、连接法兰、齿轮、轴承转子等，其中螺旋桨质量需计入附连水效应。

(3) 中间轴、尾轴、螺旋桨轴通常按自然分段离散为集中质量。

(4) 推力轴承(通常位于低速柴油机输出端、减速齿轮箱)的一端与集中质量弹性或刚性相连，另一端以一定的纵向刚度、阻尼与船体相连。

(5) 纵振减振器转化为等效纵向刚度、黏性阻尼、惯性体质量；也可以简化为单一的液黏阻尼器。

转化后的纵振质量弹性系统图参见图 3－1。

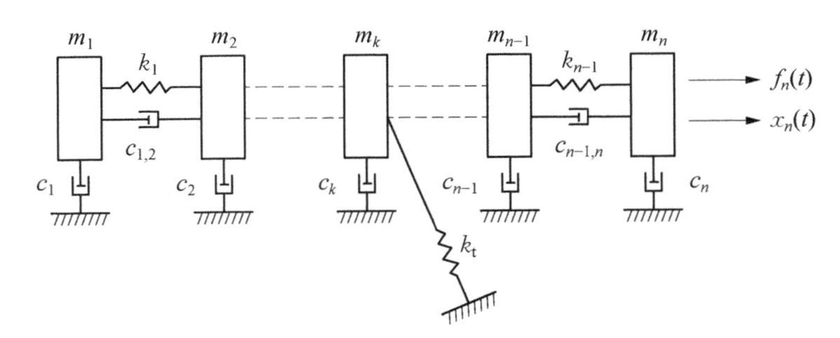

图 3－1 纵向振动质量弹性系统简图

图中，$f_n(t)$为第 n 质量的激振力(N)；$x_n(t)$为第 n 质量的振动位移(m)；m_1、m_2、m_k、m_{n-1}、m_n 为第 1、2、k、$n-1$、n 质量的质量(kg)；c_1、c_2、c_k、c_{n-1}、c_n 为第 1、2、k、$n-1$、n 质量的质量阻尼(N·s/m)；$c_{1,2}$、$c_{n-1,n}$ 为第 1—2 轴段、第 $(n-1)$—n 轴段的轴段阻尼(N·s/m)；k_t 为推力轴承的刚度(N/m)。

3.2.2 质量计算

3.2.2.1 规则物体质量

质量 m 计算的基本公式

$$m=\rho V \quad (\text{kg}) \tag{3-1}$$

式中 ρ——材料密度(kg/m^3);

V——体积(m^3)。

对于常规轴段,有着规则的几何尺寸,可以按表 3-1 中列出的公式计算转动惯量,其中 m 为质量(kg),ρ 为材料的密度(kg/m^3)。

表 3-1 规则物体的质量计算

序号	轴段名称	尺寸/m	质量/kg
1	圆柱体	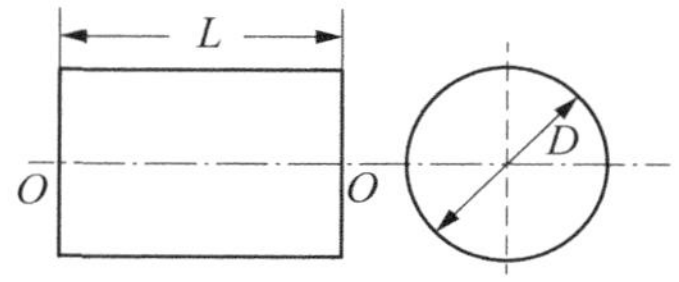 L, D, O	$m=\frac{\pi\rho}{4}LD^2$
2	圆筒	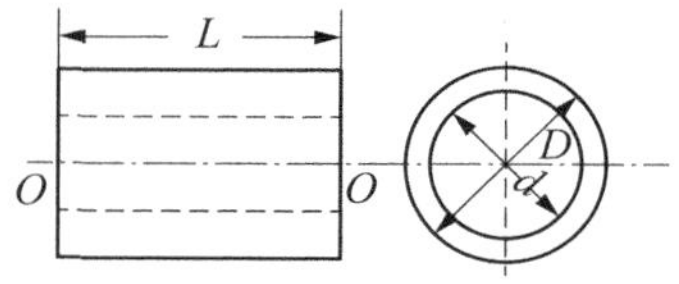 L, D, d, O	$m=\frac{\pi\rho}{4}L(D^2-d^2)$
3	圆锥	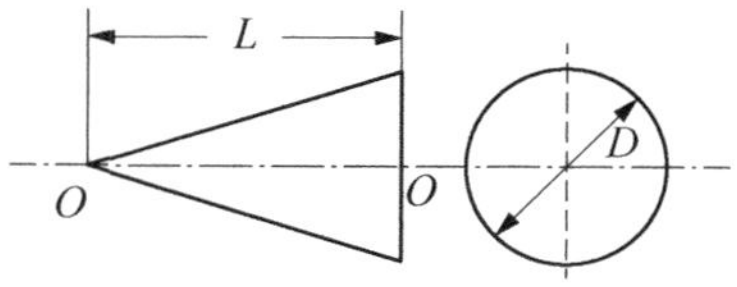 L, D, O	$m=\frac{\pi\rho}{12}LD^2$
4	圆锥台	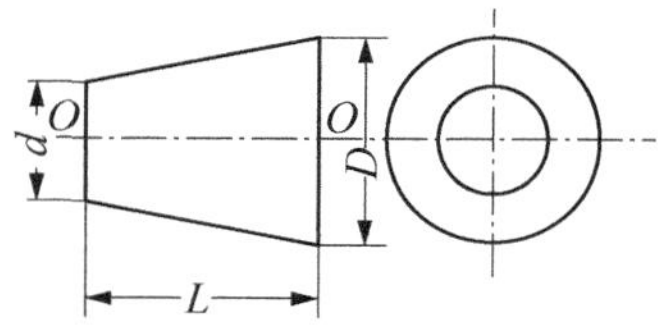 d, D, L, O	$m=\frac{\pi\rho}{12}L(d^2+dD+D^2)$

3.2.2.2 螺旋桨质量

螺旋桨质量可以通过经验估算法或有限元法计算得出,即

$$m_P=m_a+m_{Pw} \quad (kg) \tag{3-2}$$

式中 m_P——螺旋桨质量(在水中)(kg);

m_a——螺旋桨质量(在空气中)(kg);

m_{Pw}——螺旋桨附连水质量(kg)。

螺旋桨在水中旋转,需要考虑附连水效应,其附连水质量的半经验公式有:

(1) Can-Goldric 公式:

$$m_{Pw}=\frac{0.25\rho Z_P D_P^3 (MWR)^2}{1+0.23\left(\frac{H}{D_P}\right)^2} \quad (kg) \tag{3-3}$$

式中 ρ——水的密度(kg/m^3);

D_P——螺旋桨直径(m);

Z_P——桨叶数;

H/D_P——0.67R_P 处的螺距比，其中螺旋桨半径 $R_P=D_P/2$；

MWR——平均叶宽比，$MWR=\dfrac{2A}{Z_P(D_P-d)D_P}$；

A——桨叶展开总面积(m^2)；

d——螺旋桨轮毂在其长度中央处的直径(m)。

(2) Lewis-Auslaender 公式：

$$m_{Pw}=\frac{0.21\rho Z_P D_P^3(MWR)^2}{\left[1+\left(\dfrac{H}{D_P}\right)^2\right](0.3+MWR)}\quad(\text{kg})\tag{3-4}$$

(3) Burrill-Robson 公式：

$$m_{Pw}=\alpha_m\frac{\pi\rho Z_P D_P^3}{32}\int_{\overline{r_0}}^{1}\left[\frac{C(\eta)}{R_P}\cos\theta(\eta)\right]^2 d\eta\quad(\text{kg})\tag{3-5}$$

式中 R_P——螺旋桨半径(m)；

η——无因次半径，$\eta=r/R_P$；

$\overline{r_0}$——桨毂的无因次半径；

$C(\eta)$——无因次半径 η 处叶弦长(m)；

$\theta(\eta)$——无因次半径 η 处的几何螺距角(rad)；

α_m——三元修正系数，可以采用经验数据。

3.2.3 纵向刚度计算

3.2.3.1 直轴纵向刚度

1) 直轴的纵向刚度

$$k=\frac{\pi ED^2}{4L}\quad(\text{N/m})\tag{3-6}$$

式中 D——轴的直径(m)；

L——轴的长度(m)；

E——材料弹性模量(N/m^2)。

2) 锥形轴的纵向刚度

$$k=\frac{\pi EdD}{4L}\quad(\text{N/m})\tag{3-7}$$

式中 d——锥形轴小端的直径(m)；

D——锥形轴大端的直径(m)；

L——轴的长度(m)；

E——材料弹性模量(N/m^2)。

3) n 个串联轴段的轴系纵向刚度

$$k=1\Big/\left(\frac{1}{k_1}+\frac{1}{k_2}+\cdots+\frac{1}{k_n}\right)=1\Big/\sum_{i=1}^{n}\frac{1}{k_i}\quad(\text{N/m})\tag{3-8}$$

式中　$k_1, k_2, \cdots, k_n$——n 个轴段的纵向刚度(N/m)。

4) n 个并联轴段的轴系纵向刚度

$$k = k_1 + k_2 + \cdots + k_n = \sum_{i=1}^{n} k_i \quad (\text{N/m}) \tag{3-9}$$

3.2.3.2　推力轴承纵向刚度

推力轴承的纵向刚度对于轴系纵振固有频率和响应有很大影响，其动态特性和计算方法还有待进一步研究。随着计算技术的发展，可以建立推力轴承的有限元模型，采用有限元方法计算得到柴油机推力轴承、推进轴系推力轴承的纵向刚度。在计算时，相关边界条件的合理选取是需要着重关注的。

DNV GL 船级社推荐，当推力轴承与主机分开时，推力轴承纵向刚度为$(1.70\sim2.30)\times10^9$ N/m；当推力轴承与主机整体安装时，推力轴承纵向刚度为$(2.30\sim3.00)\times10^9$ N/m。

MAN B&W 公司的低速柴油机推力轴承刚度如下：

KEF 及 GF 机型：$k_t = \dfrac{D}{7.14} \times 10^9 \quad (\text{N/m})$

VT2BF 机型：$k_t = \dfrac{D}{17.35} \times 10^9 \quad (\text{N/m})$

VTBF 及 VBF 机型：$k_t = \dfrac{D}{42.86} \times 10^9 \quad (\text{N/m})$

式中　D——柴油机气缸直径(cm)。

WinGD(原 Sulzer)公司低速柴油机的推力轴承刚度：

4～9 RND 68 M　　4.08×10^9 N/m；
4～9 RND 76 M　　1.78×10^9 N/m；
6～12 RND 90 M　　3.26×10^9 N/m；
6～7 RLA 90　　3.26×10^9 N/m；
4～8 RLB 56　　3.92×10^9 N/m；
4～8 RLB 66　　3.26×10^9 N/m；
4～10 RLB 76　　2.80×10^9 N/m；
4～12 RLB 90　　3.26×10^9 N/m。

目前低速机公司在各机型中均可以提供推力轴承纵向刚度数值。如果缺乏参数，一般来说，柴油机推力轴承刚度可在$(1.0\sim5.0)\times10^9$ N/m 范围内取值。

在很多情况下，精确确定推力轴承的纵向刚度比较困难，因此，计算时可以选用若干组(如五组)推力轴承的纵向刚度数据，使纵向刚度在 100%～300%范围内变化，分别计算纵向振动频率，以便了解纵向振动频率与推力轴承纵向刚度变化的关系，以及可能产生纵向振动的固有频率范围。

3.2.3.3　柴油机曲轴纵向刚度

曲轴的单一曲拐受到轴向力 P、相邻曲拐的弯曲力矩 M 作用，其变形图参见图 3-2。

在柴油机设计阶段，需要采用经验公式或有限元法计算曲轴纵向刚度。在曲轴成形并加

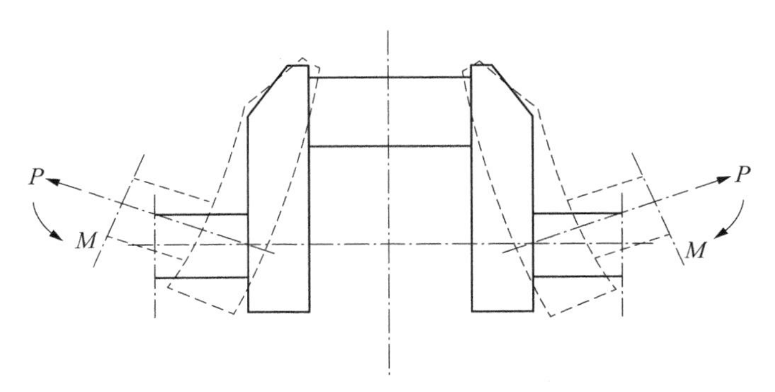

图 3-2　曲拐轴向受力变形图

工完毕后，可以采用试验方法测出纵向刚度，如用千斤顶在曲轴自由端分段加负荷，用力传感器和位移传感器（如千分表）测出各档曲拐的纵向刚度，并考虑曲轴实际安装条件下的边界条件，得出柴油机曲轴纵向刚度；再经过柴油机试验及纵振计算校核，检验并确定最终的柴油机曲轴纵向刚度。

1）曲轴纵向刚度经验公式

对于图 3-3 所示的曲拐，纵向刚度计算的经验公式有：

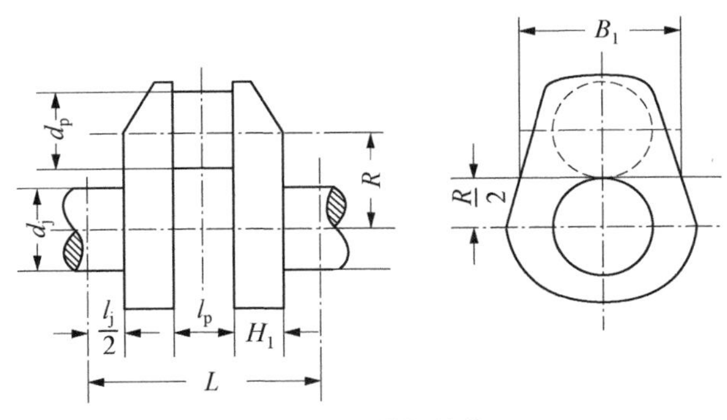

图 3-3　曲拐结构

（1）安德森（Andersson）公式：

$$k = E\Big/\left[\left(\frac{1.1R^2 l_p}{I_p} + \frac{q^2 R^3}{I_{w1}}\right)(1-\theta_k) - \frac{q^3 R^3}{3I_{w1}} + \frac{2(R-d)}{0.394 B_1 H_1} + \frac{4L}{\pi d^2}\right] \quad (\mathrm{N/m}) \qquad (3-10)$$

其中
$$q = 1 - 0.28\frac{d}{R},\ \theta_k = \frac{1}{2}\cos^2\frac{\alpha_{av}}{2}$$

式中　R——曲拐半径（m）；

d——主轴颈和曲柄销平均直径（m）；

α_{av}——相邻曲拐的平均夹角（°）；

I_p——曲柄销的惯性矩（m^4），$I_p = \frac{\pi d_p^4}{64}$；

l_p——曲柄销长度(m)；

d_p——曲柄销直径(m)；

I_{w1}——曲臂的惯性矩(m^4)，$I_{w1}=\dfrac{B_1H_1^3}{12}$；

B_1——在 $R/2$ 处的曲臂宽度(m)；

H_1——在 $R/2$ 处的曲臂厚度(m)；

E——材料弹性模量(N/m^2)；

L——气缸中心距(m)。

挪威船级社采用了该计算方法。

(2) 中国船级社推荐公式。在安德森公式[式(3-10)]基础上做一些修正，中国船级社指导性文件推荐公式：

$$k=E\Big/\left[\left(\frac{1.1R^2l_p}{I_p}+\frac{q^2R^3}{I_{w1}}\right)(1-\theta_k)-\frac{q^3R^3}{3I_{w1}}+\frac{R-d_p}{0.2B_1H_1}+\frac{l_p}{A_p}+\frac{l_j}{A_j}\right]\quad(N/m) \tag{3-11}$$

其中

$$q=1-0.28\frac{d_p}{R},\ \theta_k=\frac{1}{2}\cos^2\frac{\alpha_{av}}{2}$$

式中 α_{av}——相邻曲拐的平均夹角(°)，$\alpha_{av}=0°\sim180°$(其中自由端-首端气缸：$\alpha=180°$；气缸-链轮：$\alpha=90°$；最末气缸-飞轮：$\alpha=90°$)；

R——曲拐半径(m)；

I_p——曲柄销的惯性矩(m^4)，$I_p=\dfrac{\pi d_p^4}{64}\left[1-\left(\dfrac{d_0}{d_p}\right)^4\right]$；

d_0——曲柄销中孔直径(m)；

d_p——曲柄销直径(m)；

I_{w1}——曲臂的惯性矩(m^4)，$I_{w1}=\dfrac{B_1H_1^3}{12}$；

B_1——在 $R/2$ 处的曲臂宽度(m)；

H_1——在 $R/2$ 处的曲臂厚度(m)；

A_p——曲柄销截面积，$A_p=\dfrac{\pi}{4}[d_p^2-d_0^2]$；

A_j——主轴颈截面积，$A_j=\dfrac{\pi}{4}[d_j^2-d_{j0}^2]$；

d_{j0}——主轴颈中孔直径(m)；

d_j——主轴颈直径(m)；

l_p——曲柄销长度(m)；

l_j——主轴颈长度(m)；

E——材料弹性模量(N/m^2)。

2) 曲轴纵向刚度有限元计算

根据曲轴设计图纸建立曲轴及单拐的有限元三维实体造型(可参见 2.2.3.2)。

加载及约束边界条件：曲轴单拐一端截面全固定约束，另一端施加一组轴向力；在曲轴主轴径外表面（轴瓦安装部位）施加径向约束，或者油膜刚度，或者主轴承支撑弹性约束；在止推轴承部位施加弹性约束。

在输入曲轴材料物理特性参数后，经过有限元计算，可以得到曲轴单拐的轴向变形数值（在施加轴向力的主轴颈端面）。根据该变形可以求出在加载轴向力的情况下，曲轴单拐的纵向变形位移，从而可求出纵向刚度的精确解

$$\text{曲轴单拐纵向刚度} = \text{施加的轴向力(N)} / \text{平均纵向位移(m)} \quad (\text{N/m}) \tag{3-12}$$

可以通过模态试验来验证曲轴或曲拐有限元模型的正确性，通常计算模态频率与试验模态频率的误差应控制在10%以内。

3.3 纵向振动激励力

3.3.1 柴油机曲轴纵向激励力

3.3.1.1 柴油机气缸气体压力

柴油机气缸内气体压力是随着曲柄转角做周期性变化，气体压力作用在活塞上并通过连杆作用在曲柄销上，该作用力可以分解成垂直于曲柄的切向力 P_T 和与曲柄方向一致的径向力 P_R，如图3-4所示。

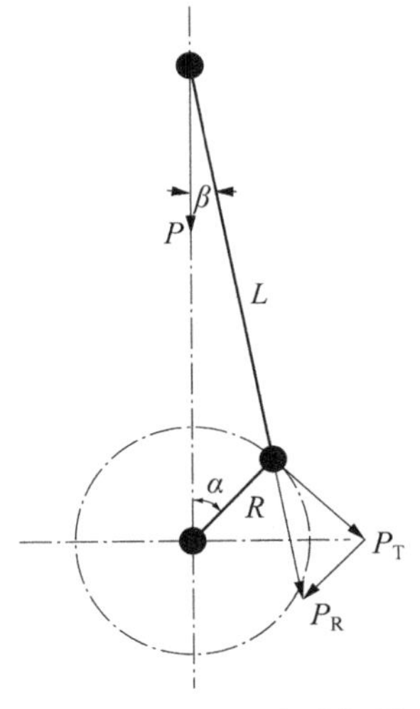

图3-4 气缸压力分解图

单位活塞面积气体压力 P 对曲柄销产生的径向力 P_R 可以近似的表达为

$$\begin{aligned} P_R &= \frac{P}{\cos\beta}\cos(\alpha+\beta) = P\,\frac{\cos(\alpha+\beta)}{\cos\beta} \\ &= P\left(\cos\alpha + \frac{\lambda}{2}\cos 2\alpha\,\frac{1}{\cos\beta} - \frac{\lambda}{2\cos\beta}\right) \\ &= P\left(\cos\omega t + \frac{\frac{\lambda}{2}\cos 2\omega t}{\sqrt{1-\lambda^2\sin^2\omega t}} - \frac{\frac{\lambda}{2}}{\sqrt{1-\lambda^2\sin^2\omega t}}\right) \\ &\approx P\left(\cos\omega t + \frac{\lambda}{2}\cos 2\omega t - \frac{\lambda}{2}\right)^* \quad (\text{N/m}^2) \end{aligned} \tag{3-13}$$

式中 P ——单位活塞面积气体压力（N/m^2）；

---

* 注：引用的三角函数转换关系为

$$\cos(\alpha+\beta) = \cos\alpha\cos\beta - \sin\alpha\sin\beta;$$
$$\cos 2\alpha = 1 - 2\sin^2\alpha = 2\cos^2\alpha - 1 = \cos^2\alpha - \sin^2\alpha;$$
$$\cos\beta = \sqrt{1-\sin^2\beta} = \sqrt{1-\lambda^2\sin^2\alpha};$$
$$\cos\alpha\cos\beta = \frac{1}{2}[\cos(\alpha+\beta) + \cos(\alpha-\beta)]。$$

α ——曲柄转角(°)，$\alpha=\omega t$；
β ——连杆的摆角(°)；
ω ——曲轴角速度(rad/s)；
λ ——曲柄半径与连杆长度之比，$\lambda=\dfrac{R}{L}=\dfrac{\sin\beta}{\sin\alpha}$。

3.3.1.2 柴油机曲轴纵向激振力简谐分析

柴油机稳定运转时，气缸内气体压力 P 随曲柄转角做周期性变化，那么径向力 P_R 可以认为是一做周期变化的函数，这样可以对 P_R 做简谐分析：

$$P_R=P_{R0}+\sum_{\upsilon}(A_\upsilon\cos\upsilon\alpha+B_\upsilon\sin\upsilon\alpha)\quad(\mathrm{N/m^2})\tag{3-14}$$

其中

$$P_{R0}=\frac{1}{T}\int_0^T P_R\mathrm{d}\alpha$$

$$A_\upsilon=\frac{2}{T}\int_0^T P_R\cos(\upsilon\alpha)\mathrm{d}\alpha$$

$$B_\upsilon=\frac{2}{T}\int_0^T P_R\sin(\upsilon\alpha)\mathrm{d}\alpha$$

式中 P_{R0}——气缸内气体引起的平均径向力(N/m²)；
υ ——谐次，如 $\upsilon=0.5$，1.0，1.5，…，12.0(四冲程发动机) 或 $\upsilon=1$，2，3，…，24(二冲程发动机)；
A_υ、B_υ ——第 υ 谐次径向力余弦项、正弦项幅值(N/m²)；
T ——周期(s)，$T=\dfrac{2\pi}{\omega}$；
ω ——振动圆频率(rad/s)，$\omega=\dfrac{\pi n}{30}$；
n——转速(r/min)。

将曲柄转角 α 用 ωt 来代替，则

$$\begin{aligned}P_R&=P_{R0}+\sum_{\upsilon}(A_\upsilon\cos\upsilon\omega t+B_\upsilon\sin\upsilon\omega t)\\&=P_{R0}+\sum_{\upsilon}C_\upsilon\sin(\upsilon\omega t+\varphi_\upsilon)\quad(\mathrm{N/m^2})\end{aligned}\tag{3-15}$$

式中 C_υ—— 第 υ 谐次激励力简谐系数(N/m²)，$C_\upsilon=\sqrt{A_\upsilon^2+B_\upsilon^2}$；
φ_υ—— 第 υ 谐次激励力相位角(rad)，$\varphi_\upsilon=\arctan\dfrac{A_\upsilon}{B_\upsilon}$。

采用柴油机各个负荷气缸爆发压力示功图(理论计算或实测)，即气体压力-曲柄转角曲线，进行激励力拟合计算。在一个周期(二冲程、四冲程柴油机曲柄转角周期分别为 720°、360°)内分成 N 等份，拟合计算出相应的 $P_{Ri}-\alpha_i$ 对应值，然后用下面的公式分别算出 P_{R0}、A_υ、B_υ 值：

$$P_{R0}\approx\frac{1}{N}\sum_{i=1}^{N}P_{Ri}\tag{3-16}$$

$$A_\upsilon \approx \frac{2}{N}\sum_{i=1}^{N} P_{\mathrm{R}i}\cos\left(\upsilon\,\frac{2\pi i}{N}\right) \tag{3-17}$$

$$B_\upsilon \approx \frac{2}{N}\sum_{i=1}^{N} P_{\mathrm{R}i}\sin\left(\upsilon\,\frac{2\pi i}{N}\right) \tag{3-18}$$

式中 υ——谐次；

N——示功图(气体压力-曲柄转角)的等分数。

然后通过公式转化成激励力矩的简谐系数 C_υ、相位角 φ_υ。柴油机平均指示压力 P_i 可按式(2-58)、式(2-59)计算得到。

3.3.2 柴油机往复运动部件惯性力产生的激励力

曲柄连杆机构运动中，活塞的位移 x 可以近似表达为

$$\begin{aligned} x &= R(1-\cos\alpha)+\frac{L}{4}\lambda^2(1-\cos 2\alpha) \\ &= R\left(1+\frac{\lambda}{4}-\cos\omega t-\frac{\lambda}{4}\cos 2\omega t\right) \end{aligned} \tag{3-19}$$

因此求导得出活塞速度 $\dot{x}$ 与加速度 $\ddot{x}$ 为

$$\dot{x}=R\omega\left(\sin\omega t+\frac{\lambda}{2}\sin 2\omega t\right) \tag{3-20}$$

$$\ddot{x}=R\omega^2(\cos\omega t+\lambda\cos 2\omega t) \tag{3-21}$$

单位气缸面积的往复惯性力 P_j 为

$$P_\mathrm{j}=-\frac{4}{\pi D^2}m_\mathrm{j}R\omega^2(\cos\omega t+\lambda\cos 2\omega t)\quad (\mathrm{N/m^2}) \tag{3-22}$$

式中 m_j——往复运动部件质量(kg)，包含活塞组件、活塞杆、十字头和连杆小端等质量；

R——曲柄半径(m)；

D——气缸直径(m)。

参考式(3-13)，活塞上的惯性力作用在曲柄销上的径向力(单位气缸面积)为

$$\begin{aligned} P_{\mathrm{Rj}} &\approx P_\mathrm{j}\left(\cos\omega t+\frac{\lambda}{2}\cos 2\omega t-\frac{\lambda}{2}\right) \\ &= -\frac{4}{\pi D^2}m_\mathrm{j}R\omega^2(\cos\omega t+\lambda\cos 2\omega t)\left(\cos\omega t+\frac{\lambda}{2}\cos 2\omega t-\frac{\lambda}{2}\right) \\ &= -\frac{4}{\pi D^2}m_\mathrm{j}R\omega^2\left[\left(\frac{1}{2}+\frac{\lambda^2}{4}\right)+\frac{\lambda}{4}\cos\omega t+\frac{1-\lambda^2}{2}\cos 2\omega t+\frac{3\lambda}{4}\cos 3\omega t+\frac{\lambda^2}{4}\cos 4\omega t\right]\quad (\mathrm{N/m^2}) \end{aligned} \tag{3-23}$$

式中 m_j——往复运动部件质量(kg)；

λ——曲柄连杆比，即曲柄半径 R 与连杆长度 L 之比；

ω——圆频率(rad/s)；

R——曲柄半径(m)；

D——气缸直径(m)。

由上式可见，往复运动部件惯性力产生的径向激励力主要由曲轴角速度的1～4倍分量组成。

3.3.3 柴油机运动部件离心惯性力产生的激励力

曲柄、连杆机构偏心旋转质量 m_r，包含曲柄等效偏心质量及连杆大端质量，产生的离心惯性力(单位气缸面积)为

$$P_r = \frac{4}{\pi D^2} m_r R \omega^2 \quad (\mathrm{N/m^2}) \tag{3-24}$$

式中 m_r——等效偏心旋转质量(kg)；

R——曲柄半径(m)；

ω——圆频率(rad/s)；

D——气缸直径(m)。

3.3.4 柴油机往复运动部件重力产生的激励力

低速柴油机零部件重量较大，需要考虑运动件重力产生的激振力。

运动部件重力包括往复运动部件总质量 m_j，产生的径向激振力(单位气缸面积)为

$$N_{wj} \cong \frac{4}{\pi D^2} m_j g \left(\cos \omega t + \frac{\lambda}{2} \cos 2\omega t - \frac{\lambda}{2}\right) \quad (\mathrm{N/m^2}) \tag{3-25}$$

旋转运动件作用在曲柄销中心上的偏心质量 m_r，产生的径向激振力为 $-m_r g \cos \omega t$。

运动件重力产生的总径向激振力为

$$N_w \approx \frac{4}{\pi D^2} \left[-m_j g \frac{\lambda}{2} - (m_r + m_j) g \cos \omega t + m_j g \frac{\lambda}{2} \cos 2\omega t\right] \quad (\mathrm{N/m^2}) \tag{3-26}$$

式中 m_r——等效偏心旋转质量(kg)；

m_j——往复运动部件质量(kg)；

g——重力加速度，取 9.806 m/s²；

λ——曲柄连杆比，即曲柄半径 R 与连杆长度 L 之比；

ω——圆频率(rad/s)；

D——气缸直径(m)。

3.3.5 螺旋桨纵向激励力

螺旋桨激励力可用下列公式计算：

$$T_p(t) = \varepsilon_p T_0 \sin(\nu_p \omega t + \phi_p) \quad (\mathrm{N}) \tag{3-27}$$

式中 ε_p——螺旋桨推力变化系数，一般可取 $\varepsilon_p = 0.02$；

T_0——螺旋桨额定转速下的推力(N)；

ν_p——简谐次数，等于螺旋桨叶数；

ω ——激励力圆频率(rad/s)，$\omega=\pi n_c/30$；

ϕ_p ——相位角(rad)。

当不考虑螺旋桨旋转一周的推力变化时，T_p 仅与计算转速有关，上式可写成

$$T_p=\varepsilon_p T_c=\varepsilon_p T_0(n_c/n_p)^2\quad(\mathrm{N})\tag{3-28}$$

式中　T_c ——螺旋桨实际转速下的平均推力(N)，$T_c=T_p(n_c/n_p)^2$；

n_c ——螺旋桨实际转速(r/min)；

n_p ——螺旋桨额定转速(r/min)。

3.3.6　螺旋桨阻尼

螺旋桨阻尼可采用下列公式：

$$C_p=0.082\,047\frac{\omega}{\nu_p}H_p D_p^2 \mathrm{d}C_t/\mathrm{d}s\quad(\mathrm{N\cdot s/m})\tag{3-29}$$

式中　ω——激励力圆频率(rad/s)；

ν_p ——螺旋桨叶数；

H_p ——螺旋桨的螺距比；

D_p ——螺旋桨直径(m)；

$\mathrm{d}C_t/\mathrm{d}s$ ——与螺距比和盘面比有关的系数。

3.4　纵向振动自由振动

3.4.1　质量弹性系统自由振动运动方程

对图 3-1 所示的质量弹性系统，对第 i 个质量(不与推力轴承相连)，可建立无阻尼纵向自由振动方程式：

$$m_i\ddot{x}_i+k_{i-1}(x_i-x_{i-1})+k_i(x_i-x_{i+1})=0\tag{3-30}$$

式中　m_i—— 第 i 质量的质量(kg)；

k_{i-1}—— 第$(i-1)$—i 轴段的纵向刚度(N/m)；

k_i—— 第 i—$(i+1)$ 轴段的纵向刚度(N/m)；

x_{i-1}、x_i、x_{i+1}—— 第 $i-1$ 质量、第 i 质量、第 $i+1$ 质量的纵向位移(m)；

$\ddot{x}_i$—— 第 i 质量的纵向加速度(m/s^2)。

对第 k 质量(与推力轴承相连)，无阻尼纵向自由振动方程式如下：

$$m_k\ddot{x}_k+k_{k-1}(x_k-x_{k-1})+k_k(x_k-x_{k+1})+k_t x_k=0\tag{3-31}$$

整理后
$$m_k\ddot{x}_k-k_{k-1}x_{k-1}+(k_{k-1}+k_k+k_t)x_k-k_k x_{k+1}=0$$

式中　m_k—— 第 k 质量的质量(kg)；

k_{k-1}—— 第$(k-1)$—k 轴段的纵向刚度(N/m)；

k_k—— 第 k—$(k+1)$ 轴段的纵向刚度(N/m)；

k_t ——推力轴承的纵向刚度(N/m)；

x_{k-1}、x_k、x_{k+1}—— 第 $k-1$ 质量、第 k 质量、第 $k+1$ 质量的纵向位移(m)；

$\ddot{x}_k$—— 第 k 质量的纵向加速度(m/s²)。

用矩阵形式表示质量弹性系统运动方程组：

$$\boldsymbol{M}\ddot{\boldsymbol{X}}+\boldsymbol{K}\boldsymbol{X}=\boldsymbol{0} \tag{3-32}$$

式中 $\boldsymbol{M}$—— 质量矩阵，为 $n\times n$ 阶对角矩阵，即

$$\boldsymbol{M}=\begin{bmatrix} m_1 & 0 & 0 & 0 & 0 \\ 0 & m_2 & 0 & 0 & 0 \\ 0 & 0 & \ddots & 0 & 0 \\ 0 & 0 & 0 & m_{n-1} & 0 \\ 0 & 0 & 0 & 0 & m_n \end{bmatrix}$$

$\boldsymbol{K}$—— 纵向刚度矩阵，为 $n\times n$ 阶矩阵，即

$$\boldsymbol{K}=\begin{bmatrix} k_1 & -k_1 & & & & & & & & \boldsymbol{0} \\ -k_1 & k_1+k_2 & -k_2 & & & & & & & \\ & -k_2 & \ddots & \ddots & & & & & & \\ & & \ddots & \ddots & -k_{k-1} & & & & & \\ & & & -k_{k-1} & k_{k-1}+k_k+k_t & -k_k & & & & \\ & & & & -k_k & \ddots & \ddots & & & \\ & & & & & \ddots & \ddots & -k_{n-3} & & \\ & & & & & & -k_{n-3} & k_{n-3}+k_{n-2} & -k_{n-2} & \\ & & & & & & & -k_{n-2} & k_{n-2}+k_{n-1} & -k_{n-1} \\ \boldsymbol{0} & & & & & & & & -k_{n-1} & k_{n-1} \end{bmatrix}$$

$\boldsymbol{X}$、$\ddot{\boldsymbol{X}}$ ——纵向位移和加速度阵列，即

$$\boldsymbol{X}=\{x_1,\ x_2,\ \cdots,\ x_{n-1},\ x_n\}^{\mathrm{T}}$$

$$\ddot{\boldsymbol{X}}=\{\ddot{x}_1,\ \ddot{x}_2,\ \cdots,\ \ddot{x}_{n-1},\ \ddot{x}_n\}^{\mathrm{T}}$$

设其解为 $\boldsymbol{X}=\boldsymbol{A}\mathrm{e}^{\mathrm{j}\omega_{\mathrm{n}}t}$，带回原方程[式(3-32)]，得

$$(\boldsymbol{K}-\omega_{\mathrm{n}}^2M)\boldsymbol{A}=\boldsymbol{0} \tag{3-33}$$

3.4.2 Holzer 计算法

通常采用 Holzer 计算法，求解方程组得到各振型的固有频率。

图 3-1 所示的质量弹性系统以圆频率 ω 做周期性运动，令 $x_i=A_i\sin\omega t\,(i=1,\ 2,\ \cdots,\ n)$，对于质量 1，有

$$k_1(A_2-A_1)=-m_1\omega^2A_1 \tag{3-34}$$

可得

$$A_2=A_1-\frac{m_1\omega^2A_1}{k_1} \tag{3-35}$$

对质量 2,有

$$k_2(A_3-A_2)-k_1(A_2-A_1)=-m_2\omega^2A_2 \tag{3-36}$$

可得

$$A_3=A_2-\frac{m_1\omega^2A_1+m_2\omega^2A_2}{k_2} \tag{3-37}$$

依次类推,可得

$$A_{i+1}=A_i-\frac{\sum_{j=1}^{i}m_j\omega^2A_j}{k_i} \tag{3-38}$$

其中当第 k 质量连接有推力轴承时,对质量 $k+1$,有

$$A_{k+1}=A_k-\frac{\sum_{j=1}^{k}m_j\omega^2A_j}{k_k+k_t} \tag{3-39}$$

当系统做自由振动时,系统惯性力矩之和必然等于零,即

$$\sum_{i=1}^{n}m_i\omega^2A_i=0 \tag{3-40}$$

表 3-2 中第①列和第⑥列是系统的质量(kg)和纵向刚度(N/m),为已知值;第②列是为

表 3-2　纵振自由振动 Holzer 计算表

序号	① 质量	②	③ 相对振幅 ($A_1=1$)	④ 惯性力	⑤ 轴段弹性力	⑥ 纵向刚度	⑦ 轴段相对位移	⑧ 轴段截面积	⑨ 轴段振动应力 ($A_1=1$)
	m_i	$m_i\omega^2$	A_i	$m_i\omega^2A_i$	$\sum m_i\omega^2A_i$	k_i	$\left(\sum m_i\omega^2A_i\right)/k_i$	W_i	$\sum m_i\omega^2A_i/W_i$
1	m_1	$m_1\omega^2$	$A_1=1$	$m_1\omega^2$	$m_1\omega^2$	k_1	$\frac{m_1\omega^2}{k_1}$		
2	m_2	$m_2\omega^2$	$A_1-\frac{m_1\omega^2A_1}{k_1}$	$m_2\omega^2A_2$	$m_1\omega^2A_1+m_2\omega^2A_2$	k_2	$\frac{m_1\omega^2A_1+m_2\omega^2A_2}{k_2}$		
⋮	⋮	⋮	⋮	⋮	⋮	⋮	⋮	⋮	⋮
n	m_n	$m_n\omega^2$	$A_{n-1}-\frac{\sum_{i=1}^{n-1}m_i\omega^2A_i}{k_{n-1}}$	$m_n\omega^2A_m$	$\sum_{i=1}^{n}m_i\omega^2A_i$				

计算方便而设的一列；第③列为各质量点振幅相对于第 1 质量点$\left(\text{计算中为了计算简便，常设 } A_1 = 1,\ A_i = \frac{A_i}{A_1}\right)$的相对振幅 A_i；第④列为各质量点的惯性力(N)；第⑤列为相应轴段的弹性力(N)；第⑦列为轴段的相对位移(m)；第⑧列为轴段截面积(mm^2)；第⑨列为轴段振动应力(MPa)。

3.5 纵向振动强迫振动

3.5.1 强迫振动运动方程

对图 3-1 所示的质量弹性系统，对第 i 质量(不与推力轴承相连)可建立如下纵向振动运动方程式：

$$\begin{aligned} & m_i\ddot{x}_i + c_i\dot{x}_i + c_{i-1,\,i}(\dot{x}_i - \dot{x}_{i-1}) + c_{i,\,i+1}(\dot{x}_i - \dot{x}_{i+1}) \\ & + k_{i-1,\,i}(x_i - x_{i-1}) + k_{i,\,i+1}(x_i - x_{i+1}) = f_i(t) \end{aligned} \tag{3-41}$$

整理后

$$\begin{aligned} & m_i\ddot{x}_i - c_{i-1,\,i}\dot{x}_{i-1} + (c_i + c_{i-1,\,i} + c_{i,\,i+1})\dot{x}_i - c_{i,\,i+1}\dot{x}_{i+1} \\ & - k_{i-1,\,i}x_{i-1} + (k_{i-1,\,i} + k_{i,\,i+1})x_i - k_{i,\,i+1}x_{i+1} = f_i(t) \end{aligned} \tag{3-42}$$

式中 m_i——第 i 质量的质量(kg)；

c_i——第 i 质量的阻尼(N·s/m)；

$k_{i-1,\,i}$——第$(i-1)$—i 轴段的纵向刚度(N/m)；

$k_{i,\,i+1}$——第 i—$(i+1)$ 轴段的纵向刚度(N/m)；

x_{i-1}、x_i、x_{i+1}——第 $i-1$ 质量、第 i 质量、第 $i+1$ 质量的纵向位移(m)；

$\dot{x}_i$——第 i 质量的纵向速度(m/s)；

$\ddot{x}_i$——第 i 质量的纵向加速度(m/s^2)；

$f_i(t)$——第 i 质量处的纵向激励力(N)。

对第 k 质量(与推力轴承相连)，无阻尼纵向自由振动方程式为

$$\begin{aligned} & m_k\ddot{x}_k + (c_k + c_t)\dot{x}_k + c_{k-1,\,k}(\dot{x}_k - \dot{x}_{k-1}) + c_{k,\,k+1}(\dot{x}_k - \dot{x}_{k+1}) \\ & + k_{k-1}(x_k - x_{k-1}) + k_k(x_k - x_{k+1}) + k_t x_k = f_k(t) \end{aligned} \tag{3-43}$$

整理后

$$\begin{aligned} & m_k\ddot{x}_k - c_{k-1,\,k}\dot{x}_{k-1} + (c_k + c_t + c_{k-1,\,k} + c_{k,\,k+1})\dot{x}_k - c_{k,\,k+1}\dot{x}_{k+1} \\ & - k_{k-1}x_{k-1} + (k_{k-1} + k_k + k_t)x_k - k_k x_{k+1} = f_k(t) \end{aligned} \tag{3-44}$$

式中 m_k——第 k 质量(推力轴承块)的质量(kg)；

k_{k-1}——第$(k-1)$—k 轴段的纵向刚度(N/m)；

k_k——第 k—$(k+1)$ 轴段的纵向刚度(N/m)；

k_t——推力轴承的纵向刚度(N/m)；

$c_{k-1,\,k}$、$c_{k,\,k+1}$——第$(k-1)$—k 轴段，第 k—$(k+1)$ 轴段的轴段阻尼(N·s/m)；

c_k——第 k 质量(推力轴承块)的质量阻尼(N·s/m)；

c_t——推力轴承阻尼(N·s/m)；

x_{k-1}、x_k、x_{k+1}——第 $k-1$ 质量、第 k 质量、第 $k+1$ 质量的纵向位移(m)；

$\dot{x}_{k-1}$、$\dot{x}_k$、$\dot{x}_{k+1}$——第 $k-1$ 质量、第 k 质量、第 $k+1$ 质量的纵向速度(m/s)；

$\ddot{x}_{k-1}$、$\ddot{x}_k$、$\ddot{x}_{k+1}$——第 $k-1$ 质量、第 k 质量、第 $k+1$ 质量的纵向加速度(m/s^2)。

3.5.2　振动方程组求解

将式(3-42)、式(3-44)用矩阵形式表示为

$$\boldsymbol{M}\ddot{\boldsymbol{X}}+\boldsymbol{C}\dot{\boldsymbol{X}}+\boldsymbol{K}\boldsymbol{X}=\boldsymbol{F} \tag{3-45}$$

式中　$\boldsymbol{M}$——质量矩阵，为 $n\times n$ 阶对角矩阵，即

$$\boldsymbol{M}=\begin{bmatrix} m_1 & 0 & 0 & 0 & 0 \\ 0 & m_2 & 0 & 0 & 0 \\ 0 & 0 & \ddots & 0 & 0 \\ 0 & 0 & 0 & m_{n-1} & 0 \\ 0 & 0 & 0 & 0 & m_n \end{bmatrix}$$

$\boldsymbol{C}$——阻尼矩阵，为 $n\times n$ 阶矩阵，即

$$\boldsymbol{C}=\begin{bmatrix} c_1+c_{1,2} & -c_{1,2} & & & & & & & \mathbf{0} \\ -c_{1,2} & c_{1,2}+c_2+c_{2,3} & -c_{2,3} & & & & & & \\ & -c_{2,3} & \ddots & \ddots & & & & & \\ & & \ddots & \ddots & -c_{k-1,k} & & & & \\ & & & -c_{k-1,k} & c_{k-1,k}+c_k+c_{k,k+1}+c_t & -c_{k,k+1} & & & \\ & & & & -c_{k,k+1} & \ddots & \ddots & & \\ & & & & & \ddots & \ddots & -c_{n-3,n-2} & \\ & & & & & -c_{n-3} & c_{n-3,n-2}+c_{n-2}+c_{n-2,n-1} & -c_{n-2,n-1} & \\ & & & & & & -c_{n-2,n-1} & c_{n-2,n-1}+c_{n-1}+c_{n-1,n} & -c_{n-1,n} \\ \mathbf{0} & & & & & & & -c_{n-1,n} & c_{n-1,n}+c_n \end{bmatrix}$$

$\boldsymbol{K}$——纵向刚度矩阵，为 $n\times n$ 阶矩阵，即

$$\boldsymbol{K}=\begin{bmatrix} k_1 & -k_1 & & & & & & & \mathbf{0} \\ -k_1 & k_1+k_2 & -k_2 & & & & & & \\ & -k_2 & \ddots & \ddots & & & & & \\ & & \ddots & \ddots & -k_{k-1} & & & & \\ & & & -k_{k-1} & k_{k-1}+k_k+k_t & -k_k & & & \\ & & & & -k_k & \ddots & \ddots & & \\ & & & & & \ddots & \ddots & -k_{n-3} & \\ & & & & & -k_{n-3} & k_{n-3}+k_{n-2} & -k_{n-2} & \\ & & & & & & -k_{n-2} & k_{n-2}+k_{n-1} & -k_{n-1} \\ \mathbf{0} & & & & & & & -k_{n-1} & k_{n-1} \end{bmatrix}$$

$\boldsymbol{X}$、$\dot{\boldsymbol{X}}$、$\ddot{\boldsymbol{X}}$—— 纵向位移、速度和加速度阵列，为 $1\times n$ 阶矩阵，即

$$\boldsymbol{X}=\{x_1,\ x_2,\ \cdots,\ x_{n-1},\ x_n\}^{\mathrm{T}}$$

$$\dot{\boldsymbol{X}}=\{\dot{x}_1,\ \dot{x}_2,\ \cdots,\ \dot{x}_{n-1},\ \dot{x}_n\}^{\mathrm{T}}$$

$$\ddot{\boldsymbol{X}}=\{\ddot{x}_1,\ \ddot{x}_2,\ \cdots,\ \ddot{x}_{n-1},\ \ddot{x}_n\}^{\mathrm{T}}$$

$\boldsymbol{F}$—— 激励力阵列，为 $1\times n$ 阶矩阵，即

$$\boldsymbol{F}=\{f_1(t),\ f_2(t),\ \cdots,\ f_{n-1}(t),f_n(t)\}^{\mathrm{T}}$$

设纵向振动是周期性简谐运动，则位移、速度、加速度为

$$\begin{cases}x(t)=A\sin(\omega t+\phi)=\sum\limits_{\upsilon}A_{\upsilon}\sin(\upsilon\omega t+\phi_{\upsilon}) \quad (\mathrm{m})\\ \dot{x}(t)=A\omega\cos(\omega t+\phi)=\sum\limits_{\upsilon}A_{\upsilon}\upsilon\omega\cos(\upsilon\omega t+\phi_{\upsilon}) \quad (\mathrm{m/s})\\ \ddot{x}(t)=-A\omega^2\sin(\omega t+\phi)=\sum\limits_{\upsilon}-A_{\upsilon}(\upsilon\omega)^2\sin(\upsilon\omega t+\phi_{\upsilon}) \quad (\mathrm{m/s^2})\end{cases} \tag{3-46}$$

第 i 质量的激励力为

$$f_i(t)=\sum_{\upsilon}F_{i\upsilon}\sin(\upsilon\omega t+\xi_{i\upsilon})=\sum_{\upsilon}(F_{ia_{\upsilon}}\cos\upsilon\omega t+F_{ib_{\upsilon}}\sin\upsilon\omega t) \quad (\mathrm{N}) \tag{3-47}$$

式中　$F_{i\upsilon}$—— 第 i 质量 υ 谐次的激励力幅值(N)；

$\xi_{i\upsilon}$—— 与 $F_{i\upsilon}$ 有关的相位角(rad)，$\xi_{i\upsilon}=\arctan\dfrac{F_{ia_{\upsilon}}}{F_{ib_{\upsilon}}}$；

$F_{ia_{\upsilon}}$—— 第 i 质量 υ 谐次激励力余弦项(N)；

$F_{ib_{\upsilon}}$—— 第 i 质量 υ 谐次激励力正弦项(N)；

ω ——振动圆频率(rad/s)；

υ ——谐次。

第 i 质量 υ 谐次的位移为

$$x_{i\upsilon}(t)=A_{i\upsilon}\sin(\upsilon\omega t+\phi_{i\upsilon})=a_{i\upsilon}\cos\upsilon\omega t+b_{i\upsilon}\sin\upsilon\omega t \quad (\mathrm{m}) \tag{3-48}$$

式中　$A_{i\upsilon}$—— 第 i 质量 υ 谐次的位移幅值(m)；

$\phi_{i\upsilon}$—— 与 $A_{i\upsilon}$ 相关的相位角(rad)，$\phi_{i\upsilon}=\arctan\dfrac{a_{i\upsilon}}{b_{i\upsilon}}$；

$a_{i\upsilon}$—— 第 i 质量 υ 谐次位移的余弦项(m)；

$b_{i\upsilon}$—— 第 i 质量 υ 谐次位移的正弦项(m)；

第 i 质量 υ 谐次的速度为

$$\dot{x}_{i\upsilon}(t)=A_{i\upsilon}\upsilon\omega\cos(\upsilon\omega t+\phi_{i\upsilon})=-a_{i\upsilon}\upsilon\omega\sin\upsilon\omega t+b_{i\upsilon}\upsilon\omega\cos\upsilon\omega t \quad (\mathrm{m/s}) \tag{3-49}$$

第 i 质量 υ 谐次的加速度为

$$\ddot{x}_{i\upsilon}(t)=-A_{i\upsilon}\upsilon^2\omega^2\sin(\upsilon\omega t+\phi_{i\upsilon})=-a_{i\upsilon}(\upsilon\omega)^2\cos\upsilon\omega t-b_{i\upsilon}(\upsilon\omega)^2\sin\upsilon\omega t \quad (\mathrm{m/s^2}) \tag{3-50}$$

式中　υ——谐次,对四冲程柴油机$\upsilon = 0.5 \sim 12.0$,对于二冲程柴油机$\upsilon = 1.0 \sim 24.0$(16或20)。

已知激励力简谐系数F_{ia_υ}、$F_{ib_\upsilon}(i = 1, 2, \cdots, n-1, n)$、阻尼系数,将式(3-48)~式(3-50)代入式(3-45),求解方程组,得到在不同运行转速时各质量的各谐次位移及速度、加速度、作用力。

采用式(3-46),将各谐次的振幅按各谐次的相位角进行叠加合成,得出各质量的位移、速度、加速度合成计算结果。

推力轴承的合成交变推力为

$$f_t(t) = \sum_\upsilon x_{k\upsilon}(t)k_t = \sum_\upsilon A_{k\upsilon}k_t\sin(\upsilon\omega t + \xi_{k\upsilon}) = \sum_\upsilon (a_{k\upsilon}k_t\cos\upsilon\omega t + b_{k\upsilon}k_t\sin\upsilon\omega t) \quad (\mathrm{N}) \tag{3-51}$$

式中　υ——谐次;

k_t——推力轴承刚度(N/m);

$x_{k\upsilon}(t)$——与推力轴承相连的第k质量的υ谐次交变位移(m);

$A_{k\upsilon}$——与推力轴承相连的第k质量的υ谐次位移幅值(m);

$\xi_{k\upsilon}$——与$A_{k\upsilon}$有关的相位角(rad);

$a_{k\upsilon}$——与推力轴承相连的第k质量的υ谐次交变位移的余弦值(m);

$b_{k\upsilon}$——与推力轴承相连的第k质量的υ谐次交变位移的正弦值(m)。

3.5.3　时域计算法

上述数学解析法可以很好地解决基于周期稳态振动的轴系。

对于非稳态振动过程,如船舶螺旋桨承受冰区附加载荷、电气振荡、载荷冲击、快速通过转速禁区、启动、停机等情况,需要采取在时域中求解轴系纵向振动微分运动方程组。其计算方法参见2.6.8中龙格-库塔方法。

3.6　纵向振动衡准

船级社规范对于轴系纵向振动的控制要求,主要体现在:

(1) 对于有推力轴承的轴系,主要控制推力轴承处的振幅和该处承受的交变推力,使其在规范允许范围内,以满足船级社规范的要求。

(2) 对有齿轮箱的轴系,为防止由于纵振产生的齿轮轮齿的过度磨损和过大的齿根交变应力,应限制齿轮轮齿啮合处的振动加速度。

(3) 针对纯纵向振动及由于扭振耦合振动产生的纵向振动,应限止柴油机曲轴自由端的纵振振幅,其限值一般由各柴油机制造厂根据产品的具体情况做出规定。

3.6.1　中国船级社纵向振动衡准

(1) 对主推进轴系,在整个转速范围内没有过大振幅的纵向振动。

(2) 持续许用振幅。柴油机推进轴系,曲轴自由端持续运转的纵振振幅应不超过许用纵振振幅。

$$[A_{\mathrm{a1}}]=\frac{R[\Delta a_0]}{2(\Delta a_0)_{\max}\left(R+\frac{d_{\mathrm{j}}}{2}\right)}\quad(\mathrm{mm})\tag{3-52}$$

式中　$[A_{\mathrm{a1}}]$——曲轴自由端持续运转许用纵振振幅(mm)；

$[\Delta a_0]$——允许的曲轴臂距差的最大值(mm)；

$(\Delta a_0)_{\max}$——纵振计算振型中曲轴相对振幅差的最大值(mm)；

d_{j}——曲轴主轴颈直径(mm)；

R——曲拐回转半径(mm)。

(3) 瞬时运转时许用纵振振幅，一般可为持续运转许用纵振振幅的 1.5 倍。

(4) 如超过持续运转的许用值，则应设立转速禁区。一般在转速比 $r=0.85$ 时由共振或上波坡产生的纵振振幅应不超过持续运转许用值，在转速比 $r=1.0$ 时由共振或下波坡产生的纵振振幅应不超过持续运转许用值。

(5) 根据柴油机制造厂提供的经验数据或详细计算资料，可采用制造厂提供的许用纵振振幅。

3.6.2　柴油机曲轴纵向振动许用值的确定

通常由柴油机制造厂提供柴油机曲轴自由端纵振振幅的许用值。

对于中高速柴油机，由于曲轴纵向刚度较大，纵向振动的临界转速不会落入运转转速范围，因此曲轴自由端纵振振幅相对较小，一般不作为研究的重点。随着四冲程柴油机的缸径和行程的提升，已经接近或超过传统二冲程低速机的缸径和行程，功率范围也有交叉，因此大缸径长冲程中速柴油机的曲轴纵振控制需要引起注意。

对于低速柴油机，曲轴自由端纵向振动幅值通常认为是需要进行控制的，以满足柴油机的安全可靠运行要求。

中国船级社《钢制海船入级规范》“柴油机曲轴强度评定”，采纳了国际船级社(IACS)柴油机曲轴疲劳校核准则及最新修订(IACS URM53)，该准则设立于 1986 年。

曲柄销圆角、主轴颈圆角和曲柄销油孔出口处的疲劳强度计算可详见 2.7.2。

对于十字头式柴油机(大型低速二冲程柴油机通常采用)，附加弯曲应力 σ_{add} 为±30 MPa，±20 MPa 附加弯曲应力由纵向振动引起，±10 MPa 附加弯曲应力由机座的变形和曲轴失中引起。当没有整个系统的纵振计算结果时，建议采用±20 MPa 作为纵向振动引起的弯曲附加应力进行评估；当有计算结果时，可以采用计算值进行评估。

对于筒形活塞式柴油机，附加弯曲应力 σ_{add} 为±10 MPa。因此，对于大型二冲程柴油机，可以按照纵振附加应力为±20 MPa 来确定曲轴自由端的许用纵振振幅。

此外，柴油机厂也可以基于最低合格系数 $Q>1.15$，提出允许的纵振振幅。当 $Q>1.15$ 且有一定富裕度时，可结合柴油机制造厂提供的曲轴臂距差的最大值，对纵振的许用振幅适当予以提高。

特殊情况下，如发现在额定转速时曲轴纵振振幅实测值超过规范规定或造机厂提供的许用值，则可用实测的 σ_{ax} 与 τ_{H} 代入合格系数 Q 中，如仍满足 $Q\geqslant1.15$，则对曲轴而言是安全的。

3.7　纵振阻尼减振器设计

采用圆环活塞式阻尼纵向减振器是降低柴油机轴系纵振响应的有效方法。如图 3－5 所示，纵振减振器通常安装在柴油机曲轴自由端，其油缸与减振器活塞之间形成前后两个油腔，在纵向振动时，减振器活塞轴向交变移动，相继来回挤压油腔，前后油腔之间通过具有节流阻尼作用的节流模块相连，达到阻尼减振的作用。节流模块由垫板和调节片(即节流孔板)组成，调节片数量多，流通面积变大，产生的阻尼就小，从而决定了振动阻尼力及纵振振幅的大小。

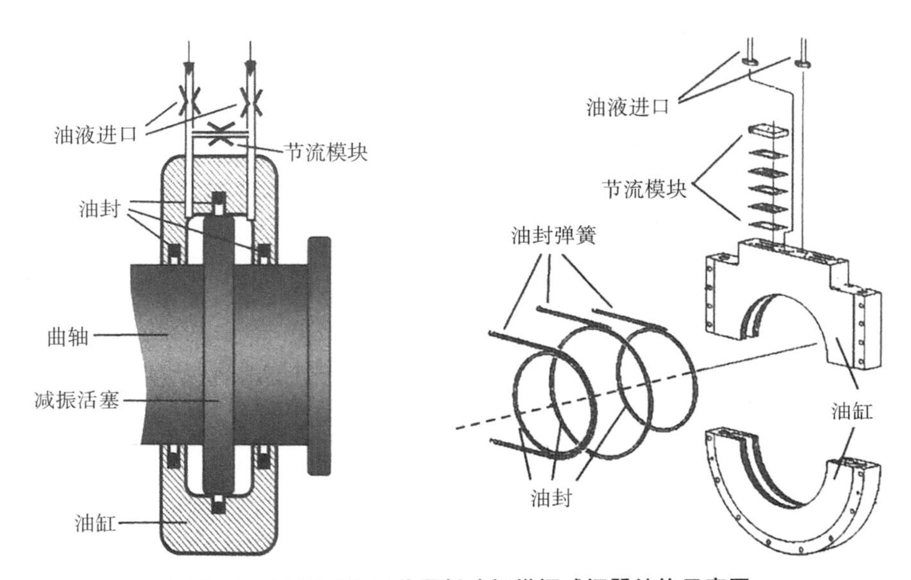

图 3－5　MAN B&W 公司低速机纵振减振器结构示意图

减振器的润滑油由柴油机滑油系统供给，除了作为阻尼介质，还能够带走纵振减振器产生的热量。为保证油缸内始终充满滑油，进油应有足够的压力和流量。

纵振减振器相当于液压阻尼减振器，其原理简图如图 3－6 所示。纵振减振器的主要参数有减振器质量、阻尼系数、刚度。

可以将纵振减振器简化为活塞带节流孔的液压油缸，如图 3－7 所示。

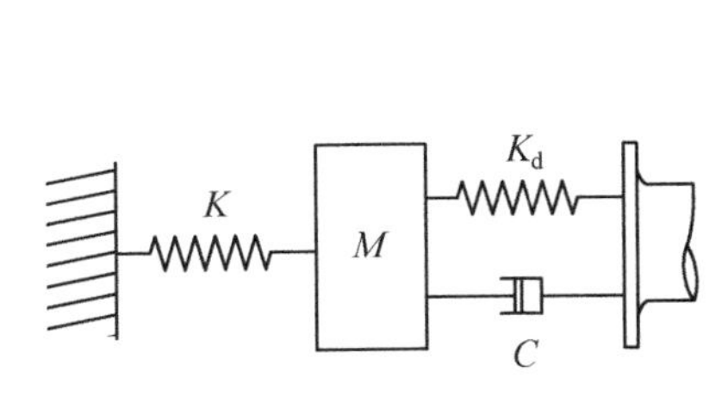

图 3－6　纵振减振器质量弹性系统简图

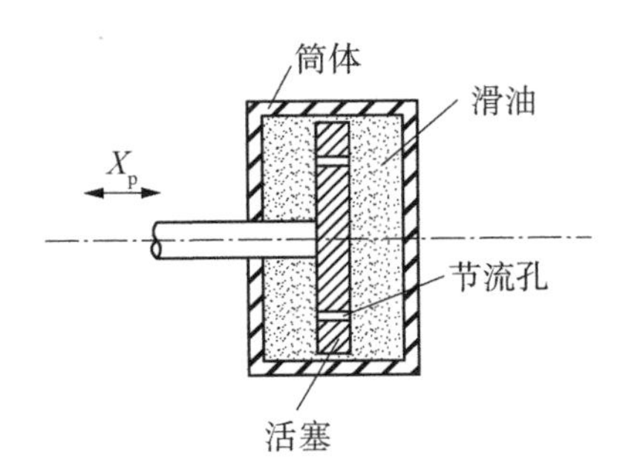

图 3－7　节流孔板阻尼器示意图

设活塞做线性周期性运动，其位移为

$$x_p = A\sin(\omega t + \phi) \quad (\mathrm{m}) \tag{3-53}$$

式中　A——活塞位移幅值(m)；

ϕ——与 A 有关的相位角(rad)；

ω——振动圆频率(rad/s)。

相应的运动速度为

$$\dot{x}_p = A\omega\cos(\omega t + \phi) \quad (\mathrm{m/s}) \tag{3-54}$$

假设润滑油是不可压缩的，由薄壁小孔流体力学理论可知，通过节流孔的流量为

$$Q = C_q S_t \sqrt{\frac{2\mid \Delta P \mid}{\rho}} \quad (\mathrm{m^3/s}) \tag{3-55}$$

而流量为

$$Q = S_p \mid \dot{x}_p \mid = S_p A\omega \quad (\mathrm{m^3/s}) \tag{3-56}$$

从而得到活塞受到的压力差为

$$\mid \Delta P \mid = \frac{\rho A^2 \omega^2}{2C_q^2}\left(\frac{S_p}{S_t}\right)^2 \quad (\mathrm{N/m^2}) \tag{3-57}$$

式中　S_t——节流孔面积($\mathrm{m^2}$)；

S_p——减振器活塞受压面积($\mathrm{m^2}$)；

ρ——油的密度($\mathrm{kg/m^3}$)；

C_q——小孔流量系数。不同孔径、壁厚，流量系数 C_q 各有不同。对于厚壁小孔口，流量系数 C_q 可取为 0.82。

不考虑活塞节流孔的摩擦力及惯性力，活塞受到的节流阻尼力幅值为

$$\mid F_p \mid = S_p \mid \Delta P \mid = C_d \mid \dot{x}_p \mid = C_d A\omega \quad (\mathrm{N}) \tag{3-58}$$

式中　S_p——减振器活塞受压面积($\mathrm{m^2}$)；

$\mid \Delta P \mid$——活塞前后油腔的压力差幅值($\mathrm{N/m^2}$)；

$\mid \dot{x}_p \mid$——活塞运动速度的幅值(m/s)，$\mid \dot{x}_p \mid = A\omega$；

A——活塞位移幅值(m)；

C_d——减振器阻尼系数(N·s/m)。

因此，纵振减振器的阻尼系数为

$$C_d = \frac{\mid \Delta P \mid S_p}{A\omega} = \frac{\rho A\omega}{2C_q^2}\frac{S_p^3}{S_t^2} \quad (\mathrm{N \cdot s/m}) \tag{3-59}$$

式中　S_p——减振器活塞受压面积($\mathrm{m^2}$)；

S_t——节流孔面积($\mathrm{m^2}$)；

$\mid \Delta P \mid$——活塞前后油腔的压力差幅值($\mathrm{N/m^2}$)；

A——活塞位移幅值(m)；

ρ——油的密度(kg/m^3)；

C_q——流量系数；

ω——圆频率(rad/s)。

由式(3-59)可知，纵振减振器的阻尼系数与油液黏度无关，与节流孔面积成反比，与液体的密度、振幅、振动频率成正比。

在船用柴油机试航时，通过试验确定节流孔板的最佳数量；主机运行后，油封逐步磨损，前、后油腔之间的互漏变大，曲轴纵向振幅也会变大，可以适当减少节流孔板的数量；当油封磨损超过极限，必须更换新的油封，并重新恢复节流孔板的数量。

3.8　纵向振动控制方法

控制轴系纵向振动的方法主要有调频、增加阻尼和减少激励能量等。

3.8.1　调整频率

调整轴系纵振固有频率的基本方法有改变轴段纵向刚度、质量。

改变轴系的直径和长度可以调整系统固有频率，但是当总体舱室布置确定后，轴系长度可以变化的幅度有限，单纯改变中间轴、艉轴或螺旋桨轴直径对于系统0节和1节振动固有频率的作用也不大。

推力轴承纵向刚度的调整，可以有效改变轴系的纵向振动固有频率，防止有害的纵振共振转速落到常用转速范围内。随着造船技术的发展，推力轴承的支承方式及增加弹性的安装方式，可以在一定范围内调整推力轴承的纵向刚度。

如果螺旋桨的叶频落入轴系纵振的固有频率附近，引起严重的纵振共振，可以通过改变螺旋桨的桨叶数，从而改变螺旋桨激励力频率(叶频或倍叶频)。

3.8.2　减少输入系统的扭振能量

对于由扭振固有振动耦合而形成的纵振问题，可以通过改变柴油机发火顺序、减少相对振幅矢量 $\sum \vec{\alpha_k}$ 等方式，降低输入系统的扭振能量，同时，也降低了由扭振的耦合产生的纵向振动的响应。

3.8.3　避免扭振-纵振耦合振动

轴系纵向振动可能由强烈的扭转振动耦合而产生，首先需要避免两者的临界转速相近而产生的强耦合振动，尽可能采取调频的办法予以避开两者的临界转速；其次，所有控制扭振的措施，都有助于降低因耦合产生的纵振需要；最后，只能通过配置纵振减振器来减少纵振的振幅和交变推力。

3.8.4　配置纵振阻尼减振器

安装纵振阻尼减振器是降低柴油机纵振响应的有效方法，可直接衰减纵向振动，达到控制曲轴自由端纵向振幅的目的。纵振减振器安装在柴油机曲轴自由端，当曲轴纵向振动时，滑油通过减振器的活塞节流阀流进或流出，节流阀间隙大小与阻尼力有关，可以通过计算或在柴油机台架试验、船舶航行试验时调整确定。

在有的低速二冲程柴油机曲轴自由端上，既安装了扭振减振器也安装了纵振减振器，以有效地控制两种形式的轴系振动及其耦合振动。

3.9 柴油机纵振设计流程

对于自主研发柴油机或燃气发动机来说，纵振减振器匹配设计、纵振计算、扭振-纵振耦合振动计算和优化设计、纵振测试分析、纵振特性评估，包括曲轴纵振许用振幅评判，是必不可少的工作。

在设计阶段，可以采用气缸理论压力曲线，进行径向激励力简谐分析；发动机台架性能试验时实测的不同负荷缸压曲线数据，进行实际径向激励力简谐分析。

在丰富的仿真计算手段和经验积累的基础上，柴油机纵振设计可以尽可能确保一次成功。如果实际测试效果不够理想，可以进行优化设计修改，并最后通过纵振特性的评估，满足现行规范的要求。

图 3-8 所示是柴油机纵振设计的流程。

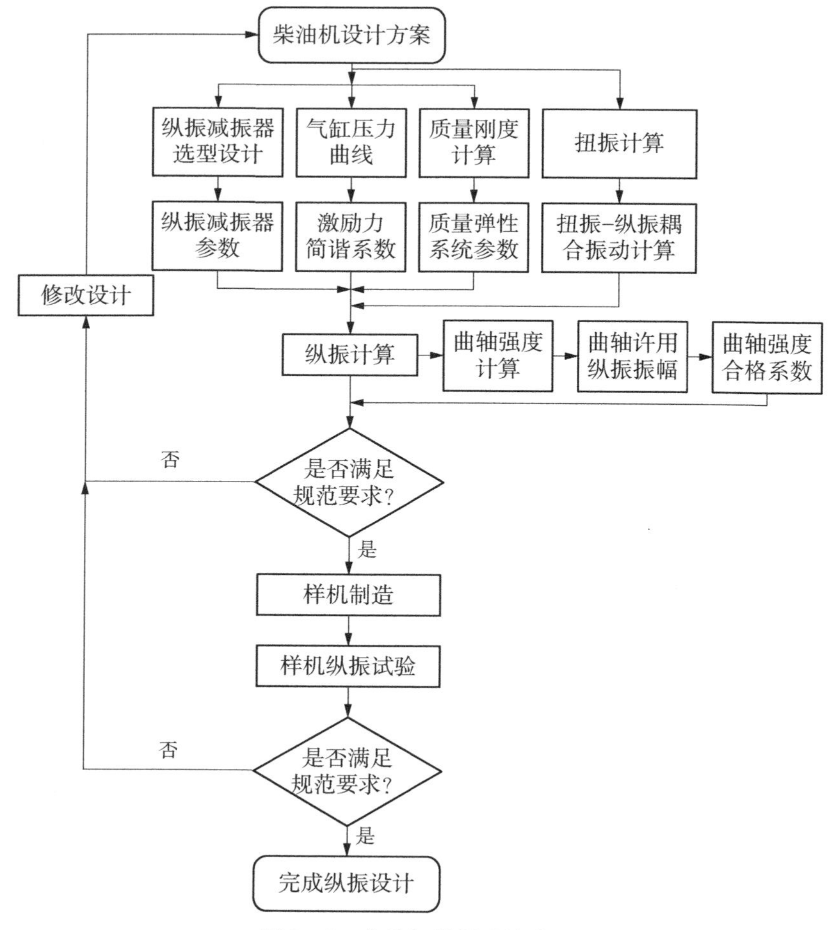

图 3-8 柴油机纵振设计流程

第 4 章 轴系回旋振动

4.1 概述

第二次世界大战后，一些商船经常发生螺旋桨轴锥形大端龟裂折损，甚至出现螺旋桨落入海中的严重事故，从而引起了人们的关注。1950 年希腊人帕纳戈普洛斯(E. Panagopulos)、1952 年英国人贾斯珀(N. H. Jasper)相继提出，事故的主要原因是在船尾不均匀伴流场中运转的螺旋桨上作用了按叶频周期变化的流体力，使螺旋桨轴系产生回旋(横向)振动的共振。

随着船舶朝大型化发展，大型、超大型的油轮、集装箱船及散货船相继出现，从而形成以下特性：①船体及船尾的刚度有所降低，同时尾轴相对比较长，远离船体伸入水中，舷外托架支承刚度相对于船体内轴承通常较小，而且最后两个相邻轴承之间的距离较长，这些都导致轴系回旋振动固有频率下降；②螺旋桨桨叶数(5 或 6 个)有所增加，使螺旋桨的叶频提高，有可能接近下降的回旋振动固有频率，使轴系有可能产生共振；③中间轴的轴承间跨距过长，而且用于可调桨的液压油配油盘(集中质量)有可能安装在中间轴上，也会引起回旋振动固有频率的下移，造成轴系、船体严重的共振；④大型船舶主机额定功率逐步提升，螺旋桨的激振力提高，可能使回旋振动响应也大大增加乃至不可忽视。

严重的回旋振动造成的后果，主要有：①螺旋桨轴锥形大端处产生过大的弯曲应力；②尾管轴承早期磨损，并导致轴衬套腐蚀、密封装置损坏等故障；③轴系回旋振动响应，作用在中间轴承、尾轴承等支承上，传递到船体结构，造成船尾及船体结构局部振动响应过大，甚至局部共振。

回旋振动计算方法有简单估算法和精确计算法两种：

(1) 简单估算法是将轴系简化成具有两个支承的悬臂梁，两个支承分别代表尾端的最后两个轴承，并假定为刚性点支承，不考虑螺旋桨的陀螺力矩，但考虑轴段的分布质量影响。简单计算法主要有 Panagopulos 和 Jasper 螺旋桨轴系回旋振动固有频率的简化计算公式。

简单估算法只能计算轴系回旋振动的一阶固有频率和相应的临界转速，只考虑艉轴至螺旋桨这一轴段。而实际轴系是多支承的，由几个轴段组成，要解决整个轴系的回旋振动问题，只能依靠精确计算法。

(2) 精确计算法，即传递矩阵法，其推进轴系范围自螺旋桨算起，至柴油机飞轮，或齿轮箱大齿轮端，或弹性联轴器从动件为止。可以计算到较高阶固有频率，并考虑各种边界条件，是目前较为常用的计算方法。

总的来说，轴系回旋振动控制技术的研究目前还处于发展阶段，仍需要进一步的提升。虽然船级社的规范对轴系回旋振动提出了要求，但由于存在一些不能确定和难以确定的因素，固有频率计算精度不高，振动响应计算仍处于研究阶段，离实用还有一定的距离。

4.2 回旋振动的定义及若干概念

回旋振动的定义：当动力装置轴系带有大的质量或激励力、较长且有多点支承，如悬臂的螺旋桨及其激励力的作用下，轴系产生了弯曲变形，使轴系在旋转时一方面沿着轴系做自转，另一方面又围绕着轴线做公转，从而形成了回旋振动，或者称横向振动。公转的角速度为回旋振动的角速度，而偏离公转轴线的距离则是回旋振动的振幅。

轴系回旋振动，当回旋方向与轴旋转方向相同时称为正回旋，方向相反时称为逆回旋。

如两者的旋转方向及角速度均相同时称为一次正回旋。如两者的旋转方向相反、角速度绝对值相同时称为一次逆回旋。

对于船舶推进轴系，一般需要考虑一次、叶片次至两倍叶片次的正回旋、逆回旋的固有频率，即在计算中取频率比：

$$h=\frac{\omega}{\Omega}=\pm 1,\ \pm\frac{1}{Z_{\mathrm{p}}},\ \pm\frac{1}{2Z_{\mathrm{p}}} \tag{4-1}$$

式中 ω——轴旋转角速度(rad/s)；

Ω——回旋角速度(rad/s)；

Z_{p}——螺旋桨叶片数。

4.2.1 直角坐标系

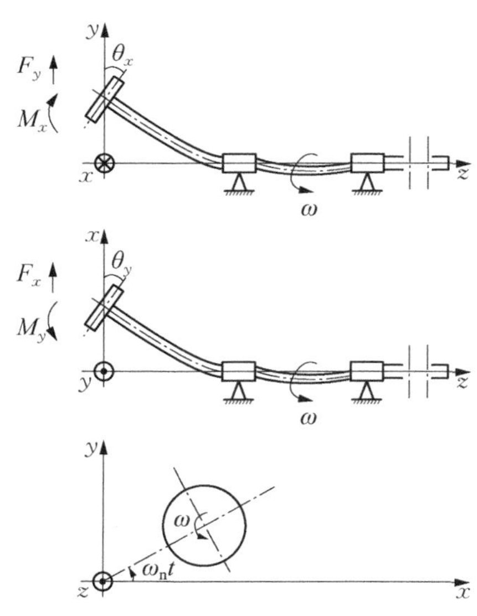

图 4-1 螺旋桨推进轴系在水平、垂直、横向平面的示意

假设静平衡时，船舶推进轴系几何中心线与轴承中心线一致，采用固定直角坐标系表示，忽略螺旋桨与转轴的重力下垂，推进轴系在水平、垂直平面上的投影如图 4-1 所示。轴系任一点的振动横向位移用 x、y 表示，螺旋桨平面及轴线的转角用θ_x、θ_y表示，从平衡位置算起按右手定则取与坐标系正向一致的为正。

当螺旋桨中心 O_{p} 的运动轨迹为一椭圆时(图 4-2)，O_{p} 的运动方程式可用直角坐标系表示为

$$\begin{cases}x=A_x\cos(\omega t+\varphi_x)=-A_{xs}\sin\omega t+A_{xc}\cos\omega t \quad (\mathrm{m})\\ y=A_y\sin(\omega t+\varphi_y)=A_{ys}\sin\omega t+A_{yc}\cos\omega t \quad (\mathrm{m})\end{cases} \tag{4-2}$$

其中

$$A_x=\sqrt{A_{xc}^2+A_{xs}^2}$$

$$A_y=\sqrt{A_{yc}^2+A_{ys}^2}$$

$$\varphi_x=\arctan\frac{A_{xs}}{A_{xc}}$$

$$\varphi_y = \arctan\frac{A_{ys}}{A_{yc}}$$

这种椭圆轨迹也可以用一对正转矢量 $\boldsymbol{r}_f$ 和反转矢量 $\boldsymbol{r}_b$ 表示。旋转矢量 $\boldsymbol{r}_f$、$\boldsymbol{r}_b$ 的角速度相同、方向相反，具有不同的初相角，如图 4-2 所示。

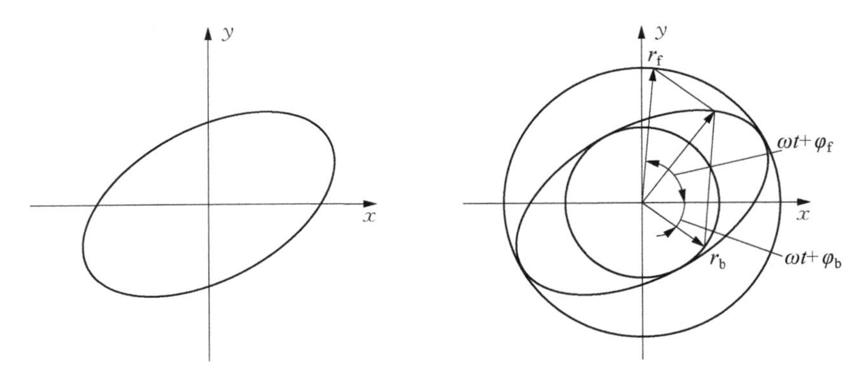

图 4-2　直角坐标系及正反矢量

螺旋桨中心 O_p 的运动方程式可表示为

$$\begin{cases} x = |r_f|\cos(\omega t + \varphi_f) + |r_b|\cos(\omega t + \varphi_b) \quad (\mathrm{m}) \\ y = |r_f|\sin(\omega t + \varphi_f) - |r_b|\sin(\omega t + \varphi_b) \quad (\mathrm{m}) \end{cases} \tag{4-3}$$

当 $|r_f| > |r_b|$ 时，O_p 的椭圆轨迹运动方向为正转，即与 ω 的转向一致；当 $|r_f| < |r_b|$ 时，O_p 的椭圆轨迹运动方向为反转，即与 ω 的转向相反。

4.2.2　单圆盘转轴系统的回旋振动

垂直安装的单圆盘双支承转轴系统，如图 4-3 所示。当轴静止不转时，圆盘几何中心 O_p 与圆盘平面上轴承中心线的 O 点重合。假设：圆盘安装在轴中央位置，其质心与几何中心重合；转轴的横向刚度为 k，各向相同，其质量与圆盘质量 m 相比，可以忽略不计；支承为刚性铰支；忽略阻尼作用。

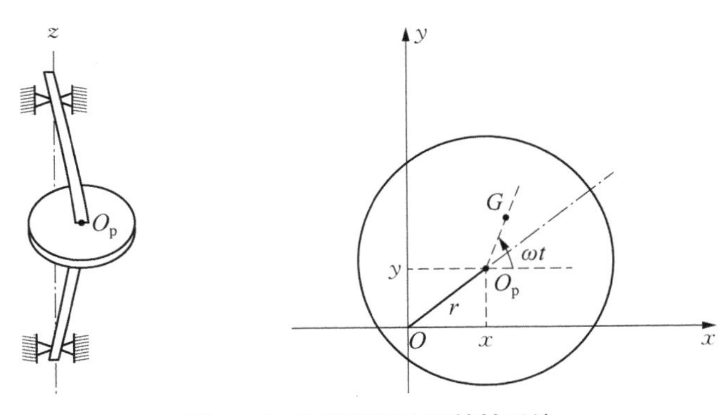

图 4-3　单圆盘双支承转轴系统

当转轴以角速度 ω 旋转时，在正常情况下，转轴中心线处于垂直状态，与轴承中心线 z 轴重合。如因某一原因(如一横向冲击)使圆盘中心 O_p 偏离点 O 某一距离 r，r 可用复数坐标表示为

$$r = x + jy \tag{4-4}$$

则在 O_p 处作用有转轴的弹性恢复力 $-kr$，圆盘几何中心 O_p 的运动方程式为

$$m\ddot{r} + kr = 0 \tag{4-5}$$

即

$$\ddot{r} + \omega_n^2 r = 0 \tag{4-6}$$

式中 ω_n ——回旋振动固有圆频率(rad/s)，$\omega_n = \sqrt{\dfrac{k}{m}}$；

m——圆盘质量(kg)；

k——转轴的横向刚度(N/m)。

设运动方程式(4-6)的解为

$$r = Ce^{j\omega_n t} + De^{-j\omega_n t} \tag{4-7}$$

式中 C、D——复常数，由振动初始条件决定。

式(4-7)表明，圆盘中心 O_p 的运动等于一对正反转矢量之和，其中矢量 C 的旋转角速度为 ω_n，方向与 ω 相同，即与轴的旋转方向相同(逆时针方向)，为正转矢量，称正回旋；矢量 D 的旋转角速度亦为 ω_n，但方向与 ω 相反，为反转矢量，称逆回旋。

圆盘中心 O_p 与转轴的这种运动即回旋振动。根据不同的初始条件，O_p 可能有以下几种振动形态，分别对应于图 4-4 的(a)、(b)、(c)、(d)：

(1) $C \neq 0$, $D = 0$，转轴做正回旋振动，回旋角速度为 ω_n，O_p 的轨迹为圆，其半径为 $|C|$，如图 4-4a 所示。

(2) $C = 0$, $D \neq 0$，转轴做逆回旋振动，回旋角速度仍为 ω_n，O_p 的轨迹为圆，其半径为 $|D|$，如图 4-4b 所示。

(3) $C \neq 0$, $D \neq 0$, O_p 的轨迹为椭圆。当 $|C| > |D|$ 时做正回旋振动；$|C| < |D|$ 时做逆回旋振动。回旋角速度为 ω_n，如图 4-4c 所示。

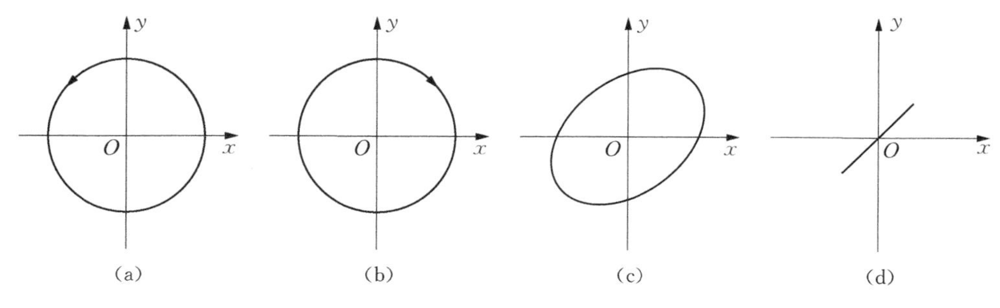

图 4-4 圆盘转轴回旋振动的形态

(4) $C=D$，O_p 做直线简谐振动，振动频率为 ω_n，如图 4-4d 所示。

4.2.3　螺旋桨的回旋效应

螺旋桨位于船舶推进轴系的尾部，当轴系做回旋振动时，螺旋桨轴中心线在空间的轨迹是一个以 z 轴为对称轴的圆锥面或椭圆锥面，螺旋桨盘面将随转轴的回旋产生偏摆，螺旋桨的动量矩矢量的方向将不断变化。此时，螺旋桨对转轴除有惯性力作用外，还有惯性力矩（即陀螺力矩）的作用。

4.2.3.1　支承刚度各向相同时螺旋桨的惯性力矩

将螺旋桨简化为一等效刚性均质薄圆盘，转轴简化为一无质量弹性轴，并假定螺旋桨无偏心质量，轴在自转时不产生离心力，则螺旋桨与转轴的运动如图 4-5 所示。

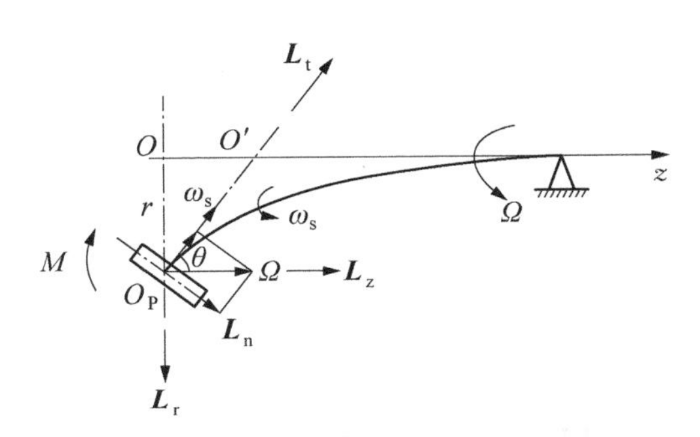

图 4-5　支承刚度各向相同时螺旋桨的回旋效应

回旋振动时轴系的运动可以分解为：其绕自身几何线中心旋转的自转和几何中心线绕支承中心线旋转的公转。

微幅振动时，忽略轴线转角 θ 的影响，在螺旋桨或转轴中心线上任一点的绝对角速度 ω 近似等于自转角速度 ω_s 和回旋角速度 Ω 之和，即

$$\omega=\omega_s+\Omega \quad (\mathrm{rad/s}) \tag{4-8}$$

式中　ω_s——自转角速度(rad/s)；

Ω——回旋角速度(rad/s)，按右手定则用矢量表示(图 4-1)。

螺旋桨的惯性力为

$$f=m_p r\Omega^2 \quad (\mathrm{N}) \tag{4-9}$$

式中　m_p——螺旋桨质量(kg)；

r——螺旋桨中心挠度(m)；

Ω——回旋角速度(rad/s)。

螺旋桨惯性力矩可按动量矩定理求得：设螺旋桨圆盘的转角为 θ，将回旋角速度 Ω 分解为轴线切线方向(O_pO' 方向)与法线方向的两个分量 $\Omega\cos\theta$ 与 $\Omega\sin\theta$，则圆盘在切线方向的动量矩 L_t 与法线方向的动量矩 L_n 分别为

$$\begin{cases} L_t=J_p(\omega_s+\Omega\cos\theta) \quad (\mathrm{N\cdot m\cdot s}) \\ L_n=J_d\Omega\sin\theta \quad (\mathrm{N\cdot m\cdot s}) \end{cases} \tag{4-10}$$

式中　J_p——螺旋桨圆盘的极转动惯量(kg·m²)；

J_d——螺旋桨圆盘的径向转动惯量(kg·m²)。

螺旋桨圆盘总的动量矩为

$$\boldsymbol{L}=\boldsymbol{L}_t+\boldsymbol{L}_n \tag{4-11}$$

再将螺旋桨动量矩 $\boldsymbol{L}$ 分解为沿着 z 轴方向与垂直于 z 轴方向的动量矩 L_z、L_r，得

$$\begin{cases} L_z = L_t\cos\theta + L_n\sin\theta \quad (\mathrm{N \cdot m \cdot s}) \\ L_r = -L_t\sin\theta + L_n\cos\theta \quad (\mathrm{N \cdot m \cdot s}) \end{cases} \tag{4-12}$$

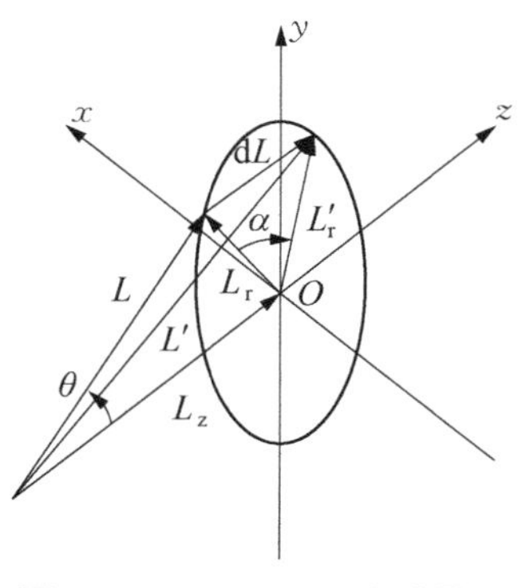

图 4-6　$x-y$ 平面内动量矩 L_r 的变化

稳定运转时，L_z 的大小与方向都不变，L_r 的大小不变，方向则按回旋角速度 Ω 在垂直于 z 轴的平面内旋转，如图 4-6 所示。根据动量矩定理，圆盘质心的动量矩对时间的导数等于所有外力对该质心的矩。这里的外力矩就是转轴作用于圆盘的力矩 M'_g，即

$$M'_g = \frac{\mathrm{d}L}{\mathrm{d}t} = \frac{\mathrm{d}L_r}{\mathrm{d}t} = L_r\frac{\mathrm{d}\alpha}{\mathrm{d}t} = L_r\Omega \quad (\mathrm{N \cdot m}) \tag{4-13}$$

式中　α——转角，$\alpha = \Omega t$；

Ω——回旋角速度(rad/s)；

t——时间(s)。

将式(4-10)、式(4-12)代入上式，得

$$M'_g = [-J_p(\omega_s + \Omega\cos\theta)\sin\theta + J_d\Omega\sin\theta\cos\theta]\Omega \tag{4-14}$$

由于转角 θ 一般较小，即 $\cos\theta \approx 1$，$\sin\theta \approx \theta$，并将式(4-8)代入上式，得

$$M'_g = -[J_p(\omega_s + \Omega)\theta - J_d\Omega\theta]\Omega = -(J_p\omega - J_d\Omega)\theta\Omega \tag{4-15}$$

螺旋桨圆盘作用于转轴的惯性力矩 M_g 的大小与 M'_g 相等、方向相反，故

$$M_g = (J_p\omega - J_d\Omega)\theta\Omega = J_d(j_0h - 1)\Omega^2\theta \quad (\mathrm{N \cdot m}) \tag{4-16}$$

式中　j_0——极转动惯量与径向转动惯量之比，$j_0 = J_p/J_d$；

h——频率比，$h = \omega/\Omega$；

J_p——螺旋桨圆盘的极转动惯量($\mathrm{kg \cdot m^2}$)；

J_d——螺旋桨圆盘的径向转动惯量($\mathrm{kg \cdot m^2}$)；

ω——螺旋桨轴中心线的绝对角速度(rad/s)；

Ω——回旋角速度(rad/s)。

因此，惯性力矩即陀螺力矩 M_g 包含两项：一项 $J_p\omega\Omega\theta$ 为哥氏惯性力矩；另一项 $J_d\Omega^2\theta$ 为牵连惯性力矩。由此可见，牵连惯性力矩是不能忽略的。

惯性力矩 M'_g 的方向由 $-\mathrm{d}L_r$ 判断。其矢量垂直于 ω_s 与 Ω 矢量组成的平面，方向为由矢量 ω_s 向矢量 Ω 旋转的右螺旋前进方向。其正方向如图 4-1 所示。可以看出，在正惯性力矩的作用下，轴的转角 θ 有减小的趋势，即圆盘挠度 r 有减小的趋势。其作用如同增加了轴的弯曲刚度，从而提高了系统的固有频率与临界转速。反之，当惯性力矩为负值时，轴的转角和圆盘挠度增加，其结果将降低系统的固有频率和临界转速。

4.2.3.2　支承刚度各向不相同时螺旋桨的惯性力矩

当支承刚度各向不相同时，螺旋桨回旋振动的中心 O_p 的轨迹是椭圆，其惯性力和惯性力矩可用水平、垂直平面上的投影表示。

螺旋桨在 x、y 轴方向的惯性力 f_x、f_y 分别为

$$\begin{cases} f_x = -m_p\ddot{x} & (\mathrm{N}) \\ f_y = -m_p\ddot{y} & (\mathrm{N}) \end{cases} \tag{4-17}$$

式中　$\ddot{x}$、$\ddot{y}$——螺旋桨几何中心在 x、y 轴两个方向的加速度($\mathrm{m/s^2}$)；

m_p——螺旋桨质量(kg)。

为了求得螺旋桨在 xz 平面和 yz 平面内的惯性力矩，先分析螺旋桨圆盘关于 x 轴与 y 轴的动量矩，参见图 4-7。

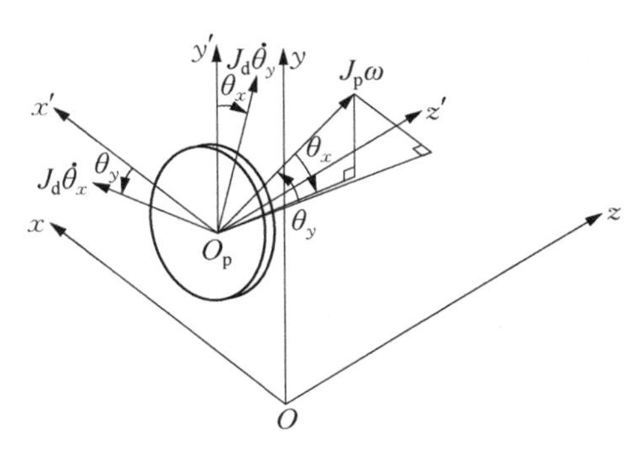

图 4-7　支承刚度各向不同时螺旋桨的回旋效应

$$\begin{cases} L_x = J_p\omega\sin\theta_y + J_d\dot{\theta}_x\cos\theta_y & (\mathrm{N\cdot m\cdot s}) \\ L_y = J_p\omega\sin\theta_x + J_d\dot{\theta}_y\cos\theta_x & (\mathrm{N\cdot m\cdot s}) \end{cases} \tag{4-18}$$

在微幅振动情况下，转角 θ_x、θ_y 很小，即 $\sin\theta_x \approx \theta_x$，$\sin\theta_y \approx \theta_y$，$\cos\theta_x \approx 1$，$\cos\theta_y \approx 1$，从而

$$\begin{cases} L_x = J_p\omega\theta_y + J_d\dot{\theta}_x \\ L_y = J_p\omega\theta_x + J_d\dot{\theta}_y \end{cases} \tag{4-19}$$

根据动量矩定理，x、y 轴作用在螺旋桨上的力矩分别为

$$\begin{cases} M'_{gx} = \mathrm{d}L_x/\mathrm{d}t = J_p\omega\dot{\theta}_y + J_d\ddot{\theta}_x \\ M'_{gy} = \mathrm{d}L_y/\mathrm{d}t = J_p\omega\dot{\theta}_x + J_d\ddot{\theta}_y \end{cases} \tag{4-20}$$

螺旋桨的惯性力矩与作用在螺旋桨上的力矩[式(4-20)]相等，但方向相反，即

$$\begin{cases} M_{gx} = -J_p\omega\dot{\theta}_y - J_d\ddot{\theta}_x \\ M_{gy} = -J_p\omega\dot{\theta}_x - J_d\ddot{\theta}_y \end{cases} \tag{4-21}$$

式中　J_p——螺旋桨圆盘的极转动惯量($\mathrm{kg\cdot m^2}$)；

J_d——螺旋桨圆盘的径向转动惯量($\mathrm{kg\cdot m^2}$)；

ω——螺旋桨轴中心线的绝对角速度(rad/s)；

$\dot{\theta}_x$、$\ddot{\theta}_x$——螺旋桨围绕 x 轴的角速度(rad/s)、角加速度($\mathrm{rad/s^2}$)；

$\dot{\theta}_y$、$\ddot{\theta}_y$——螺旋桨围绕 y 轴的角速度(rad/s)、角加速度($\mathrm{rad/s^2}$)；

M_{gx}——螺旋桨围绕 x 轴的惯性力矩($\mathrm{N\cdot m}$)；

M_{gy}——螺旋桨围绕 y 轴的惯性力矩($\mathrm{N\cdot m}$)。

4.3　回旋振动计算模型

4.3.1　建模基本原则

精确计算法的计算模型是一个带有若干集中参数元件的分布系统，包括两种两端元件和一种三端元件。第一种两端元件为刚性均质薄圆盘元件、集总质量元件和无质量弹性轴段元件；第二种两端元件为支承系统元件，如油膜元件、支承集中质量元件、线性弹簧元件；三端元件为支承元件。

回旋振动简化模型的建立原则有：

(1) 螺旋桨按均质圆盘处理，其质量及转动惯量作为集中参数，并需考虑附水影响，属于第一种两端元件。螺旋桨质量及转动惯量的作用点取螺旋桨重心与螺旋桨轴的垂直交点。

(2) 螺旋桨轴、艉轴、中间轴、推力轴可以分解为若干均质轴段元件，属于第一种两端元件。

(3) 轴承参振质量、船体参振质量、油膜弹性元件、轴承弹性元件、船体弹性元件属于第二种两端元件。

(4) 支承元件为三端元件，并假设支承刚度为各向同性。

上述两端元件和三端元件的数学模型见 4.3.2。船舶推进轴系的回旋振动质量弹性系统简图参见图 4-8。

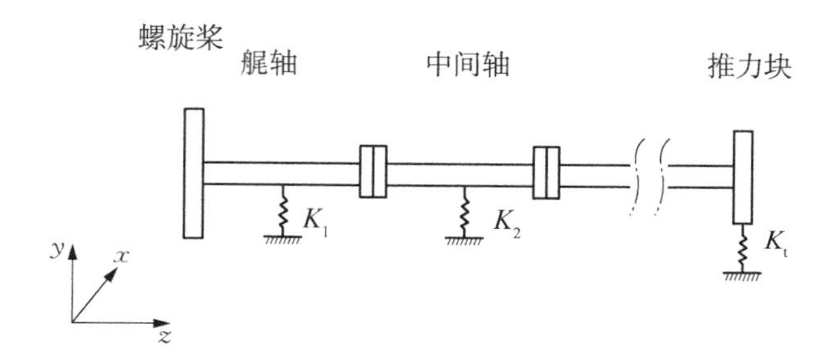

图 4-8 回旋振动质量弹性系统简图

4.3.2 质量弹性系统模型

按建模基本原则，把推进轴系分解成元件，建立其传递矩阵及其状态矢量，从而形成推进轴系回旋振动的传递矩阵计算模型。

假定轴承刚度各向不同(垂向与横向)，各元件的两端的状态矢量定义为

$$\boldsymbol{\Psi}=\begin{bmatrix} x \\ \theta_y \\ M_y \\ Q_x \\ y \\ \theta_x \\ M_x \\ Q_y \end{bmatrix} \tag{4-22}$$

式中 x、y —— 在 x、y 轴方向的挠度幅值(m)；

θ_x、θ_y —— 围绕 x、y 轴的转角幅值(rad)；

M_x、M_y——围绕 x、y 轴的弯矩幅值(N·m)；

Q_x、Q_y——在 x、y 轴方向的剪力幅值(N)。

为了在三维坐标轴空间中考虑状态矢量的方向和便于沿用传递矩阵，可以在实际计算时将元件的左右两端状态矢量设定为

$$\boldsymbol{\Psi}^{\mathrm{L}}=\begin{bmatrix}x\\ \theta_y\\ M_y\\ Q_x\\ y\\ \theta_x\\ M_x\\ Q_y\end{bmatrix}^{\mathrm{L}},\ \boldsymbol{\Psi}^{\mathrm{R}}=\begin{bmatrix}x\\ \theta_y\\ M_y\\ Q_x\\ y\\ \theta_x\\ M_x\\ Q_y\end{bmatrix}^{\mathrm{R}} \tag{4-23}$$

本节中，假定轴承刚度在垂向与横向相同，如只考虑垂向，各元件的两端的状态矢量简化定义为

$$\boldsymbol{\Psi}=\begin{bmatrix}x\\ \theta\\ M\\ Q\end{bmatrix} \tag{4-24}$$

式中　x——挠度幅值(m)；

θ——转角幅值(rad)；

M——弯矩幅值(N·m)；

Q——剪力幅值(N)。

在状态矢量中各矢量正向按下列原则约定，可参见图 4-9：

1) 在第一种两端元件和支承元件(三端元件)中

(1) 元件左端截面上，挠度与坐标轴方向一致为正，弯矩以顺时针方向为正，剪力向上为正，转角自平衡位置起逆时针方向为正。

(2) 元件右端截面上，弯矩以逆时针方向为正，剪力向下为正，挠度与坐标轴方向一致为正，转角自平衡位置起逆时针方向为正。

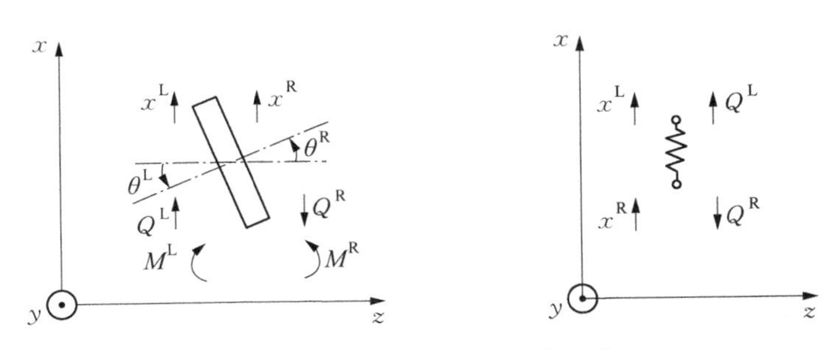

图 4-9　回旋振动状态矢量示意

2) 在第二种两端元件中

位移与坐标轴正向一致为正，元件右端剪力与坐标轴正向一致为正，元件左端截面正负规定则与此相反。

4.3.2.1 **集中质量元件的传递矩阵**

$$\boldsymbol{T}_{\mathrm{m}}=\begin{bmatrix}1 & 0\\ m\Omega^2 & 1\end{bmatrix} \tag{4-25}$$

式中 m——集中元件质量(kg)；

Ω——回旋振动角频率(rad/s)。

4.3.2.2 **弹簧元件的传递矩阵**

$$\boldsymbol{T}_{\mathrm{k}}=\begin{bmatrix}1 & 1/k\\ 1 & 1\end{bmatrix} \tag{4-26}$$

式中 k——弹簧元件的弹簧刚度(N/m)。

4.3.2.3 **螺旋桨(均质圆盘元件)的传递矩阵**

$$\boldsymbol{T}_{\mathrm{p}}=\begin{bmatrix}1 & 0 & 0 & 0\\ 0 & 1 & 0 & 0\\ 0 & (j_0h-1)J_{\mathrm{dw}}\Omega^2 & 1 & 0\\ m_{\mathrm{pw}}\Omega^2 & 0 & 0 & 1\end{bmatrix} \tag{4-27}$$

式中 j_0——极转动惯量与径向转动惯量之比，$j_0=J_{\mathrm{pw}}/J_{\mathrm{dw}}$；

m_{pw}——考虑附水系数后螺旋桨的质量(kg)；

J_{pw}——考虑附水系数后螺旋桨的极转动惯量(kg·m^2)；

J_{dw}——考虑附水系数后螺旋桨的径向转动惯量(kg·m^2)；

h——频率比，$h=\omega/\Omega$；

ω——螺旋桨轴中心线的绝对角速度(rad/s)；

Ω——轴系回旋振动角速度(rad/s)。

4.3.2.4 **均质轴段元件传递矩阵**

各轴段可以划分成若干小长度的均质轴段元件，其传递矩阵为

$$\boldsymbol{T}_{\mathrm{s}}=\begin{bmatrix}T_{11} & T_{12} & T_{13} & T_{14}\\ T_{21} & T_{22} & T_{23} & T_{24}\\ T_{31} & T_{32} & T_{33} & T_{34}\\ T_{41} & T_{42} & T_{43} & T_{44}\end{bmatrix} \tag{4-28}$$

$T_{11}=c_0-P_3c_2$

$T_{12}=\dfrac{1+P_1}{B}[(B-P_2P_3)c_1+(P_2P_3^2-BP_3-BP_4)c_3]$

$T_{13}=c_2(1+P_1)(B+P_2K_2^2-P_2P_3)(B-P_2K_1^2-P_2P_3)/BEI(B+P_2P_4-P_2P_3)$

$T_{14}=(1+P_1)^2[-P_3c_1+(B+P_3^2)c_3]/BEI$

$$T_{21}=Bc_3/(1+P_1)$$
$$T_{22}=c_0-P_4c_2$$
$$T_{23}=\frac{1}{EI}[c_1-(P_2+P_4)c_3]$$
$$T_{24}=c_2(1+P_1)/EI$$
$$T_{31}=BEIc_2/(1+P_1)$$
$$T_{32}=EI[-P_4c_1+(B-P_2P_3+P_2P_4+P_4^2)c_3]$$
$$T_{33}=c_0-(P_2+P_4)c_2$$
$$T_{34}=(1+P_1)[c_1-(P_2+P_3+P_4)c_3]$$
$$T_{41}=BEI[c_1-(P_2+P_3)c_3]/(1+P_1)^2$$
$$T_{42}=EI[B+P_2P_4-P_2P_3]c_2/(1+P_1)$$
$$T_{43}=[-P_2c_1+(B+P_2^2+P_2P_4)c_3]/(1+P_1)$$
$$T_{44}=c_0-(P_2+P_3)c_2$$

其中　$c_0=[K_2^2\mathrm{ch}(K_1l)+K_1^2\cos(K_2l)]/(K_1^2+K_2^2)$

$$c_1=\left[\frac{K_2^2}{K_1}\mathrm{sh}(K_1l)+\frac{K_1^2}{K_2}\sin(K_2l)\right]/(K_1^2+K_2^2)$$
$$c_2=[\mathrm{ch}(K_1l)-\cos(K_2l)]/(K_1^2+K_2^2)$$
$$c_3=\left[\frac{1}{K_1}\mathrm{sh}(K_1l)-\frac{1}{K_2}\sin(K_2l)\right]/(K_1^2+K_2^2)$$
$$P_1=F_zk/AG$$
$$P_2=F_z(1+P_1)/EI$$
$$P_3=\rho k\Omega^2/G$$
$$P_4=-\rho(2h-1)\Omega^2/E$$
$$B=\rho A\Omega^2(1+P_1)^2/EI$$
$$K_{1,2}=\left[\sqrt{B+\frac{1}{4}(P_2+P_4-P_3)^2}\mp\frac{1}{2}(P_2+P_3+P_4)\right]^{\frac{1}{2}}$$
$$h=\omega/\Omega$$
$$I=\frac{\pi}{64}(D^4-d^4)$$
$$A=\frac{\pi}{4}(D^2-d^2)$$
$$k=1.11$$

式中　G、E——材料的剪切模量(N/m^2)和弹性模量(N/m^2)；
ρ——材料密度(kg/m^3)；
F_z——轴向推力(N)；
D、d——分别是轴段的外径、内径(m)。

当忽略轴段回旋效应、剪切变形及推力影响时，k、P_1、P_2、P_3、P_4、h 均为零，从而 $B=$

$\rho A\Omega^2/EI$，$K_1=K_2=K=\sqrt[4]{B}$。并忽略轴段质量，式(4-28)可以简化为

$$\boldsymbol{T}_s=\begin{bmatrix}1 & l & \dfrac{l^2}{2EI} & \dfrac{l^3}{6EI}\\ 0 & 1 & \dfrac{l}{EI} & \dfrac{l^2}{2EI}\\ 0 & 0 & 1 & 0\\ 0 & 0 & 0 & 1\end{bmatrix} \tag{4-29}$$

式中 l ——轴段长度(m)；
E ——弹性模量(N/m^2)；
I ——截面惯性矩(m^4)；
EI ——截面弯曲刚度($N \cdot m^2$)。

4.3.2.5 支承元件的传递矩阵

$$\boldsymbol{T}_b=\begin{bmatrix}0 & 0 & 0 & 0\\ 0 & 0 & 0 & 0\\ 0 & 0 & 0 & 0\\ -K_e & 0 & 0 & 0\end{bmatrix} \tag{4-30}$$

式中 K_e ——支承分支系统的等效线性弹簧刚度(N/m)。

4.3.3 有限元模型

建立推进轴系的横向弯曲振动有限元计算模型。假设轴承的刚度在各个方向上是相同的(除了轴向)，轴系在水平和垂直方向上的振动是相同的，因此只考虑一个横向，如垂直方向的振动，保留单元的垂直方向、弯曲方向的自由度，考虑螺旋桨的回旋惯性力矩(或称陀螺力矩，随转轴转速变化而变化)、附水转动惯量(极转动惯量和径向转动惯量)、轴承横向刚度等。

在计算时，也可以考虑轴承的刚度在各个方向上是不同的，轴系在水平和垂直方向上的回旋振动特性也有不同。

4.4 回旋振动激励力与阻尼

船舶推进轴系回旋振动的激振力主要来源于以下几个方面：①旋转质量(主要是螺旋桨)的不平衡离心力；②作用在螺旋桨上的流体激振力；③螺旋桨偏心质量的重力作用产生的激振力；④过长轴段及集中质量的重力和不平衡作用产生的激振力。其中螺旋桨的回旋振动激励和阻尼是尤其需要关注的。螺旋桨的激励力是在船体尾部流场中扰动形成的，可以通过数值计算或实测获得。

4.4.1 螺旋桨激励力

假设横向的两个方向(垂直、水平)的特性相同，如仅考虑垂向，以简谐形式表述的螺旋桨流体激励力与力矩为

$$\begin{cases} Q_i = \overline{Q}_i \cos(iZ_p\omega t + \varphi_i) \\ M_i = \overline{M}_i \cos(iZ_p\omega t + \psi_i) \end{cases} \tag{4-31}$$

式中　$\overline{Q}_i$——i 倍叶频次简谐激励力的幅值(N)；

$\overline{M}_i$——i 倍叶频次简谐激励力矩的幅值(N·m)；

φ_i——i 倍叶频次简谐激励力的初相位(rad)；

ψ_i——i 倍叶频次简谐激励力矩的初相位(rad)。

4.4.2　螺旋桨阻尼

螺旋桨流体阻尼的近似计算公式为

$$\begin{cases} c_x = c_y = 1.505\,3\rho\omega D_p^3\left(\dfrac{H}{D_p}\right)^2\left(\dfrac{A_p}{A}\right) \quad (\text{N}\cdot\text{s/m}) \\ c_{\theta_x} = c_{\theta_y} = 0.051\,9\rho\omega D_p^5\dfrac{A_p}{A} \quad (\text{N}\cdot\text{m}\cdot\text{s/rad}) \end{cases} \tag{4-32}$$

式中　ρ——海水密度(kg/m³)；

ω——螺旋桨旋转角速度(rad/s)；

D_p——螺旋桨直径(m)；

$\dfrac{H}{D_p}$——螺旋桨平均螺距比；

$\dfrac{A_p}{A}$——螺旋桨盘面比。

4.5　回旋振动自由振动

4.5.1　回旋振动自由振动运动方程

采用经典的影响系数法来建立回旋振动自由振动方程，并分析其运动特性。

针对图4-1所示的螺旋桨推进轴系，螺旋桨简化为一均质刚性薄圆盘，其质量和转动惯量均包含附连水效应。转轴简化为一无质量弹性轴，忽略阻尼作用，支承刚度在 x、y 方向相同。

假设轴系影响系数为：δ_m、δ_w、ϕ_m、ϕ_w。表4-1给出了各种简单轴系的影响系数。根据 Maxwell 互等定理，$\phi_w = \delta_m$；且 $\delta_w\phi_m \geqslant \delta_m\phi_w$。

其中　δ_w——质量圆盘受到横向单位力作用时，其几何中心产生的静态位移(m/N)；

δ_m——质量圆盘受到单位力矩（沿横向轴线）作用时，其几何中心产生的静态位移(1/N)；

ϕ_w——质量圆盘受到横向单位力作用时，其几何中心产生的静态转角(rad/N)；

ϕ_m——质量圆盘受到单位力矩（沿横向轴线）作用时，其几何中心产生的静态转角[rad/(N·m)]。

表 4-1　简单轴系的影响系数

序号	轴系	δ_w	ϕ_w、δ_m	ϕ_m
1	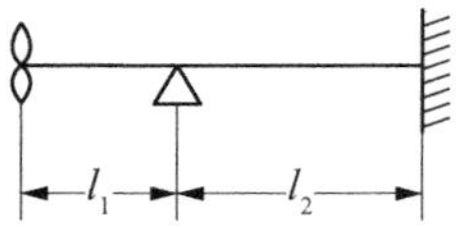 l_1　l_2	$\frac{l_1}{3EI_1}+\frac{l_1^2 l_2}{4EI_2}$	$\frac{l_1^2}{2EI_1}+\frac{l_1 l_2}{4EI_2}$	$\frac{l_1}{EI_1}+\frac{l_2}{4EI_2}$
2	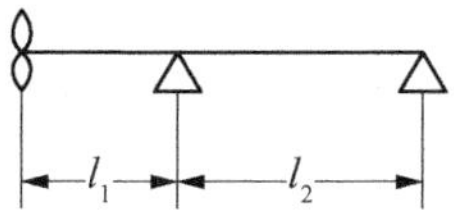 l_1　l_2	$\frac{l_1^3}{3EI_1}+\frac{l_1^2 l_2}{3EI_2}$	$\frac{l_1^2}{2EI_1}+\frac{l_1 l_2}{3EI_2}$	$\frac{l_1}{EI_1}+\frac{l_2}{3EI_2}$
3	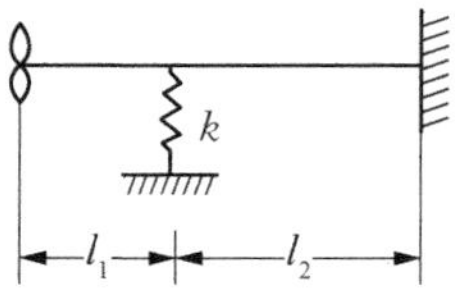 k　l_1　l_2	$\frac{l_1^3}{3EI_1}+\frac{l_1^2 l_2}{3EI_2}(1+C_\alpha)$ $C_\alpha=\frac{3\varepsilon}{1+\varepsilon}\left(1+\frac{2l_2}{3l_1}\right)^2$	$\frac{l_1^2}{2EI_1}+\frac{l_1 l_2}{4EI_2}(1+C_\beta)$ $C_\beta=\frac{3\varepsilon}{1+\varepsilon}\left(1+\frac{2l_2}{3l_1}\right)$	$\frac{l_1}{EI_1}+\frac{l_2}{4EI_2}(1+C_\gamma)$ $C_\gamma=\frac{3\varepsilon}{1+\varepsilon}$
4	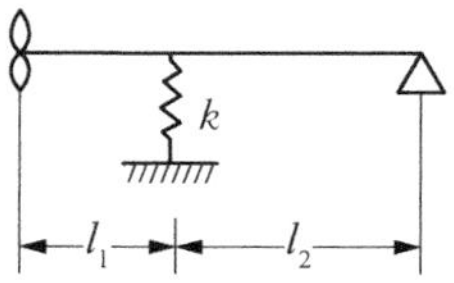 k　l_1　l_2	$\frac{l_1^3}{3EI_1}+\frac{l_1^2 l_2}{3EI_2}(1+C_\alpha)$ $C_\alpha=\varepsilon\left(1+\frac{l_2}{l_1}\right)^2$	$\frac{l_1^2}{2EI_1}+\frac{l_1 l_2}{3EI_2}(1+C_\beta)$ $C_\beta=\varepsilon\left(1+\frac{l_2}{l_1}\right)$	$\frac{l_1}{EI_1}+\frac{l_2}{3EI_2}(1+C_\gamma)$ $C_\gamma=\varepsilon$
5	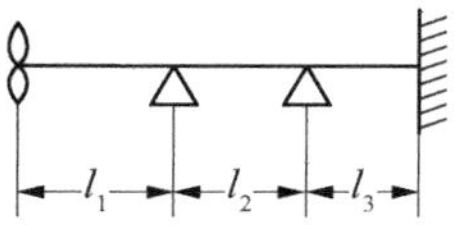 l_1　l_2　l_3	$\frac{l_1^3}{3EI_1}+\frac{l_1^2 l_2}{4EI_2}(1+C_\alpha)$ $C_\alpha=\frac{\sigma}{4+3\sigma}$	$\frac{l_1^2}{2EI_1}+\frac{l_1 l_2}{4EI_2}(1+C_\beta)$ $C_\beta=\frac{\sigma}{4+3\sigma}$	$\frac{l_1}{EI_1}+\frac{l_2}{4EI_2}(1+C_\gamma)$ $C_\gamma=\frac{\sigma}{4+3\sigma}$
6	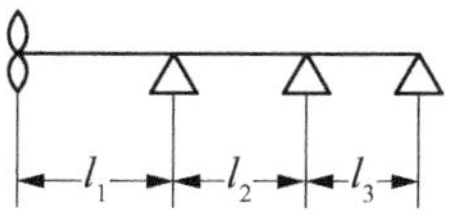 l_1　l_2　l_3	$\frac{l_1^3}{3EI_1}+\frac{l_1^2 l_2}{4EI_2}(1+C_\alpha)$ $C_\alpha=\frac{\sigma}{3+3\sigma}$	$\frac{l_1^2}{2EI_1}+\frac{l_1 l_2}{4EI_2}(1+C_\beta)$ $C_\beta=\frac{\sigma}{3+3\sigma}$	$\frac{l_1}{EI_1}+\frac{l_2}{4EI_2}(1+C_\gamma)$ $C_\gamma=\frac{\sigma}{4+3\sigma}$
7	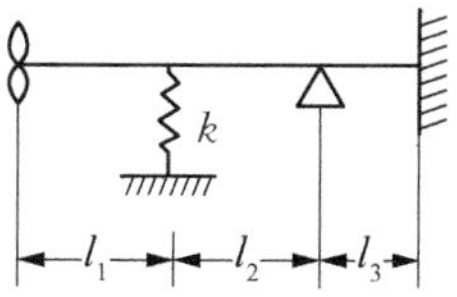 k　l_1　l_2　l_3	$\frac{l_1^3}{3EI_1}+\frac{l_1^2 l_2}{4EI_2}(1+C_\alpha)$	$\frac{l_1^2}{2EI_1}+\frac{l_1 l_2}{4EI_2}(1+C_\beta)$	$\frac{l_1}{EI_1}+\frac{l_2}{4EI_2}(1+C_\gamma)$
		$C_\alpha=\frac{\sigma}{4+3\sigma+4\varepsilon}+\frac{12\varepsilon}{4+3\sigma+4\varepsilon}\left[\left(1+\frac{2l_2}{3l_1}\right)^2+\frac{\sigma}{3}\left(1+\frac{l_2}{l_1}\right)^2\right]$ $C_\beta=\frac{\sigma}{4+3\sigma+4\varepsilon}+\frac{12\varepsilon}{4+3\sigma+4\varepsilon}\left[\left(1+\frac{2l_2}{3l_1}\right)+\frac{\sigma}{3}\left(1+\frac{l_2}{l_1}\right)\right]$ $C_\gamma=\frac{\sigma}{4+3\sigma+4\varepsilon}+\frac{12\varepsilon}{4+3\sigma+4\varepsilon}\left(1+\frac{\sigma}{3}\right)$		
8	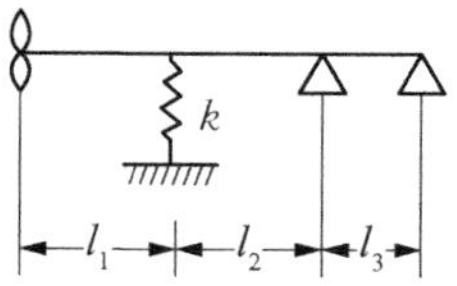 k　l_1　l_2　l_3	$\frac{l_1^3}{3EI_1}+\frac{l_1^2 l_2}{4EI_2}(1+C_\alpha)$	$\frac{l_1^2}{2EI_1}+\frac{l_1 l_2}{4EI_2}(1+C_\beta)$	$\frac{l_1}{EI_1}+\frac{l_2}{4EI_2}(1+C_\gamma)$
		$C_\alpha=\frac{\sigma}{3(1+\sigma+\varepsilon)}+\frac{3\varepsilon}{1+\sigma+\varepsilon}\left[\left(1+\frac{2l_2}{3l_1}\right)^2+\frac{4\sigma}{9}\left(1+\frac{l_2}{l_1}\right)^2\right]$ $C_\beta=\frac{\sigma}{3(1+\sigma+\varepsilon)}+\frac{3\varepsilon}{1+\sigma+\varepsilon}\left[\left(1+\frac{2l_2}{3l_1}\right)+\frac{4\sigma}{9}\left(1+\frac{l_2}{l_1}\right)\right]$ $C_\gamma=\frac{\sigma}{3(1+\sigma+\varepsilon)}+\frac{3\varepsilon}{1+\sigma+\varepsilon}\left(1+\frac{4\sigma}{9}\right)$		

注：l_1、l_2、l_3—轴段长度(m)；E—弹性模量(N/m^2)；I_1、I_2、I_3—截面惯性矩(m^4)；k—弹性支承刚度(N/m)；$\sigma=\frac{EI_2 l_3}{EI_3 l_2}$；$\varepsilon=\frac{3EI_2}{l_2^3 k}$。

轴系自由振动时，螺旋桨对轴系仅有惯性力 f_x、f_y 与惯性力矩 M_{gx}、M_{gy} 的作用。其几何中心 O_p 处轴的挠度 x、y 与转角 θ_x、θ_y 为

$$\begin{cases} x=\delta_{wx}f_x+\delta_{my}M_{gy} \\ y=\delta_{wy}f_y+\delta_{mx}M_{gx} \\ \theta_x=\phi_{wy}f_y+\phi_{mx}M_{gx} \\ \theta_y=\phi_{wx}f_x+\phi_{my}M_{gy} \end{cases} \tag{4-33}$$

将式(4-17)、式(4-21)代入上式，得到螺旋桨推进轴系回旋自由振动方程式：

$$\begin{cases} x=-m_p\ddot{x}\delta_{wx}-J_p\omega\dot{\theta}_x\delta_{my}-J_d\ddot{\theta}_y\delta_{my} \\ y=-m_p\ddot{y}\delta_{wy}-J_p\omega\dot{\theta}_y\delta_{mx}-J_d\ddot{\theta}_x\delta_{mx} \\ \theta_x=-m_p\ddot{y}\phi_{wy}-J_p\omega\dot{\theta}_y\phi_{mx}-J_d\ddot{\theta}_x\phi_{mx} \\ \theta_y=-m_p\ddot{x}\phi_{wx}-J_p\omega\dot{\theta}_x\phi_{my}-J_d\ddot{\theta}_y\phi_{my} \end{cases} \tag{4-34}$$

设方程式的解为

$$\begin{cases} x=A_x\cos\omega_n t \\ y=A_y\sin\omega_n t \\ \theta_x=\Theta_x\sin\omega_n t \\ \theta_y=\Theta_y\cos\omega_n t \end{cases} \tag{4-35}$$

式中　A_x、A_y——挠度 x、挠度 y 的幅值(m)；

Θ_x、Θ_y——转角 θ_x、转角 θ_y 的幅值(rad)；

ω_n——回旋振动固有圆频率(rad/s)。

将式(4-35)代入式(4-34)，经整理后可得

$$\begin{cases} (1-m_p\omega_n^2\delta_{wx})A_x+(J_ph\Theta_x-J_d\Theta_y)\delta_{my}\omega_n^2=0 \\ (1-m_p\omega_n^2\delta_{wy})A_y+(J_ph\Theta_y-J_d\Theta_x)\delta_{mx}\omega_n^2=0 \\ -m_p\omega_n^2\phi_{wy}A_y+(1-J_d\phi_{mx}\omega_n^2)\Theta_x+J_ph\phi_{mx}\omega_n^2\Theta_y=0 \\ -m_p\omega_n^2\phi_{wx}A_x+J_ph\phi_{my}\omega_n^2\Theta_x+(1-J_d\omega_n^2\phi_{my})\Theta_y=0 \end{cases} \tag{4-36}$$

写成矩阵形式：

$$\begin{bmatrix} 1-m_p\omega_n^2\delta_{wx} & 0 & J_ph\omega_n^2\delta_{my} & -J_d\omega_n^2\delta_{my} \\ 0 & 1-m_p\omega_n^2\delta_{wy} & -J_d\omega_n^2\delta_{mx} & J_ph\omega_n^2\delta_{mx} \\ 0 & -m_p\omega_n^2\phi_{wy} & 1-J_d\omega_n^2\phi_{mx} & J_ph\omega_n^2\phi_{mx} \\ -m_p\omega_n^2\phi_{wx} & 0 & J_ph\omega_n^2\phi_{my} & 1-J_d\omega_n^2\phi_{my} \end{bmatrix}\begin{bmatrix} A_x \\ A_y \\ \Theta_x \\ \Theta_y \end{bmatrix}=\mathbf{0} \tag{4-37}$$

因此，轴系回旋振动的自由振动固有频率方程式，即 ω_n^2 的四次代数方程式为

$$\begin{vmatrix} 1-m_{\mathrm{p}}\omega_{\mathrm{n}}^{2}\delta_{\mathrm{w}x} & 0 & J_{\mathrm{p}}h\omega_{\mathrm{n}}^{2}\delta_{\mathrm{my}} & -J_{\mathrm{d}}\omega_{\mathrm{n}}^{2}\delta_{\mathrm{my}} \\ 0 & 1-m_{\mathrm{p}}\omega_{\mathrm{n}}^{2}\delta_{\mathrm{wy}} & -J_{\mathrm{d}}\omega_{\mathrm{n}}^{2}\delta_{\mathrm{m}x} & J_{\mathrm{p}}h\omega_{\mathrm{n}}^{2}\delta_{\mathrm{m}x} \\ 0 & -m_{\mathrm{p}}\omega_{\mathrm{n}}^{2}\phi_{\mathrm{wy}} & 1-J_{\mathrm{d}}\omega_{\mathrm{n}}^{2}\phi_{\mathrm{m}x} & J_{\mathrm{p}}h\omega_{\mathrm{n}}^{2}\phi_{\mathrm{m}x} \\ -m_{\mathrm{p}}\omega_{\mathrm{n}}^{2}\phi_{\mathrm{w}x} & 0 & J_{\mathrm{p}}h\omega_{\mathrm{n}}^{2}\phi_{\mathrm{my}} & 1-J_{\mathrm{d}}\omega_{\mathrm{n}}^{2}\phi_{\mathrm{my}} \end{vmatrix}=\mathbf{0} \tag{4-38}$$

式中 h——频率比，$h=\dfrac{\omega}{\omega_{\mathrm{n}}}$；

ω——螺旋桨轴中心线的绝对角速度(rad/s)；

ω_{n}——回旋固有频率(rad/s)。

4.5.2 支承刚度相同时回旋振动固有频率与振型

频率方程式(4-38)表明，固有频率 ω_{n} 与 m_{p}、J_{p}、J_{d}、δ_{m}、δ_{w}、ϕ_{m}、ϕ_{w} 及 ω 等参数有关。其中螺旋桨参数 m_{p}、J_{p}、J_{d} 及影响系数 δ_{m}、δ_{w}、ϕ_{m}、ϕ_{w} 为常数。因此，对于不同的旋转角速度 ω，轴系的回旋振动固有频率是不同的。这是因为安装在轴系端部的螺旋桨的惯性力矩随轴系旋转角速度的变化而改变；如果在中间轴段上有大质量的圆盘，由于轴系的大挠度变形，也会产生惯性力矩的变化。

当支承刚度各向相同时，即 x 向与 y 向的影响系数相等，则

$$\begin{cases} \delta_{\mathrm{m}x}=\delta_{\mathrm{my}}=\delta_{\mathrm{m}} \\ \delta_{\mathrm{w}x}=\delta_{\mathrm{wy}}=\delta_{\mathrm{w}} \\ \phi_{\mathrm{m}x}=\phi_{\mathrm{my}}=\phi_{\mathrm{m}} \\ \phi_{\mathrm{w}x}=\phi_{\mathrm{wy}}=\phi_{\mathrm{w}} \end{cases} \tag{4-39}$$

运动方程组[式(4-37)]变为

$$\begin{bmatrix} 1-m_{\mathrm{p}}\omega_{\mathrm{n}}^{2}\delta_{\mathrm{w}} & 0 & J_{\mathrm{p}}h\omega_{\mathrm{n}}^{2}\delta_{\mathrm{m}} & -J_{\mathrm{d}}\omega_{\mathrm{n}}^{2}\delta_{\mathrm{m}} \\ 0 & 1-m_{\mathrm{p}}\omega_{\mathrm{n}}^{2}\delta_{\mathrm{w}} & -J_{\mathrm{d}}\omega_{\mathrm{n}}^{2}\delta_{\mathrm{m}} & J_{\mathrm{p}}h\omega_{\mathrm{n}}^{2}\delta_{\mathrm{m}} \\ 0 & -m_{\mathrm{p}}\omega_{\mathrm{n}}^{2}\phi_{\mathrm{w}} & 1-J_{\mathrm{d}}\omega_{\mathrm{n}}^{2}\phi_{\mathrm{m}} & J_{\mathrm{p}}h\omega_{\mathrm{n}}^{2}\phi_{\mathrm{m}} \\ -m_{\mathrm{p}}\omega_{\mathrm{n}}^{2}\phi_{\mathrm{w}} & 0 & J_{\mathrm{p}}h\omega_{\mathrm{n}}^{2}\phi_{\mathrm{m}} & 1-J_{\mathrm{d}}\omega_{\mathrm{n}}^{2}\phi_{\mathrm{m}} \end{bmatrix}\begin{bmatrix} A_{x} \\ A_{y} \\ \Theta_{x} \\ \Theta_{y} \end{bmatrix}=\mathbf{0} \tag{4-40}$$

将上式合并同类项，即

$$\frac{A_{y}}{A_{x}}=\frac{J_{\mathrm{d}}\omega_{\mathrm{n}}^{2}\delta_{\mathrm{m}}\Theta_{y}-J_{\mathrm{p}}h\omega_{\mathrm{n}}^{2}\delta_{\mathrm{m}}\Theta_{x}}{J_{\mathrm{d}}\omega_{\mathrm{n}}^{2}\delta_{\mathrm{m}}\Theta_{x}-J_{\mathrm{p}}h\omega_{\mathrm{n}}^{2}\delta_{\mathrm{m}}\Theta_{y}}=\frac{(1-J_{\mathrm{d}}\omega_{\mathrm{n}}^{2}\delta_{\mathrm{m}})\Theta_{x}+J_{\mathrm{p}}h\omega_{\mathrm{n}}^{2}\delta_{\mathrm{m}}\Theta_{y}}{(1-J_{\mathrm{d}}\omega_{\mathrm{n}}^{2}\delta_{\mathrm{m}})\Theta_{y}+J_{\mathrm{p}}h\omega_{\mathrm{n}}^{2}\delta_{\mathrm{m}}\Theta_{x}} \tag{4-41}$$

得到

$$\frac{J_{\mathrm{d}}\delta_{\mathrm{m}}\dfrac{\Theta_{y}}{\Theta_{x}}-J_{\mathrm{p}}h\delta_{\mathrm{m}}}{J_{\mathrm{d}}\delta_{\mathrm{m}}-J_{\mathrm{p}}h\delta_{\mathrm{m}}\dfrac{\Theta_{y}}{\Theta_{x}}}-\frac{(1-J_{\mathrm{d}}\omega_{\mathrm{n}}^{2}\phi_{\mathrm{m}})+J_{\mathrm{p}}h\omega_{\mathrm{n}}^{2}\phi_{\mathrm{m}}\dfrac{\Theta_{y}}{\Theta_{x}}}{(1-J_{\mathrm{d}}\omega_{\mathrm{n}}^{2}\phi_{\mathrm{m}})\dfrac{\Theta_{y}}{\Theta_{x}}+J_{\mathrm{p}}h\omega_{\mathrm{n}}^{2}\phi_{\mathrm{m}}}=0 \tag{4-42}$$

进而得出

$$\begin{cases}\dfrac{\Theta_y}{\Theta_x}=1\\ \dfrac{A_y}{A_x}=1\end{cases} \tag{4-43}$$

设 $A_x=A_y=A$，$\Theta_x=\Theta_y=\Theta$，运动方程组[式(4-40)]变为

$$\begin{bmatrix}1-m_p\omega_n^2\delta_w & 0 & J_ph\omega_n^2\delta_m & -J_d\omega_n^2\delta_m\\ 0 & 1-m_p\omega_n^2\delta_w & -J_d\omega_n^2\delta_m & J_ph\omega_n^2\delta_m\\ 0 & -m_p\omega_n^2\phi_w & 1-J_d\omega_n^2\phi_m & J_ph\omega_n^2\phi_m\\ -m_p\omega_n^2\phi_w & 0 & J_ph\omega_n^2\phi_m & 1-J_d\omega_n^2\phi_m\end{bmatrix}\begin{bmatrix}A\\A\\\Theta\\\Theta\end{bmatrix}=\mathbf{0} \tag{4-44}$$

经简化后得到

$$\begin{bmatrix}(1-m_p\omega_n^2\delta_w) & (J_ph-J_d)\omega_n^2\delta_m\\ -m_p\omega_n^2\phi_w & [1+(J_ph-J_d)\omega_n^2\phi_m]\end{bmatrix}\begin{bmatrix}A\\\Theta\end{bmatrix}=\mathbf{0} \tag{4-45}$$

因此，轴系回旋振动的自由振动固有频率方程式简化为

$$\begin{vmatrix}(1-m_p\omega_n^2\delta_w) & (J_ph-J_d)\omega_n^2\delta_m\\ -m_p\omega_n^2\phi_w & [1+(J_ph-J_d)\omega_n^2\phi_m]\end{vmatrix}=0 \tag{4-46}$$

从而得到 ω_n 的代数方程式：

$$m_pJ_d(j_0h-1)(\delta_m\phi_w-\delta_w\phi_m)\omega_n^4-[m_p\delta_w-J_d(j_0h-1)\phi_m]\omega_n^2+1=0 \tag{4-47}$$

式中　j_0——极转动惯量与径向转动惯量之比，$j_0=J_p/J_d$；
J_p——螺旋桨圆盘的极转动惯量($kg \cdot m^2$)；
J_d——螺旋桨圆盘的径向转动惯量($kg \cdot m^2$)；
m_p——螺旋桨的质量(kg)；
h——频率比，$h=\omega/\omega_n$；
ω——螺旋桨轴中心线的绝对角速度(rad/s)；
ω_n——系统的固有频率(rad/s)。

可见，系统回旋振动的固有频率是与轴系自转频率 ω 有关的，在一定频率比 h 时，可以求解得到系统的固有频率。如果 $h=\dfrac{\omega}{\omega_n}<0$，则上式求解出的固有频率就是逆回旋的固有频率。

4.5.2.1　回旋振动固有频率

在一定旋转角速度 ω 下，由式(4-47)解得系统的四个固有频率，固有频率 ω_n 与旋转角速度 ω 的四根关系曲线如图 4-10 所示。可以看出，四根曲线相对于原点是两两对称的。当 ω 为正时，即假定轴系的旋转角速度 ω 为正，从螺旋桨末端向前看，轴系转向为顺时针。

为了能够直观地理解，通常把图中 ω_n 为负值的两根曲线，从横坐标下方翻到横坐标上方，

成为如图 4－10b 所示的曲线。但这两根曲线所对应的频率为负值，回旋的方向与角速度 ω 相反，是逆回旋。

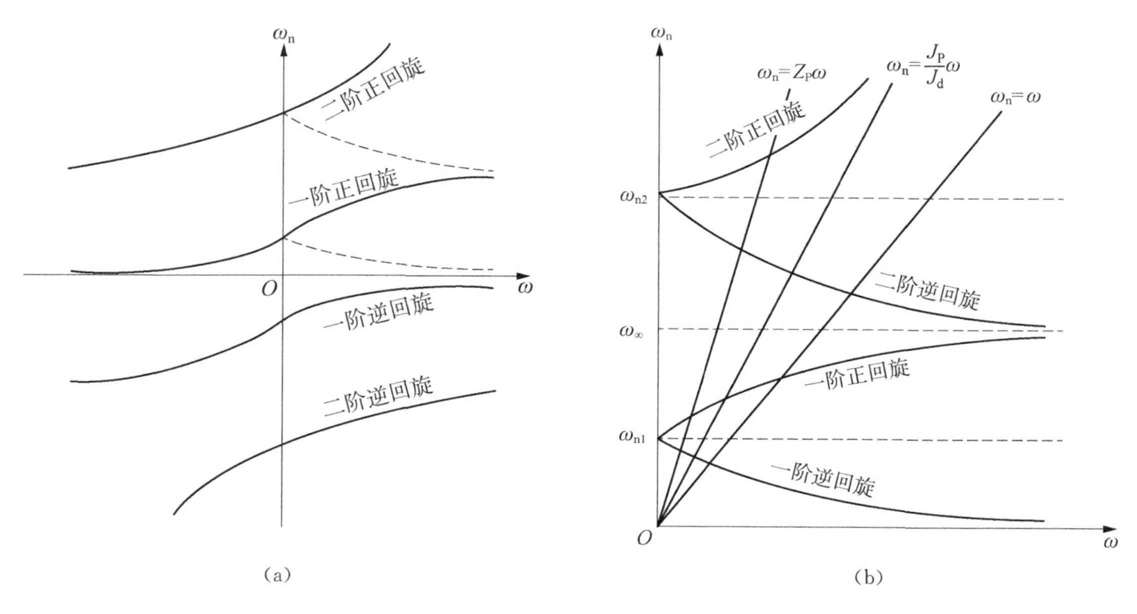

图 4－10 支承刚度各向相同时回旋振动固有频率曲线

当支承刚度各向相同时，由式(4－45)，结合频率方程式(4－47)，可以得到

$$\frac{\Theta}{A}=\frac{\phi_m-m_p\omega_n^2(\delta_w\phi_m-\phi_w\delta_m)}{\delta_m} \tag{4-48}$$

由于 $A_x=A_y=A$，$\Theta_x=\Theta_y=\Theta$，从而由式(4－35)可以得出

$$\begin{cases}x=A\cos\omega_n t\\ y=A\sin\omega_n t\\ \theta_x=\Theta\sin\omega_n t\\ \theta_y=\Theta\cos\omega_n t\end{cases} \tag{4-49}$$

可知，螺旋桨几何中心 O_p 的运动轨迹为圆，ω_n 为正时，从螺旋桨端向前看，螺旋桨中心按顺时针方向旋转，与 ω 转向相同，故为正回旋。ω_n 为负时，则按逆时针方向旋转，与 ω 转向相反，故为逆回旋。

4.5.2.2 回旋振动频率曲线特征

求解频率方程式(4－47)，进而得出到回旋振动固有频率的 Jasper 计算公式：

$$\omega_{n1,\,n2}=\sqrt{\frac{[m_p\delta_w+\phi_mJ_d(1-j_0h)]\mp\sqrt{[m_p\delta_w+\phi_mJ_d(1-j_0h)]^2-4m_pJ_d(1-j_0h)(\delta_w\phi_m-\delta_m\phi_w)}}{2m_pJ_d(1-j_0h)(\delta_w\phi_m-\delta_m\phi_w)}}\ (\mathrm{rad/s}) \tag{4-50}$$

式中 j_0—— 转动惯量比，$j_0=\dfrac{J_p}{J_d}$；

J_p——螺旋桨的极转动惯量(kg·m²)；

J_d——螺旋桨的径向转动惯量(kg·m²)；

m_p——螺旋桨的质量(kg)；

h—— 频率比，$h=\dfrac{\omega}{\omega_n}$；

ω——螺旋桨轴中心线的绝对角速度(rad/s)；

$\omega_{n1,n2}$——回旋振动固有频率(rad/s)。

由于 $\delta_w\phi_m\geqslant\delta_m\phi_w$，上式的解总为实数。计算固有频率时，取 $\omega_{n1,n2}$ 为正实根。

对于螺旋桨推进轴系，通常考虑 $h=\dfrac{\omega}{\Omega}=\pm1,\pm\dfrac{1}{Z_p},\pm\dfrac{1}{2Z_p}$，其中 Z_p 为螺旋桨叶片数。当 $h>0$ 时，计算频率 $\omega_{n1,n2}$ 为正回旋固有频率 ω_{f_1,f_2}；当 $h<0$ 时，计算频率 $\omega_{n1,n2}$ 为逆回旋固有频率 ω_{b_1,b_2}。

螺旋桨的极转动惯量 J_p 和径向转动惯量 J_d 之比，在不同阶次的回旋振动下变化不大(实际计算时认为 J_p/J_d 为常数)。j_0h 的大小主要取决于$\dfrac{\omega}{\omega_n}$，如考虑的固有振动次数越高，h 就越小，j_0h 也越小，由式(4-50)得到的正、逆回旋频率的差别就越小。

分析系统回旋振动固有频率曲线有以下特征：

(1) 当 $\omega=0$，即轴不旋转时，式(4-47)频率方程变为

$$m_pJ_d(\delta_w\phi_m-\delta_m\phi_w)\omega_n^4-(J_d\phi_m+m_p\delta_w)\omega_n^2+1=0 \tag{4-51}$$

求解上式可得两对固有频率 $\pm\Omega_1$、$\pm\Omega_2$，即

$$\begin{aligned}\Omega_{1,2}&=\sqrt{\frac{(m_p\delta_w+J_d\phi_m)\mp\sqrt{(m_p\delta_w+J_d\phi_m)^2-4m_pJ_d(\delta_w\phi_m-\delta_m\phi_w)}}{2m_pJ_d(\delta_w\phi_m-\delta_m\phi_w)}}\\&=\sqrt{\frac{1\mp\sqrt{1-4Q_0}}{2Q_0}}\quad(\mathrm{rad/s})\end{aligned} \tag{4-52}$$

其中
$$Q_0=\frac{m_pJ_d(\delta_w\phi_m-\delta_m\phi_w)}{m_p\delta_w+J_d\phi_m}$$

每对固有频率在数值上相等，但方向相反。

(2) 当 $\omega\to\infty$ 时，式(4-47)频率方程变为

$$m_pJ_d(\delta_w\phi_m-\delta_m\phi_w)\frac{\omega_n^4}{\omega}+m_pJ_p(\delta_w\phi_m-\delta_m\phi_w)\omega_n^3-(J_d\phi_m+m_p\delta_w)\frac{\omega_n^2}{\omega}-J_p\omega_n\phi_m+\frac{1}{\omega}=0 \tag{4-53}$$

由于 $\dfrac{1}{\omega_{(\to\infty)}}\approx0$，则上式为

$$m_{p}J_{p}(\delta_{w}\phi_{m}-\delta_{m}\phi_{w})\omega_{n}^{3}-J_{p}\omega_{n}\phi_{m}=0 \tag{4-54}$$

从而可得一对固有频率$\pm\Omega_{\infty}$，即

$$\Omega_{\infty}=\sqrt{\frac{\phi_{m}}{m_{p}(\delta_{w}\phi_{m}-\delta_{m}\phi_{w})}}\quad(\mathrm{rad/s}) \tag{4-55}$$

另一对固有频率为零。

(3) Ω_1、Ω_2 与 Ω_{∞} 的关系为 $\Omega_1<\Omega_{\infty}<\Omega_2$。

式(4-47)表示的固有频率 ω_n 与 ω 的关系变换为用Ω_1、Ω_2、Ω_{∞}，即

$$(\omega_{n}^{2}-\Omega_{1}^{2})(\omega_{n}^{2}-\Omega_{2}^{2})-\frac{J_{p}}{J_{d}}\omega\omega_{n}(\omega_{n}^{2}-\Omega_{\infty}^{2})=0 \tag{4-56}$$

则

$$\omega=\frac{J_{d}(\omega_{n}^{2}-\Omega_{1}^{2})(\omega_{n}^{2}-\Omega_{2}^{2})}{J_{p}(\omega_{n}^{2}-\Omega_{\infty}^{2})}\quad(\mathrm{rad/s}) \tag{4-57}$$

式(4-57)描述的固有频率曲线形态更为直观，见图 4-10(b)。当 ω 由零逐渐上升时，原来两个在数值上相等(但方向不同)的固有频率便分为两个数值不等的固有频率，其中数值上大的为正回旋固有频率，较小的一个为逆回旋固有频率。当 ω 趋近于无限大时，一阶正、逆回旋固有频率曲线分别趋近于渐近线 $\omega_n=0$ 与 $\omega_n=\Omega_{\infty}$，对于二阶正、逆回旋固有频率曲线分别趋近于渐近线 $\Omega=\frac{J_p}{J_d}\omega$ 与 $\omega_n=\Omega_{\infty}$。

式(4-48)也可用 Ω_{∞} 表示为

$$\frac{\Theta}{A}=\frac{\phi_{m}}{\delta_{m}}\left(1-\frac{\omega_{n}^{2}}{\Omega_{\infty}^{2}}\right) \tag{4-58}$$

可知，当 $\omega_n<\Omega_{\infty}$ 时，$\frac{\Theta}{A}>0$，即在一阶正、逆回旋振动时，螺旋桨中心处轴的挠度与转角同相位。而在 $\omega_n>\Omega_{\infty}$ 时，$\frac{\Theta}{A}<0$，即在二阶正、逆回旋振动时，螺旋桨中心处轴的挠度与转角相位差 180°。

在船舶推进轴系中，回旋振动激振力主要是流体作用在螺旋桨上的激励力和不平衡质量的离心力，这些激振力的频率是轴频、叶频及其倍频。因此回旋振动的固有频率，只要计算等于轴频、叶频及其倍频等有激振力的固有频率[见式(4-1)]即可。在图 4-10 中，就是频率曲线与 $\omega_n=\omega$、$\omega_n=kZ_p\omega\ (k=1,\ 2)$ 等直线的交点，当 $\frac{\omega}{\omega_n}>\frac{J_p}{J_d}$ 时，有四个交点，它们从小到大，依次对应于一阶逆回旋、一阶正回旋，二阶逆回旋、二阶正回旋的固有频率。

4.5.3 支承刚度不同时回旋振动固有频率与振型

当支承刚度各向不同时，运动方程组和频率方程见式(4-37)、式(4-38)，系统固有频率的分析方法与 4.5.2 相似。

回旋振动固有频率的 Jasper 计算公式为

$$\omega_{x1,\,x2}=\sqrt{\frac{[m_p\delta_{wx}+\phi_{my}J_d(1-j_0h)]\mp\sqrt{[m_p\delta_{wx}+\phi_{my}J_d(1-j_0h)]^2-4m_pJ_d(1-j_0h)(\delta_{wx}\phi_{my}-\delta_{my}\phi_{wx})}}{2m_pJ_d(1-j_0h)(\delta_{wx}\phi_{my}-\delta_{my}\phi_{wx})}}\ (\mathrm{rad/s}) \tag{4-59}$$

$$\omega_{y1,\,y2}=\sqrt{\frac{m_p\delta_{wy}+\phi_{mx}J_d(1-j_0h)\mp\sqrt{[m_p\delta_{wy}+\phi_{mx}J_d(1-j_0h)]^2-4m_pJ_d(1-j_0h)(\delta_{wy}\phi_{mx}-\delta_{mx}\phi_{wy})}}{2m_pJ_d(1-j_0h)(\delta_{wy}\phi_{mx}-\delta_{mx}\phi_{wy})}}\ (\mathrm{rad/s}) \tag{4-60}$$

式中　j_0——转动惯量比，$j_0=\dfrac{J_p}{J_d}$；
J_p——螺旋桨的极转动惯量（$\mathrm{kg\cdot m^2}$）；
J_d——螺旋桨的径向转动惯量（$\mathrm{kg\cdot m^2}$）；
m_p——螺旋桨的质量（kg）；
h——频率比，$h=\dfrac{\omega}{\omega_n}$；
ω_n——回旋振动固有频率（rad/s）；
ω——螺旋桨轴中心线的绝对角速度（rad/s）；
$\omega_{x1,\,x2}$——xz 方向回旋振动固有频率（rad/s）；
$\omega_{y1,\,y2}$——yz 方向回旋振动固有频率（rad/s）；
δ_{wx}、δ_{wy}、δ_{mx}、δ_{my}——轴系影响系数；
ϕ_{wx}、ϕ_{wy}、ϕ_{mx}、ϕ_{my}——轴系影响系数。

式(4-59)与式(4-60)可以简化为

$$\begin{cases}\omega_{x1,\,x2}=\sqrt{\dfrac{1\mp\sqrt{1-4Q_x}}{2Q_x}} & (\mathrm{rad/s})\\[2ex] \omega_{y1,\,y2}=\sqrt{\dfrac{1\mp\sqrt{1-4Q_y}}{2Q_y}} & (\mathrm{rad/s})\end{cases} \tag{4-61}$$

其中

$$Q_x=\frac{m_pJ_d(1-j_0h)(\delta_{wx}\phi_{my}-\delta_{my}\phi_{wx})}{m_p\delta_{wx}+J_d(1-j_0h)\phi_{my}}$$

$$Q_y=\frac{m_pJ_d(1-j_0h)(\delta_{wy}\phi_{mx}-\delta_{mx}\phi_{wy})}{m_p\delta_{wy}+J_d(1-j_0h)\phi_{mx}}$$

(1) 当 $\omega=0$，即轴不旋转时，回旋振动固有频率为

$$\begin{cases} \Omega_{x1,\,x2}=\sqrt{\dfrac{(m_{\mathrm{p}}\delta_{\mathrm{w}x}+J_{\mathrm{d}}\phi_{\mathrm{my}})\mp\sqrt{(m_{\mathrm{p}}\delta_{\mathrm{w}x}+J_{\mathrm{d}}\phi_{\mathrm{my}})^2-4m_{\mathrm{p}}J_{\mathrm{d}}(\delta_{\mathrm{w}x}\phi_{\mathrm{my}}-\delta_{\mathrm{my}}\phi_{\mathrm{w}x})}}{2m_{\mathrm{p}}J_{\mathrm{d}}(\delta_{\mathrm{w}x}\phi_{\mathrm{my}}-\delta_{\mathrm{my}}\phi_{\mathrm{w}x})}} \\ \quad =\sqrt{\dfrac{1\mp\sqrt{1-4Q_{x0}}}{2Q_{x0}}} \quad (\mathrm{rad/s}) \\ \Omega_{y1,\,y2}=\sqrt{\dfrac{(m_{\mathrm{p}}\delta_{\mathrm{wy}}+J_{\mathrm{d}}\phi_{\mathrm{m}x})\mp\sqrt{(m_{\mathrm{p}}\delta_{\mathrm{wy}}+J_{\mathrm{d}}\phi_{\mathrm{m}x})^2-4m_{\mathrm{p}}J_{\mathrm{d}}(\delta_{\mathrm{wy}}\phi_{\mathrm{m}x}-\delta_{\mathrm{m}x}\phi_{\mathrm{wy}})}}{2m_{\mathrm{p}}J_{\mathrm{d}}(\delta_{\mathrm{wy}}\phi_{\mathrm{m}x}-\delta_{\mathrm{m}x}\phi_{\mathrm{wy}})}} \\ \quad =\sqrt{\dfrac{1\mp\sqrt{1-4Q_{y0}}}{2Q_{y0}}} \quad (\mathrm{rad/s}) \end{cases} \tag{4-62}$$

其中

$$Q_{x0}=\frac{m_{\mathrm{p}}J_{\mathrm{d}}(\delta_{\mathrm{w}x}\phi_{\mathrm{my}}-\delta_{\mathrm{my}}\phi_{\mathrm{w}x})}{m_{\mathrm{p}}\delta_{\mathrm{w}x}+J_{\mathrm{d}}\phi_{\mathrm{my}}}$$

$$Q_{y0}=\frac{m_{\mathrm{p}}J_{\mathrm{d}}(\delta_{\mathrm{wy}}\phi_{\mathrm{m}x}-\delta_{\mathrm{m}x}\phi_{\mathrm{wy}})}{m_{\mathrm{p}}\delta_{\mathrm{wy}}+J_{\mathrm{d}}\phi_{\mathrm{m}x}}$$

(2) 当 $\omega\rightarrow\infty$ 时,回旋振动固有频率为

$$\begin{cases} \Omega_{x\infty}=\sqrt{\dfrac{\phi_{\mathrm{my}}}{m_{\mathrm{p}}(\delta_{\mathrm{w}x}\phi_{\mathrm{my}}-\delta_{\mathrm{my}}\phi_{\mathrm{w}x})}} \quad (\mathrm{rad/s}) \\ \Omega_{y\infty}=\sqrt{\dfrac{\phi_{\mathrm{m}x}}{m_{\mathrm{p}}(\delta_{\mathrm{wy}}\phi_{\mathrm{m}x}-\delta_{\mathrm{m}x}\phi_{\mathrm{wy}})}} \quad (\mathrm{rad/s}) \end{cases} \tag{4-63}$$

(3) 固有频率之间的关系。通常来说,$\Omega_{y1}<\Omega_{y\infty}<\Omega_{y2}$,$\Omega_{x1}<\Omega_{x\infty}<\Omega_{x2}$。

对于船舶推进轴系,一般垂直方向轴承刚度会略大于水平方向,因而各固有频率的关系为:$\Omega_{y1}<\Omega_{x1}<\Omega_{y\infty}<\Omega_{x\infty}<\Omega_{y2}<\Omega_{x2}$。

4.5.4 回旋振动自由振动简化计算方法

在轴系方案设计阶段,通常需要快速估算,可用简化公式估算轴系回旋振动的一阶和二阶固有频率及其相应的各次临界转速。需要时,并以此为计算方法,编写轴系回旋振动计算书,提交船级社认可。

回旋振动资源振动的简化计算方法主要有 Panagopulos 公式和 Jasper 公式。

4.5.4.1 Panagopulos 回旋振动固有频率计算方法

Panagopulos 采用支承为刚性的悬臂轴简化模型,两个刚性支承分别是距螺旋桨最近的两个轴承(一般为艉轴承或中间轴承),如图 4-11 所示。

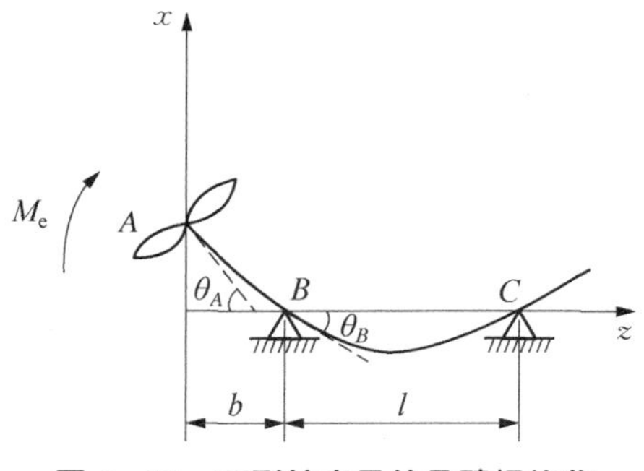

图 4-11 两刚性支承的悬臂螺旋桨轴简化模型

假定轴系回旋振动时,螺旋桨轴的动挠度曲线与其端部作用一弯矩时轴的挠度曲线完全相同,即轴系各点的挠度与转角的比为一定值。

当静力矩 M_e 作用在螺旋桨端部，轴系的挠度曲线可分 AB、BC 两段并根据材料力学确定，其中 A 点为螺旋桨中心，B 点为艉轴承支点，C 点为中间轴承支点。

AB 段：

$$x=\frac{M_e}{EI}\left[\frac{1}{2}(z-b)^2-\frac{l}{3}(z-b)\right],\ 0\leqslant z\leqslant b \tag{4-64}$$

BC 段：

$$x=\frac{M_e}{EI}\left[\frac{z^2}{2}-\frac{z^3}{6l}-\frac{lz}{3}\right],\ 0\leqslant z\leqslant l \tag{4-65}$$

由式(4-64)，可得到在螺旋桨中心处 A 点的挠度 x_A 与转角 θ_A 为

$$\begin{cases}x_A=x_{z=0}=\dfrac{M_e}{EI}b\left(\dfrac{b}{2}+\dfrac{l}{3}\right) & \text{(m)}\\ \theta_A=\left|\dfrac{\mathrm{d}x}{\mathrm{d}z}\bigg|_{z=0}\right|=\dfrac{M_e}{EI}\left(b+\dfrac{l}{3}\right) & \text{(rad)}\end{cases} \tag{4-66}$$

由式(4-65)，得到支承点 B 处轴的转角为

$$\theta_B=\left|\frac{\mathrm{d}x}{\mathrm{d}z}\bigg|_{z=0}\right|=\frac{M_e}{EI}\,\frac{l}{3}\quad \text{(rad)} \tag{4-67}$$

在激振力矩 $M\sin\omega t$ 作用下，由点 B 的力矩平衡式可以得到系统的运动方程式：

$$J_d\ddot{\theta}_A+m_pa\ddot{x}_A+\int_0^b\mu\ddot{x}_z(b-z)\mathrm{d}z+\int_0^l\mu\ddot{x}_zz\mathrm{d}z+R_Cl=M\sin\omega t \tag{4-68}$$

式中　$J_d\ddot{\theta}_A$——螺旋桨惯性力矩(N·m)，其中 J_d 为螺旋桨径向转动惯量(kg·m²)，$\ddot{\theta}_A$ 为螺旋桨圆盘的角加速度(rad/s²)；

$m_pa\ddot{x}_A$——螺旋桨惯性力产生的力矩(N·m)，其中 m_p 为螺旋桨质量(kg)，a 为螺旋桨中心至 B 点的实际距离(m)；$\ddot{x}_A$ 为螺旋桨中心挠度加速度(m/s²)；

$\int_0^b\mu\ddot{x}_z(b-z)\mathrm{d}z$——$AB$ 轴段均布质量惯性力产生的力矩(N·m)，其中，μ 为轴单位长度质量(kg/m)，$\ddot{x}_z$ 为 z 处的挠度加速度(m/s²)，z 从螺旋桨 A 点算起，螺旋桨端 $z=0$；

$\int_0^b\mu\ddot{x}_zz\mathrm{d}z$——$BC$ 轴段均布质量惯性力产生的力矩(N·m)，其中 z 从 B 点算起，$z=l$ 时为点 C；

R_Cl——C 点支承反力 R_C(N)产生的力矩(N·m)，$R_Cl=M_e$。

取 θ_B 作为系统广义坐标，则有

$$x_A=\frac{3b}{l}\left(\frac{b}{2}+\frac{l}{3}\right)\theta_B$$

$$\theta_A=\frac{3}{l}\left(b+\frac{l}{3}\right)\theta_B$$

$$R_C l = \frac{3EI}{l}\theta_B$$

$$\int_0^b \mu \ddot{x}_z (b - z)\mathrm{d}z = \frac{3\mu}{l}\left(\frac{b^4}{8} + \frac{lb^3}{9}\right)\theta_B$$

$$\int_0^l \mu \ddot{x}_z z\mathrm{d}z = \frac{3\mu}{l}\,\frac{7l^4}{360}\theta_B$$

代入式(4－68)得

$$\frac{3}{l}\left[J_\mathrm{d}\left(b + \frac{l}{3}\right) + m_\mathrm{p}ab\left(\frac{b}{2} + \frac{l}{3}\right) + \mu\left(\frac{b^4}{8} + \frac{lb^3}{9} + \frac{7l^4}{360}\right)\right]\ddot{\theta}_B + \frac{3}{l}EI\theta_B = M\sin\omega t \tag{4-69}$$

从而得到系统的回旋振动固有频率 Panagopulos 计算公式：

$$\omega_\mathrm{n} = \sqrt{EI\Big/\left[J_\mathrm{d}\left(b + \frac{l}{3}\right) + m_\mathrm{p}ab\left(\frac{b}{2} + \frac{l}{3}\right) + \mu\left(\frac{b^4}{8} + \frac{lb^3}{9} + \frac{7l^4}{360}\right)\right]} \quad (\mathrm{rad/s}) \tag{4-70}$$

式中 J_d——螺旋桨径向转动惯量，其附连水系数取 1.6；
m_p——螺旋桨质量，其附连水系数取 1.30；
a——螺旋桨中心至艉轴承支点(B 点)的实际距离(m)；
b——螺旋桨中心至艉轴承的水平距离(m)；
l——艉轴承至中间轴承的水平距离(m)；
μ——轴单位长度质量(kg/m)；
E——材料的弹性模量($\mathrm{N/m^2}$)；
I——截面惯性矩($\mathrm{m^4}$)。

轴承 B(尾管后轴承)的支承点位置一般可离轴承衬后端 1/4～1/3 轴承衬长度处。另一轴承 C 的支承点位置可取轴承衬长度中央处。

求得固有频率后，即可求出回旋振动一次临界转速：

$$n_{\upsilon=1} = \frac{60}{2\pi}\omega_\mathrm{n} = 9.55\omega_\mathrm{n} \quad (\mathrm{r/min}) \tag{4-71}$$

而回旋振动叶片次临界转速为

$$n_{\upsilon=Z_\mathrm{p}} = \frac{60}{2\pi}\frac{\omega_\mathrm{n}}{Z_\mathrm{p}} = 9.55\frac{\omega_\mathrm{n}}{Z_\mathrm{p}} \quad (\mathrm{r/min}) \tag{4-72}$$

式中 Z_p——螺旋桨叶片数；
ω_n——回旋振动固有频率(rad/s)。

4.5.4.2 Jasper 回旋振动固有频率计算方法

采用经典的影响系数法，得到 Jasper 回旋振动固有频率计算公式，即式(4－50)。正回旋、逆回旋固有频率计算公式可以简化为

$$\omega_{n1,\,n2}=\sqrt{\frac{1\mp\sqrt{1-4Q}}{2Q}}\quad (\text{rad/s}) \tag{4-73}$$

其中
$$Q=\frac{m_{\mathrm{p}}J_{\mathrm{d}}(1-j_0h)(\delta_{\mathrm{w}}\phi_{\mathrm{m}}-\delta_{\mathrm{m}}\phi_{\mathrm{w}})}{m_{\mathrm{p}}\delta_{\mathrm{w}}+J_{\mathrm{d}}(1-j_0h)\phi_{\mathrm{m}}}$$

式中 h——频率比；

j_0——转动惯量比，$j_0=\dfrac{J_{\mathrm{p}}}{J_{\mathrm{d}}}$；

J_{p}、J_{d}——螺旋桨的极转动惯量($\mathrm{kg\cdot m^2}$)、径向转动惯量($\mathrm{kg\cdot m^2}$)；

m_{p}——螺旋桨的质量(kg)；

h——频率比，$h=\pm\dfrac{\omega}{\omega_{\mathrm{n}}}$；

ω_{n}——回旋振动固有频率(rad/s)；

ω——螺旋桨轴中心线的绝对角速度(rad/s)。

上述固有频率计算未考虑轴段的分布质量。如需考虑，一般是在螺旋桨处增加轴段的等效质量。在初步设计阶段，如轴段尺寸未确定，可以将轴段等效质量估算为螺旋桨质量的38%。

式(4-73)中 $\omega_{n1,\,n2}$ 为正实根。当 h 取正值时，式(4-73)计算的是一阶、二阶正回旋固有频率；当 h 取负值时，式(4-73)计算的是一阶、二阶逆回旋固有频率。

螺旋桨极转动惯量 J_{p}、径向转动惯量 J_{d}、质量 m_{p} 的附连水系数及轴承支承点位置的选取与4.5.4.1一致。

求出固有频率后，可以按式(4-71)和式(4-72)得到一次临界转速和叶片次临界转速。

4.5.5 回旋振动自由振动传递矩阵计算方法

将各元件的传递矩阵按轴系顺序逐个相乘，从而得出轴系左端元件左端状态矢量和右端元件右端状态矢量之间的传递方程为

$$\boldsymbol{\Psi}^{\mathrm{R}}=[\boldsymbol{T}_{\mathrm{r}}]\boldsymbol{\Psi}^{\mathrm{L}} \tag{4-74}$$

式中 $[\boldsymbol{T}_{\mathrm{r}}]$——累积传递矩阵，等于各元件传递矩阵依次相乘之积，其展开式为

$$\begin{bmatrix}x\\ \theta\\ M\\ Q\end{bmatrix}^{\mathrm{R}}=\begin{bmatrix}T_{\mathrm{r11}} & T_{\mathrm{r12}} & T_{\mathrm{r13}} & T_{\mathrm{r14}}\\ T_{\mathrm{r21}} & T_{\mathrm{r22}} & T_{\mathrm{r23}} & T_{\mathrm{r24}}\\ T_{\mathrm{r31}} & T_{\mathrm{r32}} & T_{\mathrm{r33}} & T_{\mathrm{r34}}\\ T_{\mathrm{r41}} & T_{\mathrm{r42}} & T_{\mathrm{r43}} & T_{\mathrm{r44}}\end{bmatrix}\cdot\begin{bmatrix}x\\ \theta\\ M\\ Q\end{bmatrix}^{\mathrm{L}} \tag{4-75}$$

轴系右端为固定端时，频率方程式为

$$\begin{vmatrix}T_{\mathrm{r11}} & T_{\mathrm{r12}}\\ T_{\mathrm{r21}} & T_{\mathrm{r22}}\end{vmatrix}=0 \tag{4-76}$$

轴系右端为自由端时，频率方程式为

$$\begin{vmatrix} T_{r31} & T_{r32} \\ T_{r41} & T_{r42} \end{vmatrix} = 0 \tag{4-77}$$

轴系右端为刚性铰支时，频率方程式为

$$\begin{vmatrix} T_{r11} & T_{r12} \\ T_{r31} & T_{r32} \end{vmatrix} = 0 \tag{4-78}$$

计算步骤为：

(1) 首先对频率方程中的频率比 $h\left(h=\dfrac{\omega}{\omega_n}\right)$ 赋值，确定求取固有频率的次数。

(2) 给出一系列试算频率 ω_0，$\omega_0+\Delta\omega$，$\omega_0+2\Delta\omega$，…，$\omega_0+i\Delta\omega$，其中 ω_0 为试算频率值，$\Delta\omega$ 为频率步长，i 为若干步长。

(3) 对每一试算频率，计算频率方程式的剩余值 RES，当两个试算频率得到的频率方程式剩余值异号时，该两试算频率之间的频段上存在固有频率，可用较小的频率步长搜索求根。

(4) 当两个试算频率的剩余值小于 10^{-7} 时，则将最后一个试算频率作为所求的固有频率。

(5) 求出固有频率后，令螺旋桨左端挠度为一单位值，如 0.01 m，逐步计算出各元件端面的状态参数，包括剪力、弯矩、挠度等，并画出振型图。

4.5.6 回旋振动固有频率的影响因素

回旋振动固有频率计算精度的主要影响因素如下，并介绍有关参数的选取。

4.5.6.1 轴承支承点位置的影响

在回旋振动计算分析中，把轴承简化为点支承，支承点位置的选取对于计算结果有较大的影响。支承点的位置可按动态校中由轴承轴向分布的支承反力的合力作用点确定。

对于中间轴承、尾管前轴承，它们的宽度一般都不大，支承反力可以认为是均匀分布的，支承点可以取在轴承的中央位置。

对于尾管后轴承，由于悬臂端螺旋桨的作用，支反力沿轴承长度分布很不均匀，支反力合力的作用点总是偏向尾端。螺旋桨越重，桨轴弯曲刚度越小，合力作用点偏离轴承中央位置就越多。一般尾管后轴承长度较大，支承点取不同位置时对振动固有频率有很大影响。

困难的是，尾管后轴承支承点位置实际上是不定的。它随轴系运转时间、磨损程度、船舶负载、船体变形等因素而变化。现实的方法是根据初期轴系校中计算确定支承点的位置，然后预料到各种因素的影响，按经验给出支承点位置变化的某一范围。但从下面的介绍可以看出，经验数据各不相同，分散度很大。

法国船级社 Volcy G. O. 建议，对铁梨木轴承，支承点取离轴承后端 $(0.5\sim0.8)D$ 处；对白合金轴承，支承点取离轴承后端 $0.6D$ 处，其中 D 为轴径。

英国船级社 Toma A. E. 等建议，对铁梨木轴承，支承点取离轴承后端 $\left(\dfrac{1}{4}\sim\dfrac{1}{3}\right)L$ 处；对白合金轴承，取 $\left(\dfrac{1}{3}\sim\dfrac{1}{2}\right)L$，其中 L 为轴承衬长度。

我国船舶轴系回旋振动计算标准建议，对铁梨木轴承，可取离后轴承端面$\left(\frac{1}{4}\sim\frac{1}{3}\right)$处；对白合金轴承可取离后端$\left(\frac{1}{7}\sim\frac{1}{3}\right)$处。在需要精确计算时，可根据轴系动态校中计算支反力轴向分布曲线，得到支反力的作用点。

4.5.6.2 轴系校中状态的影响

当轴系校中不良，轴承(特别是尾管前轴承)出现负的支反力时，轴承脱空，回旋振动固有频率将大幅度下降，有使回旋振动临界转速落入运转转速范围的危险。

当尾管后轴承(特别是铁梨木轴承)的支承点随磨损加剧而逐渐前移时，降低回旋振动固有频率，同时尾管前轴承负载会逐渐减小。

如果在设计和安装时，不能保证轴系各支承有正反力，则在回旋振动固有频率计算时，应考虑支承脱空的情况。

4.5.6.3 螺旋桨附连水效应的影响

螺旋桨在水中运转时，有一部分振动能量传递给水。在振动计算时常计算这部分能量，用参与振动的附连水质量及转动惯量，并作为附连水系数加到螺旋桨质量及转动惯量上。

附连水效应通常是不计螺旋桨几何尺寸、运动方向、转速、船速和水的密度，直接给螺旋桨质量与转动惯量乘以附连水系数。表4-2给出通常采用的附连水系数。

表4-2 螺旋桨附连水系数

序号	作者	质量附连水系数	极转动惯量附连水系数	径向转动惯量附连水系数
1	Panagopulos	1.30	—	1.60
2	Jasper	1.10	1.25	1.50
3	Volcy & al	1.20	—	1.67
4	Toms & al	1.15	1.25~1.30*	1.60
5	Schwanecke	1.17	1.27	2.23

注：* 对材质比重大的(如锰、黄铜)螺旋桨，取1.25；对材质比重小的(如铝青铜)螺旋桨，取1.30。

4.5.6.4 支承系统特性的影响

推进轴系的轴承支承系统是一个复杂的弹性阻尼系统。在一些吨位较大的船舶中，船体刚度不太大，轴系又比较粗，如仍不考虑支承弹性，会造成固有频率计算较大误差。

因此对于船舶推进轴系的回旋振动分析，目前大多考虑支承系统的动力特性，尤其是尾管后轴承支承系统的动力特性。轴承支承系统大致可分为以下三种类型：

(1) 油膜-轴承座-船体基座：如图4-12a所示，第一部分为油膜，其动力特性用油膜刚度k_o、油膜阻尼C_o表示；第二部分为轴承座，其动力特性用轴承参振质量m_b、轴承刚度k_b表示；第三部分为船体基座，其动力特性用船体参振质量m_s、船体刚度k_s表示。轴承-轴承座及船体部分一般均忽略阻尼的影响。

(2) 油膜-轴承与船体基座：如图4-12b所示，第一部分为油膜，其动力特性用油膜刚度

k_o、油膜阻尼 C_o 表示；另一部分为轴承与船体基座，其动力特性用轴承与船体基座参振质量 m_{bs}、轴承与船体基座刚度 k_{bs} 表示。

(3) 弹簧+阻尼：如图 4-12c 所示，当缺乏支承系统的详细资料时，通常采用一组等效弹簧刚度和黏性阻尼器，动力特性用等效刚度 k_e、黏性阻尼 C_o 表示。

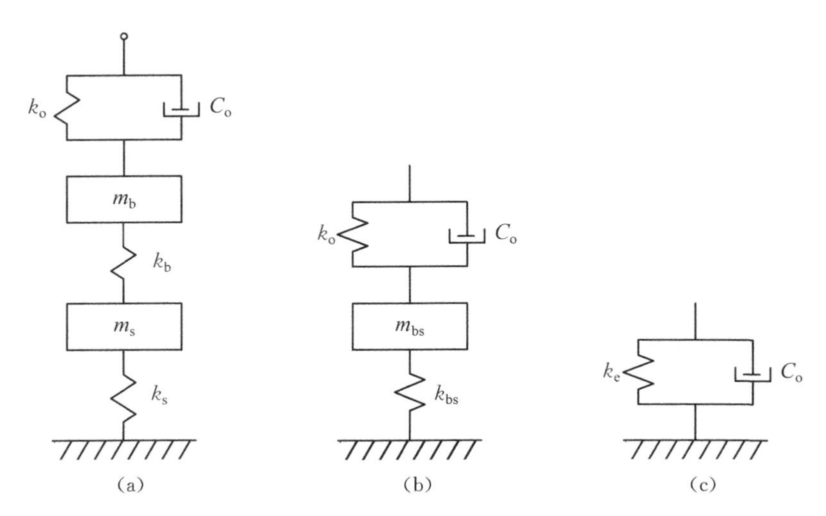

图 4-12 轴承支承系统简化模型

由于船舶类型和吨位不同，船体和轴承结构各异，实在难以针对不同情况给出确切的数据。根据国内外实船数据，对于 5 万 t 以下的运输商船，尾管后轴承等效刚度在(0.5～2.0)×10^9 N/m 范围内，尾管前轴承和中间轴承的等效刚度在(5～10)×10^9 N/m 范围内。

对图 4-12b 所示支承系统，其等效刚度为

$$k_e=\frac{k_o(k_{bs}-m_{bs}\omega^2)}{k_{bs}+k_o-m_{bs}\omega^2} \quad (\text{N/m}) \tag{4-79}$$

式中 ω——振动频率(rad/s)；

k_o——油膜刚度(N/m)；

k_{bs}——轴承与船体基座刚度(N/m)；

m_{bs}——轴承与船体基座参振质量(kg)。

当忽略参振质量 m_{bs} 时，支承刚度为

$$k_e=1\Big/\left(\frac{1}{k_o}+\frac{1}{k_{bs}}\right) \quad (\text{N/m}) \tag{4-80}$$

在尾管后轴承等效刚度中，油膜刚度贡献较小，等效刚度主要由支承结构刚度决定。在尾管前轴承中，该处船体刚度较大，等效刚度则以油膜刚度为主。对中间轴承，结构刚度与油膜刚度不相上下，等效刚度接近于两者的平均值。

在轴系回旋振动计算中，支承刚度数值的计算，通常选取经验数值，或者按分段等效刚度合成的方法。随着计算机技术的发展，可以采用有限元计算方法，只是支承的有限元计算模型需要计算经验的逐步积累及实测的进一步验证，从而可以精确得到支承的刚度及阻尼特性及

参数。

4.5.6.5　螺旋桨陀螺效应的影响

一般而言，螺旋桨的陀螺效应是不应忽视的，螺旋桨的转动惯量和轴的角速度之乘积越大，其影响也越大。以某海洋运输商船回旋振动固有频率计算为例，在一阶回旋振动中，陀螺效应对叶片次固有频率的影响约为5%，对一次固有频率的影响则高达20%，在二阶回旋振动中，其影响分别达到7%～18%。

轴段的陀螺效应对固有频率的影响很小，可以忽略不计。

在推进轴系中，轴向推力与轴段剪切变形对固有频率的影响，也可以忽略不计。

4.6　回旋振动强迫振动

这里介绍回旋振动的强迫振动传递矩阵计算方法。

螺旋桨激振力与力矩由式(4-31)给出，该式右端包含正转激振力与力矩矢量和反转激振力与力矩矢量两部分。计算时可分别求出其响应，再应用迭加原理，求得系统总响应。

假定支承横向(水平、垂直)刚度相同，如式(4-23)的定义，状态矢量的变量有 x、θ、M、Q，其分别是挠度(m)、转角(rad)、弯矩(N·m)、剪力(N)。

计算步骤为：

(1) 计算各元件传递矩阵。

(2) 计算支承元件的传递矩阵。

(3) 螺旋桨左端状态矢量 $\boldsymbol{\Psi}_{\mathrm{p}}^{\mathrm{L}}$，即

$$\boldsymbol{\Psi}_{\mathrm{p}}^{\mathrm{L}}=\begin{bmatrix}x\\ \theta\\ M\\ Q\end{bmatrix}^{\mathrm{L}} \tag{4-81}$$

式中，激励力矩 M、激励力 Q 是由式(4-31)给出。

(4) 从系统左端至右端，根据各元件传速矩阵计算系统的传递方程 $[\boldsymbol{T}_{\mathrm{r}}]$，得

$$\boldsymbol{\Psi}_{\mathrm{n}}^{\mathrm{R}}=[T_{n}]\cdot[T_{n-1}]\cdots[T_{2}][T_{1}]\boldsymbol{\Psi}_{\mathrm{p}}^{\mathrm{L}}=[\boldsymbol{T}_{\mathrm{r}}]\boldsymbol{\Psi}_{\mathrm{p}}^{\mathrm{L}} \tag{4-82}$$

其中，系统累积矩阵 $[\boldsymbol{T}_{\mathrm{r}}]=\begin{bmatrix}T_{\mathrm{r11}} & T_{\mathrm{r12}} & T_{\mathrm{r13}} & T_{\mathrm{r14}}\\ T_{\mathrm{r21}} & T_{\mathrm{r22}} & T_{\mathrm{r23}} & T_{\mathrm{r24}}\\ T_{\mathrm{r31}} & T_{\mathrm{r32}} & T_{\mathrm{r33}} & T_{\mathrm{r34}}\\ T_{\mathrm{r41}} & T_{\mathrm{r42}} & T_{\mathrm{r43}} & T_{\mathrm{r44}}\end{bmatrix}$。

(5) 由系统右端边界条件(如下)，求得螺旋桨左端状态矢量中的挠度和转角。

如系统右端为固定端，则 $x_{\mathrm{n}}^{\mathrm{R}}=\theta_{\mathrm{n}}^{\mathrm{R}}=0$；

如系统右端为自由端，则 $M_{\mathrm{n}}^{\mathrm{R}}=Q_{\mathrm{n}}^{\mathrm{R}}=0$；

如系统右端为铰支时，则 $x_{\mathrm{n}}^{\mathrm{R}}=M_{\mathrm{n}}^{\mathrm{R}}=0$。

(6) 由各元件的传递矩阵，从左到右，依次计算系统各元件右端端面的状态矢量参数，即

得各元件的回旋振动响应，如挠度、转角、弯矩、剪力的幅值与相位。

4.7 回旋振动衡准

目前，各船级社对轴系回旋振动仅限制共振频率，也就是限制回旋振动一次和叶片次的共振转速，使其不在规定转速范围内。

中国船级社《钢制海船入级规范》对于轴系回旋振动的主要要求有：

(1) 在常用转速范围内没有过大振幅的回旋振动，否则应根据不同情况设转速禁区或采取必要的调频措施等。

(2) 对具有人字架的轴系、万向轴的轴系，回旋振动的一次正回旋共振转速，应超过 1.2 倍的额定转速；叶片次正回旋共振转速应不在 0.85～1.0 倍额定转速范围内出现。

4.8 回旋振动控制方法

轴系回旋振动控制的主要方法是通过调频来避开临界转速；调整轴承刚度和轴承之间的距离；改变螺旋桨轴的悬臂长度，改变轴段的直径，改变螺旋桨的桨叶数及螺旋桨的材料；减少激振力。

(1) 改变螺旋桨叶片数。改变螺旋桨叶片数(通常是减少叶片数，如五叶桨改为四叶桨)，可能把叶片次临界转速提高很多，但是不能调节一次临界转速。

(2) 改变螺旋桨轴的悬臂长度。改变螺旋桨轴的悬臂长度，可以较大程度上影响回旋振动固有频率。但是受船体结构的限制，往往可变范围有限。

(3) 改变轴系尺寸。改变轴系直径，特别是改变螺旋桨轴的直径，轴段刚度、质量和转动惯量增加，综合效果会增加回旋振动固有频率，实际效果比较好。

(4) 改变螺旋桨材料。相同结构尺寸的螺旋桨采用不同的材料，重量差异可达 10%左右，可以一定程度上改变固有频率。例如，黄铜、镍铝青铜的材料密度分别为 8.5 kg/m^3、7.85 kg/m^3。

(5) 调整轴承间距。调整轴承间距，包括尾管前后轴承、螺旋桨尾部的两个轴承、中间轴承间距，都可以改变轴系回旋振动固有频率。当然，减小间距的同时，还要考虑轴系校中，防止轴承负荷分配的不合理。

(6) 减小激振力。随着船舶主机功率增大，螺旋桨激振力也增强，即使在运转转速范围内没有产生共振，但是回旋振动响应也有可能大到不可忽视的程度。因此，解决回旋振动的根本途径，就是减小作用在螺旋桨上的流体激振力，即减小输入系统的振动能量。

在船型设计中，应尽可能选择不使伴流产生急剧变化的船型。一般来说，V 形截面的船尾比 U 形船尾的伴流更为紊乱；双桨船的伴流场比单桨船的伴流场均匀。

从螺旋桨的叶数来看，奇数叶片的螺旋桨由于受力较为不均匀，其激振力要比偶数叶片的螺旋桨大。

增加船尾的刚度也有助于减小激振力。

hapter 5

第5章 轴系扭转-纵向耦合振动

5.1 概述

对于柴油机轴系，其轴系振动形式有三种：扭转振动、纵向振动和回旋振动（或称横向振动）。这三种轴系振动形式的计算和分析通常都是分别开展的，也就是说，不考虑三种振动形式之间的相互影响及耦合效应。这是因为许多柴油机轴系的耦合作用不是很大，运用传统的数学模型和相应的计算分析方法是可以解决问题的。此外，由于传统的计算方法中，各种参数的计算采用了大量的经验公式，其中由于耦合作用引起的误差也往往被经验公式中的修正系数所包含。再者，对于缸径和行程比较小的中高速柴油机来说，其轴系振动的研究和分析基本不存在大的问题。因此，就大多数柴油机轴系振动计算而言，分别采用扭转振动、纵向振动、回旋振动的计算分析和控制方法，如第2～4章所述。

在工程实践中，往往会碰到轴系振动之间的相互耦合及轴系振动与船体振动之间的各种耦合现象，包括扭转-纵向耦合振动、扭转-弯曲（横向）耦合振动、回旋-船体耦合振动等。本章主要讨论船用低速柴油机推进轴系扭转-纵向耦合振动问题。

1939年，Doray揭示了曲轴系统中扭转振动引起纵向振动的耦合现象。20世纪60年代，Dort等对轴系扭转-纵向耦合振动做了深入研究，指出其形式有两种：由曲轴引起的耦合振动和螺旋桨附水质量引起的惯性耦合振动。1983年，Parsons等分析了由螺旋桨引起的扭转-纵向耦合振动。

由于具有较低的燃油消耗、使用维护便捷等优点，低速二冲程柴油机得到了快速的发展，长冲程和超长冲程的低速柴油机相继大量应用，轴系的扭转-纵向耦合振动问题已经日益被人们所关注。在某些低速柴油机轴系的纵向振动的实际测量过程中，发现了在纯纵向振动计算中并未出现过的纵向共振峰值，而且纵振幅值较大，其共振转速却与扭转振动的某些共振转速相近。由于这种扭转-纵向耦合振动现象的存在，迫切需要研究柴油机轴系的扭转-纵向耦合振动计算分析及控制技术。

国际著名低速船用柴油机制造商（如MAN B&W，WIN GD及原Sulzer公司），对轴系的扭转-纵向耦合振动的研究比较深入，已建立了从数学模型、耦合参数的确定到响应的求解等一整套方法。目前大多数实船的柴油机轴系扭转-纵向耦合振动计算书是由这些柴油机公司提供的，或使用其提供的软件和耦合参数。

自20世纪80年代中期，中国船级社对轴系纵向振动开始有了要求，并颁布了相应的指导性文件，但对扭转-纵向耦合振动并未提出具体要求。与此同时，国内院校和研究所，如上海交通大学、大连理工大学、哈尔滨工程大学等，发现轴系扭转-纵向耦合振动现象，开始研究耦合振动产生的机理和计算分析方法。

5.2 扭转-纵向耦合振动计算模型

5.2.1 扭转-纵向耦合振动产生的机理

对于柴油机推进轴系而言，分析其扭转-纵向耦合振动产生的主要原因，主要有两个方面：一是柴油机曲轴的复杂的几何形状结构，对扭转振动和纵向振动产生了耦合效应；二是在螺旋桨，扭转振动产生的交变扭矩会在这里被转化为交变的推力。

5.2.1.1 单位曲柄的扭转-纵向耦合效应

对于柴油机的曲轴，考虑其中一个单位曲柄，如图 5－1 所示，它在产生扭转振动的同时，总会伴随着纵向的收缩。这种收缩由两个原因形成：一是曲柄销、主轴颈在受到扭转力矩 T 时会产生一个轴向的微挠曲，其量较小；二是当单位曲柄在扭转变形时，由于支承的存在，曲柄销、主轴颈偏离了原来的轴线方向，形成了一定的角度，因此在轴系方向上长度减小，产生了收缩。当扭转力矩 T 达到正向最大值时，单位曲柄的轴向收缩也达到最大值，此时曲柄长度最短；当扭转力矩 T 达到负向最大值时，单位曲柄的轴向收缩同样也达到最大值，此时曲柄长度最短。因此，从理论上讲，单位曲柄在一个扭转循环周期内将会产生两个循环周期的轴向收缩，即由单位曲柄扭转变形产生的纵向振动频率将是扭转振动频率的两倍。此外，还有四倍以上的高倍频分量，只是它们的幅值要比二倍频分量小很多。此种耦合现象，通常称为**倍频耦合**。

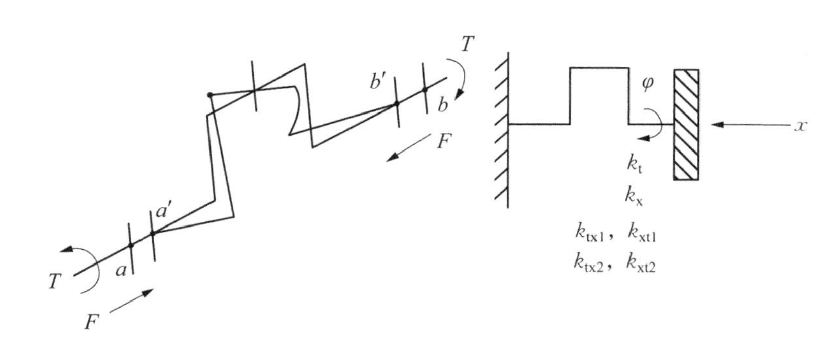

图 5－1 单位曲柄扭转-纵向耦合效应示意

图中，F——纵向推力(N)；T——扭矩(N·m)；φ——扭角(rad)；x——纵向位移(m)；k_t——扭转刚度(N·m/rad)；k_x——纵向刚度(N/m)；k_{tx1}——扭转-纵向同频耦合刚度(N/rad)，即由单位扭转变形(rad)产生的同频纵向力(N)；k_{xt1}——纵向-扭转同频耦合刚度(N)，即由单位纵向变形(m)产生的同频扭矩(N·m)；k_{tx2}——扭转-纵向倍频耦合刚度(N/rad)，即由单位扭转变形(rad)产生的倍频纵向力(N)；k_{xt2}——纵向-扭转倍频耦合刚度(N)，即由单位纵向变形(m)产生的倍频扭矩(N·m)。

5.2.1.2 曲柄夹角对扭转-纵向耦合振动的影响

曲柄排列的夹角是造成扭转-纵向耦合振动的主要原因。以相邻的三个曲柄为例，如图

5 - 2 所示，每个曲柄销上都作用有气缸压力所形成的作用力(分为径向力和切向力)。在这些气缸径向力的作用下，主轴承对曲轴产生支反力 F 和弯矩 M。由于曲柄夹角的存在，相邻曲柄在同一主轴颈的支反力和力矩不在同一方向上，由于主轴承的约束，主轴颈产生的角变形只能围绕曲轴中心线变化，使曲轴在纵向产生收缩。从而造成扭转变形含有纵向力的贡献，纵向变形也含有扭矩的贡献。这种现象称为**同频耦合**。

在实际船舶推进轴系振动测试结果中，由扭转共振造成纵振的同频耦合现象较为普遍。

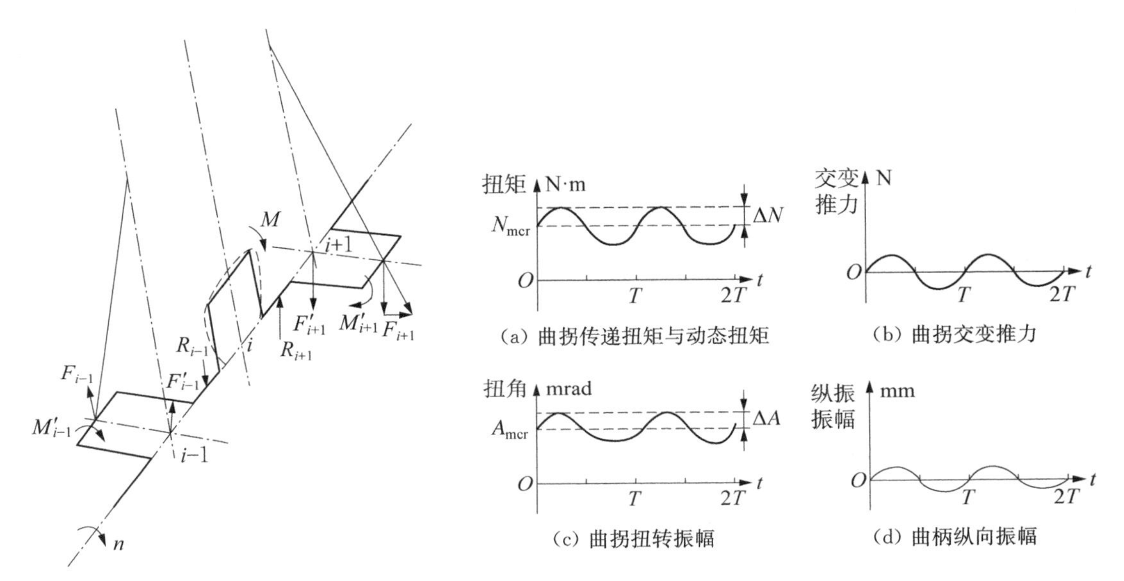

图 5 - 2　三个相邻曲柄的耦合效应示意

图 5 - 3　曲柄扭转-纵向的耦合关系示意

将上述耦合振动表现在扭转和纵向振动方向，如图 5 - 3 所示。

图 5 - 3a 是曲柄在承受传递扭矩 N_{mcr}(N · m)的同时，还承受了由扭转振动引起的交变扭矩 ΔN (±N · m)，交变扭矩通常远小于传递扭矩，因此曲柄的变形不会来回经过其自由状态，而是在围绕平均传递扭矩水平线交变波动。

图 5 - 3b 是曲柄由于扭转振动而产生的交变推力。

图 5 - 3c 是曲柄的传递扭角 A_{mcr} (mrad)及交变振幅 ΔA (±mrad)。

由图 5 - 3d 可以看出，此时曲炳的纵向振动是属于受扭转振动影响的受迫振动，两者振动频率相同，从而产生同频耦合现象。

5.2.1.3　螺旋桨处交变扭矩与交变推力的相互影响

螺旋桨相当于一个变换器，当输入为扭矩时，其输出为推力，螺旋推进，以此推动船舶前进。不难想象，当轴系由于扭转振动引起螺旋桨输入扭矩变化时，其输出的推力亦随之变化，其交变推力的频率与扭转振动的频率相同，产生同频的扭转-纵向耦合现象。

同理，当螺旋桨推力中含有交变推力，会产生交变扭矩，以影响推进轴系，从而产生同频的纵向-扭转耦合现象。

因此，在低速柴油机轴系振动的计算分析中，需要考虑扭转振动与纵向振动的耦合作用及其响应，特别是扭转振动对于纵向振动的耦合影响。

5.2.2 扭转-纵向耦合振动计算模型

基于耦合振动的机理，有许多不同的数学模型及相应的计算方法，主要分为如下几种：

5.2.2.1 连续体有限元模型

对于柴油机轴系的耦合振动，采用有限元法来建立数学模型无疑是十分有效的方法。只要精确地确立边界条件，引入适宜的变形关系，并将单元划分得足够细，即可得到满意的结果。但是，由于曲轴的几何形状十分复杂，运用这种方法时，工作量特别大，网络划分、结点信息处理及计算量等将占用很大的计算机内存、硬盘和机时。此外，要精确地确定边界条件较为困难。

5.2.2.2 连续体传递矩阵法模型

连续体传递矩阵法与有限元法相比，具有节省计算机内存的优点，对于形状简单的构件特别适用，而对于不规则部件，如曲臂等，则较为困难。因此对曲臂等部位可以采用三维有限元法计算，形成了一种混合模型。

几种连续体的有限元法模型及传递矩阵法模型及混合模型见表 5－1 和表 5－2。

表 5－1 连续体有限元模型

模　型	作　者	主要特点
	Bagci	空间杆有限元
	ИсТоМИН、РУМВ	三维有限元，主轴颈及曲柄销均作为三棱柱处理，单元很粗
	若林克彦	主轴颈及曲柄销为圆柱，曲臂中设有一考虑耦合因素的结合部，传递矩阵法
	Hagamatsu、Hagaite	传递矩阵与三维有限元混合模型，主轴颈及曲柄销为直圆柱，曲臂用四面体单元
	ИсТоМИН	曲臂用 20 结点单元
	米沢微、板本佳三	六结点及八结点混合单位

表 5－2 带有集中质量的空间杆有限元模型

模　型	作　者	耦合参数	备　注
	ИсТоМИН、БардаМ	每集中质点有六个自由度，各耦合系数用 20 结点单元三维有限元计算	考虑了惯性耦合

（续　表）

模　　型	作　　者	耦合参数	备　　注
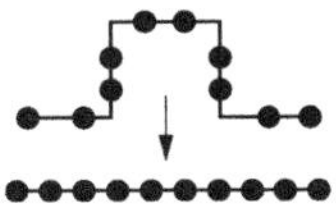	БардаМ、НаХсЙН	耦合系数按空间杆计算	曲柄销处受分布力
	Bagci	每集中质点有六个自由度，耦合系数按杆件计算	有些质点自由度进行了人为取舍
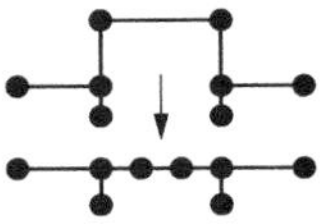	Groza、Yanush-evskay	耦合系数由试验确定	将曲柄平衡重作为分支

5.2.2.3　集中质量模型

集中质量模型比起上述的两种模型，具有处理信息量更少的优点。只要适当地选取集中质量的个数与位置，再把耦合因素考虑在内，可较满意地描述柴油机轴系的实际运动，特别适合工程实际需要。几种集中质量模型见表 5－3。

表 5－3　集中质量模型

模　　型	作　　者	耦合系数	备　　注
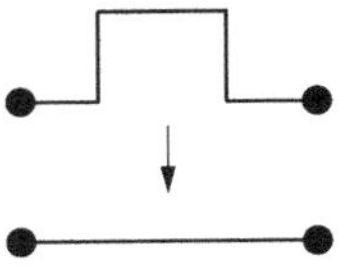	Van Dort、Visser	1）轴向-横向影响系数 2）扭转-横向影响系数 3）扭转-轴向影响系数	影响系数由试验确定，实验模型为实轴（大型、半套合式）的 1/15
	Tsuda、Jeon	1）扭转-横向影响系数 2）轴向-横向影响系数	推出特定几何尺寸的曲轴的影响系数公式
	津田公一	1）扭转-横向影响系数 2）轴向-横向影响系数	推出特定几何尺寸的钢丝模型的影响系数公式
	宋喜庚、宋天相、李渤仲	扭转引起的轴向变形的比例系数	曲柄模型试验
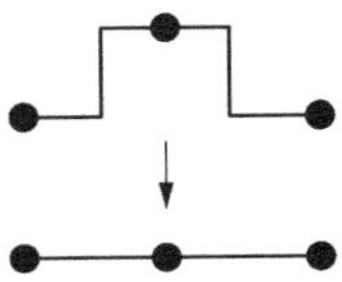	津田公一	1）扭转-横向影响系数 2）轴向-横向影响系数	特定几何尺寸的钢丝模型的影响系数公式
	Чпстяков、Пезочкцп	集中质量模型	用能量法做强迫振动计算

事实上，对于柴油机轴系的扭转-纵向耦合振动的问题，选用何种模型及何种计算方法，都不是问题的关键。关键在于耦合机理的认识正确与否；耦合因素的处理正确与否；是否符合工程实际计算的需要。

这里，主要介绍的数学模型为集中质量模型。

柴油机推进轴系扭转-纵向耦合振动的集中质量计算模型，即离散的集中质量弹性系统数学模型，如图 5－4 所示。

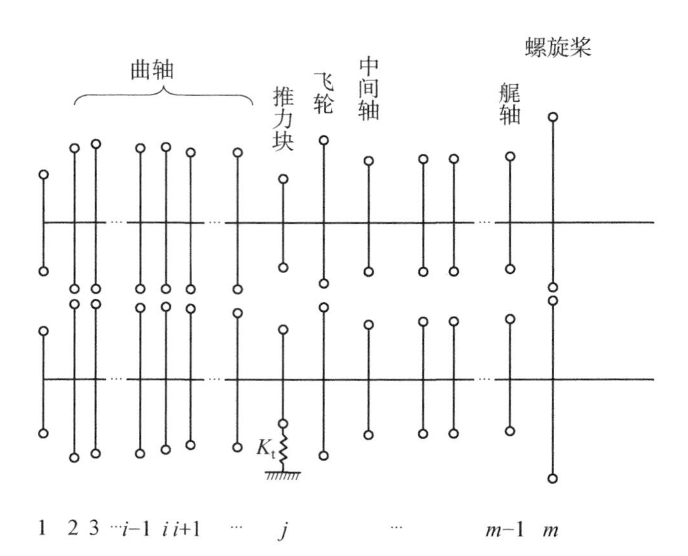

图 5-4 推进轴系扭转-纵向耦合振动集中质量弹性系统示意

对于图 5-4 所示的有 m 个质量的质量弹性系统，对于曲轴第 i 质量，其扭转振动、纵向振动运动微分方程为

$$\begin{cases} I_i\ddot{\varphi}_i + k_{i-1,\,i}(\varphi_i - \varphi_{i-1}) + k_{i,\,i+1}(\varphi_i - \varphi_{i+1}) + C_i\dot{\varphi}_i + C_{i-1,\,i}(\dot{\varphi}_i - \dot{\varphi}_{i-1}) + C_{i,\,i+1}(\dot{\varphi}_i - \dot{\varphi}_{i+1}) \\ + K_{xt1,\,i-1,\,i}(x_i - x_{i-1}) + K_{xt1,\,i,\,i+1}(x_i - x_{i+1}) + K_{xt2,\,i-1,\,i}(x_i - x_{i-1}) + K_{xt2,\,i,\,i+1}(x_i - x_{i+1}) = M_i \\ m_i\ddot{x}_i + K_{i-1,\,i}(x_i - x_{i-1}) + K_{i,\,i+1}(x_i - x_{i+1}) + D_i\dot{x}_i + D_{i-1,\,i}(\dot{x}_i - \dot{x}_{i-1}) + D_{i,\,i+1}(\dot{x}_i - \dot{x}_{i+1}) \\ + K_{tx1,\,i-1,\,i}(\varphi_i - \varphi_{i-1}) + K_{tx1,\,i,\,i+1}(\varphi_i - \varphi_{i+1}) + K_{tx2,\,i-1,\,i}(\varphi_i - \varphi_{i-1}) + K_{tx2,\,i,\,i+1}(\varphi_i - \varphi_{i+1}) = F_i \end{cases} \tag{5-1}$$

整理后

$$\begin{cases} I_i\ddot{\varphi}_i - k_{i-1,\,i}\varphi_{i-1} + (k_{i-1,\,i} + k_{i,\,i+1})\varphi_i - k_{i,\,i+1}\varphi_{i+1} - C_{i-1,\,i}\dot{\varphi}_{i-1} + \\ \quad (C_{i-1,\,i} + C_i + C_{i,\,i+1})\dot{\varphi}_i - C_{i,\,i+1}\dot{\varphi}_{i+1} - (K_{xt1,\,i-1,\,i} + K_{xt2,\,i-1,\,i})x_{i-1} + \\ \quad (K_{xt1,\,i-1,\,i} + K_{xt2,\,i-1,\,i} + K_{xt1,\,i,\,i+1} + K_{xt2,\,i,\,i+1})x_i - \\ \quad (K_{xt1,\,i,\,i+1} + K_{xt2,\,i,\,i+1})x_{i+1} = M_i \\ m_i\ddot{x}_i - K_{i-1,\,i}x_{i-1} + (K_{i-1,\,i} + K_{i,\,i+1})x_i - K_{i,\,i+1}x_{i+1} - D_{i-1,\,i}\dot{x}_{i-1} + \\ \quad (D_{i-1,\,i} + D_i + D_{i,\,i+1})\dot{x}_i - D_{i,\,i+1}\dot{x}_{i+1} - (K_{tx1,\,i-1,\,i} + K_{tx2,\,i-1,\,i})\varphi_{i-1} + \\ \quad (K_{tx1,\,i-1,\,i} + K_{tx2,\,i-1,\,i} + K_{tx1,\,i,\,i+1} + K_{tx2,\,i,\,i+1})\varphi_i - \\ \quad (K_{tx1,\,i,\,i+1} + K_{tx2,\,i,\,i+1})\varphi_{i+1} = F_i \end{cases} \tag{5-2}$$

式中 φ、$\dot{\varphi}$、$\ddot{\varphi}$ ——扭转角度(rad)、角速度(rad/s)、角加速度(rad/s^2)；

x、$\dot{x}$、$\ddot{x}$ ——位移(m)，速度(m/s)，加速度(m/s^2)；

$k_{i-1,\,i}$、$k_{i,\,i+1}$ ——第 i 质量与第 $i-1$ 质量、第 $i+1$ 质量之间的扭转刚度(N·m/rad)；

C_i、D_i ——第 i 质量的扭转质量阻尼(N·m·s/rad)、纵向质量阻尼(N·s/m)；

$C_{i-1,\,i}$、$C_{i,\,i+1}$——第 i 质量与第 $i-1$ 质量、第 $i+1$ 质量之间的扭转轴段阻尼(N·m·s/rad)；

$K_{i-1,\,i}$、$K_{i,\,i+1}$——第 i 质量与第 $i-1$ 质量、第 $i+1$ 质量之间的纵向刚度(N/m)；

K_{t}——推力轴承的刚度(N/m)；

$D_{i-1,\,i}$、$D_{i,\,i+1}$——第 i 质量与第 $i-1$ 质量、第 $i+1$ 质量之间的纵向轴段阻尼(N·s/m)；

$K_{\mathrm{tx1},\,i-1,\,i}$、$K_{\mathrm{xt1},\,i-1,\,i}$——第 $i-1$ 质量与第 i 质量之间的同频扭转-纵向耦合刚度(N/rad)、同频纵向-扭转耦合刚度(N)；

$K_{\mathrm{tx1},\,i,\,i+1}$、$K_{\mathrm{xt1},\,i,\,i+1}$——第 i 质量与第 $i+1$ 质量之间的同频扭转-纵向耦合刚度(N/rad)、同频纵向-扭转耦合刚度(N)；

$K_{\mathrm{tx2},\,i-1,\,i}$、$K_{\mathrm{xt2},\,i-1,\,i}$——第 $i-1$ 质量与第 i 质量之间的倍频扭转-纵向耦合刚度(N/rad)、倍频纵向-扭转耦合刚度(N)；

$K_{\mathrm{tx2},\,i,\,i+1}$、$K_{\mathrm{xt2},\,i,\,i+1}$——第 i 质量与第 $i+1$ 质量之间的倍频扭转-纵向耦合刚度(N/rad)、倍频纵向-扭转耦合刚度(N)；

M_i——第 i 质量的扭转激励力矩(N·m)；

F_i——第 i 质量的纵向激励力(N)。

对于图5-4轴系中推力块——质量 j 来说，其扭转振动运动方程见式(5-1)，其纵向振动运动方程为

$$\begin{aligned} m_j\ddot{x}_j &+ K_{j-1,\,j}(x_j - x_{j-1}) + K_{j,\,j+1}(x_j - x_{j+1}) + K_{\mathrm{t}}x_j + D_j\dot{x}_j + D_{j-1,\,j}(\dot{x}_j - \dot{x}_{j-1}) \\ &+ D_{j,\,j+1}(\dot{x}_j - \dot{x}_{j+1}) + K_{\mathrm{tx1},\,j-1,\,j}(\varphi_j - \varphi_{j-1}) + K_{\mathrm{tx1},\,j,\,j+1}(\varphi_j - \varphi_{j+1}) \\ &+ K_{\mathrm{tx2},\,j-1,\,j}(\varphi_j - \varphi_{j-1}) + K_{\mathrm{tx2},\,j,\,j+1}(\varphi_j - \varphi_{j+1}) = F_j \end{aligned} \tag{5-3}$$

整理后

$$\begin{aligned} m_j\ddot{x}_j &- K_{j-1,\,j}x_{j-1} + (K_{j-1,\,j} + K_{j,\,j+1} + K_t)x_j - K_{j,\,j+1}x_{j+1} - D_{j-1,\,j}\dot{x}_{j-1} \\ &+ (D_{j-1,\,j} + D_j + D_{j,\,j+1})\dot{x}_j - D_{j,\,j+1}\dot{x}_{j+1} - (K_{\mathrm{tx1},\,j-1,\,j} + K_{\mathrm{tx2},\,j-1,\,j})\varphi_{j-1} \\ &+ (K_{\mathrm{tx1},\,j-1,\,j} + K_{\mathrm{tx2},\,j-1,\,j} + K_{\mathrm{tx1},\,j,\,j+1} + K_{\mathrm{tx2},\,j-1,\,j})\varphi_j - (K_{\mathrm{tx1},\,j,\,j+1} + K_{\mathrm{tx2},\,j-1,\,j})\varphi_{j+1} = F_j \end{aligned} \tag{5-4}$$

令

$$\{\boldsymbol{q}\} = \begin{Bmatrix} \{\boldsymbol{\varphi}\} \\ \{\boldsymbol{x}\} \end{Bmatrix}$$

$$\{\dot{\boldsymbol{q}}\} = \begin{Bmatrix} \{\dot{\boldsymbol{\varphi}}\} \\ \{\dot{\boldsymbol{x}}\} \end{Bmatrix}$$

$$\{\ddot{\boldsymbol{q}}\} = \begin{Bmatrix} \{\ddot{\boldsymbol{\varphi}}\} \\ \{\ddot{\boldsymbol{x}}\} \end{Bmatrix}$$

$$\{\boldsymbol{Q}\} = \begin{Bmatrix} \{\boldsymbol{M}\} \\ \{\boldsymbol{F}\} \end{Bmatrix}$$

其中，角位移阵列 $\{\boldsymbol{\varphi}\}=\{\varphi_1, \varphi_2, \cdots, \varphi_m\}^{\mathrm{T}}$，单位：rad；

角速度阵列 $\{\dot{\boldsymbol{\varphi}}\}=\{\dot{\varphi}_1, \dot{\varphi}_2, \cdots, \dot{\varphi}_m\}^{\mathrm{T}}$，单位：rad/s；

角加速度阵列 $\{\ddot{\boldsymbol{\varphi}}\}=\{\ddot{\varphi}_1, \ddot{\varphi}_2, \cdots, \ddot{\varphi}_m\}^{\mathrm{T}}$，单位：rad/s^2；

位移阵列 $\{\boldsymbol{x}\}=\{x_1, x_2, \cdots, x_m\}^{\mathrm{T}}$，单位：m；

速度阵列 $\{\dot{\boldsymbol{x}}\}=\{\dot{x}_1, \dot{x}_2, \cdots, \dot{x}_m\}^{\mathrm{T}}$，单位：m/s；

加速度阵列 $\{\ddot{\boldsymbol{x}}\}=\{\ddot{x}_1, \ddot{x}_2, \cdots, \ddot{x}_m\}^{\mathrm{T}}$，单位：m/s^2；

激励力矩阵列 $\{\boldsymbol{M}\}=\{M_1, M_2, \cdots, M_m\}^{\mathrm{T}}$，单位：N·m；

激励力 $\{\boldsymbol{F}\}=\{F_1, F_2, \cdots, F_m\}^{\mathrm{T}}$，单位：N。

则所有质量的扭转-纵向运动微分方程组为

$$[\boldsymbol{m}]\{\ddot{\boldsymbol{q}}(t)\}+[\boldsymbol{c}]\{\dot{\boldsymbol{q}}(t)\}+[\boldsymbol{k}]\{\boldsymbol{q}(t)\}=\{\boldsymbol{Q}(t)\} \tag{5-5}$$

其中

$$[\boldsymbol{m}]=\begin{bmatrix} I_1 & & & & & & & \boldsymbol{0} \\ & I_2 & & & & & & \\ & & \ddots & & & & & \\ & & & I_m & & & & \\ & & & & m_1 & & & \\ & & & & & m_2 & & \\ & & & & & & \ddots & \\ \boldsymbol{0} & & & & & & & m_m \end{bmatrix}_{n\times n}$$

$$[\boldsymbol{c}]=\begin{bmatrix} c_1+c_{1,2} & -c_{1,2} & & & & & & & & \boldsymbol{0} \\ -c_{1,2} & c_{1,2}+c_2+c_{2,3} & \ddots & & & & & & & \\ & -c_{2,3} & \ddots & -c_{m-1,m} & & & & & & \\ & & \ddots & c_{m-1,m}+c_m & & & & & & \\ & & & & D_1+D_{1,2} & -D_{1,2} & & & & \\ & & & & -D_{1,2} & D_{1,2}+D_2+D_{2,3} & \ddots & & & \\ & & & & & -D_{2,3} & \ddots & -D_{j-1,j} & \ddots & \\ & & & & & & \ddots & D_{j-1,j}+D_j+D_{j,j+1} & \ddots & \\ & & & & & & & -D_{j,j+1} & \ddots & -D_{m-1,m} \\ \boldsymbol{0} & & & & & & & & & D_{m-1,m}+D_m \end{bmatrix}_{n\times n}$$

$$
[\boldsymbol{k}]=\begin{bmatrix}
k_1+k_{1,2} & -k_{1,2} & & & & & & \vdots & & \mathbf{0} \\
-k_{1,2} & k_{1,2}+k_2+k_{2,3} & \ddots & & & & & \cdots\begin{matrix}(K_{\mathrm{xt1},j-1,j}+K_{\mathrm{xt2},j-1,j}\\+K_{\mathrm{xt1},j,j+1}+K_{\mathrm{xt2},j,j+1})\end{matrix}\cdots & & \\
 & -k_{2,3} & \ddots & -k_{m-1,m} & & & & \vdots & & \\
 & & \ddots & k_{m-1,m}+k_m & & & & & & \\
 & & & & K_1+K_{1,2} & -K_{1,2} & & & & \\
 & & & & -K_{1,2} & K_{1,2}+K_2+K_{2,3} & \ddots & & & \\
 & & \vdots & & & -K_{2,3} & \ddots & -K_{j-1,j} & \ddots & \\
 & \cdots & \begin{matrix}(K_{\mathrm{tx1},j-1,j}+K_{\mathrm{tx2},j-1,j}\\+K_{\mathrm{tx1},j,j+1}+K_{\mathrm{tx2},j,j+1})\end{matrix} & \cdots & & & \ddots & K_{j-1,j}+K_j+K_{j,j+1}+K_t & \ddots & \\
 & & \vdots & & & & & -K_{j,j+1} & \ddots & -K_{m-1,m} \\
\mathbf{0} & & & & & & & & & K_{m-1,m}+K_m
\end{bmatrix}_{n\times n}
$$

式中　$[\boldsymbol{m}]$——$m\times m$ 阶质量矩阵；

$[\boldsymbol{c}]$——$m\times m$ 阶阻尼矩阵；

$[\boldsymbol{k}]$——$m\times m$ 阶刚度矩阵；

$\{\boldsymbol{q}(t)\}$——$m\times 1$ 阶位移向量；

$\{\dot{\boldsymbol{q}}(t)\}$——$m\times 1$ 阶速度向量；

$\{\ddot{\boldsymbol{q}}(t)\}$——$m\times 1$ 阶加速度向量；

$\{\boldsymbol{Q}(t)\}$——$m\times 1$ 阶激励力向量；

$n=2m$。

一般的情况下，式(5－5)中的矩阵 $[\boldsymbol{m}]$、$[\boldsymbol{c}]$ 可以说是带状的稀疏对角矩阵，但 $[\boldsymbol{k}]$ 不是简单的对角阵，是耦合的，无法直接求解。

5.2.3　柴油机曲轴耦合参数的确定

柴油机曲轴的耦合参数主要是指耦合刚度。因为对每一质量，在其平衡位置建立坐标系后，其质量是不耦合的。对于耦合阻尼，由于其复杂性，解决的难度很高，可以暂时不予考虑。

耦合刚度，指的是刚度矩阵中的耦合项，其物理意义为：在某一自由度上作用一单位的广义力后，在其他自由度上引起的广义位移(变形)。

如图 5－1 所示，由扭转角度导致纵向变形的刚度 k_{tx} 称为扭转-纵向耦合刚度(N/rad)，由纵向位移导致扭转变形的刚度 k_{xt} 称为纵向-扭转耦合刚度(N)，两者频率相同称为同频耦合刚度，分别记为 k_{tx1}、k_{xt1}。

按照耦合的原理，既存在同频耦合的耦合刚度，也存在倍频耦合形成的耦合刚度，称为倍频耦合刚度，分别记为 k_{tx2}、k_{xt2}。

从概念上来说，对于某一质量或轴段，扭转-纵向耦合刚度 k_{xt} 与纵向-扭转耦合刚度 k_{tx} 两者的广义值相同，只是单位有所不同。

对于耦合刚度的确定，目前一般采用如下几种方法：

5.2.3.1　根据力学原理进行数学推导求解

对于形状比较简单的部件，运用力学原理，可以推导得出其耦合刚度。由于柴油机曲轴的几何形状十分复杂，单纯地运用力学原理进行推导求解有很大的难度，故而采用得比较少。

5.2.3.2 利用实物或比例模型进行试验

对于某种特定的构件，利用实物或其比例模型进行试验，来得到其耦合刚度，是一种比较好的办法，可以较好地符合实际情况或计算要求。当然，由于实际构件（如船用大型低速柴油机的曲轴）的获得较为困难，做比例模型也有一定的难度。此外，试验设备也是一个问题。故而利用实物或比例模型进行试验来获得耦合刚度的方法实施起来有一定的难度。

5.2.3.3 利用三维有限元法计算

利用三维有限元法，对曲轴进行计算也可以得到耦合刚度。这种方法实现起来，其工作量虽然大一些，但是有一个优点，即只要有部件基本尺寸的图纸便可进行，所花费用亦少。只要将网格划分得足够细，其精度还是很高的。实际上 MAN B&W 等柴油机公司就是采用这种方法。

5.3 扭转-纵向耦合振动激励力

在柴油机轴系中，其扭转-纵向耦合振动中，主要的激励力来自：柴油机气缸压力；运动部件的重力和往复惯性力；螺旋桨及发电机、水力测功器等受功部件的激励力等。

5.3.1 柴油机气缸气体压力产生的激励力

二冲程低速柴油机气缸中的气体压力 P，经活塞、十字头、连杆等传至曲柄销后，可以分解为径向力 Q_P 和切向力 T_P，如图 5-5 所示。

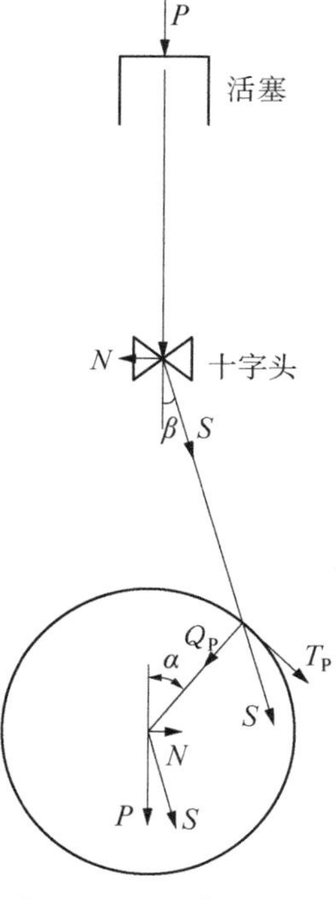

图 5-5 二冲程低速柴油机气体压力的传递

切向力为

$$T_P = S\sin(\alpha+\beta) = P\frac{\sin(\alpha+\beta)}{\cos\beta}\quad (\mathrm{N}) \tag{5-6}$$

式中 S——连杆作用力(N)，$S=\dfrac{P}{\cos\beta}$；

α——曲柄转角(rad)；

β——连杆的摆角(rad)。

径向力为

$$Q_P = S\cos(\alpha+\beta) = P\frac{\cos(\alpha+\beta)}{\cos\beta}\quad (\mathrm{N}) \tag{5-7}$$

气体压力 P 可以写成

$$P = P_0 + \sum_{\upsilon=1}^{\infty}\left[a_\upsilon\cos\upsilon\alpha + b_\upsilon\sin\upsilon\alpha\right]\quad (\mathrm{MPa}) \tag{5-8}$$

式中 P_0——常数；

a_υ、b_υ——简谐系数，可以从示功图做傅里叶变换得到。

对于切向力 T_P，其变动部分显然是产生扭转振动的激励力。而对于径向力 Q_P，如图 5-6 所示，在其作用下，曲轴会产生弯曲变形，从而使主轴颈产生相应的纵向位移。这就是虽然径向力与曲轴中心线相互垂直，但是由于曲轴结构的复杂性，它也会使曲轴在纵向产生位移效应，其作用就如同在曲轴中心线上作用一个等效的纵向力 P_a。

设由径向力 Q_P 引起主轴颈的纵向位移为

$$d_Q = \varepsilon_Q Q_P \quad (m) \tag{5-9}$$

式中　ε_Q——单位径向力作用下主轴颈处的纵向位移(m/N)。

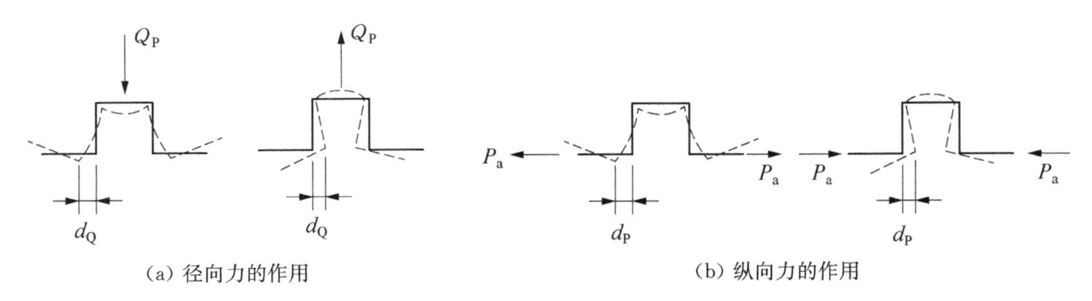

(a) 径向力的作用　(b) 纵向力的作用

图 5-6　径向力和纵向力的等效关系

由纵向力 P_a 引起的主轴颈纵向位移为

$$d_P = \varepsilon_P P_a \quad (m) \tag{5-10}$$

式中　ε_P——单位纵向力作用下主轴颈处的纵向位移(m/N)。

令 $d_P = d_Q$，则可建立径向力 Q_P 与纵向力 P_a 之间的等效关系

$$P_a = \frac{\varepsilon_Q}{\varepsilon_P} Q_P = \beta Q_P \tag{5-11}$$

式中　β——力转换系数，$\beta = \frac{\varepsilon_Q}{\varepsilon_P}$，可以由经验公式，也可以用其他方法(如试验或有限元计算)求得。

由式(5-11)可知，纵向力 P_a 与径向力 Q_P 的频率相同。

5.3.2　运动部件重力产生的激振力

对于船用大型低速柴油机，由于其运动部件的重量很大，因此必须考虑其对轴系振动的影响。

图 5-7 所示为曲柄连杆机构的重力分析图。从图中可以看出，重力包括做回转运动的和做往复运动的两个部分。

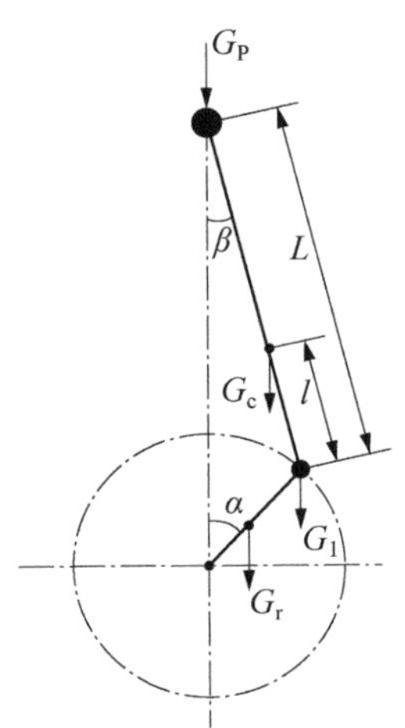

图 5-7　曲柄连杆机构重力分析

5.3.2.1　在曲柄销中心做回转运动的重力

在曲柄销中心作回转运动的重力为

$$G_1 = \frac{G_r l}{R} + \left(1 - \frac{l}{L}\right) G_c \quad (N) \tag{5-12}$$

式中　G_r——曲轴及平衡块等回转部件的重力(N)；

G_c ——连杆重力(N);

l ——连杆重心与曲柄销中心之间的距离(m);

L ——连杆长度(m);

R ——曲柄半径(m)。

同样,将此重力分解为切向力 T_{g1} 和径向力 Q_{g1},即

$$T_{g1} = G_1 \sin\alpha \quad (N) \tag{5-13}$$

$$Q_{g1} = G_1 \cos\alpha \quad (N) \tag{5-14}$$

式中 α——曲柄转角(rad)。

切向力 T_{g1} 和径向力 Q_{g1} 的作用和 5.3.1 所述一致。

5.3.2.2 活塞、活塞杆、十字头和连杆等往复部分重力

活塞、活塞杆、十字头和连杆等往复部分重力为

$$G_2 = G_p + \frac{l}{L} G_c \quad (N) \tag{5-15}$$

式中 G_p ——活塞组重力(N)。

同样,这部分力可分解为切向力 T_{g2} 和径向力 Q_{g2},即

$$T_{g2} = G_2 \frac{\sin(\alpha + \beta)}{\cos\beta} \quad (N) \tag{5-16}$$

$$Q_{g2} = G_2 \frac{\cos(\alpha + \beta)}{\cos\beta} \quad (N) \tag{5-17}$$

两者的作用亦和 5.3.1 节所述一致。

5.3.3 运动部件往复惯性力产生的激励力

运动部件的离心惯性力,在转速一定时是不变的,并始终通过回转中心,不会引起振动。然而,其往复惯性力作用在活塞销中心,就如同气体压力一样会产生激振力。

往复惯性力 P_i 为

$$P_i = -\frac{G_2}{g} a_p \quad (N) \tag{5-18}$$

其中,往复运动部件的加速度 a_p 为

$$a_p = \omega^2 R \left[\cos\alpha + \frac{\lambda(\cos 2\alpha + \lambda^2 \sin 4\alpha)}{(1 - \lambda^2 \sin^2\alpha)^{3/2}} \right] \quad (m/s^2) \tag{5-19}$$

式中 λ——曲柄连杆比,$\lambda = \frac{R}{L} = \frac{\sin\beta}{\sin\alpha}$, R 为曲柄半径(m),L 为连杆长度(m);

ω——振动圆频率(rad/s)。

同气体压力一样,往复惯性力亦可分解成切向力 T_i 和径向力 Q_i,即

$$T_i = P_i \frac{\sin(\alpha+\beta)}{\cos\beta} \quad (\mathrm{N}) \tag{5-20}$$

$$Q_i = P_i \frac{\cos(\alpha+\beta)}{\cos\beta} \quad (\mathrm{N}) \tag{5-21}$$

其作用也和气体压力相似。

5.3.4　螺旋桨在不均匀伴流场中运转时承受的交变推力和扭矩

螺旋桨在任意半径 r 处的速度多边形和作用力如图5-8所示。水流以进流合速度 W、冲角 φ 流向叶元件，按照流体动力学，在垂直于 W 方向上产生升力 $\mathrm{d}L$，在 W 方向上产生阻力 $\mathrm{d}D$，它们在轴向和切向的分力分别构成推力 $\mathrm{d}F_x$ 和切向阻力 $\mathrm{d}P_0$，沿桨叶半径积分，并乘以桨叶数，便可得螺旋桨的总推力 F_x 和总切向阻力 P_0。

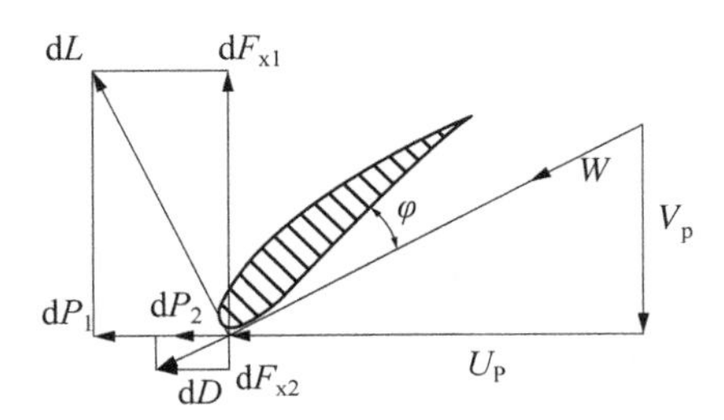

图5-8　螺旋桨叶片受力图

由于螺旋桨在船尾三维不均匀伴流场中运转，其前进速度 V_p 和横向速度 U_p 在它旋转的360°中是处处不同的，因而水流合速度 W、冲角 φ 也不同，使升力、阻力及由此产生的推力、切向阻力都是变化的。但是，有时这种变化的幅度大小和相位较难确定，很难在计算中加以考虑。

此外，如5.2.1.3中所述，由于在螺旋桨处由扭转振动也会引起推力的变化。按MAN B&W公司资料，在一个5L80MCE型柴油机推进轴系中，扭转振动引起的螺旋桨交变推力约为平均推力的30%。

5.3.5　其他受功部件的激励力

其他受功部件，如发电机、水力测功器等，在吸收不均匀的扭矩和推力时，也会产生周期性的干扰。但在实际轴系中，这些干扰与柴油机的激励力相比很小，且其幅值与相位都难以确定，故在计算中一般可不加以考虑。

5.4　扭转-纵向耦合振动自由振动

对于有 n 个自由度线性系统的扭转-纵向振动运动微分方程式(5-2)，令状态向量 $\{Y\}$ 为

$$\{\boldsymbol{Y}\} = \begin{bmatrix} \boldsymbol{q}(t) \\ \dot{\boldsymbol{q}}(t) \end{bmatrix} \tag{5-22}$$

则式(5-5)可以写成

$$\begin{bmatrix} [\boldsymbol{c}] & [\boldsymbol{m}] \\ [\boldsymbol{m}] & [\boldsymbol{0}] \end{bmatrix} \{\dot{\boldsymbol{Y}}\} + \begin{bmatrix} [\boldsymbol{k}] & [\boldsymbol{0}] \\ [\boldsymbol{0}] & [-\boldsymbol{m}] \end{bmatrix} \{\boldsymbol{Y}\} = \begin{bmatrix} \{\boldsymbol{Q}(t)\} \\ \{\boldsymbol{0}\} \end{bmatrix} \tag{5-23}$$

式中　$[\boldsymbol{0}]$、$\{\boldsymbol{0}\}$——零矩阵、零阵列。

令

$$[\boldsymbol{A}]=\begin{bmatrix}[\boldsymbol{c}] & [\boldsymbol{m}]\\ [\boldsymbol{m}] & [\boldsymbol{0}]\end{bmatrix} \tag{5-24}$$

$$[\boldsymbol{B}]=\begin{bmatrix}[\boldsymbol{k}] & [\boldsymbol{0}]\\ [\boldsymbol{0}] & [-\boldsymbol{m}]\end{bmatrix} \tag{5-25}$$

$$\{\boldsymbol{T}\}=\begin{bmatrix}\{\boldsymbol{Q}(t)\}\\ \{\boldsymbol{0}\}\end{bmatrix} \tag{5-26}$$

则式(5-23)可写成

$$[\boldsymbol{A}]\{\dot{\boldsymbol{Y}}\}+[\boldsymbol{B}]\{\boldsymbol{Y}\}=\{\boldsymbol{T}\} \tag{5-27}$$

对于自由振动而言,激励为零,则式(5-27)变为

$$[\boldsymbol{A}]\{\dot{\boldsymbol{Y}}\}+[\boldsymbol{B}]\{\boldsymbol{Y}\}=\{\boldsymbol{0}\} \tag{5-28}$$

对于简谐运动,设方程的解为

$$\{\boldsymbol{Y}\}=\{\boldsymbol{\psi}\}\mathrm{e}^{\lambda t} \tag{5-29}$$

代入式(5-28),有

$$[\boldsymbol{A}]\lambda\{\boldsymbol{\psi}\}+[\boldsymbol{B}]\{\boldsymbol{\psi}\}=\{\boldsymbol{0}\} \tag{5-30}$$

可以看出,式(5-30)是一个广义特征值问题,求解可得 $2n$ 个复特征值及 $2n$ 个复特征向量,分别记为

$$\lambda_1,\ \lambda_2,\ \cdots,\ \lambda_n,\ \lambda_1^*,\ \lambda_2^*,\ \cdots,\ \lambda_n^*$$
$$\{\boldsymbol{\psi}_1\},\ \{\boldsymbol{\psi}_2\},\ \cdots,\ \{\boldsymbol{\psi}_n\},\ \{\boldsymbol{\psi}_1^*\},\ \{\boldsymbol{\psi}_2^*\},\ \cdots,\ \{\boldsymbol{\psi}_n^*\}$$

其中,λ_i 与 λ_i^*,$\{\boldsymbol{\psi}_i\}$ 与 $\{\boldsymbol{\psi}_i^*\}$ $(i=1,\ 2,\ \cdots,\ n)$ 分别是共轭的,称为固有频率及其振型。

5.5 扭转-纵向耦合振动强迫振动

对于特征值方程式(5-30),设有两个不同的解 λ_r,$\{\boldsymbol{\psi}_\mathrm{r}\}$ 和 λ_s,$\{\boldsymbol{\psi}_\mathrm{s}\}$,有

$$[\boldsymbol{A}]\lambda_\mathrm{r}\{\boldsymbol{\psi}_\mathrm{r}\}+[\boldsymbol{B}]\{\boldsymbol{\psi}_\mathrm{r}\}=\{\boldsymbol{0}\} \tag{5-31}$$

$$[\boldsymbol{A}]\lambda_\mathrm{s}\{\boldsymbol{\psi}_\mathrm{s}\}+[\boldsymbol{B}]\{\boldsymbol{\psi}_\mathrm{s}\}=\{\boldsymbol{0}\} \tag{5-32}$$

分别用 $\{\boldsymbol{\Psi}_\mathrm{s}\}^\mathrm{T}$ 和 $\{\boldsymbol{\Psi}_\mathrm{r}\}^\mathrm{T}$ 左乘式(5-31)和式(5-32),得到

$$\{\boldsymbol{\psi}_\mathrm{s}\}^\mathrm{T}[\boldsymbol{A}]\lambda_\mathrm{r}\{\boldsymbol{\psi}_\mathrm{r}\}+\{\boldsymbol{\psi}_\mathrm{s}\}^\mathrm{T}[\boldsymbol{B}]\{\boldsymbol{\psi}_\mathrm{r}\}=\{\boldsymbol{0}\} \tag{5-33}$$

$$\{\boldsymbol{\psi}_\mathrm{r}\}^\mathrm{T}[\boldsymbol{A}]\lambda_\mathrm{s}\{\boldsymbol{\psi}_\mathrm{s}\}+\{\boldsymbol{\psi}_\mathrm{r}\}^\mathrm{T}[\boldsymbol{B}]\{\boldsymbol{\psi}_\mathrm{s}\}=\{\boldsymbol{0}\} \tag{5-34}$$

由于矩阵 $[\boldsymbol{A}]$ 和 $[\boldsymbol{B}]$ 都是对称的,故有

$$\{\boldsymbol{\psi}_\mathrm{s}\}^\mathrm{T}[\boldsymbol{A}]\{\boldsymbol{\psi}_\mathrm{r}\}=\{\boldsymbol{\psi}_\mathrm{r}\}^\mathrm{T}[\boldsymbol{A}]\{\boldsymbol{\psi}_\mathrm{s}\} \tag{5-35}$$

$$\{\boldsymbol{\psi}_s\}^T[\boldsymbol{B}]\{\boldsymbol{\psi}_r\}=\{\boldsymbol{\psi}_r\}^T[\boldsymbol{B}]\{\boldsymbol{\psi}_s\} \tag{5-36}$$

将式(5-34)减去式(5-33),可得

$$\{\boldsymbol{\psi}_r\}^T[\boldsymbol{A}]\{\boldsymbol{\psi}_s\}(\lambda_r-\lambda_s)=\{\boldsymbol{0}\} \tag{5-37}$$

当 $r\neq s$ 时,有

$$\{\boldsymbol{\psi}_r\}^T[\boldsymbol{A}]\{\boldsymbol{\psi}_s\}=\{\boldsymbol{0}\} \tag{5-38}$$

将式(5-38)代入式(5-34),得

$$\{\boldsymbol{\psi}_r\}^T[\boldsymbol{B}]\{\boldsymbol{\psi}_s\}=\{\boldsymbol{0}\} \tag{5-39}$$

因此,式(5-38)和式(5-39)称为振型矢量的正交性条件。

当 $r=s$ 时,有

$$\{\boldsymbol{\psi}_r\}^T[\boldsymbol{A}]\{\boldsymbol{\psi}_s\}=\{\boldsymbol{a}_r\} \tag{5-40}$$

$$\{\boldsymbol{\psi}_r\}^T[\boldsymbol{B}]\{\boldsymbol{\psi}_s\}=\{\boldsymbol{b}_r\} \tag{5-41}$$

将全部特征向量排成 $2n\times 2n$ 阶方阵$[\boldsymbol{\Psi}]$:

$$[\boldsymbol{\psi}]=[\{\boldsymbol{\psi}_1\},\{\boldsymbol{\psi}_2\},\cdots,\{\boldsymbol{\psi}_n\},\{\boldsymbol{\psi}_1^*\},\{\boldsymbol{\psi}_2^*\},\cdots,\{\boldsymbol{\psi}_n^*\}] \tag{5-42}$$

令坐标变换:

$$\{\boldsymbol{Y}\}=[\boldsymbol{\psi}]\{\boldsymbol{X}\} \tag{5-43}$$

将其代入状态方程式(5-27),有

$$[\boldsymbol{A}][\boldsymbol{\psi}]\{\dot{\boldsymbol{X}}\}+[\boldsymbol{B}][\boldsymbol{\psi}]\{\boldsymbol{X}\}=\{\boldsymbol{T}\} \tag{5-44}$$

方程两边左乘 $[\boldsymbol{\Psi}]^T$,得

$$[\boldsymbol{\psi}]^T[\boldsymbol{A}][\boldsymbol{\psi}]\{\dot{\boldsymbol{X}}\}+[\boldsymbol{\psi}]^T[\boldsymbol{B}][\boldsymbol{\psi}]\{\boldsymbol{X}\}=\{\boldsymbol{T}\} \tag{5-45}$$

利用振型矢量的正交性条件,有

$$[\boldsymbol{\psi}]^T[\boldsymbol{A}][\boldsymbol{\psi}]=\begin{bmatrix}\{\boldsymbol{\psi}_1\}^T\\ \{\boldsymbol{\psi}_2\}^T\\ \vdots\\ \{\boldsymbol{\psi}_n\}^T\\ \{\boldsymbol{\psi}_1^*\}^T\\ \{\boldsymbol{\psi}_2^*\}^T\\ \vdots\\ \{\boldsymbol{\psi}_n^*\}^T\end{bmatrix}[\boldsymbol{A}][\{\boldsymbol{\psi}_1\}\{\boldsymbol{\psi}_2\}\cdots\{\boldsymbol{\psi}_n\}\{\boldsymbol{\psi}_1^*\}\{\boldsymbol{\psi}_2^*\}\cdots\{\boldsymbol{\psi}_n^*\}]$$

$$=\begin{bmatrix}\{\boldsymbol{\psi}_1\}^T[\boldsymbol{A}]\{\boldsymbol{\psi}_1\} & & \boldsymbol{0}\\ & \ddots & \\ & & \ddots & \\ \boldsymbol{0} & & \{\boldsymbol{\psi}_n^*\}^T[\boldsymbol{A}]\{\boldsymbol{\psi}_n^*\}\end{bmatrix}$$

$$
=\begin{bmatrix} a_1 & & & & & & & \mathbf{0} \\ & a_2 & & & & & & \\ & & \ddots & & & & & \\ & & & a_n & & & & \\ & & & & a_1^* & & & \\ & & & & & a_2^* & & \\ & & & & & & \ddots & \\ \mathbf{0} & & & & & & & a_n^* \end{bmatrix}
$$

$$
=\begin{bmatrix} \ddots & & \\ & a & \\ & & \ddots \end{bmatrix}_{2n\times 2n} \tag{5-46}
$$

同理，有

$$
[\boldsymbol{\psi}]^{\mathrm{T}}[\boldsymbol{B}][\boldsymbol{\psi}]
=\begin{bmatrix} b_1 & & & & & & & \mathbf{0} \\ & b_2 & & & & & & \\ & & \ddots & & & & & \\ & & & b_n & & & & \\ & & & & b_1^* & & & \\ & & & & & b_2^* & & \\ & & & & & & \ddots & \\ \mathbf{0} & & & & & & & b_n^* \end{bmatrix}
=\begin{bmatrix} \ddots & & \\ & b & \\ & & \ddots \end{bmatrix}_{2n\times 2n}
$$

令 $\{\boldsymbol{N}\}=[\boldsymbol{\psi}]^{\mathrm{T}}\{\boldsymbol{T}\}$，式(5-45)变为

$$
\begin{bmatrix} \ddots & & \\ & a & \\ & & \ddots \end{bmatrix}\{\dot{\boldsymbol{X}}\}+\begin{bmatrix} \ddots & & \\ & b & \\ & & \ddots \end{bmatrix}\{\boldsymbol{X}\}=\{\boldsymbol{N}\} \tag{5-47}
$$

显见，式(5-47)是一组独立的方程组，对于其中的一个方程，有

$$
a_r\dot{X}_r+b_rX_r=N_r(r=1,\ 2,\ \cdots,\ 2n) \tag{5-48}
$$

式(5-44)是一个单自由度问题，其解的形式为

$$
X_r=X_{r0}e^{\lambda_r t}+\frac{1}{a_r}\int_0^t e^{\lambda_r(t-\tau)}N_r\mathrm{d}\tau \tag{5-49}
$$

当求得 $\{\boldsymbol{X}\}$ 后，进行反坐标变换，就可求得关于式(5-5)的强迫振动的解。

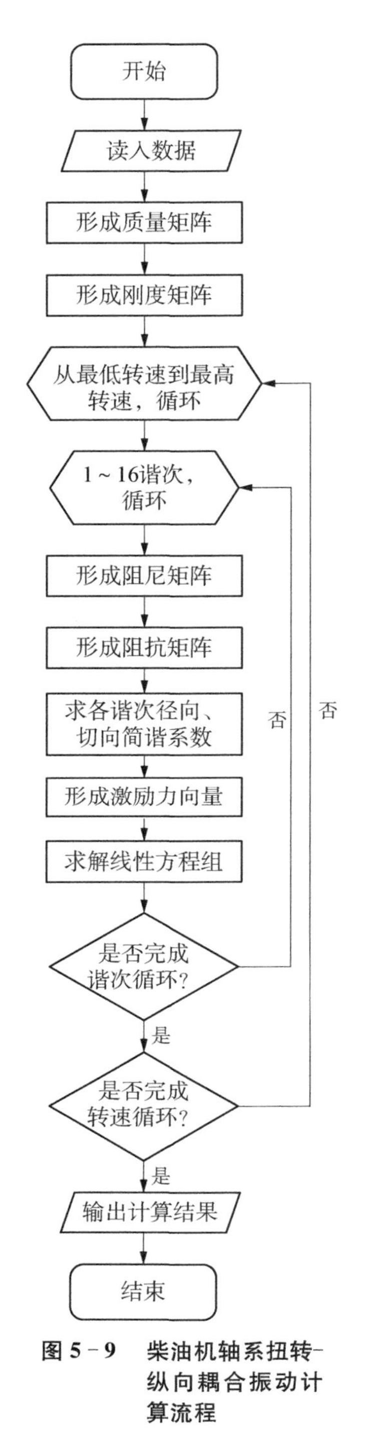

图 5-9 柴油机轴系扭转-纵向耦合振动计算流程

柴油机轴系扭转-纵向耦合振动计算流程如图 5-9 所示。

5.6　扭转-纵向耦合振动控制方法

5.6.1　扭转振动的控制方法

柴油机轴系扭转-纵向耦合振动主要是由扭振引起的纵向振动，因此扭振的控制方法，如安装扭振减振器、快速通过共振区、调频等，对于扭转-纵向耦合振动的控制都是有效的。

5.6.2　纵向振动的控制方法

虽然对扭振进行了控制，但是由扭振引起的纵向振动响应还是不容忽视；此外，轴系还存在纯纵向振动的共振转速与振幅，因此纵向振动的控制方法，如安装纵振减振器、调频等，都能最终有效控制纵向振动的振幅和交变推力。

5.7　柴油机轴系扭转-纵向耦合振动设计流程

从工程实施的角度考虑，在分别开展柴油机的扭转振动设计、纵向振动设计的基础上，再进行扭转-纵向耦合振动计算分析，判断是否还需要改进振动控制方案，最后的实际控制效果，可以在柴油机台架试验中验证。

不同的船型，柴油机的调频轮、扭振减振器、纵向减振器等设计会有所不同，最终仍需在船舶航行阶段验证。

试图将柴油机轴系扭转-纵向耦合振动计算、分析、设计、测试、评定的流程做了梳理，柴油机轴系扭转-纵向耦合振动设计流程可参见图5-10。

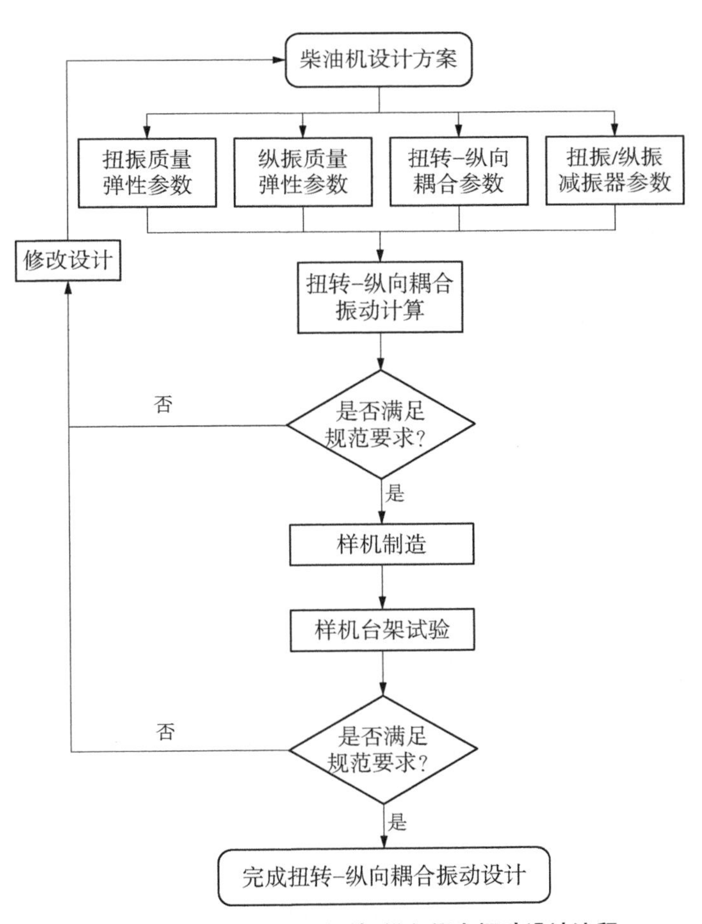

图5-10　柴油机轴系扭转-纵向耦合振动设计流程

Chapter 6

第6章 轴系振动测试分析

6.1 概述

轴系振动包含扭转振动、纵向振动、回旋振动及相互之间的耦合振动。轴系振动问题的研究是借助于试验和理论分析相结合的方法来解决的。由于理论计算是建立在相对简化的力学模型的基础上,它与实际的系统存在一定的差距,这个差距即包括计算模型与实际系统的差距,也包括模型参数的差别,同时还存在一些难以确定或不可确定的因素,如阻尼、轴承刚度等,因此轴系振动测试技术始终是轴系振动研究与实际振动性能评估中必不可少的重要手段。

随着电子、数字计算、传感器等技术的发展,轴系振动测试技术也在不断地发展。测量仪器也由传统的盖格尔扭振仪等机械式仪器发展到电测仪器,由早期的手工分析发展到分析仪或计算机分析,新的测试与分析方法不断出现。例如,新型的传感器和测试仪器,其动态范围和频响范围大为增加;特别是20世纪80年代以来,随着电子计算机、大规模集成电路的发展,数字信号处理技术在理论和工程应用中取得了迅猛发展,振动测量、记录、监测、诊断等设备的高速化、实时性、数字化,分析方法和手段日新月异,使人们可以更迅速、更精确地从振动测试中获得更为丰富的信息。

因此,轴系振动测试技术的研究就是采用先进、适用的测试仪器与分析方法,更为准确地获得各类轴系的振动综合性能,为轴系振动的分析评估奠定坚实的基础。

6.2 扭转振动测量

6.2.1 扭转振动测量方法

轴系扭转振动测量的方法有多种,早期采用机械式测量法(如德国盖格尔扭振仪);随着电子技术的发展,开始出现模拟式电测法(如英国TV扭振仪等);随着光学多普勒测试技术、无线遥测技术的发展,相继出现了激光扭振仪和应力遥测仪(如丹麦B&K激光扭振仪、美国Binsfeld应力遥测仪);随着虚拟仪器的发展,信号高速采集可以方便地实现,出现了虚拟仪器测量法(如七一一研究所P-TVAS扭振测试系统、LMS公司Test.lab扭振测试系统)。

扭转振动的测量量标通常为角位移振幅,以度(°)或弧度(rad)为计量单位,也可以是轴段的扭转交变应力或振动扭矩,以MPa或N·m为计量单位。

扭转振动测点位置:当选择角振幅测量时,通常测点应该选择在扭转振动角振幅较大的位置,如测点位置首选在柴油机曲轴自由端,一则便于安装传感器,二则不论在什么振动型式下,曲轴自由端始终会有一定角振幅，不可能是角振幅为零的节点，而其他轴段就有可能是扭振的节点位置，无法测出角振幅；当无法测量角振幅，需要测量扭振应力/扭矩时，选择合适的节点位置附近的轴段上粘贴动态应变片，测量扭转交变应力或扭矩。因此，无论在曲轴自由端或其他位置测量角振幅，还是在轴段上测量扭转交变应力或扭矩，必须查看轴系扭振计算书，选择合适的测量位置和测量方式。

6.2.2 机械式扭振测量

机械式扭振测量法是以德国盖格尔(Geiger)扭振仪为典型代表。盖格尔扭振仪主要由拾振装置、记录装置及时标装置组成，其中，拾振装置由铝质轻皮带轮、铸铁惯性轮和盘形扭转弹簧组成；信号传递、放大及记录装置由直角杠杆、顶杆、记录纸、记录笔等组成；时标与转速信号装置由时标振子等组成。盖格尔扭振仪结构示意如图 6-1 所示，功能示意如图 6-2 所示。

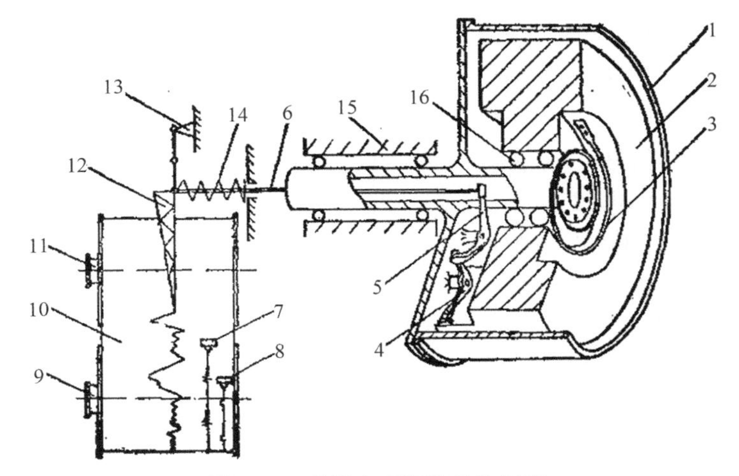

图 6-1 盖格尔扭振仪结构示意

1—皮带轮；2—惯性轮；3—扭簧；4、5—直角杠杆；6—顶杆；7、8—时标振子；9、11—卷纸筒；10—记录纸；12—记录笔；13—可调支座；14—弹簧；15—机壳；16—轴承

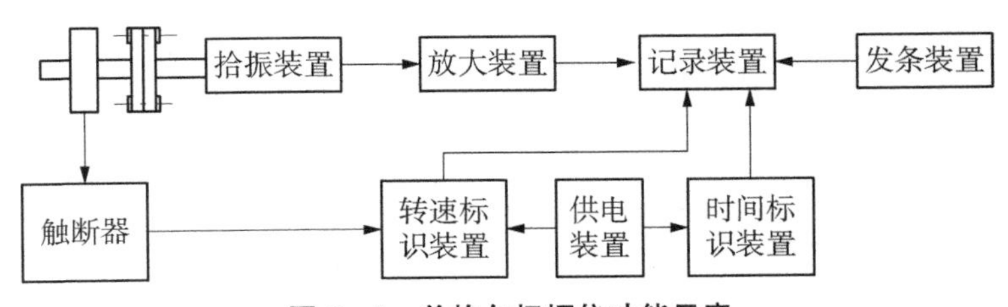

图 6-2 盖格尔扭振仪功能示意

在测量时，通过皮带(布带或 0.05 mm 厚的钢带)将被测轴与皮带轮相连，从而将被测轴的交变角位移(从平均角速度中分离出来，相当于交变扭角的时域波形)记录在纸带上，再通过人工测量计算分析出相应谐次的扭振振幅，因此其分析结果有一定程度的人为因素。

盖格尔扭振仪的有效测量范围主要取决于：拾振装置固有频率；传动带一皮带轮的固有频率；传动杠杆最大惯性力的限制；传动带滑动的限制。

自 1916 年德国盖格尔(Geiger)发明了机械惯性式扭振仪，很好地解决了扭振实测的难题，在动力装置轴系的测试中得到了广泛的应用。直到 20 世纪 90 年代，随着电测仪器的发展，盖格尔机械式扭振仪的应用才逐步淡化。

6.2.3 模拟式扭振测量

20 世纪 70 年代，出现了模拟式扭振电测法，以英国 Econocruise 公司（Econocruise Limited of Associated Engineering Group）TV 型扭振仪为典型代表。此外，还有美国亚特兰大科仪公司 SD25－380 型扭振仪、美国本特利（Bently）公司的 TVSC 型、日本小野测器（ONO SOKKI）公司 PD860 型扭振仪等。

20 世纪 90 年代初，我国有代表性的产品有东南大学 NZ－T 通用型扭振仪、上海发电设备成套所 DTV－88 型扭振检测仪、清华大学 DK－I 型扭振测量系统等。

6.2.3.1 模拟式扭振仪器

英国 Econocruise 公司 TV 型扭振仪是比较有代表性的模拟式扭振电测仪器之一，其中 TV1 为双通道扭振仪，TV2 为单通道扭振仪，TV3、TV4 为便携式双通道、单通道扭振仪。其主要性能参数有：

（1）输入转速脉冲信号电压范围：1～20 V（峰峰值）。

（2）滤波器载波频率：60 Hz/500 Hz/800 Hz。

（3）载波频率范围：800 Hz～20 kHz（对于 800 Hz 滤波器）。

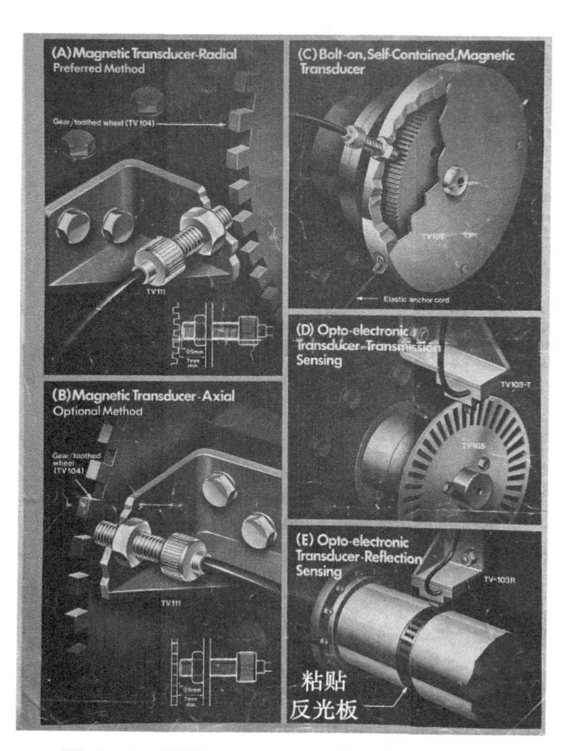

图 6－3 英国 Econocruise 公司扭振传感器

（A）电磁传感器-径向（建议方法） （B）电磁传感器-轴向（可选方法） （C）螺栓连接一体式电磁传感器 （D）光电传感器-透射感应 （E）光电传感器-反射感应

（4）扭振频率范围：10～500 Hz（另有 60 Hz、200 Hz、800 Hz、…、2 000 Hz 滤波器可选）。

（5）指针显示综合扭振振幅（°，峰值）。

（6）电压信号输出有三档：0.5°、1.0°、5.0°。

（7）滤波上限频率：$f(\mathrm{Hz}) \leqslant \frac{2}{3} \cdot \frac{\text{齿数}}{60} \cdot$ 转速（r/min）。

TV102 型扭振传感器有 60 齿和 120 齿两种，装有电磁式转速探头。此外，还有 TV111 型径向电磁转速探头及 TV104 轴向电磁转速探头、TV103－T 型光电透射式扭振传感器及 TV－103R 型光电反射式扭振传感器。此外，TV 型扭振仪也可以输入转速脉冲信号（采用其他扭振传感器）。

通过连接工装，扭振传感器可以安装于轴系或分支系统的自由端。需要注意的是，连接工装的对中精度会影响扭振测试结果，特别是低谐次的振幅（如 0.5、1.0 等谐次），最好连接工装的径向跳动控制在 0.1 mm 以内。扭振传感器的形式如图 6－3 所示，主要特点汇总于表 6－1。

表 6-1　扭振传感器的类型及其特点

序号	类型	特点	备注
1	电磁式扭振传感器	有最低转速限值 无需供电，使用方便 低转速时信号输出电压低或无 信号精度受齿盘的加工精度的影响	无源式
2	磁电式扭振传感器	信号输出电压稳定 需要供直流电 信号精度受齿盘的加工精度的影响	有源式，霍尔效应
3	光电式转速探头(透射式、反射式)	信号输出电压稳定 需要供直流电 信号精度取决于光栅盘的精度 需要耐振动、抗冲击、防油水	
4	光电编码器(组合式光电扭振传感器)	信号输出电压稳定 需要供直流电 由于光栅的精度很高，所以信号精度高 需要耐振动、抗冲击、防油水	

模拟式电测扭振仪的工作原理如图 6-4 所示，将扭振传感器的转速脉冲信号用单稳放大器整形、放大，得到定幅定宽的脉冲调制信号(简称 PPM 信号)，再进行解调、低通滤波、积分，从而获得扭振角位移信号。

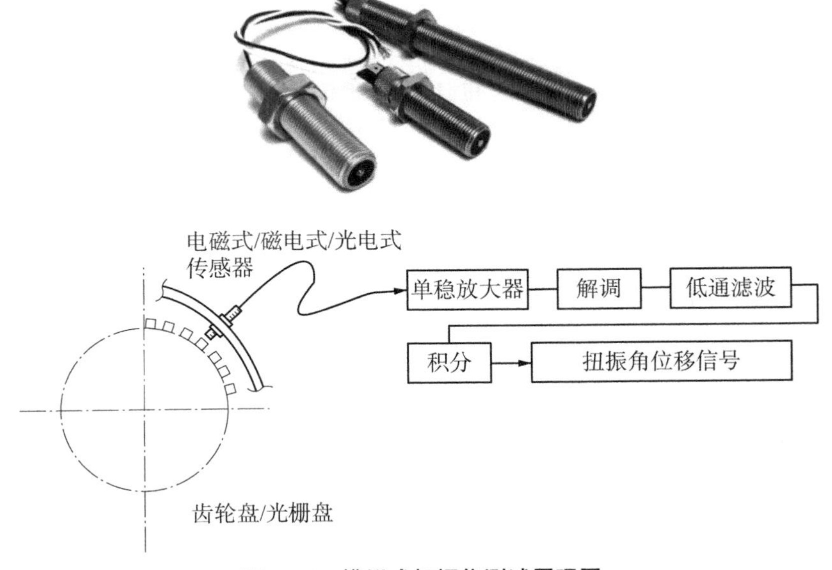

图 6-4　模拟式扭振仪测试原理图

6.2.3.2　模拟式电测扭振测量系统

模拟式电测扭振测量系统是由扭振传感器、扭振仪、记录仪及监测指示装置等组成，如图

6－5 所示。扭振测量仪器系统必须经过校验，所选择的测量仪器的频率范围必须满足测量信号频率的要求，其频率响应平直部分允许误差为±10%，如低频响应不足，则应对扭振测量值进行修正。

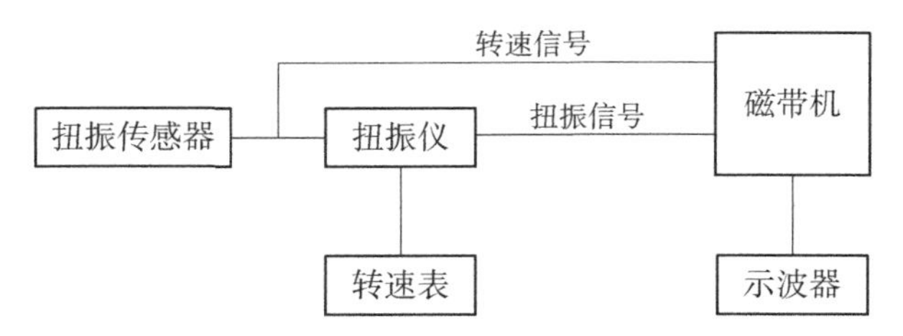

图 6－5　模拟式电测扭振测量系统示意

采用模拟式电测仪器的优点是可用磁带机记录，便于信号的回放和再处理。

6.2.3.3　**扭振信号处理**

使用电测扭振仪可以采用先进的信号处理技术，不仅分析精度高而且比较直观。扭振信号的处理可以通过专用的信号分析仪来分析，通过快速傅里叶分析可将扭转振动的时域信号转化成频谱，达到信号处理的目的，如图 6－6 所示。扭振信号也可以通过其他频谱分析仪或带信号处理软件的便携式计算机处理，便于在试验现场快速的分析处理。

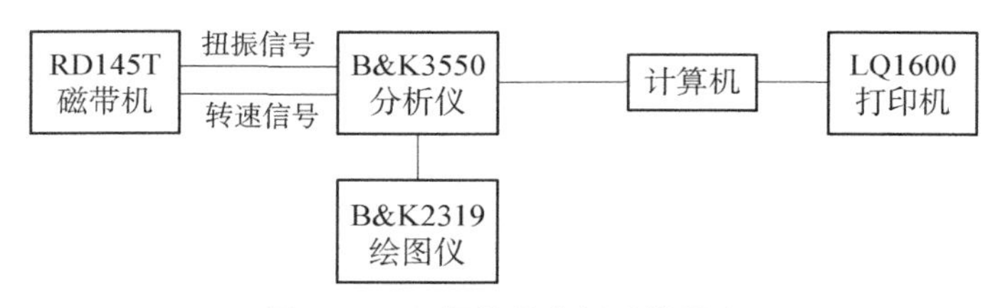

图 6－6　扭振信号分析系统示意

以丹麦 B&K3550 双通道频谱分析仪为例，具有连续阶次跟踪(order-tracking)分析功能，当柴油机以一定速率连续升速或降速时，连续记录扭振信号，得到三维谱阵图(频率或谐次、转速、振幅)，并用绘图仪绘制。

三维谱阵图可以全面、直观地分析在轴系整个运转范围内的振动特性，即在什么转速下有扭振发生，是什么谐次的，振幅多大，共振转速在什么位置等。

可以进行详细阶次分析，通过“切片”，得到每个谐次的扭振振幅与转速曲线。

6.2.4　激光扭振测量

丹麦 B&K 公司 2523 型激光扭振仪采用激光多普勒测量技术，其原理如图 6－7 所示。该仪器采用低功率(<1.5 mW)镓-铝-砷激光，激光束分离为两束距离 d 的平行光，轴表面 A、B 光点的速度分别为 v_A 和 v_B。两束光检测切线方向的速度分别为

$$\begin{cases} v_A = -V_A\cos\alpha_A - V_X = -\omega R_A\cos\alpha_A - V_X \\ v_B = -V_B\cos\alpha_B - V_X = -\omega R_B\cos\alpha_B - V_X \end{cases} \tag{6-1}$$

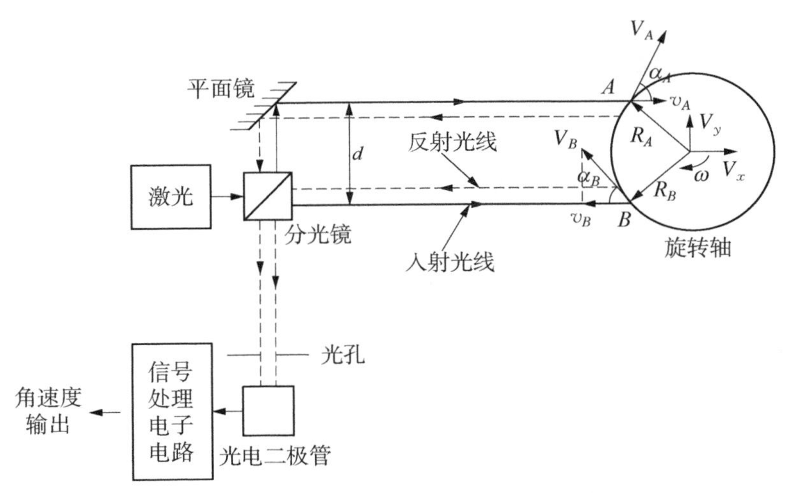

图 6－7 丹麦 B&K2523 型激光扭振仪测量原理示意图

两束光的多普勒偏移频率之差称为差频：

$$f_D = f_B - f_A = \frac{2v_B}{\lambda} - \frac{2v_A}{\lambda} = \frac{2(v_B - v_A)}{\lambda} = \frac{2\omega d}{\lambda} \quad (\text{Hz}) \tag{6-2}$$

式中 ω——旋转轴转速的圆频率(rad/s)；

d——两束平行光的间距(m)，$d = R_A \cos\alpha_A + R_B \cos\alpha_B$；

λ——激光波长(m)，1 nm$=10^{-9}$ m。

因此，两个反射光束给出了调制了“差频”的模拟信号，该“差频”是与旋转轴的转速成正比，与被测物体表面的运动(V_x、V_y)无关。

两束激光束平面需与轴线垂直，否则“差频”成为 $\cos\theta$ 的函数(θ 为光束与轴线的夹角)，即尽可能保持 $\theta = 90°$。

测量时，在轴表面贴一圈专用的反光带，激光传感器与被测轴的间距为 5～50 cm。激光扭振测量系统如图 6－8 所示。

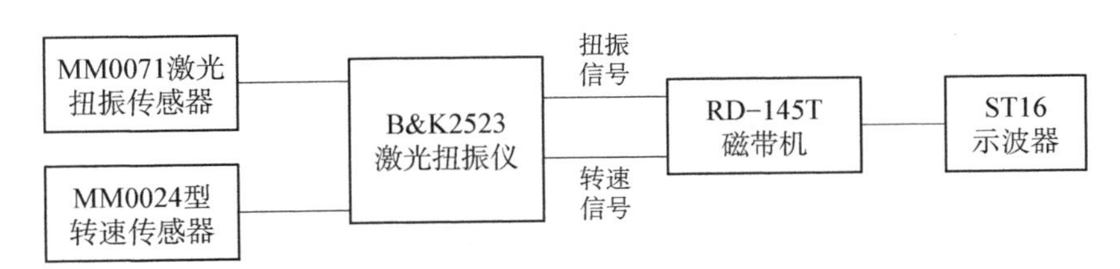

图 6－8 激光扭振测量系统方框图

激光扭振仪的操作简便，安装方便，测量准确，适合于各种轴系，特别是无法安装扭振传感器(如电磁、磁电或光电式扭振传感器)的场合。只是实际测量时，需要关注激光扭振传感器的有效开启和正常运行，因为出于安全性和可靠性考虑，MM0071 传感器会自行判断并关闭激光；此外，还需确保轴表面的反光带不受油水溅射影响。

图 6-9 德国 Polytec 公司 RLV-5500 型回转式激光测振仪

德国 Polytec 公司 RLV-5500 型回转式激光测振仪，如图 6-9 所示，也是采用同样的光学多普勒原理，两束平行激光束的间距有 7.5 mm 和 24 mm；当仅使用一束激光时，可以用于单点线振动测量；采用 IP-67 等级工业防护，能在恶劣的工业环境下正常使用；适用于任意形状的旋转物体的旋转运动测量，包括发动机曲轴、汽车车轴、传动轴，以及印刷机、打印机和复印件的旋转部件。

6.2.5 无线扭振测量

在内燃机动力装置轴系的扭振应力测量中，比较有代表性的产品有德国 KMT(Kraus Messtechnik GmbH)公司无线传输与供电模块(如 MT32-40k-Tx)，可以实现高频扭转交变应力信号的无线传输(动态频率范围 2 Hz～12 kHz)。低速机制造商，MAN B&W 及 WIN GD 公司均有无线扭振应力测试模块，可以实现柴油机曲轴、传动轴系的扭振应力测量。

七一一研究所在采用 KMT 公司无线传输与供电模块的基础上，开发了 PIS-Ⅱ型轴功率无线监测系统，具有扭振交变应力无线遥测的功能。近年来，七一一研究所与国内相关单位共同自主研制了轴功率与应力无线遥测系统(PIS-Ⅲ型)。

6.2.5.1 无线感应供电原理

无线感应供电装置主要由供电头(发射端)和接收线圈组成，如图 6-10 所示。发射端电

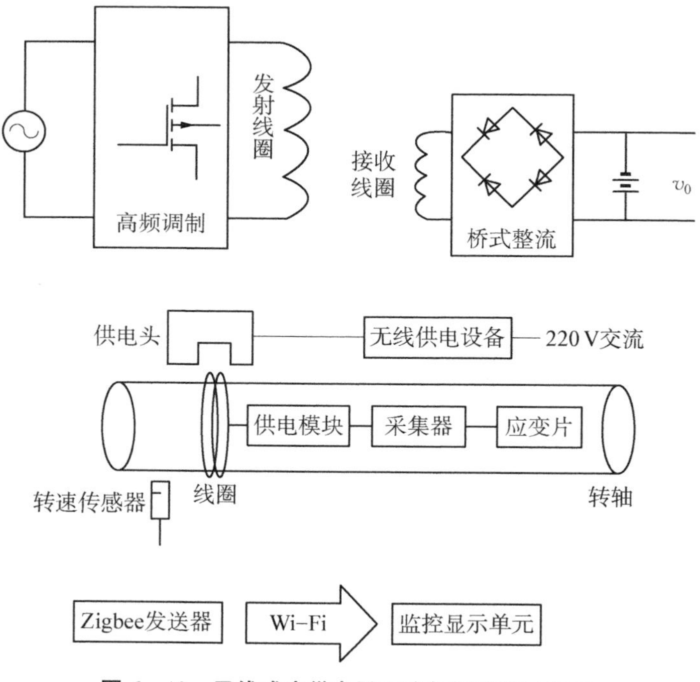

图 6-10 无线感应供电及无线数据传输示意图

源提供的交流电通过高频模块转换为高频交流信号，使发射线圈产生了磁场强度很小但高频变化的电磁场；通过电磁场感应，缠绕在轴段表面的接收线圈产生高频感应电动势，通过桥式整流或电容滤波电路，提供5 V 直流供电。

6.2.5.2　无线数据传输原理

Zigbee 技术是一种基于IEEE802.15.4标准的低功耗无线局域网技术，主要用于距离短、功耗低且传输速率不高的各种电子设备之间进行数据传输及典型的有周期性数据、间歇性数据和低反应时间数据传输的应用。

无线扭矩采集仪由无线感应供电装置供电，电阻扭矩应变片用应变胶粘贴在被测弹性轴上，并组成应变惠斯通电桥接入无线扭矩采集仪，扭矩信号通过 Zigbee 发送器无线发送到监控显示单元，如图6－10所示。

6.2.5.3　无线遥测系统的组成

动力装置轴功率及扭振应力在线监测系统主要是由无线扭矩采集仪、无线感应供电装置、Zigbee 无线接收器、监控显示单元等组成，其中，监控显示单位包含有计算机、信号处理软件、显示器。通过轴功率监测系统数据分析软件对接收到的数据进行采集、运算处理，完成旋转轴转速、扭矩、应力、轴功率的计算与分析，并实时存储、显示、分析、报警等功能。如图6－11所示。

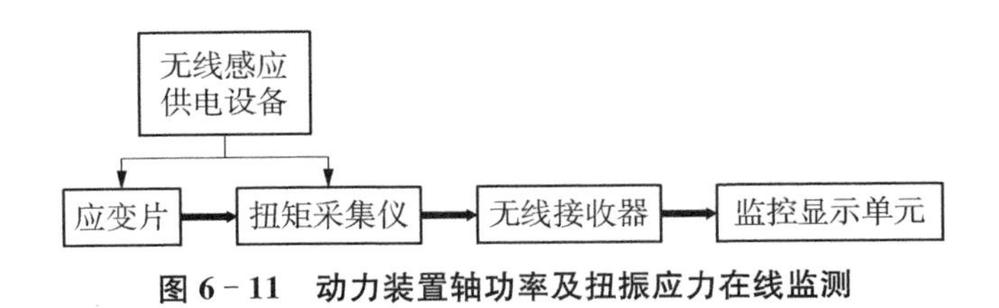

图6－11　动力装置轴功率及扭振应力在线监测

6.2.5.4　无线遥测系统的主要特点

轴功率及扭振应力在线监测系统的技术特点主要有：

(1) 体积小，精度高，动态范围大。

(2) 能进行长期工作和连续监测。

(3) 数字式遥测设计，抑制噪声和干扰。

(4) 全数字化的感应电源技术和数据无线传输技术，不受机舱复杂环境的干扰。

(5) 安装时无须对轴体和机械进行改造和拆解。

(6) 确保测试精度和宽频率响应特性[DC～2 kHz(±0.1 dB)]。

(7) 实现轴功率、扭振应力在线监测、记录、分析、报警等功能。

6.2.6　虚拟扭振测量

随着数字信号处理技术的发展，特别是数据的高速采集硬件和数据总线技术的发展，使得很多信号的采集、分析可以在计算机的软件平台上方便地实现，其中一个有代表性的产品是美国国家仪器(National Instrument)公司产品。NI公司于20世纪80年代中期首次提出VI虚拟仪器(Virtual Instrumentation)概念，基于计算机和采集模块的硬件为基础，可以通过友好的图形用户界面(GUI)来实现测试信号的采集、分析、显示和数据处理。虚拟仪器测量系统如图 6-12 所示。

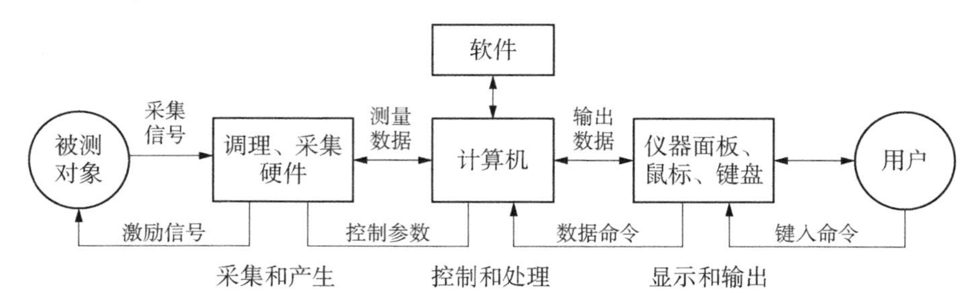

图 6-12 虚拟仪器测量系统示意图

与传统电测仪器相比,虚拟仪器最大的特点是功能强、性价比高、可扩充性好;操作方便;硬件模块化、系列化。根据总线系统的不同,虚拟仪器可以分为 PC-DAQ、GPIB、VXI、RS-232、现场总线系统等。

对于通道数不多的扭振测试分析,可以采用 PC—DAQ 虚拟仪器系统;对于通道数比较多的扭振测试分析或综合性的振动噪声测试分析,可以采用 VXI 及现场总线虚拟仪器系统。

虚拟仪器扭振测量法相当于把模拟式扭振仪的测量及频谱分析仪的分析方法(见 6.2.3 节)整合,把转速脉冲信号数字化,在虚拟仪器测量系统中实现扭振的测量分析。

图 6-13 为七一一研究所 P-TVAS 型虚拟仪器扭振测量分析系统示意图,采用美国 NI 公司 PC-DAQ 虚拟仪器系统,具有 4 个输入通道,每通道同步采样频率 50 kHz,适用于各类动力装置轴系的扭振测量分析。

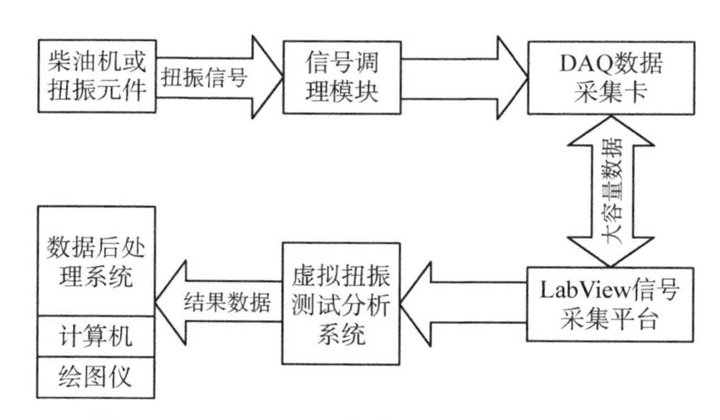

图 6-13 P-TVAS 型扭振测量分析系统示意图

将扭振传感器(各型传感器见表 6-1)检测到的转速脉冲信号输入数据采集卡,通过 LabView 软件平台将高速采集的无失真的转速脉冲数字信号记录下来(采集频率应满足采样定理,并成倍高于转速脉冲频率),然后通过扭振测试分析软件进行计算分析,得到被测轴系的扭转振动角位移(°/rad)或角速度(rad/s)、角加速度(rad/s^2)。

在扭振发生时,相当于低频的扭转交变信号对高频的转速脉冲信号进行调制,形成疏密相间的扭转调频复合信号,即瞬时转速 n 围绕平均转速 n_c 上下交变波动,相当于在直流成分——平均转速 $\overline{n}$ 上,叠加了交流成分——扭转交变角速度。

图6－14为P－TVAS虚拟仪器扭振测量分析系统对于转速脉冲信号——扭转振动角位移时域曲线的分析过程。

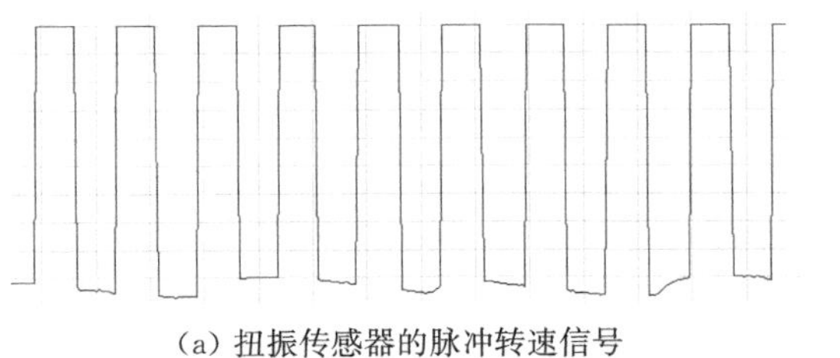

(a) 扭振传感器的脉冲转速信号

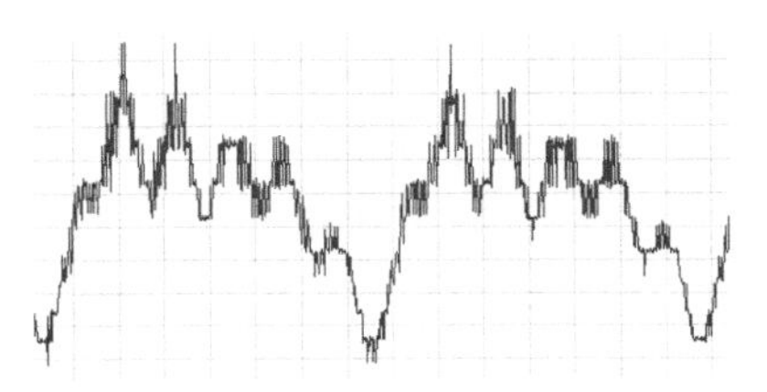

(b) 低通滤波前的扭振角速度信号

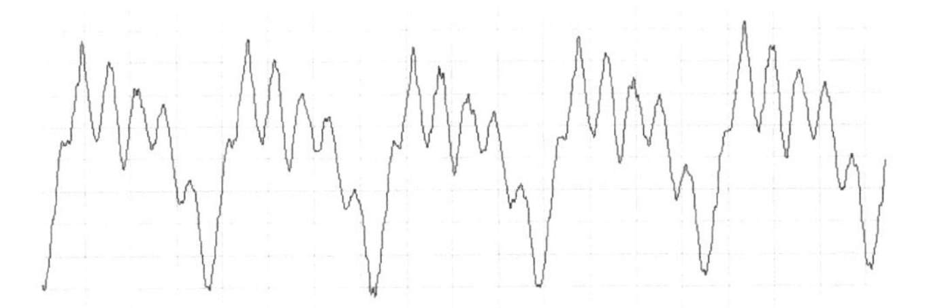

(c) 低通滤波后的扭振角速度时域曲线

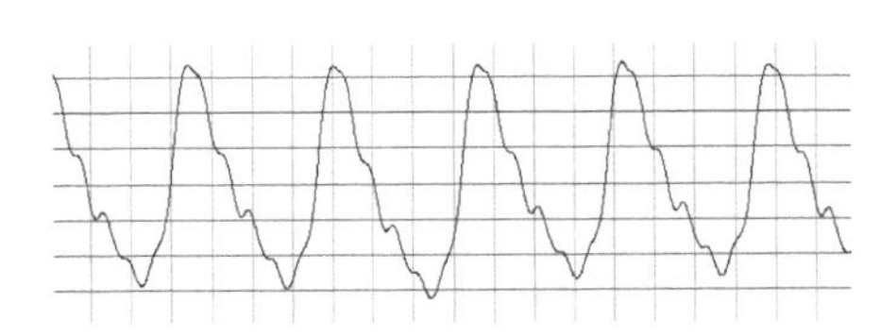

(d) 扭振角位移时域曲线

图6－14 P－TVAS虚拟仪器扭振测量分析的过程示意图

6.2.7 通用扭振测量

随着振动测试技术的进步，现在的通用振动测试系统大多包含扭振测量模块，分析手段日益完善，便于开展大型综合测试及分析，如阶次跟踪分析。比较典型的代表有丹麦B&K公司、西门子LMS公司等产品。

6.2.7.1 B&K公司扭振信号调节模块

B&K公司TSC004扭振模块来自美国Structure Dynalysis公司，可以采用多种脉冲信号输入，包括光电编码器、磁性或霍尔效应传感器等，进行信号调理、整形等处理，输出扭振电压信号；可应用于道路及非道路车辆动力传动系统、发动机试验室、船用动力系统、滚轴扭转动态特性(如造纸厂、钢铁厂)、发电机组和往复式压缩机等，如图6－15所示。

图6－15 B&K公司TSC004扭振信号调节模块

主要性能有：

(1) 输入电压范围：0.25～28 V峰值。

(2) 载波频率范围：20 Hz至30 kHz±1 dB输出线性度。

(3) 输入阻抗：2.0 MΩ。

(4) 输出频率范围：10 Hz～1 kHz+0～0.5 dB；5 Hz～2 kHz+0～1.7 dB。

(5) 输出灵敏度：20 μV/(r/min)×每转脉冲数。

(6) 通道数：4个独立通道(此外，TSC002模块具有2个独立通道)。

(7) 电源:交流电或两节 9 V 标准电池。

从性能指标参数来看,B&K 公司 TSC004 扭振模块属于小型化的模拟式扭振仪。

目前,具有 TSC004 扭振模块功能的 BK Connect™ 角度域分析仪 8440 可以用于测试分析内燃机和动力传动系统及旋转机械系统,并集成于 LAN - XI 数据采集平台,由 PULSE™ 和 I - deas™ 软件控制。

6.2.7.2 LMS 公司扭振测试系统

西门子 LMS 公司扭振测试分析模块是集成在 Test. lab 测试分析平台上,如图 6 - 16 和图 6 - 17 所示,可以采用多种信号输入方式,如光电编码器、磁电/光电/霍尔效应传感器、应变

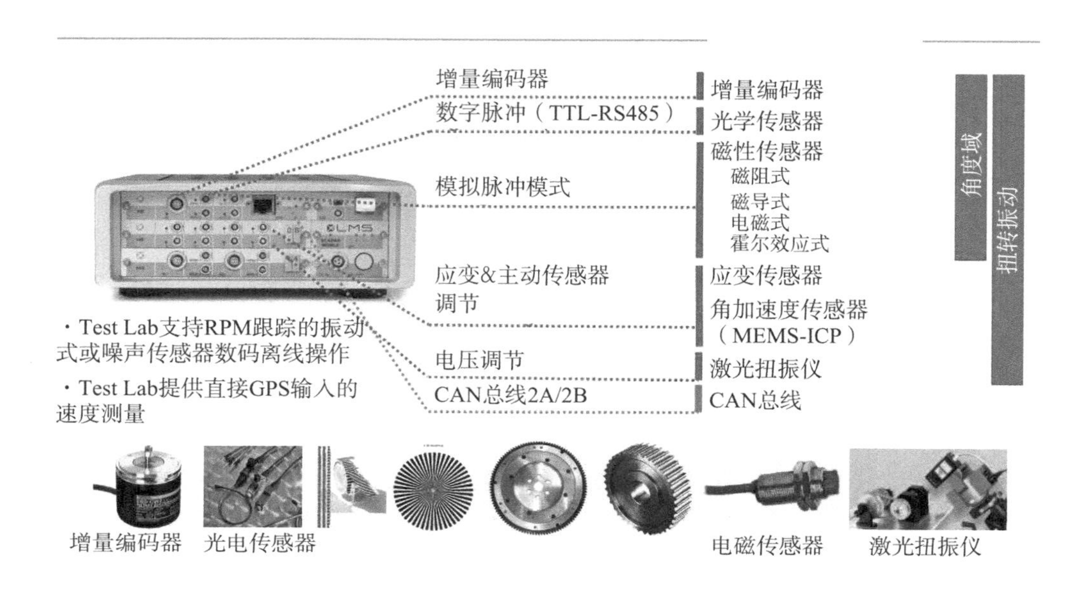

图 6 - 16 LMS 公司扭振测试系统及适用的传感器

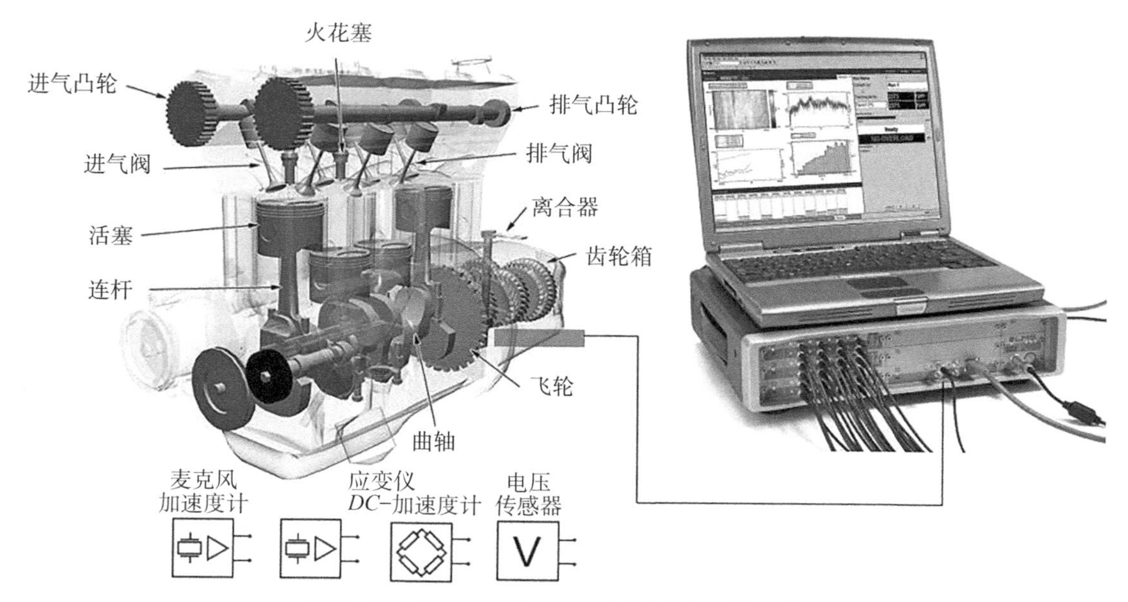

图 6 - 17 LMS 公司 Test. lab 测试分析系统示意图

传感器、激光振动仪(如德国 Polytec 公司 RLV－5500 激光测振仪)；可以开展稳态扭振测试分析、连续升/降速阶次跟踪分析；结合振动、噪声信号采集分析，可以较为全面地分析一台动力设备或整个动力系统振动噪声特性；便于携带和现场分析，也可以搭建多通道的大型试验系统。

在实际动力装置轴系扭振测试中，可以根据测试要求及实际情况，选用合适的扭振传感器、扭振仪器和分析设备。以某高速柴油机推进轴系为例，其扭振测量与分析示意图如图 6－18 所示，扭振测点布置在柴油机曲轴自由端和减速齿轮箱输入轴，安装了 TV102 扭振传感器，在齿轮箱输入轴表面粘贴了反光带，采用了模拟式电测扭振仪和激光扭振仪，以及 B&K3550 频谱分析仪进行阶次跟踪分析。

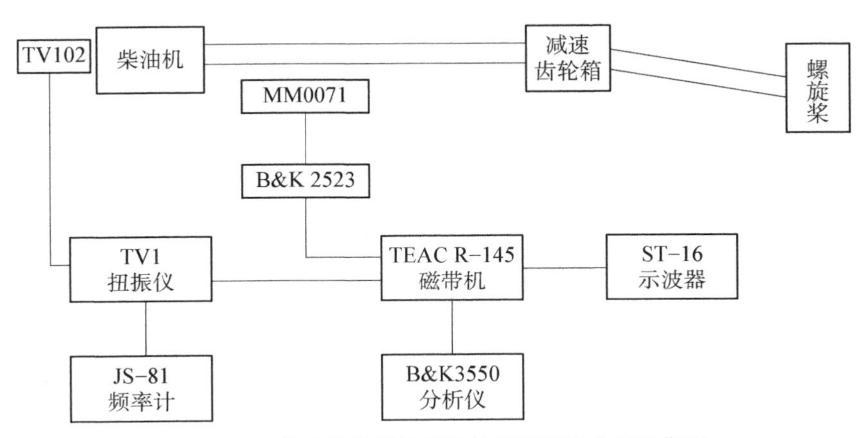

图 6－18　柴油机推进轴系扭转振动测量分析示意图

6.3　纵向振动测量

6.3.1　纵向振动测量方法

轴系纵向振动测量方法主要用电测方法。

纵向振动的测量量标为振幅(单位为 mm)，也可以是推力轴承的交变推力(单位为 N)，或者是轴段的轴向交变应力(单位为 MPa)。

纵向振动测量位置：

对于中高速柴油机作为主机来说，通常评估动力装置推进轴系纵向振动所考虑的轴系是从螺旋桨至推力轴承(通常位于齿轮箱内)的，评估推力轴承处的纵向振幅是否在许用范围内，因此可根据实际情况，测量位置尽可能靠近推力轴承处，以测量纵向振动的振幅。

对于低速柴油机作为主机来说，通常评估船舶推进轴系纵向振动所考虑的轴系是从柴油机至螺旋桨(或受功装置，如发电机、水力测功器等)，主要是评估柴油机自由端的纵向振幅是否在许用范围内，测量点应在曲轴自由端，以测量纵向振动的振幅。

纵向振动电测法之一是采用电涡流式位移振幅测量仪，其频响范围为 0～10 kHz，能符合被测轴系振动频率的要求，如图 6－19 所示。由于电涡流位移传感器是非接触式传感器，安装时与轴系端部之间需要保留一定距离，距离过大信号微弱，距离过小又会因振幅过大而损坏传感器；其次，合理选择电涡流位移传感器的量程是必要的，如选择量程过大，会降低测量精度；还有，电涡流位移传感器必须安装支架固定。

纵向振动电测法之二是采用加速度传感器，如图 6－19 所示，采用磁力底座吸附或快干胶粘贴在推力轴承座，或安装于曲轴自由端的扭振传感器的壳体端面上，安装比较方便。

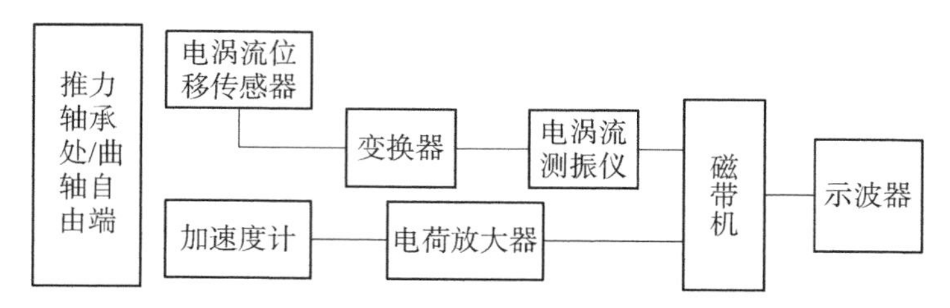

图 6－19　纵向振动测量系统示意

纵向振动信号的数据处理可采用与扭振数据处理同样的手段和同样的分析仪器。

6.3.2　加速度纵振测量

加速度传感器通常是以具有压电效应的晶体材料制成，具有固有频率高、频响范围宽、尺寸小、重量轻等优点，通过电荷放大器将电荷信号转换为电压信号，以输入频谱分析仪或采集分析系统进行信号分析。加速度传感器比较适宜于测量振动加速度，并通过电荷放大器或信号分析系统积分成振动速度或位移信号。对于不同的测量要求（幅值、频响范围）可以选择不同型号的加速度传感器，以确保良好的信噪比。

6.3.2.1　加速度传感器测量原理

1）压电晶体型加速度传感器

压电晶体在一定方向的作用力下，会产生极化现象，在晶体表面产生电荷；外力取消后，电荷消失。常见的压电材料有石英、钛酸钡、锆钛酸铅等。丹麦 B&K 公司通常采用人工极化铁电陶瓷来制作加速度传感器。

加速度传感器的结构示意如图 6－20 所示，通常有拉伸型、压缩型和剪切型结构，即压电晶体受拉、受压或剪切受力。在低于传感器安装固有频率及传感器测量频率范围内，其振动质

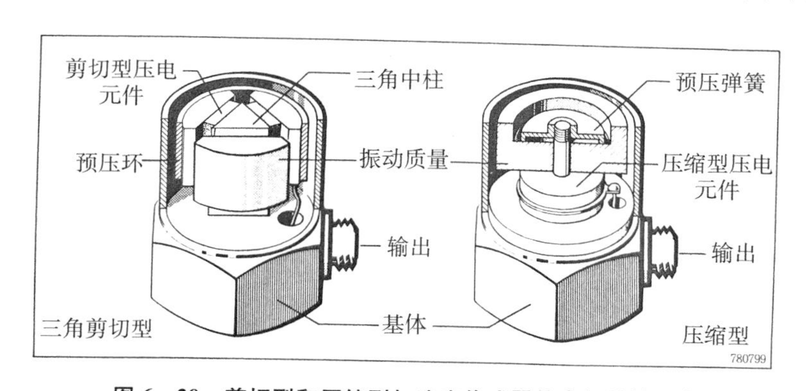

图 6－20　剪切型和压缩型加速度传感器的内部结构示意

量的加速度与基体加速度相同，传感器的输出电荷与传感器承受的加速度成正比。

一般来说，剪切型加速度传感器的用途最全面，压缩型加速度传感器是针对特定的应用。

2）ICP（内置集成电路）加速度传感器

ICP（integrated circuits piezoelectric）加速度传感器是一种新型的加速度传感器，即内置集成电路的压电加速度传感器。它采用现代集成电路技术将传统的电荷放大器置于传感器中，所有高阻抗电路都密封在传感器内，以低阻抗电压方式输出，并需要恒流源为其供电。

其优点主要有：输出电压幅值与加速度成正比；不需要联结电荷放大器，使用方便、灵活、特别适用于现场测试及在线监测；精度高，不易受干扰，信噪比高；可以利用普通的同轴电缆对电压信号进行远距离的传输。正因这些优点，ICP 加速度传感器获得了广泛的应用。

6.3.2.2　加速度传感器选择

选择加速度传感器进行振动测试时，需要考虑如下的主要参数：

1）频率范围

加速度传感器的频率响应特性如图 6－21 所示，测量通常限定在频响曲线的线性部分，其高频上限受限于传感器的固有频率。通常传感器测量频率上限取传感器固有频率的 1/3，以确保误差不大于＋12％（约 1 dB）。对于小型低质量加速度计，其固有频率可达 180 kHz（即上限测量频率为 60 kHz）；对于高灵敏度的通用型加速度计，其典型的固有频率为 30 kHz（即上限测量频率为 10 kHz）。

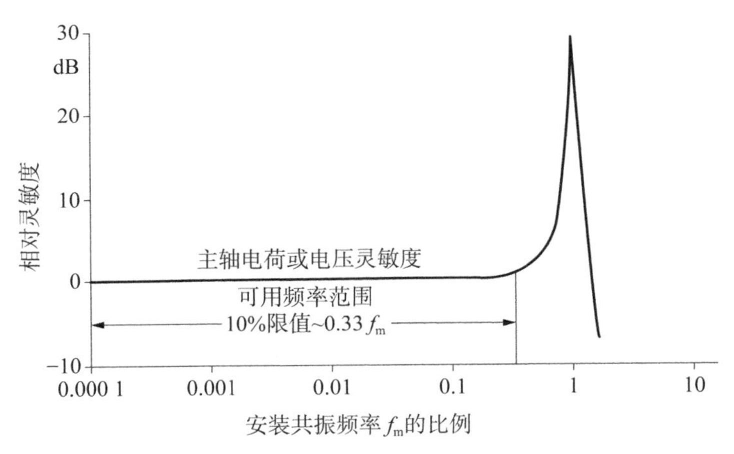

图 6－21　压电加速度计的频率响应特性

在实际测量中，如果可以接受线性度误差为 3 dB（约 30％），加速度计的测量上限频率可以是其固有频率的 1/2 或 2/3。

加速度计的下限测量频率受两个因素决定：第一个因素是电荷放大器的低频截止，通常小于 1 Hz；第二个因素是空气温度的波动（即温度瞬变），在通常环境下，与压缩型加速度计相比，剪切型加速度计的温度影响要低 20 dB，其下限测量频率远低于 1 Hz。

2）灵敏度和动态范围

传感器的灵敏度越高越好，但是传感器及其压电元件的尺寸、重量也相应增大，固有频率也相应降低。

加速度计的质量对于测量的影响，可用下式说明：

$$\begin{cases} a_s = \dfrac{a_m(m_s + m_a)}{m_s} \\ f_s = f_m\sqrt{\dfrac{m_s + m_a}{m_s}} \end{cases} \tag{6-3}$$

式中 a_m——有加速度计安装时的测量加速度(m/s^2)；
a_s——无加速度计时的振动加速度(m/s^2)；
f_m——有加速度计安装时测量固有频率(Hz)；
f_s——无加速度计安装时的固有频率(Hz)；
m_a——加速度计的质量(kg)；
m_s——安装结构部分的等效质量(kg)。

一般来说，加速度计质量应不超过被测结构的有效(动态)质量的$\frac{1}{10}$，即 m_s 远大于 m_a 时，加速度计测量的加速度真实反映被测物体(结构)的振动情况，即 $a_s \cong a_m$；$f_s \cong f_m$。

理论上来说，压电型加速度计的最低线性输出可以至零，实际上其动态范围的下限决定于连接电缆的电阻噪声和放大器电路，通常小于 0.01 m/s^2；压电型加速度计动态范围的上限决定于传感器的结构强度，通用型传感器最大测量值可达 50～100 km/s^2(5000～10000g)，冲击加速度计最大测量值达 10^6 m/s^2(10^5g，$1g=9.806\ m/s^2$)。

3) 横向响应

加速度计的横向灵敏度是指在垂直于传感器安装中心线的平面的加速度灵敏度。一般来说，加速度计的横向灵敏度应小于主中心线灵敏度的 1%。

4) 瞬态响应

在测量时，通常会有突然能量释放产生的冲击，持续时间短，频率范围宽。需要注意的参数有：

(1)“零漂移”：受大冲击后，放大器的相位非线性和加速度计压电元件的保留电荷所造成的。零漂移会限制测量系统的低频响应。

(2)“蜂鸣”：加速度计固有频率受高频激励而产生。蜂鸣会限制测量系统的高频响应。

此外，加速度振动测试时还需要考虑环境条件，如温度、温度瞬变、基座应变、电缆噪声、基础应力、核辐射、电磁场、湿度、腐蚀性物质、噪声等。其中，温度是指传感器允许的正常工作温度范围。

温度瞬变会造成传感器输出的波动，这时可以选择剪切型加速度计，其温度瞬变的灵敏度较低。

基础应变是指安装基础有较大动态变形。

电缆噪声产生于接地回路、摩擦电噪声(电缆接头电芯松动问题)或电磁噪声(电缆屏蔽问题)。

以 B&K4370 加速度计的性能参数为例，以说明在选择传感器时需要参看的主要性能参数，详见图 6-22。

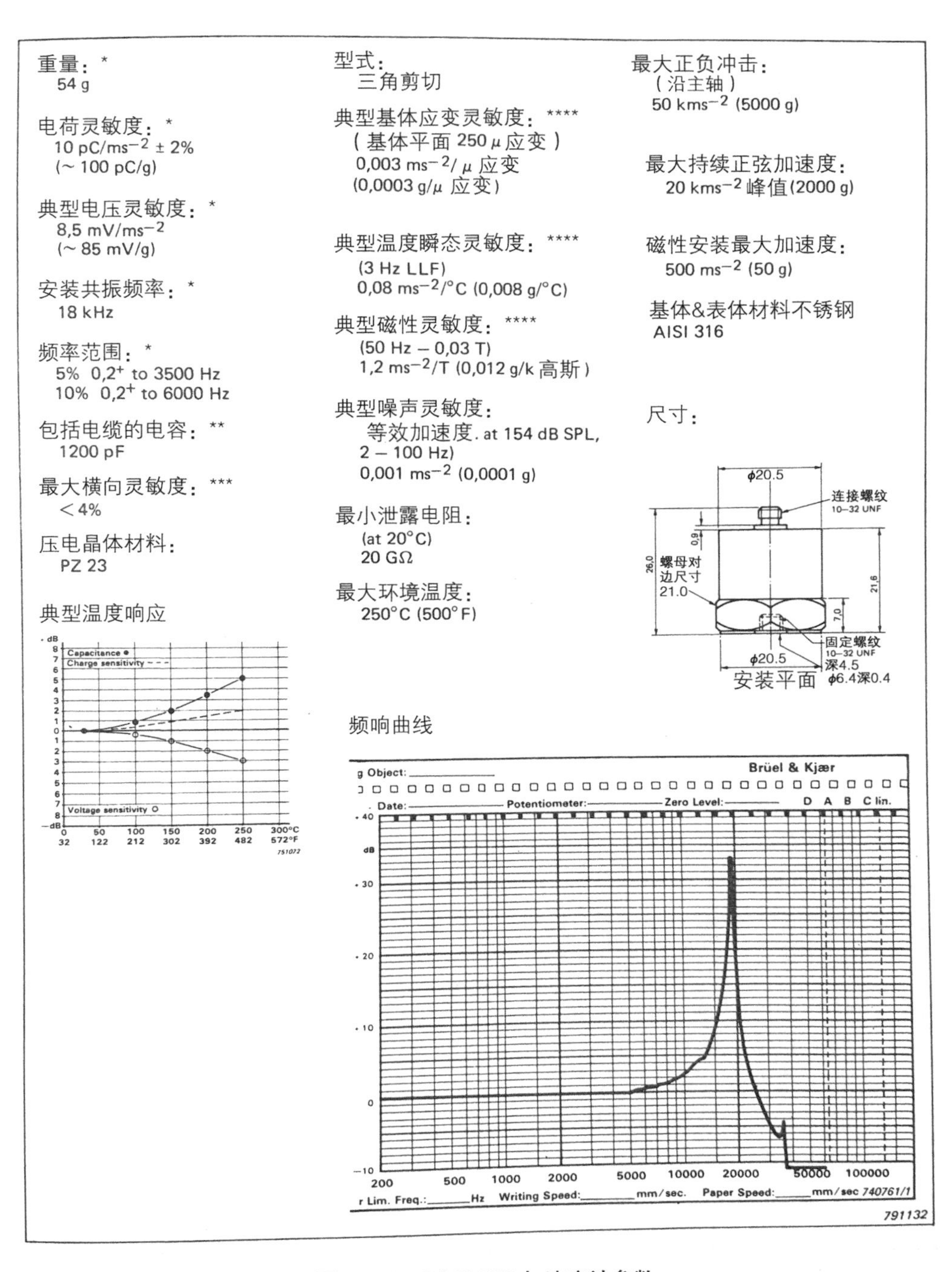

图 6 - 22　B&K4370 加速度计参数

6.3.2.3　电荷放大器

前置放大器通常称为电荷放大器，具有很高的输入阻抗和低的输出阻抗。

加速度计的等效电路如图 6 - 23 所示。在考虑的频率范围内，加速度计可以作为发电机看待，与内部电容 C 平行耦合。电容器上的电荷为

$$q = eC \tag{6-4}$$

式中　q——电荷(C)；
e——电容器的电压(V)；
C——内部电容(F)。

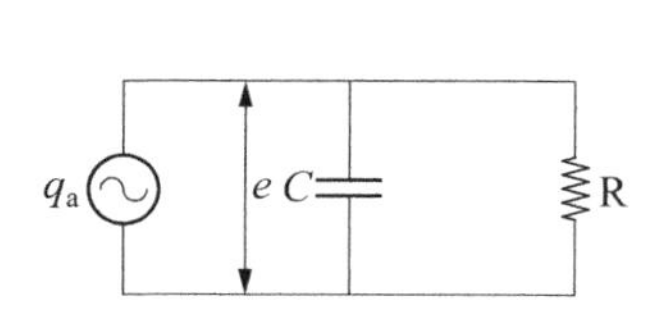

图 6-23　加速度计的等效电路

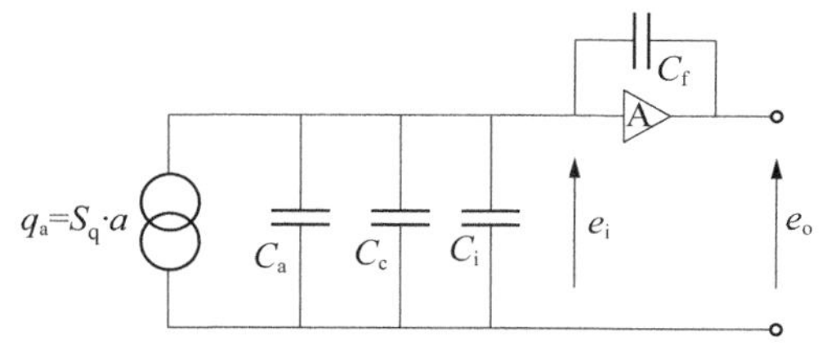

图 6-24　连接加速度计和电缆的电荷放大器的等效电路

连接加速度计和电缆的电荷放大器的等效电路如图 6-24 所示。电荷放大器是由高倍放大器、通过电容 C_f 的反馈耦合组成，其输出电压为

$$e_0 = \frac{q_a A}{C_a + C_c + C_i - C_f(A-1)} = e_i A \tag{6-5}$$

由 $q_a = S_q a = C_a e_a$ 和式(6-5)，可以得到输入电压

$$e_i = \frac{S_q a}{C_a + C_c + C_i - C_f(A-1)} = \frac{C_a}{C_a + C_c + C_i - C_f(A-1)} e_a \tag{6-6}$$

式中　e_0——放大器输出电压(V)；
q_a——产生的电荷(C)；
A——放大倍率；
e_i——前置放大器输入电压(V)；
C_a——加速度计的电容(F)；
C_c——连接电缆的电容(F)；
C_i——放大器输入电容(F)；
C_f——放大器电容(F)；
S_q——加速度计电荷灵敏度($PC/m/s^2$)；
a——加速度(m/s^2)。

式(6-6)中，A 非常大，因此放大器输入电压为

$$e_i \approx \left| \frac{C_a}{C_f A} \right| e_a \approx \left| \frac{q_a}{C_f A} \right| \tag{6-7}$$

从上式可见，电荷放大器输入电压 e_i 与电缆的电容 C_c 无关，即与电缆的长度无关。

电荷放大器具有积分电路，可以输出速度或位移信号。此外，还具有高通或低通滤波器，以抑制电路噪声或超出加速度计线性频率范围的信号。

6.3.2.4　加速度传感器安装要求

在选择了合适的加速度计和电荷放大器以后，为了准确地测量被测物体的振动加速度，还

需要采取正确的传感器安装方式。表 6－2 列出了加速度计的几种安装方式及其固有频率，以供实际测量时加以选择。

表 6－2　压电加速度计的安装及其典型频率响应

序号	安装固定方式	安装示意图	特性
1	钢制螺栓连接＋薄层硅油脂(表明平滑)	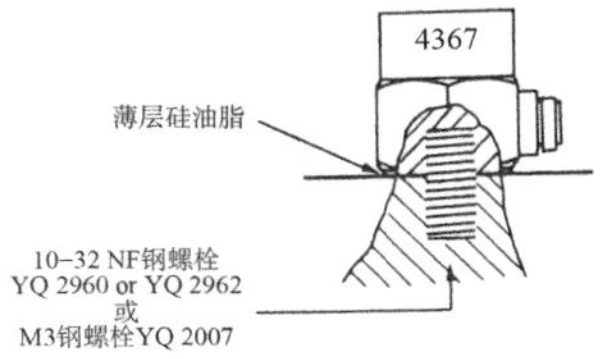 4367 薄层硅油脂 10–32 NF钢螺栓 YQ 2960 or YQ 2962 或 M3钢螺栓YQ 2007	共振频率：32 kHz 温度范围：加速度计温度范围
2	蜂蜡固定	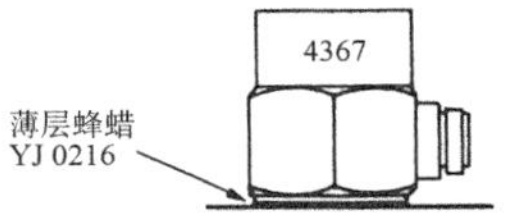 4367 薄层蜂蜡 YJ 0216	共振频率：约 31 kHz 最高温度：40 ℃
3	螺栓连接＋薄层硅油脂＋云母垫片	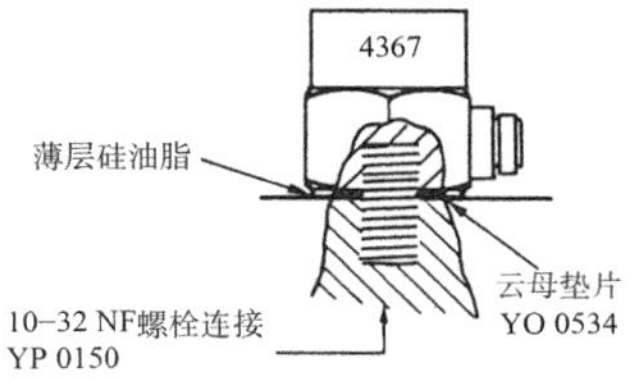 4367 薄层硅油脂 10–32 NF螺栓连接 YP 0150 云母垫片 YO 0534	共振频率：约 29 kHz 最高温度：250 ℃ 绝缘方式：加速度计基体与被测物体电子隔离
4	硬胶； 软胶——环氧树脂黏合剂(持久)、氰基丙烯酸甲酯黏合剂(快速易用)	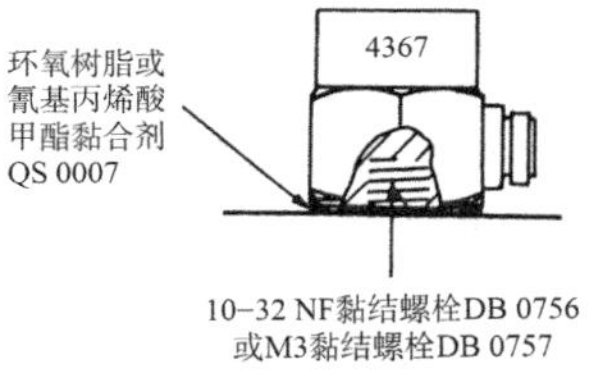 4367 环氧树脂或氰基丙烯酸甲酯黏合剂 QS 0007 10–32 NF黏结螺栓DB 0756 或M3黏结螺栓DB 0757	共振频率：约 28 kHz(硬胶)；约 9 kHz(软胶) 最高温度：100～200 ℃(取决于黏合剂)
5	双面胶带(厚带或薄带，薄带可用于光滑平面)	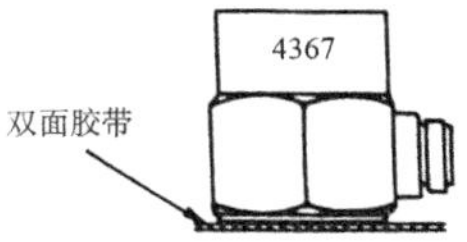 4367 双面胶带	共振频率：约 1.6 kHz(厚胶带)；约 22 kHz(薄胶带) 最高温度：95 ℃
6	磁铁	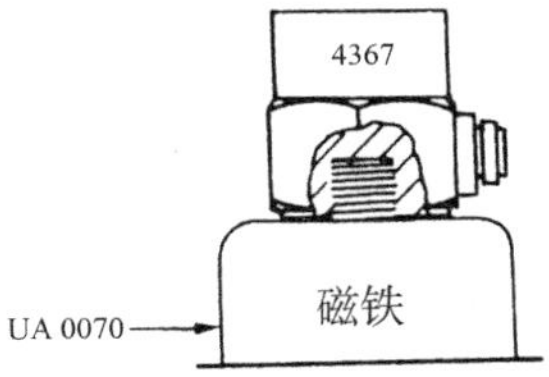 4367 磁铁 UA 0070	共振频率：约 7 kHz 最高温度：150 ℃ 测量频率范围：≤2 kHz 测量加速度幅值：1 000～2 000 m/s^2 测点位置：可能会移动
7	手持探针(有尖顶和圆顶两种)	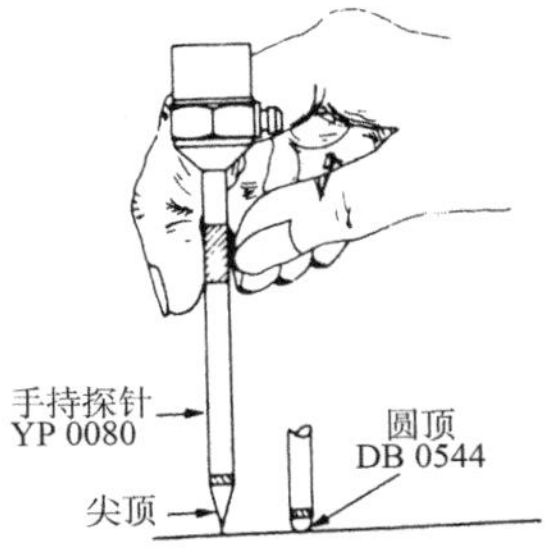 手持探针 YP 0080 圆顶 DB 0544 尖顶	共振频率：1.8 kHz 采用电子或机械低通滤波器，以限制测量频率范围≤1 kHz 快速测试，重复性差

此外，加速度计电缆的固定需防止相对运动(移动)，以避免摩擦电的干扰。

加速度振动测量系统的接地也是需要关注的问题。一个降低接地回路交流电的办法是确保整个测量系统仅在一处接地，同时加速度计使用绝缘螺纹和垫圈或绝缘磁铁连接。接地可以通过连接主电源的地线和分析仪的输入插座地脚。

6.3.3 电涡流纵振测量

电涡流传感器及其振动测量系统的优点有：非接触测量、频响范围宽(测量频率≥0 Hz)、灵敏度高、可靠性好、结构简单、抗干扰能力强、不受油水等介质影响、安装方便等。只是要求被测物体必须是金属导体，因而在轴系纵向振动和回旋振动测量、监测及故障分析中得到广泛应用。

6.3.3.1 电涡流测量原理

在电涡流传感器端部有一扁平线圈，通以高频激励电流(频率一般为 1～2 MHz)，从而线圈产生交变磁场，在靠近传感器端部的被测金属物体表面产生呈涡旋状的感应电流(即电涡流)，该电涡流磁场方向始终与传感器线圈产生的磁场方向相反，两磁场叠加后，使线圈电感下降，线圈电流的幅度和相位均发生变化。这些变化与金属物体磁导率、电导率、线圈的几何形状、几何尺寸、电流频率及头部线圈到金属物体表面的间距 δ 等参数有关。电涡流测量原理示意如图 6-25 所示。

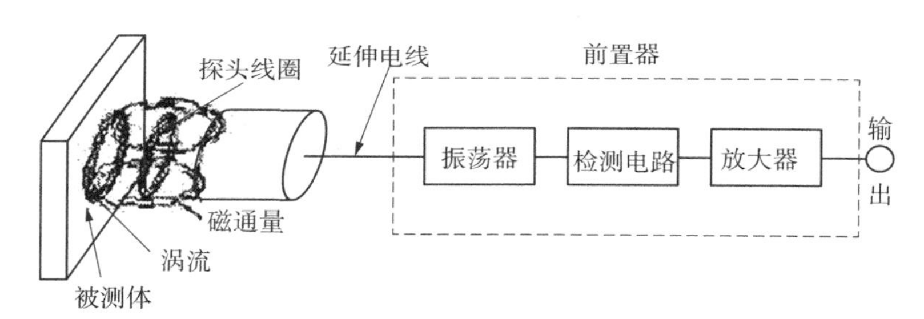

图 6-25 电涡流传感器测量原理示意

假定金属导体材质均匀且性能是线性、各向同性，传感器线圈的等效阻抗为

$$Z=f(\tau, \xi, \sigma, I, \omega, \delta) \tag{6-8}$$

式中 τ——尺寸因子；

ξ——磁导率(H/m)；

σ——金属物体的电导率(S/m)；

I——电流强度(A)；

ω——振动圆频率(rad/s)；

δ——传感器线圈与金属物体表面的距离(m)。

通常 τ、ξ、σ、I、ω 这些参数在一定范围内不变，则线圈的特征阻抗 Z 就成为距离 δ 的单值函数，虽然它整个函数是非线性的，但可以选取它近似为线性的一段作为测量范围。于是，通过前置器电子线路的处理，将传感器线圈阻抗 Z 的变化，即传感器线圈与金属物体的距离 δ

的变化转化成电压或电流的变化。电涡流传感器输出信号的大小随传感器到被测体表面之间的间距而线性变化,从而实现对金属物体的位移、振动等参数的测量。

当被测金属与传感器之间的距离发生变化时,传感器线圈磁场也发生变化,从而引起振荡电压幅度的变化,随距离变化的振荡电压经过检波、滤波、线性补偿、放大归一处理转化成电压(电流)变化,最终将振动位移(间隙)转换成电压(或电流),这就是如图 6-25 所示的前置器(亦称变换器)的功能。因而,电涡流传感器的幅频特性及线性度等性能与被测金属物体有关。

输出电压 U 与振动位移 δ(间隙)的关系曲线如图 6-26 所示,特性曲线中段的线性范围、灵敏度与线圈的形状、尺寸有关。有经验表明,传感器的线性范围一般为传感器线圈外径的 $\frac{1}{5}\sim\frac{1}{3}$。

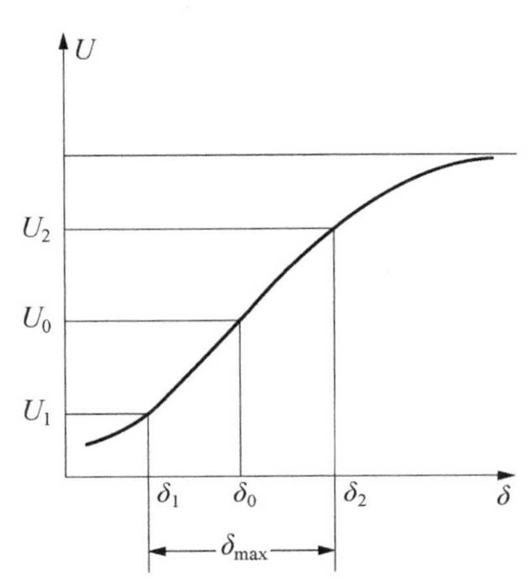

图 6-26 电涡流传感器输出电压与位移的特性曲线

不同金属材料对高频磁场的感应和涡流损耗不同,被测物体的导电率、磁导率对输出电压的影响也有所不同。因此,测量不同材料的被测物体时,传感器的灵敏度时也不同。物体的导电率越高,电涡流的作用越强,测量的灵敏度也越大。导磁材料有普通钢、结构钢等,弱导磁材料有铜、铝、合金钢等。

对不同的被测物体或材料、平面或曲面发生变化,在测量前需要进行传感器标定,以确定具体的频响范围、幅频特性及线性度等参数。

6.3.3.2 电涡流传感器振动测量

在安装电涡流传感器时,要注意恰当选择与被测物体的平均间隙,一般使平均间隙处在传感器特性曲线的中点(如图 6-26 中 δ_0 位置),并确保测试过程中不会碰檫或损坏传感器,以保证传感器的测量数值处于其动态线性范围内。

当测量轴的径向振动(或称横向振动或回旋振动)时,要求轴的直径需大于电涡流传感器线圈直径的 3 倍以上;电涡流传感器中心线与转轴中心线正交(垂直);电涡流传感器的磁场不受支架或其他物体的影响;电涡流传感器线圈的磁场不得与其他电涡流传感器的磁场交涉而相互影响;被测轴表面,在传感器线圈端部正对的中心线的两边 1.5 倍传感器直径宽度的轴圆周面,应无裂痕或其他任何不连续的表面现象(如键槽、凸凹不平、油孔等)。

当测量轴向振动位移时,测量面应该与轴是一个整体,这个测量面是以传感器线圈的中心线为中心,宽度大于 1.5 倍传感器直径。

当作轴转速脉冲测量时,在被测轴上设置一个凹槽或凸键,当传感器通过凹槽或凸键时,传感器会产生一个脉冲信号,每转产生一个脉冲信号。因此,对脉冲计数可以测量轴的转速,也可以作为振动的初始相位角。

6.3.3.3 电涡流测量影响因素及要求

电涡流传感器测量的影响因素主要有:

(1) 被测物体材料。

(2) 被测体表面平整度(一般要求,对于振动测量的被测表面粗糙度要求在 0.4～0.8 μm

范围)。

(3) 被测体表面磁效应。电涡流效应主要集中在被测体表面,如果由于加工过程中形成残磁效应,以及淬火不均匀、硬度不均匀、金相组织不均匀、结晶结构不均匀等都会影响传感器特性。在进行振动测量时,如果被测体表面残磁效应过大,会出现测量波形发生畸变。

(4) 被测体表面镀层。被测体表面的镀层对传感器的影响相当于改变了被测体材料,视其镀层的材质、厚薄,传感器的灵敏度会略有变化。

(5) 被测体表面尺寸。由于探头线圈产生的磁场范围是一定的,而被测体表面形成的涡流场也是一定的。这样就对被测体表面大小有一定要求。通常,当被测体表面为平面时,以正对探头中心线的点为中心,被测面直径应大于探头头部直径的 1.5 倍以上;当被测体为圆轴且探头中心线与轴心线正交时,一般要求被测轴直径为探头头部直径的 3 倍以上,否则传感器的灵敏度会下降,被测体表面越小,灵敏度下降越多。当被测体表面大小与探头头部直径相同,其灵敏度会下降到 72%左右。

被测物体的厚度也会影响测量结果。被测体中电涡流场作用的深度由频率、材料导电率、磁导率决定。因此,如果被测体太薄,将会造成电涡流作用不够,使传感器灵敏度下降,一般要求厚度大于 0.1 mm 以上的钢等导磁材料及厚度大于 0.05 mm 以上的铜、铝等弱导磁材料,则灵敏度不会受其厚度的影响 。

(6) 工作的温度。一般来说,电涡流传感器对于工作的温度是有限值的,其灵敏度受温度的影响。在轴系振动测量时,安装电涡流传感器的测点应尽量远离高温部件,除非是使用特制的耐高温传感器。

(7) 安装支架。电涡流传感器安装在固定支架上,因此支架的好坏直接决定测量的效果,这就要求支架应有足够的刚度以提高自振频率,避免或减小被测体振动时支架也同时受激自振。支架的自振频率最好为机械旋转频率的 10 倍以上,支架的安装平面最好与被测表面切线方向平行,以确保传感器垂直于被测转轴或端面。

6.4 回旋振动测量

6.4.1 回旋振动测量方法

回旋振动是评估轴系的弯曲变形(或称横向振动),测量量标为振幅,以毫米(mm)为计量单位。

回旋振动测量位置:应选择在轴系弯曲变形最大的地方,应根据动力装置推进轴系回旋振动计算书确定。通常回旋振动测点选择在艉轴、中间轴的中部及轴承支承处,一般在水平方向和垂直方向各安装一个传感器。

6.4.2 回旋振动测量系统

回旋振动测量可以采用电涡流传位移感器, 也可以采用加速度传感器,或者两种传感器同时使用,如图 6-27 所示。通常在安装电涡流传感器的支架固定点上布置加速度传感器,以测量并消除支架的振动影响。

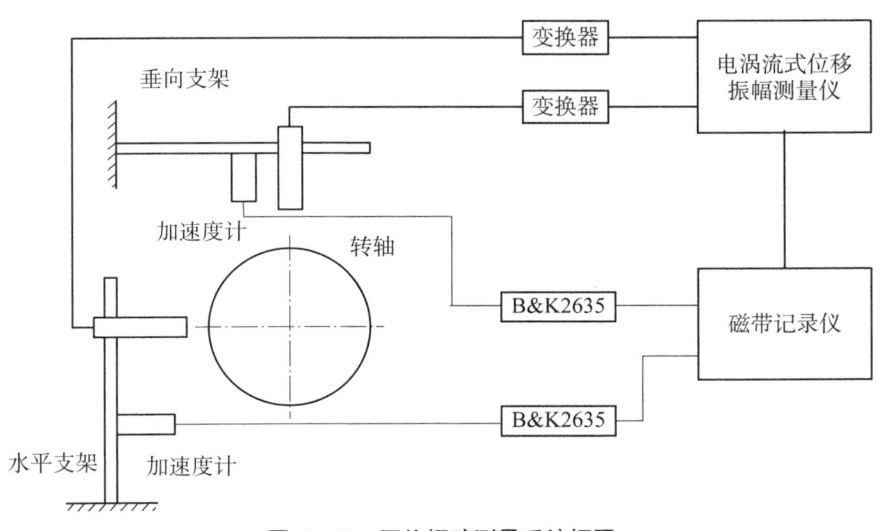

图 6-27 回旋振动测量系统框图

电涡流传感器和加速度传感器的选择可见 6.3.2 节和 6.3.3 节。

回旋振动的信号的数据处理可采用与扭振数据处理同样的手段和同样的分析仪器。

6.5 扭转-纵向耦合振动测量

6.5.1 耦合振动测量方法

实际上,柴油机轴系扭转-纵向耦合振动测量就是要对柴油机轴系同时进行扭转振动和纵向振动测量分析。

扭转振动的测量量标通常为角位移振幅,以度(°)或弧度(rad)为计量单位,也可以是轴段的扭转交变应力或振动扭矩,以 MPa 或 N·m 为计量单位。纵向振动的测量量标为振幅(单位为 mm),也可以是推力轴承的交变推力(单位为 N),或者是轴段的轴向交变应力(单位为 MPa)。

扭转-纵向耦合振动测点位置:

扭转振动和纵向振动同时测量,测点通常布置在柴油机曲轴的自由端。扭振传感器安装在曲轴自由端或飞轮齿圈处;电涡流位移传感器安装在曲轴自由端连接轴端面附近,或者采用加速度传感器,吸附或粘贴在扭振传感器(光电编码器)端部(壳体端部粘贴金属块)。

扭转振动信号由扭振仪完成积分转换为角位移振幅信号;采用加速度计时,纵向振动加速度信号则由电荷放大器完成积分转换为位移信号,或者由频谱分析仪通过数值积分得到位移信号。图 6-28 所示为同时进行低速柴油机轴系扭转-纵向耦合振动的测量。

低速柴油机轴系扭转-纵向耦合振动的测试已经成为大型船舶航行试验中的一个必不可少的测试项目。本方法不但解决了低速柴油机轴系扭转-纵向耦合振动的电测分析方法的问题,并且方便实用,也成为研究和解决低速柴油机轴系扭转-纵向耦合振动的一种有效手段。

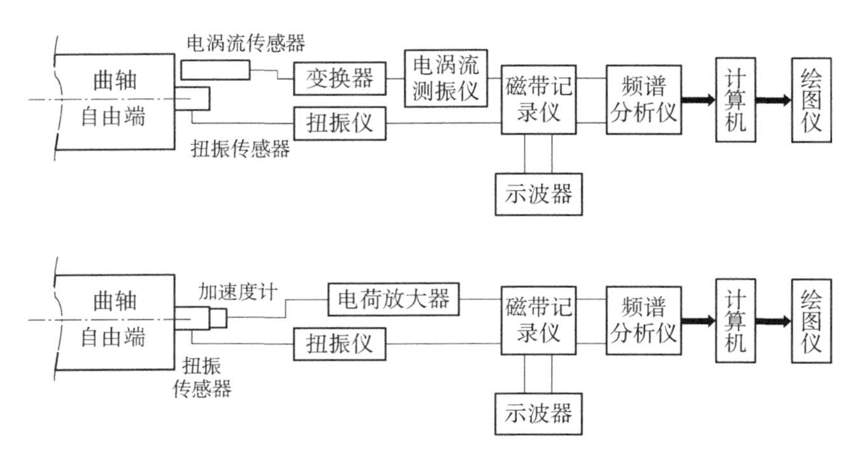

图 6-28 轴系扭转-纵向耦合振动测量系统示意图

经过实船测试验证，本方法对低速柴油机轴系扭转-纵向耦合振动进行测试不但是可行的，而且测试结果证明是正确的和有效的。

6.5.2 耦合振动测量中的扭振测量方法

对于低速柴油机轴系扭转振动，通常采用机械式扭振仪(Geiger)进行测量，其安装、调试、操作比较麻烦，且分析精度不高，需依赖于操作人员的经验。在 20 世纪八九十年代，一般的电测扭振仪的测量频率下限在 10 Hz 左右，最低测量转速在 200 r/min 以上，无法用于低速柴油机轴系扭转振动的测量。因此必须对其进行改装或研制新的扭振仪。

而低速柴油机轴系扭转振动的扭振仪必须是测量频率(转速)下限低，目前柴油机最低运行转速达到 20～30 r/min 左右。扭振仪可采用如下的方法来得到扭转振动的模拟信号：先将扭振传感器的脉冲信号用单稳触发器整形，限幅放大，经低通滤波器滤去高频载波，解调出扭振速度信号，再经积分电路得到角位移信号。因此，要满足频率下限低的要求，关键是滤波电路和积分电路的低频特性要好。对于数字式扭振仪，若采用计时方式，则低频特性较好。

根据以上的特点，20 世纪 90 年代初，七一一研究所与东南大学联合研制开发了 NZ-T 型通用型扭振分析记录仪，用于低速柴油机轴系扭转振动的测量。实测结果表明，NT-T 型通用型扭振分析记录仪的转速下限可达 24 r/min，具有模拟和数字两种输出方式，并可作 FFT 阶次分析，基本上能满足船用低速柴油机轴系扭转振动测量的需要。

对于低速柴油机，由于转速低，最好采用有源式的转速传感器，如光电式传感器等。对于这种传感器，柴油机的转速再低，其输出信号也不会因此下降。增量式光电编码器实质上是一个带有光栅盘的光电式传感器，并且加工精度高，经改装后即可作为一种组合式的光电扭振传感器。需要注意的是，由于使用环境的恶劣，必须选用抗振动、抗冲击性能好、防油防水型的加强型产品。

6.5.3 耦合振动测量中的纵振测量方法

同样，对于低速柴油机轴系纵向振动的测量，也要求仪器的测量频率下限低、低频特性好，因此可采用以下两种仪器。

6.5.3.1　**电涡流式测振仪**

电涡流式测振仪的最大特点是低频特性好，其测量频率下限可达 0 Hz。测量时必须估计好被测物体的振幅大小，否则可能造成灵敏度过低或传感器的损坏；每次测量前还应用被测物体或其材料样品进行标定；使用安装支架。因此使用、安装较为麻烦。

6.5.3.2　**加速度计**

采用加速度计测量纵向振动比较方便。测量时应选用频率下限低、低频特性好、灵敏度高的加速度计。电荷放大器也应具有频率下限低、低频特性好、灵敏度可调、增益大、噪声低的特点，并具有二次积分电路，可获得纵向振动的位移。若频谱分析仪具有二次积分功能的话，可以不用电荷放大器的积分功能。关于加速度计的固定方式，可以利用扭振测量的增量式光电编码器，将加速度计通过磁座吸附或粘贴在增量式光电编码器外壳的端部上。

6.5.4　耦合振动测量分析仪器

用频谱分析技术分析振动信号方便、精确，可避免人工分析带来的误差。用于低速柴油机轴系扭转-纵向耦合振动测量的频谱分析仪有如下的要求：

(1) 低频特性好，最低分析频率范围至少可达 0～50 Hz。

(2) 有直流耦合输入方式，保证低频信号不被衰减。

(3) 频率分辨率高，最好具有 800 条以上的谱线(采样数据 2 048 个以上)。

(4) 双通道，可同时分析扭转振动和纵向振动信号，以及两者的相关分析。

(5) 有二次数值积分功能(包括时域和频域)。

(6) 有峰值保持功能。

(7) 最好具有阶次分析功能。

(8) 最好具有电荷输入功能。

(9) 最好具有与计算机的接口，如 IEEE - 488.2 或 RS - 232 - C 等，便于对数据做进一步的分析、处理。

6.5.5　扭转-纵向耦合振动测量时应注意的几个问题

扭转-纵向耦合振动测量时，除了在仪器选用需要注意的问题外，还应注意以下几点。

6.5.5.1　**测量分析系统的标定**

为了保证测量结果的准确性，应对测量分析系统进行标定(尤其是低频范围)，确定测量分析系统的频响特性和线性度，以便在必要时进行修正。

6.5.5.2　**传感器的安装**

在安装传感器时，应保证连接轴在柴油机运行时不发生过大的抖晃而影响测量结果。因此连接轴的传感器装配法兰的同轴度和垂直度，以及安装时的同轴度需要保证。

6.5.5.3　**转速分档测量**

柴油机轴系扭转-纵向耦合稳态振动的测量应采取转速分档测量的方法。在转速分档测量时，主机转速必须仔细选择，并在整个采样时间内保持稳定。否则，在进行 FFT 分析时，会由于发生了非整周期采样而产生泄露，严重影响测量结果。如果无法做到，可采用加窗函数的办法来加以改善，或者改用阶次谱分析的方法来实现整周期采样。

6.5.5.4 **连续升、降速测量**

用连续升、降速测量的方法来进行柴油机轴系扭转-纵向耦合振动的测量，可以得到一个完整的三维谱阵。利用“切片”的方法，可以得到任一转速下的频谱或阶次谱。由于这种方法比较快速方便，易于实现，得到的信息又很丰富、直观，很受人们的欢迎。

测量时，应使主机的转速连续稳定地上升或下降。由于分析的频率较低，采样时间会比较长。当分析频率为 50 Hz 时，信号采集频率为 128 Hz，2 048 点的采样一次要用 16 s 的时间。因此，主机的转速上升或下降要缓慢地进行。

6.5.5.5 **峰值保持**

由于低速柴油机轴系的共振转速不多，在主机的转速连续稳定地上升或下降的情况下，可采用峰值保持功能来进行测量，得到共振转速。此时应注意柴油机转速与航速的关系。

6.6 轴系振动测量仪器的标定

对于轴系振动的研究，测试结果非常重要，可以进一步验证计算分析模型和方法。但是测试方法和测试仪器设备的准确性，需要经过校准或量值传递，以确保试验仪器设备的完好性、可靠性和准确性，必要时测试数据需要经过校验数据的修正。

6.6.1 扭转振动测量仪器的标定

6.6.1.1 **滑叉式扭振校验台**

英国内燃机研究协会(The British Internal Combustion Engine Research Association，BICERA)试验室开发的 AE11 型扭振校验台属于滑叉式扭振校验台，其结构示意如图 6－29 和图 6－30 所示。当电机驱动飞轮的轴系与滑叉后的输出轴成一根直线时，输出轴的扭振角速度为零。当转动调节螺钉移动时，输出轴线与电机轴线平行，间距拉开，此时电机轴转速恒定，而输出轴产生了扭转角振幅。

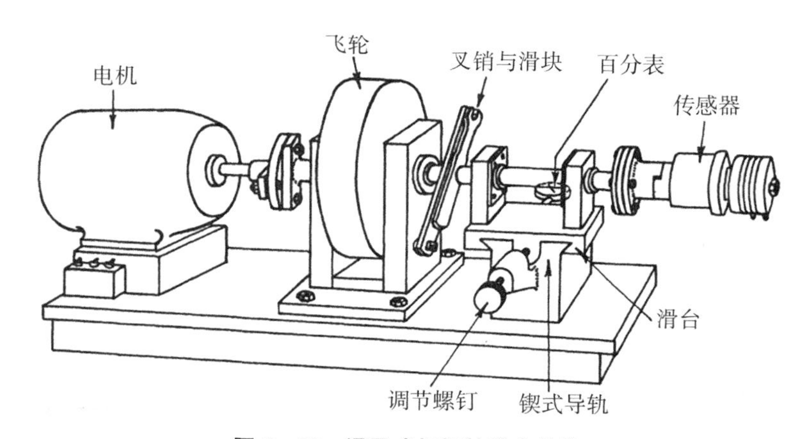

图 6－29 滑叉式扭振校验台结构

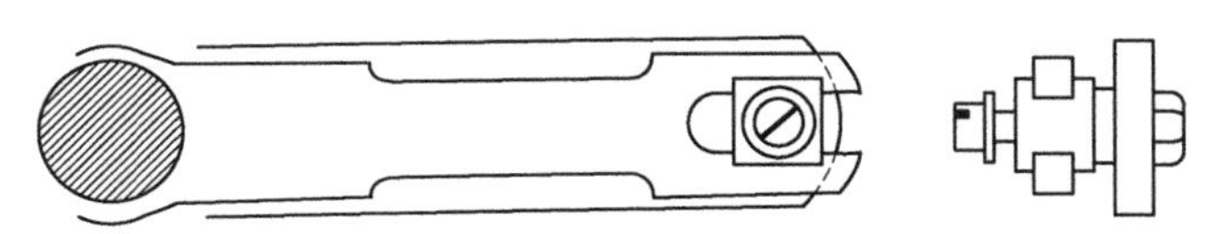

图 6-30　滑叉式扭振校验台的滑叉结构示意

图 6-31 所示为滑叉式扭振校验台的工作原理。按此工作原理，校验台扭振输出角振幅为

$$\theta=\beta-\alpha=\arctan\left[\frac{\sin\alpha}{\cos\alpha-\delta/R}\right]-\alpha \quad (\mathrm{rad}) \tag{6-9}$$

式中　R——驱动端固定臂长(m)；

δ——两轴系的平行间距(m)；

α——驱动臂的转角(恒速运转)(rad)；

β——滑叉臂的转角(rad)，其中 $\tan\beta=\dfrac{\sin\alpha}{\cos\alpha-\delta/R}$。

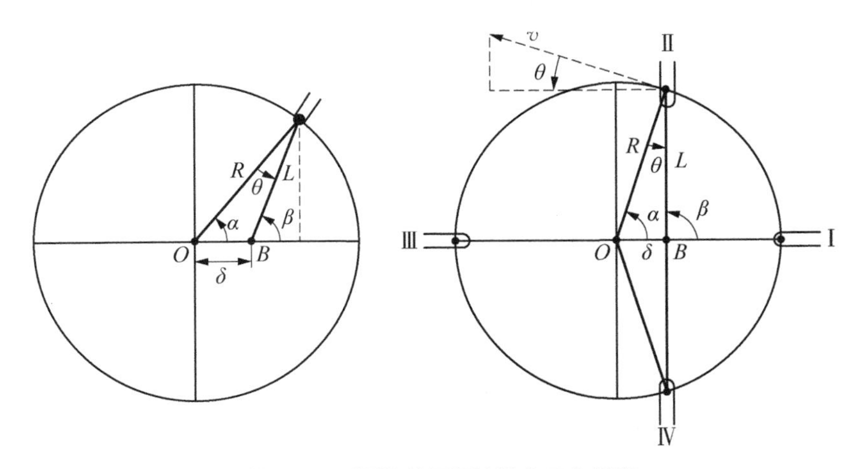

图 6-31　滑叉式扭振校验台工作原理

通过对式(6-9)求导，令导数 $\dfrac{d\theta}{d\alpha}=0$，得到 $\cos\alpha=\delta/R$，从而输出轴最大扭振振幅

$$\pm\theta_{\max}=\arcsin\frac{\delta}{R} \quad (\mathrm{rad}) \tag{6-10}$$

滑叉式扭振校验台试验时，电机运转，调节螺钉来回拧动，找到输出角振幅为零的位置，然后调节螺钉调整平移的距离，就可以得到相应的扭振角振幅。AE11 扭振校验台的滑动位移与输出扭振角振幅的数值关系见表 6-3。

需要注意的是，定期或经过一定时间的运行，以及每次使用前，在滑叉部位加一些二硫化钼润滑剂，以防止叉销与滑块的磨损(滑块采用磷青铜材料，耐磨损)；检测平移距离的百分表需要定期计量校准。

表 6-3　AE11 型滑叉式扭振校验台滑动位移与输出扭角振幅关系*

序号	滑动位移 δ /mm	1.0 谐次扭角振幅 /(±°)	1.0 谐次扭角振幅 /(±mrad)	电机转速 /(r/min)
1	0	0	0	0～3000
2	0.4156	0.25	4.36	
3	0.83	0.50	8.72	
4	1.2468	0.75	13.08	
5	1.66	1.0	17.44	

* 注：驱动端固定臂长 R=95.25 mm(3.75 in)。

6.6.1.2　万向节式扭振校验台

万向节式扭振校验台的结构和原理示意分别如图 6-32、图 6-33 所示。枢轴位于万向节中心交点的正下方，通过改变输出轴与驱动轴的夹角，得到输出扭振角振幅，两者之间存在物理关系。为了保持电机轴的转速稳定性，可以在驱动轴上安装一个飞轮。图 6-34 所示为 TVCS100 型万向节式扭振校验台。

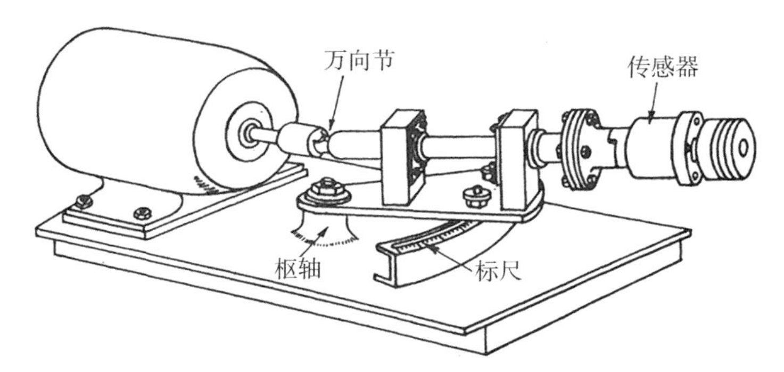

图 6-32　万向节式扭振校验台结构示意

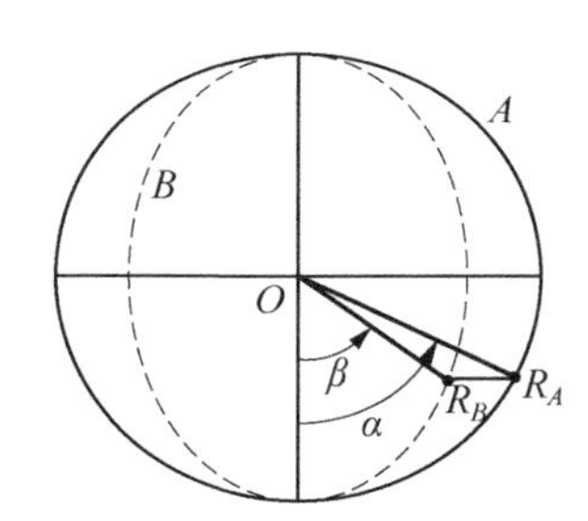

图 6-33　万向节式扭振校验台原理

图 6-34　TVCS100 型万向节式扭振校验台

如图 6-33 所示，在 A 平面上的任一运动的垂直位移 Oy_A 与 B 平面上的垂直位移 Oy_B 相等，即 $Oy_A=Oy_B$。从驱动轴和输出轴的联动关系可以推导出

$$\frac{\tan\beta}{\tan\alpha}=\frac{Ox_B/Oy_B}{Ox_A/Oy_A}=\frac{Ox_B}{Ox_A}=\cos\phi \tag{6-11}$$

因此

$$\tan\alpha=\frac{\tan\beta}{\cos\phi} \tag{6-12}$$

式中　ϕ——驱动轴与输出轴的夹角(rad)；
　　α——驱动轴(恒速运转)的转角(rad)；
　　β——输出轴的转角(rad)。

输出轴角振幅为

$$\theta=\alpha-\beta \tag{6-13}$$

将式(6-12)代入上式，得到

$$\tan\theta=\tan(\alpha-\beta)=\frac{\tan\alpha-\tan\beta}{1+\tan\alpha\tan\beta}=\frac{\tan\beta\left(\frac{1}{\cos\phi}-1\right)}{1+(\tan^2\beta/\cos\phi)}=\frac{\tan\beta(1-\cos\phi)}{\cos\phi+\tan^2\beta} \tag{6-14}$$

令 $z=(1-\cos\phi)/(1+\cos\phi)$，则 $\cos\phi=(1-z)/(1+z)$，$1-\cos\phi=2z/(1+z)$
这样，式(6-14)变为

$$\tan\theta=\tan(\alpha-\beta)=\frac{z\sin2\beta}{1-z\cos2\beta} \tag{6-15}$$

经过求解后得到

$$\theta=\alpha-\beta=z\sin2\beta+\frac{z^2}{2}\sin4\beta+\frac{z^3}{3}\sin6\beta+\frac{z^4}{4}\sin8\beta+\cdots \tag{6-16}$$

因此，输出角振幅中的2.0、4.0、6.0、8.0谐次振幅分别为

$$\begin{cases}\theta_{(2.0)}=\pm z=\pm(1-\cos\phi)/(1+\cos\phi)\\ \theta_{(4.0)}=\pm z^2/2=\pm(1-\cos\phi)^2/[2(1+\cos\phi)^2]\\ \theta_{(6.0)}=\pm z^3/3=\pm(1-\cos\phi)^3/[3(1+\cos\phi)^3]\\ \theta_{(8.0)}=\pm z^4/4=\pm(1-\cos\phi)^4/[4(1+\cos\phi)^4]\end{cases} \tag{6-17}$$

其中，2.0、4.0、6.0谐次的扭振角振幅与驱动轴与输出轴之间夹角 ϕ 的数值关系列于表6-4。

表6-4　万向节式扭振校验台夹角与扭振角振幅数值关系*

序号	夹角 ϕ /(°)	2.0谐次扭振角振幅		4.0谐次扭振角振幅/(±°)	6.0谐次扭振角振幅/(±°)
		(±°)	(±mrad)		
1	0	0	0	0	0
2	3	0.039	0.6807	0.0000	—
3	5	0.109	1.9024	0.0001	—
4	7.5	0.246	4.2935	0.0005	—
5	10	0.438	7.6445	0.0017	—

（续　表）

序号	夹角 ϕ /(°)	2.0 谐次扭振角振幅		4.0 谐次扭振角振幅/(±°)	6.0 谐次扭振角振幅/(±°)
		(±°)	(±mrad)		
6	13	0.744	12.9852	0.0048	—
7	15	0.995	17.3660	0.0086	—
8	18	1.44	25.1327	0.0180	0.003
9	20	1.78	31.0668	0.0277	0.006

* 注：π 取 3.14159。

6.6.1.3 NZ－T 扭振仪校验案例

从量值传递和定期校准要求的考虑，需要定期或在每次测量前，对扭振仪及其传感器进行系统校验；扭振校验台需要与国家计量检定单位进行比对和量值的传递。这里以 NZ－T 扭振仪性能校验测试为例。

为检验 NZ－T 型通用型扭振分析记录仪的性能，在 AE－11 型扭振校验台上对 NZ－T 型通用型扭振分析记录仪进行了性能校验测试，分别开展了中高速性能测试和低速性能测试。

1) NZ－T 扭振仪性能校验所用仪器

性能测试分析系统示意如图 6－35 所示。图 6－36 所示为 NZ－T 型通用型扭振分析记

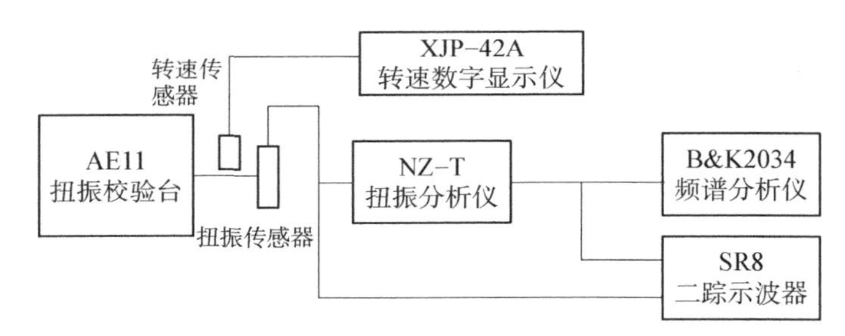

图 6－35　NZ－T 扭振仪校验测试分析系统示意

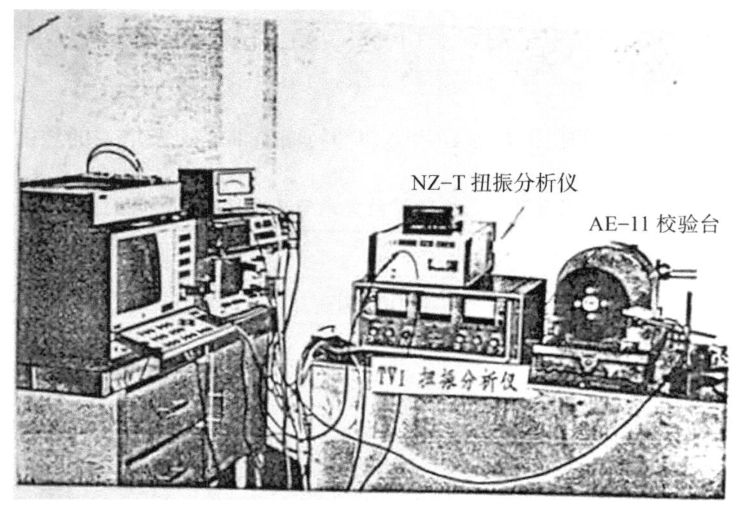

图 6－36　NZ－T 扭振仪校验测试分析仪器

录仪校验测试分析仪器照片。

2) NZ－T 扭振仪中高速性能校验

中高速性能测试的转速范围为 300～3 000 r/min，采用 TV102 型扭振传感器，齿数为 120 齿。测试时，AE－11 型扭振校验台提供的扭角角振幅分别为 0°、±0.25°、±0.5°和±1°（峰值）。在±0.25°时，作出的幅频特性曲线如图 6－37 所示。扭振仪的线性度如图 6－38 所示。具体测试结果见表 6－5。

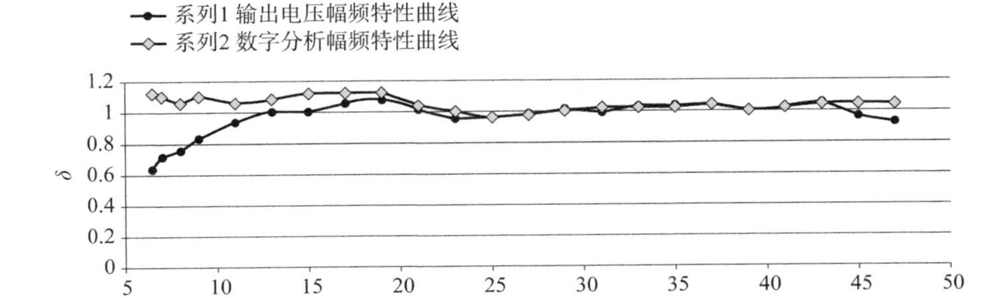

图 6－37　NZ－T 型通用型扭振分析记录仪中高速幅频特性

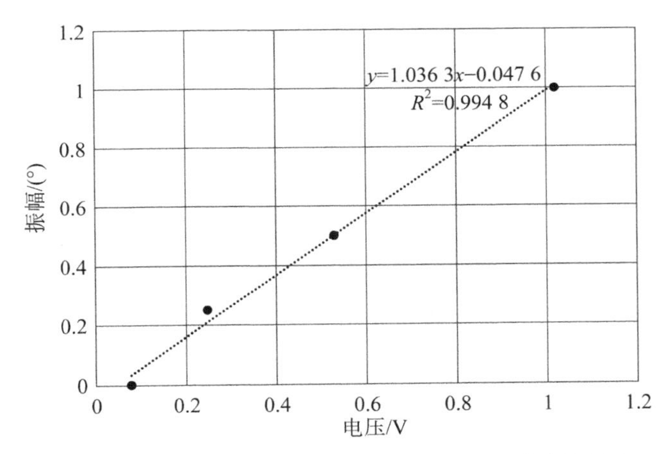

图 6－38　NZ－T 型通用型扭振分析记录仪中高速线性度

表 6－5　NZ－T 扭振仪幅频特性与线性度试验结果

AE11 校验台扭角 /(±°)	频率 /Hz	频谱分析值 V_P	NZ－T 扭振仪显示值 /(°)(P－P)	AE11 校验台扭角 /(±°)	频率 /Hz	频谱分析值 V_P	NZ－T 扭振仪显示值 /(°)(P－P)
0（中高速）	10	0.082 5	0.16	0.25（中高速）	6.5	0.225	0.56
	18	0.090 5	0.16		7	0.253	0.55
	28	0.078 4	0.17		8	0.267	0.53
	38	0.073 9	0.15		9	0.294	0.55
	48	0.077 0	0.14		11	0.331	0.53

（续　表）

AE11 校验台扭角 /(±°)	频率 /Hz	频谱分析值 V_P	NZ－T 扭振仪显示值 /(°)(P－P)	AE11 校验台扭角 /(±°)	频率 /Hz	频谱分析值 V_P	NZ－T 扭振仪显示值 /(°)(P－P)
0.25（中高速）	13	0.354	0.54	0.25（低速）	0.937	0.195	0.51
	15	0.354	0.56		1.093	0.206	0.51
	17	0.373	0.56		1.281	0.235	0.51
	19	0.381	0.56		1.468	0.246	0.51
	21	0.359	0.52		1.656	0.256	0.51
	23	0.337	0.50		1.812	0.254	0.51
	25	0.341	0.48		2.125	0.256	0.51
	27	0.348	0.49		2.343	0.261	0.51
	29	0.356	0.50		2.531	0.286	0.51
	31	0.351	0.51		2.656	0.291	0.51
	33	0.362	0.51		2.843	0.287	0.51
	35	0.362	0.51		3.125	0.280	0.51
	37	0.365	0.52		3.468	0.291	0.51
	39	0.356	0.50		3.718	0.304	0.51
	41	0.362	0.51		3.906	0.302	0.51
	43	0.370	0.52		4.156	0.305	0.51
	45	0.340	0.52		4.5	0.305	0.51
	47	0.327	0.52		5.0	0.331	0.51
0.5（中高速）	7	0.608	1.01		5.5	0.327	0.57
	11	0.718	0.98		6.281	0.341	0.57
	15	0.724	1.01		6.906	0.331	0.57
	19	0.729	0.94		6.937	0.291	0.57
	23	0.724	0.94		—		
	27	0.735	0.97	1.0（中高速）	7	1.20	1.94
	31	0.746	0.95		12	1.39	1.94
	35	0.746	0.97		18	1.41	1.91
	39	0.735	0.97		24	1.41	1.88
	43	0.746	0.98		30	1.44	1.90
	47	0.757	0.97		36	1.45	1.91
0.25（低速）	0.437	0.116	0.51		42	1.44	1.91
	0.593	0.151	0.51		—		
	0.812	0.189	0.51				

3) NZ－T 扭振仪低速性能校验

低速性能测试的转速范围为 24～420 r/min，采用光电传感器，齿数为 120 齿。测试时，AE－11 型扭振校验台提供的扭角角振幅分别为±0.25°(峰值)。测试结果见表 6－5，做出的幅频特性曲线如图 6－39 所示。可以看出：在低频率时，NZ－T 扭振仪的数字分析幅频特性较好，模拟电压输出值有所下降。

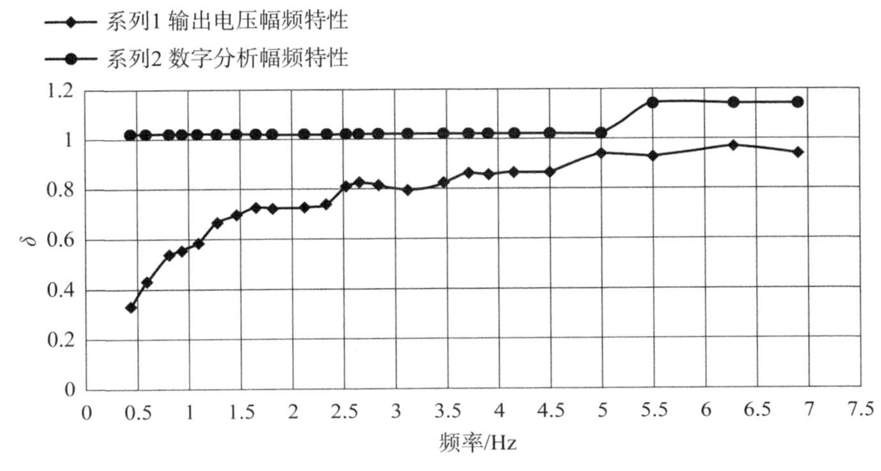

图 6－39　NZ－T 型通用型扭振分析记录仪低速幅频特性

对于船用低速柴油机，考虑二冲程 5 缸机最低运行转速可达 20 r/min 以上，主要激励频率达到 1.5 Hz 以上。在 1.5 Hz 处，模拟电压输出值衰减－3 dB，满足实际测试要求。

4) NZ－T 扭振仪校验结论

从 NZ－T 型通用型扭振分析记录仪性能校验测试结果来看，其性能基本符合技术指标的要求。特别是其低速性能较好，能用于低速柴油机轴系的扭转振动测量。

6.6.2　加速度测量仪器的标定

每个加速度计在出厂前都经过检验，性能合格，并提供主要性能参数，如灵敏度、电容、横向灵敏度等，温度响应曲线及不同环境的影响，频率响应曲线。

加速度计在环境限值条件下储存和使用，没有受过大的冲击、温度、辐射剂量等，在长达数年时间内，其特性改变小于 2%。

如果在正常使用过程中，加速度计经常遭受恶劣对待，从而造成特性的显著改变甚至永久损坏。例如，当加速度计从手中滑落到水泥地板，会承受数千个重力加速度 g，因而需要定期检查，进行灵敏度标定，以确认加速度计是否损坏。

最简易的定期标定或检查方法是使用小型标定器，如 B&K4291，内置小型激振器，产生加速度峰值 10 m/s^2、频率 79.6 Hz 的正弦信号，也可以产生相应的速度和位移信号。

加速度计灵敏度标定方法是将加速度计安装在激振器(如 B&K4290)上，测量值与激振器输出值(10 m/s^2)进行比较，标定精度为±2%；还可以检测 200 Hz～35 kHz 频率范围的频响曲线(此时加速度为 1 m/s^2)，如图 6－40(a)所示。

当需要在相当于或超过实际测试振动幅值检定传感器特性，以及需要更高标定准确度时，可以采用“背对背”检定方法，再安装一个标准加速度计，这样标定精确度可达±0.5%，如图6-40(b)所示。

(a) B&K4290 标定

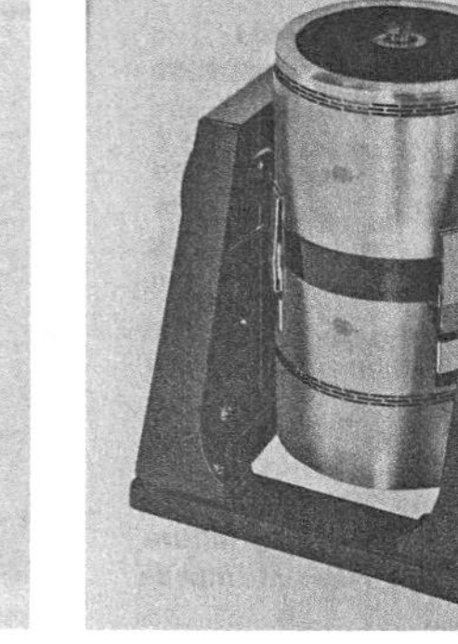
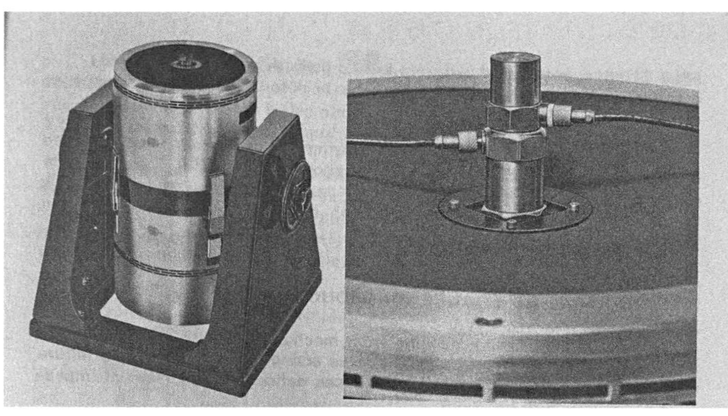

(b) 背对背标定

图 6-40　压电加速度计标定方法

6.6.3　电涡流位移测量仪器的标定

电涡流传感器具有零频率响应特性，因此允许用静态方法标定其线性范围和灵敏度(即特性曲线)。图6-41所示为电涡流传感器静态标定装置，其中试件的材料与被测物体一致。在不同间隙下，分别测量输出电压，可以得到输出电压 U -间隙 δ 的关系曲线，从而确定测量的线性范围和灵敏度。

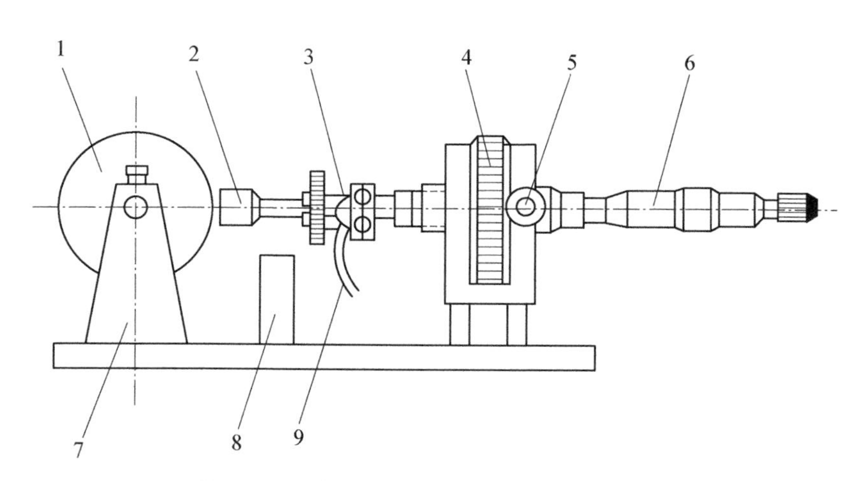

图 6-41　电涡流传感器的静态标定装置示意

1—试件；2—传感器；3—夹具；4—粗调螺母；5—锁紧螺钉；6—千分表；7、8—支架；9—电缆

有条件的情况下，可以用标准振动台进行电涡流传感器动态标定，并参考加速度传感器标定方法。

6.7 轴系振动信号分析方法

6.7.1 信号处理的概念

数字信号分析技术是在模拟信号分析的基础上发展起来的。模拟信号分析是对连续时间历程的信号波形直接进行测量、运算和处理，由于采用手工方式，功能有限、分辨能力差，远不能满足日益提高的分析要求。

随着计算机技术的发展，信号数字处理技术取得了飞跃式的发展，现已广泛应用于工程技术领域。数字信号处理过程一般包括信号预处理、A/D(模拟/数字)转换、数字分析、输出或再转换(D/A)等过程。

6.7.1.1 信号预处理

传感器和测量仪器将需要的振动信号转换为连续的电量(以电压为主)模拟信号提供分析。在分析前，应该先检查和排除产生明显畸变信号的原因，可能产生的问题主要有：

(1) 严重噪声干扰，信号丢失。

(2) 传感器或测量仪器工作失常。

(3) 传感器安装脱落或安装支架变形。

(4) 电缆断裂或接头松脱及接触不良。

(5) 电源接地不良。

(6) 振动传感器安装座绝缘不良。

(7) 环境因素影响(如温度、湿度、油水溅射等)。

(8) 测量与记录仪器的设置不合理(包括放大倍数、频响范围等)。

(9) 磁带机频响范围及输入电压设置不合理。

通常有经验的检测人员会对原始信号及中间环节，采用示波器等显示仪器将信号的时域波形进行直观检查。对于数字信号处理系统来说，这个预处理环节非常重要，因为一旦原始信号转换为数字信号后，即使有明显的畸变信号也难以辨别了，会带来虚假的分析结果，再要弥补过失或剔除虚假信息是非常困难的。如果是实际振动试验，重新做试验的代价也是非常大的。因此，需要认真对待信号预处理，在试验前系统制定试验方案，做好试验仪器的检查和校验，在试验过程中关注每个细节，力求试验一次成功。

信号预处理是将模拟信号变换成适于数字处理的形式，以减小数字处理的难度。它包括：

(1) 信号电压幅值处理，使之适宜于采样。

(2) 过滤信号中的高频或低频噪声，提高信噪比。

(3) 将数据转换为零均值的数据。

(4) 去除信号中的直流分量、电平漂移、趋势项及各种误差等。

6.7.1.2 采样——A/D 转换

A/D 转换包括了在时间上对原始模拟信号等间隔采样、幅值上的量化及编码，即把连续信号变成离散的时间序列，其处理过程如图 6-42 所示。

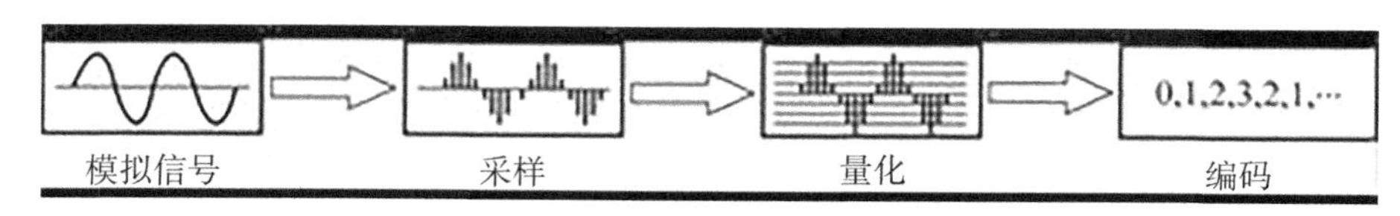

图 6－42　信号 A/D 转换过程

6.7.1.3　数字信号分析

信号分析的方法,主要在时间域(时域)、频率域(频域)、幅值域、时差域等领域进行分析处理。对于周期性信号和随机性信号,在时域有平均值、均方值、均方根值、方差等分析;在幅值域有概率分布、概率密度等分析;在时差域有自相关函数、互相关函数分析;在频率域有自功率谱密度、互功率谱密度、频率响应函数及相干函数等分析。

轴系振动信号基本上是确定性信号,也有"快速通过"等快速变化的信号。

数字信号分析可以在频谱分析仪、计算机及其虚拟仪器平台进行。由于计算机只能处理有限长度的数据,所以要把长时间的序列截断。在截断时会产生一些误差,所以有时要对截断的数字序列进行加权(乘以窗函数)以成为新的有限长的时间序列。如有必要还可以设计专门的程序进行数字滤波。然后把所得的有限长的时间序列按给定的程序进行运算。例如,作时域中的概率统计、相关分析、建模和识别,频域中的频谱分析、功率谱分析、传递函数分析、阶次跟踪谱分析等。

6.7.1.4　输出结果

数字信号的计算分析结果可直接显示或打印、存储在计算机数据库中,也可用数/模(D/A)转换器再把时间序列数字信号转换成模拟连续信号,用作控制等其他用途。

6.7.2　振动信号采集与处理

6.7.2.1　信号采样定理

工程振动信号是连续模拟信号,在进行频谱分析时,必须先将连续模拟信号按一定时间间隔采样成离散的时间序列。

采样过程可以看成用等间隔的单位脉冲序列去乘模拟信号。对连续信号 $x(t)$进行数字采样,相当于间隔为 T_s 的周期脉冲序列 $g(t)$ 乘模拟信号 $x(t)$,在各采样点上的信号幅值就变成脉冲序列的权值,这些权值被量化成相应的二进制编码。其中脉冲序列

$$g(t)=\sum_{n=-\infty}^{\infty}\delta(t-nT_s)\qquad(n=\pm1、\pm2、\pm3、\cdots)\tag{6-18}$$

式中　T_s——采样时间间隔(s);

$\delta(t)$——具有筛选特性的单位脉冲函数。

因此

$$x(t)\cdot g(t)=\int_{-\infty}^{\infty}x(t)\cdot\delta(t-nT_s)\mathrm{d}t=x(nT_s)\qquad(n=\pm1、\pm2、\pm3、\cdots)\tag{6-19}$$

经时域采样后，各采样点的信号幅值为 $x(nT_s)$。连续信号的采样过程如图6-43所示，T_s 称为采样时间间隔或采样周期(s)。采样频率 $F_s=1/T_s$(Hz)。

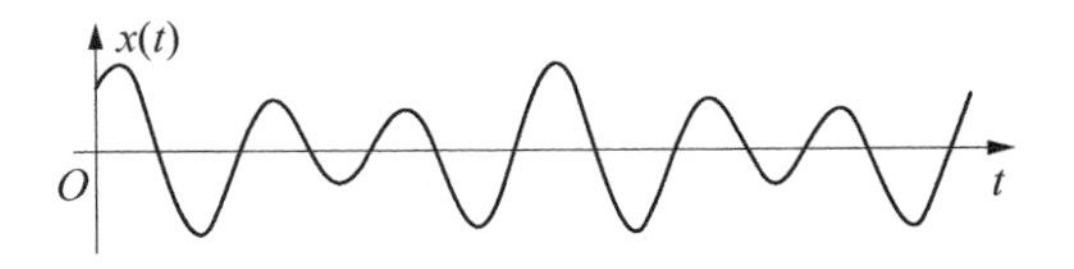

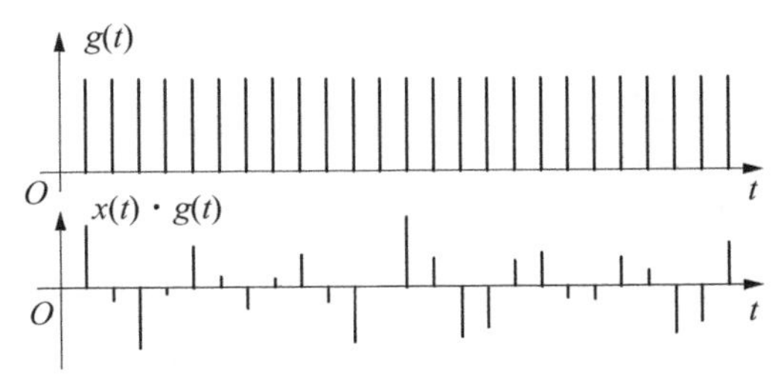

图6-43　连续信号采样

1) 频率混叠问题

采样间隔的选择很重要。采样时间间隔太小(即采样频率高)，则对定长的时间记录来说其数字序列就很长，增加不必要的计算工作量。采样时间间隔太大(即采样频率低)，有会丢失部分有用的信息和产生"频率混叠"的问题。

举例来说，对信号 $x_1(t)=A\sin(2\pi\cdot 10t)$ 和 $x_2(t)=A\sin(2\pi\cdot 50t)$ 进行采样处理，采样时间间隔 $T_s=1/40$(s)，即采样频率 $f_s=40$ Hz。采样后的时间序列分别为

$$x_1(nT_s)=A\sin\left(2\pi\cdot\frac{10}{40}nT_s\right)=A\sin\left(\frac{\pi}{2}nT_s\right) \tag{6-20}$$

$$x_2(nT_s)=A\sin\left(2\pi\cdot\frac{50}{40}nT_s\right)=A\sin\left(\frac{5\pi}{2}nT_s\right)=A\sin\left(\frac{\pi}{2}nT_s\right) \tag{6-21}$$

经采样后，在采样点上 $x_1(nT_s)$ 和 $x_2(nT_s)$ 的瞬时值，如图6-44中的"×"标记点，完全相同，即获得了相同的数学序列。这样，从采样后时间序列上看，就不能分辨出时间序列是来自 $x_1(t)$ 还是 $x_2(t)$，不同频率的信号 $x_1(t)$ 和 $x_2(t)$ 的采样结果的"混叠"，造成了"频率混叠"现象。

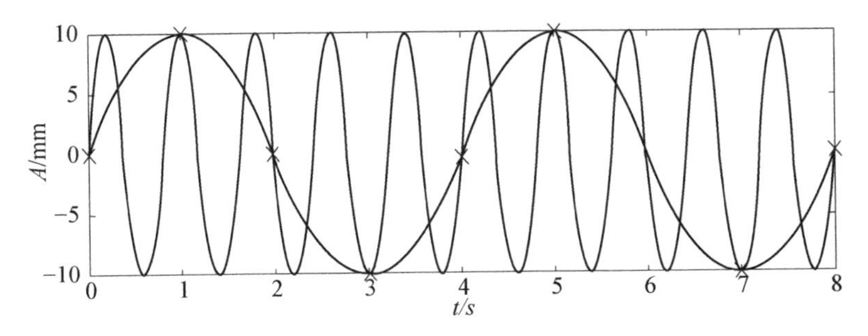

图6-44　频率混叠现象

2) 信号采样定理

对于连续信号进行合理采样，不造成失真或频率混叠，以便采样后仍能准确地反映原信号的频率特征，采样频率 f_s 必须不小于信号最高频率 f_{max} 的2倍，这就是采样定理，又称为奈奎斯特(Nyquist)采样定理，即

$$f_s \geqslant 2f_{max} \tag{6-22}$$

式中 f_s——采样频率(Hz)；

f_{max}——连续模拟信号最高频率(Hz)，也称为奈奎斯特频率。

因此进行信号采样时必须做到：

(1) 根据采样定理选择合适的采样频率，取信号最高频率的2倍或以上。

(2) 如果连续信号的频率分布范围很宽，或者只关注某一段频率范围，可在采样前用低通滤波器(或抗混滤波器)将需要分析的频率范围以外的高频分量滤去，然后再按采样定理对抗混滤波后的连续信号进行采样分析。

3) 抗混滤波

抗混叠滤波器(anti-aliasing filter, AAF)是一种放在信号采样器之前的滤波器，用来在关注频率范围内限制信号的带宽，以求大致或完全地满足采样定理。当在奈奎斯特频率之上的频率分量为零时，采样的信号可实现无模糊重建。

现实中的抗混叠滤波器会在带宽与混叠之间取舍。抗混叠滤波器一般允许出现一些混叠，或者减弱一些靠近奈奎斯特极限频率内的分量。因此，实际应用中会采用过采样方法，采样频率会高出实际的需求，以保证所有的重点频率都可重建。

满足工程测量的抗混滤波器的主要指标有：

(1) 阻带衰减率≥75 dB。

(2) 过渡带衰减斜率≤−80 dB/Oct 倍频程。

(3) 通带波纹度≤±0.1 dB(此时幅值精度为±1%)。

6.7.2.2 幅值量化的误差

幅值量化，就是将模拟信号采样后的 $x(nT_s)$ 的电压幅值变成为离散的二进制数码，其二进制数码只能表达有限个相应的离散电平(称之为量化电平)。

量化误差一般取决于A/D采集卡的位数。例如，对于12位A/D采集卡，$2^{12}=4\,096$，即量化电平步长为所测信号最大电压幅值的1/4 096，而量化误差为0.002 4%。

例如，将幅值为 $A=1\,000$ 的谐波信号的幅值按6、8、18等分量化，其量化后的曲线如图6-45所示。由图6-45可见，等分数越大，量化误差也越小。

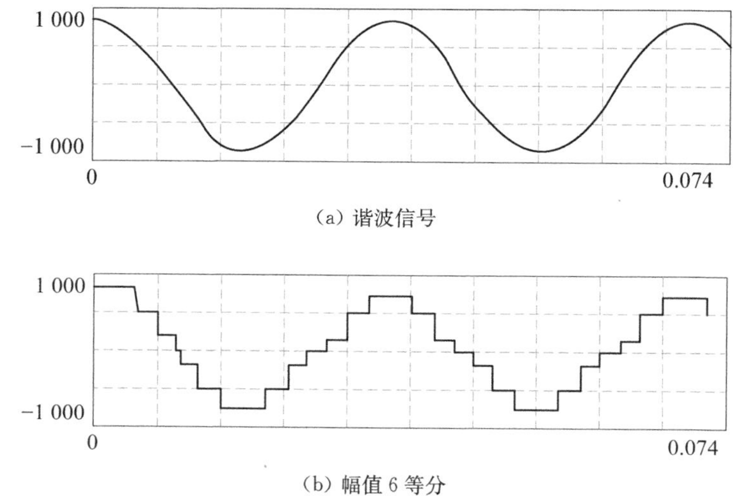

(a) 谐波信号

(b) 幅值6等分

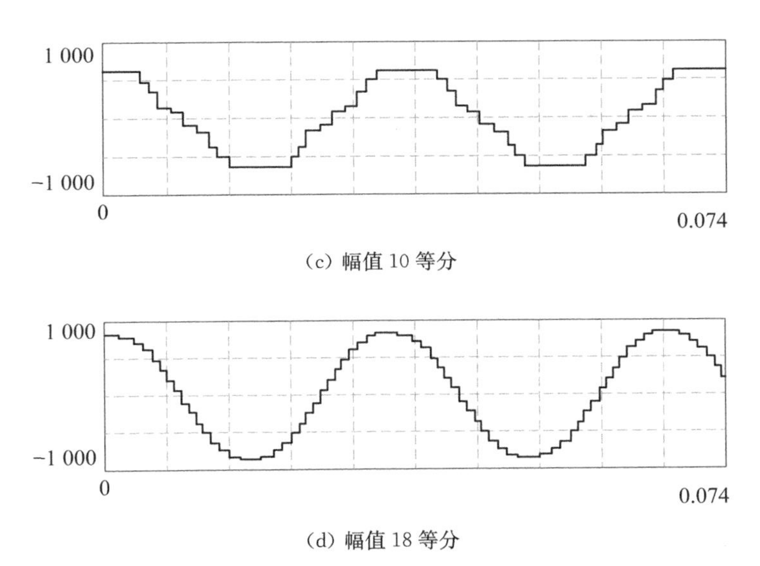

(c) 幅值 10 等分

(d) 幅值 18 等分

图 6－45　谐波信号幅值及 6、10、18 等分的量化时间序列

6.7.2.3　截断、泄漏与窗函数

1) 截断与泄漏

在实际信号分析中，对连续信号进行数字采集时，采样时间总是有限的，只能截取其有限的一个时间片段进行分析。截断就是将无限长的连续信号乘以有限时宽的窗函数。“窗”的意思是指透过窗口能够“看到”原始信号的一部分，而原始信号在时窗以外的部分均视为零，如图 6－46 所示。

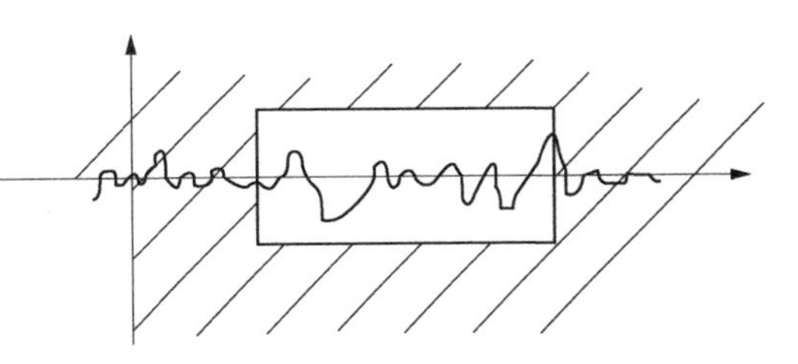

图 6－46　窗函数示意

设原连续信号 $x(t)$ 在时域分布为无限长$(-\infty,\ +\infty)$，其频谱为

$$X(f)=\int_{-\infty}^{+\infty}x(t)e^{-j\omega t}dt \tag{6-23}$$

式中　ω——圆频率(rad/s)，$\omega=2\pi f$，其中 f 为频率(Hz)。

矩形窗的时域表达式为

$$w_R(t)=\begin{cases}1,\ |t|\leqslant T\\ 0,\ |t|>T\end{cases} \tag{6-24}$$

其经傅里叶变换后，频谱为

$$W_R(f)=\int_{-\infty}^{+\infty}w_R(t)e^{-j2\pi ft}dt=2T\,\frac{\sin(2\pi fT)}{2\pi fT}=\frac{1}{\pi f}\sin(2\pi fT) \tag{6-25}$$

由图 6－47 可见，矩形窗函数的频谱是由一个主瓣和截断引起的许多旁瓣组成，与主瓣相邻的两个旁瓣的幅值达到主瓣幅值的 1/5。

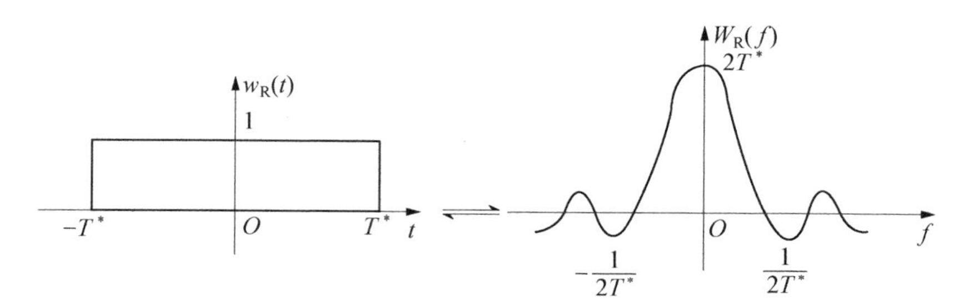

图 6-47 矩形窗函数 $w_R(t)$ 及其频谱 $W_R(f)$

截断后信号 $x_T(t)$ 的频谱为

$$X_T(f)=\int_{-\infty}^{+\infty}x_T(t)e^{-j2\pi t}dt=\int_{-\infty}^{+\infty}x(t)w_R(t)e^{-j2\pi t}dt \tag{6-26}$$

将窗函数 $w_R(t)$ 的频谱 $W_R(t)$ 进行傅里叶逆变换

$$w_R(t)=\int_{-\infty}^{+\infty}W_R(\bar{f})e^{j2\pi\bar{f}t}d\bar{f} \tag{6-27}$$

将上式代入式(6-26),整理后得到截断后信号 $x_T(t)$ 的频谱

$$\begin{aligned}X_T(f)&=\int_{-\infty}^{+\infty}W_R(\bar{f})\int_{-\infty}^{+\infty}x(t)e^{-j2\pi(f-\bar{f})}dtd\bar{f}\\&=\int_{-\infty}^{+\infty}W_R(\bar{f})X(f-\bar{f})d\bar{f}\\&=W_R(\bar{f})*X(f-\bar{f})\end{aligned} \tag{6-28}$$

由上式可知,参照频域卷积定理,截断后信号的频谱等于原信号频谱与窗函数频谱的卷积。

如图 6-48 所示,将截断信号的频谱 $X_T(f)$ 与原始信号的频谱 $X(f)$ 相比较可知,它已不是原来的两条谱线,而是两段振荡的连续谱。这表明原来的信号被截断以后,其频谱发生了畸变,原来集中在 f_0 处的能量被分散到两个较宽的频带中去了,这种现象称之为频谱能量泄漏。

2) 窗函数

按照信号类型及分析目的不同,采用不同类型的窗函数。窗函数的类型主要有:

(1) 幂窗:采用时间变量的某种幂次的函数,如矩形、三角形、梯形或其他时间的高次幂。

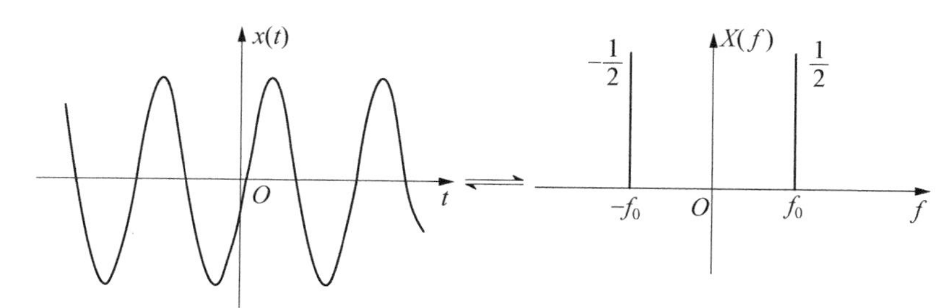

(a) 未被截断的谐波信号 $x(t)$　(b) 未被截断的谐波信号的频谱 $X(f)$

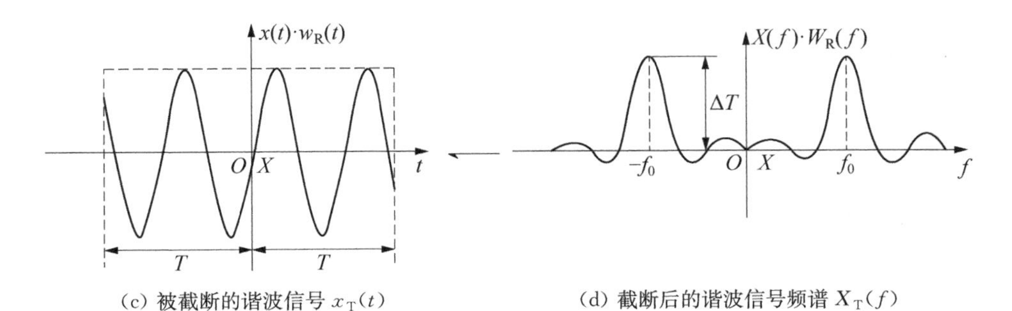

(c) 被截断的谐波信号 $x_T(t)$　　(d) 截断后的谐波信号频谱 $X_T(f)$

图 6-48　信号截断与能量的泄漏现象

(2) 三角函数窗：应用三角函数，即正弦或余弦函数等组合成复合函数，如汉宁窗、海明窗、布莱克曼窗等。

(3) 指数窗：采用指数形式时间函数，如高斯窗等。

常用的几种窗函数的特点及应用的比较列于表 6-6。

表 6-6　常用窗函数的特点及应用比较

名称	时域表达式	特点及应用
矩形窗 (Rectangle)	$w(t)=\begin{cases}1, & \lvert t\rvert\leqslant T\\ 0, & \lvert t\rvert>T\end{cases}$	矩形窗的优点是主瓣比较集中，频率识别精度最高 缺点是旁瓣较高，并有负旁瓣，导致变换中带进了高频干扰和泄漏，甚至出现负谱现象；幅值识别精度最低 用途：测量自振频率、阶次分析等
汉宁窗 (Hanning)	$w(t)=\begin{cases}\frac{1}{2}+\frac{1}{2}\cos\frac{\pi t}{T}, & \lvert t\rvert\leqslant T\\ 0, & \lvert t\rvert>T\end{cases}$	又称升余弦窗 优点：主瓣加宽并降低，旁瓣则显著减小，减小泄漏 缺点：确定是主瓣加宽，相当于分析带宽加宽，频率分辨力下降 用途：测试信号有多个频率分量、频谱表现十分复杂，且需要关注频率点而非能量的大小，以及随机或未知的信号
海明窗 (Hamming)	$w(t)=\begin{cases}0.538\,36+0.461\,64\cos\frac{\pi t}{T}, & \lvert t\rvert\leqslant T\\ 0, & \lvert t\rvert>T\end{cases}$	又称汉明窗，与汉宁窗都是余弦窗，又称改进的升余弦窗，只是加权系数不同，使旁瓣达到更小。但其旁瓣衰减速度比汉宁窗衰减速度慢
平顶窗 (Flap Top)	$w(t)=\begin{cases}\frac{1}{4.634}\left(1-1.93\cos\frac{\pi t}{T}+1.29\cos\frac{2\pi t}{T}-\right.\\ \left.0.388\cos\frac{3\pi t}{T}+0.032\cos\frac{4\pi t}{T}\right), & \lvert t\rvert\leqslant T\\ 0, & \lvert t\rvert>T\end{cases}$	平顶窗在频域具有非常小的通带波动，在幅度上有较小的误差；可应用于校准上

(续　表)

名称	时域表达式	特点及应用
布莱克曼窗(Blackman)	$w(t)=\begin{cases}0.42+0.5\cos\dfrac{\pi t}{T}-0.08\cos\dfrac{2\pi t}{T}, & \lvert t\rvert\leqslant T\\ 0, & \lvert t\rvert>T\end{cases}$	二阶升余弦窗。主瓣宽,旁瓣比较低,但等效噪声带宽比汉宁窗略大,波动略小;幅值识别精度最高,但频率识别精度最低;常用来检测两个频率相近幅度不同的信号
指数窗	$w(t)=\begin{cases}e^{-at} & (0\leqslant t\leqslant T)\\ 0 & (t<0)\end{cases}$	主瓣较宽,故而频率分辨力低;无负的旁瓣;可用于非周期信号,如指数衰减信号等
高斯窗(Gaussian)	$w(t)=\begin{cases}e^{-at^2}, & (0\leqslant t\leqslant T)\\ 0, & (t<0)\end{cases}$	一种指数窗。主瓣较宽,故而频率分辨力低;无负的旁瓣,第一旁瓣衰减较大;可用于非周期信号,如指数衰减信号等
三角窗(Fejer)	$w(t)=\begin{cases}1-\dfrac{1}{T}\lvert t\rvert, & \lvert t\rvert\leqslant T\\ 0, & \lvert t\rvert>T\end{cases}$	又称费杰窗,是幂窗的一次方形式。与矩形窗比较,主瓣宽约等于矩形窗的 2 倍,但旁瓣小,而且无负旁瓣;可用于分析窄带且有较强的干扰噪声的信号

(1) 矩形窗。矩形窗属于时间变量的零次幂窗,函数形式为式(6-24),相应的窗谱为式(6-25),时域及频域波形如图 6-47 所示。

(2) 三角窗。三角窗也称费杰(Fejer)窗,是时间变量的一次方形式,其定义为

$$w(t)=\begin{cases}1-\dfrac{1}{T}\lvert t\rvert & \lvert t\rvert<T\\ 0 & \lvert t\rvert\geqslant T\end{cases}\tag{6-29}$$

相应的窗谱为

$$W(f)=T\left(\frac{\sin\pi ft}{\pi ft}\right)^2\tag{6-30}$$

三角窗的时域波形及频谱如图 6-49 所示。三角窗与矩形窗比较,主瓣宽约等于矩形窗的 2 倍,但旁瓣小,而且无负旁瓣。

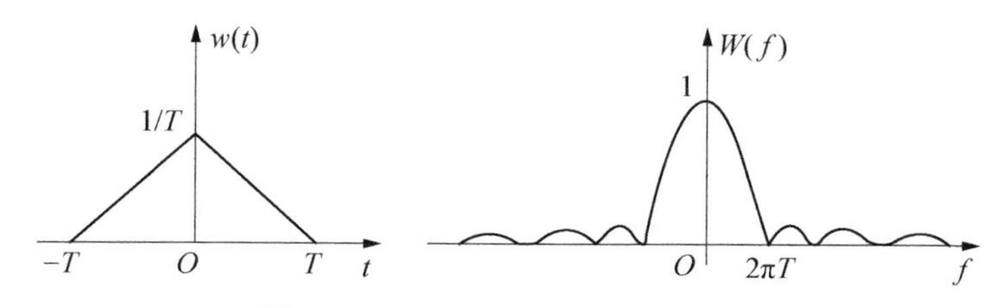

图 6-49　三角窗的时域波形及频谱

(3) 汉宁(Hanning)窗。汉宁窗又称升余弦窗，其时域表达式为

$$w(t)=\begin{cases}\dfrac{1}{2}+\dfrac{1}{2}\cos\dfrac{\pi t}{T} & |t|<T\\ 0 & |t|\geqslant T\end{cases} \tag{6-31}$$

相应的窗谱为

$$W(f)=\frac{\sin 2\pi fT}{2\pi f}\cdot\frac{1}{1-(2fT)^2} \tag{6-32}$$

汉宁窗时域波形及其频谱如图6-50所示，和矩形窗比较，汉宁窗的旁瓣小得多，因而泄漏也少得多，但是汉宁窗的主瓣较宽。

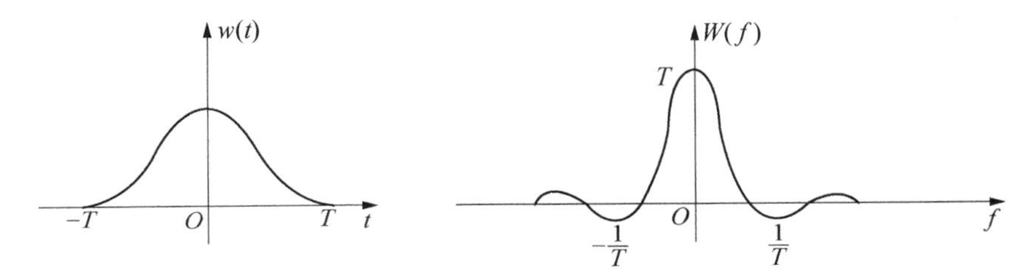

图6-50　汉宁窗的时域波形及频谱

对于窗函数的选择，应考虑被分析信号的性质与处理要求。如果仅要求精确读出主瓣频率，而不考虑幅值精度，则可选用主瓣宽度比较窄而便于分辨的矩形窗，如测量物体的自振频率等；如果分析窄带信号，且有较强的干扰噪声，则应选用旁瓣幅度小的窗函数，如汉宁窗、三角窗等；对于随时间按指数衰减的函数，可采用指数窗来提高信噪比。

6.7.3　轴系振动频谱分析

轴系振动特性通常是周期信号，可以认为是多谐次简谐运动的合成，其振动频率与转速有密切关系。对于柴油机气缸压力引起的振动为 $s\cdot i$ 谐次(s 为柴油机冲程数，二冲程柴油机 $s=1$，四冲程柴油机 $s=0.5$；$i=1,\ 2,\ \cdots,\ n$，n 通常取16～24)；旋转不平衡质量、螺旋桨叶片损坏引起的振动为1谐次；轴系对中不佳引起的振动为1、2、3谐次；螺旋桨流体激励引起的振动为叶频次与倍叶频次等。

动力装置轴系振动测量，通常采用转速分档测量或连续升速/降速测量，为了准确无误地分析轴系振动的性能特征，除了在时域进行波形分析以外，还需要进行各种频谱的分析，如快速傅里叶分析、阶次谱、三维谱阵等。

目前信号频谱分析方法通常分为经典频谱分析和现代频谱分析两大类。经典谱分析的理论，是由布莱克曼-图基(Black-man-Turkey)于1958年提出的。它利用相关法从采样数据的自相关函数得到信号的功率谱。经典频谱分析是以一种非参数方法，主要是对有限长度信号进行线性估计，其理论基础是信号的傅里叶变换。库利(Cooky)和图基(Turkey)于1965年提出快速傅里叶变换(fast Fourier transform, FFT)。由快速傅里叶变换发展起来的信号谱分

析法，通过对采样数据进行傅里叶变换来分析功率谱。

现代谱分析是以随机过程参数模型的参数估计为基础，又称为参数方法，属于非线性参数估计方法。伯格(Burg)于1967年提出最大熵谱分析法。帕曾(E. Parzen)于1968年提出自回归模型谱估计方法。此后又出现了许多高分辨率的谱估计方法，如谐波分析法、最大似然法、自回归移动平均法，以及高阶谱、时频分析、小波分析等方法。

6.7.3.1 傅里叶分析

1) 傅里叶级数与离散频谱

根据傅里叶级数理论，任何周期信号均可展开为若干简谐信号的叠加。设 $x(t)$ 为周期信号，则有

$$\begin{aligned} x(t) &= a_0 + \sum_{i=1}^{\infty}(a_i \cos i\omega_0 t + b_i \sin i\omega_0 t) \\ &= A_0 + \sum_{i=1}^{\infty} A_i \sin(i\omega_0 t + \phi_i) \end{aligned} \tag{6-33}$$

式中 A_0—— 静态分量，$A_0 = a_0$；

i——谐次；

ω_0——基本圆频率(rad/s)；

A_i—— 第 i 谐次谐波的幅值，$A_i = \sqrt{a_i^2 + b_i^2}$；

ϕ_i—— 第 i 谐次谐波的相位(rad)，$\phi_i = \arctan\left(\frac{a_i}{b_i}\right)$。

$$\begin{cases} a_0 = \dfrac{1}{T}\displaystyle\int_0^T x(t)\mathrm{d}t \\ a_i = \dfrac{2}{T}\displaystyle\int_0^T x(t)\cos(i\omega_0 t)\mathrm{d}t \\ b_i = \dfrac{2}{T}\displaystyle\int_0^T x(t)\sin(i\omega_0 t)\mathrm{d}t \end{cases} \tag{6-34}$$

式中 T——基本周期(s)；

ω_0——基本圆频率(rad/s)，$\omega_0 = \frac{2\pi}{T}$。

傅里叶级数也可以写成复指数函数的形式。根据欧拉公式

$$e^{\pm j\omega_0 t} = \cos\omega_0 t \pm j\sin\omega_0 t \tag{6-35}$$

$$\cos\omega_0 t = \frac{1}{2}(e^{-j\omega_0 t} + e^{j\omega_0 t}) \tag{6-36}$$

$$\sin\omega_0 t = j\,\frac{1}{2}(e^{-j\omega_0 t} - e^{j\omega_0 t}) \tag{6-37}$$

式(6-33)可以写为

$$x(t) = \sum_{i=-\infty}^{\infty} C_i e^{ji\omega_0 t} = \frac{1}{T}\int_{-\frac{T}{2}}^{\frac{T}{2}} x(t) e^{-ji\omega_0 t}\mathrm{d}t \quad (i = 0,\ \pm 1,\ \pm 2,\ \cdots) \tag{6-38}$$

式中 T——基本周期(s)；

C_i——展开系数，是复数，综合反映 i 次谐波的幅值和相位。

2) 傅里叶变换与连续频谱

周期信号 $x(t)$ 在 $\left(-\frac{T}{2}, \frac{T}{2}\right)$ 区间可用傅里叶级数表示为

$$x(t)=\sum_{i=-\infty}^{\infty}\left[\frac{1}{T}\int_{-\frac{T}{2}}^{\frac{T}{2}}x(t)\mathrm{e}^{-\mathrm{j}i\omega_0 t}\,\mathrm{d}t\right]\mathrm{e}^{\mathrm{j}i\omega_0 t} \tag{6-39}$$

当 T 趋于∞时，频率间隔 $\Delta\omega$ 成为 $\mathrm{d}\omega$，离散谱中相邻的谱线紧靠在一起，符号 $\sum$ 就变成积分符号 $\int$，于是

$$x(t)=\frac{1}{2\pi}\int_{-\infty}^{+\infty}\left[\int_{-\infty}^{+\infty}x(t)\mathrm{e}^{-\mathrm{j}\omega t}\,\mathrm{d}t\right]\mathrm{e}^{\mathrm{j}\omega t}\,\mathrm{d}\omega \tag{6-40}$$

因此，$x(t)$ 的傅里叶变换为

$$X(\omega)=\int_{-\infty}^{+\infty}x(t)\mathrm{e}^{-\mathrm{j}\omega t}\,\mathrm{d}t \tag{6-41}$$

而 $X(\omega)$ 的傅里叶逆变换为

$$x(t)=\frac{1}{2\pi}\int_{-\infty}^{+\infty}X(\omega)\mathrm{e}^{\mathrm{j}\omega t}\,\mathrm{d}\omega \tag{6-42}$$

把 $\omega=2\pi f$ 代入式(6-41)，其中 f 为频率(Hz)，则式(6-41)和式(6-42)分别变为

$$X(f)=\int_{-\infty}^{+\infty}x(t)\mathrm{e}^{-\mathrm{j}2\pi ft}\,\mathrm{d}t \tag{6-43}$$

式中 $X(f)$——$x(t)$ 的连续频谱。

$$x(t)=\int_{-\infty}^{+\infty}X(f)\mathrm{e}^{\mathrm{j}2\pi ft}\,\mathrm{d}f \tag{6-44}$$

式中 $x(t)$——周期信号。

一般来说，$X(\omega)$ 是复函数。式(6-43)可以写成

$$X(\omega)=|X(\omega)|\mathrm{e}^{\mathrm{j}\phi(\omega)} \tag{6-45}$$

式中 $|X(\omega)|$——信号的连续幅值谱；

$\phi(\omega)$——信号的连续相位谱；

ω——圆频率(rad/s)，$\omega=\frac{2\pi}{T}=2\pi f$。

3) 离散傅里叶变换(DFT)

对于样本长度有限的离散数字信号进行傅里叶变换，离散傅里叶变换(discrete Fourier transform, DFT)的公式

$$X\left(\frac{n}{N\Delta t}\right)=\sum_{k=0}^{N-1}x(k\Delta t)\mathrm{e}^{-\mathrm{j}2\pi n\frac{k}{N}} \quad (n=0,1,2,\cdots,N-1) \tag{6-46}$$

式中 $x(k\Delta t)$——离散数字信号序列；
N——序列点数；
Δt——采样时间间隔(s)；
n——频域离散值的序号；
k——时域离散值的序号。

离散傅里叶逆变换的公式为

$$x(k\Delta t)=\frac{1}{N}\sum_{n=0}^{N-1}X\left(\frac{n}{N\Delta t}\right)e^{j2\pi n\frac{k}{N}}\quad(k=0,1,2,\cdots,N-1) \tag{6-47}$$

式(6-46)和式(6-47)构成离散傅里叶变换对，可以简写为

$$X(n)=\sum_{k=0}^{N-1}x(k)W_N^{nk}\quad(n=0,1,2,\cdots,N-1) \tag{6-48}$$

$$x(k)=\frac{1}{N}\sum_{n=0}^{N-1}X(n)W_N^{-nk}\quad(k=0,1,2,\cdots,N-1) \tag{6-49}$$

其中

$$W_N=e^{-j2\pi/N}$$

在计算离散频率时，还需引入采样时间间隔 Δt 的数值。

可以发现，W_N^{nk} 具有以下特性：

(1) 周期性。$W_N^{nk}=W_N^{\mathrm{mod}(nk/N)}$，$\mathrm{mod}(nk/N)$ 是 nk/N 之后的余数。因此，当 $N=8$ 时，$W_N^8=W_N^0$，$W_N^9=W_N^1$ 等。

(2) 对称性。$W_N^{nk+N/2}=-W_N^{nk}$。如当 $N=8$ 时，$W_N^{0+N/2}=W_N^4=-W_N^0$，$W_N^5=-W_N^1$ 等。

(3) $W_N^2=e^{-j\frac{2\pi}{N}\cdot 2}=e^{-j\frac{2\pi}{N/2}}=W_{N/2}^1$；$W_{N/2}^n=W_N^{2n}$；$W_N^4=W_{N/4}$；$W_{N/4}^n=W_N^{4n}$ 等。

4) 快速傅里叶变换(FFT)

快速傅里叶变换是离散傅里叶变换一种快速算法。由式(6-39)可见，若采样数据为 N 个，计算一个频域数据便要进行 N 次乘法运算，计算 N 个频域数据则要进行 N^2 次复数乘法运算和 $N(N-1)$ 次复数加法运算。若 $N=1\,024$，完成 DFT 所需乘法运算次数为 $N^2+N(N-1)=10^6$，加法运算次数为 $1024\times1023=1.05\times10^6$。因此，对于长时间序列，离散傅里叶计算的速度会影响其实际应用。

快速傅里叶变换是把长度为 2 的正整数次幂的数据序列$\{x(k)\}$分隔成若干较短的序列作 DFT 计算，用以代替原始的 DFT 计算。然后再把他们合并起来，得到整个序列$\{x(k)\}$的 DFT。

将式(6-39)写成

$$X(n)=\sum_{k=0}^{N-1}x_kW_N^{nk} \tag{6-50}$$

其中

$$W_N=e^{-j\frac{2\pi}{N}};\ x_k=x(k)\quad(k=0,1,2,\cdots,N-1)$$

将 N 个序列数据分成两部分：x_n；$x_{n+N/2}\left(n=0,1,2,\cdots,\frac{N}{2}-1\right)$。

运用关系式 $W_N^2 = W_{N/2}^1$，式(6-50)可以改写成

$$X(n) = \sum_{k=0}^{N-1} x_k W_N^{nk} = \sum_{k=0}^{N/2-1} [x_{2k} W_N^{2nk} + x_{2k+1} W_N^{(2k+1)n}] = \sum_{k=0}^{N/2-1} [x_{2k} W_{N/2}^{nk} + x_{2k+1} W_{N/2}^{nk} W_N^n]$$
$$= G(n) + W_N^n H(n) \tag{6-51}$$

其中　$G(n) = \sum_{k=0}^{N/2-1} x_{2k} W_{N/2}^{nk}$，$H(n) = \sum_{k=0}^{N/2-1} x_{2k+1} W_{N/2}^{nk}$　$(n = 0,\ 1,\ 2,\ \cdots,\ N-1)$

$G(n)$和 $H(n)$的周期都是 $N/2$,因此 $G(n) = G(n + N/2)$，$H(n) = H(n + N/2)$。而 $W_N^{N/2} = e^{-j\frac{2\pi}{N}\cdot\frac{N}{2}} = e^{-j\pi} = -1$,故 $W_{N/2}^{n+N/2} = W_N^n \cdot W_N^{N/2} = -W_N^n$。因此

$$X(n + N/2) = G(n) - W_N^n H(n) \quad (n = 0,\ 1,\ 2,\ \cdots,\ N/2-1) \tag{6-52}$$

将 $X(n)$ 和 $X(n + N/2)$ 相接后,得到整个序列的频谱 $X(n)$。

当 $N = 2^L$，从式(6-51)和式(6-52)所做乘法运算的总次数为

$$\frac{N}{2}(L-1) = \frac{N}{2}\log_2 N \tag{6-53}$$

由于加法的运算时间比乘法的运算时间短得多,仅以乘法来比较两种 DFT 和 FFT 算法的时间：

$$\frac{\text{DFT 算法的时间}}{\text{FFT 算法的时间}} = \frac{N^2}{\frac{N}{2}\log_2 N} = \frac{2N}{\log_2 N} \tag{6-54}$$

若 $N = 1\,024 = 2^{10}$,则$\frac{\text{DFT 算法的时间}}{\text{FFT 算法的时间}} = \frac{2 \times 1\,024}{\log_2 2^{10}} \approx 200$。可见。当 $N = 1\,024$ 时,FFT 所用时间仅为 DFT 直接算法所用时间的$\frac{1}{200}$。时间序列越长,FFT 节省的运算时间越可观。

6.7.3.2　阶次谱分析

跟踪谱分析有频率跟踪谱、阶次跟踪谱、复合功率跟踪谱等。在指定时间内或转速范围内对某一频率进行跟踪得到的谱称为频率跟踪谱。对某一阶次进行跟踪分析得到的谱称为阶次跟踪谱。复合功率谱则是对某一感兴趣的频带进行跟踪分析得到的功率谱。在轴系振动中,常用阶次跟踪谱分析。

在旋转机械轴系振动中,振动频率总与轴频(轴系的旋转频率)有一定的比值关系。当转速变化时,轴频变化,振动频率也随之变化,但两者的比值是固定不变的。通过一定的变换,把频谱图上的频率坐标改换为阶次(即振动频率与轴频之比)。振动频率与轴频之比称为阶次、阶比或谐次,相当于转轴旋转一周振动的次数,常以 υ 表示。采用阶次谱分析,可以避免一般频谱分析(多次平均)由于转速波动或偏差而造成的谱线散布和幅值量度不准等问题,也适合连续升速或降速过程的测量与分析。

频率谱可以通过对连续时域信号的有限离散傅里叶变换(DFT)求出

$$X(n) = \sum_{k=0}^{N-1} x(k) e^{-j2\pi nk/N} \quad (n = 0,\ 1,\ 2,\ \cdots,\ N-1) \tag{6-55}$$

式中 n——频率序列；
k——时间序列；
N——采样点数。

阶次谱是以阶次为表达形式

$$X(l)=\sum_{m=0}^{N-1}x(m)\mathrm{e}^{-\mathrm{j}2\pi\cdot l\cdot m/N}\quad(n=0,\ 1,\ 2,\ \cdots,\ N-1)\tag{6-56}$$

式中 l——阶次序列；
m——转角序列；
N——采样点数。

比较式(6-55)与式(6-56)可见，频谱分析是按等时间间隔 Δt 采样实现的，采样时间间隔一般由分析仪或计算机的内部时钟控制。而阶次谱分析是按等转角间隔 $\Delta\theta$ 采样实现的。由于轴的转速时刻变化，采样需由外部时钟提供。

阶次谱分析时，将转速脉冲信号（如每转一个脉冲或多个脉冲）输入跟踪适配器，跟踪适配器一方面将转速脉冲信号整形为一定脉宽的方波，供给频谱分析仪作为采样触发脉冲；同时，还同步产生 $2^n(1,\ 2,\ \cdots,\ n)$ 个等间隔采样脉冲供给频谱分析仪完成转角的整周期采样。转速脉冲信号可由安装在转轴上的反光标识、光栅盘或齿盘以及相应的光电、磁电、电磁传感器提供。

阶次谱分析时的采样定理为

$$\upsilon_{\mathrm{s}}=\frac{2\pi}{\Delta\theta}=2\upsilon_{\max}\tag{6-57}$$

式中 $\upsilon_{\max}$——阶次谱的最高阶次；
$\frac{2\pi}{\Delta\theta}$——每转采样次数，其中 $\Delta\theta$ 为采样转角间隔(rad)。

总采样长度为

$$R=N\upsilon_{\mathrm{s}}=N\frac{2\pi}{\Delta\theta}\tag{6-58}$$

式中 N——采样点数；
$\frac{2\pi}{\Delta\theta}$——每转采样次数。

阶次分辨率为

$$\Delta_{l}=\frac{\upsilon_{\mathrm{s}}}{N}=\frac{2\upsilon_{\max}}{N}\tag{6-59}$$

例如，在动力装置推进轴系振动分析时，最高分析阶次 $\upsilon_{\max}$ 取16，根据采样定理，每转采样数 υ_{s} 至少为 $\upsilon_{\mathrm{s}}=2\upsilon_{\max}=32$。设采样点数 N 为256，则阶次分辨率 $\Delta_{l}=\frac{\upsilon_{\mathrm{s}}}{N}=0.125$。

在阶次跟踪谱阵中，可以一览无遗地判断主要谐次和共振转速范围，并方便地提取主要阶次在转速范围内的振幅变化情况，对确定各阶共振转速、系统固有频率及最大振幅是很有价值的。它还可反映系统在起动、停车及升降速过程中各谐次振动分量的变化情况。

在作阶次跟踪谱分析时，一方面要用外部时钟采样作阶次谱，同时又要作转速跟踪，故采样频率变化很大，必须考虑抗迭混问题。

采用跟踪分析方法，只要系统可以作连续升速或降速试验，便可用少得多的试验时间得到系统在整个转速范围内的振动特性，特别适用于轴系振动故障分析。

图 6－51 所示为柴油机飞轮测点处，转速范围内按等间隔变化时所作的阶次谱的集合，形成三维转速-阶次跟踪谱阵。

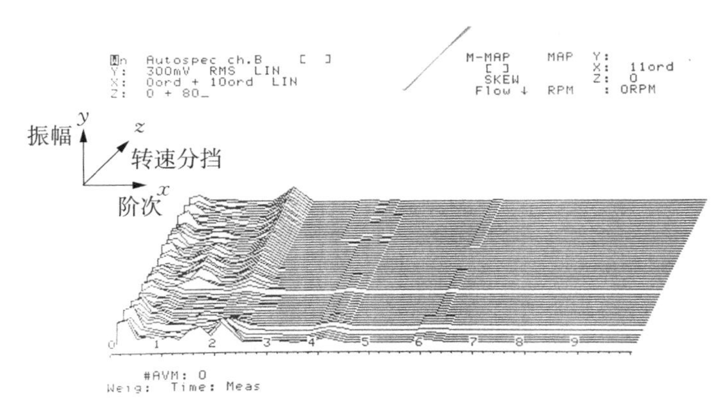

图 6－51　柴油机飞轮测点升速过程三维阶次谱阵图

图 6－52 是从图 6－51 三维阶次谱阵中"切片"取出转速一幅值的 1.0 阶次跟踪谱，在整个升速转速范围内，显示 0.8～1.2 谐次范围振幅最大值，主要反映 1.0 谐次的扭振振幅，其中在 1 521 r/min 时有共振振幅 0.177 V(1V 相当于 1°)。

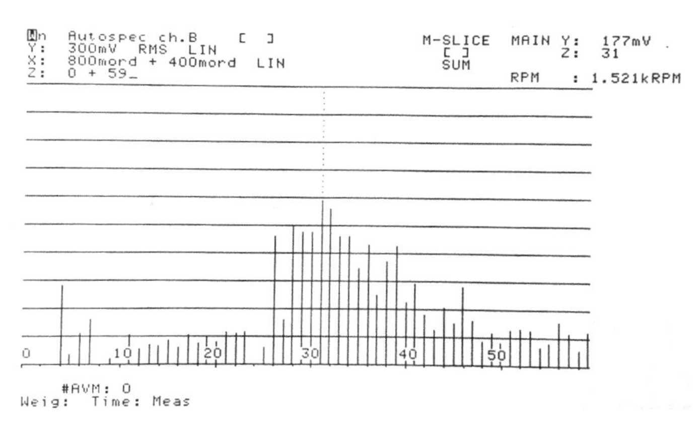

图 6－52　升速过程柴油机飞轮测点的 1.0 阶次跟踪谱(横坐标为转速，纵坐标为幅值)

6.7.3.3　三维转速谱阵

三维转速谱阵是在同一测点上，当转速按等间隔变化时所作的幅值谱集。它提供了整个运转转速范围内轴系振动各频率分量变化的全貌。

由图 6－53 可以看出，与转速成正比的主要谐次的共振振幅均出现在同一斜线(向右倾斜)上。由于自由振动固有频率不随转速不同而变化,因此同一振型的主要谐次的共振频率相同,随着谐次的增加,其共振转速相应下移。

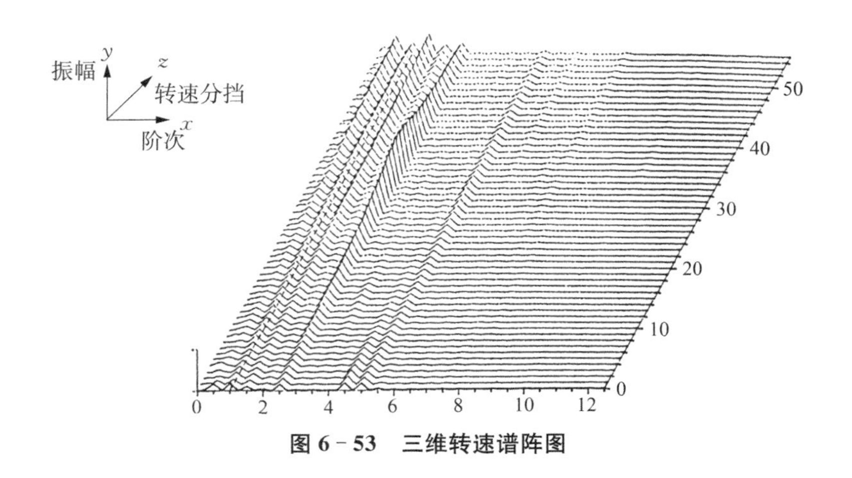

图 6-53 三维转速谱阵图

坎贝尔(Campbell)图与转速谱阵图同属一类特征分析图谱,它们提供的振动信息完全相同,但其表达形式不一样,比较直观。

图 6-54 所示为汽车发动机的频率—转速—振幅的三维坎贝尔图,其水平轴为频率坐标,垂直轴为转速坐标,信号幅值(dB)的大小则用颜色来表示。在图上可以看出与转速成正比($\upsilon=60f/n=0.5$, 1.0, 1.5, …)的各谐次射线,也可以看出与转速倍数相关的轴系振动特性。

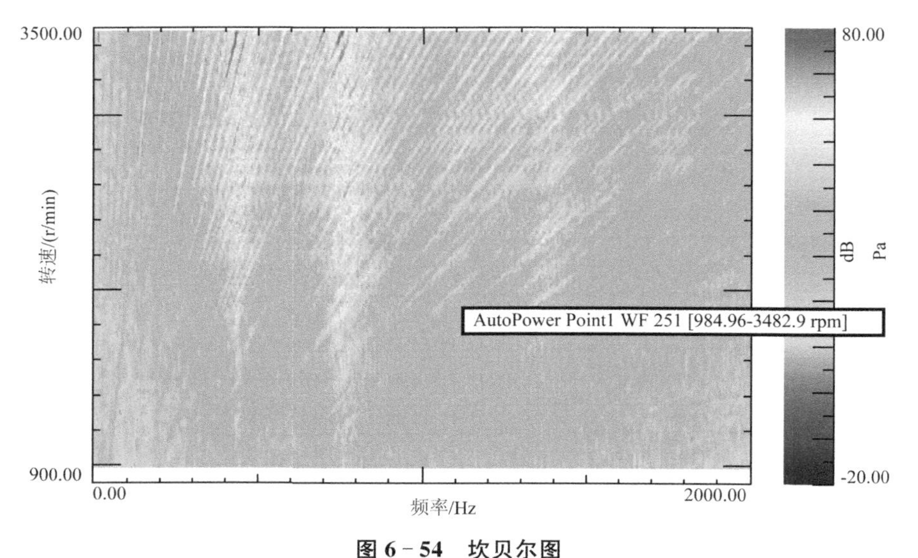

图 6-54 坎贝尔图

(横坐标-频率(Hz),纵坐标-转速(r/min),颜色-幅值(dB))

Chapter 7

第7章 动力装置轴系监测诊断与智能控制

7.1 概述

作为动力装置轴系的固有特性，轴系振动是影响动力装置安全稳定运行的重要因素之一。随着现代发动机及其动力装置技术的不断发展，系统日趋复杂，由轴系振动或耦合振动产生强烈共振，形成较大振幅、振动扭矩、振动应力，造成轴段或零部件疲劳损坏，动力装置停止运行，从而造成船舶、机车、工程车辆、电力机组、轧钢机械等重大事故。因此，预防动力装置轴系故障的产生尤为重要，传统的事后维修和定时检修方法已不能满足日益提升的可靠性要求，而且许多潜在的故障很难靠人的感觉、经验检查出来，需要采用特定的监测和诊断方法进行在线监测分析、诊断和预报。

智能船舶、无人船及无人驾驶汽车对于智能发动机的要求提升，智能动力设备及动力系统的智能化已成为发展方向。随着振动监测与状态诊断技术的进步，开展动力装置轴系振动的在线监测成为可能。通过轴系振动的在线监测(含扭转振动、纵向振动、回旋振动)，并结合对动力装置轴系的运行动态参数，如功率、热工等参数实时监测，可以实时反映动力装置轴系的运行状况、振动量值，实现分级报警，评估工作状态，为进一步开展动力装置轴系故障诊断奠定基础，及时采取有效的维护保养措施。

智能化内燃机主要指的是全电子控制的内燃机，有别于传统的机械控制的内燃机，能根据实际情况适时调整运行参数，实现对燃油喷射参数和配气参数的柔性控制，优化指定性能指标(低油耗、低排放或低振动噪声)，为振动优化控制提供了基础条件。智能化内燃机的高压共轨式燃油系统可以实时调控燃油喷射参数(如燃油喷射正时、喷射过程、喷射时间、喷射压力等)，优化缸内燃烧，降低燃油消耗率、负荷和振动噪声。

例如，WinGD公司RT-flex系列低速柴油机采用电控喷射系统，具有低扭振调优(low TV tuning)功能，在主机转速低于55%(负荷率小于20%)时推迟喷油和排气阀关闭时刻，使得单节点振动主谐次扭振应力降低15%～20%，满足规范要求，不用安装扭振减振器。

从降低内燃机激励力矩出发，减小主要谐次的激励力矩，从而改变输入系统的激振能量，在一定的工况下，对内燃机工作参数进行优化调整，从而实现智能化内燃机扭振控制的目的，甚至可以省略扭振减振器。

7.2 动力装置轴系振动监测与故障诊断

7.2.1 动力装置轴系振动监测报警

7.2.1.1 轴系振动无线监测

轴系振动无线监测系统是通过对轴系的运行动态参数，如轴系扭转振动、纵向振动、回旋振动、扭矩、转速、功率等参数进行实时监测、安全限值设置及报警，对动力装置轴系运行提供实时数据支持，根据测量状态参数判断轴系工作状态，识别主要故障特征，为动力装置安全可靠运行提供保障，是集数据采集、状态监测、振动分析为一体的多信息任务处理系统。其主要的功能如下。

1）轴系振动在线监测

提供轴系振动总值、轴段振动应力实时显示，在机旁、集控室或驾控室同步显示；管理人员可及时了解轴系振动情况，轴系振动是否发生异常，以便及时调整轴系的运行，保护轴系安全。

实时功率、扭矩和转速显示，监测轴系功率的实时变化情况，帮助管理人员及时进行动力调整和控制，为动力装置能效监测提供实时数据。

2）安全限值设置及报警

设置轴系振动量值的报警限值。在动力装置设计时，根据规范、标准或制造商的许用值进行不同等级报警的设定，如轴段扭振持续许用应力和瞬时许用应力曲线，纵向振动许用振幅，回旋振动许用振幅，可以分为一般报警限值、停机报警限值等；还可以设定不同类别的报警，如振幅超标、应力超标、功率超标、转速超标等。

3）数据后处理分析

进行数据存储、后处理分析。数据存储采用外部扩展固态存储器，采用高频数据采集卡，数据存储量可以设置；实时数据存成标准二进制格式文件，可方便地利用附加软件或第三方软件进行读取和分析调取数据，进行后处理分析；如发生故障，可及时调取轴系振动和功率数据进行分析，进行故障诊断，以分析故障产生原因；可以利用互联网(如 WiFi、5G 等)，将需要的数据传输至中控室或数据中心，做进一步分析。

轴系振动无线监测系统主要的技术指标有：

(1) 扭转振动：振幅、应力测量，分析范围 0.5～20 阶次，频响范围 0.1 Hz～1.2 kHz。

(2) 纵向振动：测量范围 0～4 mm，频响范围 0.1 Hz～6 kHz。

(3) 回旋振动：测量范围 0～4 mm，频响范围 0.1 Hz～6 kHz。

(4) 扭矩：增益可调，可根据主机功率进行增益设定。

(5) 转速：工作转速范围 0～3 000 r/min(分低速段、中速段和高速段)。

(6) 二次仪表具有 8 通道，可扩展，每通道独立 A/D，最高采样频率 52 kHz，抗混叠滤波。

(7) 二次仪表动态范围 0～80 dB。

(8) 二次仪表提供 10/100 M 网络端口。

(9) 二次仪表工作电源：220 V±10%/50 Hz 或 24 VDC。

(10) 系统测量误差：≤±1%。

(11) 工作温度范围：0～55 ℃。

(12) 工作湿度范围：95%有凝露（温度为 45 ℃）。

(13) 振动、冲击、颠震等指标要求满足相关规范要求。

(14) 倾斜、摇摆、霉菌、盐雾等环境指标满足相关规范要求。

轴系振动无线监测系统传感器及其布置可以有：

(1) 内燃机自由端转速传感器。

(2) 内燃机自由端纵振传感器。

(3) 内燃机飞轮端转速传感器。

(4) 联轴器两端转速传感器。

(5) 轴段无线振动与应变传感器装置。

(6) 齿轮箱齿轮转速传感器。

(7) 轴承基座振动传感器。

(8) 传动轴的非接触振动传感器（含激光、电涡流传感器）。

(9) 其他各型传感器。

轴系振动无线监测系统为模块化设计，主要由扭转振动监测模块、回旋振动监测模块、纵向振动监测模块、轴功率监测模块及监控仪表组成。轴系振动无线监测系统组成如图 7－1 所示。

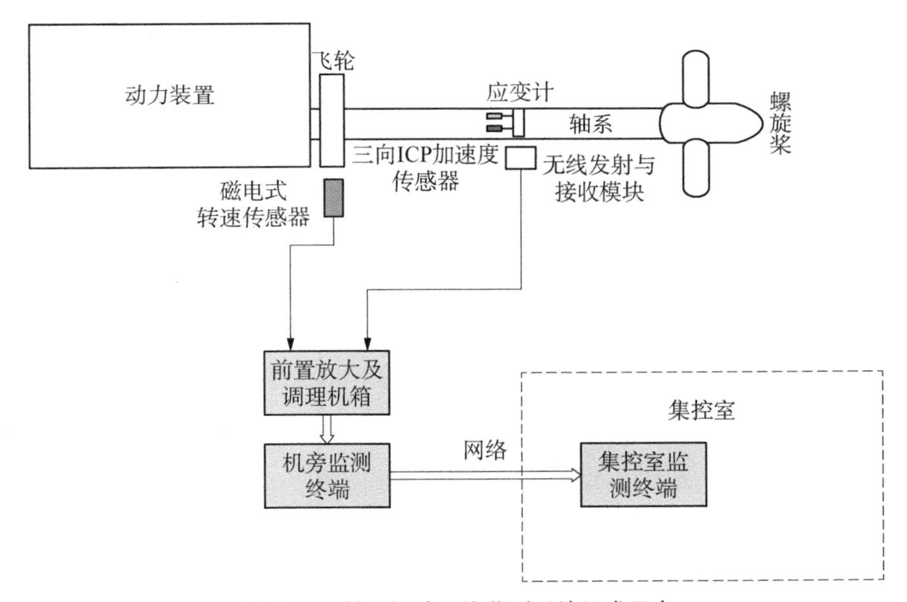

图 7－1　轴系振动无线监测系统组成示意

无线遥测装置可以采用 6.2.5 节描述的国产遥测装置（PIS－Ⅲ型），也可以采用德国 KMT 公司具备高频采集功能的无线传输与供电模块——MT32 多通道遥测模块，如图 7－2 所示。MT32 模块能支持多种物理量采集，包括应变、IEPE、热电偶、电压等，其中 MT32－ICP 模块可采用 ICP 内置压电传感器，信号频率范围达 3 Hz～1.2 kHz，分辨率达 12 位（动态范围 72 dB),测量精度＜0.25％。

轴系振动无线监测系统转轴安装部件参见图 7－3,机旁监控箱参见图 7－4,发动机试验台架轴系振动无线监测系统参见图 7－5。

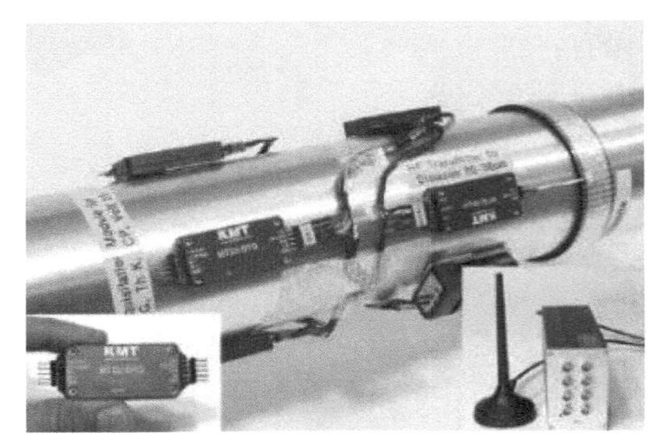

图 7－2　KMT 公司 MT32 无线遥测装置

图 7－3　轴系振动无线监测系统转轴安装部件

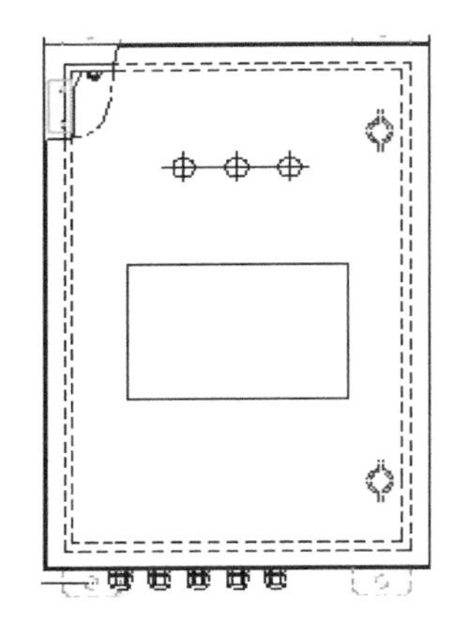

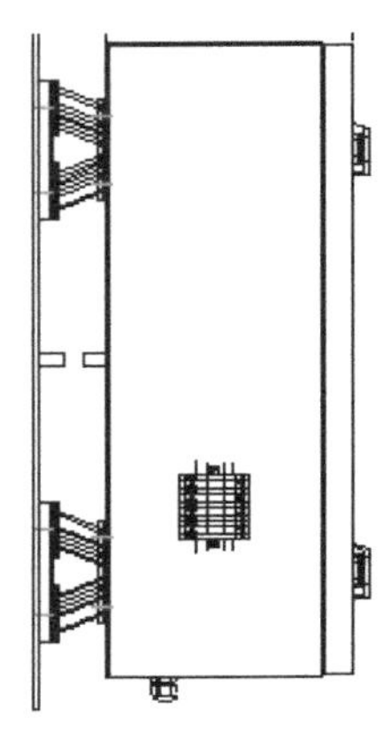

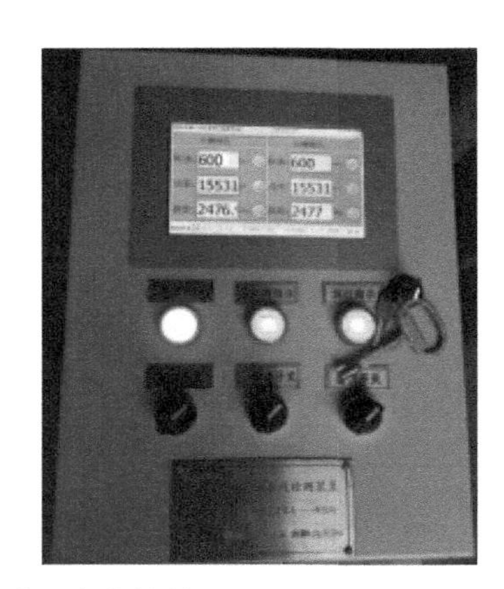

图 7－4　轴系振动无线监测系统机旁监控箱

图 7－5　轴系振动无线监测系统在发动机试验台架的应用

7.2.1.2　盖斯林格公司扭振监测系统

奥地利盖斯林格公司是开发和生产扭振减振器、高阻尼与复合材料联轴节的专业厂家,在扭振监测技术方面比较突出。盖斯林格监测系统(GMS)通常用于该公司扭振减振器、弹性联轴器,主要是为了监测部件和诊断功能的变化。当达到或超过安全限值,会触发报警,让用户可以采取合适的措施以防止部件或系统的损坏。

GMS 监测系统主要用途有:

(1) 发动机熄火监测(自由端):当气缸熄火时,给出报警,以降低发动机负荷或脱开离合器,防止过大的振动水平及后续更深的损坏。

(2) 扭振减振器监测:保证扭振减振器的无故障运行,参见图 7-6。

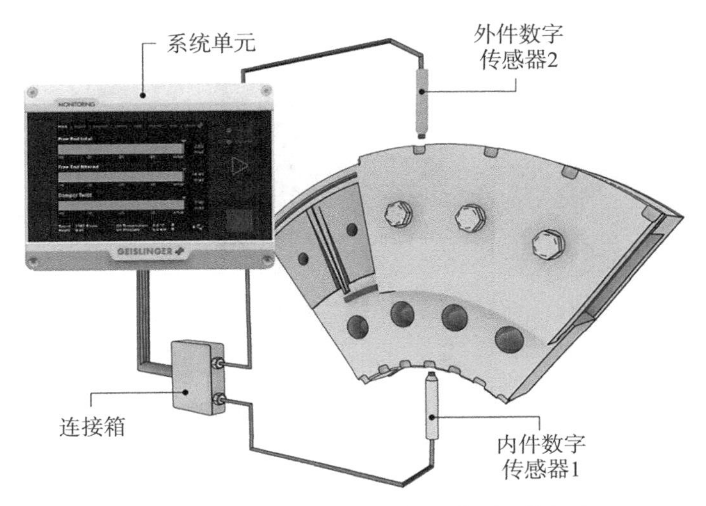

图 7-6　GMS 扭振减振器的扭振监测系统示意

(3) 油压和温度监测:对于二冲程柴油机,可以选择安装滑油压力与温度传感器。

(4) 纵向振动监测:仅用于二冲程柴油机,可以减少柴油机自带的振动监测仪。

(5) 联轴器监测:测试分析静态与动态扭转角度、功率和扭矩,参见图 7-7。

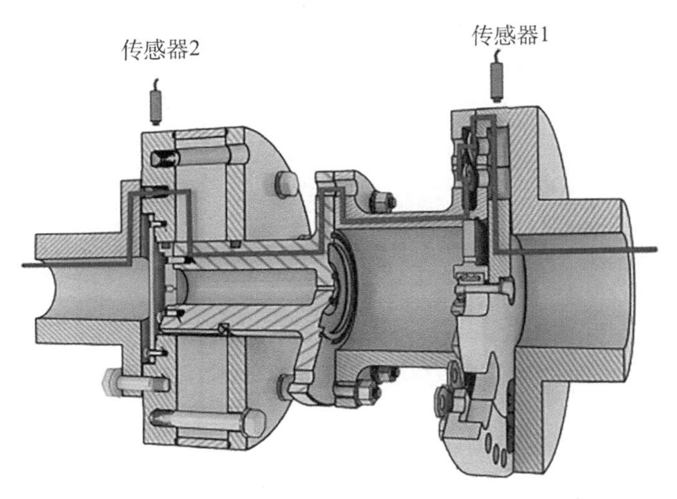

图 7-7　GMS 弹性联轴器的扭振监测系统示意

(6) 轴功率监测：显示发动机输出和轴系振动，以优化燃油消耗和增加推进安全水平，参见图 7-8。

(7) 多产品监测：可以监测多个盖斯林格产品，以及一台或多台发动机。

(8) 双发动机监测：一套系统同时监测 2 台发动机。

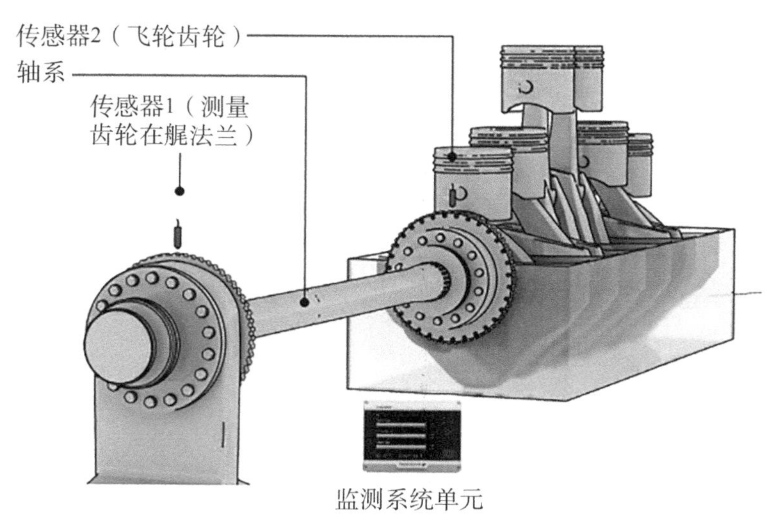

图 7-8　GMS 轴功率监测系统示意

图 7-9 所示为 GMS 扭振监测系统显示屏，嵌装于雪龙号极地考察船控制室的集控台上，扭振传感器安装于瓦锡兰 6RT-flex60L-B 型低速柴油机[额定功率/转速为 13 200 kW/111(r/min)]曲轴自由端的盖斯林格扭振减振器，显示曲轴自由端的总振幅、滤波后扭振振幅、扭振减振器扭转角度。

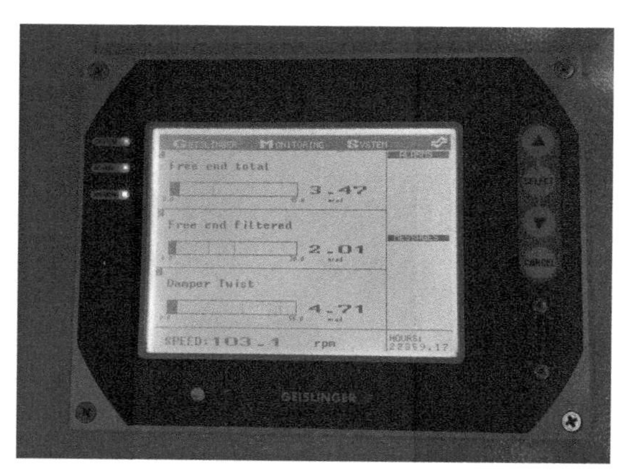

图 7-9　雪龙号极地考察船主机扭振监测仪显示屏

7.2.1.3　伏尔康公司扭振监测系统

德国伏尔康公司是开发和生产橡胶高弹性联轴器、复合材料联轴器、扭振减振器等的专业厂家。在扭振监测方面主要有 MDS 2 扭角监测仪和 TORVIB 扭振监测仪两个产品。

MDS 2 扭角监测仪通过联轴器动态扭角监测，提供扭矩负荷分析。主要功能有：

(1) 监测平均扭角，最大扭角 60°。

(2) 监测动态振动扭角、扭转振幅、驱动端与被动端，最大值 30°。

(3) 测量和监测驱动端与被动端的扭转振动。

(4) 测量和监测瞬态运行工况，如起动/停车、操控。

(5) 测量信号阶次跟踪频率分析，同时监测 8 个发动机谐次。

(6) 与计算机相连，图形显示。

(7) 报警提示。

TORVIB 扭振监测仪基于测量飞轮振幅或联轴器相对振动扭角，进行状态监测。其主要功能有：

(1) 扭角：0～90°。

(2) 相对振动扭角：0～10°幅值。

(3) 扭振位移：0～10°幅值。

(4) 转速范围：0～1 600 r/min。

(5) 阶次：0.5～7.5。

(6) 数字输出/模拟输出。

7.2.2　动力装置轴系故障诊断系统

在动力装置轴系振动监测的基础上，开展发动机及其动力装置的故障诊断，预先判断将要发生的故障，及时开展预先维修和保养；发生故障后，可以及时分析故障产生的原因；通过网络连接，实现远程状态监测与专家故障诊断。

对于发动机来说，通过扭转振动的在线监测与故障诊断，可以实时发现气缸发火不均匀、熄火、拉缸、曲轴裂纹、扭振减振器损坏(如阻尼失效、橡胶撕裂、簧片断裂)等故障；通过纵向振动的在线监测与故障诊断，可以实时发现纵振减振器损坏(如阻尼失效、供油不畅)等故障。

对于动力装置来说，通过轴系振动在线监测与故障诊断(扭转、纵向、回旋振动)，可以实时发现联轴器损坏、齿轮敲齿、轴段裂纹及螺旋桨桨叶损坏等故障。

7.2.2.1　内燃机轴系振动故障诊断系统

基于轴系振动信号，进行发动机监测和故障诊断。通过建立计算模型，获得内燃机故障模式下的轴系振动特征，设定故障特征谱或振动阈值，进行监测报警并识别故障类型，对于保证内燃机的可靠运行具有十分重要的意义。

针对发动机装置轴系建立计算模型，计算分析正常工作状态和可能故障状态下扭振特性及其变化，在轴系振动监测与故障诊断系统中进行报警、实施状态评估、提出采取措施的建议，在严重情况下直接进行应急停机等操作。在故障发生的早期阶段及时诊断并采取停机拆检等措施，可以防止损坏的进一步发展，预防严重损坏的发生。

1) 发动机气缸熄火或发火不均匀的故障识别

对于发动机气缸熄火(无燃烧、有压缩)，通过扭振计算分析可以知道，相对于正常发火工况，0.5、1.0 等低谐次的扭振振幅会大幅度升高，结合发动机热力参数的监测或上止点信号和发火间隔角，可以迅速识别单缸熄火的故障模式及熄火气缸的位置。

对于发动机发火不均匀，当四冲程内燃机气缸发火不均匀度不小于±10%，或者二冲程柴油机气缸发火不均匀度不小于±5%时，0.5 或 1.0 等低谐次的扭振振幅会明显增大，高弹联轴器、齿轮箱等振动扭矩会增加。结合发动机热力参数的监测，可以快速识别气缸发火不均匀的故障模式。

2）发动机气缸拉缸的故障识别

在拉缸早期阶段，活塞或活塞环和气缸套表面产生刮伤或摩擦力增大，转速可维持不变，会有抖动，这时在扭振信号中的低谐次扭振振幅会明显增大。

在拉缸严重阶段，活塞或活塞环严重拉伤气缸套表面，摩擦阻力巨大，转速抖动并下降。这时低谐次或某频率段的扭振振幅进一步增大。

因此，利用扭振监测分析，可以在早期发现某些谐次振幅增大的现象，结合机体振动、其他热力学参数的监测分析，可以尽快诊断识别拉缸故障。

图 7-10 所示为某发动机活塞敲击故障的振动频谱图例。

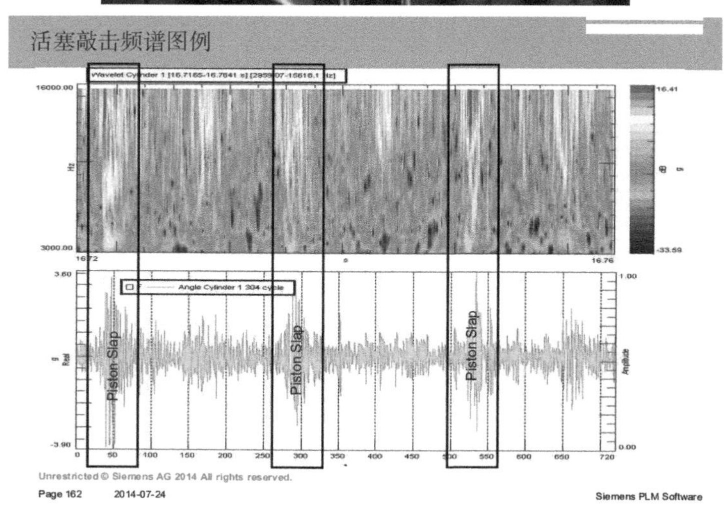

图 7-10 活塞敲击故障的振动频谱例图

3）发动机曲轴裂纹的故障识别

曲轴是发动机的关重件之一，如果发生裂纹损坏甚至断裂，将严重影响动力装置及船舶、机车、车辆的可靠性，维修代价很大。

安装扭振监测与故障诊断系统可以防止发动机曲轴承受过大的交变应力。由于多种因素，曲轴发生初始裂纹并逐步扩展，其扭转刚度随着裂纹的扩大而逐步变小，曲轴自由端低谐次及主要激励谐次的扭振振幅增大，共振转速的位置发生变化。

4）扭振减振器损坏的故障识别

为了控制内燃机的扭转振动，保护曲轴等部件免受扭转振动的损坏，安装扭振减振器是通常的做法。扭振减振器有硅油、橡胶、卷簧、板簧等多种类型。

在安装扭振减振器的曲轴自由端，安装转速传感器，甚至在扭振减振器的惯性体和驱动件分别安装转速传感器，以监测发动机曲轴自由端的扭振振幅和扭振减振器内外件的相对振幅。如果发生较大的增幅，特别是主谐次的振幅增大，结合计算分析结果，可以实时评估扭振减振器的工作状态，判断零部件是否有损坏或失效问题。

5）纵振减振器损坏的故障识别

二冲程低速柴油机一般会安装有纵振减振器，以控制柴油机轴系的纵向振动。可以在曲轴自由端安装纵向振动监测传感器，纵振监测系统可以显示测试结果，在振幅超过限值时，会发出报警值，甚至建议紧急停机检查。

7.2.2.2　动力装置轴系振动故障诊断系统

动力装置轴系振动故障诊断系统基于轴系振动信号（扭转、纵向、回旋振动等），进行动力装置轴系监测和故障诊断。

1）弹性联轴器簧片或橡胶断裂的故障识别

在弹性联轴器的一端或两端安装转速传感器，进行扭振监测和故障诊断。当联轴器簧片或橡胶渐次断裂时，低谐次扭振振幅或相对扭振振幅逐步增大，共振频率逐渐减小。

2）齿轮敲齿的故障识别

在齿轮箱的输入或输出端，安装转速传感器，进行扭振监测和故障诊断。当发生齿轮敲齿时，低谐次扭振振幅增大。

3）螺旋桨桨叶损坏的故障识别

在螺旋桨轴安装无线振动与应力监测装置，可以实时反映传动轴系的振动及螺旋桨的激励变化。如果螺旋桨桨叶发生损坏，1.0谐次和叶片次的振幅及交变应力会相应增大。

总之，利用轴系扭转、纵向及回旋振动信号进行监测与故障诊断，通过事先建立的故障机理所形成的故障特征谱图，结合发动机及动力装置智能监测的参数（如热工、振动参数），可以迅速判断故障的类别，以采取必要的拆检、维护、保养措施。

7.3　智能化动力装置轴系振动优化控制

针对智能化内燃机，通过优化控制配气和喷油等工作参数，进行扭转振动优化控制，改善内燃机轴系的扭转振动特性。智能柴油机的扭振优化控制方法的研究流程如图7-11所示，其核心工作见图中单点画线部分，主要是通过气体压力激励和轴系扭振响应分析，研究柴油机参数敏感度及其影响规律，获得主要参数的优化控制规律。

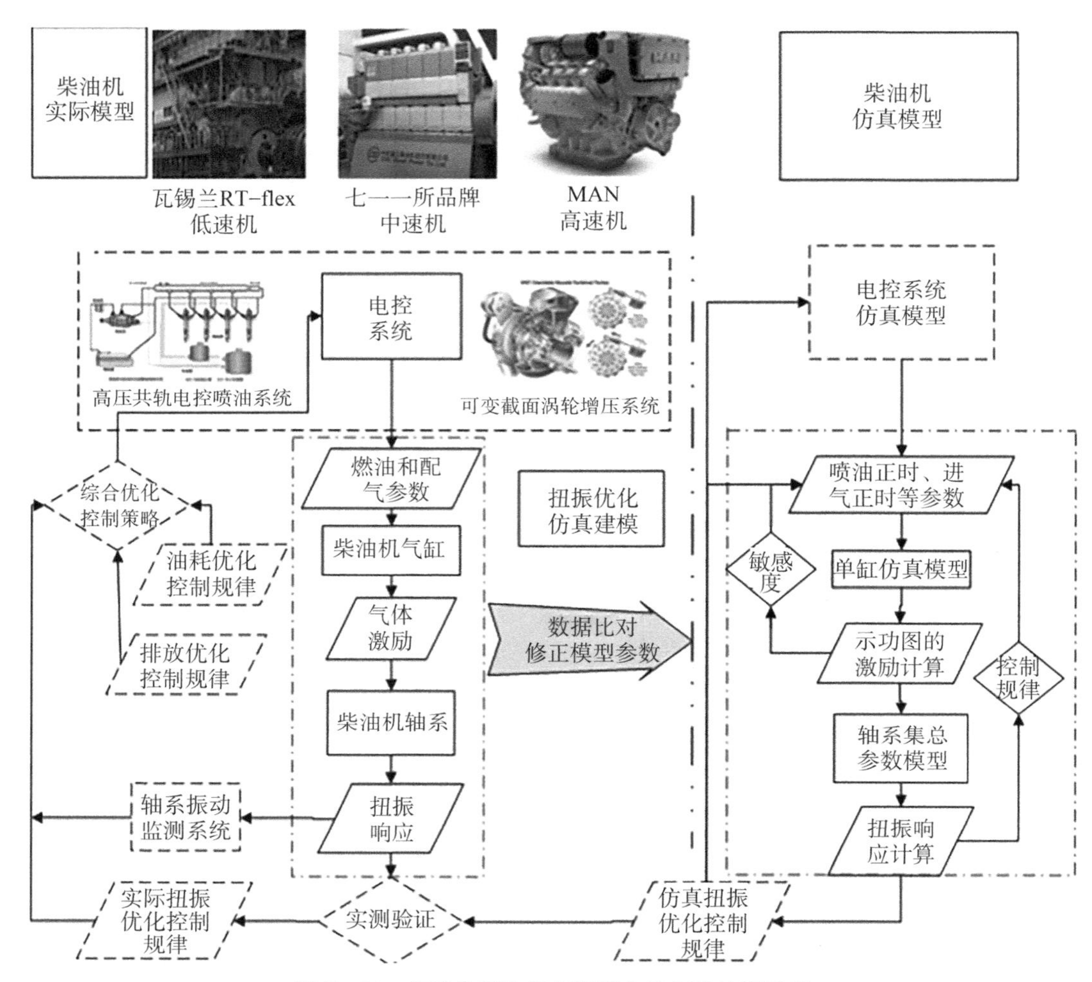

图 7-11　智能化柴油机扭振优化控制的流程示意

7.3.1　柴油机气缸工作模型及验证

以自主品牌 CS21/32CR 电控柴油机试验台架为研究对象，其基本参数见表 7-1，经简化后的质量弹性系统如图 7-12 所示。

表 7-1　柴油机原始参数

柴油机资料			
设计单位	711 研究所	**型式**	直列、四冲程、涡轮增压、中冷
机型	CS21/32CR*	**平均有效压力**	2.38 MPa
用途	船用	**连杆长度**	680 mm
冲程数	4	**曲轴主轴径**	225 mm

（续　表）

柴油机资料			
气缸数	6	曲轴连杆轴径	195 mm
缸径	210 mm	往复部分质量	32.47 kg
行程	320 mm	发火顺序	1-4-2-6-3-5
额定功率	1 320 kW	压缩比	16.8
额定转速	1 000 r/min	最大燃烧压力	<22 MPa
扭振减振器	盖斯林格板簧式 扭振减振器	外形尺寸	3 844 mm×2 873 mm×1 806 mm

*注：采用高压共轨燃油系统。

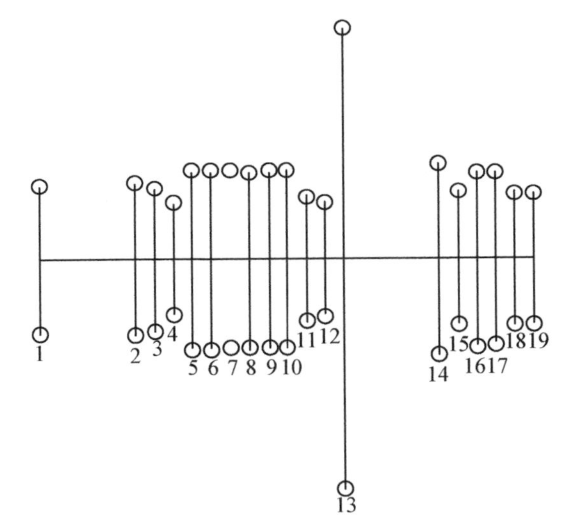

图 7-12　柴油机试验台架轴系扭振质量弹性系统简图

（1—2 轴段—扭振减振器；5～10—气缸；13—飞轮；13—14 轴段—联轴器）

对该型柴油机的单个气缸独立分析，其热力系统模拟包含各子系统所组成的物理模型：进排气子系统、气缸子系统、进排气管子系统和燃油喷射子系统及相应的边界条件设置；模型中气缸传热模型采用 Woschni 模型；平均机械压力损失采用试验数据，燃烧模型采用三元韦伯燃烧模型；进、排气门流量系数及进气门涡流强度通过气道稳流试验获得。运用 GT-Power 软件搭建单缸工作模型，如图 7-13 所示。

7.3.2　扭振优化控制技术

7.3.2.1　扭振优化控制目标函数

在智能化柴油机的电控系统基础上，对燃油系统调整喷油正时 α_1、共轨压力 P_f、喷射次数 K 和喷油间隔 $\Delta\alpha$、喷油量 β、喷射速率 υ，对配气系统调整进气正时 α_2、进气压力 P_a 等参数，对柴油机振动等性能指标进行优化控制。

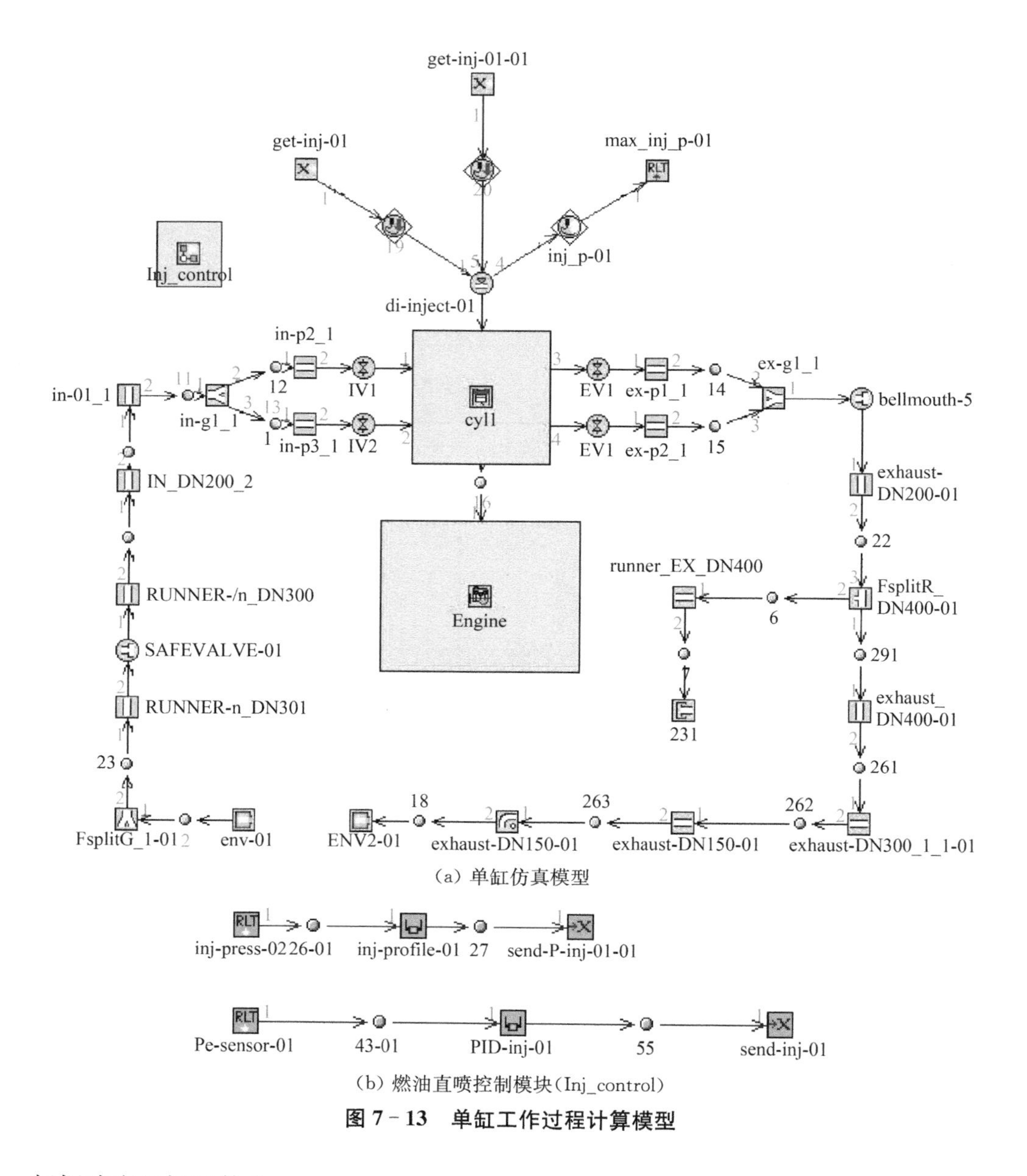

图 7-13 单缸工作过程计算模型

扭振响应目标函数为

$$M=f(\alpha_1,\ \alpha_2,\ \Delta\alpha,\ \beta,\ P_f,\ P_a,\ K,\ \cdots) \tag{7-1}$$

式中 α_1——喷油定时(°);

α_2——进气正时(°);

$\Delta\alpha$——喷油间隔(°);

P_f——共轨压力(Pa);

P_a——进气压力(Pa);

K——喷射次数。

优化控制的目标:在额定转速的各个工况,在满足其他性能要求的条件下,曲轴扭振应力最小。

7.3.2.2　调整单个工作参数对扭振特性的影响

在 25%和 100%负荷下，单独改变一个工作参数，其他参数维持初始参数不变。曲轴的合成扭振应力在不同进气正时改变量(−10°, 20°)的值见表 7-2，在不同喷油正时改变量(−3°, 3°)的值见表 7-3。由表中数据分析可知，在 25%负荷推迟进气阀开启时刻和提前喷油可减小扭振，而 100%负荷的情况相反。

表 7-2　进气正时改变量对曲轴扭振应力的影响　(单位：MPa)

负荷	进气正时改变量(°)						
	−10	−5	0	5	10	15	20
25%	9.8	9.3	8.9	8.5	8.2	8.4	9.0
100%	44	46	49	51	54	57	59

表 7-3　喷油正时改变量对曲轴扭振应力的影响　(单位：MPa)

负荷	喷油正时改变量(°)						
	−3	−2	−1	0	1	2	3
25%	8.6	8.7	8.8	8.9	9.1	9.2	9.3
100%	54	53	52	51	50	49	47

7.3.2.3　多参数的扭振优化控制

同时调整进气正时和喷油正时进行扭振优化控制，根据单个参数对扭振特性的影响确定参数优化计算范围：25%负荷喷油正时改变范围为(−4°, 0°)，进气正时改变范围为(0°, 20°)；100%负荷喷油正时改变范围为(0°, 4°)，进气正时改变范围为(−20°, 0°)。曲轴扭振应力幅值随工作参数变化的关系如图 7-14 所示。

由图 7-14(a)可知，在 25%负荷时，将喷油正时提前 2°和进气正时推迟 10°的曲轴应力最低；由图 7-14(c)可知，在 100%负荷时，将喷油正时推迟 4°和进气正时提前 20°的曲轴应力最低，此外，曲轴扭振应力基本上随着喷油正时推迟和进气正时提前呈线性减少的趋势。因此，在大负荷情况下，要减少曲轴扭振应力，应在柴油机工作状态允许的情况下尽量推迟喷油和提前进气正时。

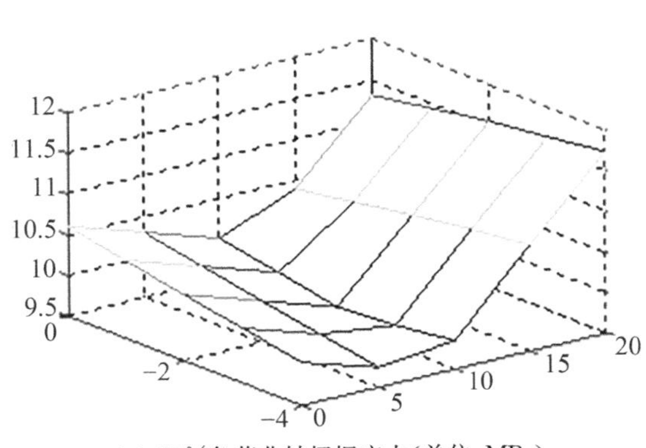

(a) 25%负荷曲轴扭振应力(单位：MPa)

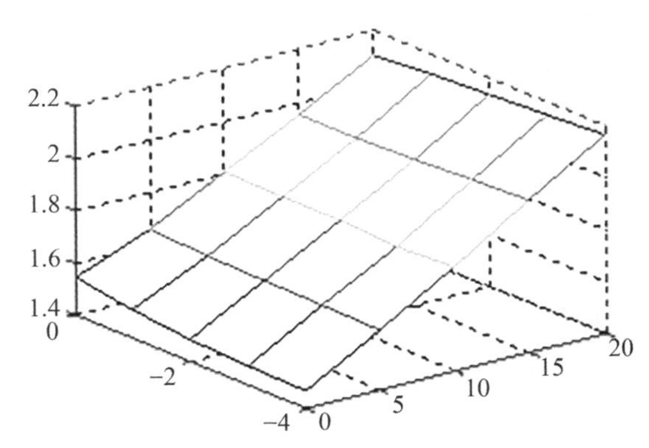

(b) 25%负荷曲轴自由端振幅(单位：mrad)

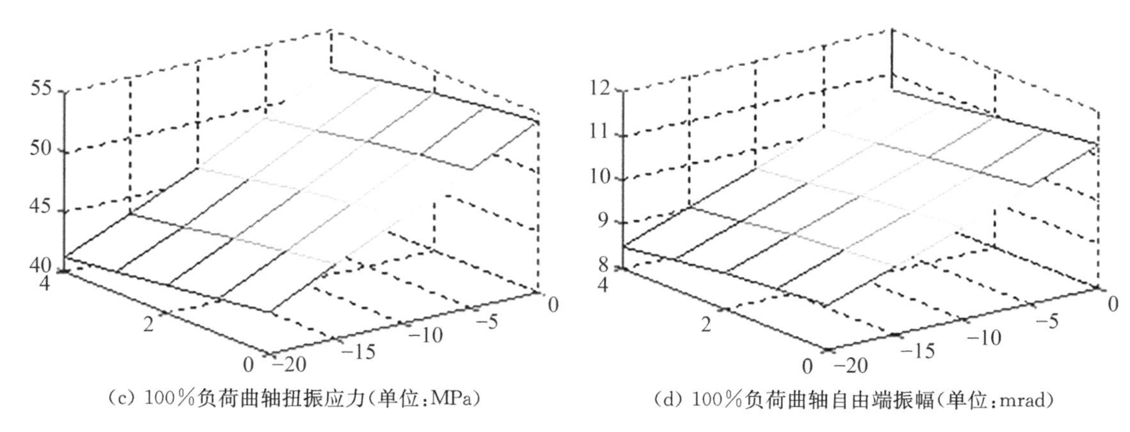

(c) 100%负荷曲轴扭振应力(单位:MPa)　　(d) 100%负荷曲轴自由端振幅(单位:mrad)

图 7-14　扭振响应随进气正时和喷油正时参数变化 MAP 图

根据 MAP 图确定扭振最优化的工作参数:25%负荷喷油提前 2°,进气开启时刻推迟 10°;50%、75%和 100%负荷喷油推迟 4°,进气开启时刻提前 20°。结合初始参数值,得到扭振优化控制参数见表 7-4。

表 7-4　不同工况的扭振优化控制参数

负荷工况	25%	50%	75%	100%
喷油定时(°)	−10	−6	−9	−7
进气定时(°)	316	286	286	286

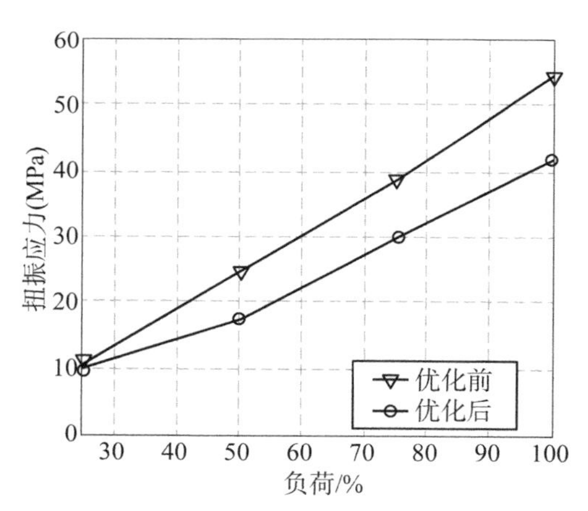

图 7-15　优化前后曲轴扭振应力随负荷变化曲线

优化前后各负荷下曲轴最大扭振应力对比如图 7-15 所示。由图可见,100%负荷时曲轴扭振应力减幅最大,为 23.6%;25%负荷时曲轴扭振应力减幅最小,为 8.5%。因此,从柴油机扭振控制出发,高负荷(包括 100%)工况进行工作参数的扭振优化控制是很有价值的。

7.3.2.4　全工况的扭转振动优化控制研究

由于智能化柴油机在不同负荷的工作过程中,可以随时调整工作参数,因此可以在柴油机的不同转速和负荷的工况下,实现柴油机的扭振优化控制。

以 CS21/32CR 柴油机柴油机为例,按推进特性运行,转速范围为 400~1100 r/min,在全工况范围找出优化的工作参数,通过扭振与性能优化寻优计算,得到主要谐次共振转速区域的扭转振动优化控制参数。

从该型柴油机的扭振特性可知,在转速运转范围内主要有 4 个共振转速,分别是 525 r/min、700 r/min、900 r/min 和 1050 r/min,相应谐次为 6.0、4.5、3.5 和 3.0。针对这四个谐次共振转速进行扭振优化控制的计算,工作参数寻优结果见表 7-5。

表 7-5　主要谐次共振转速时扭振优化控制工作参数值

转速	525 r/min	700 r/min	900 r/min	1 050 r/min
喷油定时(℃A)	−7	−9	−9	−12
进气定时(℃A)	306	306	296	286
进气压力(bar)	2.1	2.6	4.1	5.6
预喷射提前角(°)	−2	−2	−6	−8

全工况在优化控制后的扭转振动响应及其与初始工作状态的计算值对比如图 7-16 所示。根据全工况的扭转振动优化控制结果，曲轴扭振应力主要谐次共振峰值从 53.2 MPa 减

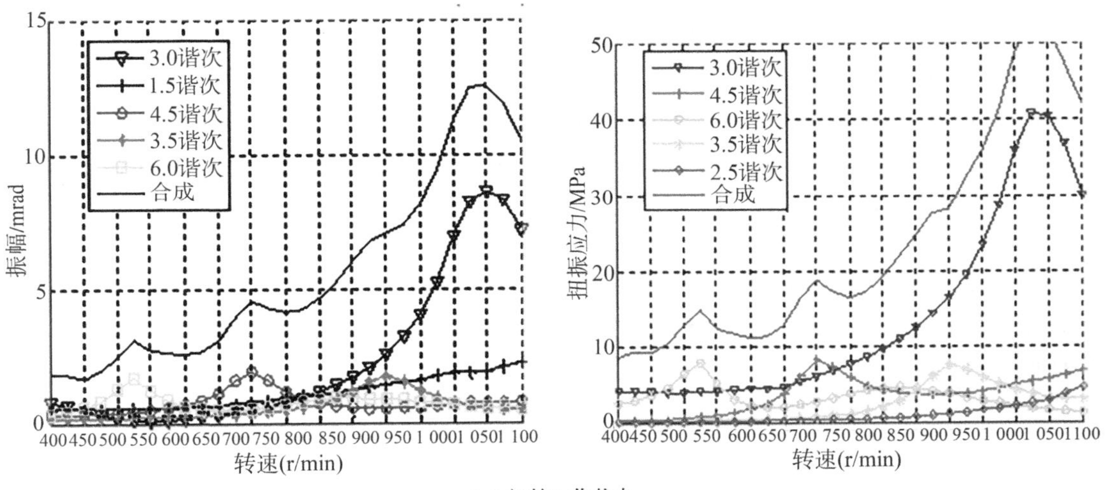

(a) 初始工作状态

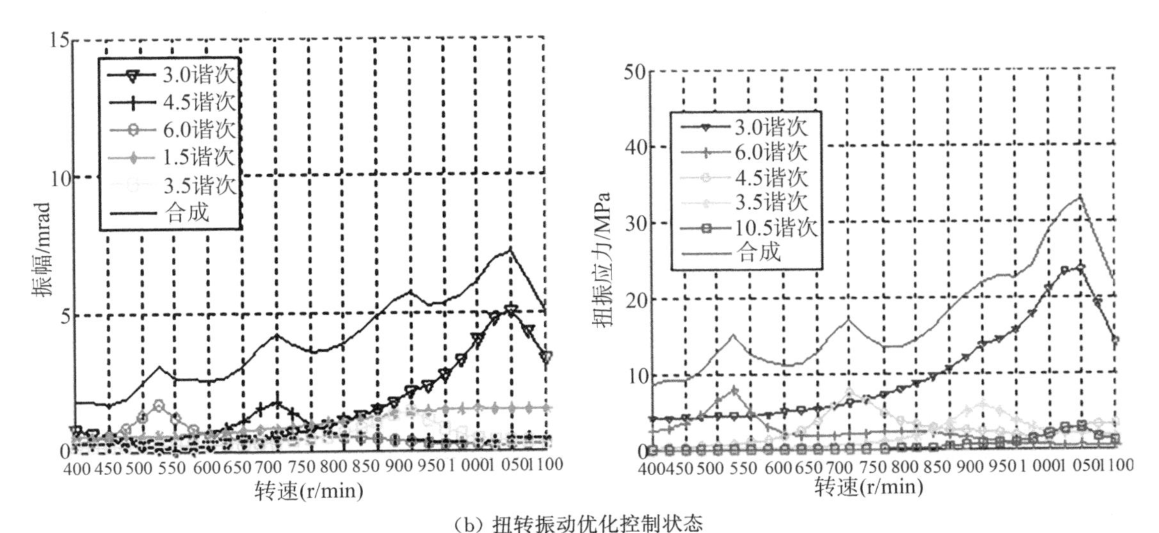

(b) 扭转振动优化控制状态

图 7-16　扭振优化控制前后自由端振幅与曲轴扭振应力对比曲线

小到32.9 MPa，减幅达38.2%，优化控制效果明显。对该型柴油机，低转速的扭振优化控制效果减弱，这也符合对扭转振动控制的目标预期，对不同的工况实现不同的扭转振动控制效果，对于威胁轴系安全的共振转速区域重点进行优化控制。

7.3.3 智能化内燃机装置轴系振动优化控制

在采用高压共轨电控喷油系统的基础上，通过建立内燃机轴系振动优化控制模型，制订优化控制策略，开展智能化内燃机轴系振动优化控制工作。主要的优化控制方法有：

(1) 控制喷油正时：通过改变电信号调整电磁阀的启闭速度和时间，以调整喷油定时及预喷射。

(2) 控制进排气正时：在采用无凸轮轴的电控进排气门的基础上，通过改变电信号调整电磁阀的启闭来控制伺服液压油，以动态调整进排气正时。

(3) 控制进气压力；在采用可变几何涡轮增压、两级涡轮增压和可变几何排气管等增压系统的基础上，分别改变电信号调整导流叶片、涡轮间废气调节阀开度和排气管上阀门。

通过这些供油和配气的电子控制系统，智能化内燃机能够在任何工况下配置相应的扭转振动优化控制参数，与此同时将效率、排放等主要性能指标列入目标函数中，从而在实现良好的内燃机性能指标的同时，达到扭转振动优化控制的优良效果。

随着智能化内燃机及动力装置相关技术的快速发展，在满足内燃机及动力装置性能、可靠性的同时，在局部工作区域，乃至全工况范围，动态优化调整发动机及动力设备工作参数，达到轴系振动优化控制的效果。总体来看，可测、可调、可控的轴系振动优化控制技术有着很好的发展前景。

Chapter 8

第8章 轴系振动控制技术在工程中的应用

8.1 概述

轴系振动控制技术包括轴系扭转振动、纵向振动、回旋振动及其耦合振动的控制技术，在船舶行业中具有相当长的发展历史，已经建立了较全面的控制方法。轴系振动控制技术在其他领域，如电力、汽车、机车、钢铁、石化等，也有广泛的应用。

随着船舶工业的迅速发展，动力装置向着多样化、复杂化和高强度的方向发展，同时动力装置的可靠性、舒适性、隐身性、智能化、节能环保等指标要求也不断提升，不少新的问题也在不断产生，如齿轮敲击及齿键损坏、曲轴断裂、弹性联轴器损坏、扭振减振器失效等。这些出现的问题及其解决给轴系振动控制技术提出了更高的要求，计算机、电子、控制和材料等技术的发展，也为轴系振动控制技术提供了更先进的手段。

在钢铁工业领域，由于坯料不均匀和轧辊打滑，作用在轧辊上的轧制力矩随机变化，轧机的传动轴系因随机激励而发生扭振；随着电力电子技术的发展，交流传动系统的动态响应速度越来越快，逐步接近轧机传动系统的固有频率，从而产生机电振荡和扭振，使得轧机部件断裂、连接件损坏和电机转子部件等机械传动部件的破坏事故屡有发生。20 世纪 80 年代末，我国引进的大型轧机传动系统出现机械传动部件损坏事故，因此扭转振动控制成为大型可逆式轧机需要关注的关键技术之一。

在电力行业，20 世纪 70 年代相续出现大型汽轮发电机组轴系的断轴、螺栓剪断、叶片脱落等恶性事故。经过大量的监测、分析后发现，发电机的短路和电网冲击性干扰引起的轴系扭振冲击响应对机组的安全运行造成了极大的危害，特别是随着机组容量加大、轴系加长后，扭振问题突显，因而引起世界电力工业界的高度重视。例如，20 世纪 70 年代，美国 Mohave 电站 300 MW 机组因扭振连续发生两起断轴事故，意大利一台 600 MW 机组、英国两台机组、日本一台 600 MW 机组也相继发生了扭振破坏事故，损失严重。因此，大型蒸汽轮机电站的轴系扭振监测控制成为了必备手段。

在汽车领域，由于对动力传动系统的可靠运行要求，在很多发动机自由端安装弹性皮带盘、硅油或橡胶扭振减振器等，以保护曲轴免受扭振的破坏。一般来说，将发动机扭振振幅控制在较低水平，也可以降低发动机及传动系统的机械噪声(如变速箱)，从而提升整车的舒适性。对于工程车辆动力传动系统、新能源汽车混合动力传动系统来说，变速箱、发电机及其连接轴的振动特性需要有效的控制，加装弹性联轴器、液力阻尼联轴器等，以防止连接轴断裂、齿轮啮合磨损、发电机失效等故障的发生，也可以有效降低传动系统、发电系统的机械噪声。

本章以船用内燃机动力装置轴系振动为重点，列举了低速、中高速柴油机动力装置的典型应用案例、若干故障问题的发生及其解决方法，如曲轴断裂、联轴器与变速箱齿轮断裂、齿轮箱敲齿等。此外，也介绍了工程车辆领域两个轴系振动故障的分析案例，以及新能源汽车混合动力传动系统的轴系振动控制技术。

8.2 船舶低速柴油机推进轴系

8.2.1 低速柴油机推进轴系扭转-纵向耦合振动测试案例

这里列举四型船舶低速机推进轴系的扭转-纵向耦合振动测试的案例，船舶主要信息见表8-1。采用扭转-纵向耦合振动测试方法（详见第6章6.5节）进行推进轴系扭转-纵向耦合振动的实船测量，效果良好，获得了多家船级社的认可。扭转振动测量采用增量式光电编码器和NZ-T型通用型扭振分析记录仪测量，纵向振动测量则用电涡流式测振仪测量或加速度计及电荷放大器测量。其主要测试结果如图8-1～图8-4所示。

表8-1 扭转-纵向耦合振动测量实例

船号	T340-1	TD600-2	TD600-3	BC150-1
船型	油轮	双底层油轮	油轮	散装货轮
排水量	34 000 t	60 000 t	60 000 t	150 000 t
主机	B&W 5L50MC	B&W 6L60MC	B&W 6L60MC	B&W 6S70MC
机号	0090	0098	0083	0092
造机厂	大连船用柴油机厂	大连船用柴油机厂	大连船用柴油机厂	大连船用柴油机厂
船厂	大连造船厂	大连造船厂	大连造船新厂	大连造船新厂
船东	上海海运局	大连远洋公司	广州海运局	EXMAR & COB.
船级社	CCS	CCS	CCS	DNV

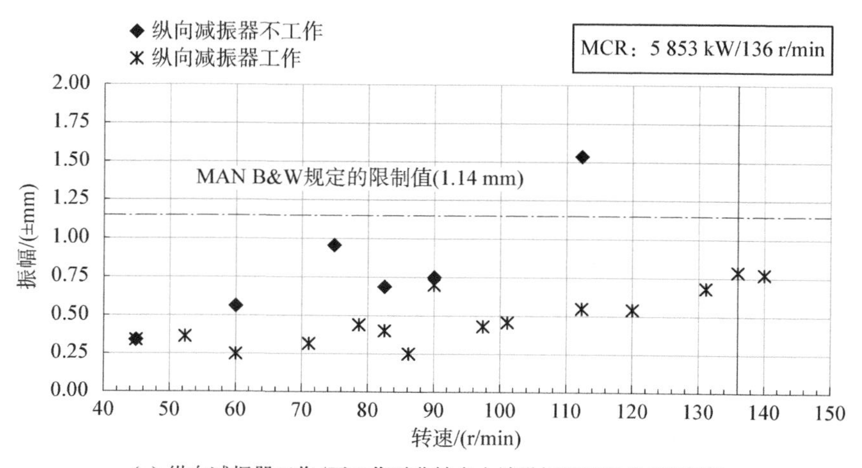

(a) 纵向减振器工作/不工作时曲轴自由端纵振测试结果(峰峰值)

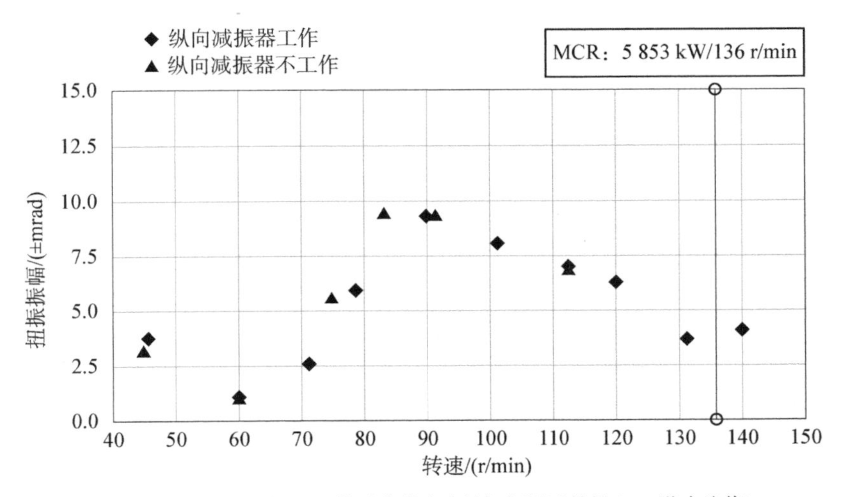

(b) 纵向减振器工作/不工作时曲轴自由端扭振测试结果(5.0 谐次峰值)

图 8－1　T340－1 油轮推进轴系扭转-纵向振动测试结果

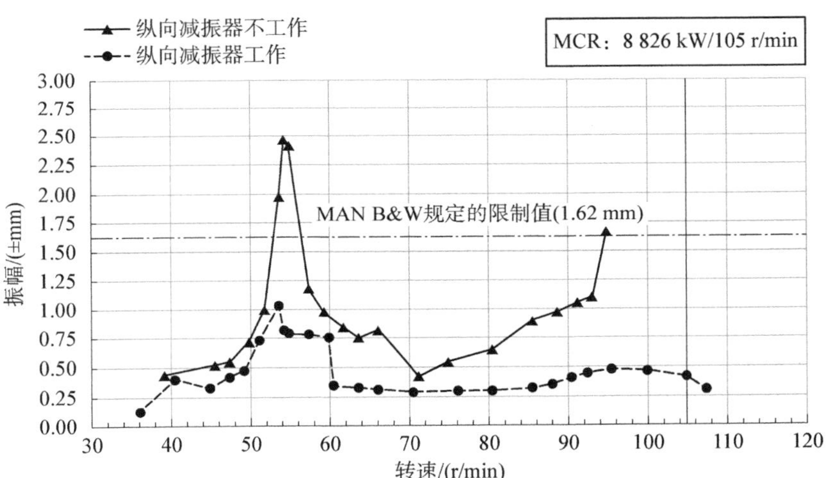

(a) 曲轴自由端纵振测试结果(峰峰值)

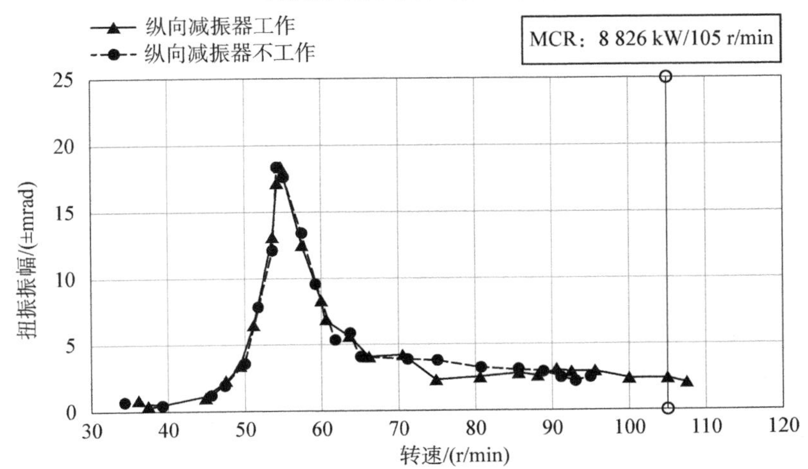

(b) 纵向减振器工作/不工作时曲轴自由端扭振测试结果(6.0 谐次峰值)

图 8－2　TD 600－2 油轮推进轴系扭转-纵向振动测试结果

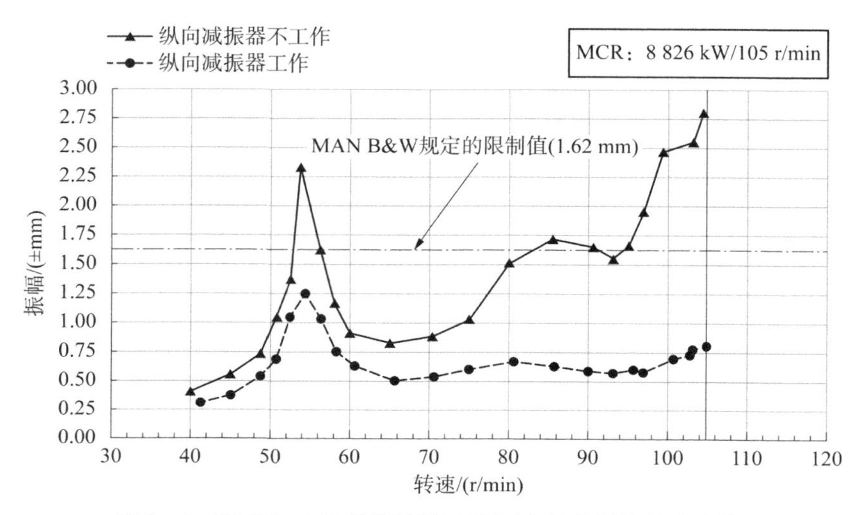

图 8-3 TD600-3 油轮推进轴系纵向振动测试结果(峰峰值)

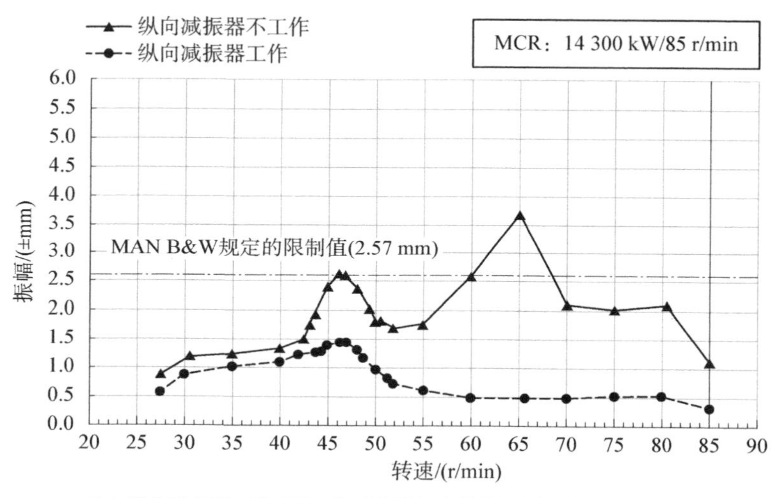

(a) 纵向减振器工作/不工作时曲轴自由端纵振测试结果(峰峰值)

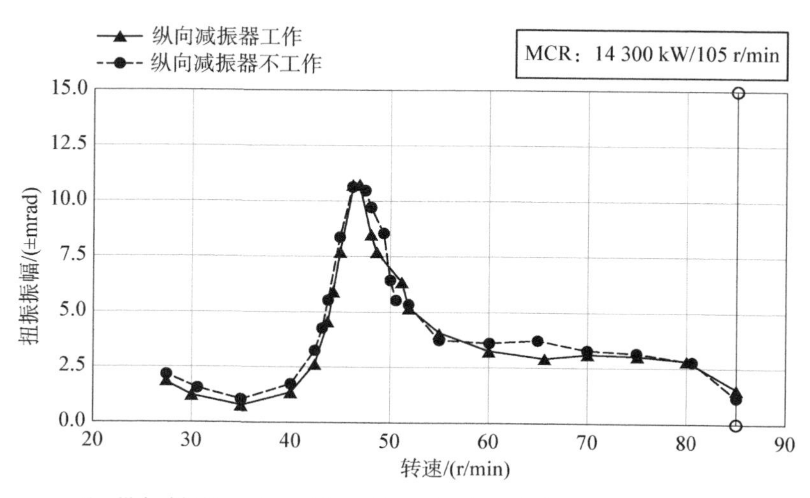

(b) 纵向减振器工作/不工作时曲轴自由端扭振测试结果(6.0 谐次峰值)

图 8-4 BC150-1 散装货轮推进轴系扭转-纵向振动测试结果

该四型船推进轴系振动测试分析如下：

1) T340－1 油轮推进轴系测试结果分析

测试结果如图 8－1 所示。当纵向减振器工作时，柴油机在整个运转转速范围内，曲轴自由端最大纵振振幅小于许用值(1.14 mm)，在 5.0 谐次扭振共振转速(近 90 r/min)处，纵振存在略微大的振幅峰值；当纵向减振器不工作时，柴油机在 112.5 r/min 转速处振幅超过许用值。

无论纵向减振器工作与否，曲轴自由端扭振振幅，包括 5.0 谐次共振转速(近 90 r/min)附近，没有大的变化。

2) TD600－2 油轮推进轴系测试结果分析

测试结果如图 8－2 所示。当纵向减振器工作时，曲轴自由端的 6.0 谐次扭振共振振幅与转速为±18.23 mrad/55.0 r/min；而在曲轴自由端纵振测试结果中，曲轴自由端的 6.0 谐次共振振幅与转速分别为±0.33 mm 和 53.75 r/min。纵振与扭振的共振转速是一致的。

当纵向减振器不工作时，曲轴自由端的扭振 6.0 谐次共振振幅与转速为±18.37 mrad/54.375 r/min；而在曲轴自由端纵振测试结果中，曲轴自由端的 6.0 谐次共振振幅与转速分别为±0.73 mm 和 54.375 r/min。纵振与扭振的共振转速也是一致的。

此外，在纵向减振器工作时会发现在 96 r/min 转速附近有共振转速(6.0 谐次)，这是纯纵向振动产生的。

3) TD600－3 油轮推进轴系测试结果分析

测试结果如图 8－3 所示。曲轴自由端纵向振动振幅在 54 r/min 附近存在共振，这是与扭振 6.0 谐次共振转速(近 54 r/min)相关联的。

4) BC150－1 散装货轮推进轴系测试结果分析

测试结果如图 8－4 所示。在扭振 6.0 谐次共振转速(近 47 r/min)处，纵振存在共振峰值；纵向减振器不工作时，在近 65 r/min 转速处，显示纯纵振共振振幅。

由上述四型船舶柴油机推进轴系扭转-纵向振动测试结果分析可见，往往在扭振主谐次共振转速上，纵向振动也有较大的共振振幅，这说明两者之间有较强的耦合效应；纵向减振器工作与否对纵振振幅有很大影响，但扭转振动的共振转速和振幅相差不大。

8.2.2 TD600－2 油轮扭转-纵向耦合振动

船舶低速柴油机推进轴系振动，其研究的重点是扭转振动、纵向振动、回旋振动及扭转-纵向耦合振动问题。这里以 TD600－2 型油轮为例，介绍柴油机推进轴系扭转-纵向耦合振动计算及测试分析。

8.2.2.1 扭转-纵向耦合振动计算

计算目的：考核柴油机轴系扭转-纵向耦合振动计算的正确性，并判定所计算的 TD600－2 油轮推进轴系的扭转-纵向耦合振动是否在可接受的范围内。

TD600－2 油轮推进轴系的主要参数见表 8－2，该船柴油机推进轴系扭转-纵向耦合振动当量系统参数、模型见表 8－3、图 8－5。

表 8-2 TD600-2 油轮推进轴系的主要参数

船舶主要参数			
船号	TD600-2	船厂	大连造船厂
船型	油轮	排水量	60 000 t
船东	大连远洋运输公司	船级社	中国船级社
柴油机主要参数			
制造厂	大连船用柴油机厂	机号	0098
机型	大连-B&W 6L60MC	曲柄连杆比	0.415 4
缸径/冲程	600 mm/1 944 mm	发火次序	1-5-3-4-2-6
型式	二冲程	平均指示压力	1.639 MPa
气缸数	6	曲轴直径(主轴径)	672 mm
最大持久功率	8 826 kW/105 r/min	飞轮转动惯量	8 000 kg·m²
常用功率	7 943 kW/101.5 r/min	调频轮惯量	10 000 kg·m²
最高燃烧压力	12.6 MPa	单缸往复质量	5 389 kg
螺旋桨主要参数			
桨叶数	4	直径	6 500 mm
螺距	4 446 mm	盘面比	0.502 9
转动惯量(空气中)	32 732.9 kg·m²	材料	锰铝青铜(4 级)
轴系主要参数			
中间轴直径×长度	ϕ465 mm×8 676 mm	螺旋桨轴直径×长度	ϕ574 mm×7 017 mm

表 8-3 TD600-2 油轮推进轴系质量弹性系统参数

序号	名称	转动惯量/(kg·m²)	质量/kg	扭转刚度/(×10⁹ N·m/rad)	纵向刚度/(×10⁹ N/m)
1		1.0	1 800.0	999.999	0.00
2		11 763.0	10 400.0	4.0	163.93
3	主轴颈	1 792.5	3 570.2		
4	1#曲柄销	4 701.8	3 570.2		
5	主轴颈	3 585.0	7 140.3		
6	2#曲柄销	4 701.8	3 570.2		
7	主轴颈	3 585.0	7 140.3		
8	3#曲柄销	4 701.8	3 570.2		
9	主轴颈	3 585.0	7 140.3		
10	4#曲柄销	4 701.8	3 570.2		

（续　表）

序号	名称	转动惯量 /($kg \cdot m^2$)	质量 /kg	扭转刚度/ ($\times 10^9 N \cdot m/rad$)	纵向刚度/ ($\times 10^9 N/m$)
11	主轴颈	3585.0	7140.3		
12	5#曲柄销	4701.8	3570.2		
13	主轴颈	3585.0	7140.3		
14	6#曲柄销	4701.8	3570.2		
15	主轴颈	1792.5	3570.2	4.202	222.22
16		3867.0	8322.0	2.058	80.00
17		8232.0	13200.0	0.043	4.11
18		542.4	13605.0	0.137	7.98
19	螺旋桨	39279.6	36918.0		

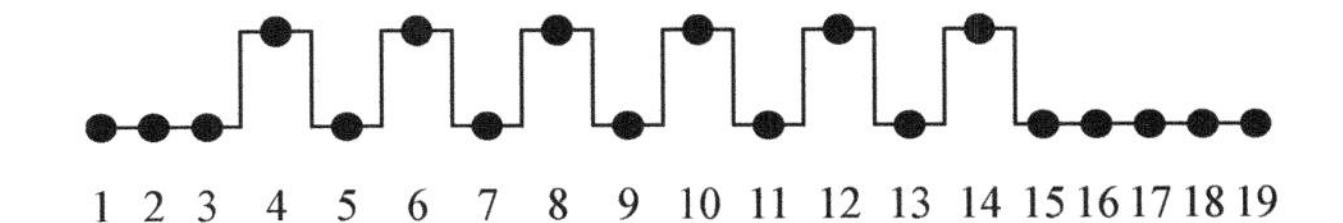

图 8-5　TD600-2 油轮推进轴系扭转-纵向耦合振动计算当量系统模型

1）自由振动计算结果

自由振动计算结果见表 8-4。前四个耦合振动固有频率分别为 5.269 Hz、9.733 Hz、21.529 Hz 和 23.169 Hz。观察各振型下扭振和纵振的相对振幅，与分别的扭振和纵振的自由振动计算相对应，可以认为：第 1 耦合振动固有频率(5.269 Hz)是单节扭振频率，落在运行转速范围内的主要谐次的共振转速有 3.0 谐次的 105.38 r/min、6.0 谐次的 52.69 r/min；第 2 耦合振动固有频率(9.733 Hz)为零节纵振频率，落在运转转速范围内的主要谐次的共振转速有 6 谐次的 97.33 r/min、9.0 次的 64.89 r/min；第 3 耦合振动固有频率(21.529 Hz)为单节纵振频率；第 4 耦合振动固有频率(23.169 Hz)为双节扭振频率。

表 8-4　TD600-2 轮推进轴系耦合振动自由振动计算结果

质量序号	第 1 固有频率：5.269 Hz		第 2 固有频率：9.733 Hz		第 3 固有频率：21.529 Hz		第 4 固有频率：23.169 Hz	
	扭转振幅 ±mrad	纵向振幅 ±mm	扭转振幅 ±mrad	纵向振幅 ±mm	扭转振幅 ±mrad	纵向振幅 ±mm	扭转振幅 ±mrad	纵向振幅 ±mm
1	1.0031	−0.0000	−0.0410	0.0000	−4.8749	0.0000	1.0665	0.0000
2	1.0031	−0.0483	−0.0410	1.0002	−4.8749	1.0012	1.0665	1.5824
3	**1.0000**	−0.0483	−0.0405	**1.0000**	−4.6126	**1.0000**	**1.0000**	1.5803
4	0.9942	−0.0480	−0.0348	0.9555	−4.1143	0.8090	0.9173	1.1859
5	0.9857	−0.0439	−0.0272	0.9151	−3.4263	0.3654	0.7999	0.9126

（续　表）

质量序号	第 1 固有频率：5.269 Hz		第 2 固有频率：9.733 Hz		第 3 固有频率：21.529 Hz		第 4 固有频率：23.169 Hz	
	扭转振幅 ±mrad	纵向振幅 ±mm	扭转振幅 ±mrad	纵向振幅 ±mm	扭转振幅 ±mrad	纵向振幅 ±mm	扭转振幅 ±mrad	纵向振幅 ±mm
6	0.9762	-0.0401	-0.0151	0.8671	-2.6795	-0.0660	0.6968	0.5853
7	0.9641	-0.0351	-0.0019	0.8110	-1.8073	-0.5434	0.5587	0.2531
8	0.9495	-0.0298	-0.0005	0.7522	-0.8470	-1.0182	0.3224	-0.0678
9	0.9391	-0.0359	-0.0042	0.7189	0.1664	-0.7863	0.0327	-0.4125
10	0.9130	-0.0410	-0.0036	0.6671	1.1536	-0.4590	-0.2713	-0.7004
11	0.8918	-0.0314	0.0031	0.5780	2.0681	-0.7715	-0.5278	-0.9281
12	0.8703	-0.0228	0.0252	0.4835	2.8739	-1.0496	-0.6947	-1.1437
13	0.8463	-0.0125	0.0483	0.3728	3.5367	-1.1803	-0.8317	-1.2985
14	0.8186	-0.0029	0.0626	0.2629	4.1504	-1.3064	-0.9728	-1.3897
15	0.7877	-0.0013	0.0730	0.1096	4.5794	-1.0503	-1.0712	-1.5232
16	0.7686	-0.0013	0.0731	0.1087	4.8023	-1.0485	-1.1342	-1.5233
17	0.7279	-0.0013	0.0727	0.1090	5.0922	-1.0691	-1.2179	-1.5601
18	-1.3894	-0.0013	0.0025	0.1144	1.0838	-1.4069	-2.6790	-2.1703
19	-2.0413	-0.0013	-0.0194	0.1164	-2.4010	-1.5370	0.0497	-2.4062

2）强迫振动计算结果

强迫振动计算分两种情况计算：纵向振动减振器正常工作状态和纵向振动减振器不工作状态。纵向振动减振器正常工作时，曲轴自由端的扭振振幅-转速曲线和纵振振幅-转速曲线分别如图 8-6(a)和(b)所示；纵向振动减振器不工作时，曲轴自由端的扭振振幅-转速曲线和

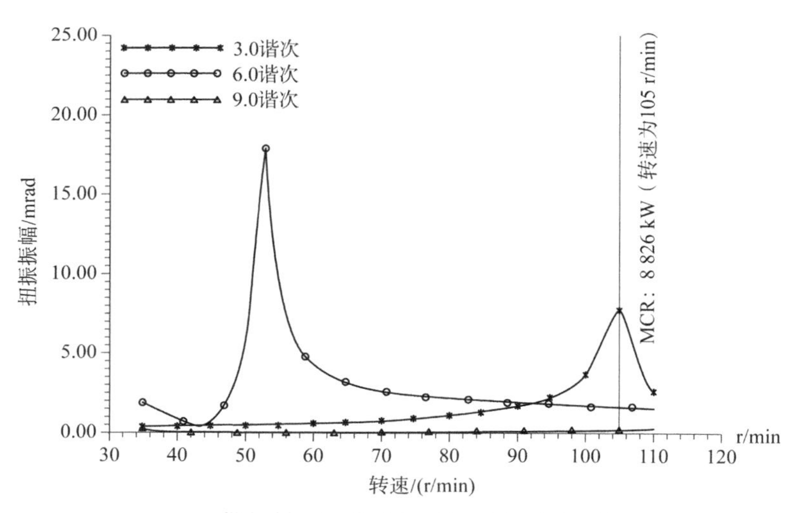

(a) 纵向减振器正常工作时扭振振幅-转速曲线

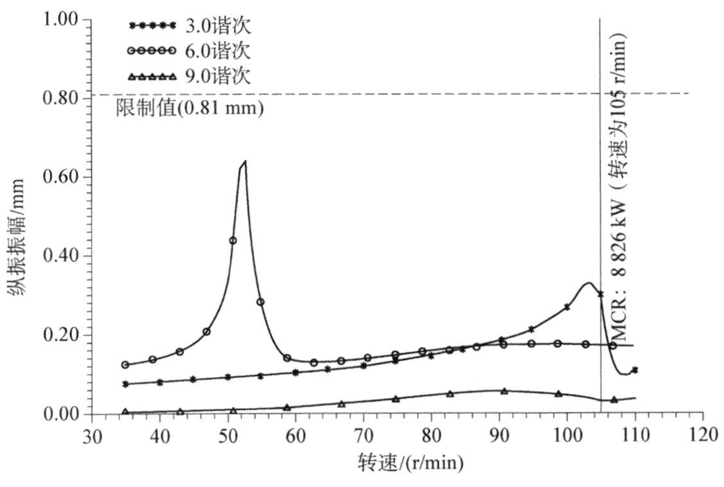

（b）纵向减振器正常工作时纵振振幅-转速曲线

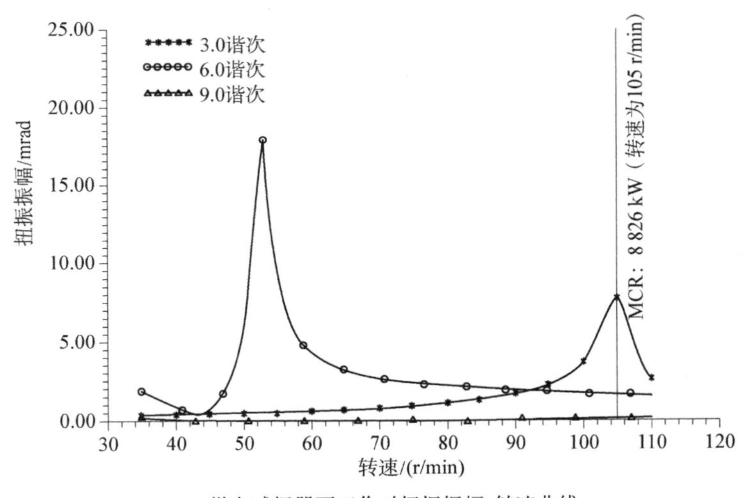

（c）纵向减振器不工作时扭振振幅-转速曲线

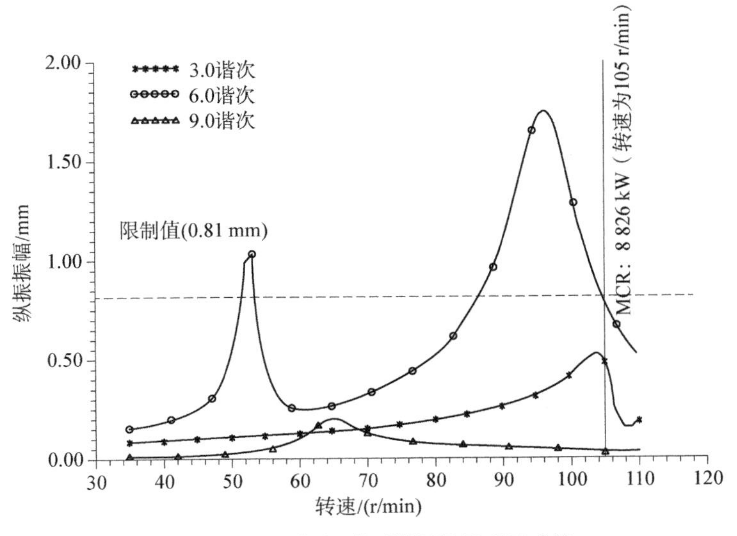

（d）纵向减振器不工作时纵振振幅-转速曲线

图 8-6　低速柴油机曲轴自由端扭转-纵向振动计算结果

纵振振幅-转速曲线分别如图 8-6(c)和(d)所示。表 8-5 为纵向振动减振器正常工作与不工作时各主要谐次的扭振和纵振的共振转速和相应的振幅。

表 8-5 轴系扭转-纵向振动的共振转速与振幅(计算结果)

工况	振型	谐次	共振转速(r/min)	振幅(单峰值)
纵振减振器工作	扭振	3.0	105	7.71 mrad
		6.0	53	17.93 mrad
	纵振	3.0	104	0.32 mm
		6.0	53	0.63 mm
纵振减振器不工作	扭振	3.0	105	7.83 mrad
		6.0	53	18.07 mrad
	纵振	3.0	104	0.51 mm
		6.0	53	1.02 mm
			97	1.74 mm
		9.0	65	0.19 mm

3) 扭转-纵向耦合振动计算结果分析

综合分析扭转-纵向耦合振动的自由振动和强迫振动计算结果,可以看出:

(1) 由于在自由振动计算中不考虑阻尼,即进行的是无阻尼自由振动计算,这恰好相对于纵向减振器不工作时的状态。因此,自由振动计算得到的共振转速与纵向减振器不工作时的强迫振动计算结果完全一致。

(2) 对于扭转振动,无论纵向减振器工作或不工作时,其强迫振动计算的结果基本上没有变化。因此,可以认为纵向振动振幅的大小对扭转振动没有大的影响。这一点也将从实测结果上得以体现。

(3) 对于纵向振动,从强迫振动计算结果中可以看到有一点非常明显,即在 53 r/min 时,有一个 6.0 谐次的强共振峰。从自由振动计算结果中得知,此处并不是纵向振动的共振转速。这意味着,在 53 r/min 时,强烈的扭转振动引起了不可忽视的纵向振动,这就是由扭转振动引起的纵向振动,即扭转-纵向同频耦合振动。

(4) 对比纵向减振器共振或不工作时的纵向振动计算结果,我们可以看出,纵向振动减振器对于抑制纵向振动效果明显,零节纵振的共振现象(6.0 谐次和 9.0 谐次)已不复存在。但对于由单节 6.0 谐次扭振引起的纵向振动(53 r/min 处),虽然也有较大的效果,却不能消除共振现象。

(5) 扭转-纵向耦合振动计算和测量的结果比较列于表 8-6,可见两者符合得较好,误差较小。

表8-6　TD600-2轮推进轴系耦合振动计算与实测对比

状态	振型	转速/振幅	计算值	实测值	相对误差
纵向减振器工作	扭振	6.0谐次共振转速	53 r/min	55.0 r/min	3.77%
		6.0谐次共振振幅	17.93 mrad	18.23 mrad	1.67%
	纵振	6.0谐次共振转速	53 r/min	53.75 r/min	1.42%
		6.0谐次共振振幅	0.63 mm	0.33 mm	−47.62%
纵向减振器不工作	扭振	6.0谐次共振转速	53 r/min	54.375 r/min	2.59%
		6.0谐次共振振幅	18.07 mrad	18.37 mrad	1.66%
	纵振	6.0谐次共振转速	53 r/min	54.375 r/min	2.59%
		6.0谐次共振振幅	1.02 mm	0.73 mm	−28.43%

8.2.2.2　扭转-纵向耦合振动测试

1993年12月26日，进行了TD600-2油轮推进轴系扭转-纵向耦合振动测试。在柴油机曲轴自由端，采用LF200型光电编码器、B&K4370型加速度计同时进行扭转振动、纵向振动测量。

纵向减振器正常工作状态下，测量转速分档为35 r/min、40 r/min、45 r/min、47 r/min、49 r/min、51 r/min、53 r/min、54 r/min、55 r/min、57 r/min、59 r/min、61 r/min、63 r/min、65 r/min、70 r/min、75 r/min、80 r/min、85 r/min、88 r/min、90 r/min、92 r/min、95 r/min、100 r/min、105 r/min、108.5 r/min。

纵向减振器不工作状态下，考虑到运行的安全，分档转速与上相同，但100 r/min及以上转速没有运行。

纵向减振器工作状态与纵向减振器不工作状态下，在曲轴自由端，扭转-纵向耦合振动测试结果如图8-2所示。柴油机曲轴自由端扭振主要谐次是6.0(分析结果参见表8-6)，其扭振振幅及曲轴、中间轴、螺旋桨轴扭振应力(按测试振幅与计算振型推算)分别如图8-7和图8-8所示。图8-9所示为柴油机53.75 r/min时扭振与纵振时域波形和频谱，图8-10所示为扭振、纵振的三维谱阵。图中，$[T_c]$为持续许用扭振应力(MPa)，$[T_g]$为超速持续许用扭振应力(MPa)，$[T_t]$为瞬时许用扭振应力(MPa)。

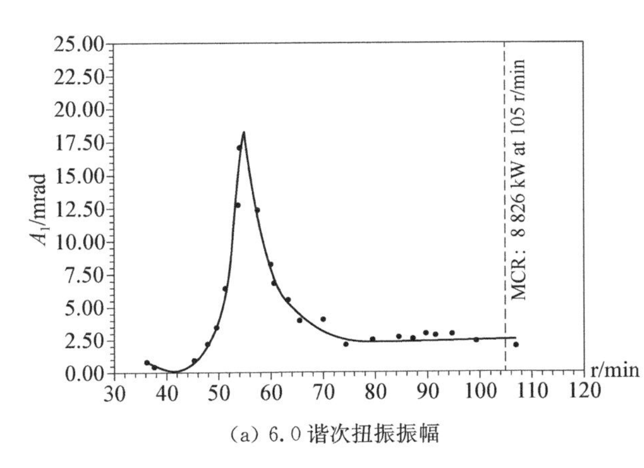

(a) 6.0谐次扭振振幅

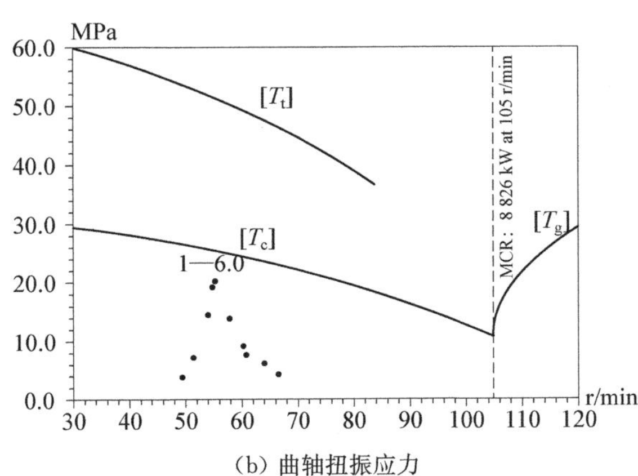

(b) 曲轴扭振应力

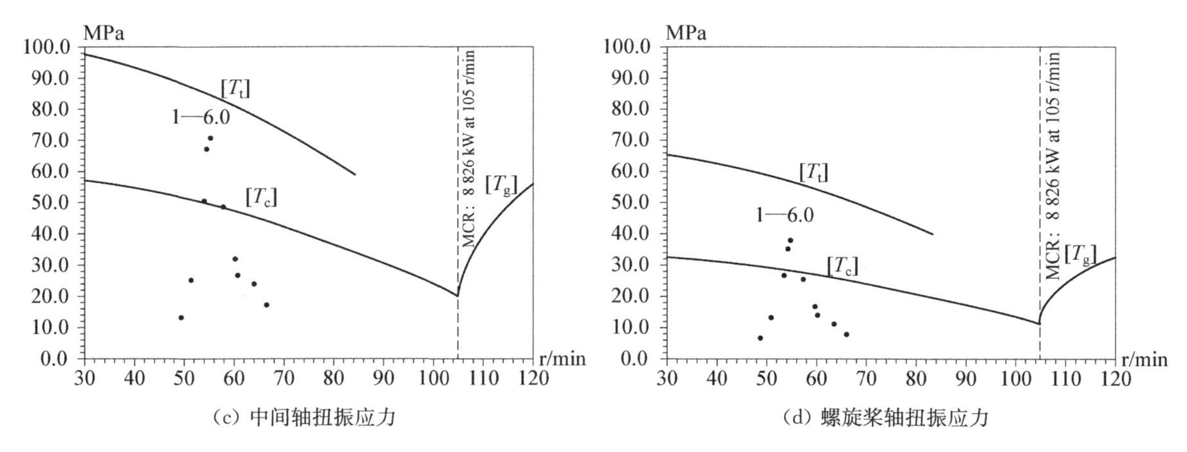

(c) 中间轴扭振应力　　(d) 螺旋桨轴扭振应力

图 8-7　纵向减振器工作时推进轴系曲轴自由端扭振振幅及轴段扭振应力(6.0 谐次)

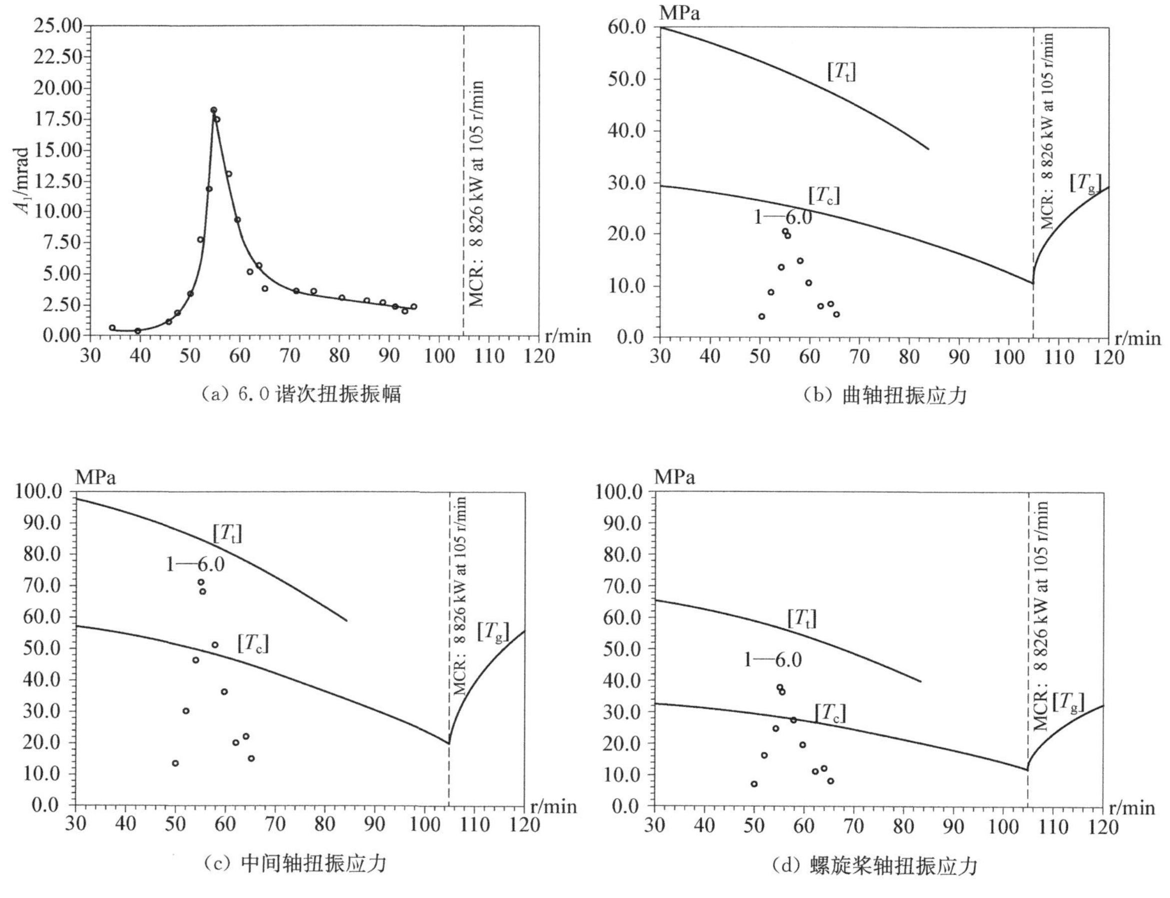

(c) 中间轴扭振应力　　(d) 螺旋桨轴扭振应力

图 8-8　纵向减振器不工作时推进轴系曲轴自由端扭振振幅及轴段扭振应力(6.0 谐次)

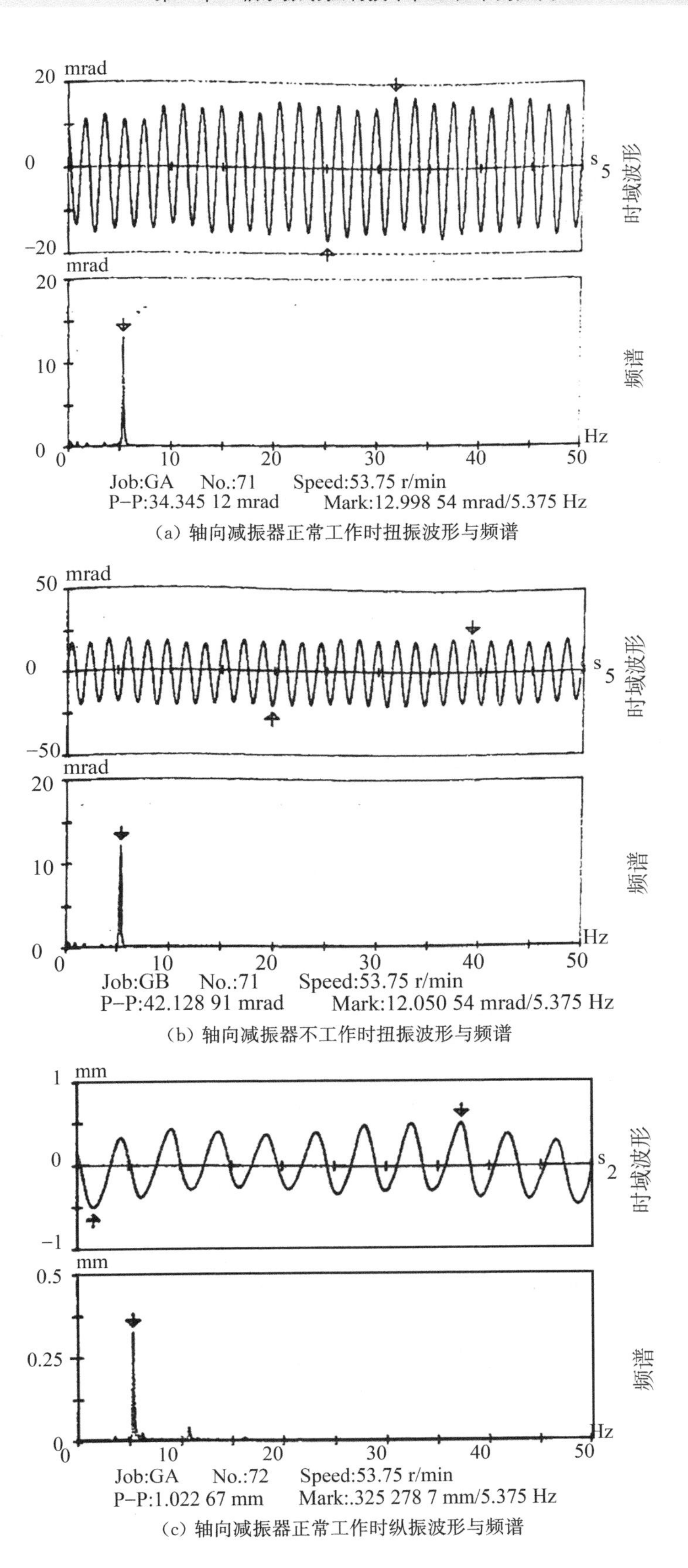

(a) 轴向减振器正常工作时扭振波形与频谱

(b) 轴向减振器不工作时扭振波形与频谱

(c) 轴向减振器正常工作时纵振波形与频谱

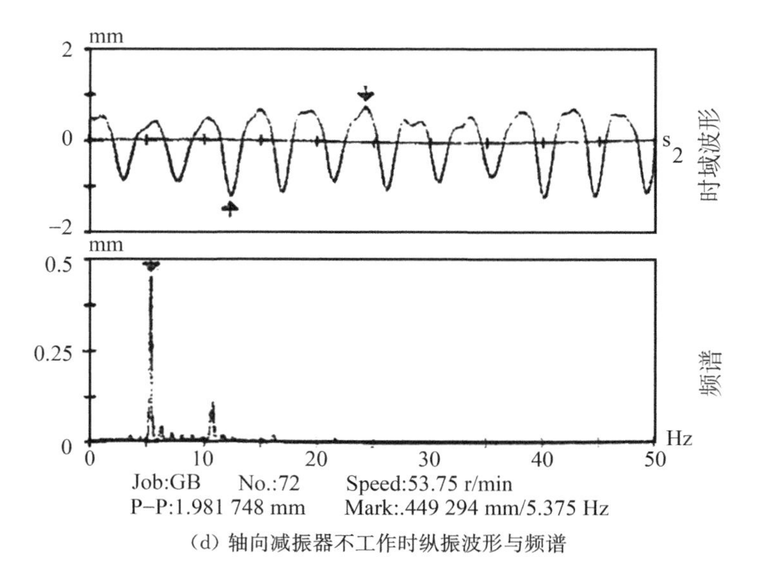

（d）轴向减振器不工作时纵振波形与频谱

图 8－9 60 000 t 油轮推进轴系耦合振动测量 53.75 r/min 时扭振、纵振时域波形和频谱

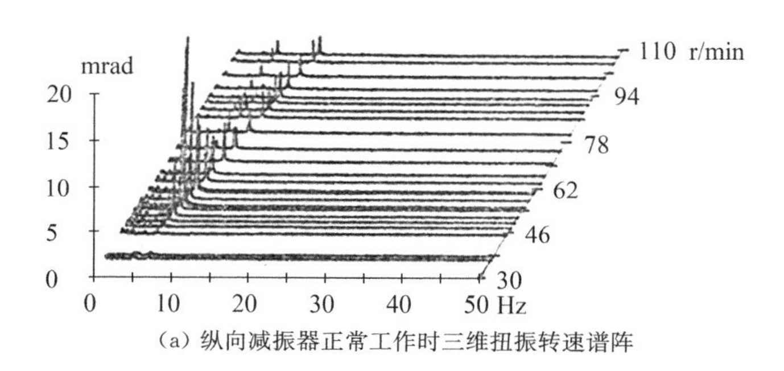

（a）纵向减振器正常工作时三维扭振转速谱阵

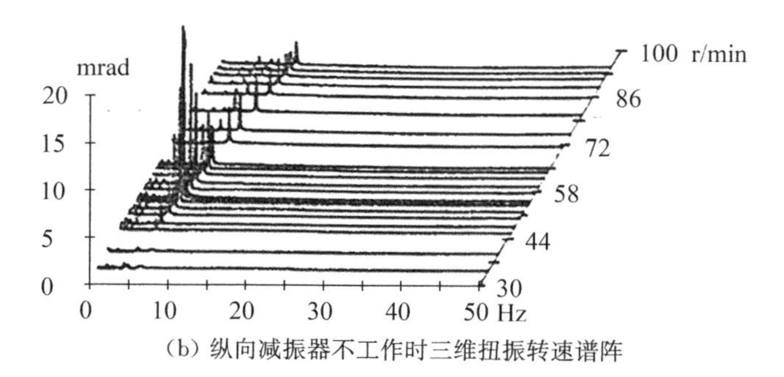

（b）纵向减振器不工作时三维扭振转速谱阵

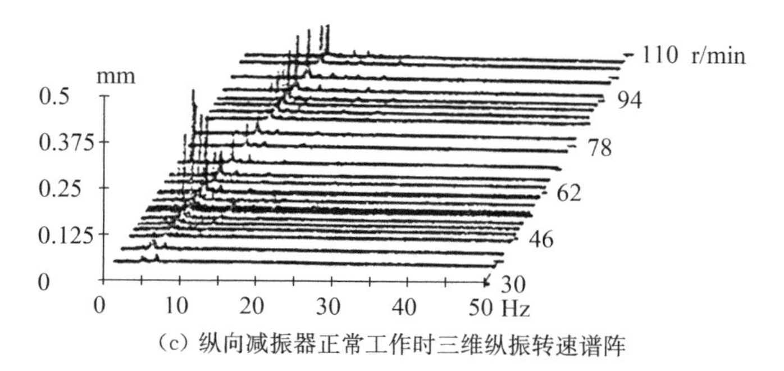

（c）纵向减振器正常工作时三维纵振转速谱阵

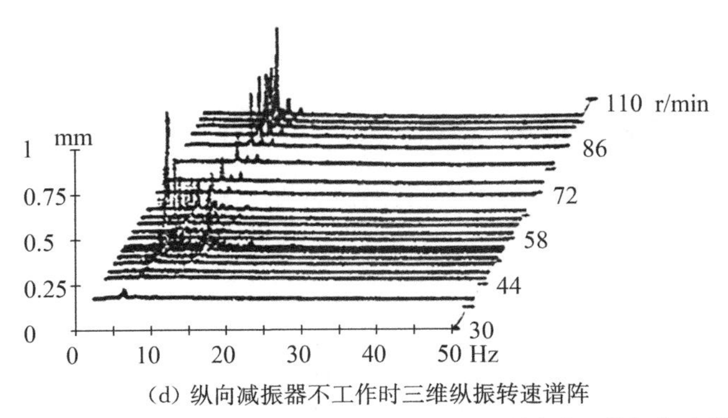

(d) 纵向减振器不工作时三维纵振转速谱阵

图8-10　60000t油轮推进轴系耦合振动测量的三维扭振、纵振频率转速谱阵

1) 纵振测试分析主要结果

(1) 纵向减振器工作状态：柴油机在整个运转范围内，曲轴自由端纵向振动最大振幅(峰峰值)为1.02 mm(转速53.7 r/min)，小于许用值(1.62 mm)；主要谐次为6.0，该谐次纵向振幅小于许用值(±0.81 mm)。

(2) 纵向减振器不工作状态：柴油机在52～57 r/min测量转速范围内，54.375 r/min转速处，曲轴自由端纵向振幅(峰峰值)为2.46 mm，超过许用值(1.62 mm)；在95 r/min转速处，曲轴自由端纵向振幅(峰峰值)为1.68 mm，也超过了许用值(1.62 mm)。

(3) 根据B&W 6L60MC型柴油机的要求，曲轴自由端纵向振幅(峰峰值)应不大于1.62 mm。因此，柴油机在纵向减振器工作状态，允许在整个运行转速范围内运转；柴油机在纵向减振器不工作状态，在52～57 r/min转速范围内运行需快速通过，在95 r/min以上的转速范围内不允许运行。

2) 扭振测试分析主要结果

(1) 实测共振转速：纵向减振器工作与不工作状态，单节扭振固有频率实测值与计算值的误差小于5%。因此，曲轴、中间轴和螺旋桨轴的扭振应力可以按计算振型推算。

(2) 纵向减振器工作状态：中间轴和螺旋桨轴的扭振应力在55 r/min转速处超过持续运转许用应力，但小于瞬时运转许用应力。推进轴系其他部位的扭振应力均小于许用值。

(3) 纵向减振器不工作状态：中间轴和螺旋桨轴的扭振应力在转速54.375 r/min处超过持续运转许用应力，但小于瞬时运转许用应力。推进轴系其他部位的扭振应力均小于许用值。

(4) 从推进轴系扭转振动方面考虑，建议设定转速禁区为49～59 r/min，在该转速范围内应快速通过，其他转速范围内均可安全运转。

8.2.2.3　扭转-纵向耦合振动分析

综合TD600-2轮推进轴系扭转-纵向耦合振动计算分析、测试分析及比较，得到如下结论：

(1) 当纵向减振器正常工作时，转速禁区为49～59 r/min；其他转速范围内扭转振动和纵向振动方面是安全的。

(2) 当纵向振动减振器不工作时，6.0谐次纵向振动的振幅超过了规定的许用值。因此，该轴系必须安装纵向减振器，转速禁区是49～59 r/min、95 r/min及以上转速。

(3) 将计算与实测结果相比较可知，计算与实测结果的接近程度较好，振动频率和振幅的误差均在工程上可接受的范围内，由此可以认为柴油机轴系耦合振动计算程序是正确的，计算数学模型合理，符合工程分析要求。

8.3 船舶中高速柴油机推进轴系

8.3.1 扭转振动计算与测试分析

8.3.1.1 轴系的组成

某船柴燃联合动力装置(CODOG)中柴油机推进轴系是由高速柴油机—液力偶合器—高弹联轴器—万向轴—减速齿轮箱—中间轴—螺旋桨组成，如图 8－11～图 8－13 所示，轴系简

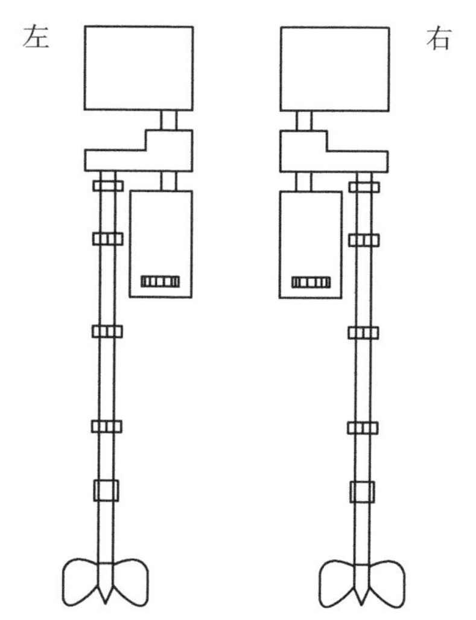

图 8－11 柴燃联合动力装置(CODOG)轴系简图

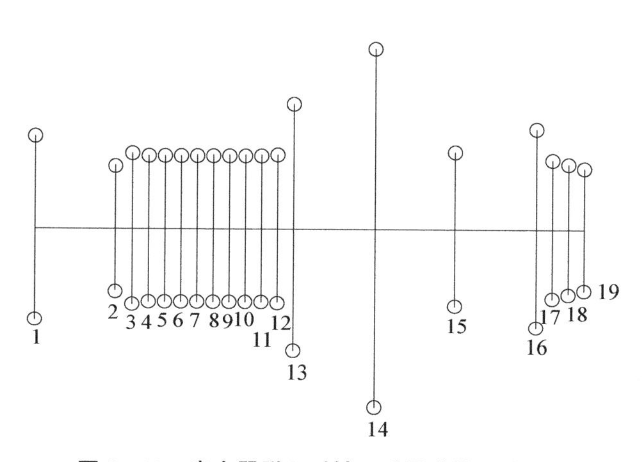

图 8－12 离合器脱开时轴系质量弹性系统简图

1—2 轴段—扭振减振器；3～12—气缸；13—飞轮；13—14 轴段—液力偶合器；14～16—双排高弹性联轴器；19—SSS 离合器主动件

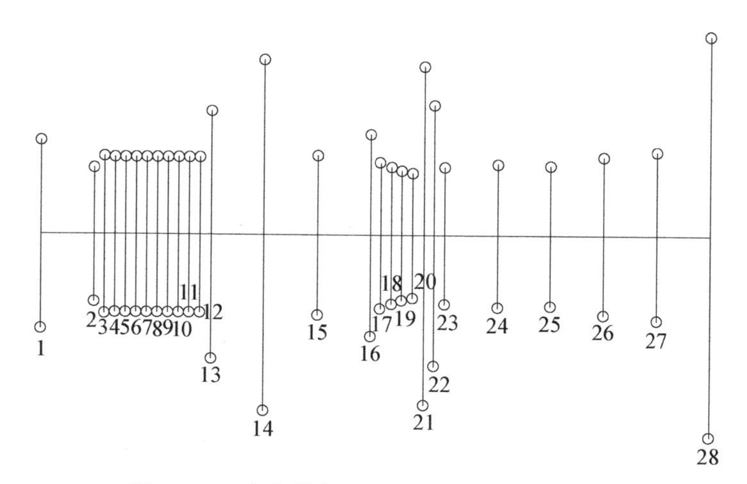

图 8－13 离合器合上时轴系质量弹性系统简图

1—2 轴段—扭振减振器；3～12—气缸；13—飞轮；13—14 轴段—液力偶合器；14～16—双排高弹性联轴器；18—19 轴段—万向轴；19～24—齿轮箱输入端-输出段；19—20 轴段—SSS 离合器；28—可调距螺旋桨

要资料见表8-7。

表8-7 柴油机推进轴系原始资料

柴油机资料			
制造厂	引进专利生产	额定转速	1455 r/min
机型	V型	最低稳定转速	750 r/min
冲程数	4	平均有效压力	1.72 MPa
气缸数	20	机械效率	0.91
V形夹角	60°	连杆长度	473 mm
缸径	230 mm	曲轴主轴径	200 mm
活塞行程	230 mm	曲轴连杆轴径	158 mm
额定功率	3750 kW	往复部分质量	34.7 kg
扭振减振器资料			
型式	8组2列卷簧扭振减振器	内件转动惯量	1.75 kg·m²
扭转刚度	560000 N·m/rad	外件转动惯量	12 kg·m²
液力偶合器			
最大扭力	44700 N·m	主动部分转动惯量	15 kg·m²
阻尼系数	675 N·m·s	从动部分转动惯量	75 kg·m²
联轴器资料			
型号	RATO S2721	主动件转动惯量	12.5 kg·m²
额定扭矩	31.5 kN·m	中间件转动惯量	6.1 kg·m²
最大扭矩	94.5 kN·m	从件转动惯量	14.2 kg·m²
许用振动扭矩	7.88 kN·m	动态扭转刚度	2×252 kN·m/rad
许用功率损失	0.9 kW	阻尼系数	1.13
万向轴资料			
型号	Voith	转动惯量	4.5 kg·m²
扭转刚度	2000 kN·m/rad		
减速齿轮箱资料			
型号	RENK BGS 180/LO	减速比	10.295
螺旋桨资料			
型式	可调桨	转动惯量(水中)	12700 kg·m²
直径	4200 mm	桨叶数	5

采用扭转振动计算程序(TVS)进行计算。

8.3.1.2 扭振计算工况

1) 自由振动计算

计算频率范围为柴油机额定转速的14.4倍，即不大于360 Hz(21 600 1/min)。

(1) 离合器脱开工况。

(2) 离合器合上工况。

2) 强迫振动计算

(1) 离合器脱开工况。分谐次与合成计算，计算转速范围为700～1 750 r/min，计算步长为25 r/min。

(2) 离合器合上、正常发火情况。分谐次与合成计算，计算转速范围为700～1 750 r/min，计算步长为25 r/min。

(3) 离合器合上、一缸不发火情况。分谐次与合成计算，计算转速范围为700～1 750 r/min，计算步长为25 r/min，不发火气缸为A10气缸。

8.3.1.3 扭振计算结果

1) 自由振动计算结果

离合器脱开工况下计算结果：自由振动计算结果汇总在表8-8，表8-9为各谐次的共振转速和相对振幅矢量和 $\sum \vec{\alpha}$，与MTU公司的计算结果对比见表8-10。

表8-8 离合器脱开时自由振动计算结果

振　型	单　结	双　结	三　结	四　结	五　结
频率/Hz (1/min)	7.68 (460.82)	13.36 (801.77)	27.98 (1 679.04)	47.52 (2 851.35)	65.97 (3 958.31)
节点位置	13—14轴段	13—14轴段 14—15轴段	1—2轴段 13—14轴段 15—16轴段	1—2轴段 13—14轴段 14—15轴段 15—16轴段	1—2轴段 9—10轴段 13—14轴段 14—15轴段 15—16轴段
振　型	六　结	七　结	八　结	九　结	十　结
频率/Hz (1/min)	113.29 (6 797.3)	141.19 (8 471.2)	220.82 (13 249.3)	298.20 (17 892.1)	370.38 (22 222.6)
节点位置	1—2轴段 6—7轴段 13—14轴段 14—15轴段 15—16轴段 17—18轴段	1—2轴段 5—6轴段 12—13轴段 13—14轴段 14—15轴段 15—16轴段 17—18轴段	1—2轴段 4—5轴段 8—9轴段 12—13轴段 13—14轴段 14—15轴段 15—16轴段 17—18轴段	1—2轴段 3—4轴段 6—7轴段 9—10轴段 12—13轴段 13—14轴段 14—15轴段 15—16轴段 17—18轴段	1—2轴段 3—4轴段 5—6轴段 8—9轴段 10—11轴段 12—13轴段 13—14轴段 14—15轴段 15—16轴段 17—18轴段

表8-9　离合器脱开工况各谐次的共振转速 n_c 和相对振幅矢量和 $\sum\vec{\alpha}$

谐次 υ	振型频率/(1/min)	F_1 460.814	F_2 801.773	F_3 1679.04	F_4 2851.35	F_5 3958.31	F_6 6797.29	F_7 8471.19
0.5	n_c/(r/min)	921	1603					
	$\sum\vec{\alpha}$	0.0813	0.2576					
1.0	n_c/(r/min)		801					
	$\sum\vec{\alpha}$		0.0394					
1.5	n_c/(r/min)			1119				
	$\sum\vec{\alpha}$			3.6802				
2.0	n_c/(r/min)			839	1425			
	$\sum\vec{\alpha}$			0.7689	0.3988			
2.5	n_c/(r/min)				1140	1583		
	$\sum\vec{\alpha}$				1.1918	2.2236		
3.5	n_c/(r/min)				814	1130		
	$\sum\vec{\alpha}$				0.2389	0.4250		
4.0	n_c/(r/min)					989		
	$\sum\vec{\alpha}$					0.2622		
4.5	n_c/(r/min)					879	1510	
	$\sum\vec{\alpha}$					1.9244	2.4594	
5.0						791	1359	
						0.8742	3.6593	
5.5	n_c/(r/min)						1235	1540
	$\sum\vec{\alpha}$						3.3596	2.0928
6.0	n_c/(r/min)						1132	1411
	$\sum\vec{\alpha}$						1.0758	2.8915
6.5	n_c/(r/min)						1045	1303
	$\sum\vec{\alpha}$						1.8551	0.9663
7.0	n_c/(r/min)						971	1210
	$\sum\vec{\alpha}$						1.6351	4.5350
7.5	n_c/(r/min)						906	1129
	$\sum\vec{\alpha}$						9.0151	6.2376

（续　表）

谐次 υ	振型 频率/(1/min)	F_1 460.814	F_2 801.773	F_3 1679.04	F_4 2851.35	F_5 3958.31	F_6 6797.29	F_7 8471.19
8.0	n_c/(r/min)						849	1058
	$\sum\vec{\alpha}$						0.9440	2.6183

表 8-10　离合器脱开工况自由振动扭振计算结果与 MTU 计算值对比

振型		F_1	F_2	F_3	F_4	F_5	F_6	F_7	F_8	F_9	F_{10}
计算值	Hz	7.68	13.363	27.984	47.522	65.972	113.288	141.187	220.822	298.202	370.377
	1/min	460.814	801.77	1679.04	2851.05	3958.31	6797.29	8471.2	13249.3	17892.1	22222.6
MTU 计算值	Hz		12.78	27.91	47.52	52.03	113.28	132.31			
	1/min		767	1675	2851	3122	6797	7939			

离合器合上工况下计算结果：自由振动计算结果汇总在表 8-11，与 MTU 公司的计算结果对比见表 8-12。

表 8-11　离合器合上时自由振动扭振计算结果

振　型	单　节	双　节	三　节	四　节	五　节
频率/Hz (1/min)	3.344 (200.65)	5.888 (353.3)	10.08 (605.0)	23.67 (1420.3)	27.98 (1679.0)
节点位置	23—24 轴段	14—15 轴段 26—27 轴段	13—14 轴段 15—16 轴段 27—28 轴段	13—14 轴段 14—15 轴段 21—22 轴段 27—28 轴段	1—2 轴段 13—14 轴段 18—19 轴段 23—24 轴段 27—28 轴段

六　节	七　节	八　节	九　节	十　节	十一节
36.65 (2199.2)	42.98 (2578.5)	46.01 (2760.5)	53.60 (3215.9)	62.02 (3721.1)	65.97 (3958.3)
1—2 轴段 13—14 轴段 14—15 轴段 21—22 轴段 25—26 轴段 27—28 轴段	1—2 轴段 13—14 轴段 14—15 轴段 17—18 轴段 21—22 轴段 26—27 轴段 27—28 轴段	1—2 轴段 13—14 轴段 14—15 轴段 17—18 轴段 21—22 轴段 23—24 轴段 26—27 轴段 27—28 轴段	1—2 轴段 11—12 轴段 14—15 轴段 15—16 轴段 19—20 轴段 21—22 轴段 24—25 轴段 26—27 轴段 27—28 轴段	1—2 轴段 10—11 轴段 14—15 轴段 15—16 轴段 17—18 轴段 21—22 轴段 22—23 轴段 25—26 轴段 26—27 轴段 27—28 轴段	1—2 轴段 9—10 轴段 13—14 轴段 14—15 轴段 15—16 轴段 19—20 轴段 21—22 轴段 23—24 轴段 25—26 轴段 26—27 轴段 27—28 轴段

（续　表）

十二节	十三节	十四节	十五节		
92.48 (5548.7)	141.19 (8471.2)	171.5 (10289.7)	197.98 (11879.0)		
1—2 轴段 7—8 轴段 13—14 轴段 14—15 轴段 15—16 轴段 17—18 轴段 21—22 轴段 22—23 轴段 24—25 轴段 25—26 轴段 26—27 轴段 27—28 轴段	1—2 轴段 5—6 轴段 12—13 轴段 13—14 轴段 14—15 轴段 15—16 轴段 20—21 轴段 21—22 轴段 23—24 轴段 24—25 轴段 25—26 轴段 26—27 轴段 27—28 轴段	1—2 轴段 4—5 轴段 10—11 轴段 13—14 轴段 14—15 轴段 15—16 轴段 17—18 轴段 21—22 轴段 22—23 轴段 23—24 轴段 24—25 轴段 25—26 轴段 26—27 轴段 27—28 轴段	1—2 轴段 4—5 轴段 9—10 轴段 13—14 轴段 14—15 轴段 15—16 轴段 17—18 轴段 20—21 轴段 21—22 轴段 22—23 轴段 23—24 轴段 24—25 轴段 25—26 轴段 26—27 轴段 27—28 轴段		

表 8-12　离合器合上工况自由振动扭振计算结果与MTU计算值对比

振型		F_1	F_2	F_3	F_4	F_5	F_6	F_7	F_8
计算值	Hz	3.344	5.888	10.084	23.672	27.984	36.654	42.976	46.008
	1/min	200.65	353.31	605.013	1420.31	1679.02	2199.24	2578.53	2760.47
MTU计算值	Hz	3.85	7.63		23.672	27.92	36.65	42.97	46
	1/min	231	458		1420	1675	2199	2578	2760
振型		F_9	F_{10}	F_{11}	F_{12}	F_{13}	F_{14}	F_{15}	
计算值	Hz	53.599	62.018	65.972	92.478	141.187	171.496	197.984	
	1/min	3215.95	3721.1	3958.32	5548.68	8471.19	10289.7	11879.0	
MTU计算值	Hz	53.6	62.02		92.48	132.32			
	1/min	3216	3721		5549	7939			

2）强迫振动计算结果

离合器脱开工况下计算结果见表8-13。离合器合上、正常发火情况下计算结果见表8-14。离合器合上、一缸不发火情况下计算结果见表8-15。表8-16为1500 r/min时计算结果与MTU公司的计算结果对比。

表 8－13 离合器脱开时强迫振动扭振计算结果

部　位	轴段号	谐 次/合成	转速/(r/min)	应力(扭矩)/MPa(N·m)	许用值/MPa(N·m)
曲轴	9—10	合成	750	13.5(10 422)	78.9 (61 120)
		2.0	1 500	11.0(8 492)	
		合成	1 500	20.1(15 517.2)	
联轴器	14—15	合成	1 500	(829)	(7 880)

表 8－14 离合器合上、正常发火时强迫振动扭振计算结果

部　位	轴段号	谐 次/合成	转速/(r/min)	应力(扭矩)/MPa(N·m)	许用值/MPa(N·m)
曲轴	11—12	合成	750	12.94(9 991.05)	78.9 (61 120)
		2.5	1 500	14.89(11 532.3)	
		合成	1 500	40.9(31 668.4)	
联轴器	15—16	合成	750	(70.6)	(7 880)
		合成	1 125	(182.5)	
		合成	1 500	(308)	
齿轮箱	20—21	合成	1 500	(270)	(6 795)
螺旋桨轴	27—28	1.5	1 500	0.05	24

表 8－15 离合器合上、一缸不发火时强迫振动扭振计算结果

部　位	轴段号	谐次/合成	转速/(r/min)	应力(扭矩)/MPa(N·m)	许用值/MPa(N·m)
曲轴	11—12	合成	750	12.1(93 412)	78.9 (61 120)
		1.0	1 500	15.2(11 734.4)	
		合成	1 500	46.0(35 512)	
联轴器	15—16	合成	750	(650)	(7 880)
		合成	1 125	(850)	
		合成	1 500	(330)	
齿轮箱	20—21	合成	1 500	(328)	(6 795)
螺旋桨轴	27—28	1.5	1 500	0.07	24

表 8-16　1 500 r/min 时合成扭振应力(扭矩)计算结果与 MTU 公司比较

正常发火				
部　位	曲轴	联轴器	齿轮箱	轴
计算值	31 668.4 N·m	308 N·m	270 N·m	816 N·m
MTU 计算值	31 850 N·m	38 N·m	144 N·m	46 N·m
一缸不发火				
计算值	35 512 N·m	330 N·m	328 N·m	1 142.5 N·m
MTU 计算值	34 449 N·m	66 N·m	204 N·m	180 N·m

表 8-17 为三种工况下曲轴自由端各主要谐次扭振振幅。

表 8-17　柴油机曲轴自由端各主要谐次扭振振幅　　(单位:±mrad)

工况	0.5	1.5	2.0	2.5	5.0	合成
离合器脱开	0.706 /700 r/min	0.471 /1 500 r/min	0.132 /1 500 r/min	1.24 /775 r/min	1.247 /775 r/min	2.465 /775 r/min
离合器合上 正常发火	1.404 1 /1 450 r/min	1.353 /1 500 r/min		3.208 /1 450 r/min	1.429 /800 r/min	5.865 /1 425 r/min
离合器合上 一缸不发火	6.455 /1 450 r/min		1.324 /1 500 r/min	3.425 /1 450 r/min	1.412 /1 500 r/min	11.549 /1 450 r/min

8.3.1.4　扭振计算结果分析

该型船柴油机推进轴系的扭转振动计算结果表明：

(1) 无论是在离合器脱开，还是离合器合上正常发火或离合器合上一缸不发火工况下，各轴段的扭振应力和齿轮箱各齿轮对的啮合扭矩均符合规范要求，联轴器内的振动扭矩低于联轴器制造厂提供的许用振动扭矩。

(2) 强迫振动计算结果表明，强迫振动响应与自由振动计算所得的共振转速并非完全是一一对应的，这是由于阻尼的作用，也是由于比较相近的两个振型相互合成的缘故。从计算结果可以看出，在液力偶合器前的轴段(柴油机曲轴)的扭振合成应力与 MTU 公司的计算结果吻合很好；通过液力偶合器后，扭转振动得到了有效的衰减。

8.3.1.5　扭转振动测试分析

开展了实船扭振测试，测试对象为表 8-7 所示的系列船型，齿轮箱等后传动轴系参数有所变动。扭振测点布置在柴油机曲轴自由端、中间轴。齿轮箱减速比为 11.75。柴油机运行工况下，测量中间轴转速范围为 67～120 r/min，转速步长约为 4 r/min。

在柴油机推进工况下，左轴系和右轴系的中间轴的各主要谐次均未发现有明显的共振峰；左右柴油机自由端测点的 2.5 谐次有较为明显的共振转速 83 r/min，91 r/min (轴转速)。该实测共振频率可和计算频率对比，发现误差小于5%，见表8-18。因此，可以根据实测扭振角振幅按计算振型来推算各轴段应力和扭矩，见表8-19。

表8-18 实测共振转速对比表

振型	轴系	谐次	实测共振转速/(r/min)	实测共振频率/(r/min)	实测平均振动频率/Hz(1/min)	计算固有频率/Hz(1/min)	误差/%
V	左轴	2.5	83	40.67(2 332.6)	42.63(2 557.8)	43.071(2 584.26)	−1.03
	右轴		91	44.59(2 675.4)			

表8-19 轴段应力和扭矩推算

振型谐次	柴油机	自由端振幅 A_2/(±mrad)	轴段位置	扭振应力或扭矩	许用应力或扭矩
V-2.5	左机	0.127 2	曲轴	0.581 MPa	24 MPa
			联轴器	0.014 kN·m	7.88 kN·m
			齿轮对	0.033 kN·m	6.79 kN·m
			中间轴	0.005 MPa	24 MPa
			螺旋桨轴	<0.01 MPa	24 MPa
	右机	0.427 5	曲轴	1.985 MPa	24 MPa
			联轴器	0.054 kN·m	7.88 kN·m
			齿轮对	0.111 kN·m	6.79 kN·m
			中间轴	0.019 MPa	24 MPa
			螺旋桨轴	<0.01 MPa	24 MPa

该型船柴油机推进轴系扭转振动计算与测试结果总结如下：

(1) 在柴油机推进工况时，在运转转速范围67～120 r/min内，在左右两轴系的中间轴测点上未发现有明显的共振转速，可以安全运行。

(2) 柴油机推进工况时，左右柴油机自由端测点的2.5谐次在中间轴转速83～91 r/min之间有较明显共振峰，与计算振动频率的误差小于5%。

(3) 经推算，在该共振转速位置上，各轴段的扭振应力或振动扭矩均满足规范要求，联轴器的振动扭矩小于制造厂规定的许用扭矩。

8.3.2 纵向振动计算与测试分析

8.3.2.1 纵振计算结果分析

1) 自由振动计算结果分析

通过自由振动计算，得到自由振动计算HOLZER表，将计算频率与MTU公司的计算结果进行了对比，吻合性较好，详见表8-20。

表 8-20　纵振自由振动计算频率及其与 MTU 公司计算值对比

推力轴承刚度/(MN/m)	0 节频率/(1/min)		1 节频率/(1/min)	
	计算值	MTU 计算值	计算值	MTU 计算值
196.12	838.773	840	2 518.692	2 570
294.18	879.122	880	2 718.199	2 763
392.24	900.684	902	2 834.835	2 872
490.30	914.053	915	2 906.849	2 939
588.36	923.139	924	2 954.281	2 982

2) 强迫振动计算结果分析

通过强迫振动计算，得到推力轴承处的振幅与推力见表 8-21。

表 8-21　推力轴承处纵向振动振幅与推力计算结果

推力轴承刚度/(MN/m)	谐次 υ	共振转速/(r/min)	交变推力/(±N)	振幅/(±mm)	MTU 计算值/(±mm)	最大许可值/(±mm)
196.12	5.0	168	15 000	0.117 0	<0.1	0.25
294.18	5.0	176	12 070	0.085 8		
392.24	5.0	180	9 903	0.067 3		
490.30	5.0	182	8 332	0.054 2		
588.36	5.0	184	7 165	0.046 4		

8.3.2.2　轴系的组成

某船推进轴系纵向振动计算所考虑的轴系是从螺旋桨至齿轮箱中推力轴承，包括五叶调距螺旋桨、螺旋桨轴、尾管轴、1 号中间轴、2 号中间轴、3 号中间轴。轴系的基本参数见表 8-22，质量弹性系统参数见表 8-23。轴系的额定转速为 230 r/min。

采用纵向振动计算程序(AVS)进行计算。

表 8-22　轴系基本参数*

序号	名称	外形尺寸(外径/内径)(mm)	重量(kg)	备注
1	3 号中间轴	465/300		
2	2 号中间轴	465/300		
3	1 号中间轴	465/300		
4	尾管轴	465/300		
5	艉轴	465/300		
6	螺旋桨	4 200	13 380	5 叶

* 注：主机传至螺旋桨的功率为 20.22 kW，正常运转时螺旋桨的最大推力为 870 kN。

表 8-23 纵向振动质量弹性系统参数*

序号	名称	质量/kg	纵向刚度/(MN/M)
1	螺旋桨	22 357.68	315.753 2
2	轴段	5 618.84	303.005 4
3	轴段	8 197.82	328.927 8
4	轴段	5 167.76	306.927 8
5	轴段	8 570.44	245.150 0
6	轴段	6 903.42	249.072 4
7	轴段	5 363.88	441.270 0
8	轴段	3 873.37	441.270 0
9	推力轴承	16 572.14	* * *

* 注：推力轴承纵向刚度数据 K_t=196.12、294.18、392.24、490.30、588.36(MN/m)。单位转化时重力加速度取 9.806 m/s^2。

8.3.2.3 纵振测试结果分析

在该型系列船上进行了纵向振动测试，采用电涡流传感器，测点分别布置在左右轴系的中间轴和艉轴。在柴油机各缸正常发火工况下，从最低稳定转速到额定转速范围内进行分档测量，在每一档转速下记录各测点的振动信号。测量轴转速范围为 67～120 r/min，约每 4 r/min 一档。

推进轴系纵向振动艉轴测点主要谐次振幅转速曲线如图 8-14 所示，可以看出主要谐次为 1.0 次和 5.0 次，没有明显的共振峰存在。

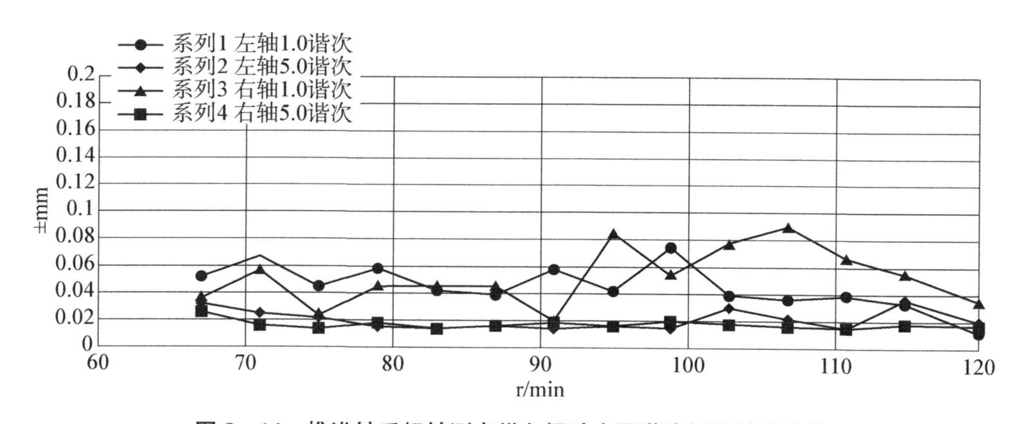

图 8-14 推进轴系艉轴测点纵向振动主要谐次振幅转速曲线

该型船推进轴系纵振计算与测试结果总结如下：

(1) 该船推进轴系纵向振动自由振动计算结果表明，螺旋桨叶片次(5 次)的共振转速在 166～185 r/min 范围内。

(2) 推力轴承处的纵向振幅随推力轴承的刚度变化而有所变化，但均小于±0.12 mm，远小于此类动力装置最大允许值±0.25 mm。

(3) 纵向振动计算程序(AVS)得到的计算结果与 MTU 公司计算书的计算结果吻合程度好。

(4) 在柴油机推进工况下，推进轴系的纵向振动主要谐次为桨轴转速的 1.0、5.0 谐次，在 67～120 r/min 这一测试转速范围内，各阶次的振幅未出现明显的峰值，没有发现轴系的纵向振动临界转速，满足规范要求。

8.3.3　回旋振动计算与测试分析

8.3.3.1　轴系的组成

某船轴系回旋振动计算所考虑的轴系是从螺旋桨至齿轮箱中推力轴承，包括五叶调距螺旋桨、螺旋桨轴、尾管轴、1 号中间轴、2 号中间轴、3 号中间轴、4 个轴承。轴系的参数见表 8-24。轴系的额定转速为 230 r/min。

采用回旋振动传递矩阵法计算程序(WVS)。

表 8-24　推进轴系基本参数*

序号	轴径 (外径/内径) /m	轴段长度 /m	重量 /kg	极转动惯量 /(kg·m²)	径向转动惯量 /(kg·m²)	备注
1	—	—	16 400	13 960	14 210	5 叶
2	1.16/0	0.735				
3	1.134/0.28	0.17				
4	0.75/0.28	0.18				
5	0.545/0.28	2.55				
6	0.465/0.30	7.07				
7	0.51/0.30	1.60				
8	0.47/0.30	1.42				
9	0.75/0.30	1.11				
10	0.465/0.30	4.565				
11	0.51/0.30	1.60				
12	0.465/0.30	5.18				
13	0.51/0.30	0.60				
14	0.47/0.30	0.245				
15	0.75/0.30	1.11				
16	0.47/0.30	2.50				

序号	支承名称	支承长度坐标 /m	支承刚度 /(N/m)
1	尾管后轴承	2.155	246 030 000

（续　表）

序号	支承名称	支承长度坐标/m	支承刚度/(N/m)
2	人字架轴承	11.505	11 772 000
3	尾管前轴承	20.205	98 100 000
4	中间轴轴承	29.545	294 300 000

* 注：轴段材料参数：$E=206$ GPa，$G=81.42$ GPa，$\rho=7.85$ g/cm³。尾管后轴承的支承刚度数据采用三组数据，分别为 75%、100%和 125%。重力加速度 g 取 9.806 m/s²。

8.3.3.2 自由振动计算结果分析

通过自由振动计算，得到自由振动计算 HOLZER 表。计算所得的振动频率与 MTU 公司的计算结果进行了对比，见表 8－25。

表 8－25　回旋振动自由振动计算频率及其与 MTU 公司计算值对比（单位：1/min）

尾管轴承刚度	一阶振型							
	一次正回旋		一次逆回旋		5 次正回旋		5 次逆回旋	
	计算值	MTU 值	计算值	MTU 值	计算值	MTU 值	计算值	MTU 值
75%	417.80	406.0	369.63	363.9	397.04	387.9	387.37	379.5
100%	432.46	429.3	378.08	381.9	408.52	408.7	397.72	399.3
125%	441.19	449.4	383.00	397.6	415.45	426.8	403.82	416.5
尾管轴承刚度	二阶振型							
	一次正回旋		一次逆回旋		5 次正回旋		5 次逆回旋	
	计算值	MTU 值	计算值	MTU 值	计算值	MTU 值	计算值	MTU 值
75%	747.81	1 007.6	747.37	982.8	747.59	997.4	747.51	992.4
100%	749.83	749.0	749.83	744.4	749.83	747.2	749.83	746.3
125%	750.72	749.3	750.72	744.7	750.72	747.5	750.72	746.6

8.3.3.3 回旋振动测试结果分析

在该型系列船上进行了回旋振动测试，采用电涡流传感器，测点分别布置在左右轴系的中间轴和艉轴，每个测点布置了横向和垂向两个电涡流传感器。在柴油机正常发火工况下，从最低稳定转速到额定转速范围内进行分档测量，在每一档转速下记录各测点的振动信号。测量轴转速范围为：67～120 r/min，约每 4 r/min 一档。

推进轴系艉轴测点回旋振动主要谐次振幅转速曲线（1.0 次和 5.0 次）如图 8－15 所示，可以看出主要谐次没有明显的共振峰存在。

该型船推进轴系回旋振动计算与测试结果总结如下：

（1）推进轴系回旋振动自由振动计算结果表明，第一阶 1 次振动频率为 369～441 1/min，是螺旋桨额定转速 230 r/min 的 160%，超过额定转速的 20%以上，满足规范要求。

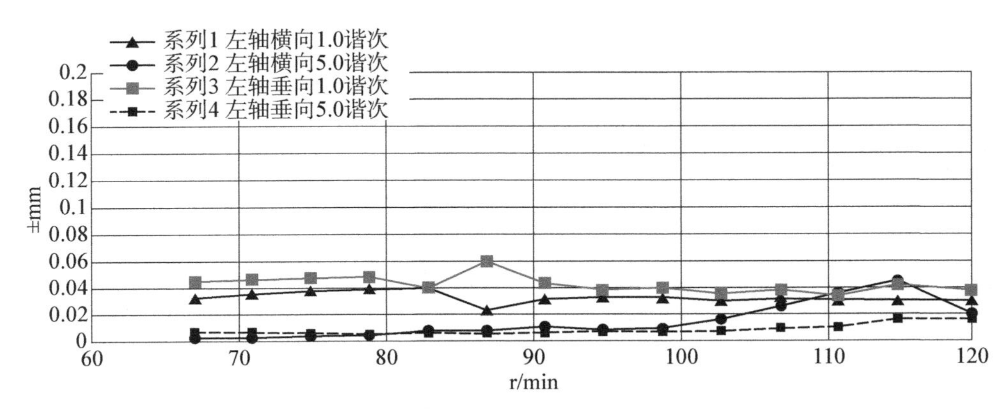

图 8-15　推进轴系艉轴测点回旋振动主要谐次振幅转速曲线

(2) 第一阶振型 5 次共振转速为 77.47～83.09 r/min，该转速是螺旋桨额定转速的 36%，远低于螺旋桨额定转速；第二阶振型 5 次共振转速为 150.14～149.50 r/min，为螺旋桨额定转速的 65%，因此在 0.8～1.0 额定转速范围内不会出现叶片次临界转速。

(3) 推进轴系中间轴与艉轴测点的回旋振动测试表明，主要谐次为桨轴转速的 1 谐次、5 谐次，在 67～120 r/min 测试转速范围内，横向和垂向各阶次的振幅，未出现明显的峰值，没有发现轴系的回旋振动临界转速，满足规范要求。

8.3.4　某船用柴油机曲轴断裂的振动故障分析

某船在离开码头后不久，机舱人员发现两台主机中的一台主机振动突然增大，并伴有异常声响，立即采取了紧急降速、脱排、停车处理。经柴油机解体拆检，发现主机 A5 缸靠输出端曲轴曲柄臂断裂，断裂面与轴心线呈超过 30°的角度。

该船推进轴系由卷簧扭振减振器、12PA6V 柴油机、盖斯林格联轴器、齿轮箱、中间轴、艉轴、螺旋桨组成，计算资料见表 8-26，质量弹性系统如图 8-16 所示。为了分析断裂的原因，从使用、材料、扭振、安装对中等多方面进行了探讨、分析。表 8-27 列出了正常发火、一缸不发火、两缸不发火及卷簧扭振减振器失效时，曲轴扭振合成应力的计算结果。

表 8-26　推进轴系主要计算资料

柴油机资料			
制造厂	引进专利生产	**额定转速**	1 000 r/min
机型	12PA6V	**最低稳定转速**	400 r/min
冲程数	4	**机械效率**	88%
气缸数	12	**连杆长度**	800 mm
V 形夹角	60°	**曲柄半径**	145 mm
缸径	280 mm	**曲轴连杆轴径**	210 mm
额定功率	3 540 kW	**往复部分质量**	73.07 kg

（续　表）

扭振减振器资料			
型式	卷簧扭振减振器	内件转动惯量（含曲轴连接段）	7.568 kg·m²
扭转刚度	0.651 MN·m/rad	外件转动惯量	22.17 kg·m²
联轴器资料			
型式	盖斯林格 BC63/12.5/85	静态扭转刚度	0.536 MN·m/rad
特征频率	230 rad/s	额定扭矩	44.6 kN·m
螺旋桨资料			
桨叶数	4	转动惯量(在水中)	1 393 kg·m²

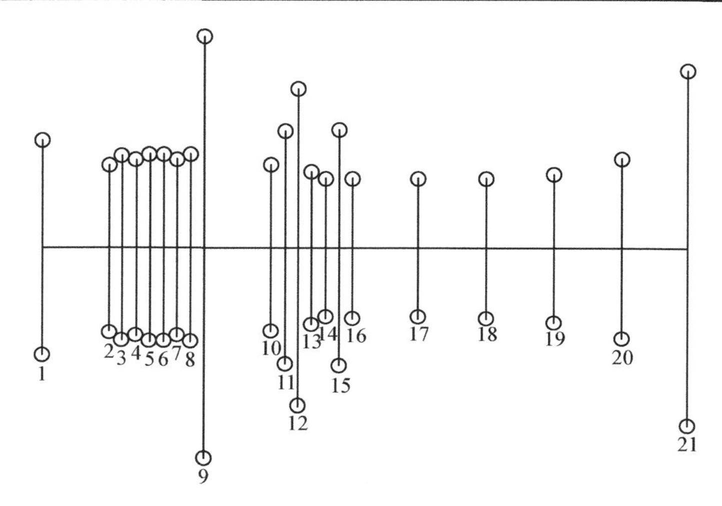

图 8-16　推进轴系扭振质量弹性系统简图

1、2—扭振减振器；3～8—气缸；9—飞轮；9、10—弹性联轴器；11～15—齿轮；21—螺旋桨

表 8-27　不同情况下曲轴扭振合成应力计算结果

工况＼部位	3-4 (2-3*)	4-5 (3-4*)	5-6 (4-5*)	7-8 (6-7*)
正常发火	27.24 MPa /1 200 r/min	28.56 MPa /1 000 r/min	30.02 MPa /900 r/min	31.43 MPa /940 r/min
一缸不发火	33.27 MPa /1 200 r/min	33.10 MPa /1 000 r/min	34.70 MPa /1 040 r/min	39.87 MPa /1 060 r/min
两缸不发火	36.48 MPa /1 200 r/min	36.13 MPa /1 000 r/min	37.47 MPa /1 040 r/min	43.13 MPa /1 060 r/min
减振器失效（内、外件卡滞）	76.79 MPa /780 r/min	87.40 MPa /780 r/min	95.76 MPa /780 r/min	101.86 MPa /780 r/min
许用值	31.2 MPa/50 MPa**			

注：* 当减振器失效时同一部位的轴段号。
** 按规范，曲轴扭振许用应力为 31.2 MPa，而法国皮尔斯蒂克(Pielstick)公司提供该型机曲轴扭振许用应力为 50 MPa。

从表 8-27 中可以看出，正常发火时，曲轴扭振应力较大，但未超过规范许用值。一缸或两缸不发火时，曲轴扭振应力明显增加，已超出标准要求，但小于制造厂提供的许用值。如果扭振减振器内、外件卡滞失效后，曲轴各轴段的扭振应力远远超过制造厂提供的许用值。应该说扭振减振器的作用是保护曲轴免收损坏，如果失效，结果比较严重。

通过对曲轴和轴瓦断裂面化学成分、金相组织分析、理论计算和对柴油机拆检、曲轴探伤、曲轴表面淬硬层测量等结果的综合分析，故障评审专家组认为："曲轴产生裂纹的主要原因是由于冶金缺陷、过渡圆角处应力集中和柴油机运行状态不佳等综合因素引起的。"

8.4　船舶双机并车推进轴系

近年来随着造船工业的发展，船越造越大，船速越来越快，要求推进用船用柴油机的功率也越来越高，为满足这一需求，形成了两种趋势：一是采用大缸径的低速柴油机，以提高单机功率；二是采用多台中速柴油机并车，以提高单轴功率。因此，各种军、民用船越来越多地采用柴油机双机并车推进装置，同时，为了一机多用，在轴系中还安置了功率分支装置，使这类轴系的质量弹性系统趋于复杂。为了保障这类轴系的可靠运行，使其免遭扭转振动破坏，研究双机并车轴系扭转振动特性及其计算方法就显得尤为重要。

8.4.1　双机并车轴系扭转振动的特点

8.4.1.1　运转工况多

一般而言，最简单的双机并车轴系运行工况有离合器脱开工况，单机运行工况、双机运行工况。对采用可调桨的，船规规定还要分别考虑零螺距和满螺距工况，同时，这类轴系都有联轴器、离合器和齿轮箱，因此除正常发火工况外，还要考虑一缸不发火和一缸故障工况。对复杂一些的轴系，运行的工况就更多了。

8.4.1.2　扭转振动形式多

经简化后双机并车轴系的质量弹性系统的质量较多，使其在运转范围内所遇到的振型就比较多，特别因为这类轴系具有对称或基本对称的两个分支，使其在扭转振动的固有频率会出现同一频率却有不同振型的重根现象，这对双机并车轴系的扭转振动计算提出了较高的要求。

8.4.1.3　并车相位角对扭转振动性能的影响

双机并车轴系的两台柴油机在运转时，时而脱开时而合上，两台柴油机的发火相位角可在 0°～720°之间变化，这完全有可能影响扭转振动性能。

8.4.1.4　柴油机各缸发火不均匀的影响

在长期实际运行时，柴油机各缸发火是存在不均匀性，其不同正负组合方式会对推进轴系扭振负荷造成影响。

8.4.1.5　V 型柴油机列间发火间隔角的影响

对于双机并车轴系，主机采用 V 形柴油机，其列间发火间隔角（简称"V 形夹角"）的不同，也会对推进轴系扭振特性造成较大的影响，需要引起人们的关注。

这里主要讨论并车相位角、不均匀发火及 V 形夹角对双机并车轴系扭转振动性能的影响。

8.4.2 计算方法

在研究并车相位角、不均匀发火等的影响时，有必要引入相对振幅矢量和 $\sum \vec{\alpha_k}$ 这一概念。当系统在某一种扭转振动形式下振动时，各振动质量的角位移的相位是不同的，对自由振动而言，其角位移是相对的，相对角位移按相位叠加成相对振幅矢量和 $\sum \vec{\alpha_k}$，它可代表干扰力矩对系统做功的大小和相位。影响 $\sum \vec{\alpha_k}$ 的因素主要有振幅、发火间隔角、并车相位、谐次、各缸不均匀发火系数等。由于制造误差和异常磨损，使各缸的激励会产生一定的差异，柴油机制造厂商认为，中高速柴油机要考虑±10%的差异，二冲程低速机则有±5%的激励差异。

从 $\sum \vec{\alpha_k}$ 的矢量组成来看，各缸发火不均匀、一缸不发火/故障及双机并车相位角只对低谐次的 $\sum \vec{\alpha_k}$ 影响较大，即二冲程机的低谐次主要有1.0、2.0、3.0等，四冲程机的低谐次主要有0.5、1.0、1.5等。研究表明，并车相位角主要对柴油机后面轴系(如联轴器、离合器、齿轮箱)有影响。

在计算时，首先可寻找出扭振载荷(联轴器和齿轮箱等的合成振动扭矩)最大的不均匀发火正负排列及其工作转速。然后在并车角度范围内，以1°的角度步长，来计算整个轴系的扭振强迫振动，以找出扭振载荷(联轴器和齿轮箱的合成扭矩)最大时的并车相位角。

V形柴油机的列间发火间隔角的不同，也会影响 $\sum \vec{\alpha_k}$，从而造成扭振特性的变化，特别是主干扰谐次，在计算时要予以考虑。

8.4.3 不均匀发火、并车相位角影响的计算结果

8.4.3.1 计算对象

计算对象为汕头大洋船舶工业公司设计的1000 t渔政船，该船采用柴油机双机并车装置，由两台MAN 6L28/32型柴油机、两台LT320型高弹性离合器、一台GVA 1120B-NT型并车齿轮箱、前中间轴、后中间轴、艉轴和调距螺旋桨组成。计算转速范围为300～950 r/min，转速步长为25 r/min。

8.4.3.2 单机推进轴系计算结果

考虑柴油机各缸发火不均匀系数为±10%，采用不均匀发火正负组合寻优程序进行计算，得到最不利的气缸不均匀发火正负排列为"+-+-+-"，即1#～6#气缸的发火系数依次为1.1、0.9、1.1、0.9、1.1、0.9。在柴油机这种发火不均匀排列方式下，轴系扭振负荷与正常发火时的计算结果对比见表8-28。

表8-28 单机推进轴系不均匀发火与正常发火时扭振计算结果对比

计算结果(合成)	自由端振幅 A_1 /(±mrad)	离合器9—10扭矩/(±kN·m)	齿轮对11—12扭矩/(±kN·m)	齿轮对12—13扭矩/(±kN·m)	曲轴应力/(±MPa)	中间轴20—21应力/(±MPa)	螺旋桨轴23—24应力/(±MPa)
正常发火	3.8223	0.5100	0.3467	0.6217	20.8653	0.1814	0.0808
不均匀发火	6.1037	0.8983	0.7380	1.1697	21.7823	1.1635	0.5226
增加幅度/%	59.7	76.1	112.9	88.1	4.4	541.4	546.8

8.4.3.3　双机推进轴系计算结果

1) 发火不均匀排列方式计算

考虑柴油机各缸发火不均匀系数为±10%，采用不均匀发火正负组合寻优程序OPTIMUM进行计算，得到最不利的右机气缸不均匀发火正负排列为"+-+-+-"(即右机1#～6#气缸的发火系数为1.1、0.9、1.1、0.9、1.1、0.9)，而左机气缸不均匀发火正负排列为"-+-+-+"(即左机1#～6#气缸的发火系数为0.9、1.1、0.9、1.1、0.9、1.1)。在柴油机这种发火不均匀排列方式下，轴系扭振负荷与正常发火时的计算结果对比见表8-29。

表8-29　双机推进轴系不均匀发火与正常发火时扭振计算结果对比

计算结果(合成)	自由端振幅 A_1/(±mrad)	弹性离合器9—10扭矩/(±kN·m)	弹性离合器14—15扭矩/(±kN·m)	齿轮对12—13扭矩/(±kN·m)	曲轴6—7轴段应力/(±MPa)	中间轴29—30应力/(±MPa)	螺旋桨轴32—33应力/(±MPa)
正常发火	3.8401	0.6080	0.6080	0.5471	20.869	0.3428	0.1576
不均匀发火	7.1905	1.1942	1.1268	3.2166	21.8653	0.3478	0.1592
增加幅度/%	88.1	96.4	85.3	643.9	4.8	1.5	1.0

2) 并车相位角计算

在上述不均匀发火方式下，采用并车相位角寻优程序OPTMPHS计算在0°～720°并车相位角范围内轴系扭振负荷的变化，计算相位步长为4°。并车相位角就是两台并车柴油机自由端第一个气缸的发火相位之差。

计算结果表明，离合器(轴段9—10)在500 r/min时合成振动扭矩最大。因此，研究在主机转速500 r/min及不均匀发火时，离合器与齿轮箱的振动扭矩随并车相位角的变化情况。计算结果见表8-30和图8-17。

表8-30　双机推进轴系不均匀发火及一缸不发火时考虑不同并车相位角扭振计算结果对比(500 r/min)

工况	弹性离合器9—10轴段合成扭矩/(kN·m)		弹性离合器14—15轴段合成扭矩/(kN·m)		齿轮对11—12轴段合成扭矩/(kN·m)		齿轮对12—13轴段合成扭矩/(kN·m)	
	合成最大/并车相位角	合成最小/并车相位角	合成最大/并车相位角	合成最小/并车相位角	合成最大/并车相位角	合成最小/并车相位角	合成最大/并车相位角	合成最小/并车相位角
发火不均匀	1.1998 kN·m/16°	0.4301 kN·m/388°	1.1048 kN·m/620°	0.3372 kN·m/320°	1.1866 kN·m/676°	0.3753 kN·m/356°	3.5185 kN·m/680°	0.8225 kN·m/356°
发火不均匀一缸不发火*	2.3031 kN·m/484°	1.8657 kN·m/144°	2.1597 kN·m/448°	1.0949 kN·m/132°	2.2316 kN·m/508°	1.6319 kN·m/100°	5.4966 kN·m/520°	2.3910 kN·m 164°
发火不均匀二缸不发火**	3.4356 kN·m/636°	1.0896 kN·m/400°	3.4821 kN·m/72°	1.2274 kN·m/332°	4.0233 kN·m/568°	2.7718 kN·m/360°	9.4008 kN·m/100°	2.5425 kN·m/352°

注：* 一缸不发火的气缸为右机1#气缸(质量号为2)。
** 二缸不发火的气缸为右机1#气缸和左机6#气缸(质量号分别为2和17)。

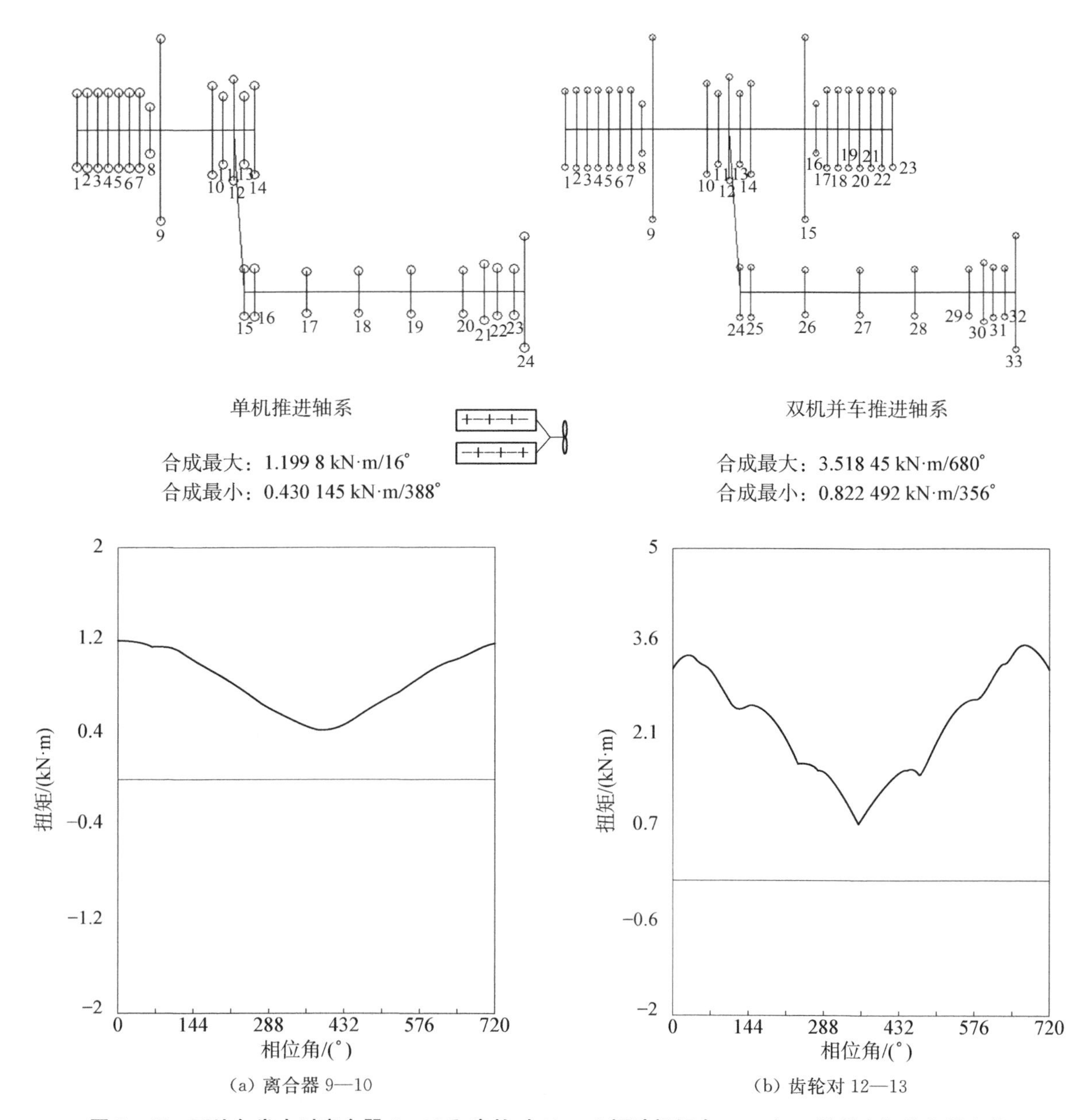

图 8-17 不均匀发火时离合器 9—10 和齿轮对 12—13 振动扭矩在 500 r/min 随并车相位角的变化

3）考虑一缸不发火时发火不均匀及并车相位角的影响

在主机转速 500 r/min 及不均匀发火，同时一缸不发火时，离合器与齿轮箱的振动扭矩随并车相位角的变化情况的计算结果见表 8-30，其中不发火气缸为右机 1＃气缸。

在主机转速 500 r/min 及不均匀发火，同时每台柴油机均有一缸不发火时情况时，离合器与齿轮箱的振动扭矩随并车相位角的变化情况的计算结果见表 8-30 和图 8-18。其中，不发火气缸为右机 1＃气缸和左机 6＃气缸（左机 6＃气缸不发火对轴系扭振负荷影响最大）。

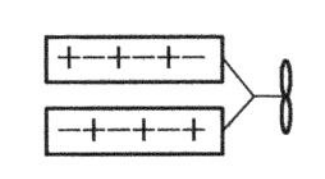

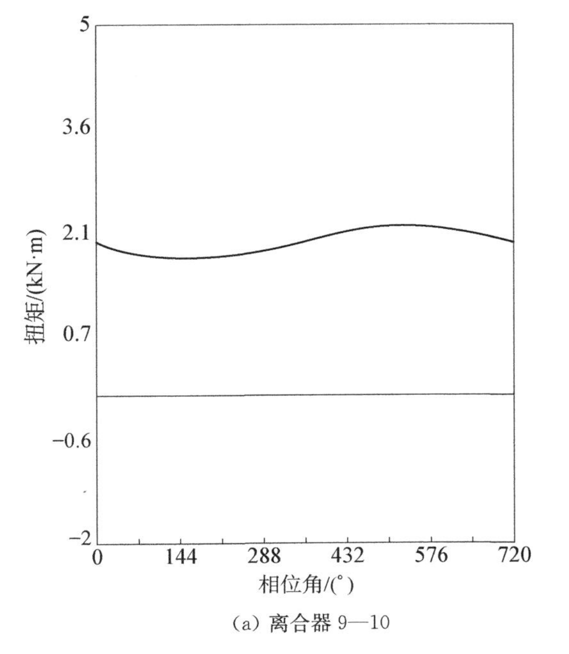

(a) 离合器 9—10

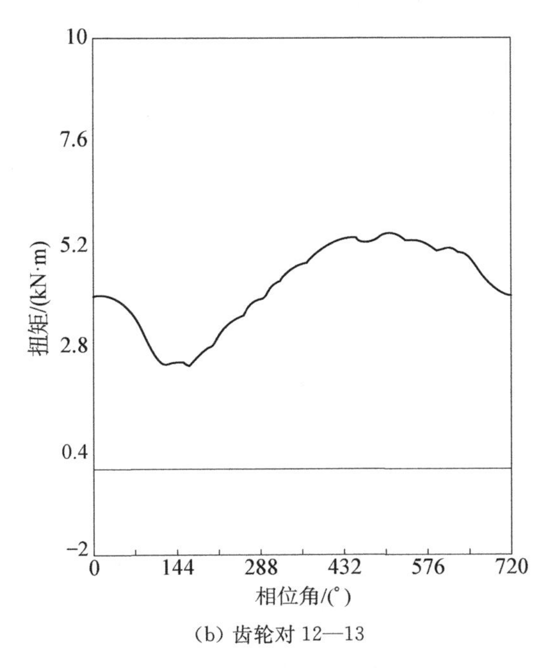

(b) 齿轮对 12—13

图 8-18 不均匀发火及一缸不发火时离合器 9—10 和齿轮对 12—13 振动扭矩在 500 r/min 随并车相位角的变化

8.4.4 列间发火间隔角对于双机并车轴系扭振特性的影响

8.4.4.1 计算对象

计算对象为双机并车推进轴系，由两台 16V 型柴油机、两台 LS3420 高弹性联轴器、两台中间支架、两台万向联轴器、一台 RENK 公司并车减速齿轮箱、中间轴、螺旋桨轴及调距螺旋桨组成。轴系的原始资料见表 8-31。列间发火间隔角 420°时左右主机发火角排列示意如图 8-19 所示，双机运行(包括零螺距和满螺距)质量弹性系统如图 8-20 所示。计算转速范围为 400～1 050 r/min，转速步长为 25 r/min。

表 8-31 柴油机推进轴系计算资料

柴油机资料			
制造厂	引进专利生产	**连杆长度**	570 mm
机型	V 型	**曲轴主轴径**	230 mm
气缸数	16	**曲柄销轴径**	210 mm
冲程数	4	**曲柄半径**	145 mm

（续　表）

柴油机资料			
额定转速	1 050 r/min	曲轴材料抗拉强度	≥880 MPa
机械效率	89.4%	A/B 排发火间隔角	60°/420°
发火顺序 列间发火间隔角 60°	A1—B5—A5—B7—A7—B3—A3—B8—A8—B4—A4—B2—A2—B6—A6—B1—A1(逆时针) A1—B1—A6—B6—A2—B2—A4—B4—A8—B8—A3—B3—A7—B7—A5—B5—A1(顺时针)		
发火顺序 列间发火间隔角 420°	A1—B4—A5—B2—A7—B6—A3—B1—A8—B5—A4—B7—A2—B3—A6—B8—A1(逆时针) A1—B8—A6—B3—A2—B7—A4—B5—A8—B1—A3—B6—A7—B2—A5—B4—A1(顺时针)		
卷簧扭振减振器资料			
惯性体转动惯量	19.627 kg·m²	扭转刚度	0.650 9 MN·m/rad
主动件转动惯量	9.599 kg·m²	阻尼	4 744 Nm·s/rad
高弹性联轴器资料			
型号	LS3420	额定转矩	80 kN·m
主动件转动惯量 J1	30 kg·m²	最大扭矩	240 kN·m
中间件转动惯量 J2	26 kg·m²	许用交变扭矩	±20 kN·m
从动件转动惯量 J3	63 kg·m²	相对阻尼	$\psi=0.8$
单排动态扭转刚度	0.718 MN·m/rad		
齿轮箱(含液力偶合器)资料			
制造厂	RENK 公司	速比	1∶4.903 8
螺旋桨资料			
型式	调距桨	零螺距时水中转动惯量	4 990 kg·m²
桨叶数	5	满螺距时水中转动惯量	7 883 kg·m²

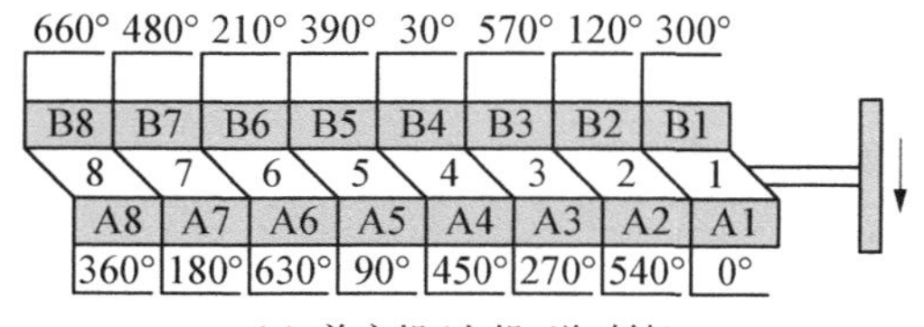

(a) 前主机(左机,逆时针)

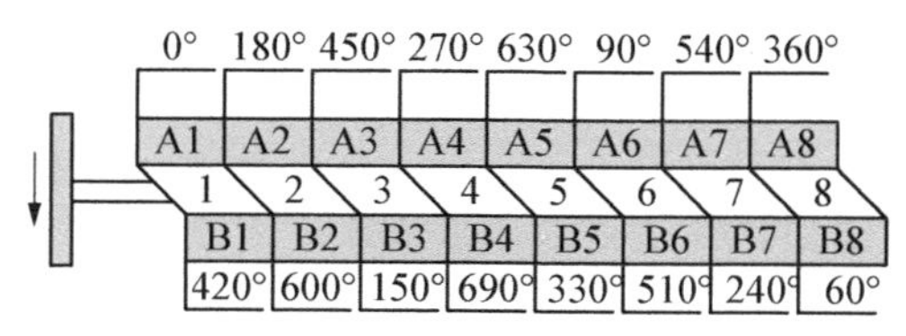

(b) 后主机(右机,顺时针)

图 8-19　柴油机列间发火间隔角 420°分布示意

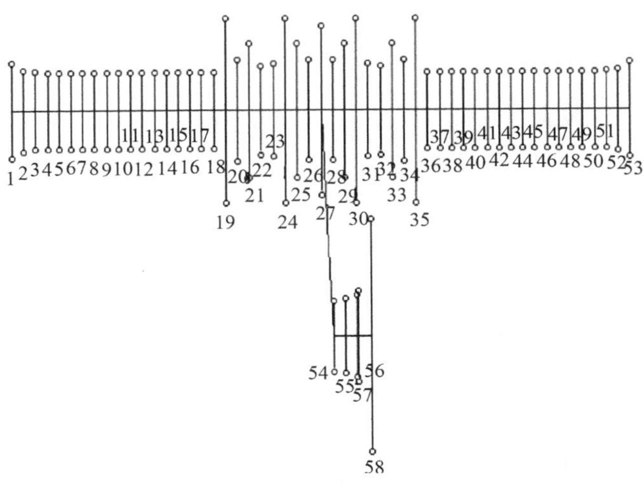

图 8 - 20　双机并车推进轴系质量弹性系统简图

1—2、52—53 轴段—卷簧扭振减振器；3～18、31～51—柴油机气缸；19～21、31～33—弹性联轴器；24—25、29—30 轴段—液力偶合器；26—27、27—28 轴段—齿轮啮合对；54—56 轴段—中间轴；56—58 轴段—艉轴；58—螺旋桨

8.4.4.2　列间发火间隔角影响的计算结果分析

为了分析比较，考虑双机并车驱动螺旋桨（满螺距）前进，通过对双机并车轴系在不同列间发火间隔角情况及正常发火与一缸不发火情况进行计算分析，结果汇总于表 8 - 32。可以看出柴油机（列间发火间隔角 420°）的曲轴应力已超过柴油机许可方规定的许用值，此时联轴器振动扭矩、中间轴与艉轴应力有所增大，但小于许用值；柴油机（列间发火间隔角 60°）的曲轴应力、联轴器振动扭矩、中间轴与艉轴应力均满足规范要求。

表 8 - 32　不同列间发火间隔角时轴系扭振计算结果对比*

列间发火间隔角	60°		420°		许用值/[MPa/(kN・m)]
工况	正常发火	一缸不发火**	正常发火	一缸不发火**	
左机曲轴合成应力/MPa	10—11 33.48 MPa /1 050 r/min	12—13 41.63 MPa /1 050 r/min	12—13 68.90 MPa /1 050 r/min	12—13 74.04 MPa /1 050 r/min	31.2 MPa/50 MPa***
右机曲轴合成应力/MPa	46—47 34.71 MPa /1 050 r/min	42—43 34.46 MPa /1 050 r/min	41—42 61.30 MPa 1 050 r/min	41—42 64.30 MPa 1 050 r/min	
左联轴器振动合成扭矩/(kN・m)	19—20 3.98 kN・m /575 r/min	20—21 11.19 kN・m 1 000 r/min	19—20 9.26 kN・m 925 r/min	19—20 13.64 kN・m /1 050 r/min	20 kN・m
右联轴器振动合成扭矩/(kN・m)	31—32 3.86 kN・m /800 r/min	32—33 6.53 kN・m /550 r/min	31—32 7.03 kN・m /900 r/min	32—33 9.97 kN・m /1 050 r/min	

（续　表）

列间发火间隔角	60°		420°		许用值/[MPa/(kN·m)]
工况	正常发火	一缸不发火**	正常发火	一缸不发火**	
中间轴合成应力/MPa	0.095 MPa /725 r/min	0.93 MPa /400 r/min	0.033 MPa /700 r/min	1.90 MPa /725 r/min	24 MPa
艉轴合成应力/MPa	0.13 MPa /1 050 r/min	1.17 MPa /400 r/min	0.049 MPa /700 r/min	2.41 MPa /725 r/min	24 MPa

注：* 质量点 3～18 为左(前)主机气缸，旋转方向为逆时针；质量点 34～49 为右(后)主机气缸，旋转方向为顺时针。
** 不发火气缸质量号为 3#、36#。
*** 按规范，曲轴扭振许用应力为 31.2 MPa，该型柴油机曲轴扭振许用应力为 50 MPa。

8.4.5　双机并车轴系扭振特性分析总结

(1) 对于单机推进系统，最不利的不均匀发火与正常发火工况相比，轴系各部位扭振应力和扭矩均有不同程度的增加。其中，曲轴内扭振应力变化不大；齿轮对和离合器中振动扭矩分别增加 76%和 112.9%；中间轴和螺旋桨轴内扭振应力则大幅度增大，增大幅度分别为 541.4%和 546.8%，而且主要是由于 0.5 谐次大幅度增大，造成合成扭振应力大幅度提高。

(2) 对于双机并车推进系统，最不利的不均匀发火与正常发火工况相比，齿轮对和离合器内的振动扭矩大幅度增大，分别增加 96.4%和 643.9%，主要也是由于 0.5 谐次增加幅度较大；而曲轴、中间轴和螺旋桨轴内的扭振应力变化不大。但在正常发火情况下，并车相位角变化并不影响离合器内振动扭矩的变化。

(3) 在不均匀发火情况下，齿轮对和离合器内振动扭矩随并车相位角的变化而变化，在某一相位角时振动扭矩可能比正常发火时还小，而在另一相位角时则比正常发火时大。

(4) 在不均匀发火再加上一缸不发火(含两缸不发火)情况下，齿轮对和离合器内振动扭矩随并车相位角的变化而变化，且比在正常发火工况下要增大很多，在某一并车相位角时可达在正常发火工况下的 5～17 倍。

(5) 对于 V 型柴油机作为双机并车推进轴系的主机，其不同 A/B 排间发火间隔角所引起的相对振幅矢量和 $\sum \vec{\alpha_k}$ 差别明显，对推进轴系扭振负荷的影响显著，特别是曲轴应力及齿轮啮合对、离合器、联轴器振动扭矩有比较大的影响，对中间轴、艉轴应力的影响较小。

(6) 对于 7.3.4 节计算对象来说，柴油机列间发火间隔角 420°时轴系扭振负荷与列间发火间隔角 60°情况比较，曲轴应力增加 80%～100%；联轴器振动扭矩增加 20%～100%，中间轴与艉轴应力有所增加；特别需要关注的是列间发火间隔角 420°时，曲轴扭振合成应力已超过规范许用值及柴油机许可方规定的许用值。因此，该船双机并车轴系，柴油机列间发火间隔角应选择 60°为妥。

总之，为保证曲轴、离合器、联轴器、齿轮箱的安全运行，免受扭转振动破坏，对于双机并车推进轴系(CODAD)，研究各缸不均匀发火、并车相位角及 V 型柴油机列间发火间隔角对轴系扭振特性的影响是有现实意义的，需要引起人们的重视。在扭转振动计算时不但应考虑一缸不发火及不均匀发火的影响，还有必要考虑到并车相位角变化的影响；必要时，还要优化选择合适的列间发火间隔角。

8.5　电机推进及功率分支系统

为了提升船舶能效、操纵性等性能，交直流电力推进系统及电机功率分支系统（PTO/PTI）是目前常用的动力装置形式之一，其中功率分支系统有轴带发电机分系统（power take off, PTO）和轴带电动机推进分系统（power take in, PTI）。除了采用低速直流电动机直接驱动的型式以外，电机推进系统及功率分支系统通常会采用弹性联轴器、变速齿轮箱，对于联轴器与齿轮箱的振动扭矩超载问题，以及引起的联轴器损坏、敲齿现象、发电机转子处扭转振幅接近或超过许用电角等问题，需要引起人们的重视。

解决上述问题的办法是选用合适的弹性联轴器来保证功率分支系统（PTO）的安全运行。德国伏尔康公司认为应选取承载力矩较大而扭转刚度较小的联轴器，即建议 C/T 比值接近 1，其中 C 为联轴器的扭转刚度[kN · m/rad]，T 为联轴器的额定扭矩（kN · m）。

图 8－21 是说明在 PTO 联轴器扭转刚度变化情况下，轴带电机系统（PTO）齿轮振动扭矩与 PTO 联轴器扭转刚度的关系，其中虚线是指 PTO 刚性连接的情况。可以看出 PTO 联轴器的扭转刚度较小，接近 $C/T=1$ 时，齿轮振动扭矩将保持在发电机额定扭矩的 20%以下，从而保证安全运行；如果 PTO 联轴器的扭转刚度很大，接近 $C/T=10$ 时，其振动扭矩达到额定扭矩 75%，造成联轴器损坏，齿轮也大大超载了。

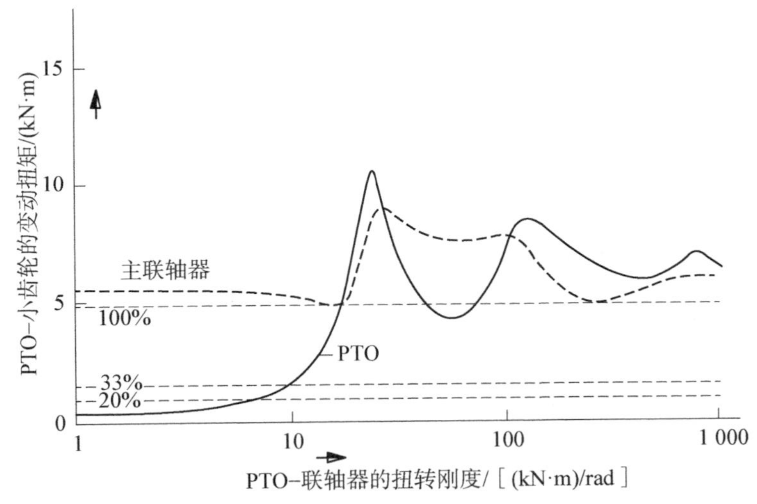

图 8－21　轴带电机系统（PTO）齿轮振动扭矩与联轴器扭转刚度的关系（通过改变 PTO 联轴器扭转刚度）

图 8－22 是在柴油机主推进轴系联轴器扭转刚度变化的情况下，轴带电机系统（PTO）齿轮振动扭矩与该联轴器扭转刚度的关系。可以看出如果主联轴器的扭转刚度降低，也可以解决轴带电机的振动扭矩过大的问题，即采用多排串联的弹性联轴器形式，但是会带来成本增高的问题。

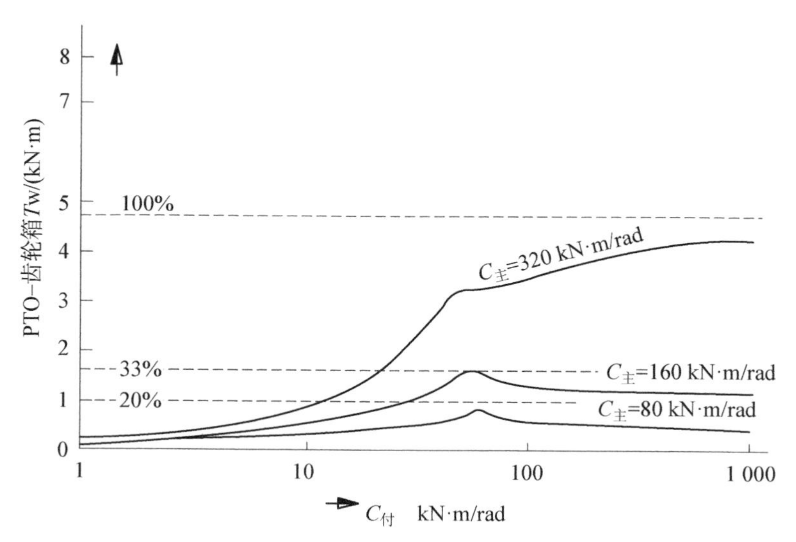

图 8-22　轴带电机系统(PTO)齿轮振动扭矩与联轴器扭转刚度的关系(通过改变主推进系统联轴器扭转刚度)

近年来,混合动力推进系统发展迅速,柴油机主机推进系统通常加装功率分支系统(PTO/PTI),采用动力电池逐步替代发电机组,质量弹性系统较为复杂,工况较多,其轴系振动控制,尤其是扭转振动特性及其控制成为需要研究的重点之一。

纯电力推进轴系的扭转振动控制,通常是进行自由振动计算,防止主要共振转速落入常用转速范围(如考虑 1.0 谐次)。有条件或有要求时,开展强迫振动计算,考虑螺旋桨激励力矩和电机的电磁激励力矩。

8.6　变速齿轮箱装置

8.6.1　减速齿轮箱试验台振动故障现象

某船用减速齿轮箱当时是我国自行制造的最大的船用二级精度硬齿面齿轮箱(21 世纪初)。为了检验齿轮箱的部分性能指标,建立了电动机驱动的齿轮箱试验台架,进行空载运行试验。试验台架是由 ABB 驱动电机、3∶1 增速齿轮箱、膜片联轴器和船用齿轮箱组成,最高试验转速为 3 270 r/min。

在台架空载试验时,当电机转速达到 1 800 r/min 附近,齿轮箱发出巨大声响,第一级换向齿轮对开始产生敲齿现象,随着转速升高,声响越大,无法完成预定的性能试验。更换了齿形联轴节,并将联轴节和换向齿轮等做了整体动平衡,检查齿轮尺寸精度,均没有改善。

为了进行故障诊断,进行了轴系扭转振动、振动的测试。测试分析表明在发生敲齿的换向齿轮处,存在扭振共振,由此可以判断敲齿现象是由于轴系扭振的共振所引起的。

8.6.2　原试验台架轴系组成

减速齿轮箱试验台架轴系是由 ABB 公司电机、3∶1 增速齿轮箱、膜片联轴器、齿轮箱组成，其中齿轮箱主要是由1∶1换向齿轮对、SSS离合器、29∶92齿轮对、33∶156齿轮对、输出法兰组成。轴系布置如图8－23所示。减速齿轮箱输入额定转速为3 270 r/min。

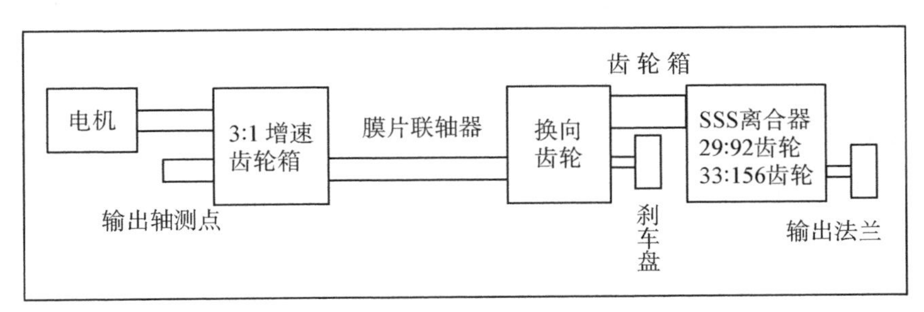

图8－23　齿轮箱试验台架轴系布置简图

8.6.3　台架轴系扭振故障诊断

1）扭振测点位置与工况

测点分别设在增速齿轮箱输出轴、刹车盘及齿轮箱92齿齿轮上。在200～3 180 r/min转速范围内，每隔60 r/min进行一次测量。

2）扭振测试分析系统

测量分析系统是由英国TV102传感器或转速传感器、TV2扭振仪、TM－820转速表、CRAS4.1随机振动与信号分析系统等组成。测量仪器经英国进口的AE－11扭振校验台校验。

3）测试结果分析

由于在2 000 r/min以上转速在换向齿轮对上产生强烈的敲齿声响，在2 160 r/min处刹车盘合成扭角达0.25°，无法运行至额定转速。原齿轮箱试验台架轴系中三个测点的三维谱阵图分别如图8－24所示，主要扭振谐次分别为1.0、2.0、3.0、4.0、5.0、6.0。由各谐次的共振转速推算出轴系的振动固有频率，见表8－33。齿轮箱92齿的齿轮处由于总扭角小于0.01°，所以未做进一步的谐次分析。

表8－33　原轴系实测共振转速及计算值对比*

测点位置	振型	谐次	扭振振幅/(±mrad)	实测共振转速/(r/min)	平均振动频率/Hz(1/min)	计算振动频率/Hz(1/min)	频率误差/%
刹车盘	Ⅰ	2.0	0.0597	1562.5	50.5208 (3031.25)	48.6122 (2916.732)	3.78
		4.0	0.2484	780			
		5.0	0.0297	600			
输出轴	Ⅰ	6.0	0.0449	480			

* 实测共振转速为增速齿轮箱的输出转速，计算频率按3∶1速比转换。

8.6.4　改进方案扭振分析

为了进一步分析故障的原因，收集整理台架轴段及齿轮箱参数，建立了原台架轴系质量弹性系统，自由振动计算振动频率为 2 916.7/min(表 8－32)，与实测振动频率相符合。

原齿轮箱轴系在 3 031 r/min 转速附近存在强共振，该转速落在运行转速范围内，严重影响了试验台架的正常运行。而且扭振节点就在膜片联轴器中，换向齿轮与增速齿轮箱的扭振振幅最大，所以在高转速运行时换向齿轮啮合对、增速齿轮箱相续产生敲齿。随着转速的升高，越来越接近共振转速，敲齿情况越严重，甚至中止试验。由于轴系中没有任何阻尼部件，空载试验的传递扭矩很小，虽然扰动力不大(电机的扰动力很小，主要来源于齿轮啮合产生的扰动力)，但是在轴系固有频率附近依然产生了强扭转共振。这是由于齿轮对的交变振动扭矩接近或大于传递啮合扭矩，从而产生齿轮脱开后再啮合的敲齿现象。交变振动扭矩越大，敲齿越现象严重。

解决扭振故障的方案一般有改变转动惯量、改变轴段刚度、增加阻尼部件等。根据台架轴系的实际情况，经协商，在电机与增速齿轮箱之间加装盖斯林板簧格联轴器(注油式)，这种联轴器具有弹性和阻尼作用。经扭振计算，将单节频率降至 2 000/min 附近，并依靠盖斯林格联轴器的阻尼作用来抑制扭振，而双节频率在 4 500/min 以上，远离额定转速，见表 8－34。

8.6.5 改进后台架轴系扭振测试结果

为了验证改进方案效果，在加装弹性联轴器后，进行了扭振实测，刹车盘处扭振的三维谱阵如图 8－24 所示。由各谐次的共振转速推算轴系的振动固有频率，实测振动频率与计算频

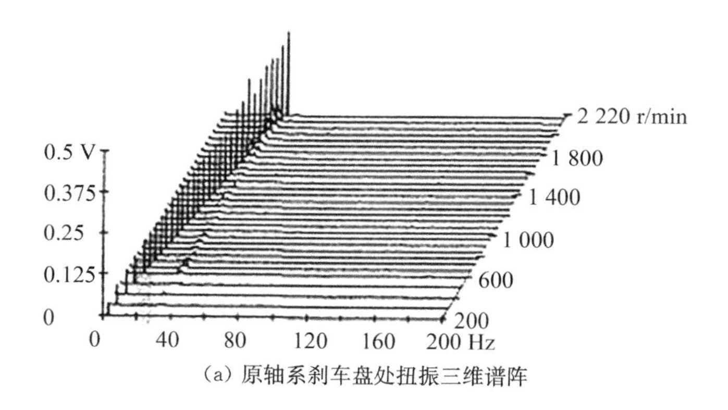

(a) 原轴系刹车盘处扭振三维谱阵

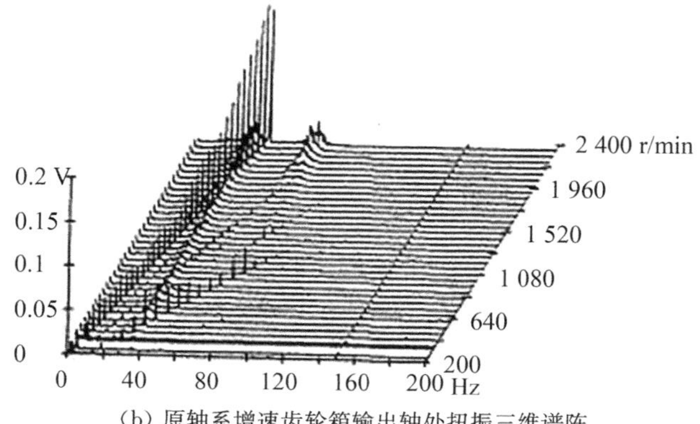

(b) 原轴系增速齿轮箱输出轴处扭振三维谱阵

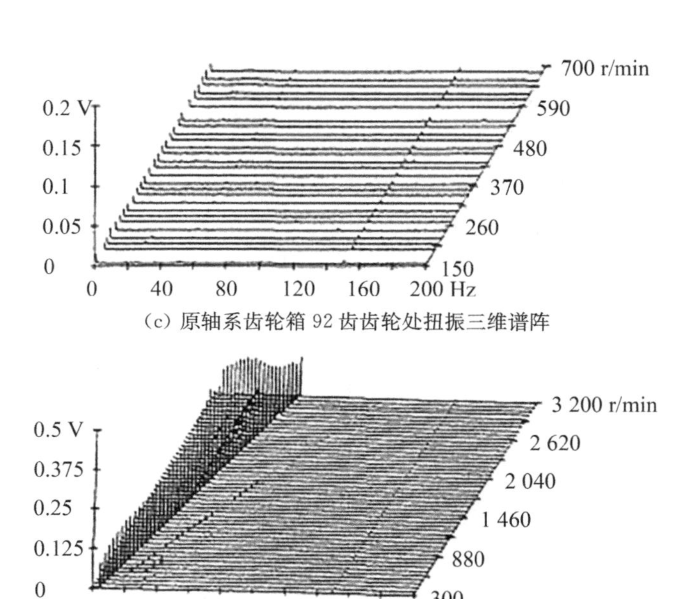

(c) 原轴系齿轮箱 92 齿齿轮处扭振三维谱阵

(d) 改装后轴系刹车盘处扭振三维谱阵

图 8-24　齿轮箱试车轴系改装前后扭振测试分析结果

率是一致的，见表 8-34。在 2 040 r/min 处合成扭角为 0.3°，运行平稳，在 3 150 r/min 转速时合成扭角仅为 0.095°，从趋势来分析，额定转速 3 270 r/min 的合成扭角可以小于 0.1°。

表 8-34　加装盖斯林格联轴器的轴系实测共振转速及计算值对比*

测点位置	振型	谐次	扭振振幅/(±mrad)	实测共振转速/(r/min)	平均振动频率/Hz(1/min)	计算振动频率/Hz(1/min)	频率误差/%
刹车盘	I	1.0	5.734 6	2 040	33.666 7 (2 020)	34.028 9 (2 041.734)	1.08
		2.0	0.326 7	1 020			
		3.0	0.458	660			

注：* 实测共振转速为增速齿轮箱的输出转速，计算频率按 3∶1 速比转换。

8.6.6　齿轮箱试车轴系扭振分析结论

(1) 由于齿轮箱试车轴系是由电动机驱动的，齿轮箱输出端没有载荷，电机输入扰动力非常小，仅有齿轮对的啮合扰动力。但是扭振测试和计算均表明，由于轴系扭振固有频率落在运转转速范围内，产生强烈的敲齿现象。因此，齿轮传动轴系的扭转振动问题需引起人们的足够重视。

(2) 齿轮箱原试车轴系扭转振幅随着转速的升高而增大，单节共振转速为 3 031 r/min。自由振动计算结果也证实了这一点。由于该试车轴系没有扭转阻尼减振部件，并且传递扭矩远小于额定扭矩，当靠近共振转速时，在换向齿轮的一级与二级齿轮扭振振幅最大，2 160 r/min 时齿轮箱输出轴合成扭角达±0.25°，产生的交变振动扭矩接近或大于传递扭矩，从而造成换向齿轮处产生严重的敲齿共振现象。

(3) 为了解决原试车轴系共振问题,通过扭振计算分析,建议在电机与增速齿轮箱之间加装具有阻尼和弹性的盖斯林格联轴器,降低单节共振转速,并抑制振动幅值。改装后扭振实测表明,单节共振转速在 2 040 r/min 处(合成扭角为±0.3°),在低于和高于 2 040 r/min 的转速范围内,随着转速的降低和升高,扭振振幅递减,3 150 r/min 时合成扭角为 0.095°。从趋势来看,额定转速 3 270 r/min 的合成扭角应小于 0.1°。

(4) 通过加装盖斯林格联轴器,在整个运行转速范围(200～3 270 r/min)内,减速齿轮箱试车轴系运行平稳,敲齿现象消失。

8.7 发电机组扭振故障分析

8.7.1 电厂柴油机曲轴断裂的振动故障分析

2001 年,深圳某电厂一台 12PC4V 柴油机曲轴产生与轴心线呈约 45°夹角的裂纹,曲轴报废,这台机组建成后断断续续运行了约 6 个月,发电机组基本资料见表 8-35,质量弹性系统如图 8-25 所示。电厂重新购买一根二手曲轴,花费 20 余万元,而无法发电所造成的经济损失更大。该电厂有数台 12PC4V 柴油发电机组运行发电,与区域电网相连。12PC4V 型柴油机是从报废船拆下的主机,已运行了 20 年左右;交流发电机是广东某发电机厂生产;柴油机原额定功率为 18 000 马力(1 马力=745.7 W),机组功率为 9 000 kW 以下;发电机轴、轴承也是利用报废船上的中间轴、轴承,每台机组的最小轴径从 430.5 mm 到 590 mm 不等;柴油机与发电机刚性连接。

表 8-35 发电机组轴系扭振计算参数

柴油机资料			
机型	12PC4V	额定转速	428 r/min
冲程数	4	最低稳定转速	约 170 r/min
气缸数	12	机械效率	0.8
V 形夹角	45°	连杆长度	1 350 mm
缸径	570 mm	曲柄半径	310 mm
活塞行程	620 mm	曲轴连杆轴径	465 mm
额定功率	11 000 kW	往复部分质量	993 kg
扭振减振器资料			
型式	卷簧扭振减振器	内件转动惯量(含曲轴连接段)	239.48 kg·m²
扭转刚度	11.18 MN·m/rad	外件转动惯量	544.423 kg·m²
发电机资料			
电极对数	7	转子转动惯量	20 066.4 kg·m²
额定频率	50 Hz		

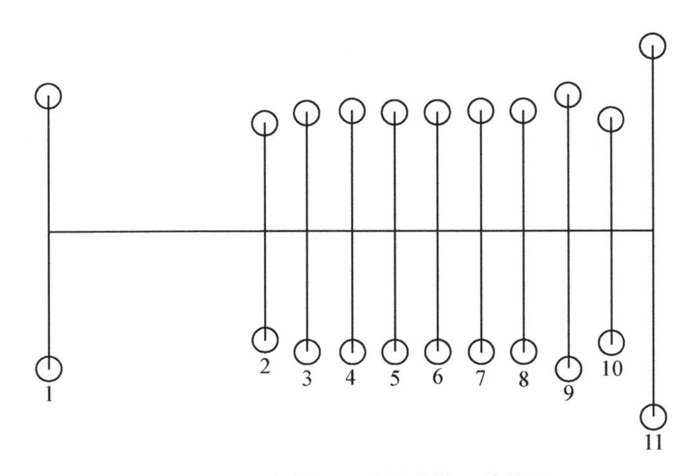

图8-25 发电机组质量弹性系统简图

1、2—扭振减振器；3～8—柴油机气缸；9—飞轮；11—发电机转子

通过对这台柴电机组进行扭振计算后发现，单节扭振频率为1 244.808/min，双机扭振频率为2 940.029/min。这样单节3.0谐次和双节7.5谐次的共振转速分别为416 r/min和414 r/min，非常靠近机组额定转速428 r/min(考虑电网5%的频率波动，机组转速范围为406.6～449.4 r/min)，并且空车暖机时也经常在共振转速附近运转。由于机组连接轴扭转刚度选取不当，造成机组轴系的共振转速与额定运行转速相距太近，强烈的扭振共振响应是造成曲轴产生裂纹的主要原因。

另外，柴油机的原额定转速为400 r/min，实际运行转速为428 r/min，提高28 r/min，所以经常出现烧轴瓦的现象；卷簧扭振减振器曾发现有20余片簧片断裂，更换了新的簧片；发电机转子没有作过动平衡，运转时跳动较大；基座不是一个整体，而是两块拼成，所以机组振动烈度比在整体基座上的机组要大2倍。这些因素也是柴油机曲轴造成裂纹的次要原因。

因此，建议发电厂采取的整改措施有：经过扭振计算和测试分析，合理选配发电机轴的最小轴径，优化其扭转刚度，将轴系共振转速移出常用运转转速范围，同时在暖机运行时避开共振转速；将分体式基座合成整体；更换发电机生产厂，提高发电机转子的平衡性能。调整后，经过测试分析，机组正常运行。

8.7.2 发电机组联轴器断裂的故障分析

高弹性联轴器是内燃机动力装置普遍使用的部件，主要作用是提供径向与轴向的补偿、改变动力装置轴系的扭振固有频率、降低传动轴系的扭振响应的作用。但是如果选用不当，则会造成联轴器断裂、齿轮箱敲齿、轴段损坏的严重后果。

某船用柴油发电机组是由河南柴油机厂MWM TBD234V6型柴油机、LC2611型高弹性联轴器、JTFW-280L2/04-LA4型发电机组成，额定转速为1 500 r/min，最低稳定转速为600 r/min。在空载低转速暖机过程中多次发生弹性联轴器断裂问题。

为了更好地解决问题，采用了三种联轴器方案进行机组扭振试验和计算分析。三种联轴器为LC2611、LC3010、LC2620A(双排并联)，其扭转刚度分别为11.7 kN·m/rad、30.2 kN·m/rad、

37 kN·m/rad，机组轴系单节 1.5 谐次共振转速分别在 660 r/min、785(760～810) r/min、857.5 r/min。在安装 LC2620A(双排并联)联轴器的机组试验时，空载运转不久联轴器即烧毁，是因为此时轴系共振转速接近空载暖机转速。经修改联轴器实际动态扭转刚度，并进行强迫振动推算，该型联轴器的合成振动扭矩大大超过了许用振动扭矩。

最后采取的措施是选用 LC3010 型联轴器(许用振动扭矩有所提高)，并提高柴油机暖机转速到 1 000 r/min。由于机组轴系固有频率适当降低，而运行转速提高后避开了共振转速。

8.7.3 电子调速器与动力装置轴系的耦合扭振控制

8.7.3.1 电子调速器与动力装置轴系的耦合扭振控制

调速器是根据发动机负荷的变化，相应改变燃油供给系统的供油量，以使发动机输出转矩与外界阻力平衡，确保发动机转速稳定的装置。船用柴油机的调速器主要有机械式、电液式、电子式等类型。随着发动机高强载、智能化、低排放等发展趋势，电子调速器在各型柴油机得到了广泛的应用。

对于船用发电机组来说，启动暖机后即升至额定转速运行，然后加载。在这个变化过程中，电子调速器会不断地实施闭环控制，以确保发动机的正常运行。如果电子调速器的执行机构(如压紧弹簧)的调整频率与机组轴系固有频率相近，会产生较大的扭振振动力矩，造成弹性联轴器的损坏。

电子调速器是用转速信号来控制转速波动量，对于动力装置轴系的振动频率是敏感的，并有一定的阻尼作用。当推进装置轴系的某一固有频率落在转速调节系统的敏感范围以内，系统没有足够的阻尼，这时转速调节不稳定，这种现象称为“调速器波动”。这种“调速器波动”会增加弹性联轴器、齿轮啮合对的振动扭矩，造成危害。因此，电子调速器的控制参数稳定性及发动机的转速波动响应特性，是需要通过实机调试、试验验证或扭振分析，并对压紧弹簧刚度参数一致性加强质量控制。

8.7.3.2 发电机转速控制器与轴系的耦合扭振控制

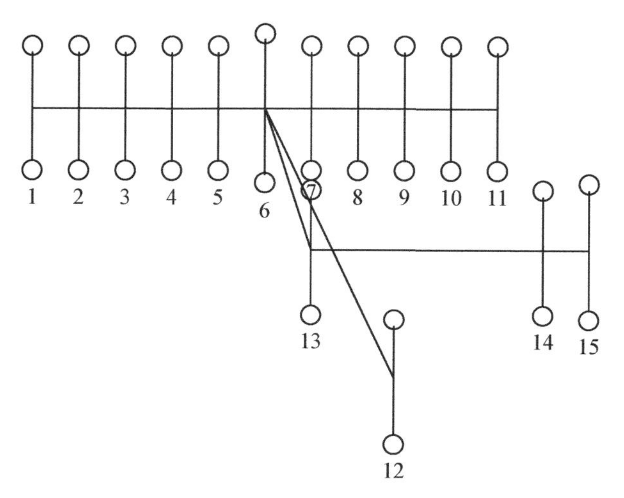

图 8-26 发电机组质量弹性系统简图

1—11 轴段—发动机曲轴；5、6、7—齿轮；13—14 轴段—弹性联轴器；15—发电机转子

对于外燃式斯特林发动机驱动的发电机组来说，机组的转速、功率是由发电机的转速励磁控制器进行控制的。发电机组是由发动机、弹性联轴器、发电机组成，发动机曲轴输出采用 U 形并车传动，其质量弹性系统如图 8-26 所示。在机组可靠性试验过程中，多次发生弹性联轴器橡胶件出现裂纹、脱裂损坏。

首先计算分析了发动机试车台架轴系扭振特性，没有发现扭振共振问题。随后开展了机组扭振测试分析，在空载降速及额定发电工况(额定转速 1 800 r/min)，发电机组轴系各部位的扭振应力与扭矩均满足规范要求。

然而，在空载升速至额定转速过程中，发现飞轮测点的扭振合成振幅有波动，TV1 型扭振仪的指针显示，最大达到±3°，经推算联轴器的振动扭矩大大超过许用振动扭矩。

外燃式发动机发电机组在升速过程中，特别是接近额定转速时，为了能有效控制机组转速迅速稳定至额定转速附近(转速波动率有指标要求)，发电机控制器会按一定转速步长进行调整，逐步收敛至额定转速，并保持稳定运行。如果发电机控制器调整参数过快、步长较大，会形成较大的交变电磁力矩，对机组轴系产生扭转强迫振动，导致联轴器相对扭振振幅过大，承受的交变振动扭矩超过许用值。经过若干次启动运行后，会造成弹性联轴器逐渐损坏，而发动机曲轴、发电机轴承受的冲击扭振应力还是小于许用值，不会出问题。

经过反复调整发电机控制板参数，进行扭振实测，在空载升速至额定转速过程时，控制飞轮处扭振合成振幅在±0.6°以下，经推算联轴器的振动扭矩小于许用值。其他轴段的扭振应力小于规范许用值。

联轴器损坏故障的解决措施是通过扭振实测，调整发电机转速控制的步长，以控制联轴器的相对扭振振幅；重新选型弹性联轴器，以加大其许用变动扭矩。

8.8　工程车辆动力传动系统扭振故障分析

8.8.1　某工程车动力传动系统弹性联轴器的故障分析

8.8.1.1　故障原因分析

某工程车陆上行驶动力传动系统轴系是由高速柴油机、盖斯林格联轴器、变速箱、车轮等组成，其水上航行动力传动系统轴系是由高速柴油机、盖斯林格联轴器、变速箱、万向轴、喷水泵组成。柴油机为六缸 V 形(V 形夹角为 90°)，额定功率/转速为 441 kW/2 200 r/min。动力传动系统轴系质量弹性系统分别如图 8－27 和图 8－28 所示，运行工况比较多，系统较为复杂。

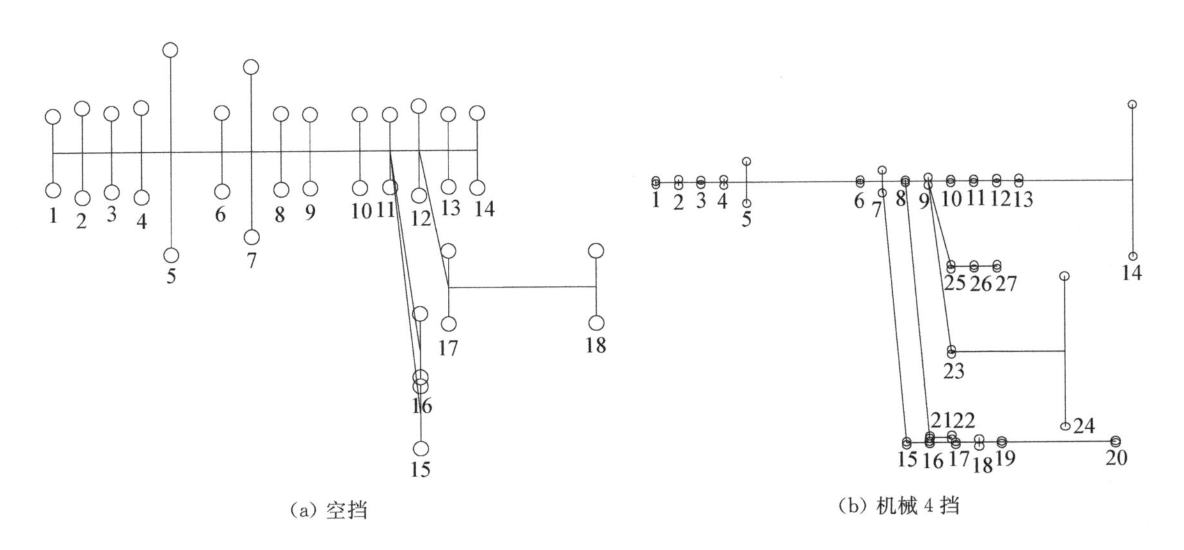

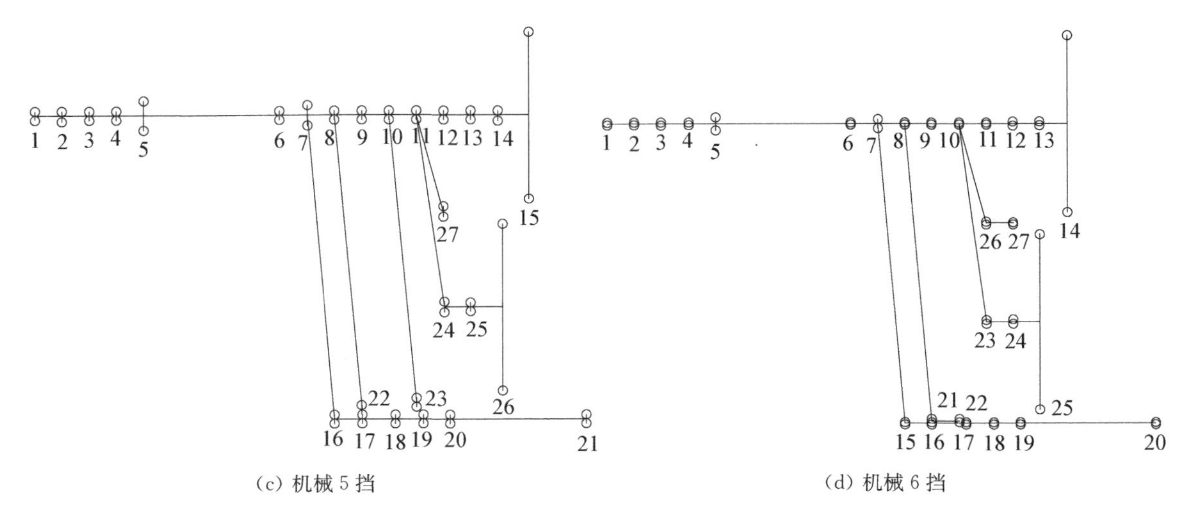

(c) 机械 5 挡　　(d) 机械 6 挡

图 8-27　陆上行驶部分工况动力传动轴系质量弹性系统简图

质量 2～4—柴油机气缸；5—6 轴段—弹性联轴器

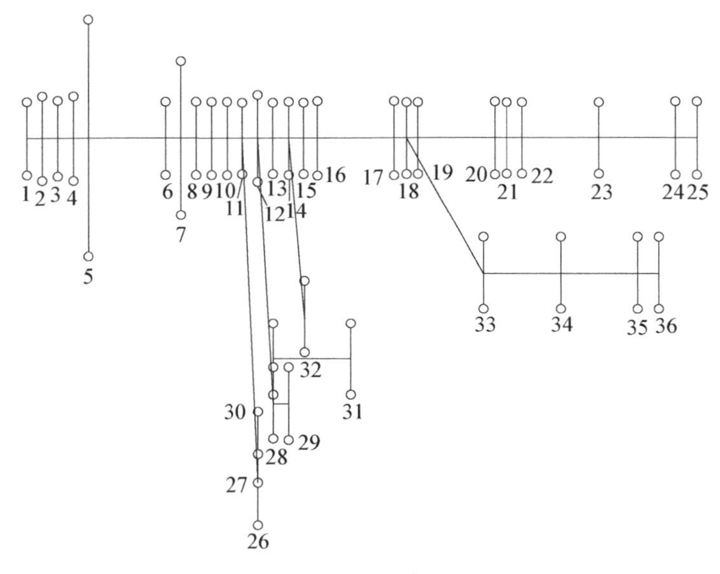

图 8-28　水上航行动力传动轴系质量弹性系统简图

质量 2～4—柴油机气缸；5—6 轴段—弹性联轴器；11、12、13—变速箱齿轮；25—喷泵叶轮

在实车陆上试验时，相继发生变速箱输入齿轮断裂四次、原盖斯林格联轴器簧片断裂三次的事故。后经扭振计算分析发现，安装原盖斯林格联轴器的动力传动轴系在常用转速范围内存在强烈的扭转振动共振转速，这是造成该型联轴器与输入齿轮断裂的主要原因。

8.8.1.2　改进方案

经过论证，改进设计后的两种弹性联轴器为 C48/3/128N 型盖斯林格联轴器、橡胶联轴器，参数详见表 8-36。进行了动力传动系统台架试验、实车陆上行驶及水上航行扭振测试。实车扭振测试时，在曲轴自由端、飞轮、变速箱涡轮和水上输出轮安装了扭振测点，在每个档位，从最低转速缓慢连续升速至额定转速，用 RD-145T 磁带机记录每个测点的转速脉冲信号

(根据转速脉冲信号的频率,选择合适的采样记录频率)。再用磁带机回放,采用 TV1 扭振仪、B&K3550 频谱分析仪进行扭振三维连续阶次跟踪谱分析,从而分析出各个谐次的振幅转速曲线,确定共振转速及振幅。柴油机飞轮扭振实测结果汇总于表 8 - 37。

表 8 - 36　改进后两型弹性联轴器资料

联轴器资料			
型号	C48/3/128N 型 盖斯林格联轴器	主动件转动惯量	2.55 kg·m²
额定扭矩	3.21 kN·m	从动件转动惯量	0.039 kg·m²
最大扭矩	4.17 kN·m	静态扭转刚度	0.024 9 MN·m/rad
许用功率损失	1.5 kW	许用阻尼扭矩	0.327 kN·m/bar
联轴器资料			
型式	橡胶联轴器	主动件转动惯量	0.583 kg·m²
额定扭矩	—	从动件转动惯量	0.177 46 kg·m²
最大扭矩	—	静态扭转刚度	0.435 MN·m/rad

表 8 - 37　柴油机飞轮测点扭振测量结果对比

工况	谐次	C48 联轴器		橡胶联轴器	
		扭振振幅/(±°)	转速/(r/min)	扭振振幅/(±°)	转速/(r/min)
陆上行驶空挡	1.5	0.456	798.1	0.291	944.2
	3.0	0.090	798.1	0.153	944.2
陆上行驶液力 1 挡起步	1.5	0.569	817.8	0.247	1 033
	3.0	0.108	817.8	0.141	965.3
陆上行驶液力 2 挡	1.5	0.580	821.3	0.253	1 041
	3.0	0.110	821.3	0.128	1 015
陆上行驶液力 3 挡	1.5	0.583	799.2	0.295	1 068
	3.0	0.111	799.2	0.127	971
陆上行驶液力 4 挡	1.5	0.394	1 063	0.156	1 139
	3.0	0.064 2	1 063	0.075	1 200
陆上行驶液力 5 挡	1.5	0.616	819.4		
	3.0	0.121	819.4	0.063	1 606
陆上行驶液力 6 挡	1.5	0.348	1 255	共振转速不明显	
	3.0	0.059 2	1 255		

（续　表）

工况	谐次	C48 联轴器		橡胶联轴器	
		扭振振幅 /(±°)	转速 /(r/min)	扭振振幅 /(±°)	转速 /(r/min)
陆上行驶机械 4 挡	1.5	0.461	1034	共振转速不明显	
	3.0	0.083	1034		
陆上行驶机械 5 挡	1.5	0.427	1235	共振转速不明显	
	3.0	0.0787	1235		
陆上行驶机械 6 挡	1.5	0.784	959.5	共振转速不明显	
	3.0	0.154	959.5		
水上航行	1.5	未测试		0.38	801.1
	3.0			0.15	941.9

为了推算动力传动系统的轴系扭振负荷是否满足要求，开展了扭振质量弹性系统的建模和自由振动、强迫振动计算，部分计算结果见表 8-38～表 8-41。因缺乏相关规范，轴段应力许用值按照中国船级社规范计算。计算结果表明：

(1) 空车和陆上液力 1～6 挡工况，正常发火时，C48 型联轴器的振动扭矩小于制造厂规定的许用振动扭矩，曲轴、变速箱等轴段的扭振应力满足规范要求。

(2) 陆上机械 4～6 挡工况，正常发火时，C48 型联轴器的振动扭矩小于制造厂规定的许用振动扭矩，曲轴、变速箱等轴段的扭振应力满足规范要求。

(3) 水上航行工况，正常发火、安装橡胶联轴器时，曲轴、变速箱等轴段的扭振应力满足规范要求。

表 8-38　陆上空车与液力传动工况动力传动系统扭转振动计算结果

部位	轴段号	谐次 /合成	转速 /(r/min)	最大应力 /扭矩	许用值
曲轴	4-5	7.5	2200	9.87 MPa	21.83 MPa
C48 联轴器	5-6	合成	800	0.64 kN·m	1.602 kN·m
		1.5	800	0.30 kN·m	
变速箱	6-7	1.5	800	5.59 MPa	71.13 MPa
变速箱	7-8	3.0	1275	0.90 MPa	66.81 MPa
变速箱	8-9	3.0	1275	1.02 MPa	67.17 MPa
变速箱	10-11	3.0	1275	1.49 MPa	68.27 MPa
变速箱	12-13	3.0	1275	1.73 MPa	72.29 MPa

表 8-39　陆上机械4档工况动力传动系统扭转振动计算结果

部位	轴段号	谐次/合成	转速/(r/min)	最大应力/扭矩/振幅	许用值
曲轴	4—5	7.5	2 200	12.84 MPa	21.83 MPa
C48 联轴器	5—6	合成	1 350	0.59 kN·m	1.33 kN·m
		1.5	1 375	0.23 kN·m	
变速箱	6—7	1.5	1 375	4.60 MPa	64.73 MPa
变速箱	7—8	1.5	1 275	15.96 MPa	66.81 MPa
变速箱	7—15	3.0	1 400	20.48 MPa	64.51 MPa
变速箱	8—9	1.5	1 275	22.89 MPa	66.58 MPa
变速箱	17—18	3.0	1 400	34.67 MPa	65.91 MPa
变速箱	12—13	1.5	1 275	10.93 MPa	66.22 MPa
行星排	13—14	1.5	1 275	16.15 MPa	36.83 MPa
行星排	23—24	1.5	1 275	17.60 MPa	36.83 MPa

表 8-40　陆上机械5档工况动力传动系统扭转振动计算结果

部位	轴段号	谐次/合成	转速/(r/min)	最大应力/扭矩	许用值
曲轴	4—5	7.5	2 200	14.16 MPa	21.83 MPa
C48 联轴器	5—6	合成	1 200	0.59 kN·m	1.428 kN·m
		1.5	1 200	0.21 kN·m	
变速箱	6—7	1.5	1 200	4.31 MPa	66.45 MPa
变速箱	7—8	1.5	1 200	10.13 MPa	67.17 MPa
变速箱	8—9	1.5	1 200	13.38 MPa	67.54 MPa
变速箱	9—10	1.5	1 200	11.63 MPa	67.54 MPa
变速箱	10—11	1.5	1 200	13.42 MPa	67.80 MPa
	13—14	1.5	1 200	8.43 MPa	67.17 MPa
行星排	14—15	1.5	1 200	8.04 MPa	37.29 MPa
变速箱	7—16	1.5	1 400	6.17 MPa	64.86 MPa
变速箱	18—19	1.5	1 525	3.39 MPa	63.99 MPa
	24—25	1.5	1 200	8.67 MPa	67.17 MPa
行星排	25—26	1.5	1 200	11.74 MPa	37.29 MPa

表 8 - 41 陆上机械 6 档工况动力传动系统扭转振动计算结果

部位	轴段号	谐次/合成	转速/(r/min)	最大应力/扭矩	许用值
曲轴	4—5	7.5	2 200	14.80 MPa	21.83 MPa
C48 联轴器	5—6	合成	1 000	0.57 kN·m	1.524 kN·m
		1.5	1 000	0.37 kN·m	
变速箱	6—7	1.5	1 000	6.50 MPa	68.68 MPa
变速箱	7—8	1.5	1 000	10.06 MPa	69.43 MPa
变速箱	8—9	1.5	1 000	12.13 MPa	69.81 MPa
变速箱	9—10	1.5	1 000	11.66 MPa	69.81 MPa
	11—12	1.5	1 000	9.83 MPa	69.43 MPa
	12—13	1.5	1 000	10.02 MPa	69.43 MPa
行星排	13—14	1.5	1 000	10.99 MPa	38.19 MPa
变速箱	7—15	1.5	1 000	3.02 MPa	69.43 MPa
	23—24	1.5	1 000	10.61 MPa	69.43 MPa
行星排	24—25	1.5	1 000	11.64 MPa	38.19 MPa

8.8.1.3 分析结果

经过实车扭振测试与计算分析表明，弹性联轴器改进后的动力传动系统在各档工况运行转速范围内不存在强烈的扭振共振，曲轴与变速箱轴段应力、联轴器振动扭矩均满足许用值要求。长时间试验过程中，没有再发生联轴器和齿轮断裂的事故。

8.8.2 某工程车动力传动系统连接轴故障分析

8.8.2.1 故障分析

某工程车动力传动系统轴系是由高速柴油机、膜片联轴器、连接轴(齿键)、变速箱、车轮等组成。柴油机为八缸 V 型(V 型夹角为 90°)，额定功率/转速为 588 kW/2 200 r/min。

动力传动系统轴系质量弹性系统分别如图 8 - 29 和图 8 - 30 所示，其中 9—10 轴段为前传动轴，连接方式为齿键。

在实车陆上试验时，发生了变速箱的前传动轴齿键断裂的事故。经过扭振测试分析，发现液力工况动力传动轴系存在单节点 1.0 谐次共振转速为 1 824～1 925 r/min，最大振幅达 ±0.3°，节点位置就在前传动轴。涡速测点在各挡位工况，基本没有扭振共振情况，说明在变速箱的变矩器(相当于液力偶合器的作用)以后的轴段基本没有扭振的共振现象。

柴油机是 8 缸 V 型机(90°夹角)，其主要激励谐次应为 2.0、4.0 等谐次。然而传动轴系中却存在 1.0 谐次扭振共振，这个问题可以从动力传动系统轴系的固有特性中去寻找。

开展扭振计算，发现在运转转速范围内存在 1.0 谐次共振转速，与测试结果一致。进一步推算前传动轴齿键根部的合成扭振应力达到 64.3 MPa，静态应力(传递扭矩)最大值为 590 MPa。

将这两个应力叠加后，前传动轴齿键根部综合应力达到 654 MPa，超过了材料许用值 $0.56\sigma_s$ = 605 MPa（材料屈服强度 σ_s = 1 080 MPa），因而是造成前传动轴断裂的主要原因之一。

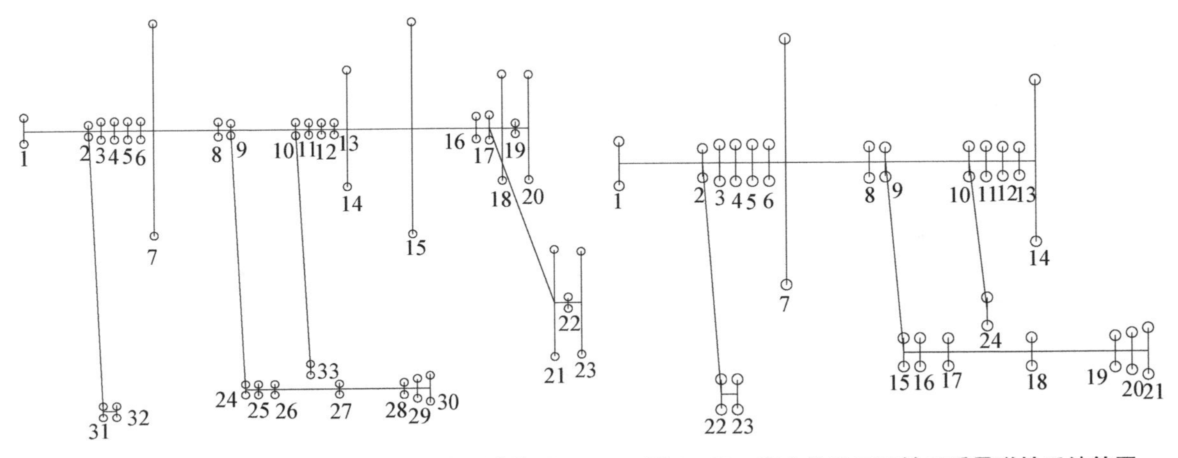

图 8-29　机械传动工况轴系质量弹性系统简图

1—2 轴段—扭振减振器；3～6—柴油机气缸；7—飞轮；9—10 轴段—前传动轴；8—9、10—11、12—13、16—17、17—18、24—25、28—29、32—33 轴段—变速箱齿轮啮合对

图 8-30　液力传动工况轴系质量弹性系统简图

1—2 轴段—扭振减振器；3～6—柴油机气缸；7—飞轮；9—10 轴段—前传动轴；8—9、10—11、12—13、19—20、20—21、23—24 轴段—变速箱齿轮啮合对

8.8.2.2　前传动轴改进前后的扭振测试分析

前传动轴改进前，进行了实车扭振测试，在飞轮安装了测点；前传动轴改进后，进行了实车扭振测试，在柴油机飞轮、变速箱轴前、轴后、涡轮和车速安装了扭振测点。在每个工况档位，从最低转速到额定转速连续加速，进行扭振三维连续阶次跟踪谱分析，主要谐次为 1.0，分析数据汇总于表 8-42 和表 8-43。改进前后，部分工况部分测点的三维阶次谱阵及 1.0 谐次振幅转速曲线如图 8-31～图 8-34 所示。

表 8-42　动力传动系统(原轴系)扭振测量分析结果

工　况	谐次	飞轮	
		最大扭振振幅/(±°)	转速/(r/min)
空挡	1.0	—	—
液力 1 挡起步	1.0	0.187 7	1 521
液力 2 挡	1.0	0.284 3	1 681
液力 3 挡	1.0	0.317 1	1 749
液力 4 挡	1.0	0.287 4	1 816
液力 5 挡	1.0	0.234 4	1 833
液力 6 挡	1.0	0.239 7	1 861
液力转机械 1 挡起步	1.0	0.214 3	1 551
液力转机械 2 挡	1.0	0.258 8	1 703

（续　表）

工　况	谐次	飞轮	
		最大扭振振幅/(±°)	转速/(r/min)
液力转机械 3 挡	1.0	0.2408	1791
液力转机械 4 挡	1.0	0.2482	1809
液力转机械 5 挡	1.0	0.2630	1862
液力转机械 6 挡	1.0	0.2185	1845
液力转机械，倒车 1 挡	1.0	0.2461	1590
液力转机械，倒车 2 挡	1.0	0.3288	1553

表 8－43　动力传动系统(前传动轴改进后)扭振测量分析结果

测　点		飞轮		变速箱轴前		变速箱轴后	
工况	谐次	扭振振幅/(±°)	转速/(r/min)	扭振振幅/(±°)	转速/(r/min)	扭振振幅/(±°)	转速/(r/min)
液力 1 挡起步	1.0	0.176	1540	0.127	1291	0.150	1582
液力 2 挡	1.0	0.220	1495	0.051	1538	0.087	1678
液力 3 挡	1.0	0.145	1894	0.080	1906	0.095	1962
		0.145	1983				
液力 4 挡	1.0	0.298	1805	0.148	1820	0.159	1870
液力 5 挡	1.0	0.216	2029	0.095	1898	0.114	2101
液力 6 挡	1.0	0.160	2037	0.103	2039	0.110	2116
液力转机械 1 挡起步	1.0	0.176	1381	0.086	1520	0.087	1597
液力转机械 2 挡	1.0	0.232	1586	0.151	1590	0.159	1560
		0.229	2055				
液力转机械 3 挡	1.0			0.167	1822	0.135	1758
						0.135	1914
液力转机械 4 挡	1.0	0.169	1906			0.118	1756
		0.198	2185				
液力转机械 5 挡	1.0	0.277	2089	0.082	1869	0.089	1975
液力转机械 6 挡	1.0	0.190	2029	0.102	2034	0.101	2105
液力，倒车 1 挡	1.0	0.250	1407	0.048	1759	0.048	1825
液力，倒车 2 挡	1.0	0.299	1542	0.185	1539	0.192	1594

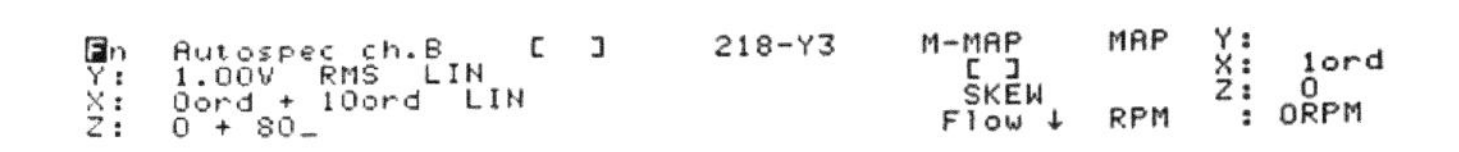

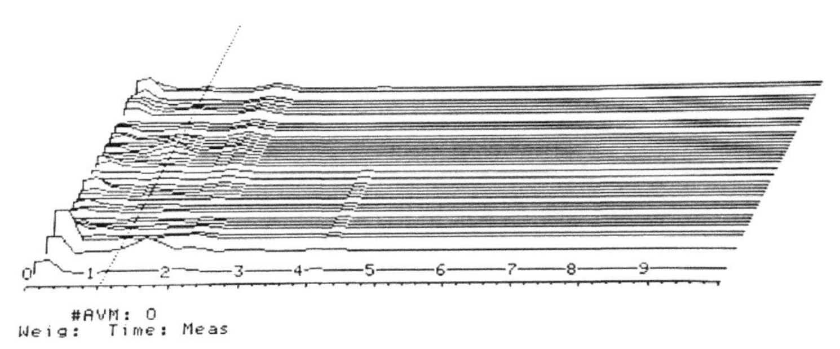

(a) 三维阶次谱阵图

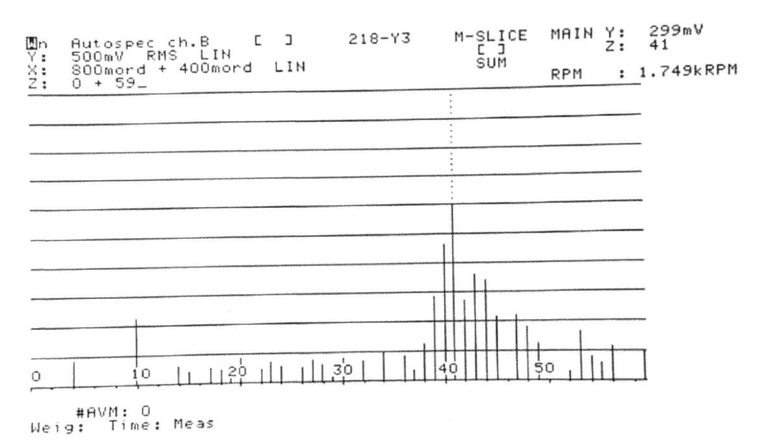

(b) 1.0 谐次扭振振幅转速曲线

图 8－31　改进前液力 3 挡升速工况时飞轮测点扭振测试分析结果

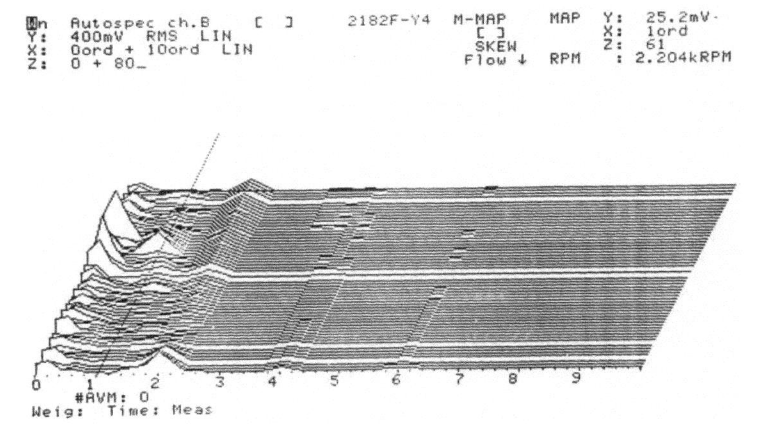

(a) 三维阶次谱阵图

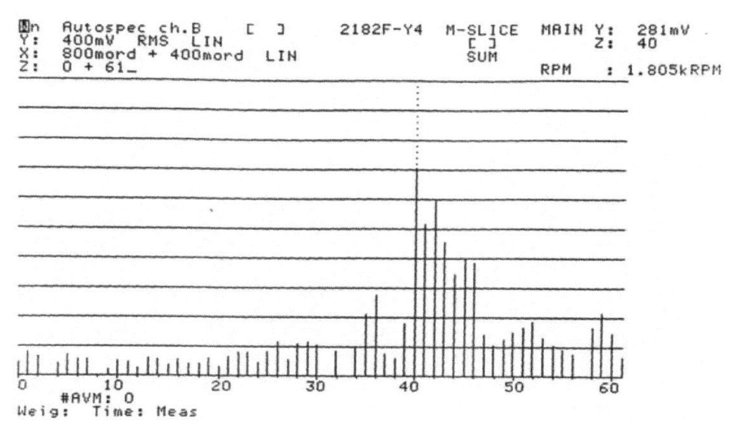

(b) 1.0 谐次扭振振幅转速曲线

图 8-32 改进后液力 4 挡升速工况时飞轮测点扭振测试分析结果

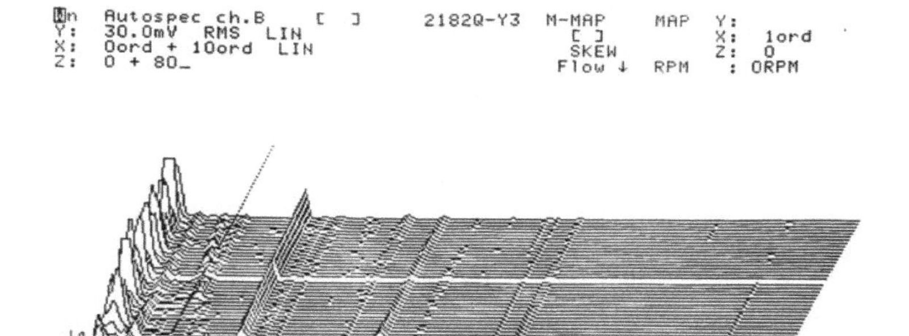

(a) 三维阶次谱阵图

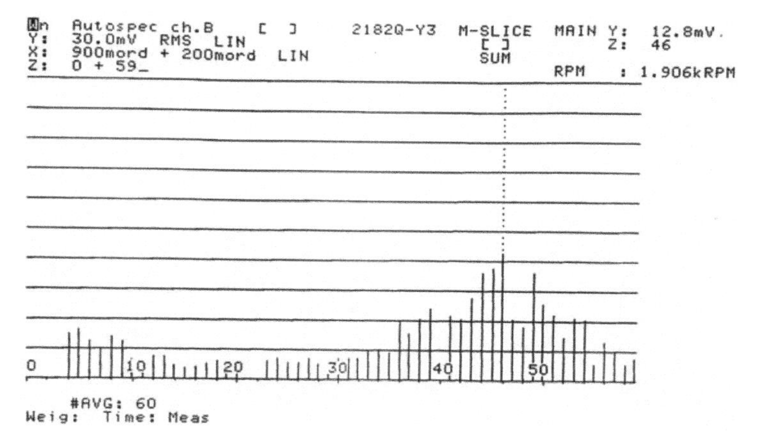

(b) 1.0 谐次扭振振幅转速曲线

图 8-33 改进后液力 3 挡升速工况时轴前测点扭振测试分析结果

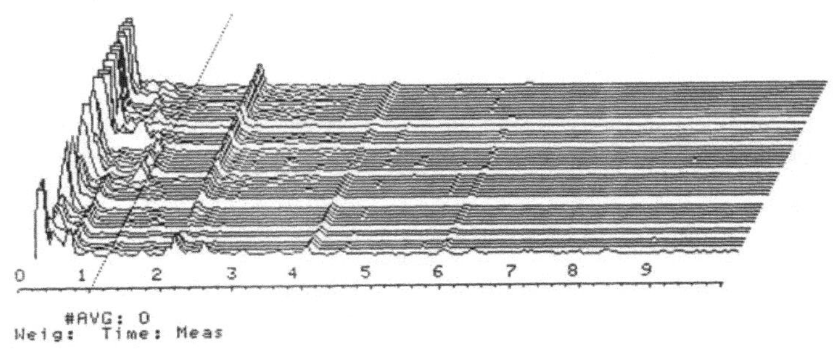

(a) 三维阶次谱阵图

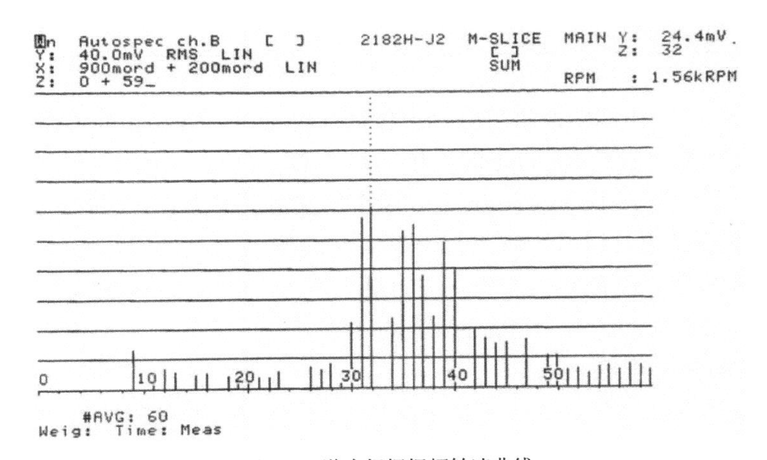

(b) 1.0 谐次扭振振幅转速曲线

图 8-34　改进后液力转机械 2 挡升速工况时轴后测点扭振测试分析结果

经过对前传动轴改进前后扭振测试结果进行比较后，发现：

(1) 前传动轴改进前，液力 1～6 挡时，飞轮扭振最大振幅为±0.19°～0.32°；机械 1～6 挡时，飞轮扭振最大振幅为±0.21°～0.26°；倒车 1～2 挡时，飞轮扭振最大振幅为±0.25°～0.33°。

(2) 前传动轴改进后，液力 1～6 挡时，飞轮扭振最大振幅为±0.16°～0.30°；机械 1～6 挡时，飞轮扭振最大振幅为±0.17°～0.28°；倒车 1～2 挡时，飞轮扭振最大振幅为±0.25°～0.30°。

(3) 前传动轴改进后的测试结果相对于改进前，扭振振幅有不同程度的下降，而且共振转速仍存在，并随着挡位的升高而有所提高。

8.8.2.3　前传动轴改进前后轴系扭振计算分析

原前传动轴的最小直径为 46 mm，改进设计后的最小直径增加至 51 mm。

针对液力工况，对前传动轴改进前的动力传动系统轴系进行扭振强迫振动计算，计算结果列于表 8-44。原前传动轴的花键齿根的最小直径约为 46 mm。轴系单节点落在前传动轴上，单节频率为 1 824 1/min，1.0 谐次的共振转速即在 1 824 r/min。

表 8-44　前传动轴改进前后的液力传动工况动力传动系统扭转振动计算结果

状态	部位	轴段号	谐次/合成	转速/(r/min)	最大应力/扭矩/振幅	许用值
前传动轴改进前	前传动轴	9—10	1.0	1 825	63.5 MPa	
			合成	1 825	64.3 MPa	
前传动轴改进后	曲轴	5—6	4.0	1 675	16.8～17.22 MPa	40 MPa
			合成	1 650	32.26～32.6 MPa	
	扭振减振器	1—2	4.0	1 750	1.37 kN·m	22 kN·m
			合成	1 950	2.62 kN·m	
	前传动轴	9—10	1.0	1925～1825	37.7～46.6 MPa	

针对液力工况，对前传动轴改进后的动力传动系统轴系进行扭振强迫振动计算，计算结果列于表 8-44。改进后，前传动轴的花键齿根的最小直径可达 51 mm。轴系单节点落在前传动轴上，单节频率为 1 824～1 925 1/min，1.0 谐次的共振转速即在 1 824～1 925 r/min。

按实际扭振测试结果，进行计算分析，结果表明前传动轴改进后，其最大扭振合成应力降到 40.7～47.2 MPa，此时前传动轴的静态应力最大值为 368 MPa，叠加扭振交变应力后，综合应力为 415 MPa，小于许用值 605 MPa(即 0.56σ_s)。

8.8.2.4　扭振分析结果

(1) 经过对该型车动力传动系统原轴系的扭振测试分析，发现除空挡工况外，飞轮、轴前、轴后测点在其他各挡工况的运转转速范围内，存在 1.0 谐次的扭振共振现象。前传动轴改进后的测试结果，相对于改进前，扭振振幅有不同程度的下降，而且随着挡位的升高，共振转速有所提高。

(2) 通过建立动力传动系统的质量弹性系统计算模型进行自由振动计算，发现液力工况时，前传动轴改进前后，轴系扭振固有振型的单节点均在前传动轴上，单节 1.0 谐次的共振转速分别为 1 824 r/min 附近或 1 824～1 925 r/min，从而引起前传动轴较大的共振响应。

(3) 经过动力传动系统轴系扭振的计算，原轴系中前传动轴的最大扭振合成应力达到 64.3 MPa。传动轴的静态应力最大值为 590 MPa，叠加扭振交变应力，达到 654 MPa，超过了许用值 0.56σ_s=605 MPa，从而是造成前传动轴断裂的主要原因之一。

(4) 改进后，前传动轴的最大扭振合成应力降到 40.7～47.2 MPa，此时前传动轴的静态应力最大值为 368 MPa，叠加扭振交变应力，综合应力为 415 MPa，小于许用值 0.56σ_s。

(5) 进一步改进建议：

① 进一步提高前传动轴结构强度，如增加齿数、齿根圆弧采用滚压工艺等。

② 通常解决动力传动轴系中 1.0 谐次共振问题，最好办法是在柴油机与变速箱之间加装高弹性联轴器。经过计算论证，建议有条件时在柴油机和变速箱之间加装 C48 型盖斯林格联

轴器，将单节 1.0 谐次的共振转速降下来，最好降到运转转速范围以下，从而大大降低前传动轴齿键连接处的振动扭矩，以保证动力传动轴系安全运行。

8.9　扭振减振器匹配应用

8.9.1　硅油扭振减振器应用案例

硅油扭振减振器的设计及优化方法不同，其阻尼特性、升温特性及使用寿命均会有所不同，有待于进一步研究和验证。

8.9.1.1　硅油扭振减振器特性

以表 8－45 中 ϕ330×62 硅油扭振减振器为例，其扭转刚度和阻尼系数如图 8－35 所示。当 MWM TBD 234 系列发动机转速范围(650～2 300 r/min)时，动态扭转刚度与振动频率近似于线性关系，而阻尼系数随着振动频率的增加而指数衰减，其扭转刚度和阻尼特性见式(2－371)、式(2－372)。

表 8－45　MWM TBD 234 系列柴油机硅油扭振减振器的参数

型号	ϕ310×45	ϕ330×62	2×ϕ330×62
扭转刚度常数 C_0/(N·m/rad)	2 000	1 640	3 280
扭转刚度指数 E_c	0.872	0.951	0.951
阻尼常数 D_0/(N·m·s/rad)	1 800	1 870	3 740
阻尼指数 E_c	−0.444	−0.394	−0.394

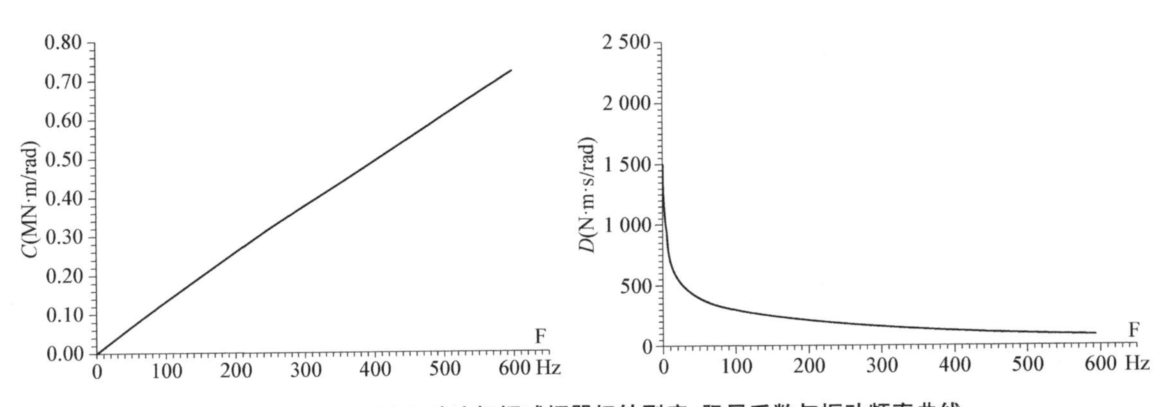

图 8－35　ϕ330×62 硅油扭振减振器扭转刚度、阻尼系数与振动频率曲线

8.9.1.2　硅油扭振减振器维修

图 8－36 所示为用于 2.2 万 m^3 液化品船 MAN 6L23/30H 发电用柴油机硅油扭振减振器，该机组采用膜片联轴器，自 2000 年至 2021 年年底使用了约 20 年的。拆解后，发现硅

油呈现黑色、近似固体状，这与原 HOLSET 公司说明书关于“船用硅油扭振减振器的寿命约为 60 000 h”的说法基本一致。

因为该型扭振减振器外径约 580 mm，采用螺栓连接结构，所以可以通过更换硅油、衬垫、螺栓等方式，继续使用，但是实际使用寿命要打折扣的，在使用中需要加强维护和检查。

图 8-36　装船使用 20 余年的 D-58 型硅油扭振减振器及其硅油情况

8.9.2　卷簧扭振减振器应用实例

8.9.2.1　卷簧扭振减振器及元件试验结果

对 MAN20/27、MTU20V956、PA6、16V280 等柴油机卷簧扭振减振器的卷簧元件组做了性能试验，试验结果汇总见表 8-46。以 MAN 20/27 柴油机卷簧扭振减振器为计算考核实例，表 8-47 为与 MAN 公司提供的数据进行对比。卷簧扭振减振器的转动惯量计算值与 MAN 公司提供的数据非常接近；卷簧组弹性常数也与 MAN 公司的试验值相吻合。

表 8-46　卷簧元件组试验结果汇总对比表

进口卷簧组							
型号		弹簧常数 /(N/mm)	与平均值之差 /%	计算值 /(N/mm)	与计算值之差 /%	制造厂试验值 /(N/mm)	备注
MAN20/27	B	291.44	−11.63～10.94	250.07	16.54	285	共 8 组
	H	793.19	−6.31～14.07	775.75	2.25	853	共 8 组
MTU20V956		620.85	−5.95～24.8	560.36	10.79	—	共 20 组
PA6		635.04	—	449.25	41.36	—	共 1 组

（续　表）

国产卷簧组							
型号		弹簧常数/(N/mm)	与平均值之差/%	计算值/(N/mm)	与计算值之差/%	制造厂试验值/(N/mm)	备注
MAN20/27	B	291.31	−6.51～7.69	250.07	16.49	285	共 14 组
	H	867.05	−3.75～8.85	775.75	11.77	853	共 11 组
PA6		710.518	—	449.25	58.16	—	共 1 组
16V280	A	992.04	−9.85～15.42	1013.77	−2.14	—	共 8 组
	B	597.61	−10.45～8.12	561.58	6.42	—	共 8 组

表 8－47　与 MAN 公司提供的数据比较

卷簧组规格	M1508－A 110×55×12×23		M1508－A 110×55×12×17.3	
	711	MAN	711	MAN
主动件转动惯量/(kg·m²)	1.0914	1.08	1.0914	1.08
从动件转动惯量/(kg·m²)	5.9913	5.98	5.9913	5.98
卷簧组弹性常数/(N/mm)	794.71	853	255.81	285

经过大量静态、动态及柴油机试验比对，在扭角小变形情况下，发现卷簧扭振减振器的动态刚度一般约为静态刚度约 3 倍。

近年来，采用了电气自动化控制系统，卷簧元件组静刚度试验机如图 8－37 所示；图 8－38 所示为扭振减振器整体试验台，具有供油系统，可以开展扭振减振器静刚度、动态扭转刚度、阻尼系数的试验和检测。

图 8－37　电气自动控制的卷簧元件静刚度试验机

图 8-38　电气自动控制的扭振减振器试验台

图 8-39　德国 70×55×8 和 110×55×8 卷簧元件组

图 8-39 所示为从德国进口的 110×55×8 和 70×55×8 卷簧元件组，外径分别是 110 mm、70 mm，宽度均是 55 mm，均由 8 片卷簧片组成。进口或国产的 110×55×8 卷簧元件组成功应用于潍柴 CW200、CW250 及新开发的 WH200、WH250 系列柴油机，淄柴 8L230 柴油机；国产 70×55×8 卷簧元件组成功应用于 396 系列柴油机。

8.9.2.2　卷簧扭振减振器配机试验

以 8LA250ZC-5 柴油机为例，减振器外径 700 mm，节圆半径 510 mm，均布单列 8 组卷簧组，卷簧扭振减振器的装机测量结果与设计参数基本吻合；频率误差在5%以内，振幅误差在10%以内，反算扭振减振器的各参数与设计值基本一致，误差在10%以内，见表8-48。

表8-48　8LA250ZC-5柴油机扭振减振器设计参数与测量值比较

谐次	测量频率/(1/min)	计算频率/(1/min)	频率误差/%	测量振幅/(±mrad)	计算振幅/(±mrad)	振幅误差/%
8.0	3306	3448	4.3	0.84	0.79	5.9

动态刚度设计值/(MN·m/rad)	试验反算动态刚度/(MN·m/rad)	误差/%	阻尼系数设计值/(N·m·s/rad)	试验反算阻尼系数/(N·m·s/rad)	误差/%
0.52	0.55	5.4	900	850	5.6

8.9.3　板簧扭振减振器应用实例

以HND 622V20CR柴油机配置板簧扭振减振的应用为例。该型柴油机原来加装硅油型扭振减振器，对其扭转振动有一定控制效果，为了进一步降低柴油机轴系扭转振动，保证柴油机在高速、大功率的工况下安全运行，使用本方法为其设计了A46×75簧片滑油型扭振减振器，如图8-40所示，主要减振器参数见表8-49。

图8-40　A46×75型板簧扭振减振器

表8-49　A46×75型板簧扭振减振器的参数

型号	外件转动惯量/(kg·m²)	内件转动惯量/(kg·m²)	扭转刚度/(MN·m/rad)	阻尼/(N·m·s/rad)
A46×75	3.4	0.17	0.5	4200

扭振减振器安装在柴油机自由端，并在柴油机自由端布置扭振传感器用于扭振测量。测量时柴油机稳定升速，柴油机各缸均正常发火，在650～1900 r/min转速范围内进行连续升速记录。

测试信号经LMS扭振测试分析系统分析，并做频响修正后转换成扭角，见表8-50。根据实测扭振角振幅和自由振动计算Holzer表来推算各轴段应力和扭矩，见表8-51。

表8-50　共振转速对比表

振型	谐次	实测共振转速/(r/min)	实测振动频率/(1/min)	计算固有频率/(1/min)	误差/%
II	4.5	835	62.67	65.54	4.3
II	5.0	754	62.64	65.54	4.4

表 8-51 轴系轴段应力与扭矩推算

谐次	轴段位置	扭振应力推算 /MPa	许用值 /MPa	计算值 /MPa	误差 /%
合成	曲轴 10-11	20.784	55	20.366	2.1

由表 8-50、表 8-51 可知，加装 A46×75 型扭振减振器后，柴油机轴系扭振计算频率与应力和测试结果相差较小，自由振动和受迫振动结果相差均在 5%以内，且曲轴扭振应力小于许用值。

该型柴油机原来加装的硅油型扭振减振器外部尺寸与 A46×75 簧片滑油型扭振减振器相同，重量相当。经过对比测试，加装经过优化设计的 A46×75 簧片滑油型扭振减振器后，扭振共振峰向低转速区域移动，共振区域各主要谐次扭振振幅较原减振器均有所减小，如图 8-41 和图 8-42 所示，其中最大扭振响应由原来的 5.0 谐次 0.114°变为 4.5 谐次 0.086°。

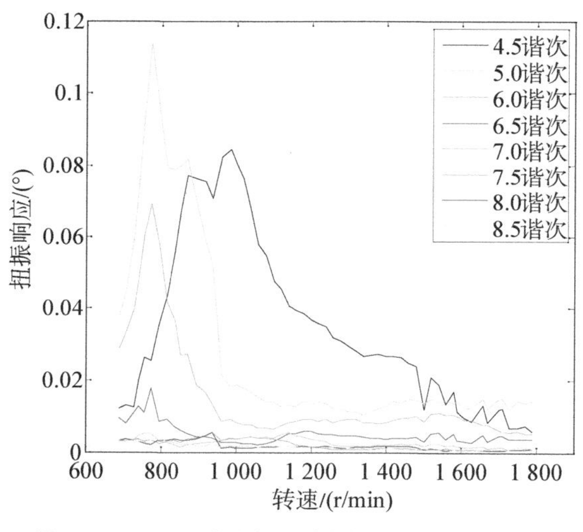

图 8-41 配原硅油扭振减振器的扭振测试结果

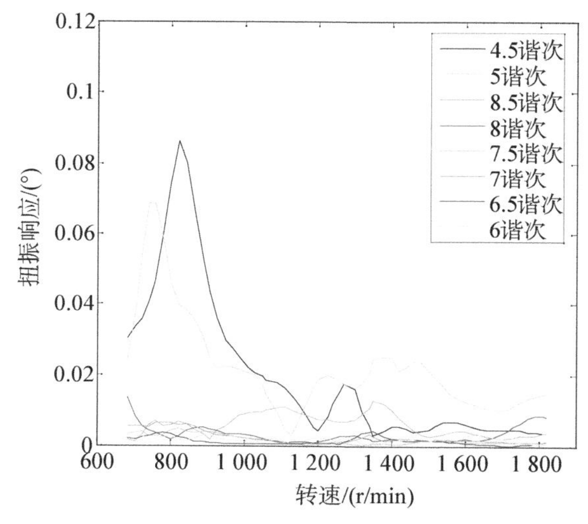

图 8-42 配 A46×75 型扭振减振器的扭振测试结果

8.10 新能源车混合动力传动系统扭振控制

在碳达峰与碳中和的双碳背景下，可再生新能源发展迅速。汽车、商用车及工程车的能源转型正在如火如荼发展，新技术层出不穷。混合动力车辆就是介于普通燃油汽车和纯电动车辆之间的一种过渡型车辆，而插电式混合动力汽车(plug-in hybrid electric vehicle，PHEV)具有纯电动汽车(EV)和混合动力汽车(HEV)的优点，既可实现纯电动、零排放行驶，也能通过混动模式增加车辆的续驶里程，其中布置在发动机与变速箱之间的启动/发电电机(integrated starter/generator，ISG)，结构紧凑、可靠性高、启停性能稳定。

如图 8-43 所示，对于插电式混合动力系统，在串联式 ISG 电机和发动机之间，安装有液力减振器(hydrodamper),或称为液力联轴器(hydro-coupling)更为贴切。液力减振器是由一组或多组螺旋弹簧、多个质量盘、阻尼油腔、限位块等组成,如图 8-44 所示。

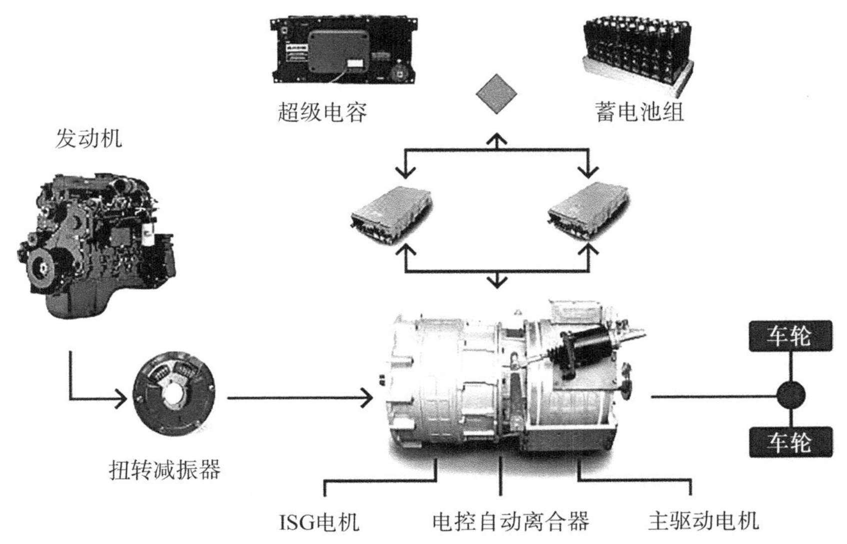

图 8-43 插电式混合动力系统串联式 ISG 电机安装方式示意图

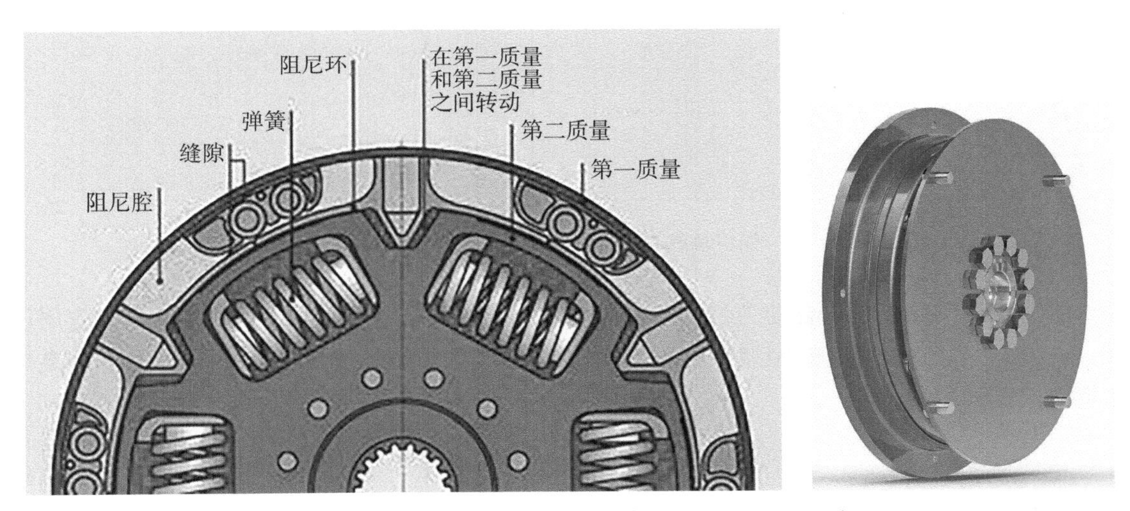

图 8-44 德国福伊特公司液力减振器(HydroDamper)

液力减振器具有多个分段线性扭转刚度,如图 8-45 所示,可以很好地隔离发动机产生的振动扭矩,以提高舒适性,并可以根据动力系统的运行工况、发动机匹配扭矩、变速箱振动特性,予以调整。此外,液力扭转减振器还具有阻尼减振功能,在外圈有若干阻尼油腔,润滑油或油脂通过缝隙挤进挤出产生阻尼力,可以很好地抑制发动机启动/停机,以及负荷变化时的扭矩瞬态及稳态波动,以提高电机及传动系统的可靠性,如图 8-46 所示。

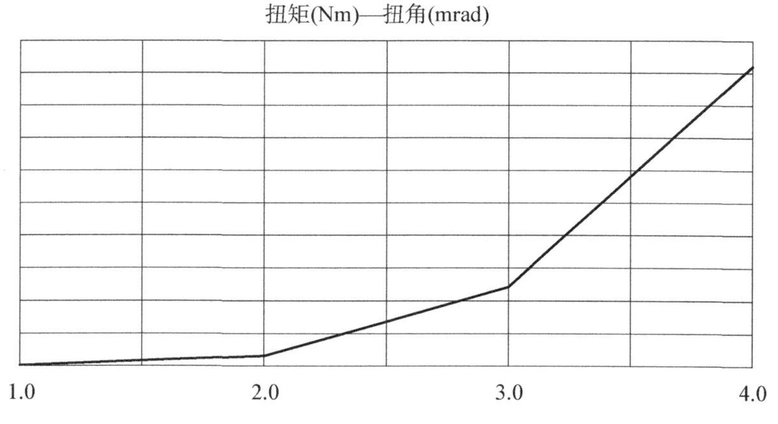

图 8-45 福伊特液力减振器扭转刚度曲线

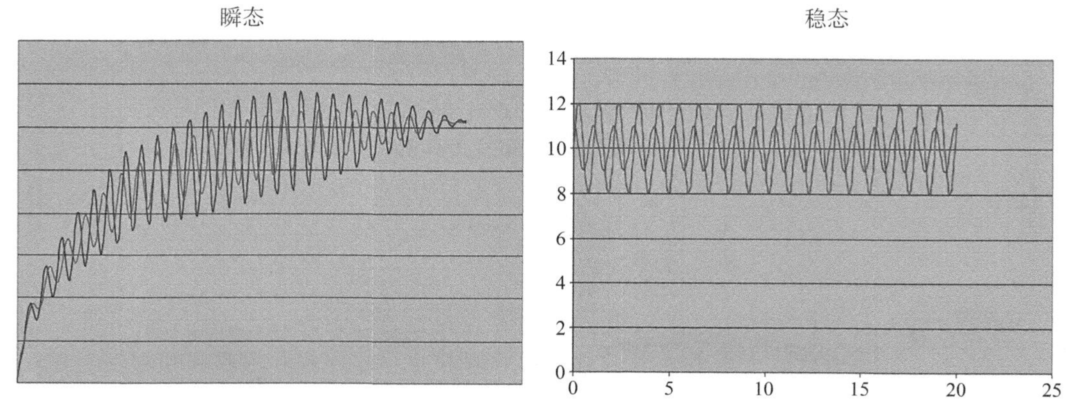

图 8-46 福伊特液力减振器的衰减瞬态及稳态波动的效果

液力减振器除了在混合动力汽车(包括轿车、大巴、商用卡车及工程车)有较好的应用以外,还可以在建筑工程机械、轻型轨道车辆、牵引车、矿卡及柴油-电池双电源机车等多种类型车辆有广泛的应用。

结束语

动力装置轴系振动控制技术发展历史悠久，相对比较传统的学科，是随着能源、发动机及各类动力装置的发展而快速发展起来的。轴系振动控制技术具有广泛的应用领域，不仅在船舶内燃机动力装置，而且在其他动力工程，如电力、机车、工程车及汽车、钢铁、石化等领域都有广泛应用的前景。

随着智能材料等技术的发展，轴系振动控制的方法和手段有了突破的可能，如主动控制、半主动控制、被动式动力吸振、声子晶体带隙减振等技术及新型智能材料的应用研究已引起人们的广泛关注和重视。

随着新能源的广泛应用，新的轴系振动问题还会不断出现。在动力技术快速发展的今天，动力装置轴系振动学科的研究和发展仍需要与时俱进，不断进步和提升。

参考文献

[1] E. J. Nestorides. A handbook on torsional vibration [M]. Cambridge: Cambridge University Press, 1958.

[2] Ker Wilson W. Practical solution of torsional vibration problems [M]. 1968.

[3] 傅志方. 振动模态分析与参数辨识[M]. 北京:机械工业出版社,1990.

[4] 骆振黄. 工程振动工程导引[M]. 上海:上海交通大学出版社,1989.

[5] 李渤仲,陈之炎,应启光. 内燃机轴系扭转振动[M]. 北京:国防工业出版社,1984.

[6] 陈之炎. 船舶推进轴系振动[M]. 上海:上海交通大学出版社,1987.

[7] 许运秀,李宗焜. 船舶柴油机轴系扭转振动[M]. 北京:人民交通出版社,1982.

[8] 许运秀,钟学添,何轩轩. 船舶轴系纵向振动[M]. 北京:人民交通出版社,1985.

[9] 赵信华. 带液力耦合器轴系扭转振动性能分析[J]. 舰船科学技术,1996.

[10] 刘英哲,傅行军. 汽轮发电机组扭振[M]. 北京:中国电力出版社,1997.

[11] 吴炎庭,袁卫平. 内燃机噪声振动与控制[M]. 北京:机械工业出版社,2005.

[12] 朱孟华. 内燃机振动与噪声控制[M]. 北京:国防工业出版社,1995.

[13] 王祺. 内燃机轴系扭转振动[M]. 大连:大连理工大学出版社,1991.

[14] 佟德纯,李华彪. 振动监测与诊断[M]. 上海:上海科学技术文献出版社,1987.

[15] 徐敏,骆振黄,严济宽,等. 船舶动力机械的振动、冲击与测量[M]. 北京:国防工业出版社,1981.

[16] 张世芳. 内燃机车柴油机[M]. 北京:中国铁道出版社,1999.

[17] G. 沃克. 热气机[M]. 北京:机械工业出版社,1987.

[18] 陈予恕. 非线性振动[M]. 北京:高等教育出版社,2002.

[19] 傅志方,华宏星. 模态分析理论与应用[M]. 上海:上海交通大学出版社,2000.

[20] 冯奇,沈荣瀛. 工程中的混沌振动[M]. 上海:上海交通大学出版社,1998.

[21] 陈大荣. 船舶内燃机设计[M]. 北京:国防工业出版社,1995.

[22] 钢制海船入级规范[S]. 中国船级社,2018.

[23] 钢制内河船舶建造规范[S]. 中国船级社,2016.

[24] Calculation of crankshafts for I. C. Engines [J]. IACS UR M53, 2017(6).

[25] Rule for classification of ship [S]. DNV GL, 2017.

[26] Anders Winkler, Micheal Werner, Steven Ribeiro-Ayeh, et al. Classification approval for marine crankshafts: automation and software-driven design methodology [J]. International Conference on Engineering and Natural Science, 2016(7):2313 - 7827.

[27] 王民. 柴油机曲轴的疲劳强度评定[C]//中国造船工程学会 2009 年优秀论文集,2009.

[28] 朱骏飞,周瑞平,等. 柴油机单位曲柄扭转刚度有限元计算法研究[J]. 柴油机,2013:37 - 43.

[29] 赵信华,杨志刚,周炎. 曲轴模态试验研究[C]//第八届全国大功率柴油机学术年会论文集,1993.

[30] 赵信华,杨志刚,周炎. MWMTBD234 系列柴油机硅油扭振减振器的扭振特性研究[J]. 船检科技,1994(1):22 - 28.
[31] 杨志刚,周炎,赵信华. 低速柴油机轴系扭-纵耦合振动测量分析方法研究[C]//大功率柴油机年会,1994.
[32] 周炎,杨志刚,赵信华. MWMTBD234V8 柴油机曲轴模态试验研究[C]//第七届全国船舶振动与噪声学术讨论会,1994.
[33] 周炎. MWMTBD234V8 柴油机曲轴有限元计算研究[C]//中国造船学会轮机学术委员会会议,1994.
[34] 杜极生,周炎. NZ - T 扭振分析记录仪及其在低速柴油机轴系扭振测试中的应用[J]. 柴油机,1996(3):27 - 30.
[35] 赵信华,周炎. 硅油扭振减振器的维修[C]//大功率柴油机分会振动与噪声学术年会,1995.
[36] Zhou Yan, Test research of torsional vibration damper with sleeve springs [C]//5th International Marine Engine Conference(Shanghai), 1996.
[37] 周炎,赵信华. 国内外扭振振动测试仪器概述[C]//内燃机诊断技术研讨会,1996.
[38] 周炎,杨志刚,赵信华. MWMTBD234V8 柴油机曲轴三维模态试验研究[C]//1995 年内燃机模态分析及排放测试学术报告会.
[39] 周炎. 轴系振动计算与测量技术概况[C]//中国内燃机学会大功率柴油机分会,1997.
[40] 周炎,周国阳. 国产柴油机扭振参数研究[C]//全国大功率柴油机学术年会,1997.
[41] 周炎,赵信华,金秋峰. 高速客货船推进轴系扭振分析技术概论[C]//99 中国国际船艇及其技术设备展览会技术报告会,1999.
[42] 周炎,赵信华,金秋峰. 并车相位角与不均匀发火对双机并车轴系扭振特性的影响[C]//第 11 届全国大功率柴油机学术年会,1999.
[43] 周炎. 动力装置振动噪声控制技术概述[C]//中国科协 2000 年学术年会,2000.
[44] 周炎,金秋峰,刘伟. 卷簧扭振减振器优化设计研究[C]//中国内燃机学会大功率柴油机分会成立 20 周年年会,2001.
[45] 周炎. 轴系扭转振动控制技术在动力工程中的应用[C]//2002 年上海国际工业博览会科技论坛振动工程与信息化学术研讨会,2002.
[46] 周炎. 动力装置轴系振动控制技术概述[C]//中国造船工程学会船舶轮机学术委员会论文集,2002.
[47] 周炎. 某舰用齿轮箱试验台架轴系扭振故障诊断[C]//中国内燃机学会大功率柴油机分会五届一次年会,2002.
[48] 周炎,李国刚,童宗鹏. 船舶低噪声设计技术研究[J]. 上海造船,2010(1):31 - 34.
[49] 周炎,李国刚,童宗鹏. 海洋工程装备低噪声设计技术及应用[J]. 中外船舶科技,2011(1):23 - 27.
[50] 刘伟,陈大跃,周炎. V 型夹角对 CODAD 联合推进系统扭振激励的影响研究[J]. 柴油机,2007(5):31 - 36.
[51] 王慰慈,周炎,饶柱石. 轴系振动监测系统的开发与试验验证[J]. 噪声与振动控制,2012,32(1):145 - 148.
[52] 陈鹏,周炎,童宗鹏,等. 智能柴油机的扭振优化控制方法研究[J]. 柴油机,2013(3):44 - 47.
[53] 傅志方,周炎. 一种非线性振动系统辨识模型[J]. 振动工程学报,1992,5(3):251 - 256.
[54] 傅志方,周炎. 利用高阶频响函数分析结构的非线性振动特性[C]//全国振动理论与应用学术会议论文集,1993.
[55] 傅志方,周炎. 非线性结构系统的模态分析、建模及参数辨识—研究综述[J]. 振动与冲击,1992(1,2):99 - 114.
[56] 周炎,王志刚. 动力装置声学设计技术[C]//上海造船学会振动与工程论坛,2007.

[57] 李渤仲,宋天相,宋希赓.活塞式发动机轴系耦合振动问题(一)——扭转振动引起的轴向振动[J].内燃机学报,1989(1):1-6.
[58] 李渤仲,宋天相,宋希赓,等.活塞式发动机轴系耦合振动问题(二)——扭转轴向的升级连振[J].内燃机学报,1990(4):317-322.
[59] 宋希赓,宋天相,薛冬新,等.活塞式发动机轴系耦合振动问题(三)——同频和倍频耦合计算方法[J].内燃机学报,1994(2):115-120.
[60] 赵耀,张赣波,李良伟.船舶推进轴系纵向振动及其控制技术研究进展[J].中国造船,2011(12):259-269.
[61] Dorey S F. Strength of marine engine shafting [J]. Trans. ,NEC, Instn. , 1939(55):203.
[62] Dort D V, Visser N J. Crankshaft coupled free torsional-axial vibrations of a ship's propulsion system [J]. International Shipbuilding Progress, 1963, 10(109):333-350.
[63] Parsons M. G. . Mode coupling in torsional and longitudinal shafting vibrations [J]. Marine Technology, 1983,20(3):257-271.
[64] 应启光,李渤仲,周美荣,等.现代长冲程船用柴油机轴系扭转-轴向耦合振动(一)[J].船舶工程,1993(4):40-44.
[65] 李渤仲,启光,周美荣,等.长冲程船用柴油机轴系扭转-轴向耦合振动(二)—耦合振动典型实例剖析[J].船舶工程,1994(6):37-40.
[66] 应启光,周美荣,李渤仲,等.现代长冲程船用柴油机轴系扭转-轴向耦合振动(三)[J].船舶工程,1995(1):40-47.
[67] 王义,宋天相,宋希赓,等.船舶推进轴系扭转-轴向耦合振动响应曲线的分析[J].船舶工程,1995(1):33-39.
[68] 杜红兵,陈之炎,静波.内燃机轴系扭转-纵向耦合振动数学模型[J].内燃机工程,1992(2):66-74.
[69] 张洪田,张敬秋.大型船舶轴系纵扭耦合振动理论与试验研究[J].黑龙江工程学院学报,2004(12):1-6.
[70] 王艳宁,张博,李玩幽,等.低速柴油机曲轴系统纵扭耦合振动研究[J].中国力学大会,2017.
[71] 舒歌群,吕兴才.高速柴油机曲轴扭转-纵向耦合振动的研究[J].兵工学报,2002(2):1-5.
[72] 郁飞,王天荣,许勃.激光扭振仪调整、应用与误差[J].激光技术,2002(2):63-65.
[73] 杜极生.轴系扭转振动的试验、监测和仪器[M].南京:东南大学出版社,1994.
[74] Liang Xingyu, Shu Gequn, Dong Lihui, et al. Progress and recent trends in the torsional vibration of internal combustion engine, advances in vibration analysis research, Dr. Farzad Ebrahimi(ED.) [J]. 2014:245-272.
[75] Rao J S. 旋转机械动力学及其发展[M].北京:机械工业出版社,2012.
[76] Randall R B. Frequency analysis [M]. Denmark: Brüel & Kjær, 1987.
[77] Broch J T. Mechanical vibration and shock measurement [M]. Denmark: Brüel & Kjær, 1984.
[78] Holzer H. Tabular method for torsional vibration analysis of multiple rotor shaft systems [J]. Machine Design, 1922(5):141.
[79] 何正嘉,訾艳阳,张西宁.现代信号处理及工程应用[M].西安:西安交通大学出版社,2007.
[80] 李崇坚.轧机传动交流调速机电振动控制[M].北京:冶金工业出版社,2003.
[81] 应启光,李德泓,鲍德福,等.一种基于轴系振动的柴油机故障诊断新技术[J].船舶工程,1995(4):33-35.
[82] 王慰慈.船舶轴系振动技术研究与监测系统开发[D].上海:上海交通大学,2010.
[83] 李玩幽,张文平,华宏星,等.利用扭振波形参数诊断柴油机单缸熄火故障试验研究[J].噪声与振动控制,2004(8):8-11.

[84] 李玩幽,蔡振雄,王芝秋,等.柴油机曲轴裂纹的扭振动态诊断技术[J].上海交通大学学报,2004(11):1928-1931.
[85] 蔡鹏飞,顾含,刘昕,等.基于扭振信号的柴油机单缸熄火故障诊断与监测[J].中国航海,2017(6):34-37.
[86] 曹龙汉.柴油机智能化故障诊断技术[M].北京:国防工业出版社,2005.
[87] 徐达,韩宝红,李维锴.潜艇推进轴系纵向振动及其控制技术研究进展[J].推进技术,2018(1):92-96.
[88] 甄延波,白培康,刘斌.减振器套管卷簧的热处理优化研究[J].工业技术,2012(2):222-224.
[89] 姜小荧,陈鹏,周文建.簧片滑油型扭振减振器设计方法及验证[J].柴油机,2018(1):32-37.
[90] 姜小荧,陈鹏,周文建.龙格-库塔法柴油机轴系扭振计算中的应用[J].柴油机,2016(3):44-47.
[91] 方明.柴油机硅油减振器的匹配设计和计算研究[J].内燃机与配件,2014(6):15-19.
[92] 汪萌生,周瑞平,徐翔.柴油机硅油减振器实际工作过程的扭振仿真计算研究[J].内燃机,2012(10):11-15.
[93] 徐文娟,韩建勇.工程流体力学[M].哈尔滨:哈尔滨工程大学出版社,2002.
[94] 冯建强,孙诗一.四阶龙格-库塔法的原理及其应用[J].数学学习与研究,2017:3-5.
[95] 高殿荣,吴晓明.工程流体力学[M].北京:机械工业出版社,1999.
[96] 于向高,于兆波,陈春芳.二冲程低速柴油机推进轴系纵振计算方法探析[J].船舶工程,1992(4):81-85.
[97] 李秉忠.大型低速主机曲轴轴向减振器及维护[J].航海技术,2014(4):56-57.
[98] 周凌凌,段勇,孙玉东,等.水面船舶推进轴系回旋振动研究综述[J].中国造船,2017(9):233-244.
[99] 艾钢,郑长江,何兵.柴油机缸排插入角对曲轴疲劳寿命影响的三维有限元分析[J].柴油机,2006(11):26-29.
[100] 杨国华,李爱群,程文瀼,等.工程结构粘滞流体阻尼器的减振机制与控振分析[J].东南大学学报,2001(1):57-61.
[101] 杨平,刘勇,钟毅芳,等.油阻尼减振器阻尼特性计算机仿真研究[J].系统仿真学报,2001(5):350-352.
[102] 盛敬超.液压流体力学[M].北京:机械工业出版社,1980.
[103] Ray W Clough, Joseph Penzien. Dynamics of structures [M]. 1993.
[104] Norman H Jasper. A Theoretical approach to the problem of critical whirling speeds of shaft-disk systems, DTMB report 827, The David W. Taylor model basin Washington 7, D. C., America, December 1954.
[105] Norman H Jasper. A Design approach to the problem of critical whirling speeds of shaft-disk systems, DTMB Report 890, David Taylor Model Basin Washington 7, D. C., America, December 1954.
[106] Panagopulos E. Design-stage calculations of torsional, axial and lateral vibrations of marine shafting [J]. Transactions of society of naval architects and marine engineers, 1950,58:329-384.
[107] 陈锡恩,高景.船舶轴系回旋振动计算及其参数研究[J].船海工程,2001(5):8-11.
[108] 刘刚,吴炜,饶春晓,等.基于传递矩阵法的船舶轴系回旋振动计算研究[J].中国舰船研究,2010(2):61-63.
[109] 马震岳,董毓新.水轮发电机组动力学[M].大连:大连理工大学出版社,2003.
[110] 威廉·韦弗,斯蒂芬·普罗科菲耶维奇·铁摩辛柯,多诺万·哈罗德·杨.工程振动学[M].上海:上海科学技术出版社,2021.
[111] 董翔宇,陈慧岩,席军强.重型商用混合动力车机电动力耦合系统综述//2010 3rd International Conference on Power Electronics and Intelligent Transportation System. 22-26.

[112] 冯源，蔡永豪，何剑飞. 轻型车辆混合动力驱动系统技术发展现状综述[J]. 中国汽车，2018：45－52.
[113] 许盛中. 混合动力系统主流动力构型方案对比研究[J]. 汽车文摘，2022(6).
[114] 刘华，凯美瑞. 雅阁及君威混合动力系统的技术分析(上)[J]. 新能源汽车，2018(10)：84－86.
[115] 刘华，凯美瑞. 雅阁及君威混合动力系统的技术分析(下)[J]. 新能源汽车，2018(11)：74－77.
[116] 闫明刚，侯之超，杨福源，等. 某型混合动力传动系统扭振减振器参数的优化设计[J]. 汽车技术，2015. 1－6.
[117] 袁跃兰，马彪. 弹性联轴器对车辆动力传动系统扭振影响研究[J]. 农业装备与车辆工程，2018(2)：20－24.
[118] 舒歌群，郝志勇，吴光夏，等. 坦克发动机扭振减振器试验装置的研究[J]. 兵工学报，1999(4)：20－24.
[119] 李韬. 坦克发动机扭振减振器试验装置的研究[J]. 中国战略新兴，2018：139.
[120] 袁龙，雷君，顾书东，等. 某款混动车辆传动系统扭振设计及验证[J]. 汽车科技，2018(5)：73－77.
[121] 陈志鑫. 混合动力传动系统扭转减振器的参数设计和性能研究[J]. 内燃机工程，2010(10)：21－24.
[122] 李杰，俞小莉，张鹏伟，等. 车用扭振减振器性能检测试验台[J]. 机电工程，2011(12)：1430－1434.
[123] 于英，李得志，赵统平. 液力扭转减振器特性研究[J]. 液压与气动，2014(5)：44－48.
[124] 徐红亮，龚宪生，廉超，等. 新型汽车扭振减振器扭振特性试验研究[J]. 振动与冲击，2013，32(6)：29－32.
[125] 陈云飞，赵景波，杨超越，等. 分布式驱动电动汽车传动系统扭转振动分析[J]. 常州工学院学报，2019(6)：8－13.
[126] 李建科，何国华，兰涌森，等. 风力发电机组传动系统轴系扭振测量与抑制[J]. 船舶工程，2019，41(增刊1)：252－255.
[127] 高文志，郝志勇. 大型汽轮发电机组轴系扭振控制研制的现状与展望[J]. 发电设备，1997(3)：6－9.
[128] 余颖辉，张保会. 汽轮发电机组轴系扭振研究的发展与展望[J]. 电力系统自动化，1999(5)：56－60.
[129] 徐鼎杰，李录平，周子健，等. 汽轮发电机组轴系扭振预防与抑制技术研究进展[J]. 电站系统工程，2019(3)：6－10.
[130] 刘欢，周瑞平，廖鹏飞. 大型海上风电机组扭振瞬态响应计算研究[J]. 江苏船舶，2019(6)：19－23.
[131] 杨文韬，耿华，肖帅，等. 最大功率跟踪控制下大型风电机组的轴系扭振分析及抑制[J]. 清华大学学报(自然科学版)，2015，55(11)：1171－1177.
[132] 徐祥平，张延迟. 大型风电场机网扭振分析与抑制研究[J]. 电力学报，2014(10)：371－376.
[133] 胡昌良，程志勇，昂金凤. 某匹配双质量飞轮汽油发动机曲轴系统扭振分析[J]. 客车技术，2019(4)：33－36.
[134] 高崇，杜国君，李蕊，等. 考虑轧机主传动系统扭振的带钢非线性振动研究[J]. 机械强度，2019，41(2)：260－266.